Studienbücher Wirtschaftsmathematik

Herausgegeben von
Prof. Dr. Bernd Luderer, TU Chemnitz

Die Studienbücher Wirtschaftsmathematik behandeln anschaulich, systematisch und fachlich fundiert Themen aus der Wirtschafts-, Finanz- und Versicherungsmathematik entsprechend dem aktuellen Stand der Wissenschaft.
Die Bände der Reihe wenden sich sowohl an Studierende der Wirtschaftsmathematik, der Wirtschaftswissenschaften, der Wirtschaftsinformatik und des Wirtschaftsingenieurwesens an Universitäten, Fachhochschulen und Berufsakademien als auch an Lehrende und Praktiker in den Bereichen Wirtschaft, Finanz- und Versicherungswesen.

Claudia Cottin · Sebastian Döhler

Risikoanalyse

Modellierung, Beurteilung und Management von Risiken mit Praxisbeispielen

2., überarbeitete und erweiterte Auflage

 **Springer** Spektrum

Prof. Dr. Claudia Cottin
Fachhochschule Bielefeld
University of Applied Sciences
Bielefeld, Deutschland
claudia.cottin@fh-bielefeld.de

Prof. Dr. Sebastian Döhler
Hochschule Darmstadt
Darmstadt, Deutschland
sebastian.doehler@h-da.de

ISBN 978-3-658-00829-1   ISBN 978-3-658-00830-7 (eBook)
DOI 10.1007/978-3-658-00830-7

Die Deutsche Nationalbibliothek verzeichnet diese Publikation in der Deutschen Nationalbibliografie; detaillierte bibliografische Daten sind im Internet über http://dnb.d-nb.de abrufbar.

Springer Spektrum
© Springer Fachmedien Wiesbaden 2009, 2013

Planung und Lektorat: Ulrike Schmickler-Hirzebruch | Barbara Gerlach

Gedruckt auf säurefreiem und chlorfrei gebleichtem Papier.

Springer Spektrum ist eine Marke von Springer DE. Springer DE ist Teil der Fachverlagsgruppe Springer Science+Business Media
www.springer-spektrum.de

Vorwort zur 2. Auflage

Die erste Auflage unseres Buchs *Risikoanalyse* hat eine erfreulich positive Resonanz gefunden. Den Rückmeldungen verschiedener Studierender und Fachkollegen haben wir entnommen, dass sie gewinnbringend mit dem Buch arbeiten und dass es eine Lücke zwischen recht spezialisiert-theoretischer und eher betriebswirtschaftlich-praktischer Literatur schließt.

Das Feedback haben wir auch in die Überarbeitung für die zweite Auflage einfließen lassen. Neben einigen kleineren Anpassungen wurden in den Kapiteln 2, 3 und 6 Abschnitte für einige Einblicke in die Extremwerttheorie eingefügt, die Ausführungen zu strukturierten Finanzprodukten (Zertifikaten) wurden in einem eigenen Abschnitt 4.3.8 etwas ausführlicher dargestellt, es wurden mehrere zusätzliche Beispiele, u. a. zum Asset-Liability-Management, aufgenommen und ein Anhang C zu Wahrscheinlichkeitsverteilungen in Excel und R eingefügt. Für ihre Anregungen danken wir neben unseren Studenten besonders R. Berntzen, J. Dittrich, B. Neubert und R. Werner sowie ganz besonders nochmals B. Luderer, dem Herausgeber der Reihe Studienbücher Wirtschaftsmathematik, für sein besonderes Engagement. Ebenso gilt unser Dank wiederum unserer Betreuerin beim Verlag Springer Spektrum, U. Schmickler-Hirzebruch.

Für die Arbeit mit dem Buch gelten weiterhin die Hinweise aus der ersten Auflage. Auch die Kontaktdaten (Website zum Buch und Email-Adressen) bleiben bestehen. Über Rückmeldungen von unseren Lesern würden wir uns weiterhin sehr freuen.

Claudia Cottin, Sebastian Döhler
Bielefeld, Darmstadt, September 2012

Vorwort zur 1. Auflage

Das Ziel dieses Buchs ist eine praxisorientierte Einführung in mathematische Aspekte der Risikoanalyse und des Risikomanagements. Es wendet sich an angehende Wirtschaftswissenschaftler, Ingenieure und Mathematiker sowie an Praktiker, die sich mit der quantitativen Analyse und dem Management von Risiken befassen. Ein besonderes Anliegen ist die übergreifende Darstellung von zentralen Begriffen, Ideen und Methoden, die sonst oft nur in einem speziellen Kontext wie etwa der Finanz- oder Versicherungsmathematik behandelt werden.

Im Folgenden möchten wir einige Hinweise geben, die die Arbeit mit dem Buch unterstützen sollen. Vorausgesetzt werden mathematische Kenntnisse, die in etwa jeweils einsemestrigen Grundvorlesungen in Analysis, Linearer Algebra und Stochastik entsprechen. Als Hilfestellung findet sich eine Zusammenfassung der relevanten Begriffe und Ergebnisse aus der Stochastik im Anhang. Wir verfolgen bewusst einen wenig formalen Ansatz. Vermittelt werden soll hauptsächlich ein eher intuitives Verständnis der mathematischen Inhalte. Das heißt insbesondere: Falls es nicht weiter thematisiert wird, gehen wir davon aus, dass die verwendeten mathematischen Objekte wie etwa Abbildungen, Integrale, Ableitungen etc. existieren und wohldefiniert sind. Für

Leser, die sich intensiver mit der zugrunde liegenden Mathematik beschäftigen wollen, geben wir weiterführende Literaturhinweise an. Um den Umfang des Buchs zu begrenzen und mathematisch möglichst elementar zu bleiben, mussten wir auf die Darstellung einiger interessanter und relevanter Themen wie etwa Zeitreihenmodelle, Extremwerttheorie und Verfahren zur Diskretisierung von Verteilungen verzichten, und uns ebenfalls auf diesbezügliche Literaturhinweise beschränken.

Neu eingeführte Begriffe sind kursiv gesetzt. Bis auf das einleitende Kapitel finden sich am Ende jedes Unterkapitels Aufgaben, am Ende jedes Kapitels eine Zusammenfassung des Kapitels in Stichpunkten sowie ein Selbsttest. Algorithmen und Software-Code sind abgesetzt dargestellt.

Bei der Erstellung des Buchs haben wir das Tabellenkalkulationsprogramm Excel sowie die Statistik-Software R verwendet. Selbstverständlich können die entsprechenden Auswertungen und Übungsaufgaben auch mit anderer Software erstellt bzw. bearbeitet werden. Wir haben uns einerseits für die Darstellung mit Excel entschieden, weil diese Software in der heutigen Unternehmenswelt praktisch omnipräsent ist. Andererseits steht mit R eine leistungsfähige, kostenlose und somit für jeden problemlos zugängliche Open Source Software zur Verfügung. Der R-Code sowie die Excel-Tabellen zu den Beispielen und Aufgaben aus diesem Buch sowie sonstige weiterführende Hinweise können auf der Website zum Buch `http://www.fbmn.h-da.de/~risiko/` heruntergeladen werden. In den Kapiteln 5 bis 7 werden in den Übungsaufgaben teilweise simulierte und reale Daten verwendet. Um den Zugang zu den Daten zu erleichtern (wenn man mit R arbeitet), wurden dafür Datensätze ausgewählt, die bereits in R-Paketen enthalten sind.

Da dieses Buch überwiegend auf Veranstaltungen basiert, die wir an den Hochschulen Bielefeld und Darmstadt betreut haben, danken wir unseren Studenten für viele hilfreiche Hinweise. Einige Passagen des Buchs beruhen auf Kursen, die die Koautorin seit 2001 für die deutsche Aktuarakademie im Fach Finanzmathematik gehalten hat, wofür ihr vom Mentor dieses DAV-Ausbildungsfachs, P. Albrecht, großzügig Material zur Verfügung gestellt wurde. Darüber hinaus schulden wir D. Bergmann, A. Butnariu, J. Dittrich, A. Hiebing, M. Martin und B. Neubert, die Teile des Manuskripts vorab gelesen haben und uns mit wertvollen Hinweisen unterstützt haben, besonderen Dank. Für die LaTeX-Unterstützung bei der Erstellung des Manuskripts danken wir M. Noé. Wir danken dem Zentrum für Forschung und Entwicklung an der Hochschule Darmstadt für finanzielle Unterstützung. Unserer Betreuerin beim Vieweg+Teubner Verlag, U. Schmickler-Hirzebruch, danken wir für die gute Zusammenarbeit und dem Herausgeber der Reihe *Studienbücher Wirtschaftsmathematik*, B. Luderer, für seine umfassende Unterstützung.

Unseren Lesern wünschen wir ein erfolgreiches Arbeiten mit diesem Buch. Über ein Feedback, etwa zu Unstimmigkeiten im Text und mit sonstigen Verbesserungsvorschlägen und Anregungen, würden wir uns sehr freuen. Für eine entsprechende Kontaktaufnahme nutzen Sie am besten die Email-Adresse `risikoanalyse@fh-bielefeld.de`.

Claudia Cottin, Sebastian Döhler
Bielefeld, Prag, Juli 2009

Inhaltsverzeichnis

Tabellenverzeichnis

Abbildungsverzeichnis

1 Einführung

„Where there is much to risk, there is much to consider." (Anonymus)

In den nachfolgenden einleitenden Unterkapiteln werden einige Grundlagen zur Risikoanalyse bereitgestellt. In Kapitel 1.1 wird der von uns verwendete Risikobegriff erläutert. Kapitel 1.2 enthält historische Anmerkungen. In Kapitel 1.3 wird die Bedeutung von Risikomanagement und Risikoanalyse aus verschiedenen Blickwinkeln erläutert. Kapitel 1.4 stellt die derzeitigen regulatorischen Rahmenbedingungen des Risikomanagements, vorwiegend für den deutschen Markt, dar. Kapitel 1.5 dient dazu, die (mathematische) Risikoanalyse in den gesamten Risikomanagement-Prozess einzuordnen. Schließlich enthält Kapitel 1.6 einen Überblick über den weiteren Aufbau dieses Buchs.

Als Ausgangsquellen für dieses Kapitel dienten vor allem verschiedene Beiträge aus dem Sammelband [RF03] sowie das einleitende Kapitel aus [MFE05]. Verschiedene Details wie etwa Daten zu historischen Ereignissen (z. B. Geburts- und Todesjahre der erwähnten Mathematiker), Angaben zu gesetzlichen Rahmenbedingungen u. Ä. wurden der deutsch- oder englischsprachigen Wikipedia unter den naheliegenden Stichwörtern entnommen (Stand in der Regel von Juli 2009).

1.1 Zum Risikobegriff

Laut Etymologie-Duden wurde das Fremdwort „Risiko" im 16. Jahrhundert als kaufmännischer Terminus für Wagnis oder Gefahr aus dem Italienischen entlehnt. Während der Duden von weiterer unsicherer Wortherkunft spricht, führen es einige andere Quellen weiter auf ein lateinisch-griechisches Wort für „Klippe" zurück (die es zu umschiffen gilt).

Ähnlich wird der Risikobegriff heutzutage auch umgangssprachlich weitgehend als ein Synonym für Gefahr oder Wagnis verstanden, in der Versicherungstechnik oder im Risikomanagement oft auch gleichbedeutend mit dem unter Risiko stehenden Objekt. Letztes kann z. B. ein bestimmter Gegenstand, im weiteren Sinne aber auch eine Person, ein Unternehmen o. Ä., sein. Dabei kann „Gefahr" als Möglichkeit des Eintritts eines Schadens oder Wertverlusts charakterisiert werden. Beim Wort „Risiko" schwingen oft vor allem negative Assoziationen mit. Denkt man aber an das Risiko im (Glücks-)Spiel, bei der Kapitalanlage oder an das unternehmerische Risiko, wird klar, dass ein Risiko durchaus auch positive Seiten haben kann; umgangssprachlich spricht man dann auch von einer „Chance". Allgemein hat Risiko jedenfalls etwas mit Unsicherheit im Hinblick auf mögliche Veränderungen zu tun.

In der Mathematik und der Ökonomie wird bei der Definition von Risiko in der Regel (außer bei Teilfragestellungen) nicht zwischen positiven und negativen Aspekten unterschieden, sondern Risiko wird allgemein als die Möglichkeit von Wertveränderungen bestimmter Objekte innerhalb

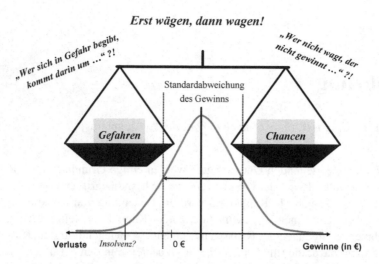

Abbildung 1.1: Sprichwörtliche Begründung der Risikoanalyse

eines vorgegebenen Zeitraums oder einer vorgegebenen Entscheidungssituation aufgefasst. Bei vielen finanziellen Risiken, z. B. Aktienkurs- oder Rohstoffpreisentwicklungen, ist unmittelbar klar, dass die fraglichen Veränderungen positiver oder negativer Natur sein können. Bei operationellen Risiken (Risiken aus unternehmerischer oder auch privater Tätigkeit) geht es augenscheinlich zunächst nur um negative Abweichungen, nämlich um mögliche Schadenhöhen bei unerwünschten Ereignissen (Maschinenschäden, Betriebsunterbrechungen, Rechtsstreitigkeiten usw.). Jedoch werden derartige Risiken – zumindest beim unternehmerischen Handeln – ja gerade eingegangen, um im finanziellen Bereich positive Abweichungen zu erzielen, sodass in der Gesamtbetrachtung wiederum auch positive Aspekte des Risikos sichtbar werden. Man spricht in diesem Sinne im unternehmerischen Bereich oft auch von „Wagnissen" anstelle von Risiken.

In der mathematischen Risikotheorie wird Risiko überwiegend aus wahrscheinlichkeitstheoretischer Sicht betrachtet. Ein Risiko wird beschrieben durch eine Zufallsvariable, die die im Vorhinein nicht bekannte Wertveränderung eines Objekts (etwa eines bestimmten Gegenstands, einer Kapitalanlage oder auch eines gesamten Unternehmens) unter den Bedingungen eines wohldefinierten Zufallsexperiments angibt. Das Zufallsexperiment kann verschiedene Ergebnisse liefern, die jeweils eine bestimmte Wahrscheinlichkeit haben; in diesem Sinne wird das Risiko also durch die Wahrscheinlichkeitsverteilung $F(x) = P(X \leq x)$ der Zufallsvariablen beschrieben. Der Wertmaßstab zur Bewertung eines Risikos (d. h. die Maßeinheit der Zufallsvariable) kann unterschiedlich sein; es kommen z. B. absolute Erfolgsgrößen (etwa Geldbeträge), relative Erfolgsgrößen (etwa Renditekennzahlen) oder auch individuelle Nutzenbewertungen infrage. Daneben bzw. ergänzend gibt es auch die analytische Sichtweise, bei der die möglichen Wertveränderungen durch eine (deterministische) Funktion verschiedener wertbeeinflussender Variablen bzw. Parameter erfasst werden. Risikoanalyse bedeutet in diesem Kontext also eine Sensitivitätsanalyse bezüglich der risikorelevanten Variablen und Parameter.

Ähnlich wie es in aller Regel nicht möglich ist, einen allgemeingültigen – d. h. nicht in irgendeiner Form subjektiven – Bewertungsmaßstab für ein Risiko festzulegen, muss auch „subjektiv" festgelegt werden, was überhaupt ein einzelnes Risiko ist. In diesem Buch ist damit lediglich gemeint, dass das Risiko durch eine einzige Zufallsvariable bzw. zugehörige Wahrscheinlichkeitsverteilung beschrieben wird. In der Regel wird man solche „Einzelrisiken" weiter in Teilrisiken zerlegen können; allerdings können sich die Teilrisiken überlappen und wechselseitige Abhängigkeiten aufweisen. Umgekehrt besteht eine wichtige Aufgabenstellung der Risikoidentifikation und -analyse darin, Teilrisiken unter Berücksichtigung etwaiger Abhängigkeiten zu einer Einheit zusammenzufassen; man spricht auch von der *Aggregation* von Teil- bzw. Einzelrisiken zu einem Gesamtrisiko (welches dann letztlich also wieder als ein einzelnes Risiko, d. h. durch eine einzige Zufallsvariable, beschrieben werden kann).

Beispielsweise besteht das Risiko des Kapitalanlageportfolios eines einzelnen Investors (in diesem Sinne also ein Einzelrisiko) aus einzelnen Wertpapieren seines Bestands als Teilrisiken. Diese Teilrisiken entwickeln sich nicht unabhängig voneinander; so sind verschiedene Aktienkurse von den gleichen weltwirtschaftlichen Einflussfaktoren abhängig, die Bewertung festverzinslicher Wertpapiere in Fremdwährungen ist von Wechselkursen abhängig usw. Derartige Einflussfaktoren (wirtschaftliche Entwicklung, Wechselkurse usw.) werden oft selbst als „Risiko" bezeichnet bzw. in Abgrenzung zum primären (durch die interessierende Zufallsvariable beschriebenen) Risiko auch als Risikofaktor oder Risikotreiber für das „eigentliche" Risiko. Allerdings ist diese Unterscheidung nicht allgemein in eindeutiger Weise fassbar, denn ein Wechselkurs kann ebenso selbst als Einzelrisiko aufgefasst werden (das bewertete Objekt kann man sich etwa als Cash-Position in einer Fremdwährung vorstellen), und die wirtschaftliche Entwicklung lässt sich ebenfalls ähnlich über einen oder mehrere geeignete ökonomische Kennzahlen / Indizes als Zufallsvariable abbilden.

Bei Risiken im Sinne von Risikofaktoren für Gesamtrisiken (wie komplette Anlageportfolios, Unternehmen etc.) werden in der Praxis verschiedene Risikoarten unterschieden, beispielsweise Wechselkursrisiken, Rohstoffpreisrisiken, Liquiditätsrisiken, Kreditrisiken, Rechtsrisiken, IT-Risiken usw. Eine systematische Klassifizierung ist schwierig, vom speziellen Einsatzbereich abhängig und aus mathematischer Sicht für sich genommen eher unwichtig, auch wenn sich manche Risikofaktoren mathematisch leichter beschreiben lassen als andere und für die Modellbildung natürlich eine genaue Definition der Teilrisiken und Risikofaktoren wichtig ist. Im Sinne der mathematischen Modellierung handelt es sich bei solchen Risikofaktoren um Zufallsvariablen (in einer eher stochastischen Interpretation) bzw. Parameter (in einer eher deterministischen Interpretation), von denen das betrachtete Risiko unmittelbar abhängt, beispielsweise in funktionaler Form.

Oft interessiert die Wertveränderung eines Objekts nicht nur in Bezug auf einen zukünftigen Zeitpunkt, sondern die potenzielle Wertentwicklung im Zeitverlauf ist von Interesse, d. h. die das Risiko beschreibende Zufallsvariable $X = X_t$ bzw. die zugehörige Wahrscheinlichkeitsverteilung $F_t(x) = P(X_t \leq x)$ ist vom Zeitparameter t abhängig. In aller Regel wird es sich dabei um bedingte Wahrscheinlichkeiten handeln, in dem Sinne, dass die Wahrscheinlichkeitsverteilung von X_t von einem oder mehreren Werten $X_s, s < t$, aus der Vergangenheit abhängig ist. Man spricht in diesem Zusammenhang auch von einem stochastischen Prozess. Dies kann man auch als gewissen Sonderfall der Risikoaggregation interpretieren, wobei die „Teilrisiken" in diesem Fall aus der Entwicklung des Gesamtrisikos in unterschiedlichen Zeitabschnitten bestehen. Beispielsweise kann man die Jahresrendite eines Wertpapierportfolios als Aggregation von zwölf

Monatsrenditen auffassen bzw. die jährliche Anzahl der gemeldeten Kfz-Schäden als Aggregation der Schäden aus zwölf Monaten. Die kumulierte Gesamtrendite bzw. der kumulierte Gesamtschaden zum Ende eines jeden Monats hängt vom kumulierten Gesamtwert des Vormonats ab. Es gibt aber auch komplexere mögliche Zusammenhänge, z. B. wird im Rahmen der Kapitalmarktmodellierung manchmal angenommen, dass es umso wahrscheinlicher ist, dass der Kurswert einer Aktie steigt bzw. fällt, je weiter er sich von einem langjährigen Mittelwert entfernt hat.

In praktischen Anwendungen müssen real vorhandene Risiken zunächst mittels geeigneter mathematischer Modelle beschrieben werden; dabei geht es um die Erfassung von funktionalen oder stochastischen Zusammenhängen, um geeignete Verteilungsmodelle u. Ä. Ein Modell ist immer ein vereinfachtes Abbild der Realität. Daher treten bei der mathematischen Beschreibung realer Risiken modellbedingte Fehler bzw. Fehlerquellen auf. Beispielsweise werden gewisse Risikoparameter ganz vernachlässigt oder Zusammenhänge verschiedener Modellparameter nicht berücksichtigt. Sind diese Parameter bzw. Zusammenhänge für die Beschreibung des Risikos maßgeblich (was das genau bedeutet, hängt natürlich vom Verwendungszweck ab), kann man sagen, dass das Modell „zu grob" oder – insbesondere bei systematischen Abweichungen – sogar „falsch" ist. Man spricht dabei manchmal auch vom (diesmal tatsächlich nur negativ zu beurteilenden) *Modell-* oder *Irrtumsrisiko* und im Gegensatz dazu vom *Zufallsrisiko* aus der „realen Welt". Systematische Abweichungen entstehen beispielsweise auch durch das falsche Schätzen von Modellparametern, manchmal auch explizit *Schätzrisiko* genannt. Ferner kann es sein, dass die Schätzungen zwar bezogen auf einen bestimmten Zeitpunkt oder Zeitraum zutreffend waren, aber für die Zukunft unzutreffend sind; dies nennt man manchmal auch *Änderungsrisiko* (im Grunde eine spezielle Form des Irrtums- bzw. Schätzrisikos).

Während in diesem Buch zwar verschiedene Aspekte der Risikomodellierung und also zwangsläufig auch Modellrisiken behandelt werden, soll der Begriff Risiko als solcher mit dem Zufallsrisiko gleich gesetzt werden, sofern nicht explizit anderes gesagt wird. Damit kann der in diesem Buch verwendete Risikobegriff wie in Abbildung 1.2 zusammengefasst und visualisiert werden.

1.2 Geschichtliches

Selbst bei Beschränkung auf die wichtigsten Entwicklungen reichen einige wenige Sätze nicht, um die Geschichte der Risikoanalyse und des Risikomanagements auch nur annähernd vollständig darzustellen. Als weiterführende Literatur kann u. a. der Klassiker [Ber96] empfohlen werden.

1.2.1 Frühe Geschichte der Risikoanalyse als Geschichte der Stochastik

Schon immer standen Menschen vor der Herausforderung, Entscheidungen im Hinblick auf eine ungewisse Zukunft zu treffen. Oft wurden entsprechende Fragen allerdings der religiösen Sphäre zugeordnet. Es wurden Orakel befragt und Gottheiten um Hilfe gebeten; eine wissenschaftliche Annäherung an das Thema fand kaum stand. Im christlichen Mittelalter galt etwa die systematische Beschäftigung mit dem Zufall sogar als verpönt und gotteslästerlich.

Ein *Risiko* ist ein (Wert-)**Objekt**, das einer potenziellen zukünftigen **Wertveränderung** unterliegt (bezogen auf einen vorgegebenen Zeitraum oder eine vorgegebene Entscheidungssituation).

Die Wertveränderung (und damit auch das Risiko selbst) wird beschrieben durch eine **Zufallsvariable** bzw. deren **Wahrscheinlichkeitsverteilung** und ggf. zusätzlich als **Funktion verschiedener wertbeeinflussender Variablen und Parameter**.

Der in praktischen Risikoanalysen verwendete Wertmaßstab hängt jeweils vom Einsatzbereich bzw. ggf. auch von individuellen Wert- und Nutzenvorstellungen ab.

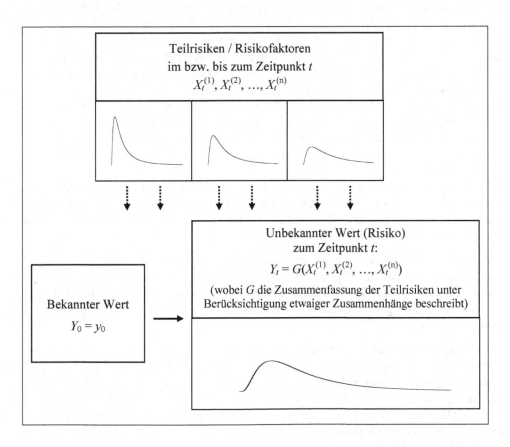

Abbildung 1.2: Zusammenfassung und Visualisierung des Risikobegriffs

Andererseits sind modern anmutende Methoden des Risikomanagements teilweise gar nicht so neu. Beispielsweise gab es schon im 17. Jahrhundert an der Amsterdamer Börse für das „Hedging" von Risiken geeignete Finanzinstrumente, die wir heute als Derivate bezeichnen würden; manche Wissenschaftshistoriker sehen Vorläufer davon sogar schon bei den Babyloniern fast 2000 Jahre vor unserer Zeitrechnung. Ähnlich verhält es sich mit den anderen in Kapitel 4 dieses Buchs angesprochenen grundsätzlichen Risikoentlastungsstrategien der Risikoteilung und der Diversifikation.

Während die grundsätzliche Funktionsweise solcher Risikoentlastungsstrategien teilweise noch intuitiv und ohne höhere Mathematik erfassbar ist, kommt deren genauere Beschreibung und Bewertung nicht mehr ohne anspruchsvolle Mathematik aus. Daher ist die Geschichte der Risikoanalyse und des Risikomanagements weitgehend auch eine Geschichte der Stochastik, also des mathematischen Teilgebiets, das sich mit der Beschreibung und Analyse von Zufallsprozessen befasst.

Auch wenn einfache Formeln für Wahrscheinlichkeitsberechnungen, etwa bei Glücksspielen, möglicherweise bereits im Altertum bekannt waren, hat sich die Stochastik, einher mit vielen anderen für das heutige Leben grundlegenden technischen und wirtschaftlichen Erkenntnissen, überwiegend erst seit der Renaissance entwickelt. Eine wichtige Triebfeder war das Interesse am Glücksspiel. Die Stochastik lässt sich in die beiden, allerdings miteinander zusammenhängenden, Bereiche der Wahrscheinlichkeitstheorie und der Statistik untergliedern.

Wichtige Grundlagen für die systematische Wahrscheinlichkeitsrechnung wurden durch das 1494 erschienene Buch *Summa de Arithmetica, Geometria, Proportioni et Proportionalita* des Mönchs und Professors Luca Pacioli (ca. 1445 – 1514) sowie die um 1550 entstandene Abhandlung *Liber de Ludo Aleae* (Buch des Würfelspiels) des Universalgelehrten Gerolamo Cardano (1501 – 1576) geschaffen.

Mit Paciolis Buch, das als erstes gedrucktes Buch eines Mathematikers gilt, wurden auch Kaufleute unterrichtet. Unter anderem wird in ihm die Methode der doppelten Buchführung erläutert sowie das wahrscheinlichkeitstheoretische Problem „Gioco di Balla", im Englischen auch als „Problem of Points" bezeichnet, formuliert:

> A und B spielen mehrere Runden eines als Balla bezeichneten fairen Spiels. Sie vereinbaren, dass den Spieleinsatz derjenige erhalten soll, der als erster sechs Runden gewonnen hat. Das Spiel muss jedoch abgebrochen werden, als A fünf Runden und B drei Runden gewonnen hat. Wie sollte nun der Spieleinsatz gerecht zwischen beiden aufgeteilt werden?

Im Grunde geht es bei dieser Fragestellung also um eine angemessene Bewertung des Verlustrisikos. Da es eine systematische Wahrscheinlichkeitsrechnung noch nicht gab, kam Pacioli mit Hilfe einer „Proportionalitätstheorie" in seinem Buch auf die falsche Antwort 5:3. Die richtige Antwort 7:1 wurde erst ca. 160 Jahre später von Pierre de Fermat (ca. 1601 – 1665) und Blaise Pascal (1623 – 1662) mit jeweils unterschiedlichen Lösungsansätzen gegeben; sie führten u. a. darüber einen im Nachhinein berühmten Briefwechsel, der manchen als Geburtsstunde der Wahrscheinlichkeitsrechnung gilt.

Weitere berühmte Wissenschaftler, die sich um die Entwicklung der Wahrscheinlichkeitsrechnung und damit der Risikoanalyse verdient gemacht haben, sind u. a. Christiaan Huygens (1629 – 1695), der 1657 das erste systematische Lehrbuch der Wahrscheinlichkeitsrechnung verfasste (dieses enthält u. a. schon Grundideen zum Hedging), sowie verschiedene Vertreter der Baseler Gelehrten- und Mathematiker-Dynastie Bernoulli, die die Entwicklung der Stochastik vor allem von Mitte des 17. bis Mitte des 18. Jahrhunderts voran brachten. Die axiomatische Begründung der Wahrscheinlichkeitstheorie gelang aber erst A. N. Kolmogorov (1903 – 1987) im Jahr 1933. Darauf fußend wurde in den 1930er und 1940er Jahren die Theorie der stochastischen Prozesse entwickelt.

Jakob Bernoulli (1655 – 1705) war der erste, der sich theoretisch fundiert mit Schätzproblemen beschäftigte, und die Brücke zwischen Statistik und Wahrscheinlichkeitsrechnung schlug. Er beschrieb das heutzutage als *Gesetz der großen Zahlen* bezeichnete Phänomen, das u. a. als theoretische Begründung für die Anwendbarkeit der Monte-Carlo-Simulation im Risikomanagement (vgl. Kapitel 7.6) dienen kann. Sein wahrscheinlichkeitstheoretisches Hauptwerk, die *Ars Conjectandi* (Kunst des Vermutens), blieb bei seinem Tod im Jahr 1705 allerdings unvollendet. Sein Neffe Nikolaus Bernoulli (1687 – 1759) arbeitete anschließend an der Petersburger Akademie der Wissenschaften an der Fertigstellung des Werks. Auf ihn und seinen Cousin Daniel Bernoulli (1700 – 1782) geht ein weiteres berühmtes Problem der Wissenschaftsgeschichte zurück, das sogenannte Petersburger Paradoxon, s. Aufgabe 3.3. Dabei geht es um ein Spiel, bei dem einerseits der erwartete Gewinn unendlich groß, andererseits ein hoher Gewinn aber doch sehr unwahrscheinlich ist. Diese Beobachtung kann als Motivation dienen, sich neben dem Erwartungswert verschiedene Risikokennzahlen der Wahrscheinlichkeitsverteilung anzuschauen.

Ein weiterer Meilenstein der Stochastik ist der *Zentrale Grenzwertsatz*, der auf eine Arbeit von Abraham de Moivre (1667 – 1754) aus dem Jahr 1733 zurückgeht und später von Laplace (1749 – 1827) und Gauß (1777 – 1855) weiterentwickelt wurde. Dieser Satz liefert eine Erklärung für die überragende Bedeutung der Normalverteilung in der Statistik, wie sie auch im modernen Risikomanagement, beispielsweise bei Value-at-Risk-Berechnungen (s. Abschnitt 3.1.5.4 und Kapitel 6.2), eine große Rolle spielt. Grundlegend für die Analyse abhängiger Risiken waren die Untersuchungen von Francis Galton (1822 – 1911), der u. a. die Regressionsanalyse begründete und zusammen mit Karl Pearson (1857 – 1936) den Korrelationskoeffizienten entwickelte.

Weitere historisch wichtige Entwicklungen für Risikoanalyse und Risikomanagement, insbesondere auch aus neuerer Zeit, werden im nachfolgenden Abschnitt angesprochen, der sich speziell mit dem Finanz- und Versicherungswesen beschäftigt.

1.2.2 Entwicklungen im Finanz- und Versicherungswesen

1.2.2.1 Finanzmärkte, Finanzkrisen und Finanzmathematik

Die Intensivierung des überregionalen Handels, vor allem mit Überseegebieten, im ausgehenden Mittelalter und in der beginnenden Neuzeit stellte Anforderungen an Risikoanalyse und Risikomanagement, die über den im vorigen Abschnitt überwiegend angesprochenen Bereich des Glücksspiels weit hinausgingen. In Flandern, den Niederlanden, Frankreich, England und Deutschland wurden im 15. und 16. Jahrhundert erste moderne Börsen, also nach standardisierten Finanzregeln organisierte Märkte, gegründet. Dazu, wann und wo es die erste Börse gab, findet man unterschiedliche Angaben was wohl auch an der wenig eindeutigen Definition dieses Begriffs liegen mag.

Eine wichtige Rolle für die frühen Börsen spielte der Handel mit Wechseln, also mit Schuld-scheinen, zur Finanzierung und Überbrückung kurzfristiger Zahlungsschwierigkeiten. Ab dem 17. Jahrhundert wurden Anteilsscheine von Unternehmen gehandelt, also Vorläufer von Wertpa-pieren, die wir heute Aktien nennen. Als älteste börsengehandelte Papiere dieser Art gelten die Anteile der Niederländischen Ostindien-Kompanie, einer damals sehr mächtigen Vereinigung für den Fernhandel. Verbrieft wurden auch Anteilsscheine anderer Handelsgesellschaften, sowie von Bergbauunternehmen. Auch Vorformen von derivaten Finanzinstrumenten, beispielsweise bestimmte Optionsscheine, gab es damals schon. Sicherlich wurden in dieser Zeit auch schon grundsätzliche Überlegungen zu Risikoentlastungsstrategien, wie sie im Kapitel 4 dieses Buchs beschrieben werden, angestellt, wenngleich eine systematische mathematische Analyse und Be-wertung noch längere Zeit auf sich warten ließ, vor allem, da die Wahrscheinlichkeitstheorie zu dieser Zeit noch nicht sonderlich weit entwickelt war.

Die moderne Finanz- und Wirtschaftsgeschichte ist auch eine Geschichte der Spekulationsbla-sen. Als erster moderner Börsencrash gilt der wirtschaftliche Zusammenbruch im Holland des 17. Jahrhunderts, der auf den sogenannten Tulpenwahn folgte. Jeder wollte bei dem Geschäft mit den damals als überaus attraktiv geltenden Tulpen und Tulpenzwiebeln aus dem asiatischen Raum dabei sein, und so stiegen die Preise ins Unermessliche. Auch Optionen auf Tulpenzwie-beln wurden gehandelt. Auf dem Höhepunkt des Tulpenwahns kosteten ein paar Tulpenzwiebeln fast soviel wie ein ganzes Haus. Als schließlich viele vereinbarte Kaufverträge nicht mehr voll-ständig erfüllt werden konnten, brach das System im Jahr 1637 mit weitreichenden wirtschaft-lichen Folgen zusammen. Ähnliche, nur im Detail unterschiedliche, Verläufe kennt man auch von vielen nachfolgenden Spekulationsblasen in der Geschichte, etwa der Eisenbahnspekulation in Nordamerika im Jahr 1883, der Aktienspekulationsblase, die 1929 die Weltwirtschaftskrise auslöste, Devisenspekulationen, die zum Zusammenbruch der Herstadt-Bank im Jahr 1974 führ-ten, der sogenannten Dot-Com-Blase Anfang dieses Jahrtausends oder der Immobilienblase, die neben der erst etwas später thematisierten Schuldenkrise für die 2007 begonnene globale Krise verantwortlich gemacht wird.

Auf wissenschaftlicher Seite hat sich im 20. Jahrhundert die moderne Finanzmathematik ent-wickelt, deren Ziel es ist, risikobehaftete Finanzprodukte und Finanzmärkte zu beschreiben und zu bewerten. Dazu ist weit mehr Mathematik erforderlich als Erwartungswert- und Barwertbe-trachtungen. Als bahnbrechend gilt heute die um 1900 angefertigte Dissertationsschrift *Théorie de la Spéculation* des französischen Mathematikers Louis Bachelier (1870 – 1946). Er hatte die Idee, Kursbewegungen als Brownsche Bewegung zu modellieren. Damals fanden seine Ideen aber wenig Anerkennung und gerieten lange in Vergessenheit. Die Übertragung eines ursprüng-lich aus der Biologie stammenden Modells auf das Börsengeschehen erschien vielen wohl als abwegig. Außerdem war die mathematische Beschreibung auch noch unzulänglich. Eine ma-thematisch strenge Konstruktion der Brownschen Bewegung wurde im Jahre 1923 erstmals von Norbert Wiener (1894 – 1964) angegeben. Beim Ausbau der Theorie der Brownschen Bewegung und sonstiger für die Finanzmodellierung wichtiger Prozesse lieferte anschließend der japanische Mathematiker Kiyosi Itô (1915 – 2008) wesentliche Beiträge.

Weitere wichtige Entwicklungen für die moderne Finanzmathematik und die Risikotheorie wurden durch verschiedene wirtschaftswissenschaftliche Nobelpreise innerhalb der letzten Jahr-zehnte gewürdigt. Zu den wichtigsten Beispielen gehört der Nobelpreis im Jahr 1990 an H. M. Markowitz für u. a. die Entwicklung der Portfoliotheorie sowie an R. C. Merton und M. S. Scholes im Jahr 1997 für ihre Modellbildung zur Bewertung derivaten Finanzinstrumenten (insbesondere Optionen), zu der u. a. die sogenannte Black-Scholes-Formel gehört. Da der Nobelpreis nicht postum verliehen wird, wurde der 1995 verstorbene, an der Entwicklung der Formel und anderen Bewertungsmodellen maßgeblich beteiligte, F. S. Black nicht geehrt. Sowohl die Portfoliotheorie als auch die Optionspreistheorie sind für das finanzielle Risikomanagement gerade auch in der Praxis von großer Bedeutung. Grundzüge werden in Kapitel 4.2 bzw. 4.3 dieses Buchs dargestellt.

Die Weiterentwicklung von derivaten Finanzinstrumenten und der Idee des Hedging, getrieben durch die Modelle von Black, Scholes, Merton und anderen, lieferte einerseits einen wichtigen Beitrag zum Risikomanagement, andererseits erzeugte sie auch neue Risiken. Der Markt für derivate Finanzinstrumente wuchs in den 1980er und 1990er Jahren dramatisch. Derivate wurden nicht nur zu Absicherungszwecken, sondern zu Spekulationszwecken genutzt. Sie führen dann durch ihre Hebelwirkung zu einer Vervielfachung von Risiken anstelle einer Risikominderung. Es wird vermutet, dass derartige Effekte beim Börsenkrach im Oktober 1987, dessen Ursachen im Einzelnen nie ganz geklärt werden konnte, eine große Rolle spielten. In größerem Umfang waren wohl automatisierte Computer-Handelsprogramme verantwortlich, die auf der Black-Scholes-Formel u. Ä. beruhende Kauf- und Verkaufsstrategien zu schematisch anwendeten. Teilweise wurde auch behauptet, dass die Black-Scholes-Formel „falsch" sei, was in einem sehr engen Sinne aber auf alle (per se vereinfachenden) Modelle zutrifft. Scholes meinte damals dazu, dass sie in erster Linie nur falsch angewendet worden sei.

Allerdings lehrt die Geschichte auch, dass selbst großen Experten wie den Nobelpreisträgern Merton und Scholes Fehler in der Risikoeinschätzung unterlaufen können. Im Jahr 1998 war der Hedge-Fonds LTCM, an dessen Management sie mitwirkten, Auslöser oder zumindest Verstärker einer Börsen- und Finanzmarktkrise größeren Ausmaßes. Der ehemals sehr erfolgreiche Fonds musste, um Schlimmeres zu verhindern, unter Beteiligung von u. a. der US-amerikanischen Zentralbank gerettet und schließlich aufgelöst werden. Schuld war auch diesmal die Hebelwirkung derivater Finanzinstrumente sowie ein zu großes Vertrauen in bestimmte Bewertungsmodelle, die wichtige Teilaspekte der Realität außer Acht ließen.

Eine ganze Reihe anderer Unternehmenszusammenbrüche (z. B. Metallgesellschaft 1993, Barings Bank 1995 u. v. a. m.) und Finanzturbulenzen der letzten Jahrzehnte ist ebenfalls auf den falschen Einsatz von Derivaten, aber auch Risikofehleinschätzungen anderer Art, zurückzuführen. Selbst Kommunen erlitten finanzielle Zusammenbrüche; besonders bekannt wurden die aus Derivate-Spekulationen resultierenden Probleme von Orange County in Kalifornien im Jahr 1994. Auch in der Finanz- und Schuldenkrise ab 2007 spielte die falsche, zu spekulative bzw. zu sorglose, Verwendung von derivaten Finanzinstrumenten eine wichtige Rolle, diesmal vor allem von sogenannten Kreditderivaten, deren Wert von dem (Nicht-)Ausfall von Schuldnern bzw. entsprechenden Ausfallwahrscheinlichkeiten abhängt.

Nicht erst seitdem stellt sich die Frage, ob und wie man Finanzdesaster der angesprochenen Art durch eine bessere Risikoanalyse und einen durchdachteren Umgang mit mathematischen Risikomodellen vermeiden kann. Weitere Anmerkungen dazu finden sich in den Abschnitten 1.2.2.3, 1.2.2.4 und 1.4.

1.2.2.2 Entwicklungen im Versicherungswesen

Das systematische Risikomanagement stellte von Anfang an die Kernidee des Versicherungsgeschäfts dar. Zusammenschlüsse von Kaufleuten oder Bürgern zum Zwecke gemeinschaftlicher Risikoteilung wird es in der Menschheitsgeschichte vermutlich schon früh gegeben haben. Die systematische Organisation von Versicherungsunternehmen, die u. a. eine angemessene Prämienkalkulation erfordert, wurde großenteils erst durch die in Abschnitt 1.1 dargestellten wissenschaftlichen Fortschritte in der Stochastik ermöglicht. Seitdem stellt das planvolle Risikomanagement jedoch geradezu die Kernidee des Versicherungsgeschäfts dar.

Im Jahr 1662 veröffentlichte John Graunt (1620 – 1674) in der Schrift *Natural and Political Observations made upon the Bills of Mortality* erstmals fundierte statistische Untersuchungen zu gesellschaftlichen Phänomenen wie Lebenserwartung, Säuglingssterblichkeit und Todesursachen. Das verwendete empirische Datenmaterial stammte aus Aufzeichnungen von Geburten und Todesfällen in der Stadt London. Im Jahr 1693 publizierte Edmond Halley (1656 – 1742), der vor allem wegen des nach ihm benannten Kometen bekannt ist, Tabellen zur Beitragsberechnung bei Leibrentenversicherungen, wie sie später auch von den ersten modernen Versicherungsgesellschaften verwendet wurden.

Die 1762 in London gegründete und noch heute existierende Lebensversicherungsgesellschaft *Equitable* benutzte erstmals den Begriff *Actuary* für ihren leitenden versicherungsmathematischen Sachverständigen. Historisches und Aktuelles zum Berufsstand der deutschen Aktuare kann man etwa im Sammelband [DAV09] nachlesen.

Generell entwickelten sich im Laufe der Zeit die Methoden der Versicherungsmathematik und der Risikotheorie im Einklang mit entsprechenden allgemeinen mathematischen Entwicklungen, vor allem im Bereich der Stochastik, aber auch der Numerik und Informationstechnologie, weiter. Als besonderer Meilenstein soll an dieser Stelle nur die Entwicklung der kollektiven Risikotheorie durch Filip Lundberg (1876 – 1965) im Jahr 1903 erwähnt werden, die vor allem auch für die Nichtlebensversicherung von Bedeutung ist. Weitere Anmerkungen zu historischen Entwicklungen der Risikoanalyse in der Versicherungswirtschaft enthalten auch die nachfolgenden Abschnitte. Seit 2012 bietet die Deutsche Aktuarvereinigung DAV für ihre Mitglieder auch eine Zusatzqualifikation zum *Certified Enterprise Risk Actuary* (CERA) nach internationalem Rahmenstandard an.

1.2.2.3 Verschmelzung finanz- und versicherungsmathematischer Paradigmen

In [Büh98] vergleicht H. Bühlmann in treffender Weise die historisch unterschiedlichen Paradigmen der Finanz- und Versicherungswirtschaft bzw. Finanz- und Versicherungsmathematik. Die Finanzmathematik, und insbesondere die in den letzten Jahrzehnten so dominanten derivaten Strategien, seien in erster Linie kurzfristig, preisorientiert und böten lokale Lösungen. Demgegenüber benutze die Versicherungsmathematik vorwiegend langfristige, risikoorientierte und globale Modelle.

In der modernen Finanzwelt wachsen diese beiden unterschiedlichen Bereiche mehr und mehr zusammen. Viele Versicherungsprodukte enthalten implizite Optionen, die finanzmathematisch bewertet werden können. Angemessene finanzmathematische Anlagestrategien, etwa die als *Asset-Liability-Management* bezeichnete optimale Abstimmung von Kapitalanlagen auf finanzielle Verpflichtungen (s. auch Kapitel 1.3), erweisen sich als entscheidend für den Erfolg von Versicherungsunternehmen. Auf der anderen Seite können auch Banken von traditionellen versicherungsmathematischen Ansätzen profitieren, etwa bei der Modellierung operationeller Risiken. Zudem müssen sie bei der Unterstützung des Anlagemanagements von Versicherungsunternehmen die versicherungstechnischen Kalkulationsgrundlagen berücksichtigen. Auch außerhalb der Finanz- und Versicherungswirtschaft gewinnt das finanzielle bzw. quantitative Risikomanagement zunehmend an Bedeutung, wobei sowohl finanz- als auch versicherungsmathematische Ansätze eine wichtige Rolle spielen.

Wie auch Bühlmann in dem o. g. Artikel nahelegt, wird der Erfolg zukünftiger Risikomanagementstrategien davon abhängen, dass unterschiedliche Sichtweisen und Modelle (etwa die erwähnten unterschiedlichen Denkmodelle aus der Finanz- und Versicherungsmathematik) noch stärker zusammenwachsen und Modelle nicht nur angewendet, sondern auch verstanden werden (insbesondere im Hinblick auf ihre Grenzen). Bühlmann vergleicht, anspielend auf damalige Finanzturbulenzen (s. auch Abschnitt 1.2.1), die mathematischen Modelle mit Geistern, die von „Zauberlehrlingen" teilweise eher spielerisch in die Welt gesetzt wurden, und sich dann verselbstständigt haben (bzw. sind in seiner Sprechweise auch mathematischen Paradigmen selbst diese „Zauberlehrlinge"), eine Sichtweise, die immer noch aktuell ist. Während derartige Entwicklungen beunruhigen können, werden aber aller Voraussicht nach, wie auch Bühlmann meint, verstandene Modelle und „gezähmte Zauberlehrlinge" in Zukunft hervorragende Dienste leisten können.

Für die „Zähmung" des Finanzwesens in diesem Sinne spielen die gesetzlichen und institutionellen Rahmenbedingungen eine wesentliche Rolle, wie sie nachfolgend in 1.2.2.4 (aus historischer Sicht) und 1.4 erläutert werden.

1.2.2.4 Entwicklung der Finanzmarktregulierung

Allein die Gründung von Börsen selbst (s. 1.2.2.1) kann als eine Form der Finanzmarktregulierung verstanden werden, geht es dort doch um die Abwicklung von Finanzgeschäften nach klaren Regeln. Auch wenn die Weltwirtschaft im 16. und 17. Jahrhundert durchaus schon in einem modernen Sinne globalisiert war, hatten die Finanzmarktregeln damals allerdings eher lokalen Charakter.

Lange Zeit glaubte man, dass sich Finanzmärkte im freien Spiel der Kräfte am besten entwickeln, sofern nicht alternative Denkmodelle das Funktionieren des „kapitalistischen" Wirtschaftssystems ganz infrage stellten. Nach der Weltwirtschaftskrise von 1929 gab es, beispielsweise in den USA, verschiedene Ansätze zur Finanzmarktregulierung; diese wurden aber lange Zeit nicht intensiv weiterentwickelt. Insbesondere die weite Verbreitung derivater Finanzinstrumente und sonstiger neuer Finanzprodukte machte eine solche Weiterentwicklung aber dringend notwendig.

Ende 1974 wurde von den Zentralbanken und Bankaufsichtsbehörden der sogenannten G10-Staaten der *Basler Ausschuss für Bankenaufsicht (Basel Committee on Banking Supervision)* gegründet. Ein Anlass war der Zusammenbruch der Herstadt-Bank (s. 1.2.2.1) und der dringende Wunsch, ähnliche Fälle in Zukunft zu vermeiden. Seitdem formuliert der mittlerweile 27 Mitgliedstaaten (Stand Aug. 2012) umfassende Ausschuss Richtlinien und Empfehlungen, die zwar rechtlich nicht bindend sind, dennoch aber in den beteiligten Staaten und darüber hinaus international größte Beachtung finden.

Mit dem Schlagwort *Basel I* oder erster *Basler Akkord* werden die Vereinbarungen des Basler Ausschusses zur minimalen Eigenkapitalausstattung und damit Absicherung der Zahlungsfähigkeit von Banken aus dem Jahr 1988 bezeichnet. Die Berechnung erfolgte damals noch nach einer recht einfachen Formel, und es gab nur grobe Ansätze zur Messung von Risiko. Insbesondere das Risiko aus derivaten Finanzinstrumenten wurde unzureichend berücksichtigt. Der Schwerpunkt lag auf Kreditausfallrisiken.

In den folgenden Jahren wurde bei der Bank J. P. Morgan das System *RiskMetrics* zur Bewertung von *Marktpreisrisiken* (grob gesprochen tägliches Preisänderungsrisiko bei den diversen Anlageformen) entwickelt. Dabei wird das Gesamtrisiko auf der Basis verschiedene Risikofaktoren wie Aktienkursniveau, Zinsniveau, Rohstoffpreise und Wechselkurse unter Berücksichtigung von Korrelationen berechnet. Als Risikomaß setzte sich vor allem der Value-at-Risk (vgl. Abschnitt 3.1.5.2) als Standard durch. Ähnliche Modelle wurden auch von anderen Banken übernommen bzw. entwickelt. Im Jahr 1996 gab es eine bedeutende Ergänzung zum Basler Akkord, der einerseits ein einfaches standardisiertes Modell zur Messung von Marktrisiken einführte und andererseits den größeren Banken zum Nachweis angemessenen Eigenkapitals die Verwendung sogenannter interner Modelle nach dem Vorbild des *RiskMetrics*-Systems erlaubte.

Im Jahr 2001 begann ein zweiter Konsultationsprozess des Basler Ausschusses, der auch unter dem Namen *Basel II* bekannt ist. Ziel war eine Weiterentwicklung und Modernisierung der Ansätze von *Basel I* für das internationale Bankensystem. Von zentraler Bedeutung war vor allem die Einbeziehung von operationellen Risiken, sowie das sogenannte *Drei-Säulen-Prinzip* (s. Abbildung 1.5). Während die Bestimmungen von *Basel II* ab dem Jahr 2006 schrittweise, international teilweise in unterschiedlichem Tempo, in nationales Recht umgesetzt wurden, zeigte die Finanz- und Weltwirtschaftskrise ab 2007 in wesentlichen Punkten weiteren Reformbedarf. Das inzwischen verabschiedete Reformpaket trägt den Namen *Basel III* und soll voraussichtlich ab 2013 schrittweise in Kraft treten.

Im Versicherungsbereich gab es schon früh regulatorische Ansätze für das Risikomanagement. Beispielsweise ist im deutschen Versicherungsaufsichtsgesetz (VAG) - präzisiert durch Rundschreiben und Verordnungen der Aufsichtsbehörden - seit langem festgeschrieben, dass die Prämienkalkulation und die Berechnung der versicherungstechnischen Rückstellungen nach „anerkannten Regeln der Versicherungsmathematik" erfolgen muss und dass die Kapitalanlagen eine angemessene Liquidität und Risikostreuung aufweisen müssen. Im Jahr 2001 wurde das das EU-Projekt *Solvency II* ins Leben gerufen, das analog zu *Basel II/III* für Banken die minimale Risikokapitalausstattung von Versicherungsunternehmen und Pensionsfonds regeln soll. Ähnlich wie auch im Bankenbereich wurden vorbereitend in Kooperation von Aufsichtsbehörden und Unternehmen sogenannte *Quantitative Impact Studies* (QIS) durchgeführt, in denen die Auswirkungen der geplanten Regelungen und Modelle auf die Finanz- und Risikostruktur der Unternehmen getestet wurden, sodass Unternehmen und Interessenverbänden die Möglichkeit zur schrittweisen Adaption an die neuen Anforderungen sowie zur Einreichung von Verbesserungsvorschlägen gegeben wurde. Die endgültige Umsetzung von *Solvency II* auf Grundlage der Ergebnisse von QIS5 war ursprünglich für das Jahr 2012 geplant, hat sich aber aufgrund diverser noch offener Fragen verzögert.

Ursprünglich war man von einem langfristigen Zusammenwachsen der Projekte *Basel II* und *Solvency II* bzw. ihrer Nachfolgeprojekte ausgegangen, nachdem zuvor bereits die Kooperation im Bereich der Finanz- und Versicherungsaufsicht intensiviert wurde. Beispielsweise gibt es in Deutschland seit dem Jahr 2002 die *Bundesanstalt für Finanzdienstleistungsaufsicht* (BaFin) als Nachfolgebehörde der Bundesaufsichtsämter für das Kreditwesen (BAKred), den Wertpapierhandel (BAWe) und das Versicherungswesen (BAV). Die Aufgaben und Probleme bei der Regulierung von Banken und Versicherungen sowie sonstigen Finanzdienstleistern sind ähnlich. Außerdem lassen sich die einzelnen Unternehmensformen in der heutigen Finanzwelt nicht mehr klar voneinander abgrenzen bzw. sind verschiedene Typen von Finanzdienstleistern in Konzernstrukturen zusammengefasst. Allerdings ist man sich in letzter Zeit auch wieder verstärkt Unterschieden des Bank- bzw. Versicherungsgeschäfts und damit einem in Einzelheiten teilweise unterschiedlichen Regulierungsbedarf bewusst geworden.

Eine vorwiegend auf den deutschen Markt bezogene ausführlichere Darstellung der aktuellen gesetzlichen und institutionellen Rahmenbedingungen des Risikomanagements – nicht nur, aber auch für Banken und Versicherungen – erfolgt in Kapitel 1.4.

1.3 Bedeutung von Risikoanalyse und Risikomanagement aus unterschiedlichen Blickwinkeln

Im vorigen Abschnitt wurde ausgeführt, dass im Rahmen der Projekte *Basel II/III* und *Solvency II* von Finanzaufsichtsbehörden und Finanzdienstleistungsunternehmen quantitative Modelle zur Risikoerfassung und Risikosteuerung entwickelt wurden. Spezifisch an die Firmensituation angepasste Modelle werden auch interne Modelle genannt. Ähnliche Modelle gibt es inzwischen auch in anderen Wirtschaftsunternehmen; einige Hintergründe zu den gesetzlichen und regulatorischen Rahmenbedingungen sind in 1.4 ausgeführt.

Schon in den historischen Anmerkungen im Abschnitt 1.2.2 wurde erläutert, dass mangelndes Risikomanagement das gesamte Wirtschaftssystem erschüttern kann. Spätestens seit der 2007 begonnenen Finanz- und Wirtschaftskrise werden entsprechende Zusammenhänge in einer breiten Öffentlichkeit diskutiert. Firmeninsolvenzen führen zu Personalentlassungen, einer steigenden Arbeitslosenquote, zu Steuerausfällen und zu Defiziten bei den sozialen Sicherungssystemen. Vor allem, wenn aufgrund von wirtschaftlichen Verflechtungen Kettenreaktionen entstehen oder aufgrund der allgemeinen Rahmenbedingungen viele Unternehmen gleichzeitig betroffen sind, sinkt die Leistungsfähigkeit der gesamten Volkswirtschaft.

Ganz besonders im Banken- und Versicherungsbereich können Insolvenzen, und ggf. schon die Vorstufe einer unzureichenden Eigenkapitalausstattung gravierende Folgen haben. Schlimmstenfalls stehen die Ersparnisse und die Erfüllbarkeit der Versicherungsverträge für die Kunden auf dem Spiel. Aber selbst wenn dieser schlimmste Fall nicht eintritt, können eine unzureichende oder nur sehr teure Versorgung von Unternehmen und Privatpersonen mit Krediten und Versicherungsschutz, die in Folge einer unzureichenden Ausstattung von Banken und Versicherungen mit Risikokapital entstehen kann, zu einer Lähmung des gesamten Wirtschaftslebens führen. Schließlich sind vor allem Versicherungsunternehmen und Pensionsfonds mit ihren langfristigen Kapitalanlagen zur Abdeckung der Leistungsversprechen wichtige potentielle Investoren in den verschiedenen Märkten (Immobilien, Aktiengesellschaften etc.), von deren grundsätzlichem Wohlergehen auch in diesem Sinne in gewissem Umfang die gesamte Volkswirtschaft profitiert.

Aus diesen vielschichtigen Gründen ist es also für den Gesetzgeber und die Aufsichtsbehörden wichtig, für eine angemessene Risikoanalyse und funktionierende Risikomanagementsysteme in Unternehmen aller Art, aber insbesondere der Finanz- und Versicherungswirtschaft, zu sorgen. Denkt man nicht gleich an Finanzkrisen, so ist dennoch ein finanzielles Risikomanagement im Interesse von Unternehmen und Kunden. Der Nachweis eines funktionierenden Risikomanagementsystems verschafft einen leichteren Zugang zum Kapitalmarkt; Eigenkapitalgeber können in der Regel schneller gefunden und Kredite zu günstigeren Konditionen aufgenommen werden. Somit werden durch die Optimierung des Risikokapitals schließlich tendenziell auch die Unternehmensgewinne gesteigert, was Eigenkapitalgeber und unter Umständen auch den Fiskus freut. Kunden von Versicherungsunternehmen profitieren über eine höhere Überschussbeteiligung (bei Lebensversicherungsunternehmen) oder niedrigere Versicherungsbeiträge von einem guten Asset-Liability-Management und allgemeinem Risikomanagement.

Es sei darauf hingewiesen, dass das an dieser Stelle und auch in Kapitel 1.2 nur im Versicherungskontext angesprochene *Asset-Liability-Management* selbstverständlich gleichfalls für Banken und oft auch für nicht dem Finanzdienstleistungsbereich zuzuordnende Unternehmen, von großer Bedeutung ist. Allgemein ist unter dem in diesem Buch noch häufiger verwendeten Begriff *Asset* jede Form einer Kapitalanlage zu verstehen, wie sie sich in einer bilanziellen Sichtweise auf der Aktivseite (dt. *Aktiva* $\widehat{=}$ engl. *Assets*) einer Unternehmensbilanz wiederfindet. Demgegenüber steht der Begriff *Liability* für eine finanzielle Verpflichtung, ist also bilanziell gesehen ein Passivposten (dt. *Passiva* [ohne Eigenkapital] $\widehat{=}$ engl. *Liabilities*). Beim Asset-Liability-Management geht es also ganz allgemein um eine optimale Abstimmung von Assets und Liabilities, etwa im Hinblick auf die Struktur der erwarteten Zahlungsströme und die Risikostruktur. Die angesprochene bilanzielle Sichtweise ist – dort wieder exemplarisch für Versicherungsunternehmen – in Abbildung 1.7 dargestellt; s. auch Kapitel 1.4.

1.4 Regulatorische Rahmenbedingungen des Risikomanagements

Aufgrund der Globalisierung der Weltwirtschaft und gemeinsamer Bemühungen verschiedener führender Staaten zum Aufbau funktionierender Risikomanagementsysteme, etwa im Kontext von *Basel II/III* und *Solvency II*, ähneln sich gesetzliche Bestimmungen und sonstige staatliche Vorgaben zum Risikomanagement von Unternehmen in unterschiedlichen Ländern vielfach. Dennoch gibt es Unterschiede, die beispielsweise dadurch entstehen, dass neue Bestimmungen in schon bestehende Gesetzeswerke von teils recht unterschiedlichem Charakter eingeführt werden müssen.

Speziell in Deutschland spielen vor allem folgende regulatorische Rahmenregelungen eine wichtige Rolle:

- der *Deutsche Corporate Governance Kodex* (DCGK) flankiert von den Gesetzen KonTraG und TransPuG;

- das *Gesetz zur Kontrolle und Transparenz im Unternehmensbereich* (KonTraG), welches Vorschriften aus dem Aktiengesetz und dem HGB im Hinblick auf das Risikomanagement erweitert;
- das *Transparenz- und Publizitätsgesetz* (TransPuG), welches vor allem die Publizitätspflichten der Unternehmen regelt;
- der *Sarbanes-Oxley Act* aus den USA zur Verbesserung von Unternehmensberichterstattung und Risikomanagement, welcher auch für deutsche Tochterunternehmen von US-Gesellschaften gilt;
- die Mindestanforderungen an das Risikomanagement von Banken bzw. von Versicherungsunternehmen (MaRisk BA / VA), die sich aus den Regimen *Basel II* und *Solvency II* ergeben.

1.4.1 Corporate Governance

Unter dem Stichwort *Corporate Governance* versteht man grob gesprochen so etwas wie „gutes Benehmen" von Unternehmen; entsprechend sind unter einem *Corporate Governance Code* „Benimmregeln" für Unternehmen zu verstehen. Im Kern geht es bei Corporate Governance um wertorientierte Unternehmensführung und -kontrolle für alle Interessengruppen des Unternehmens (Eigentümer, Mitarbeiter, Kunden usw.).

Der Ausgangspunkt für die Einführung von Corporate Governance liegt in den 1930er Jahren, als erstmals das Auseinanderklaffen von Aktionärsinteressen und Unternehmensführung erkannt und in der wissenschaftlichen Literatur sowie in der Unternehmenspraxis diskutiert wurde. Aber erst seit Anfang der 1990er Jahre geht der Trend zur Etablierung systematischer Ansätze, zunächst in den angelsächsischen Ländern, später auch auf EU- und OECD-Ebene und speziell auch in Deutschland.

In Deutschland gibt es den *Deutschen Corporate Governance Kodex* (DCGK), der Grundsätze für eine gute Corporate Governance empfiehlt. Eine vom Bundesministerium der Justiz eingesetzte Regierungskommission hat im Jahr 2002 die Erstfassung des Kodex verabschiedet. Seither wird er regelmäßig überprüft und angepasst.

Der DCGK ist kein Gesetz, sondern eine Zusammenstellung von Prinzipien und Standards, denen sich die deutschen Unternehmen im Rahmen einer freiwilligen Selbstverpflichtung unterwerfen. Allerdings wird er von den Gesetzen KonTraG und TransPuG flankiert; vgl. die folgenden Ausführungen. Der Kodex legt u. a. Anforderungen an die Eignung und Arbeit von Aufsichtsräten fest und beschäftigt sich mit den Informationspflichten des Vorstands gegenüber dem Aufsichtsrat und den Aktionären.

Bezüglich des DCGK gilt das Prinzip „Comply or Explain". Das heißt, dass die Unternehmen den Empfehlungen entweder folgen müssen oder aber erläutern, wie und aus welchen Gründen sie in einzelnen Punkten abweichen.

1.4.2 KonTraG und TransPuG als gesetzlicher Rahmen für Corporate Governance in Deutschland

Das *Gesetz zur Kontrolle und Transparenz im Unternehmensbereich* (KonTraG) wurde vom Deutschen Bundestag im Jahr 1998 verabschiedet. Ziel des KonTraG ist es, die Corporate Governance in deutschen Unternehmen zu verbessern. Das KonTraG präzisiert und erweitert hauptsächlich Vorschriften des HGB (Handelsgesetzbuch) und des AktG (Aktiengesetz), wie dies in Abbildung 1.3 schematisch dargestellt ist.

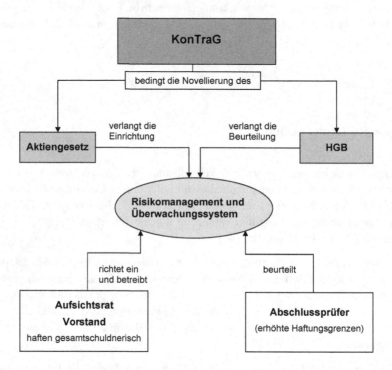

Abbildung 1.3: Kerninhalte des KonTraG (Darstellung angelehnt an [RF03])

Mit dem KonTraG wurde die Haftung von Vorstand, Aufsichtsrat und Wirtschaftsprüfern in Unternehmen erweitert. Kern des KonTraG ist eine Vorschrift, die Unternehmensleitungen vorschreibt, ein unternehmensweites Früherkennungssystem für Risiken (Risikomanagementsystem) einzuführen und zu betreiben, sowie Aussagen zu Risiken und zur Risikostruktur des Unternehmens im Lagebericht des Jahresabschlusses der Gesellschaft zu veröffentlichen. Abschlussprüfer werden außerdem verpflichtet, die Einhaltung der neuen Vorschriften insbesondere im Hinblick auf das Bestehen und die angemessene Anwendung eines Risikomanagementsystems zu prüfen und zum Bestandteil des Prüfungsberichts zu machen. Das KonTraG betrifft nicht ausschließlich Aktiengesellschaften. Auch die KGaA (Kommanditgesellschaft auf Aktien) und viele GmbH sind aufgrund einer sogenannten „Ausstrahlungswirkung" von den Vorschriften erfasst. Darüber hinaus ergibt sich die Notwendigkeit zur sinngemäßen Einhaltung der Grundsätze

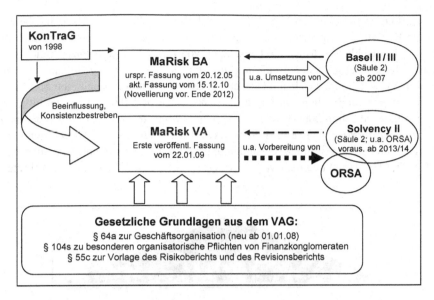

Abbildung 1.4: Rahmenbedingungen der MaRisk

oft auch im Rahmen der Kreditaufnahme bei Banken, die ihrerseits zur Risikoeinschätzung der Kreditnehmer verpflichtet sind.

Das *Transparenz- und Publizitätsgesetz* (TransPuG) zur Reform des Aktien- und Bilanzrechts ist im Jahr 2002 in Kraft getreten. Es ist u. a. als flankierende Maßnahme zur Einführung des Deutschen Corporate Governance Kodex anzusehen und änderte zu diesem Zweck Regelungen des Aktiengesetzes (AktG) und erweiterte die Publizitätspflichten nach dem Handelsgesetzbuch (HGB).

1.4.3 Der Sarbanes-Oxley Act

Der *Sarbanes-Oxley Act* von 2002 (SOX) ist ein US-Gesetz zur Verbesserung der Unternehmensberichterstattung in Folge der Bilanzskandale diverser Unternehmen wie Enron oder Worldcom. Es umfasst zahlreiche Detailvorschriften zur Corporate Governance, zu Berichterstattungspflichten der Unternehmen und zu Haftungsfragen. Benannt wurde es nach seinen Verfassern P. S. Sarbanes und M. Oxley. Ziel des Gesetzes ist es, das Vertrauen der Anleger in die Richtigkeit der veröffentlichten Finanzdaten von Unternehmen herzustellen. Das Gesetz gilt für inländische und ausländische Unternehmen, die an US-Börsen gelistet sind, sowie für ausländische Tochterunternehmen amerikanischer Gesellschaften und ist somit auch für viele deutsche Unternehmen von Relevanz.

1.4.4 *Basel II/III*, *Solvency II* und die MaRisk

Die unter den Schlagworten *Basel II/III* bzw. *Solvency II* bekannten Regelungen zur Eigenkapitalausstattung von Banken bzw. Versicherungsunternehmen wurden bereits in Abschnitt 1.2.2.4

angesprochen. Die entsprechenden Vorschriften für Banken gelten in Deutschland bereits seit 2007, analoge Regelungen für den Versicherungsbereich werden voraussichtlich 2013/2014 in Kraft treten. In Deutschland erfolgte die Umsetzung von *Basel II* mittels eines Rundschreibens der Aufsichtsbehörde BaFin zu den *Mindestanforderungen an das Risikomanagement von Banken* (MaRisk BA), welche inzwischen mehrfach überarbeitet wurden. Bezüglich *Solvency II* ist man, auch um eine Vereinheitlichung mit dem Bankensektor herbeizuführen, den umgekehrten Weg gegangen und hat schon 2009 vergleichbare *Mindestanforderungen an das Risikomanagement von Versicherungsunternehmen* (MaRisk VA) erlassen, also bereits vorbereitend auf *Solvency II*. Ein entsprechender Zeitplan und andeutungsweise die Zusammenhänge mit dem allgemeineren KonTraG (s. 1.4.2) und dem Versicherungsaufsichtsgesetz VAG sind in Abbildung 1.4 dargestellt.

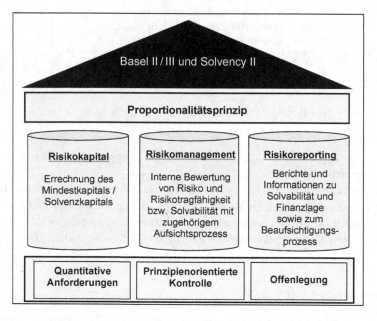

Abbildung 1.5: Die drei Säulen von *Basel II/III* und *Solvency II*

Basel II/III und *Solvency II* ersetzen die bisherigen, eher pauschalen Vorschriften über die Eigenkapitalausstattung von Finanzdienstleistungsunternehmen durch Eigenkapitalanforderungen auf Basis einer unternehmensindividuellen Bewertung von Risiko und Risikotragfähigkeit mittels quantitativer interner Modelle (unternehmensindividuell oder auch gemäß einem von der Aufsicht „vordefinierten" Standardmodell) mit zugehörigem, staatlich beaufsichtigtem, Risikomanagement-Prozess und Offenlegungspflichten. Ein wichtiges Stichwort in diesem Zusammenhang sind die geplanten ORSA-Prozesse (ORSA = *Own Risk and Solvency Assessment*), die einer prinzipienorientierten Kontrolle durch die Aufsicht unterliegen sollen. Die Regelungen zur Eigenkapitalausstattung gemäß *Basel II/III* bzw. *Solvency II* werden oft in einem Drei-Säulen-Modell, bestehend aus den quantitativen Anforderungen, der prinzipienorientierten Kontrolle und den Offenlegungspflichten, dargestellt. Dies ist in Abbildung 1.5 veranschaulicht.

Gliederungspunkt MaRisk VA	Erläuterungen zum Inhalt
1. Zielsetzung des Rundschreibens	Bezug zu § 64a und § 104s VAG; Grundsatz der Prinzipienorientiertheit und der Proportionalität.
2. Anwendungsbereich	Unternehmen und Gruppen, die von § 64 VAG erfasst werden.
3. Verhältnis zu sonstigen Regelungen	Diverse spezielle Regelungen aus anderen Rundschreiben (z.B. R 15/2005 (VA) Teil IX über die Anlage des gebundenen Vermögens, Hinweise zur Solvabilität von Versicherungsunternehmen R 4/2005 (VA), ...) bleiben unberührt.
4. Grundsatz der Proportionalität	Die Anforderungen des Rundschreibens sind unter Berücksichtigung der unternehmensindividuellen Risiken sowie Art, Umfang und Komplexität des Geschäftsbetriebs zu erfüllen.
5. Risiken	Die Aufsicht erwartet, dass Unternehmen sich in den nach § 55c VAG einzureichenden Risikoberichten mit allen wesentlichen Risiken beschäftigen, etwa mit versicherungstechnischen Risiken, Marktrisiken, Kreditrisiken, operationellen Risiken, Liquiditätsrisiken und Konzentrationsrisiken sowie auch mit strategischen Risiken und Reputationsrisiken. (Die Risikokategorisierung entspricht der von Solvency II, muss aber nicht zwingend vom Unternehmen in dieser Form durchgeführt werden.)
6. Gesamtverantwortung der Geschäftsleitung	Die Verantwortung für Risikomanagemententscheidungen liegt bei der Geschäftsleitung und ist nicht delegierbar.
7. Elemente eines angemessenen Risikomanagements	Dieser Gliederungspunkt ist das Kernstück der MaRisk VA und enthält verschiedene Unterpunkte: **7.1 Risikostrategie** (konsistent zur Geschäftsstrategie). **7.2 Organisatorische Rahmenbedingungen**: Regelungen zu u.a. Aufbau- und Ablauforganisation. **7.3 Internes Steuerungs- und Kontrollsystem**: Dieses soll auf ein Risikotragfähigkeitskonzept mit einem Limitsystem aufbauen. Ferner werden Einzelheiten zum Risikokontrollprozess bestehend aus den Phasen Risikoidentifikation, Risikoanalyse und -bewertung sowie Risikosteuerung und Risikoüberwachung beschrieben. Schließlich werden die unternehmensinterne Kommunikation und Risikokultur sowie die Risikoberichterstattung angesprochen. **7.4 Interne Revision.**
8. Funktionsausgliede-rungen und Dienst-leistungen im Sinne des § 64 a Abs. 4 VAG	Erforderlich ist eine Risikoanalyse des Outsourcings und weitere Einbeziehung in das Risikomanagement.
9. Notfallplanung	Vorzuhalten ist ein Notfallkonzept, das regelmäßig überprüft wird.
10. Information und Dokumentation	Erforderlich ist eine vollständige Dokumentation aller für das Risikomanagement wesentlichen Informationen, die für sachverständige Dritte nachvollziehbar und überprüfbar ist.

Abbildung 1.6: Tabellarische Übersicht zu den zehn Gliederungspunkten der MaRisk VA

Die MaRisk (BA / VA) enthalten zwei wesentliche Ansätze, die als Novum in der deutschen qualitativen Aufsicht bezeichnet werden können, nämlich die *prinzipienorientierte Vorgehensweise* und den *Grundsatz der Proportionalität*. Die prinzipienorientierte Vorgehensweise bedeutet, dass über grundsätzliche Regelungen hinaus kein weiterer detaillierter Regelungsbedarf gesehen wird. Der Grundsatz der Proportionalität besagt, dass die Aufsicht eine unternehmensspezifische Auslegung der Regelungen vorsieht, die der jeweiligen Unternehmensgröße und Geschäftstätigkeit angemessen ist. In Abbildung 1.6 sind exemplarisch die Kerninhalte der MaRisk VA aufgelistet. Im Hinblick auf die Risikokapitalberechnung (erste Säule von *Basel II/III* bzw. *Solvency II*) wird schon seit längerer Zeit im Bankenbereich ein Value-at-Risk-Ansatz (vgl. Abschnitt 1.2.2.4 sowie auch 3.1.5.2) verfolgt, der ähnlich auch für den Versicherungsbereich vorgesehen ist. Der geplante und in den QIS-Studien (vgl. Abschnitt 1.2.2.4) getestete Ansatz für den Versicherungsbereich ist in Abbildung 1.7 dargestellt.

Der derzeitige Ansatz im Bankenbereich ist ähnlich; allerdings bezieht sich die Risikomessung auf viel kürzere Zeiträume, in der Regel einen Tag, was durch die ganz unterschiedliche zeitliche Struktur von Bank- und Versicherungsgeschäften zu erklären ist. Die Bezeichnung SCR steht für *Solvency Capital Requirement*, die Bezeichnung MCR für *Minimum Capital Requirement*. Das SCR ist das gemäß *Solvency II* angestrebte Risikokapital, das die Versicherungsunternehmen über das Kapital zur unmittelbaren Abdeckung der versicherungstechnischen Verpflichtungen (z. B. Deckungsrückstellung in der Lebensversicherung) hinaus mindestens halten sollten. Erst

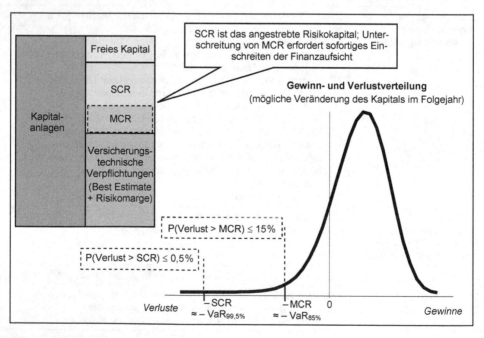

Abbildung 1.7: Ein Value-at-Risk-Ansatz zur Bestimmung von Risikokapital (hier bezogen auf Versicherungsunternehmen)

wenn das Risikokapital unter den Wert MCR fällt, sind allerdings drastische Maßnahmen der Versicherungsbehörde, bis ggf. hin zum Entzug der Erlaubnis zum Geschäftsbetrieb, erforderlich.

Die versicherungstechnischen Verpflichtungen werden gemäß *Solvency II* auf Basis eines „Best Estimate" plus einer Marge für nicht durch Hedging (dazu vgl. Kapitel 4.3) abzusichernde Risiken bestimmt. Unter dem „Best Estimate" ist eine marktnahe Bewertung zu verstehen, wobei zu berücksichtigen ist, dass es für Versicherungsbestände üblicherweise keinen Markt gibt, in dem entsprechende Preise festgestellt werden können; ersatzweise kann es als Erwartungswert interpretiert werden. Während die versicherungstechnischen Verpflichtungen Fremdkapitalcharakter haben, hat das Risikokapital SCR und MCR Eigenkapitalcharakter, wobei die bilanztechnischen Einzelheiten teils recht komplex sind.

Anwendungsbeispiele aus dem Kontext der Risikomodellierung unter *Solvency II* finden sich in den Abschnitten 3.2.1.10 und 5.1.3. Als weiterführende Literatur zur praxisbezogenen aktuariellen Risikomodellierung sei auch auf [Int10] verwiesen.

1.5 Risikoanalyse als Bestandteil des Risikomanagements

Dieses Buch beschäftigt sich im Wesentlichen mit der mathematischen Risikoanalyse. Diese ist eingebettet in einen umfassenderen Prozess der Risikomanagements wie er beispielsweise auch schon in der tabellarischen Übersicht 1.6 zu den MaRisk VA angesprochen wurde.

Der Risikomanagement-Prozess wird häufig als Regelkreislauf mit vier Hauptphasen dargestellt, nämlich:

1. Organisatorische und strategische Gesamtkonzeption des Risikomanagements;
2. Systematische Risikoidentifikation und -erfassung;
3. Messung / Quantifizierung der Risiken und Gesamtbewertung (Risikoaggregation);
4. Maßnahmen zur Risikosteuerung und -kontrolle.

Dies ist in Abbildung 1.8 nochmals grafisch dargestellt. Wichtig ist, dass der Risikomanagement-Prozess tatsächlich kontinuierlich durchlaufen wird. Das heißt, nachdem Maßnahmen zur Risikosteuerung und -kontrolle etabliert worden sind, ist zu überprüfen, ob die angestrebten Ziele erreicht wurden, und die organisatorische und strategische Konzeption des Risikomanagements ist erneut zu überdenken.

Die der Phase 1 zugeordnete organisatorische und strategische Gesamtkonzeption des Risikomanagements muss in aller Regel in einem Risikomanagement-Handbuch festgehalten werden. Ein solches Handbuch sollte u. a. folgende Aspekte beschreiben bzw. regeln:

- Ziele des Risikomanagementsystems;
- Risikopolitische Grundsätze: Einstellung zum Risiko, Risikotragfähigkeit etc.;
- Grundsätze für Risikoerkennung und Risikoanalyse sowie Risikokommunikation;
- Begriffsdefinitionen (Risiko etc.);
- Risikostrukturen sowie Risikofaktoren und -kategorien im Unternehmen;
- Definition der Aufbauorganisation, beispielsweise eines institutionalisierten Bereichs „Risikomanagement";
- Dokumentation von Risikoverantwortlichen und zugehörigen Maßnahmen;
- Definition der verwendeten Methoden und Instrumente;

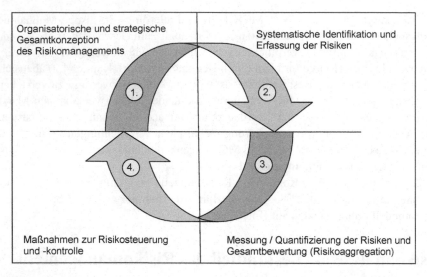

Organisatorische und strategische
Gesamtkonzeption
des Risikomanagements

Systematische Identifikation und
Erfassung der Risiken

Maßnahmen zur Risikosteuerung
und -kontrolle

Messung / Quantifizierung der Risiken und
Gesamtbewertung (Risikoaggregation)

Abbildung 1.8: Darstellung des Risikomanagement-Prozesses (angelehnt an [RF03])

- Zusammenstellung der wesentlichen integrierten Kontrollen sowie der Aufgaben der internen Revision;
- Geltungsbereich, Inkraftsetzung.

In Phase 2 geht es um eine Risikoanalyse in einem praktischen und konkreten, eher wenig mathematischen, Sinn. Sie bildet die Grundlage für die quantitative Risikoanalyse in Phase 3. Alle Risikoquellen, Schadensursachen und Störpotenziale sollen frühzeitig und möglichst vollständig erkannt werden. Die Informationsbeschaffung ist dabei meist der schwierigste und zugleich wichtigste Aspekt dieser Phase. Bei der Erfassung aller möglicher Risiken können Workshops, Interviews, Schadenstatistiken, Checklisten usw. helfen. Nicht nur Einzelrisiken sind zu erfassen, sondern auch Zusammenhänge zwischen verschiedenen Risikofaktoren.

Nachdem alle Risiken identifiziert wurden, erfolgt in Phase 3 eine Quantifizierung. Ziel ist es, alle Risiken hinsichtlich ihres Gefährdungspotenzials einzustufen und unter Berücksichtigung von Zusammenhängen das gesamte unternehmensindividuelle „Risikoportfolio" zu beschreiben, also eine Aggregation der Einzelrisiken durchzuführen. Dazu sollte die Bewertung möglichst mittels eines für alle Risikokategorien anwendbaren Risikomaßes erfolgen, beispielsweise dem bereits mehrfach erwähnten Value-at-Risk.

In der Phase 4 erfolgen Maßnahmen zur Risikosteuerung und -kontrolle, die die Ertragschancen des Unternehmens unter Risikoaspekten optimieren sollen. Mögliche Maßnahmen lassen sich grob in zwei Gruppen aufteilen:

1. *Aktive bzw. ursachenbezogene Maßnahmen* beeinflussen die Risikostrukturen unmittelbar durch eine Verringerung der Eintrittswahrscheinlichkeit von Schäden / Verlusten oder von auftretenden Verlusthöhen. Ein Beispiel sind Präventionsmaßnahmen wie Brandschutz und Diebstahlsicherungen.

2. *Passive bzw. wirkungsbezogene Maßnahmen* beeinflussen die Risikostruktur selbst nicht, aber begrenzen die finanziellen Auswirkungen eines Schadenereignisses für das Unternehmen. Ein Beispiel stellt der Abschluss geeigneter Versicherungen dar.

Weitere Einzelheiten zum Risikomanagement-Prozess lassen sich in eher betriebswirtschaftlich orientierter Literatur nachlesen. Neben der bereits genannten Monographie [RF03] sei beispielsweise auf die Bücher [BB02], [Kei04], [RH09] und [Wol08] verwiesen. Viele typischerweise eingesetzte Techniken stellen auch Adaptionen von nicht speziell auf das Risikomanagement bezogenen Management-, Planungs- und Controlling-Techniken dar, sodass dazu auch allgemeine BWL-Literatur zu Rate gezogen werden kann.

1.6 Übersicht zum Aufbau des Buchs

Im Anschluss an dieses einführende Kapitel mit Hintergründen und Rahmenbedingungen der quantitativen Risikoanalyse folgt der eigentliche Hauptteil.

In Kapitel 2 geht es um die mathematische Modellierung von Risiken als Zufallsvariablen. Es werden verschiedene Verteilungsmodelle für Schadenhöhen und Schadenanzahl vorgestellt, grundlegende Modelle für Wertentwicklungsprozesse erörtert und in die Grundzüge der Extremwerttheorie eingeführt. Zudem wird auf die Aggregation von Teilrisiken zu einem Gesamtrisiko eingegangen.

Wenngleich ein vollständiges Bild über ein Risiko nur durch Kenntnis der gesamten Wahrscheinlichkeitsverteilung gewonnen werden kann, ist es wichtig, sich einen kompakten Überblick über besonders wichtige Charakteristika zu verschaffen. Dazu dienen Risikokennzahlen, die in Kapitel 3 behandelt werden. Zum einen geht es um stochastische Risikokennzahlen, also charakteristische Verteilungsparameter u. Ä., zum anderen um analytische Risikokennzahlen, die die Sensitivität funktionaler Abhängigkeiten messen.

Auf der Grundlage der in Kapitel 2 und 3 beschriebenen Risikomodelle und Risikokennzahlen werden in Kapitel 4 verschiedene Risikoentlastungsstrategien beschrieben und in Bezug auf ihre Entlastungswirkung analysiert. Als Grundtypen werden die Risikoteilung, die Risikodiversifikation und das Hedging von Risiken vorgestellt.

In weiteren drei Kapiteln des Buchs werden spezielle Aspekte der Risikomodellierung und der Risikoanalyse beleuchtet. Kapitel 5 beschäftigt sich mit der Modellierung von Abhängigkeiten, beispielsweise mittels Korrelationskoeffizienten, Regressionsansätzen oder Copulas. In Kapitel 6 geht es um die Auswahl und Überprüfung von Modellen, etwa im Hinblick auf passende Verteilungsannahmen sowie charakteristische Risikokennzahlen. In Kapitel 7 werden Einzelheiten zur computergestützten Simulation von Risiken angesprochen.

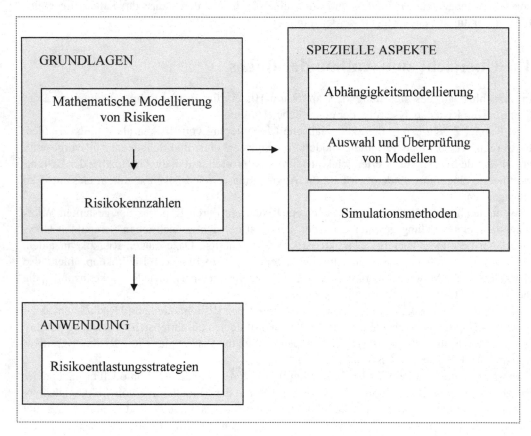

Abbildung 1.9: Übersicht zum Aufbau des Buchs

2 Mathematische Modellierung von Risiken

„Die Mathematiker sind eine Art Franzosen; redet man zu ihnen, so übersetzen sie es in ihre Sprache, und dann ist es alsobald ganz etwas anders.“ (Goethe)

2.1 Grundsätzliches zur mathematischen Beschreibung von Risiken

Ein Modell für ein einzelnes Risiko oder auch für ein aus mehreren Einzelrisiken resultierendes Gesamtrisiko besteht im Kern aus Annahmen zur Wahrscheinlichkeitsverteilung; vgl. Kapitel 1. Für ein ausgefeiltes privates oder unternehmerisches Risikomanagement ist zwar eine Gesamtbetrachtung aller wichtigen Risiken erstrebenswert. Allerdings sind dafür geeignete Modelle oft sehr komplex, auch wenn viele Vereinfachungen vorgenommen werden. Es empfiehlt sich also, zunächst mit der Analyse bzw. Modellierung von Einzelrisiken zu beginnen und ggf. in einem weiteren Schritt gleichartige Risiken zusammenzufassen. Was als ein einzelnes Risiko angesehen wird, hängt vom Kontext bzw. dem Detaillierungsgrad der Modellierung ab. Beispielsweise kann das, wenn es um Feuerschäden geht, ein einzelnes Gebäude sein oder der gesamte Gebäudebestand eines Unternehmens, oder aber das einzelne Risiko bezieht sich auf alle Arten möglicher Schäden (durch Feuer, Wasser, Sturm usw.), die an einem Gebäude entstehen können. Auch der betrachtete Zeithorizont spielt eine Rolle.

In Bezug auf den zeitlichen Aspekt ist bei der Modellierung von Risiken jeweils zwischen der Betrachtung zu einem festen Zeitpunkt t und der Betrachtung der Verläufe – sogenannter *stochastischer Prozesse* – zu unterscheiden. Grob gesprochen handelt es sich dabei um eine Menge von Zufallsvariablen $\{X_t \mid t \in T\}$, wobei T in diesem Kontext eine Menge von Zeitpunkten bezeichnet. Wenn $T = \mathbb{N}_0$ ist, heißt der Prozess *zeitdiskret*, wenn $T = \mathbb{R}_0^+$ oder ein Intervall ist, heißt der Prozess *zeitstetig*. Bei zeitdiskreten Prozessen wird die interessierende Zufallsgröße also nur zu bestimmten Zeitpunkten erfasst, wobei die zugrunde gelegte Zeiteinheit je nach Kontext prinzipiell beliebig klein oder groß gewählt werden kann. Bei zeitstetigen Prozessen wird dagegen die Zufallsgröße zu jedem Zeitpunkt eines Zeitintervalls dargestellt. Zudem ist auch hinsichtlich des Wertebereichs der Zufallsgröße X_t zwischen diskreten und stetigen Modellen (oder evtl. Mischformen) zu unterscheiden. Schadenanzahlverteilungen sind z. B. diskret, Schadenhöhenverteilungen meist stetig; mathematische Details finden sich z. B. in [RSST99].

Stochastische Prozesse spielen in der Praxis der Risikomodellierung eine große Rolle. Neben Schadenanzahlentwicklungen werden etwa Finanzmarktphänomene wie die zufallsbehaftete Wertentwicklung $\{V_t \mid t \geq 0\}$ eines Vermögenswerts, beispielsweise einer Aktie, oder die zufallsbehaftete Entwicklung von Marktzinsen im Zeitverlauf häufig durch stochastische Prozesse beschrieben. Ausgehend vom bekannten Wert $V_0 = v_0$ stellt das zu modellierende Risiko V_t (also die Wertentwicklung, oder auch eine andere zu modellierende Größe wie etwa die Schadenanzahl) zu jedem Zeitpunkt t eine Zufallsvariable dar, deren Wertverteilung von der vorangegangenen Wertentwicklung abhängen kann. Eine konkrete Realisation der Wertentwicklung V_t (oder einer anderen modellierten Zufallsgröße wie etwa einer Schadenanzahl) wird auch *Pfad* des stochastischen Prozesses genannt. Im zeitdiskreten Fall ist dies also eine Folge von Zahlenwerten $v_0, v_1, v_2, \ldots$ Bei Simulationen spricht man auch von einem stochastischen Szenario für eine bestimmte Schadenanzahl-, Kurs- oder Zinsentwicklung o. Ä.

Im Folgenden wird zunächst eine Reihe wichtiger Grundtypen von Risiken bzw. zugehöriger Verteilungsmodelle überblicksartig vorgestellt. Einzelheiten werden in den nachfolgenden Abschnitten behandelt.

Schadenhöhenverteilungen für Einzelschäden

Die Schadenhöhe x pro eingetretenem Schadenfall für ein Einzelrisiko wird durch eine positive (oder evtl.: nichtnegative) Zufallsvariable X bzw. die zugehörige Wahrscheinlichkeitsverteilung beschrieben. Meist wird sie zeitunabhängig modelliert. Die Dimension der Zufallsvariablen ist in der Regel eine Geldeinheit, etwa Euro. Das zu modellierende Einzelrisiko kann beispielsweise eine in der Produktion eingesetzte Maschine, ein versichertes Kraftfahrzeug oder etwas allgemeiner aufgefasst auch ein Kredit sein (wobei bei einem Kredit der „Schadenfall" durch eine nicht ordnungsgemäße Bedienung der Zahlungsverpflichtungen durch den Kreditnehmer eintritt). Verteilungsmodelle für Einzelschäden werden in Unterkapitel 2.2 vorgestellt.

Extremwertverteilungen

Eine besondere Bedeutung kommt der Modellierung besonders hoher finanzieller Verluste oder (Versicherungs-)Schäden zu. Man sucht beispielsweise ein Verteilungsmodell für die monatlichen maximalen prozentualen DAX-Tagesverluste über einen längeren Zeitraum oder für Katastrophenschäden, deren finanzielles Ausmaß einen gewissen Schwellenwert überschreitet. Ein Einblick in derartige Modelle wird im Unterkapitel 2.5 gegeben.

Schadenanzahlverteilungen

Die Anzahl n von Schäden gleichartiger Risiken (z. B. von gleichartigen Maschinen in einer Fabrik, Kfz in einem homogenen Versichertenkollektiv) innerhalb eines vorgegebenen Zeitraums (z. B. ein Jahr) wird durch eine nichtnegative ganzzahlige Zufallsvariable $N \in \mathbb{N}_0$ bzw. die zugehörige Wahrscheinlichkeitsverteilung beschrieben. Allgemeiner beschreibt $N(t)$ die Anzahl der Schäden im Zeitraum $[0; t]$ bzw. $N[t_1; t_2]$ die Anzahl der Schäden im Zeitintervall $[t_1; t_2]$. Etwas weiter gefasst tauchen Schadenanzahlverteilungen auch bei der Modellierung von Kreditausfällen in einem homogenen Bestand von Krediten auf. Gängige Modelle für die Schadenanzahl werden im Unterkapitel 2.3 beschrieben.

Schadenanzahlprozesse

Wird die (kumulierte) Schadenanzahl $N(t) = N[0; t]$ bis zum Zeitpunkt t als stochastischer Prozess aufgefasst, spricht man von einem Schadenanzahlprozess. Das bedeutet, dass gewisse Regeln für die mögliche Abfolge von Schadenfällen im Zeitverlauf aufgestellt werden; d. h., die Schadenanzahl für zukünftige Zeiträume wird etwa in Abhängigkeit von den zuvor eingetretenen Schadenfällen modelliert (im Sinne bedingter Wahrscheinlichkeiten). Mit solchen Regeln könnte man z. B. Ansteckungsprozesse bei Epidemien abbilden. Aus einem Schadenanzahlprozess $N(t)$ resultieren zugehörige Verteilungen für die Anzahl der Schäden bis zum Zeitpunkt t bzw. allgemeiner bedingte Verteilungen für $N[t_1;t_2]$, die Anzahl der Schäden im Zeitintervall $[t_1;t_2]$. („Bedingte Verteilung" bedeutet, dass – je nach stochastischem Prozess – Informationen über den vorherigen Schadenverlauf eine Rolle spielen.) Einige wichtige Schadenanzahlprozesse werden im Unterkapitel 2.3 eingeführt. Statt $N(t)$ verwenden wir auch die Schreibweise N_t.

Die Schadenanzahl $N(t)$ gibt die kumulierten Schäden bis zum Zeitpunkt t an. Alternativ könnte man sich auch für die nicht-kumulierte Schadenanzahl zu einem festen Zeitpunkt t interessieren, was allerdings nur bei zeitdiskreten Modellen Sinn ergibt (da bei zeitstetigen Modellen zu jedem konkreten Zeitpunkt „fast sicher" kein Schaden vorliegt). Daher werden zur Modellierung der Schadenanzahl überwiegend zeitstetige Prozesse herangezogen. Neben der kumulierten Schadenanzahl $N(t)$ ist dann vor allem die Zeitdauer D zwischen zwei Schäden noch eine für die Risikomodellierung relevante Zufallsgröße.

Gesamtschadenverteilungen

Eine Gesamtschadenverteilung gibt die Wahrscheinlichkeitsverteilung der gesamten Schadenhöhe S bzw. $S(t)$ einer bestimmten Gesamtheit (eines sogenannten Kollektivs) von Risiken im Zeitraum $[0;t]$ an, beispielsweise die Kfz-Schäden in einem Fuhrpark mit mehreren Fahrzeugen. Sie ergibt sich grob gesprochen aus der Schadenanzahlverteilung und der Schadenhöhenverteilung pro Einzelschaden. Eine explizite Bestimmung der Gesamtschadenverteilung aus diesen beiden Grundbausteinen ist allerdings nur in einfachen Spezialfällen möglich, vor allem wenn allgemein auch Zusammenhänge (z. B. Korrelationskoeffizienten) der Einzelrisiken u. Ä. zu berücksichtigen sind. In Unterkapitel 2.6 wird hierauf näher eingegangen.

Gesamtschadenprozesse

Wird der Gesamtschaden $S(t)$ bis zum Zeitpunkt t als stochastischer Prozess aufgefasst, spricht man vom *Gesamtschadenprozess*; vgl. dazu auch die Ausführungen zum Schadenanzahlprozess und zur Gesamtschadenverteilung. Statt $S(t)$ verwenden wir auch die Schreibweise S_t. In Abschnitt 2.6.3 wird näher auf Gesamtschadenprozesse eingegangen.

Einzelwertverteilungen

Ausgehend vom Zeitpunkt 0 kann der zufallsabhängig angenommene Wert $K(t)$ eines Rohstoffs, eines Wertpapiers oder eines anderen Wertobjekts (je nach Zusammenhang auch als Preis, Kurs o. Ä. bezeichnet) zu einem festen zukünftigen Zeitpunkt t als nichtnegative Zufallsvariable bzw. über die zugehörige Wahrscheinlichkeitsverteilung beschrieben werden. Das grundsätzliche Verteilungsmodell entspricht also mathematisch dem einer Schadenverteilung. Ein hoher Wert wird zwar im Gegensatz zu einem hohen Schaden in der Regel als „angenehm" empfunden; stellt man sich aber $K(t)$ als betrieblich notwendige Investitionssumme für einen Rohstoffkauf oder

z. B. auch als einen laut Versicherungsvertrag bei Diebstahl zu ersetzenden Wert vor, ist auch anschaulich die Analogie ganz offensichtlich. Einzelwertverteilungen werden in Unterkapitel 2.4 angesprochen.

Gewinn-/Verlustverteilungen für einen Einzelwert

In vielen Situationen ist es sinnvoll, als Zufallsgröße anstelle des Einzelwerts $K(t)$ selbst den finanziellen Erfolg (Gewinn bzw. Verlust) $E(t) = K(t) - K(0)$ zum Zeitpunkt t (bezogen auf den Anfangszeitpunkt 0) bzw. die zugehörige Wahrscheinlichkeitsverteilung zu betrachten. Diese Zufallsvariable kann dann prinzipiell auch negative Werte $(K(t) < K(0))$ annehmen. Auch solche Verteilungen werden in Unterkapitel 2.4 angesprochen.

Renditeverteilungen

Anstelle der absoluten Erfolgsgröße $E(t) = K(t) - K(0)$ wird oft der relative (prozentuale) Erfolg $\Gamma(t) = \frac{K(t)-K(0)}{K(0)}$ betrachtet. Den relativen Erfolg bezeichnet man bekanntlich auch als *Rendite*; sie kann in der oben definierten Form prinzipiell Werte aus dem Intervall $[-1;\infty)$ annehmen. Im Rahmen der Risikomodellierung ist es oft sinnvoll, zusätzlich die sogenannte *stetige Rendite* (andere Bezeichnungen: *kontinuierliche Rendite* bzw. *Log-Rendite*)

$$G(t) := \ln(1 + \Gamma(t)) \Leftrightarrow 1 + \Gamma(t) = \exp(G(t))$$

einzuführen. Diese kann dann beliebige reelle Zahlenwerte annehmen. Der Wert $Q(t) := 1 + \Gamma(t)$ kann als Wachstumsfaktor interpretiert werden, der das prozentuale Wachstum (oder ggf. auch Schrumpfen) des Anfangsguthabens $K(0)$ bis zum Zeitpunkt t angibt.[1]

Der Begriff der Rendite ist in einem allgemeinen Sinne zu verstehen: Es geht nicht notwendigerweise um den relativen Erfolg eines Kapitalanlegers, sondern es sind analog auch andere prozentuale Wertveränderungen gemeint, z. B. im unternehmerischen Bereich (Veränderung von Rohstoffpreisen, Wechselkursen usw.).

Preisprozesse

Bei Rohstoffen, Wertpapieren o. Ä. interessiert oft nicht lediglich deren Wert $K(t)$ zu einem bestimmten zukünftigen Zeitpunkt, sondern der gesamte Wertverlauf (bzw. Preisverlauf, Kursverlauf, ...) innerhalb eines Zeitintervalls $[0;t]$ oder zumindest der Wert zu verschiedenen Zeitpunkten innerhalb dieses Zeitraums. Dann reicht als Risikomodell also keine „einfache" Verteilungsannahme mehr, sondern der Wertverlauf muss als stochastischer Prozess modelliert werden. Daraus ergeben sich jeweils zugehörige Wertverteilungen für die Zufallsgröße $K(t)$ bzw. allgemeiner – ähnlich wie bei Schadenanzahlprozessen – bedingte Verteilungen für Zeitintervalle $[t_1;t_2]$. („Bedingte Verteilung" bedeutet in diesem Zusammenhang also, dass – je nach stochastischem Prozess – Informationen über den vorherigen Kursverlauf eine Rolle spielen.) Ähnliches

---

[1]Die Bezeichung Γ für die (Gesamt-)Rendite einer Periode ist in Analogie zur stetigen (Gesamt-)Rendite G gewählt und hat nichts mit der in Abschnitt eingeführten Gamma-Funktion zu tun. Näheres zu Renditeverteilungen enthält das Unterkapitel 2.4.

gilt z. B. für die Modellierung von Zinssätzen oder Wechselkursen. Derartige stochastische Prozesse zur Finanzmarktmodellierung werden in Unterkapitel 2.4 angesprochen.

Gesamtwertverteilungen / Gesamtwertprozesse

Ähnlich wie Gesamtschadenverteilungen mehrerer Einzelrisiken kann man auch die Gesamtwertverteilung verschiedener unter Risiko stehender Wertobjekte berechnen, z. B. bezüglich des Gesamtwerts eines Wertpapierportfolios. Noch allgemeiner könnte man beispielsweise auch den zukünftigen Gesamtwert eines Unternehmens modellieren, indem alle relevanten Schadenprozesse, Preisprozesse u. Ä. in einer Gesamtbetrachtung zusammengeführt werden. Dies kann allerdings wegen der Vielzahl zu berücksichtigender Faktoren beliebig kompliziert werden und ist in der Regel nur unter starken Modellvereinfachungen durchführbar.

2.2 Verteilungsmodelle für Einzelschäden

Einzelschäden im unternehmerischen oder privaten Bereich (Haftpflichtschäden, Unwetterschäden usw.) können je nach konkreter Entwicklung sehr unterschiedliche, oft hohe Ausmaße annehmen. Zur Bildung entsprechender Risikoreserven reicht es daher oft nicht, nur den Erwartungswert („Mittelwert") eines Schadens zurückzustellen. Zum einen ist bei seltenen Schadenereignissen das „Gesetz der großen Zahlen", das eine Orientierung am Erwartungswert begründen könnte, ohnehin nicht anwendbar. Aber auch darüber hinaus ist eine reine Orientierung am Erwartungswert problematisch. Beispielsweise können Versicherungsunternehmen Versicherungsbeiträge nicht lediglich auf Erwartungswertbasis kalkulieren, da damit keine ausreichenden Risikoreserven gespeist werden können (zum mathematischen Hintergrund s. 3.1.7). Also interessiert man sich für die gesamte Schadenhöhenverteilung bzw. zumindest für verschiedene charakteristische Verteilungsparameter als Risikokennzahlen.

Im Folgenden werden verschiedene konkrete Verteilungsmodelle zur Modellierung der Schadenhöhe (synonym: *Schadensumme*) einzelner Schäden betrachtet und ihr grundsätzliches Einsatzfeld erläutert. Für Schadenhöhenverteilungen kommen in erster Linie stetige Modelle infrage, bei denen die Verteilung also durch eine sogenannte Dichtefunktion $f(x)$ beschrieben wird, welche in dem vorliegenden Kontext zudem nur für $x \geq 0$ von null verschiedene Werte besitzt. Bei der Modellierung von Kreditausfällen oder im Bereich der Lebensversicherung trifft die Annahme einer stetigen Schaden- bzw. Leistungsverteilung zumindest näherungsweise für große Portfolios / Vertragsbestände zu. Auf Einzelvertragsbasis handelt es sich meist um sehr einfache diskrete Verteilungen (nur ein einziger Wert oder wenige verschiedene Schadensummen sind überhaupt möglich), die im Rahmen von Beispielen und Übungsaufgaben nur exemplarisch angesprochen werden.

Des Weiteren hängt der einzusetzende Verteilungstyp davon ab, ob es sich grundsätzlich um eine Schadenart handelt, bei der nur kleinere oder mittelgroße Schäden möglich sind, wie etwa in der Kfz-Kasko-Versicherung, oder ob Großschäden möglich oder gar „wahrscheinlich" sind, wie beispielsweise in der Industrie-Haftpflichtversicherung (Haftpflichtversicherung für Unternehmen) oder der Rückversicherung (Versicherung für Versicherungsunternehmen) von Naturkatastrophen. In der (Rück-)Versicherung werden manchmal auch innerhalb einer Schadenart

Kleinschäden (auch *Basisschäden* genannt) und Großschäden durch separate Verteilungsmodelle beschrieben. Eine allgemeingültige exakte Abgrenzung zwischen Kleinschäden und Großschäden gibt es nicht; vielmehr ist die Bestimmung entsprechender Grenzwerte in einem konkret vorgegebenen Kontext selbst eine Modellierungsaufgabe. Für weiterführende Hinweise dazu vgl. etwa [Die07], [Hip06b].

Kleinschadenverteilungen kommen z. B. auch bei Versicherungen mit Selbstbeteiligung vor, s. Kapitel 4. In diesem Fall ist besonders offensichtlich, dass Kleinschäden in der Regel durch eine feste Schadenobergrenze charakterisiert sind. Die zugehörige Wahrscheinlichkeitsverteilung hat also einen beschränkten Träger (Bereich mit Dichtefunktion $f(x) \neq 0$). Ferner bieten sich Verteilungen mit beschränktem Träger an, wenn *Schadenquoten* modelliert werden, d. h. wenn Schäden prozentual zu einer Bezugsgröße angegeben werden (üblich z. B.: Versicherungsleistungen bezogen auf Beitragseinnahmen).

Risiken, die typischerweise mit Schäden im kleinen und mittleren Bereich verbunden sind, zeichnen sich dadurch aus, dass die zugehörigen Schadenverteilungen einen schmalen *Tail* besitzen (falls nicht ohnehin eine feste Obergrenze vorliegt). Das heißt, im auslaufenden Ende der Wahrscheinlichkeitsverteilung befindet sich relativ wenig „Wahrscheinlichkeitsmasse". Demgegenüber haben Großschadenverteilungen einen breiten Tail, sie besitzen also relativ viel Wahrscheinlichkeitsmasse im auslaufenden Ende der Verteilung; man spricht auch von *Fat-Tail-* oder *Heavy-Tail-Verteilungen*. Der Begriff der Heavy-Tail-Verteilung wird nicht einheitlich verwendet. In den meisten Fällen (auch hier) versteht man darunter eine Verteilung, deren *Tail-Wahrscheinlichkeiten* $P(X > x) = 1 - F(x)$ für $x \to \infty$ langsamer als jede exponentiell fallende Funktion gegen null konvergieren (vgl. [Mik04], [Res07]). Maßgeblich für die Risikomodellierung ist außer einer Annahme zur grundsätzlichen Form des Tails die Auswahl diverser charakteristischer Verteilungsparameter (Lage-, Form- und Skalenparameter), wie im Folgenden bei den einzelnen Verteilungsmodellen näher erläutert wird.

Die folgenden Modelle sind als Verteilungsmodelle unter der Voraussetzung zu verstehen, dass überhaupt ein Schaden eingetreten ist. Modelle, die eine Schadenhöhe von null mit gewisser positiver Wahrscheinlichkeit einbeziehen, sind daraus leicht abzuleiten. Ähnliches gilt für Modelle mit Schadenobergrenzen, wie sie etwa bei bestimmten Versicherungsformen vorliegen.; vgl. dazu auch Unterkapitel 4.1). Als Quellenangabe für einige der folgenden Aussagen zur Schadenmodellierung sowie für ergänzende Einzelheiten und weitere Literaturangaben sei bzgl. der Modellierung von Versicherungsschäden auf [Hip06a], [KPW08], [Die07] und bzgl. der Schadensummen in einem Kreditportfolio auf [HBF06] verwiesen.

2.2.1 Gleichverteilung

Ein sehr einfaches Verteilungsmodell ist die *Gleichverteilung* (*uniforme Verteilung*). Die Dichtefunktion einer auf dem Intervall $[a; b]$ gleichverteilten Zufallsvariable $X \sim \mathbf{U}(a; b)$ hat die Gestalt

$$f(x) = \begin{cases} \dfrac{1}{b-a} & \text{für } a \leq x \leq b, \\ 0 & \text{sonst.} \end{cases}$$

Zum Zwecke der Schadenmodellierung ist dabei $a \geq 0$ (oft $a = 0$). Für Erwartungswert bzw. Varianz gilt:

$$\mathbf{E}(X) = \frac{b+a}{2},$$

$$\mathbf{Var}(X) = \frac{(b-a)^2}{12}.$$

Die Gleichverteilung ist ein einfaches Modell für Kleinschäden mit vorgegebener Obergrenze b, wie sie z. B. in der Kfz-Kasko-Versicherung vorkommen, oder für die Modellierung von Schadenquoten. Außerdem ist die Gleichverteilung auch bei anderen Verteilungsmodellen Ausgangspunkt für die Generierung von Pseudozufallszahlen (s. Kapitel 7).

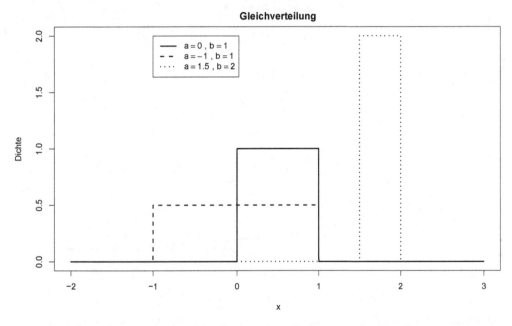

Abbildung 2.1: Dichten der Gleichverteilung für ausgewählte Verteilungsparameter

2.2.2 Exponentialverteilung, Erlang- und Gamma-Verteilung

Die *Exponentialverteilung* und die *Erlang-Verteilung* sind Spezialfälle der *Gamma-Verteilung* (kurz: *Γ-Verteilung*). Die Dichtefunktion einer Gamma-verteilten Zufallsvariablen $X \sim \Gamma(k; \lambda)$ mit den reellwertigen Parametern $k > 0$ und $\lambda > 0$ hat für $x > 0$ die Gestalt

$$f(x) = \frac{\lambda^k}{\Gamma(k)} \cdot x^{k-1} \cdot e^{-\lambda x}.$$

Dabei ist

$$\Gamma(x) = \int\limits_0^\infty t^{x-1} \cdot e^{-t}\, dt$$

die sogenannte *Gamma-Funktion*. Der etwas kompliziert erscheinende Ausdruck $\lambda^k/\Gamma(k)$ ist lediglich ein Normierungsfaktor, der gewährleistet, dass der Flächeninhalt unter der Dichtefunktion tatsächlich 1 ist. Wie in Abbildung 2.2 zu erkennen ist, hängt die Form der Dichtefunktion vom Parameter k ab, weshalb dieser auch als *Formparameter* bezeichnet wird. Der Parameter λ hingegen bestimmt, wie stark die Dichte bzgl. der x-Achse gestaucht oder gestreckt wird, man bezeichnet ihn deshalb als *Skalenparameter*. Erwartungswert, Varianz und Schiefe (s. Definition

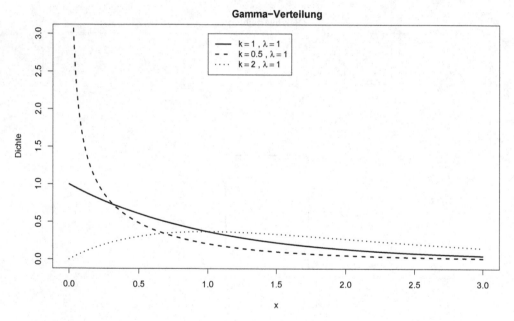

Abbildung 2.2: Dichten der Gamma-Verteilung für ausgewählte Verteilungsparameter

B.20) von X ergeben sich als

$$\mathbf{E}(X) = \frac{k}{\lambda},$$

$$\mathbf{Var}(X) = \frac{k}{\lambda^2},$$

$$\gamma(X) = \frac{2}{\sqrt{k}}.$$

Für ganzzahliges k wird die Γ-Verteilung auch als *Erlang-Verteilung* bezeichnet. Im Spezialfall $k = 1$ ergibt sich die *Exponentialverteilung* (Bezeichnung $X \sim \mathbf{Exp}(\lambda)$) mit der Dichte- bzw.

Verteilungsfunktion

$$f(x) = \lambda \cdot e^{-\lambda x},$$
$$F(x) = 1 - e^{-\lambda x}$$

für $x \geq 0$. Die Gamma-Verteilung wird recht häufig zur Modellierung kleiner bis mittlerer Schäden verwendet, z. B. in der Hausrat-, Gewerbe-, Kfz-Kasko- und Kfz-Haftpflichtversicherung. Sie ist wegen ihrer zwei Parameter recht flexibel. Speziell die Exponentialverteilung wird in der Risikotheorie auch oft im Rahmen von Beispielen benutzt, weil sie und ihre für den Gesamtschadenprozess bedeutsamen Faltungen (Verteilung der Summen der Zufallsvariablen, s. Anhang B.3) einfach zu berechnen sind.

Die Summe zweier unabhängiger Γ-verteilter Zufallsvariablen $X_1 \sim \Gamma(k_1; \lambda)$, $X_2 \sim \Gamma(k_2; \lambda)$ (k_1, $k_2 > 0$) mit demselben Verteilungsparameter $\lambda > 0$ ist selbst auch Γ-verteilt mit Parameter λ, d. h. es gilt $X_1 + X_2 \sim \Gamma(k_1 + k_2; \lambda)$. Insbesondere lässt sich für ganzzahliges k eine Γ-verteilte Zufallsvariable also als Summe exponentialverteilter Zufallsvariablen interpretieren, d. h. wenn $X_1 \sim \mathbf{Exp}(\lambda)$ und $X_2 \sim \mathbf{Exp}(\lambda)$ unabhängig sind, dann ist $X_1 + X_2 \sim \Gamma(2; \lambda)$ bzw. allgemein $\sum_{i=1}^{k} X_i \sim \Gamma(k; \lambda)$.

2.2.3 Weibull-Verteilung

Die *Weibull-Verteilung* hat ebenfalls zwei freie Parameter. Die Dichtefunktion einer *Weibullverteilten* Zufallsvariablen $X \sim \mathbf{W}(k; \lambda)$ mit den reellwertigen Parametern $k > 0$ und $\lambda > 0$ hat für $x > 0$ die Gestalt

$$f(x) = k \cdot \lambda \cdot x^{k-1} \cdot e^{-\lambda x^k}.$$

Für den Spezialfall $k = 1$ ergibt sich die Exponentialverteilung. Erwartungswert und Varianz der Weibull-Verteilung ergeben sich zu

$$\mathbf{E}(X) = \lambda^{\frac{1}{k}} \cdot \Gamma\left(1 + \frac{1}{k}\right),$$

$$\mathbf{Var}(X) = \lambda^{\frac{2}{k}} \cdot \left(\Gamma\left(1 + \frac{2}{k}\right) - \Gamma\left(1 + \frac{1}{k}\right)^2\right).$$

In der Schadenmodellierung wird die Weibull-Verteilung in der Regel nur für $k < 1$ verwendet, und zwar zur Abbildung von Großschäden, z. B. im Industriebereich, in der Kfz-Haftpflicht und der Rückversicherung; für $k > 1$ eignet sie sich nur für die Modellierung von Kleinschäden.

Weibull-verteilte Zufallszahlen ergeben sich aus exponentialverteilten Zufallszahlen über die Transformation

$$Y \sim \mathbf{Exp}(\lambda) \quad \Leftrightarrow \quad X = Y^{\frac{1}{k}} \sim \mathbf{W}(k; \lambda).$$

Wie in Abbildung 2.3 ersichtlich ist, bestimmt k die Form der Verteilung; λ entspricht einem Skalenparameter.

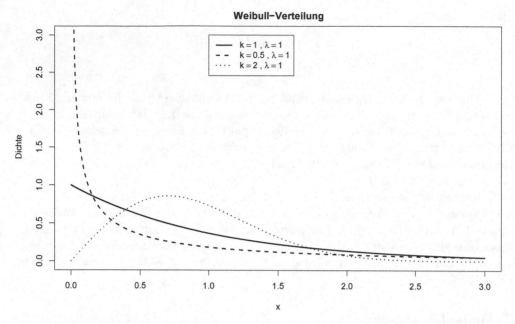

Abbildung 2.3: Dichten der Weibull-Verteilung für ausgewählte Verteilungsparameter

2.2.4 Normalverteilung

Die *Normalverteilung* spielt in der Stochastik eine herausragende Rolle und hat auch viele risikotheoretische Anwendungen. Eine normalverteilte Zufallsvariable $X \sim \mathbf{N}(\mu; \sigma^2)$ mit dem Erwartungswert μ und der Standardabweichung $\sigma > 0$, also Varianz σ^2, wird beschrieben durch die Dichtefunktion

$$f(x) = \frac{1}{\sqrt{2\pi} \cdot \sigma} \cdot e^{-\frac{(x-\mu)^2}{2\sigma^2}} \qquad \text{für } x \in \mathbb{R}.$$

Da die Dichtefunktion für jedes (insbes. auch negatives) $x \in \mathbb{R}$ positiv ist, ist die Normalverteilung offenbar nicht unmittelbar zur Modellierung von Schadenhöhen geeignet. Nach dem zentralen Grenzwertsatz (s. Satz B.27) ist jedoch die Schadensummenverteilung vieler unabhängiger identischer Risiken annähernd normalverteilt. Somit eignet sich die Normalverteilung u. U. zur Approximation der Schadenhöhenverteilung eines größeren Bestands von Risiken. In der Statistik spielt die Normalverteilung eine zentrale Rolle, da viele Schätzer von Verteilungsparametern für große Stichproben annähernd normalverteilt sind. Dies ist insbesondere auch beim Schätzen von Risikomaßen relevant, vgl. Kapitel 6. Außerdem ist die Normalverteilung Ausgangsbasis für die logarithmische Normalverteilung, s. Abschnitt 2.2.7. Die Summe S von n unabhängigen

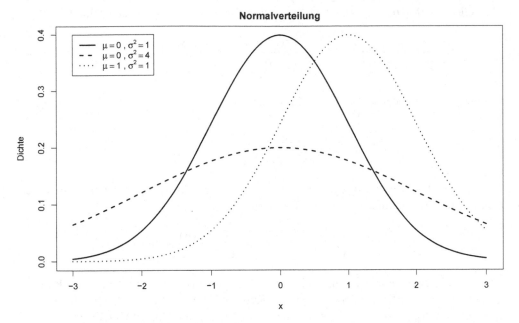

Abbildung 2.4: Dichten der Normalverteilung für ausgewählte Verteilungsparameter

Zufallsvariablen $X_i \sim N(\mu_i; \sigma_i^2)$ ist ebenfalls normalverteilt mit

$$E(S) = \sum_{i=1}^{n} \mu_i,$$

$$Var(S) = \sum_{i=1}^{n} \sigma_i^2.$$

Zu beachten ist hier, dass in vielen Statistik- und Tabellenkalkulationsprogrammen (R, Excel, ...) als zweiter Parameter einer Normalverteilung die Standardabweichung σ und nicht die Varianz σ^2 eingegeben werden muss. Die Schreibweise mit der Varianz als zweitem Parameter ist jedoch in der mathematischen Literatur am weitesten verbreitet, wenngleich sich teilweise auch dort die Notation mit σ statt σ^2 – also $N(\mu; \sigma)$ statt $N(\mu; \sigma^2)$ als Notation für die gleiche Verteilung – findet. Die *Standardnormalverteilung* ist definiert als Normalverteilung mit Erwartungswert null und Varianz eins. Ihre Dichte- bzw. Verteilungsfunktion werden mit φ bzw. Φ bezeichnet.

2.2.5 Multivariate Normalverteilung

Als Verallgemeinerung von (eindimensional) normalverteilten Zufallsvariablen kann man normalverteilte Zufallsvektoren betrachten. Die Verteilung wird dann als *multivariate Normalverteilung* bezeichnet. Sie bietet eine einfache Möglichkeit, abhängige Risiken darzustellen (s. Kapitel 5). Ein zweidimensionaler Zufallsvektor $X = (X_1, X_2)$ heißt *bivariat* oder *zweidimensional normalverteilt,* $X \sim N_2(\mu; \Sigma)$, wenn die gemeinsame Dichtefunktion gegeben ist durch

$$f(x_1, x_2) = \frac{1}{2\pi\sigma_1\sigma_2\sqrt{1-\rho^2}} \exp\left(\frac{-1}{2(1-\rho^2)}\left[\frac{(x_1-\mu_1)^2}{\sigma_1^2} + \frac{(x_2-\mu_2)^2}{\sigma_2^2} - \frac{2\rho(x_1-\mu_1)(x_2-\mu_2)}{\sigma_1\sigma_2}\right]\right)$$

mit Erwartungswertvektor $\mu = \begin{pmatrix} \mu_1 \\ \mu_2 \end{pmatrix}$ und Kovarianzmatrix $\Sigma = \begin{pmatrix} \sigma_1^2 & \rho \cdot \sigma_1\sigma_2 \\ \rho \cdot \sigma_1\sigma_2 & \sigma_2^2 \end{pmatrix}$, wobei

$$\rho = \frac{Cov(X_1, X_2)}{\sqrt{Var(X_1) \cdot Var(X_2)}}$$

den *(Pearsonschen) Korrelationskoeffizienten* bezeichnet. Die Höhenlinien der Dichte sind die Punkte, auf denen die Funktion f konstant ist, d. h. für die

$$\frac{(x_1 - \mu_1)^2}{\sigma_1^2} + \frac{(x_2 - \mu_2)^2}{\sigma_2^2} - \frac{2\rho(x_1 - \mu_1) \cdot (x_2 - \mu_2)}{\sigma_1 \cdot \sigma_2} = \text{konstant}$$

ist. Die Lösung dieser Gleichung ist eine Ellipse mit Mittelpunkt (μ_1, μ_2). Die Achsen der Ellipse sind parallel zu den Koordinatenachsen, wenn die Korrelation $\rho = 0$ beträgt; für $\rho \neq 0$ sind sie gedreht. In Abbildung 2.5 sind dreidimensionale Darstellungen und Höhenliniendiagramme der Dichtefunktion von $N_2(0; \Sigma)$ mit $\sigma_1 = \sigma_2 = 1$ für verschiedene Werte von ρ dargestellt.

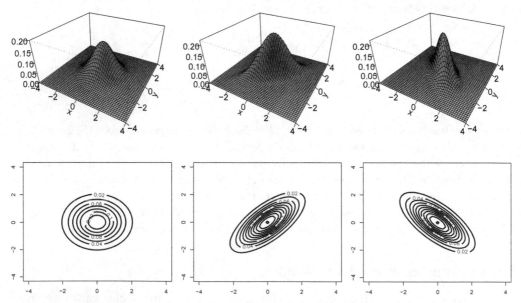

Abbildung 2.5: Dreidimensionale Darstellung (oben) und Höhenliniendiagramme (unten) der Dichtefunktion von $N_2(0; \Sigma)$ für die Werte $\rho = 0$, $\rho = 0{,}7$ und $\rho = -0{,}7$ (von links).

Als Verallgemeinerung wird nun ein d-dimensionaler Zufallsvektor $X = (X_1, \ldots, X_d)$ betrachtet. Dieser ist *multivariat normalverteilt*, $X \sim N_d(\mu; \Sigma)$, mit Erwartungswertvektor

$$\mu = \begin{pmatrix} \mu_1 \\ \vdots \\ \mu_d \end{pmatrix} \in \mathbb{R}^d,$$

und Kovarianzmatrix

$$\Sigma = \begin{pmatrix} \mathbf{Var}(X_1) & \mathbf{Cov}(X_1, X_2) & \cdots & \mathbf{Cov}(X_1, X_d) \\ \mathbf{Cov}(X_2, X_1) & \mathbf{Var}(X_2) & \cdots & \mathbf{Cov}(X_2, X_d) \\ \vdots & \vdots & & \vdots \\ \mathbf{Cov}(X_d, X_1) & \mathbf{Cov}(X_d, X_2) & \cdots & \mathbf{Var}(X_d) \end{pmatrix} \in \mathbb{R}^{d \times d},$$

wenn die gemeinsame Dichtefunktion für $x = (x_1, \ldots, x_d) \in \mathbb{R}^d$ gegeben ist durch

$$f(x) = \frac{1}{\sqrt{(2\pi)^d}} \cdot \frac{1}{\sqrt{\det(\Sigma)}} \cdot \exp\left(-\frac{1}{2}(x - \mu)^T \cdot \Sigma^{-1} \cdot (x - \mu)\right).$$

Die Kovarianzmatrix Σ ist wegen der Symmetrie der Kovarianz stets symmetrisch. Es wird davon ausgegangen, dass die Kovarianzmatrix zusätzlich positiv definit ist, d. h. für alle $x \in \mathbb{R}^d$ gilt $x^T \cdot \Sigma \cdot x > 0$. Aus der Linearen Algebra ist bekannt, dass dann gilt:

- Die Matrix Σ ist invertierbar, d. h. die oben gegebene Dichtefunktion ist sinnvoll definiert.
- Die Matrix Σ kann als ein Produkt $\Sigma = A \cdot A^T$ mit $A \in \mathbb{R}^{d \times d}$ dargestellt werden. Dies ist die sog. *Cholesky-Zerlegung*.

Multivariate Normalverteilungen besitzen außerdem die folgenden wichtigen Eigenschaften:

1. Die Komponenten eines multivariat normalverteilten Vektors $X \sim N_d(\mu; \Sigma)$ sind genau dann stochastisch unabhängig, wenn die Kovarianzmatrix diagonal ist, d. h. wenn alle paarweisen Kovarianzen $\mathbf{Cov}(X_i, X_j) = 0$ sind.
2. Wenn $\Sigma = A \cdot A^T$ die Cholesky-Zerlegung einer Kovarianzmatrix ist, μ ein Vektor und $Z_1, \ldots, Z_k \sim N(0; 1)$ unabhängige, in einem Vektor $Z = (Z_1, \ldots, Z_k)^T$ zusammengefasste (eindimensionale) Zufallsvariablen sind, dann gilt für den Vektor

$$X = \mu + A \cdot Z,$$

dass

$$X \sim N_d(\mu; \Sigma).$$

Diese Tatsache wird in Kapitel 7 zur Simulation der multivariaten Normalverteilung verwendet.

2.2.6 t-Verteilung

Die t-Verteilung spielt in der Statistik normalverteilter Zufallsvariablen eine wichtige Rolle und wird auch in der Modellierung von Risiken eingesetzt. Eine Zufallsvariable X ist t-verteilt mit $v > 0$ *Freiheitsgraden* (wir schreiben $X \sim t_v$), wenn ihre Dichtefunktion für $x \in \mathbb{R}$ gegeben ist durch

$$f(x) = \frac{\Gamma\left(\frac{v+1}{2}\right)}{\sqrt{\pi \cdot v} \cdot \Gamma\left(\frac{v}{2}\right)} \cdot \left(1 + \frac{x^2}{v}\right)^{-\frac{v+1}{2}}.$$

Dabei bezeichnet Γ die Gamma-Funktion, s. Abschnitt 2.2.2.

Wenn die Zufallsvariablen $Y \sim N(0;1)$ und $Z \sim \chi_v^2$ (s. Definition B.12) unabhängig sind, kann man zeigen, dass der Quotient

$$T = \frac{Y}{\sqrt{Z/v}}$$

die Verteilung t_v besitzt. Die t-Verteilung ergibt sich also als Quotient aus einer normalverteilten und der Wurzel einer (normierten) χ^2-verteilten Größe. In Abbildung 2.6 sind die Dichtefunktionen der t-Verteilung für verschiedene Freiheitsgrade sowie der Standardnormalverteilung dargestellt. Offensichtlich fallen die Dichtefunktionen der t-Verteilungen langsamer ge-

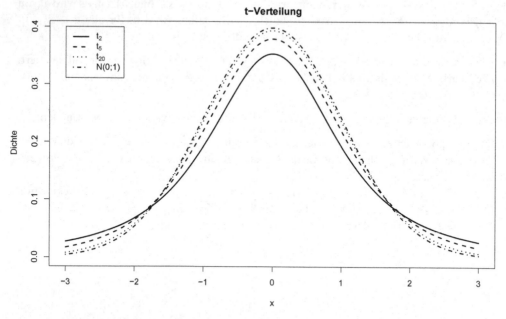

Abbildung 2.6: Dichten der t-Verteilung und der Standardnormalverteilung

gen null ab, als die der Standardnormalverteilungen. Die t-Verteilung besitzt also größere Tail-Wahrscheinlichkeiten als die Normalverteilung, somit lassen sich dadurch Risiken modellieren,

bei denen sehr große Gewinne / Verluste häufiger auftreten als unter Normalverteilungsannah-
men. Dieser Effekt ist umso stärker, je kleiner die Anzahl der Freiheitsgrade ν ist. Wie in der
Abbildung ersichtlich (und auch mathematisch beweisbar) nähert sich die t_ν-Verteilung für wachsendes ν immer mehr der Standardnormalverteilung an.

2.2.7 Logarithmische Normalverteilung

Im Gegensatz zur Normalverteilung eignet sich die *logarithmische Normalverteilung* (kurz: *Lognormalverteilung*) unmittelbar als Schadenhöhenverteilung, da ihre Dichtefunktion nur für $x > 0$
positiv ist. Die Dichtefunktion einer logarithmisch normalverteilten Zufallsvariablen
$X \sim \mathbf{LN}(\mu; \sigma^2)$ hat für $x > 0$ die Gestalt

$$f(x) = \frac{1}{\sqrt{2\pi} \cdot \sigma} \cdot \frac{1}{x} \cdot e^{-\frac{(\ln(x) - \mu)^2}{2\sigma^2}} \ .$$

Die durch Logarithmieren entstehende Zufallsvariable $Y = \ln(X)$ ist normalverteilt mit Erwartungswert μ und Varianz σ^2. Umgekehrt gilt:

$$Y \sim \mathbf{N}(\mu; \sigma^2) \quad \Leftrightarrow \quad \exp(Y) = X \sim \mathbf{LN}(\mu; \sigma^2).$$

Für die Notation des zweiten Parameters der logarithmischen Normalverteilung gilt eine ähnli-
che Anmerkung wie bzgl. der Normalverteilung, d. h. oft wird auch $\mathbf{LN}(\mu; \sigma)$ statt $\mathbf{LN}(\mu; \sigma^2)$

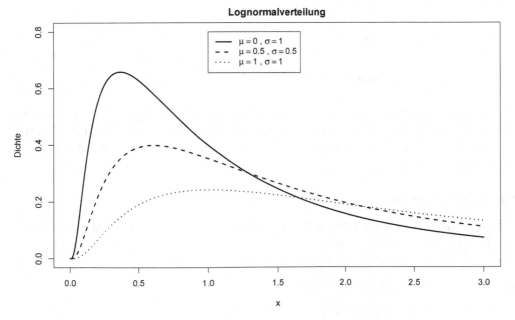

Abbildung 2.7: Dichten der Lognormalverteilung

für den gleichen Verteilungstyp geschrieben. Man beachte, dass μ und σ^2 Erwartungswert und Varianz von Y, nicht jedoch von X sind; vielmehr gilt

$$\mathbf{E}(X) = e^{\mu + \frac{\sigma^2}{2}};$$

$$\mathbf{Var}(X) = e^{2\mu + \sigma^2} \cdot (e^{\sigma^2} - 1).$$

Ferner berechnet sich die für die Modellbildung oft ebenfalls relevante Schiefe als

$$\gamma(X) = \sqrt{e^{\sigma^2} - 1} \cdot (e^{\sigma^2} + 2).$$

Die Lognormalverteilung wird zur Modellierung von Großschäden verwendet. Auch in der Finanzmarktmodellierung ist sie wichtig; vgl. Kapitel 2.4.

2.2.8 Log-Gamma-Verteilung

Ähnlich wie die Lognormalverteilung aus der Normalverteilung ergibt sich die *Log-Gamma-Verteilung* aus der Γ-Verteilung. Sie wird erzeugt durch $X = \exp(Y)$ mit $Y \sim \Gamma(k; \lambda)$.

Die Dichtefunktion einer log-Gamma-verteilten Zufallsvariablen $X \sim \mathbf{LN\Gamma}(k; \lambda)$ mit den reellwertigen Parametern $k > 0$ und $\lambda > 0$ hat für $x > 1$ die Gestalt

$$f(x) = \frac{\lambda^k}{\Gamma(k)} \cdot (\ln(x))^{k-1} \cdot x^{-\lambda - 1}$$

und ist ansonsten null. Es gilt

$$\mathbf{E}(X) = \left(1 + \frac{1}{\lambda}\right)^{-k},$$

$$\mathbf{Var}(X) = \left(1 + \frac{2}{\lambda}\right)^{-k} - \left(1 + \frac{1}{\lambda}\right)^{-2k}.$$

Die Log-Gamma-Verteilung wird zur Modellierung von Großschäden benutzt. Mit $Y = X - 1$ erhält man eine Verteilung auf $(0; \infty)$; mit $Y = M \cdot X$ erhält man eine Verteilung auf $(M; \infty)$, d. h. mit der Log-Gamma-Verteilung lassen sich Schäden oberhalb eines vorgegebenen Schwellenwerts modellieren.

2.2.9 Pareto-Verteilung

Die *Pareto-Verteilung* liefert nur oberhalb eines Schwellenwerts x_0 positive Wahrscheinlichkeiten. Dichtefunktion bzw. Verteilungsfunktion einer Pareto-verteilten Zufallsvariablen $X \sim$ **Pareto**$(x_0; a)$ mit den reellwertigen Parametern $x_0 > 0$ und $a > 0$ lauten

$$f(x) = a \cdot x_0^a \cdot x^{-a-1},$$

$$F(x) = 1 - \left(\frac{x}{x_0}\right)^{-a}.$$

Für Erwartungswert, Varianz und Schiefe von X ergibt sich

$$\mathbf{E}(X) = x_0 \cdot \frac{a}{a-1} \qquad \text{(falls } a > 1),$$

$$\mathbf{Var}(X) = x_0^2 \cdot \frac{a}{(a-1)^2(a-2)} \qquad \text{(falls } a > 2),$$

$$\gamma(X) = \frac{2\sqrt{a-2}(a+1)}{\sqrt{a}(a-3)} \qquad \text{(falls } a > 3).$$

Für $x_0 = 1$ ergibt sich ein Spezialfall der Log-Gamma-Verteilung, genauer: $X \sim \mathbf{Pareto}(1;a) \Leftrightarrow X \sim \mathbf{LN\Gamma}(1;a)$. Aus der oben definierten (gewöhnlichen) Pareto-Verteilung, die nur für $x \geq x_0$

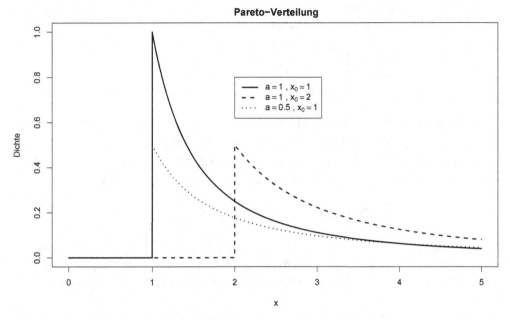

Abbildung 2.8: Dichten der Pareto-Verteilung

positive Werte annimmt, erhält man durch Verschiebung um x_0 die sogenannte *Nullpunkt-Pareto-Verteilung* (Bezeichnung: $X \sim \mathbf{Null\text{-}Pareto}(x_0;a)$), die für $x \geq 0$ folgendermaßen definiert ist:

$$F(x) = 1 - \left(1 + \frac{x}{x_0}\right)^{-a},$$

$$f(x) = \frac{a}{x_0} \cdot \left(1 + \frac{x}{x_0}\right)^{-a-1}.$$

Für den Erwartungswert von X ergibt sich

$$\mathbf{E}(X) = \frac{x_0}{a-1} \qquad \text{(falls } a > 1);$$

Varianz und Schiefe stimmen mit den entsprechenden Größen der Pareto-Verteilung überein. Für ein Pareto-verteiltes Risiko konvergiert die „Überschadenwahrscheinlichkeit" $P(X > x) = 1 - F(x)$ für hohe Schadensummen $x \to \infty$ relativ langsam gegen null (viel langsamer als die Exponentialverteilung); es handelt sich also um eine Heavy-Tail-Verteilung. Die Pareto-Verteilung wird zur Modellierung von Großschäden eingesetzt, insbesondere für Industrie-Feuerschäden und in der Rückversicherung.

2.2.10 Verallgemeinerte Pareto-Verteilung

Von zentraler Bedeutung für die Modellierung extremer Ereignisse (s. Kapitel 2.5) ist die *verallgemeinerte Pareto-Verteilung*, kurz *GPD-Verteilung*, wobei GPD für „Generalized Pareto Distribution" steht. Die Verteilungsfunktion einer verallgemeinert Pareto-verteilten Zufallsvariablen $X \sim \mathbf{GPD}(\xi;\beta)$ ist für $\xi \in \mathbb{R}$ und $\beta > 0$ gegeben durch

$$
G_{\xi,\beta}(x) = \begin{cases} 1 - \left(1 + \frac{\xi x}{\beta}\right)^{-\frac{1}{\xi}}, & \text{wenn } \xi \neq 0, \\ 1 - \exp\left(-\frac{x}{\beta}\right), & \text{wenn } \xi = 0. \end{cases}
$$

Für $x \leq 0$ gilt in beiden Fällen definitionsgemäß $G_{\xi,\beta}(x) = 0$. Wenn $\xi < 0$, dann setzt man außerdem $G_{\xi,\beta}(x) = 1$ für $x \geq -\frac{\beta}{\xi}$. Der Parameter β kann als Skalenparameter und der Parameter ξ als Formparameter aufgefasst werden; vgl. auch Aufgabe 2.2. Der Zusammenhang der GPD zur Nullpunkt-Pareto-Verteilung ergibt sich für positives ξ mit $a = \frac{1}{\xi}$, $x_0 = \frac{\beta}{\xi}$; es gilt

$$
X \sim \mathbf{Null\text{-}Pareto}(x_0;a) \Leftrightarrow X \sim \mathbf{GPD}(\xi;\beta).
$$

Der Erwartungswert existiert nur für $\xi < 1$; es gilt dann $\mathbf{E}(X) = \frac{\beta}{1-\xi}$. Die verallgemeinerte Pareto-Verteilung ergibt sich als ein „natürliches Modell" (s. Kapitel 2.5) zur Beschreibung von z. B. Versicherungsschäden oder Kursverlusten, die einen sehr hohen vorgegebenen Schwellenwert überschreiten.

2.2.11 Verallgemeinerte Extremwertverteilung

Eine weitere Verteilung, die eine herausragende Rolle in der Extremwerttheorie spielt, ist die *verallgemeinerte Extremwertverteilung*, kurz *GEV-Verteilung*, wobei GEV für „Generalized Extreme Value" steht. Die Verteilungsfunktion einer verallgemeinert extremwertverteilten Zufallsvariablen $X \sim \mathbf{GEV}(\xi;\mu;\sigma)$ mit Parameter $\xi \in \mathbb{R}$ lautet in ihrer mit $\mu = 0$ und $\sigma = 1$ standardisierten Form

$$
H_\xi(x) = \begin{cases} \exp(-(1 + \xi x)^{-1/\xi}) & \text{für } 1 + \xi x > 0, \text{ wenn } \xi \neq 0, \\ \exp(-e^{-x}) & \text{für } x \in \mathbb{R}, \text{ wenn } \xi = 0. \end{cases}
$$

Wenn $\xi > 0$, dann ist definitionsgemäß $H_\xi(x) = 0$ für $x \leq -\frac{1}{\xi}$; wenn $\xi < 0$, dann setzt man $H_\xi(x) = 1$ für $x \geq -\frac{1}{\xi}$. Bei beliebigem Lageparameter $\mu \in \mathbb{R}$ und Skalenparameter $\sigma > 0$ lautet die Verteilungsfunktion $H_{\xi,\mu,\sigma} = H_\xi((x-\mu)/\sigma)$, d. h. ist $Y \sim \mathbf{GEV}(\xi;0;1)$, so ist $X = \sigma Y + \mu \sim \mathbf{GEV}(\xi;\mu;\sigma)$.

Die drei Fälle $\xi > 0$, $\xi = 0$ bzw. $\xi < 0$ entsprechen der sogenannten *Fréchet-*, *Gumbel-* bzw. *negativen Weibull-Verteilung*, wobei letztere im Wesentlichen einer verschobenen und gespiegelten Weibull-Verteilung gemäß Abschnitt 2.2.3 entspricht. Die Dichten der standardisierten GEV-Verteilung sind in Abbildung 2.9 dargestellt. Man erkennt, dass die negative Weibull-Verteilung

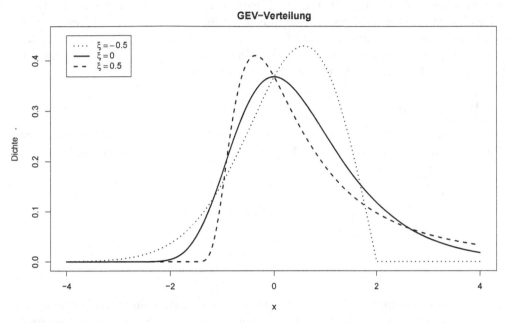

Abbildung 2.9: Dichtefunktion der standardisierten GEV-Verteilung für verschiedene ξ-Werte

nach oben beschränkt ist; insbesondere lassen sich durch sie keine extremen (positiven) Verluste bzw. Schäden beschreiben. Deshalb sind von den drei möglichen GEV-Verteilungen im Kontext der Extremwertmodellierung hauptsächlich die Fréchet- und Gumbel-Verteilungen relevant.

Die verallgemeinerte Extremwertverteilung ergibt sich als „natürliches Modell" (s. Kapitel 2.5) für Maxima aus einer großen Anzahl von Werten, wie z. B. Versicherungsschäden oder Kursverlusten.

2.2.12 Inverse Gauß-Verteilung

Die *inverse Gauß-Verteilung* ist wiederum ein Modell mit zwei freien Parametern. Die Dichtefunktion einer invers Gauß-verteilten Zufallsvariablen $X \sim \mathbf{IG}(\lambda;\mu)$ mit den reellwertigen Parametern λ, $\mu > 0$ hat für $x > 0$ die Gestalt

$$f(x) = \sqrt{\frac{\lambda}{2\pi \cdot x^3}} \cdot \exp(-\frac{\lambda}{2\mu^2 x}(x-\mu)^2).$$

Es gilt:

$$\mathbf{E}(X) = \mu,$$

$$\mathbf{Var}(X) = \frac{\mu^3}{\lambda}.$$

Die inverse Gauß-Verteilung wird vor allem in Verbindung mit sogenannten generalisierten linearen Modellen (vgl. 5.2.2) als Alternative zur Exponential- bzw. Gamma-Verteilung eingesetzt. Vorteile ergeben sich vor allem durch eine Reihe nützlicher mathematischer Eigenschaften. Beispielsweise lassen sich bestimmte Schätzfunktionen für die Parameter, z. B. die sogenannten Maximum-Likelihood-Schätzer, explizit darstellen. Ferner ist die n-fache Summe S stochastisch unabhängiger $X_i \sim \mathbf{IG}(\lambda; \mu)$ wieder $\mathbf{IG}$-verteilt; genauer $S \sim \mathbf{IG}(n^2\lambda; n\mu)$.

2.2.13 Beta-Verteilung

Die Standardvariante der *Beta-Verteilung* ist auf dem Intervall $(0;1)$ definiert. Die Dichtefunktion einer Beta-verteilten Zufallsvariablen $X \sim \mathbf{Beta}(p;q)$ mit den reellwertigen Parametern $p, q > 0$ ist für $x \in (0;1)$ definiert als

$$f(x) = \frac{x^{p-1} \cdot (1-x)^{q-1}}{B(p,q)}.$$

Dabei ist

$$B(p,q) = \int_0^1 t^{p-1} \cdot (1-t)^{q-1} dt$$

die sogenannte *Beta-Funktion*, und für $p, q > 0$ gilt mit der in 2.2.2 eingeführten Gamma-Funktion $B(p,q) = \Gamma(p)\Gamma(q)/\Gamma(p+q)$. Der Term $B(p,q)$ ist ein Normierungsfaktor, der gewährleistet, dass es sich bei f tatsächlich um eine Dichtefunktion handelt. Für Erwartungswert und Varianz einer $\mathbf{Beta}(p;q)$-verteilten Zufallsvariablen X gilt:

$$\mathbf{E}(X) = \frac{p}{p+q};$$

$$\mathbf{Var}(X) = \frac{pq}{(p+q)^2 \cdot (p+q+1)}.$$

Die Beta-Verteilung ist für $p < q$ rechtsschief, für $p = q$ symmetrisch und für $p > q$ linksschief. Für p, $q < 1$ ist die Beta-Verteilung U-förmig; für $p = 2$ und $q = 1$ bzw. $p = 1$ und $q = 2$ liegt eine Dreiecksverteilung vor (vgl. auch 2.2.14), für $p = q = 1$ eine Gleichverteilung. Die *allgemeine Beta-Verteilung* auf einem beliebigen Intervall $(a;b)$ entsteht durch Verschiebung und Reskalierung einer Betaverteilung auf $(0;1)$: Wenn $X \sim \mathbf{Beta}(p;q)$ auf $(0;1)$, dann ist $Y := a + (b-a) \cdot X$ allgemein Beta-verteilt auf dem Intervall $(a;b)$; man schreibt auch $Y \sim \mathbf{Beta}(a;b;p;q)$. Für $x \in (a;b)$ lautet die Dichtefunktion einer allgemein Beta-verteilten Zufallsvariablen

$$f(x) = \frac{(x-a)^{p-1} \cdot (b-x)^{q-1}}{B(a,b,p,q)} \qquad \text{mit} \qquad B(a,b,p,q) = B(p,q) \cdot (b-a)^{p+q-1}$$

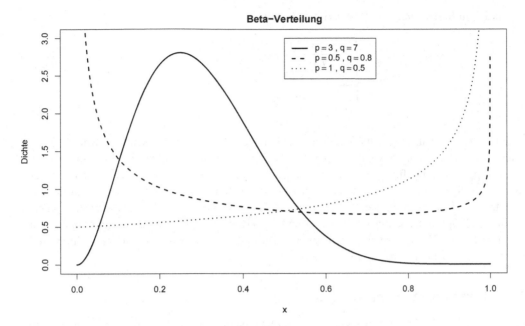

Abbildung 2.10: Dichten der Beta-Verteilung für verschiedene Parameterwerte

und für den Erwartungswert bzw. die Varianz gilt

$$\mathbf{E}(Y) = a + (b - a) \cdot \frac{p}{p+q};$$

$$\mathbf{Var}(Y) = \frac{(b-a)^2 \cdot pq}{(p+q)^2 \cdot (p+q+1)}.$$

Die Beta-Verteilung wird wegen ihres beschränkten Trägers (Bereich mit $f(x) \neq 0$) hauptsächlich zur Modellierung von Kleinschäden eingesetzt. Sie wird z. B. bei Simulationsstudien zur Approximation der Schadenhöhenverteilung neuer Risiken, für die bisher noch kaum Schadenerfahrungen vorliegen, eingesetzt. Des Weiteren wird sie genutzt, um die Wirkung von Selbstbeteiligungen darzustellen (vgl. Kap. 4.1). Auch als Verlustverteilung bei umfangreicheren ausfallrisikobehafteten Kreditportfolios findet sie Einsatz.

2.2.14 Dreiecksverteilung

Die *Dreiecksverteilung* hat wie die allgemeine Beta-Verteilung nur im offenen Intervall $(a;b)$ von null verschiedene Werte und besitzt im Rahmen der Schadenmodellierung daher ähnliche Einsatzbereiche. Die Dichtefunktion einer dreiecksverteilten Zufallsvariablen $X \sim \Delta(a;b;c)$ mit

$a < b$ und dem Spitzenwert $c > 0$ besitzt die Gestalt

$$f(x) = \begin{cases} \dfrac{2 \cdot (x-a)}{(c-a) \cdot (b-a)} & \text{für } a \le x \le c, \\[2ex] \dfrac{2 \cdot (x-b)}{(c-b) \cdot (b-a)} & \text{für } c < x \le b, \\[2ex] 0 & \text{sonst.} \end{cases}$$

Der nicht glatte Verlauf der Dichtefunktion im Bereich des Spitzenwerts c wird zwar im Rahmen der Schadenmodellierung in den meisten Fällen heuristisch nicht plausibel sein. Er kann aber als einfache Approximation für eine Beta-Verteilung interpretiert werden, bei der neben dem Träger $(a; b)$ nur der Spitzenwert c (als im diskretisierten Sinne „häufigster" Wert der Zufallsvariablen) zu schätzen ist. Daher erfreut sich die Dreiecksverteilung bei Praktikern großer Beliebtheit, gerade wenn einfache Modellierungsansätze gefragt sind. Über die Schadenmodellierung im engeren Sinne hinaus ist sie beispielsweise auch beliebt zur Simulation zufallsbehafteter Einnahme- und Ausgaben-Positionen in Wirtschaftsunternehmen.

2.2.15 Verschobene Verteilungen

Eine ganze Reihe der bisher vorgestellten Verteilungstypen hat für alle positiven x-Werte eine positive Wahrscheinlichkeitsdichte f. Dies ist in der Schadenmodellierung nicht immer angemessen. Wenn beispielsweise in einem Versicherungsunternehmen nur Großschäden ab einer bestimmten Obergrenze oder oberhalb einer vereinbarten Selbstbeteiligung anfallen, gibt es für die abzubildenden Schäden eine Untergrenze $s_{min} > 0$, sodass für die zugehörige Wahrscheinlichkeitsdichte f gelten sollte, dass $f(x) = 0$ für $x < s_{min}$. In solchen Fällen kann man beispielsweise mit verschobenen Verteilungen arbeiten, indem man also eine verschobene Dichtefunktion gemäß $f_{verschoben}(x) = f(x - s_{min})$ definiert.

2.2.16 Gestutzte Verteilungen

Einige stetige Verteilungen, wie etwa die logarithmische Normalverteilung, die Gamma-Verteilung sowie die Pareto-Verteilung werden in der Schadenmodellierung manchmal auch in gestutzter Form verwendet, wenn ein bestimmter Höchstschaden s_{max} nicht überschritten werden kann. Dabei wird der Tail der Verteilungsfunktion an der Stelle dieses Höchstschadens abgeschnitten und die darin befindliche Wahrscheinlichkeitsmasse auf die gestutzte Dichtefunktion verteilt, d. h. es wird die ursprüngliche Dichtefunktion mit einer geeigneten Konstanten multipliziert, sodass das Integral über die resultierende gestutzte Dichtefunktion wieder eins ergibt. Alternativ kann man dem Höchstschaden s_{max} auch die gesamte verbleibende Restwahrscheinlichkeit der Tail-Werte zuordnen, was z.B. bei versicherten Schäden mit Selbstbeteiligung (aus Sicht des Versicherungsnehmers) bzw. vereinbarter maximaler Deckungssumme (aus Sicht des Versicherungsunternehmens) ein sinnvolles Modell wäre, s. Kapitel 4.1. Es handelt sich dann allerdings nicht mehr um ein stetiges, sondern ein gemischtes Verteilungsmodell.

Außer an einer Obergrenze s_{max} könnte man eine Verteilung analog auch bzgl. einer Untergrenze s_{min} stutzen, etwa als Alternative zur Verschiebung der Verteilung; vgl. 2.2.15.

2.2.17 Zeitabhängige Verteilungen

Die Schadenhöhenverteilungen werden meist als zeitunabhängig angenommen. Es gibt aber auch Modellierungsansätze, die einen Zeitparameter enthalten, z. B. zur Berücksichtigung von Inflation, technischem Fortschritt o. Ä. bei möglichen Schadensummen. Die Zeitabhängigkeit von Schadensummen ist beispielsweise für Versicherungsunternehmen bei der Reservebildung für sogenannte Spätschäden relevant. Dabei handelt es sich um Schäden, deren Regulierung sich – teilweise weit – über das Geschäftsjahr hinauszieht, in dem sie eingetreten sind; man denke etwa an Personenschäden mit ungewissem Heilungsverlauf in der Haftplichtversicherung. Allerdings werden für derartige Einsatzbereiche zeitabhängige Schadenhöhenverteilungen meist nicht direkt modelliert, sondern es werden auf der Basis sogenannter Abwicklungsdreieicke nur Schätzungen auf Erwartungswertbasis vorgenommen. Weiterführende Literaturquellen zu diesem Thema sind etwa [Mac02], [Sch09].

2.2.18 Aufgaben

Aufgabe 2.1
Skizzieren Sie mit Software-Unterstützung selbst einige der in Kapitel 2.2 angegebenen Schadenhöhenverteilungen. Analysieren Sie die Auswirkungen von Änderungen der Parameterwerte bei festem Verteilungstyp und vergleichen Sie auch den grundsätzlichen Verlauf verschiedener Verteilungen (z. B. bei identischem Erwartungswert oder einer anderen normierenden Bedingung) miteinander. Überlegen Sie insbesondere, was die Auswahl verschiedener Verteilungstypen sowie die Parameterwahl bei vorgegebenem Verteilungstyp konkret für die Schadenmodellierung bedeutet.

Aufgabe 2.2
Wie zu Anfang von Unterkapitel 2.2 erläutert, klassifiziert man bei Modellierungsaufgaben die Parameter einer Wahrscheinlichkeitsverteilung manchmal in die Kategorien Formparameter, Lageparameter und Skalierungsparameter. Erstellen Sie für die in 2.2 diskutierten Verteilungsmodelle eine Übersicht, in der die Parameter den unterschiedlichen Kategorien zugeordnet werden. Eine eindeutige Zuordnung ist allerdings nicht in jedem Fall möglich.

Aufgabe 2.3
Überlegen Sie, welche verschiedenen Typen von (Einzel-)Schäden in einem Privathaushalt, einem Versicherungsunternehmen, einem Rückversicherungsunternehmen, einer Bank, einem Wirtschaftsunternehmen aus einer anderen Branche auftreten können und mit welcher Art von Schadenhöhenverteilung Sie diese evtl. modellieren könnten. Als beispielhafte Anregungen für mögliche Risiken seien genannt: Haftpflichtrisiken im privaten und im industriellen Bereich (z. B. bei einer Pharmafirma), Auswirkungen von Naturkatastrophen, Krankenversicherung, Schäden an bestimmten (versicherten) Gegenständen, . . .

Aufgabe 2.4
Überlegen Sie, wie Sie prinzipiell vorgehen würden, wenn Sie aus empirischen Daten zu ausgewählten Beispielen wie unter 2.3 eine theoretische Schadensummenverteilung ableiten wollen. Einzelheiten dazu erfährt man später im Abschnitt 6.1.3.

Aufgabe 2.5
Zeigen Sie, dass die Pareto-Verteilung tatsächlich die Heavy-Tail-Eigenschaft besitzt. Genauer:
Sei F die Verteilungsfunktion von $X \sim \mathbf{Pareto}(x_0;a)$ und $\lambda > 0$ beliebig. Zeigen Sie, dass in
dieser Situation

$$\frac{1 - F(x)}{e^{-\lambda x}} \to \infty$$

für $x \to \infty$ gilt.

2.3 Modellierung der Schadenanzahl

Betrachtet werden soll im Folgenden eine Gesamtheit gleichartiger Risiken (oder äquivalent eine
Risikoquelle mit der Möglichkeit mehrerer Schadenfälle) im Zeitverlauf. Neben der Schadenhöhe X eines Einzelschadens sind in der Risikomodellierung Informationen über die Anzahl $N(t)$
der Schäden in einem Zeitraum der Länge t wichtig. Ähnlich wie bei der Schadenhöhenverteilung reicht es auch bei der Schadenanzahl in vielen Fällen nicht, Rückstellungen, Versicherungsbeiträge o. Ä. nur auf der Basis der erwarteten Schadenanzahl zu kalkulieren, sondern es sind
differenziertere Überlegungen erforderlich.

Im einem ersten Schritt wird man versuchen, die Zufallsvariable „Schadenanzahl" durch eine
typische *Schadenanzahlverteilung* für einen Zeitraum vorgegebener Länge (z. B. ein Jahr) zu
beschreiben. Anschließend wird man in der Regel auch nach dem passenden Verteilungsmodell
für Zeiträume beliebiger Länge suchen.

Noch allgemeiner ist die Modellierung durch einen stochastischen *Schadenanzahlprozess*, bei
dem zusätzlich noch gewisse Regeln für die mögliche Abfolge von Schadenfällen im Zeitverlauf
aufgestellt werden; d. h. die Schadenanzahlverteilung für zukünftige Zeiträume wird in Abhängigkeit von den zuvor eingetretenen Schadenfällen modelliert (im Sinne bedingter Wahrscheinlichkeiten).

Im Folgenden werden einige Beispiele für Schadenanzahlverteilungen und -prozesse ausführlicher dargestellt. Am wichtigsten sind verschiedene Varianten von Poisson-Prozessen und die
daraus resultierenden Verteilungen. Viele der nachfolgenden Ausführungen orientieren sich an
[Hel02, Kapitel 1], wo man auch weitere Einzelheiten nachlesen kann und weiterführende Literaturhinweise findet. Weitere Quellen und Referenzen zu Schadenanzahlverteilungen und an-
wendungsorientierter Modellierung mit Poisson-Prozessen allgemein sind [WS04], [RSST99],
[Mik04], [EKM97], [KGDD08] und [Mac02].

2.3.1 Bernoulli-Prozess und Binomialverteilung

Bei einem *Bernoulli-Prozess* geht man davon aus, dass ein interessierendes Ereignis, im vorliegenden Kontext ein Schadenfall, in einem Zeitraum der Länge 1 (z. B. ein Tag oder eine Woche)
höchstens einmal auftreten kann, und zwar mit konstanter Wahrscheinlichkeit p; d. h. die Eintrittswahrscheinlichkeit hängt nicht von der Vergangenheit ab.

Für die Schadenanzahl $N(t)$ nach t Zeitperioden ergibt sich somit eine *Binomialverteilung*
$N(t) \sim \mathbf{Bin}(t;p)$. Für die Wahrscheinlichkeit von n Schäden in einem Zeitintervall der Länge t

gilt also

$$P(N(t) = n) =: p_n(t) = \binom{t}{n} \cdot p^n \cdot (1 - p)^{t-n}.$$

Für zwei unabhängige Einzelverteilungen gilt:

$$N_i \sim \mathbf{Bin}(t_i; p) \ (i = 1, 2) \quad \Rightarrow \quad N_1 + N_2 \sim \mathbf{Bin}(t_1 + t_2; p),$$

d. h. fasst man zwei Zeitperioden t_1 und t_2 mit identischer Schadeneintrittswahrscheinlichkeit p zusammen, so erhält man unter der Annahme der Unabhängigkeit der Zeitperioden für den Gesamtzeitraum $t_1 + t_2$ wieder eine Binomialverteilung mit Parameter p. Es wird also vorausgesetzt, dass die Schäden in t_1 *nicht* die in t_2 beeinflussen, wie es etwa bei Ansteckungsprozessen der Fall wäre.

Betrachtet man also nur Zeiträume der Länge 1, erkennt man, dass die binomialverteilte Zufallsvariable $N(t)$ als Summe von t unabhängigen 0-1-Größen N_i mit $P(N_i = 1) = p$, $P(N_i = 0) = 1 - p$, d. h. $N_i \sim \mathbf{Bin}(1; p)$ (sogenannte *Bernoulli-Verteilung*), erzeugt werden kann.

Für Erwartungswert und Varianz der Schadenanzahl ergibt sich

$$\mathbf{E}(N(t)) = t \cdot p;$$
$$\mathbf{Var}(N(t)) = t \cdot p(1 - p).$$

Dieses Verteilungsmodell ist für kleine und homogene Bestände von Risiken geeignet und wird z. B. in der Lebensversicherung verwendet. Bei größeren Beständen arbeitet man in der Regel besser mit einer Poisson-Verteilung, die sich formal aus der Binomialverteilung unter der Voraussetzung $\lambda = t \cdot p = const.$ für $t \to \infty$ ergibt (vgl. Satz B.29). Der Einsatz der Poisson-Verteilung in der Schadenmodellierung wird in 2.3.4 und den darauf folgenden Abschnitten noch ausführlicher besprochen. Die Abbildung 2.11 zeigt alle möglichen Pfade eines Bernoulli-Prozesses für zwölf Zeitperioden. Es wird also unter der Modellannahme des Bernoulli-Prozesses, dass in jeder Zeitperiode nur maximal ein Schaden möglich ist, zu den Zeitpunkten $t = 0, 1, \ldots, 12$ die jeweils mögliche Schadenanzahl dargestellt. Ein einzelner Pfad gibt eine konkrete der verschiedenen möglichen Schadenzahl-Entwicklungen an. Ein waagerechter Strich ist so zu interpretieren, dass im entsprechenden Zeitintervall kein Schaden auftritt; alternativ kann die Schadenanzahl pro Zeitperiode um genau eins zunehmen. Die Verbindungslinien sind u. a. deshalb gezogen, um die Analogie zu Abbildung 2.17 (S. 75) aufzuzeigen, in der der Bernoulli-Prozess im Zusammenhang mit der Finanzmarktmodellierung dargestellt ist. Ein konkreter Pfad kann dann also beispielsweise so aussehen, wie in Abbildung 2.12 dargestellt. Zu einem konkreten Zeitpunkt erhält man die Binomialverteilung mit den oben angegebenen Wahrscheinlichkeiten $P(N(t) = n) = p_n(t)$ für die möglichen Schadenanzahlen $n = 0, 1, 2, \ldots, t$. Die Zähldichte der Binomialverteilung ist in Abbildung 2.13 mit $p = 0,1$ und $t = 6$ sowie $t = 12$ dargestellt.

2.3.1.1 Beispiel Schadenverteilung 1 (ein Risiko, mehrere Zeitperioden)

Ein Betrieb setzt in seiner Produktion eine Maschine ein, die in einem einzelnen Monat mit Wahrscheinlichkeit $p = 10\% = 0,1$ einen Schaden hat und repariert werden muss. Vereinfachend

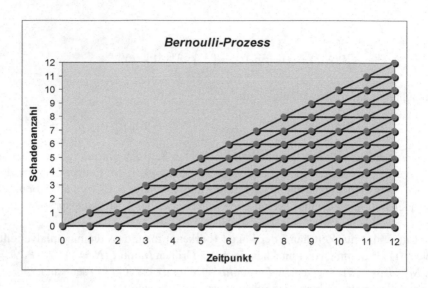

Abbildung 2.11: Mögliche Entwicklung der Schadenanzahl über zwölf Zeitperioden bei einem
Bernoulli-Prozess

sei angenommen, dass pro Monat lediglich ein Schaden auftreten kann und dass das Auftreten
eines Schadens in den einzelnen Zeitperioden unabhängig voneinander ist. Der konkrete Pfad
in Abb. 2.12 kann also in diesem speziellen Zusammenhang so interpretiert werden, dass in
den ersten zwei Monaten kein Schaden auftritt, im dritten und im vierten Monat ein Schaden
auftritt, dann wieder zwei Monate kein Schaden usw. Ferner ergibt sich also für die mögliche
Schadenanzahl (Reparaturfälle an der Maschine) nach sechs Monaten die in Tabelle 2.1 erfass-
te Wahrscheinlichkeitsverteilung, die in Abbildung 2.13 (oberer Teil) auch grafisch dargestellt

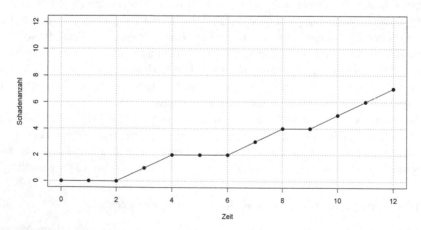

Abbildung 2.12: Eine Realisierung des Bernoulli-Prozesses aus Beispiel 2.3.1.1

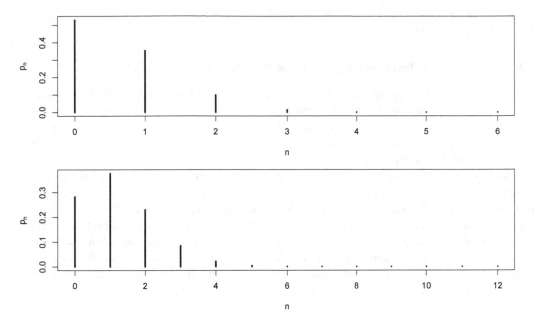

Abbildung 2.13: Zähldichte (Wahrscheinlichkeitsfunktion) von **Bin**$(6;0,1)$ (oben) und **Bin**$(12;0,1)$ (unten)

Schadenanzahl	Wahrscheinlichkeit
0	$\binom{6}{0} \cdot 0,1^0 \cdot 0,9^6 = 0,531441$
1	$\binom{6}{1} \cdot 0,1^1 \cdot 0,9^5 = 0,354294$
2	$\binom{6}{2} \cdot 0,1^2 \cdot 0,9^4 = 0,098415$
3	$\binom{6}{3} \cdot 0,1^3 \cdot 0,9^3 = 0,014580$
4	$\binom{6}{4} \cdot 0,1^4 \cdot 0,9^2 = 0,001215$
5	$\binom{6}{5} \cdot 0,1^5 \cdot 0,9^1 = 0,000054$
6	$\binom{6}{6} \cdot 0,1^6 \cdot 0,9^0 = 0,000001$

Tabelle 2.1: Wahrscheinlichkeitsverteilung der Schadenanzahl in Beispiel 2.3.1.1

ist. Es ergibt sich eine erwartete Schadenanzahl von $\mathbf{E}(N) = 6 \cdot 0,1 = 0,6$ bei einer Varianz von $\mathbf{Var}(N) = 6 \cdot 0,1 \cdot 0,9 = 0,54$ bzw. einer Standardabweichung von $\mathbf{SD}(N) \approx 0,7348$. Um das Modell hinsichtlich der Annahme, dass pro Zeitperiode nur ein Schaden auftreten kann, realistischer zu gestalten, könnte man als Zeitperiode beispielsweise auch nur einen Tag betrachten und die Wahrscheinlichkeit p des Ausfalls entsprechend kleiner wählen; vgl. Aufgabe 2.10. Dies führt allerdings zu teilweise recht kleinen Zahlenwerten, mit insbesondere unzureichender grafischer Darstellungsmöglichkeit.

2.3.1.2 Beispiel Schadenverteilung 2 (mehrere Risiken, eine Zeitperiode)

Als Variante zum vorangegangenen Beispiel kann man die Situation betrachten, dass der Betrieb nun 6 Maschinen gleichzeitig einsetzt. Dann liegt also *pro einzelner Zeitperiode* (z. B. Monat) die mögliche Schadenanzahl zwischen 0 und 6. Die Tabelle 2.1 mit zugehöriger Grafik aus Abbildung 2.13 (obere Grafik) zeigt dann also die Schadenanzahlverteilung einer einzigen Zeitperiode (Unabhängigkeit der einzelnen Maschinen vorausgesetzt). In dieser Variante wird also im Wesentlichen nur die Binomialverteilung und nicht der Bernoulli-Prozess betrachtet. Der Pfad in Abbildung 2.12 ließe sich zwar immer noch als Darstellung interpretieren, wie sich im Verlauf nun nur einer Zeitperiode (mit Unterperioden) die Schadenanzahl kumuliert. Aber genau genommen hat man in diesem Modell keine Informationen über die Eintrittswahrscheinlichkeiten der einzelnen Unterperioden, da definitionsgemäß das Zufallsereignis „Maschinenschaden" nur einmal pro Zeitperiode betrachtet wird und sich darauf die Eintrittswahrscheinlichkeit p bezieht. Auch in diesem Beispiel ergibt sich – nun bezogen auf *eine* Zeitperiode – eine erwartete Schadenanzahl von $\mathbf{E}(N) = 6 \cdot 0{,}1 = 0{,}6$ bei einer Standardabweichung von $\mathbf{SD}(N) \approx 0{,}7348$.

2.3.1.3 Beispiel Lebensversicherung

Ein Unternehmen hat im Rahmen seiner betrieblichen Sozialleistungen jedem Angestellten eine Hinterbliebenenvorsorge zugesagt. Im Todesfall soll jeweils eine Summe von 30.000 (Angaben in €) an die Angehörigen ausgezahlt werden. Es gibt 400 Angestellte, deren einjährige Sterbewahrscheinlichkeit (d. h. die Wahrscheinlichkeit, dass die betreffende Person innerhalb des nächsten Jahres stirbt) vereinfachend unabhängig von Alter, Geschlecht und aktuellem Gesundheitszustand mit $q = 0{,}5\,\% = 0{,}005$ angesetzt wird. (Es ist in der Versicherungsmathematik üblich, Sterbewahrscheinlichkeiten mit q, und die Überlebenswahrscheinlichkeiten mit $p = 1 - q$ zu bezeichnen.)

Aus diesen Informationen lassen sich, ähnlich wie in Beispiel 2.3.1.2, in erster Linie Aussagen über die Wahrscheinlichkeitsverteilung (hier: Binomialverteilung unter der Voraussetzung der Unabhängigkeit der einzelnen Sterbefälle) ableiten; eine Modellierung als stochastischer Prozess ist nicht notwendig. Man berechnet beispielsweise, dass der Erwartungswert der Sterbefälle innerhalb eines Jahres $\mathbf{E}(N) = 400 \cdot 0{,}005 = 2$ beträgt. Pro Jahr ist also unter diesen Annahmen durchschnittlich mit zwei Sterbefällen zu rechnen, d. h. durchschnittlich mit einer Leistung des Unternehmens von 60.000 bzw. von 150 umgerechnet pro Kopf der Belegschaft. Aber es ist klar, dass es auch ganz anders kommen kann, vgl. Aufgabe 2.11. Deshalb wird das Unternehmen sich möglicherweise durch den Abschluss einer Versicherung bei einem Versicherungsunternehmen absichern. Die errechnete durchschnittliche Leistung von 60.000 für die Gesamtbelegschaft bzw. 150 pro Person wäre dann ein Anhaltspunkt für die Prämie, die dem Versicherungsunternehmen für die Übernahme des Versicherungsschutzes für ein Jahr zu zahlen ist, wobei klar ist, dass die Versicherung auch noch Beratungs- und Verwaltungskosten sowie einen Sicherheitszuschlag einkalkulieren muss. Die Notwendigkeit eines Sicherheitszuschlags ergibt sich zum einen aus unvorhergesehenen prinzipiellen Änderungen in der (Bevölkerungs-)Sterblichkeit, d. h. einer

Veränderung des Parameters q (im Rahmen dieses Beispiels nicht thematisiert) und zum anderen aus den modellgemäßen Zufallsschwankungen in der Sterblichkeit. Ein Risikomaß für die Zufallsschwankungen in dem Beispiel wäre etwa die Varianz $\mathbf{Var}(N) = 400 \cdot 0{,}005 \cdot 0{,}995 = 1{,}99$ bzw. die Standardabweichung $\mathbf{SD}(N) \approx 1{,}41$, was grob gesprochen bedeutet, dass eine Abweichung von 1,41 (bezogen auf die Grundgesamtheit von 400), d. h. von etwas mehr als einem Todesfall mehr oder weniger, „nicht ungewöhnlich ist". Risikokennzahlen werden in Kapitel 4 noch eingehender behandelt.

Eine andere Möglichkeit des Unternehmens, sich auf seine finanziellen Verpflichtungen vorzubereiten, bestünde in der Bildung von entsprechenden Bilanzrückstellungen. Für deren notwendige Höhe kann der Erwartungswert ebenfalls ein Anhaltspunkt sein, wobei an dieser Stelle besonders deutlich wird, dass das Unternehmen auch mit Abweichungen rechnen (im wahrsten Sinne des Wortes) sollte.

Das gerade erläuterte Beispiel ist insofern realitätsnah, als dass in der Tat in vielen Unternehmen Angestellte neben ihrem Gehalt auch betriebliche Sozialleistungen wie etwa Zusagen für eine spätere Betriebsrente oder für Leistungen an Hinterbliebene erhalten. Und zur Absicherung der damit eingegangenen finanziellen Verpflichtungen können Unternehmen tatsächlich Versicherungen abschließen oder auch selbst Bilanzrückstellungen bilden. Zu Einzelheiten in diesem Zusammenhang gibt es allerdings umfangreiche gesetzliche Regelungen; zudem ist eine konkrete Prämien- bzw. Rückstellungsberechnung in der Realität nicht so einfach durchzuführen wie unter den hier nur zur Illustration der Binomialverteilung herangezogenen stark vereinfachten Annahmen.

2.3.1.4 Beispiel Zahlungsausfälle

Bei der Vergabe von Krediten spielt die Einschätzung der Zahlungsfähigkeit der potenziellen Schuldner eine große Rolle. Sie erfolgt unmittelbar durch den Kreditgeber oder auch durch spezielle Rating-Agenturen. Insbesondere bei der Beurteilung der Kreditwürdigkeit von Unternehmen durch Rating-Agenturen ist die „Benotung" mit Hilfe von Rating-Klassen (bezeichnet z. B. mit AAA, AA, A, BBB, BB, B usw.) üblich. Einer vorgegebenen Rating-Klasse, beispielsweise B, wird eine bestimmte einjährige Ausfallwahrscheinlichkeit w, beispielsweise $w = 1\,\% = 0{,}01$ zugeordnet, die z. B. aus historischen Daten vergleichbarer Unternehmen geschätzt wird. Dieses Zahlenbeispiel ist fiktiv. Über Einzelheiten der Rating-Systeme von bekannten Rating-Agenturen wie Standard & Poor's oder Moody's kann man sich etwa auf deren Internet-Seiten informieren.

Die einjährige Ausfallwahrscheinlichkeit w gibt die Wahrscheinlichkeit an, dass ein Schuldner aus der fraglichen Rating-Klasse innerhalb eines Jahres „ausfällt", also seinen Zahlungsverpflichtungen nicht mehr genügen kann. Die Größe w kann als gewisses Analogon zur einjährigen Sterbewahrscheinlichkeit in Beispiel 2.3.1.3 oder auch zur Schadenwahrscheinlichkeit p in 2.3.1.2 interpretiert werden. Hat also beispielsweise eine Bank t Kreditnehmer mit identischer Ausfallwahrscheinlichkeit w, so könnte sie in einem einfachen Modell die Anzahl N der Zahlungsausfälle innerhalb des nächsten Jahres in diesem Kreditportfolio als binomialverteilt, $N \sim \mathbf{Bin}(t; w)$ annehmen. Es ist allerdings zu beachten, dass in diesem Beispiel die notwendige Annahme der Unabhängigkeit der Risiken oft unrealistisch sein dürfte. Für eine Modellierung der Zahlungsausfälle im Zeitverlauf, ähnlich wie bezüglich Schadenfällen in 2.3.1.1 angesprochen, kommt der Bernoulli-Prozess in aller Regel erst recht nicht in Betracht.

2.3.2 Negative Binomialverteilung

Häufig wird als Verteilungsmodell für die Schadenanzahl bis zu einem festen Zeitpunkt t bzw. bezogen auf ein bestimmtes Zeitintervall auch die negative Binomialverteilung $N \sim \mathbf{NB}(r; p)$ verwendet. Für $0 < p < 1$, $r > 0$ und $n \in \mathbb{N}_0$ ist

$$P(N = n) =: p_n = \binom{r+n-1}{n} \cdot p^r \cdot (1-p)^n.$$

Dabei ist der *verallgemeinerte Binomialkoeffizient* definiert als

$$\binom{x}{n} = \frac{x \cdot (x-1) \cdots (x-n+1)}{n!}.$$

Erwartungswert und Varianz sind dann gegeben durch

$$\mathbf{E}(N) = \frac{r \cdot (1-p)}{p},$$

$$\mathbf{Var}(N) = \frac{r \cdot (1-p)}{p^2}.$$

Für zwei unabhängige Einzelverteilungen gilt:

$$N_i \sim \mathbf{NB}(r_i; p) \ (i = 1, 2) \quad \Rightarrow \quad N_1 + N_2 \sim \mathbf{NB}(r_1 + r_2; p).$$

Für ganzzahliges r kann p_n als die Wahrscheinlichkeit für genau n „Misserfolge" bis zum r-ten Erfolg in einem Bernoulli-Prozess mit Erfolgswahrscheinlichkeit p interpretiert werden. Für $r = 1$ ergibt sich die sogenannte *geometrische Verteilung*.

Die Bedeutung der negativen Binomialverteilung für die Schadenmodellierung ergibt sich aber vor allem daraus, dass Verteilungen dieses Typs, auch für nichtganzzahliges r, bei bestimmten allgemeinen Poisson-Prozessen die Schadenanzahlverteilung zu einem festen Zeitpunkt beschreiben; vgl. die Abschnitte 2.3.9, 2.3.10 und 2.3.11. Bezogen auf einen festen Zeitpunkt t besitzt die negative Binomialverteilung als Schadenanzahl-Modell also zwei freie Parameter, ohne dass zunächst der stochastische Prozess interessiert, der zu dieser Verteilung geführt hat. Hingegen besitzt die Binomialverteilung nur einen, nämlich die Schadenwahrscheinlichkeit p (ihr weiterer freier Parameter ist gerade der Zeitparameter t, der den stochastischen Prozess im Zeitverlauf beschreibt). Die negative Binomialverteilung ist also in diesem Sinne flexibler als die Binomialverteilung.

2.3.2.1 Beispiel Krankenhausbehandlung

Ein Krankenversicherungsunternehmen möchte in einem stochastischen Kosten-Simulationsmodell abbilden, wie häufig eine Behandlung notwendig ist, bevor sich ein Behandlungserfolg einstellt, beispielsweise wie viele Chemotherapien bei einem Krebspatienten voraussichtlich durchzuführen sind, bis eine Rückbildung von Tumoren beobachtet werden kann. Ein einfaches Modell für die Anzahl N der notwendigen Behandlungen (also der „Schadenanzahl" in Bezug auf die

Versicherungskosten) könnte die geometrische Verteilung mit vorgegebener Erfolgswahrscheinlichkeit p für eine erfolgreiche Einzelbehandlung sein. Die Angemessenheit dieses Modells würde aber voraussetzen, dass der Erfolg der Einzelbehandlungen voneinander unabhängig ist, was in aller Regel bei ärztlichen Therapien nicht der Fall sein dürfte. Alternativ könnte man daher versuchen, die notwendige Behandlungsanzahl als $N \sim \mathbf{NB}(r; p)$ mit $r \neq 1$ anzusetzen und die Parameter r und p aus statistischen Daten zu schätzen (ohne dass in diesem Zusammenhang das Verteilungsmodell weiter interpretiert wird).

2.3.2.2 Beispiel Kfz-Unfälle

Ein Mietwagenunternehmen mit 100 identischen Fahrzeugen möchte ein theoretisches Verteilungsmodell für die Anzahl von Unfällen pro Jahr in seinem Fuhrpark erstellen. Es liegen entsprechende Statistiken vor mit einem Mittelwert (als Schätzer für den Erwartungswert) von 20 Unfällen pro Jahr und einer Standardabweichung von 6,5, also Varianz von 42,25.

Da die Varianz deutlich höher ist als der Erwartungswert, kommt als Verteilungsmodell keine Binomialverteilung infrage; denn dabei ist die Varianz kleiner als der Erwartungswert. Außerdem ist unter der realitätsnahen Annahme, dass ein Wagen auch mehrere Unfälle pro Jahr haben kann, die mögliche Schadenanzahl prinzipiell unbegrenzt. Zu den angegebenen Daten würde etwa eine negative Binomialverteilung mit $r \approx 18$ und $p \approx 47{,}36\,\% = 0{,}4736$ passen (s. Abbildung 2.14).

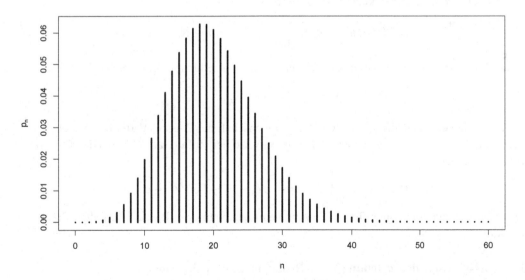

Abbildung 2.14: Zähldichte (Wahrscheinlichkeitsfunktion) von $\mathbf{NB}(18; 0{,}4736)$

2.3.3 Logarithmische Verteilung

Die logarithmische Verteilung $N \sim L(p)$ kommt als Schadenanzahlverteilung selbst nicht besonders häufig vor, wird aber als Baustein bei der Konstruktion komplexerer Schadenverteilungen verwendet; z. B. als Klumpenverteilung beim *Klumpen-Poisson-Prozess* (vgl. 2.3.10). Für $0 < p < 1$ lautet die Wahrscheinlichkeitsfunktion

$$P(N = n) =: p_n = \frac{p^n}{n} \cdot \frac{1}{-\ln(1-p)} \quad \text{für } n \in \mathbb{N}_0.$$

Es gilt:

$$\mathbf{E}(N) = \frac{p}{-(1-p) \cdot \ln(1-p)},$$

$$\mathbf{Var}(N) = \frac{p \cdot (-\ln(1-p)-p)}{(1-p)^2 \cdot \ln^2(1-p)}.$$

2.3.4 Poisson-Verteilung

Die *Poisson-Verteilung* $N \sim \mathbf{Pois}(\alpha)$ ergibt sich z. B. als Schadenanzahlverteilung bei homogenen Poisson-Prozessen (vgl. Abschnitt 2.3.7). Die Größe α entspricht dem Erwartungswert der Schadenanzahl bis zu einem vorgegebenen festen Zeitpunkt t; durch die Festsetzung $\alpha = \lambda t$ mit dem *Intensitätsparameter* λ kann man eine einfache, nämlich bzgl. des Erwartungswerts und der Varianz lineare, Abhängigkeit der Schadenanzahl von der Länge des Betrachtungszeitraums darstellen. Die Wahrscheinlichkeitsfunktion lautet

$$P(N = n) =: p_n = \frac{\alpha^n}{n!} \cdot \mathrm{e}^{-\alpha} \quad \text{für } n \in \mathbb{N}_0.$$

Die Varianz entspricht dem Erwartungswert der Poisson-Verteilung; es gilt also:

$$\mathbf{E}(N) = \mathbf{Var}(N) = \alpha.$$

Eine für die Schadenmodellierung sehr wichtige Eigenschaft der Poisson-Verteilung besteht darin, dass die Summe zweier unabhängiger Poisson-verteilter Zufallsvariablen wieder Poisson-verteilt ist; genauer:

$$N_i \sim \mathbf{Pois}(\alpha_i) \; (i = 1, 2) \quad \Rightarrow \quad N_1 + N_2 \sim \mathbf{Pois}(\alpha_1 + \alpha_2).$$

Entsprechendes gilt somit auch für die Summe von n unabhängigen Poisson-verteilten Zufallsvariablen.

2.3.4.1 Beispiel Schadenverteilung 1 (ein Risiko, mehrere Zeitperioden)

Wie in Beispiel 2.3.1.1 soll die Situation betrachtet werden, dass ein Betrieb eine Maschine t (z. B. $t = 6$) Zeitperioden lang einsetzt und die erwartete Anzahl der Maschinenausfälle pro Zeitperiode (Monat) 0,1 beträgt. Abweichend soll aber nun für die Anzahl der nach t Zeitperioden beobachteten Maschinenausfälle eine Poisson-Verteilung mit Intensitätsparameter $\lambda = 0{,}1$, also mit einem periodenbezogenen Intensitätsparameter von $\alpha = 0{,}1 \cdot t = 0{,}6$, gelten (s. Abbildung 2.15).

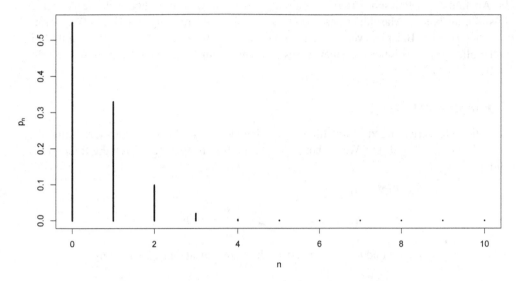

Abbildung 2.15: Zähldichte (Wahrscheinlichkeitsfunktion) von **Pois**(0,6)

Die erwartete Anzahl an Maschinenausfällen nach sechs Zeitperioden beträgt $\mathbf{E}(N) = 0{,}6$ wie in 2.3.1.1, allerdings mit einer Varianz von ebenfalls $\mathbf{Var}(N) = 0{,}6$. Anders als in 2.3.1.1 können in diesem Modell nun auch mehrere (prinzipiell unbegrenzt viele) Maschinenausfälle pro Zeitperiode vorkommen, und somit können über den 6-Monats-Zeitraum betrachtet insgesamt auch mehr als sechs Schäden vorkommen, wenngleich die Wahrscheinlichkeit dafür sehr klein ist, genauer

$$
\begin{aligned}
P(N > 6) &= 1 - P(N \leq 6) \\
&= 1 - [P(N = 0) + P(N = 1) + \cdots + P(N = 6)] \\
&= 1 - [(\alpha^0 e^{-\alpha})/0! + (\alpha^1 e^{-\alpha})/1! + \cdots + (\alpha^6 e^{-\alpha})/6!] \\
&= 3{,}29 \cdot 10^{-6}.
\end{aligned}
$$

2.3.4.2 Beispiel Schadenverteilung 2 (mehrere Risiken, eine Zeitperiode)

Auch in der zu Beispiel 2.3.1.2 analogen Situation, dass in dem Betrieb nun sechs gleichartige Maschinen unabhängig über eine Zeitperiode eingesetzt werden, kann das Poisson-Modell verwendet werden. Geht man bezogen auf den gesamten Maschinenbestand von einer Ausfallintensität von $\alpha = 0{,}6$ aus, ist demnach die voraussichtliche Anzahl der Maschinenausfälle N genauso verteilt wie in 2.3.4.1.

2.3.4.3 Beispiel Mischung von Schadenverteilungen

Ein Betrieb setzt in der Produktion eine alte Maschine mit jahresbezogener Ausfallintensität $\alpha_1 = 2{,}2$ und eine neue Maschine mit jahresbezogener Ausfallintensität von $\alpha_2 = 0{,}8$ ein, wobei die Ausfallzahlen Poisson-verteilt angenommen werden. Somit genügt auch die Anzahl N der Ausfälle an beiden Maschinen insgesamt einer Poisson-Verteilung mit Intensitätsparameter $\alpha = \alpha_1 + \alpha_2 = 3$. Beispielsweise kommt es im Jahresmittel zu $E(N) = 3$ Ausfällen und die Wahrscheinlichkeit, dass innerhalb eines Jahres überhaupt kein Maschinenausfall eintritt, beträgt $P(N = 0) = e^{-3} \approx 0{,}05$.

2.3.5 Panjer-Verteilung

Eine sehr flexible Verteilung zur Modellierung der Schadenanzahl ist die Panjer-Verteilung $N \sim$ **Panjer**(a, b) mit $a + b \geq 0$. Die Wahrscheinlichkeitsfunktion ist gegeben durch die Rekursionsgleichung

$$P(N = 0) = p_0,$$

$$P(N = n) = p_n = p_{n-1} \cdot \left(a + \frac{b}{n} \right) \quad \text{für } n \geq 1,$$

wobei bei vorgegebenem a und b der Startwert p_0 durch die zusätzliche Bedingung

$$\sum_{n=0}^{\infty} p_n = 1$$

schon eindeutig festgelegt ist. Für Erwartungswert bzw. Varianz der Panjer-Verteilung gilt

$$\mathbf{E}(N) = \frac{a+b}{1-a},$$

$$\mathbf{Var}(N) = \frac{a+b}{(1-a)^2}.$$

Die Panjer-Verteilung umfasst die Binomial-, negative Binomial- und Poisson-Verteilung als Spezialfälle. Genauer ergibt sich die Binomialverteilung $N \sim$ **Bin**$(t; p)$ mit

$$a = \frac{-p}{1-p}, \quad b = \frac{(t+1)p}{1-p}, \quad p_0 = (1-p)^t,$$

die negative Binomialverteilung $N \sim$ **NB**$(r; p)$ mit

$$a = 1-p, \quad b = (r-1)(1-p), \quad p_0 = p^r$$

und die Poisson-Verteilung $N \sim$ **Pois**(α) mit

$$a = 0, \quad b = \alpha, \quad p_0 = e^{-\alpha}.$$

Die Rekursionsgleichung zur Definition der Panjer-Verteilung ist besonders nützlich, wenn aus Schadenanzahl- und Schadenhöhenverteilung die Gesamtschadenverteilung bestimmt werden soll; vgl. Kap. 2.6.3.

2.3.6 Allgemeines zu Schadenanzahlprozessen

In den vorangegangenen Abschnitten wurde in erster Linie die Schadenanzahl innerhalb eines vorgegebenen Zeitraums modelliert. Nun soll zusätzlich der zeitliche Verlauf der Schadenanzahl dargestellt werden. Dies geschieht durch Schadenanzahlprozesse, von denen einige wichtige Beispiele in den folgenden Abschnitten vorgestellt werden.

Allgemein ist ein Schadenanzahlprozess eine Familie von Zufallsvariablen $N(t), 0 \leq t < \infty$, mit nichtnegativen ganzzahligen Werten und der Eigenschaft, dass $N(t)$ eine in t monoton steigende und rechtsseitig stetige Funktion ist. Die rechtsseitige Stetigkeit besagt, dass vereinbarungsgemäß Schäden, die genau im Endzeitpunkt t auftreten, mitgezählt werden. Ferner fordert man für Schadenanzahlprozesse die Bedingung $N(0) = 0$. Das heißt, der Prozess $N(t)$ zählt alle Schäden, beginnend bei null, die bis zum Zeitpunkt t aufgetreten sind. Man nennt solche Prozesse auch *Zählprozesse*.

Alternativ lassen sich Zählprozesse auch durch Aussagen über die Verteilung der Zwischeneintrittszeiten $D_i = T_i - T_{i-1}$ beschreiben, wobei $T_i, i \in \mathbb{N}$, die Eintrittszeit des i-ten Ereignisses bezeichnet. Das heißt, D_i gibt die Zeitdauer zwischen dem $(i-1)$-ten und i-ten Eintreten eines Schadens an. Die Charakterisierung über die Zwischeneintrittszeiten ist z. B. zur Simulation von Schadenanzahlprozessen sehr nützlich.

Im folgenden Abschnitt 2.3.7 wird zunächst der homogene Poisson-Prozess behandelt, der auch in einer Vielzahl von Anwendungsfeldern über die Schadenmodellierung hinaus, etwa in der Kernphysik, der Telekommunikation und der Logistik, eine wichtige Rolle spielt. Wenngleich er in vielen Praxisanwendungen erfolgreich zur Modellierung der Schadenanzahl eingesetzt wird, so sind doch für viele Schadenarten die Voraussetzungen höchstens näherungsweise erfüllt. Abgesehen von heuristischen Überlegungen können Abweichungen des Schadenanzahlprozesses vom homogenen Poisson-Prozess möglicherweise im Rahmen empirischer Untersuchungen festgestellt werden, z. B. durch Aufdeckung von systematischen Abweichungen zwischen Varianz und Erwartungswert der Schadenanzahl pro Zeitintervall; vgl. auch Aufgabe 2.7. In diesem Falle stehen eine ganze Reihe von Modifikationen des homogenen Poisson-Prozesses zur Auswahl. Diese werden in den Abschnitten 2.3.8 – 2.3.12 vorgestellt. Die mathematischen Einzelheiten sind recht anspruchsvoll und können hier nicht im Einzelnen behandelt werden. Vielmehr geht es um einen ersten Einblick und die Vermittlung eines grundsätzlichen Gefühls für die Bedeutung unterschiedlicher Verteilungsannahmen. Für weitere Informationen sei auf Spezialliteratur zu stochastischen Prozessen verwiesen, z. B. [RSST99], [Mik04] und die dort zitierte Literatur. Eine Beschreibung der Simulation verschiedener Poisson-Prozesse findet sich in 7.4.

2.3.7 Homogener Poisson-Prozess

Der *homogene Poisson-Prozess* stellt die mathematisch einfachste Variante von Poisson-Prozessen dar. Er ist durch die folgenden Bedingungen charakterisiert:

Definition (Homogener Poisson-Prozess)
Ein Zählprozess $N(t)$ heißt homogener Poisson-Prozess mit Intensität $\lambda > 0$, falls gilt

(P1) $N(0) = 0$.

(P2) $N(t+u) - N(t) \sim \textbf{Pois}(\lambda u)$ für beliebige $t \geq 0, u > 0$.

(P3) Die Zufallsvariablen $N(t_{i+1}) - N(t_i)$, $i = 0,\ldots,n-1$, sind für beliebige $0 = t_0 < t_1 < \ldots < t_n$ unabhängig voneinander.

Dabei bezeichnet **Pois**(α) die Poisson-Verteilung mit Parameter α; d. h. mit $\alpha = \lambda u$ gilt

$$P(N(u) = n) =: p_n(u) = \frac{(\lambda u)^n}{n!} \cdot e^{-\lambda u} \quad \text{für } n \in \mathbb{N}_0 \text{ und } u \geq 0.$$

Für Erwartungswert und Varianz gilt also: $\mathbf{E}(N(u)) = \mathbf{Var}(N(u)) = \lambda u$.

Der Parameter λ wird im Zusammenhang mit (homogenen) Schadenanzahlverteilungen auch *Schadenintensität* (für den Zeitraum der Länge 1) genannt. Manchmal wird allgemeiner auch α als *Schadenintensität für den Zeitraum der Länge u* bezeichnet. Die Eigenschaft (P2) besagt, dass die zufällige Anzahl der Schäden in einem gegebenen Zeitintervall Poisson-verteilt ist mit einer Intensität, d. h. erwarteter Anzahl von Schäden, die proportional mit dem Faktor λ nur von der Länge des Intervalls abhängt. Speziell hängt also die Verteilung der Schadenzahl nicht von der Lage des Intervalls ab. Dies wird auch als *Homogenität* oder *Stationarität der Zuwächse* bezeichnet. In Bezug auf die Schadenmodellierung bedeutet dies, dass es keine Saisonabhängigkeit oder systematischen zeitlichen Trends gibt.

Eigenschaft (P1) gilt definitionsgemäß für jeden Schadenanzahlprozess. Die Eigenschaft (P3) besagt, dass die Schadenanzahl eines bestimmten Zeitraums nicht die Schadenanzahl eines davon disjunkten Zeitraums beeinflusst; dies wird auch als *Unabhängigkeit der Zuwächse* bezeichnet. Insbesondere gibt es keine Ansteckungsprozesse oder Kettenreaktionen und auch keine Lerneffekte. Aus Schaden wird man also in diesem Fall nicht klug.

2.3.7.1 Beispiel Schadenverteilung (mehrere Risiken, mehrere Zeitperioden)

In den Beispielen 2.3.1.1 und 2.3.4.1 wurde der Ausfall einer Maschine über mehrere Zeitperioden modelliert, in den Beispielen 2.3.1.2 und 2.3.4.2 der Ausfall mehrerer Maschinen über eine Zeitperiode. Wenn wir die Maschinenausfälle mit einem Poisson-Prozess simulieren, können wir nun auch unmittelbar den Fall betrachten, dass mehrere Maschinen über mehrere Zeitperioden eingesetzt werden. Ähnlich wie vorher sei beispielsweise angenommen, dass in einem größeren Bestand von gleichartigen Maschinen eine Ausfallintensität von $\lambda = 0{,}6$ pro Monat herrscht. Damit ergibt sich eine jährliche Ausfallintensität von $\alpha = 12 \cdot \lambda = 7{,}2$. Die erwartete Anzahl an Maschinenausfällen pro Monat beträgt $\mathbf{E}(N(1)) = 0{,}6$, pro Halbjahr $\mathbf{E}(N(6)) = 3{,}6$, pro Jahr $\mathbf{E}(N(12)) = 7{,}2$, pro zwei Jahre $\mathbf{E}(N(24)) = 14{,}4$. Weitere Einzelheiten zur Verteilung der Maschinenausfälle sollen in Aufgabe 2.13 selbst berechnet werden. In Abbildung 2.16 ist ein Pfad des entsprechenden Poisson-Prozesses über den Verlauf von zwei Jahren dargestellt.

2.3.7.2 Beispiel Zahlungsausfälle

In Anknüpfung an Beispiel 2.3.1.4 sei angenommen, dass einem Schuldner der Rating-Klasse B eine bestimmte einjährige Ausfallwahrscheinlichkeit w, z. B. $w = 0{,}01$, zugeordnet wird. Wenn angenommen werden kann, dass die Anzahl n der betrachteten Kredite recht hoch ist, z. B. $n = 10000$, und die Kreditnehmer (weitgehend) unabhängig voneinander sind, ist ein einfacher Ansatz für ein zeitabhängiges Modell der Kreditausfälle ein Poisson-Prozess mit Ausfallintensität $\lambda = nw$, also $\lambda = 100$ pro Jahr in dem konkreten Zahlenbeispiel. Damit wäre also

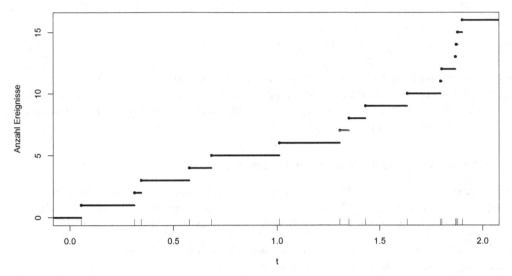

Abbildung 2.16: Realisierung eines homogenen Poisson-Prozesses mit $\lambda = 7{,}2$. Die Ereigniszeiten sind als vertikale Striche oberhalb der Zeitachse dargestellt.

die zufallsabhängige Anzahl der Kreditausfälle $N(t)$ bis zum Zeitpunkt t (in Jahren) Poissonverteilt, nämlich $N(t) \sim \textbf{Pois}(100t)$. Die erwartete Anzahl an Ausfällen pro Halbjahr wäre also $\textbf{E}(N(0{,}5)) = 50$ und für zwei Jahre $\textbf{E}(N(2)) = 200$, wenn angenommen wird, dass sich innerhalb von zwei Jahren tatsächlich die Kreditwürdigkeitseinschätzung nicht ändert. Weitere Zahlenbeispiele zur Verteilung der Kreditausfälle sollen in Aufgabe 2.12 selbst berechnet werden.

2.3.7.3 Beispiel Krankenversicherung

Die erwartete Anzahl von Versicherten, die im Kalenderjahr wegen einer bestimmten Krankheit behandelt werden müssen, sei mit $\textbf{E}(N) = 24$ angenommen. Geht man von einer Poisson-Verteilung mit Intensität $\lambda = 24$ pro Jahr aus, ergibt sich die Wahrscheinlichkeit, dass genau n Personen wegen der Krankheit behandelt werden müssen zu $P(N(1) = n) = 24^n \cdot e^{24}/n!$. Des Weiteren ergäbe sich nach dem Poisson-Modell z. B. für die Wahrscheinlichkeit von $N(1/12)$ Krankheitsfällen innerhalb eines Monats (= 1/12 Jahr) $P(N(1/12) = n) = (2^n \cdot e^2)/n!$ mit $\textbf{E}(N(1/12)) = 2$.

2.3.7.4 Charakterisierung über Zwischeneintrittszeiten

Der homogene Poisson-Prozess lässt sich alternativ durch die Verteilung der Zwischeneintrittszeiten $D_i = T_i - T_{i-1}$, d. h. der Zeitdauern zwischen dem $(i-1)$-ten und i-ten Eintreten eines Schadens, charakterisieren. Gemäß (P3) sind die Zwischeneintrittszeiten beim homogenen Poisson-Prozess unabhängig voneinander und außerdem aufgrund von (P2) exponentialverteilt,

d. h.

$$P(D_i \leq t) = 1 - \exp(-\lambda t). \tag{2.1}$$

Dies ist eine sehr wichtige Eigenschaft, die u. a. bei der Simulation von Poisson-Prozessen ausgenutzt wird. Umgekehrt kann man zeigen, dass jeder Schadenanzahlprozess mit unabhängigen,
λ-exponentialverteilten Zwischeneintrittszeiten ein homogener Poisson-Prozess mit Schadenintensität λ ist, vgl. [Mik04, Satz 2.1.6].

2.3.7.5 Charakterisierung der Homogenitätseigenschaft

Eine weitere für die Schadenmodellierung wichtige Eigenschaft des homogenen Poisson-Prozesses lässt sich aus einer alternativen Formulierung von (P2) ableiten. Man kann nämlich zeigen,
dass für einen Schadenanzahlprozess Folgendes gilt (vgl. [Nor97]).

Satz (Charakterisierung der Homogenitätseigenschaft des Poisson-Prozesses)
Folgende Eigenschaften sind zu (P2) äquivalent:

(P2a) Die Verteilung von $N(t+u) - N(t)$ hängt nur von u, aber nicht von t ab ($t \geq 0, u > 0$).

(P2b) Es gilt $\lim\limits_{h \to 0} \dfrac{P(N(t+h) - N(t) = 1)}{h} = \lambda$.

(P2c) Es gilt $\lim\limits_{h \to 0} \dfrac{P(N(t+h) - N(t) \geq 2)}{h} = 0$.

Die Beziehungen (P2b) und (P2c) ergeben sich aus (P2) durch Taylorreihenentwicklung der betrachteten Wahrscheinlichkeiten; vgl. Aufgabe 2.6.

Anschaulich bedeutet (P2b), dass die Wahrscheinlichkeit für den Eintritt genau eines Schadens
in einem „kleinen" Zeitintervall der Länge h ungefähr $\lambda \cdot h$ ist, wohingegen gemäß (P2c) in
diesem kleinen Zeitintervall das Eintreten von mehr als einem Schaden so gut wie unmöglich ist.
Aus (P2b) und (P2c) ergibt sich weiterhin die auch als *Regularität* bezeichnete Eigenschaft

$$\lim_{h \to 0} \frac{P(N(t+h) - N(t) \geq 2)}{P(N(t+h) - N(t) = 1)} = 0.$$

Man spricht auch von einem *Prozess ohne multiple Ereignisse*.

Die Wahrscheinlichkeit, dass in einem sehr kleinen Zeitintervall mehr als ein Schadenfall
eintritt, ist vernachlässigbar klein; es treten also keine Kumulschäden auf. (Von *Kumulschäden*
spricht man bei gehäuften gleichzeitigen Schadenfällen, z. B. aufgrund einer Naturkatastrophe.)

Der obige Charakterisierungssatz ist aus praktischer Sicht äußerst relevant, denn er besagt,
dass jeder Zählprozess bei dem

- die Anzahl der Ereignisse in disjunkten Zeitintervallen unabhängig sind (Eigenschaft (P3))
  und
- die Verteilung der Anzahl der Ereignisse in einem Zeitintervall nur von der *Länge* des
  Zeitintervalls abhängt (Eigenschaft (P2a)) und

- in sehr kleinen Zeitintervallen praktisch höchstens *ein* Ereignis eintreten kann (Eigenschaften (P2b) und (P2c))

bereits ein Poisson-Prozess ist. Diese Voraussetzungen sind im Kontext der Schadenmodellierung oft zumindest näherungsweise erfüllt. Prozesse mit abgeschwächten bzw. modifizierten Annahmen werden in den nachfolgenden Abschnitten vorgestellt.

2.3.8 Inhomogener Poisson-Prozess

Ersetzt man in der Definition des homogenen Poisson-Prozesses in Eigenschaft (P2) den konstanten Intensitätsparameter λ durch eine zeitabhängige Funktion $\lambda(t) \geq 0$, so spricht man von einem *inhomogenen Poisson-Prozess*. Die Größe λt wird also ersetzt durch die monoton wachsende *kumulative Intensitätsfunktion*

$$\Lambda(t) = \int_0^t \lambda(u)du.$$

Der inhomogene Poisson-Prozess mit Intensitätsfunktion $\Lambda(t)$ ist charakterisiert durch die folgenden Bedingungen:

Definition (Inhomogener Poisson-Prozess)
Ein Zählprozess $N(t)$ heißt inhomogener Poisson-Prozess mit Intensitätsfunktion $\Lambda(t)$, wenn gilt:

(iP1) $N(0) = 0$.

(iP2) $N(t+u) - N(t) \sim \mathbf{Pois}(\Lambda(t+u) - \Lambda(t))$ für beliebige $t \geq 0$, $u > 0$.

(iP3) Die Zufallsvariablen $N(t_{i+1}) - N(t_i)$, $i = 0, \dots, n-1$, sind für beliebige $0 = t_0 < t_1 < \dots < t_n$ unabhängig voneinander.

Die Wahrscheinlichkeit des Eintreffens von n Schadenfällen im Zeitraum $[0; u]$ beträgt beim inhomogenen Poisson-Prozess also

$$P(N(u) = n) =: p_n(u) = \frac{[\Lambda(u)]^n}{n!} \cdot e^{-\Lambda(u)}$$

für $n \in \mathbb{N}_0$ und $u \geq 0$. Für Erwartungswert und Varianz gilt dann:

$$\mathbf{E}(N(u)) = \mathbf{Var}(N(u)) = \Lambda(u).$$

Anwendungen des inhomogenen Poisson-Prozesses ergeben sich z. B. bei der Modellierung des positiven Einflusses von Risikoprüfungen und besonderer Präventionsmaßnahmen auf die Schadenintensität (Abschwächung dieses Einflusses im Zeitverlauf) oder bei der Modellierung „alternder" Versicherungskollektive in der Krankenversicherung (zunehmende Schadenintensität).

2.3.8.1 Beispiel Schadenverteilung

In Abwandlung von Beispiel 2.3.7.1 sei angenommen, dass die Ausfallintensität der Maschinen mit der Zeit aufgrund des Verschleißprozesses linear wächst. Genauer soll gelten $\lambda(t) = 0,1 \cdot t$, wobei die Zeiteinheit weiterhin ein Monat sei. Die kumulierte Intensitätsfunktion lautet $\Lambda(t) = \int_0^t 0,1 \cdot u \, du = 0,05 \cdot t^2$. Die erwartete Anzahl an Ausfällen, also die Ausfallintensität bezogen auf den Gesamtzeitraum, entspricht nach zwölf Monaten dem in Beispiel 2.3.7.1 angenommenen Wert von $\alpha = 7,2$; vorher ist sie kleiner und nachher größer. Beispielsweise beträgt die erwartete Anzahl von Ausfällen nach 6 Monaten $\mathbf{E}(N(6)) = 0,05 \cdot 36 = 1,8$ und nach 24 Monaten $\mathbf{E}(N(24)) = 28,8$.

2.3.8.2 Beispiel Krankenversicherung

In Abwandlung von Beispiel 2.3.7.3 sei angenommen, dass gegen die fragliche Krankheit ein neuer Impfstoff zur Verfügung steht und also die Anzahl der Neuerkrankungen im Zeitverlauf abnimmt. Genauer soll gelten $\lambda(t) = 6 \cdot t^{-1/2}$, wobei die Zeiteinheit weiterhin ein Jahr sei. Die kumulierte Intensitätsfunktion lautet $\Lambda(t) = \int_0^t 6 \cdot u^{-1/2} du = 12 \cdot t^{1/2}$. Nach einem Vierteljahr liegt die erwartete Anzahl von behandlungsbedürftigen Erkrankten also bei $\mathbf{E}(N(1/4)) = 6$, d. h. genauso hoch wie in Beispiel 2.3.7.3 bei Annahme einer konstanten Intensität von 24. Nach einem Monat ergäbe sich $\mathbf{E}(N(1/12)) \approx 3,5$, also ein höherer Wert als in 2.3.7.3. Demgegenüber ergibt sich nach einem Jahr $\mathbf{E}(N(1)) = 12$, also ein deutlich geringerer Wert als in 2.3.7.3.

2.3.9 Poisson-Ansteckungsprozess

Beim Poisson-Ansteckungsprozess geht man davon aus, dass die künftige Schadenanzahl zwar grundsätzlich Poisson-verteilt ist (als bedingte Verteilung), die Schadenintensität aber von der Anzahl der zuvor bereits eingetretenen Schäden abhängt; es ist also die Bedingung der Unabhängigkeit der Zuwächse verletzt. Aussagen über die sich ergebende Wahrscheinlichkeitsfunktion sind nur in Spezialfällen möglich.

Wenn die Schadenintensität λ_n beispielsweise linear von der Anzahl n der bereits eingetretenen Schadenfälle abhängt, d. h. $\lambda_n = a + bn$ mit $a > 0$, so spricht man von *linearer Ansteckung*. Man kann zeigen, dass sich im Falle der *positiven linearen Ansteckung* ($b > 0$) eine negative Binomialverteilung

$$N(t) \sim \mathbf{NB}\left(\frac{a}{b}; e^{-bt}\right)$$

der Gestalt

$$P(N(t) = n) = p_n(t) = \binom{\frac{a}{b} + n - 1}{n} \cdot e^{-at} \cdot (1 - e^{-bt})^n$$

ergibt (vgl. [Hel02, Abschnitt 1.4.1]).

Anwendungen des Poisson-Ansteckungsprozesses ergeben sich z. B. bei der Modellierung von Epidemien („positive Ansteckung") oder der Modellierung der Wirkung von Präventionsmaßnahmen und Lerneffekten nach Schadenfällen („negative Ansteckung").

2.3.10 Klumpen-Poisson-Prozess

Der Klumpen-Poisson-Prozess geht davon aus, dass der Eintritt von Schadenereignissen durch einen homogenen Poisson-Prozess modelliert werden kann, pro Schadenereignis jedoch mehrere Schadenfälle auftreten können. Für die Anzahl der Schadenfälle pro Schadenereignis wird eine geeignete diskrete Verteilung, die sogenannte *Klumpenverteilung*, angesetzt.

Die Wahrscheinlichkeitsfunktion lässt sich nicht allgemein angeben. Man weiß jedoch (vgl. [Hel02, Abschnitt 1.4.1]), dass für die einer Klumpen-Poisson-Verteilung unterworfene Schadenanzahl $N(t)$ gilt

$$\mathbf{E}(N(t)) = \lambda t \cdot \mathbf{E}_K;$$
$$\mathbf{Var}(N(t)) = \lambda t \cdot \mathbf{Var}_K + \lambda t \cdot (\mathbf{E}_K)^2,$$

wobei $\mathbf{E}_K$ und $\mathbf{Var}_K$ Erwartungswert und Varianz der Klumpen-Verteilung bezeichnen und λ der charakteristische Parameter der zugrunde liegenden Poisson-Verteilung ist.

Klumpen-Poisson-Prozesse werden bei der Modellierung von Kumulschäden eingesetzt, z. B. für Hagelschäden in der Kfz-Versicherung oder Erdbeben- oder Hochwasserschäden in der Gebäude-Versicherung. Aus der oben angegebenen Formel für die Varianz wird die „Gefährlichkeit" von Kumulrisiken deutlich (große erwartete Abweichungen im Zeitverlauf, besonders bei hohem Erwartungswert der Klumpenverteilung).

Einen Klumpen-Poisson-Prozess kann man auch als Spezialfall eines sogenannten zusammengesetzten Poisson-Prozesses auffassen. Zusammengesetzte Poisson-Prozesse stellen i. Allg. keine Zählprozesse mehr dar und kommen bei der Gesamtschadenmodellierung zum Einsatz, vgl. Abschnitt 2.6.3.

2.3.11 Gemischter Poisson-Prozess

Beim gemischten Poisson-Prozess wird der homogene Poisson-Prozess dahin gehend verallgemeinert, dass die Schadenintensität λ nicht als deterministische Größe, sondern selbst wieder als Zufallsvariable Λ aufgefasst wird. Man kann sich diesen Prozess somit als zweistufiges Experiment vorstellen: Im ersten Schritt wird zufällig eine Intensität λ „gezogen", im zweiten Schritt realisiert sich ein homogener Poisson-Prozess mit der im ersten Schritt gezogenen Intensität. Die Wahrscheinlichkeitsverteilung von Λ nennt man auch *mischende Verteilung* des *Zufallsprozesses*. Dieser grundsätzliche Ansatz führt zu einer recht allgemeinen Klasse von Zählprozessen.

Kann man in einem Gesamtbestand von Risiken z. B. m homogene Klassen mit jeweiliger Schadenintensität λ_i unterscheiden, so kann die Schadenintensität Λ also die Werte $\lambda_1, \ldots, \lambda_m$ annehmen. Die mischende Verteilung ist demnach diskret und definiert durch die Festlegung der Wahrscheinlichkeiten

$$p_i = P(\Lambda = \lambda_i) \quad \text{für } i = 1, \ldots, m \quad \text{mit} \quad \sum_{i=1}^{m} p_i = 1.$$

Für die Verteilung der Schadenanzahl ergibt sich somit

$$P(N(t) = n) = p_n(t) = \sum_{i=1}^{m} \frac{(\lambda_i t)^n}{n!} \cdot \exp(-\lambda_i t) \cdot p_i.$$

Oft wird die Schadenintensität Λ auch als stetige Zufallsvariable modelliert. Die mischende Verteilung kann dann also über eine Dichtefunktion $u(\lambda)$ beschrieben werden. Für die Verteilung der Schadenanzahl ergibt sich in diesem Fall

$$P(N(t) = n) = p_n(t) = \int_0^\infty \frac{(\lambda t)^n}{n!} \cdot e^{-\lambda t} u(\lambda) d\lambda.$$

Besonders häufig werden in der Praxis die Dichten der inversen Gauß-Verteilung, der logarithmischen Normalverteilung oder der Gamma-Verteilung verwendet; vgl. [Hel02, Abschnitt 1.4.1].

Speziell bei Verwendung der Gamma-Verteilung spricht man auch von einem *Polya-Prozess*. Man kann zeigen (s. [RSST99, S. 370]), dass sich für die Gamma-Verteilung mit Parametern k und c für die Schadenanzahl im Zeitraum $[0;t]$ eine negative Binomialverteilung ergibt; genauer

$$P(N(t) = n) = p_n(t) = \binom{k+n-1}{n} \cdot \left(\frac{c}{c+1}\right)^k \cdot \left(\frac{t}{c+t}\right)^n$$

und somit

$$\mathbf{E}(N(t)) = \frac{kt}{c},$$

$$\mathbf{Var}(N(t)) = \frac{kt}{c} \cdot \left(1 + \frac{t}{c}\right).$$

Allgemein kann man zeigen (s. [RSST99, S. 370]) , dass für Erwartungswert und Varianz des gemischten Poisson-Prozesses

$$\mathbf{E}(N(t)) = t \cdot \mathbf{E}_\Lambda,$$

$$\mathbf{Var}(N(t)) = t^2 \cdot \mathbf{Var}_\Lambda + t \cdot \mathbf{E}_\Lambda,$$

gilt, wobei $\mathbf{E}_\Lambda$ und $\mathbf{Var}_\Lambda$ Erwartungswert und Varianz der mischenden Verteilung bezeichnen.

Gemischte Poisson-Prozesse besitzen in der Schadenmodellierung ein recht breites Anwendungsfeld, z. B. bei heterogenen Versicherungsbeständen. Speziell der Polya-Prozess bzw. die negative Binomialverteilung werden häufig zur Konstruktion von Bonus-Malus-Systemen in der Kfz-Versicherung eingesetzt; vgl. [KGDD08, Abschnitt 7.5].

2.3.11.1 Beispiel Mischung von Schadenverteilungen

Die Mischung von Schadenverteilungen wurde ansatzweise bereits in Beispiel 2.3.4.3 angesprochen. In Abwandlung dieses Beispiels sei nun angenommen, dass der Betrieb 100 unabhängige Maschinen parallel einsetzt, davon einen Prozentsatz p alter Maschinen mit einer Gesamtausfallintensität von $100 \cdot p \cdot 2{,}2$ pro Jahr und einen Prozentsatz $1 - p$ neuer Maschinen mit einer Gesamtausfallintensität von $100 \cdot (1 - p) \cdot 0{,}8$ pro Jahr. Die Wahrscheinlichkeitsverteilung der Ausfallanzahl für alle 100 Maschinen bis zum Zeitpunkt t beträgt

$$P(N(t) = n) = p \cdot \frac{(100 \cdot p \cdot 2{,}2t)^n \cdot e^{-100 \cdot p \cdot 2{,}2t}}{n!} + (1 - p) \cdot \frac{(100 \cdot (1 - p) \cdot 0{,}8t)^n \cdot e^{-100 \cdot (1 - p) \cdot 0{,}8t}}{n!}.$$

In Aufgabe 2.15 soll die Verteilung für ausgewählte Werte von p konkret berechnet werden.

2.3.11.2 Beispiel gemischte Kreditbestände

Eine Bank hat ein Kreditportfolio von 10.000 ähnlichen als unabhängig voneinander angenommenen Kleinkrediten. Aufgrund ihres Rating-Systems unterscheidet sie drei verschiedene Schuldnertypen A, B und C, deren prozentualer Anteil am Gesamtportfolio p_1, p_2 bzw. p_3 beträgt mit $p_1 + p_2 + p_3 = 1$. Es wird ferner angenommen, dass die Zahlungsausfälle der einzelnen Schuldnertypen näherungsweise durch einen homogenen Poisson-Prozess beschrieben werden können, wobei Schuldnertyp A mit einer Wahrscheinlichkeit von 0,2 % pro Jahr ausfällt, Schuldnertyp B mit einer Wahrscheinlichkeit von 1 % pro Jahr und Schuldnertyp C mit einer Wahrscheinlichkeit von 3 % pro Jahr. Die Wahrscheinlichkeitsverteilung der Kreditausfälle innerhalb eines Jahres bezogen auf den Gesamtbestand von 10.000 Krediten beträgt in diesem Modell

$$P(N = n) = p_1 \cdot \frac{(20p_1)^n \cdot e^{-20p_1}}{n!} + p_2 \cdot \frac{(100p_2)^n \cdot e^{-100p_2}}{n!} + p_3 \cdot \frac{(300p_3)^n \cdot e^{-300p_3}}{n!}.$$

(Natürlich könnte man die Verteilung auch noch in Abhängigkeit vom Zeitparameter t beschreiben, ähnlich wie in 2.3.11.1). In Aufgabe 2.16 soll die Verteilung für ausgewählte Werte von p_1, p_2 bzw. p_3 konkret berechnet werden.

2.3.12 Cox-Prozess

Der *Cox-Prozess* verallgemeinert die oben dargestellten Ansätze, indem die Intensitätsfunktion $\Lambda(t)$ selbst wiederum als stochastischer Prozess modelliert wird. Daher wird dieser Prozess auch als *doppelt stochastischer Poisson-Prozess* bezeichnet. Auch dieser Prozess lässt sich als zweistufiges Zufallsexperiment beschreiben: Im ersten Schritt wird eine Realisierung des Intensitätsprozesses gezogen. Mit dem Pfad dieser Realisierung als Intensitätsfunktion wird dann im zweiten Schritt ein inhomogener Poisson-Prozess erzeugt. Für eine ausführlichere mathematische Darstellung von Cox-Prozessen im Finanz- und Versicherungskontext verweisen wir auf [RSST99]; in [BD02] wird eine Anwendung zum Pricing von Rückversicherungsverträgen dargestellt.

2.3.13 Aufgaben

Aufgabe 2.6
Leiten Sie die Beziehungen (P2b) und (P2c) aus 2.3.7 durch Taylorreihenentwicklung der betrachteten Wahrscheinlichkeiten aus (P2) her.

Aufgabe 2.7
Berechnen Sie den Variationskoeffizienten $\mathbf{VK}(N) = \dfrac{\mathbf{SD}(N)}{\mathbf{E}(N)}$ sowie den Quotienten $\dfrac{\mathbf{Var}(N)}{\mathbf{E}(N)}$ für eine binomialverteilte, negativ binomialverteilte bzw. Poisson-verteilte Schadenanzahl N und vergleichen Sie die Ergebnisse. Wie könnte man also diese Verhältnisgrößen einer tatsächlich beobachteten Schadenanzahlverteilung als Orientierungsgröße bei der Auswahl eines geeigneten Verteilungsmodells nutzen?

Aufgabe 2.8
Entwickeln Sie ein Tool zur Berechnung von Erwartungswert und Varianz der Klumpen-Poisson-Verteilung mit der negativen Binomialverteilung sowie der logarithmischen Verteilung als Klumpenverteilung. Die Parameter der negativen Binomialverteilung und der logarithmischen Verteilung sollen dabei frei eingegeben werden können. Vergleichen Sie die Ergebnisse, indem Sie die Verteilungsparameter der beiden Klumpenverteilungen so wählen, dass

- deren Erwartungswerte (und damit auch die Erwartungswerte der Klumpen-Poisson-Verteilung)
- die beiden Varianzen der Klumpen-Poisson-Verteilung

nach einer Zeitperiode ($t = 1$) übereinstimmen. Stellen Sie die Entwicklung von Erwartungswert und Varianz des Klumpen-Poisson-Prozesses im Zeitverlauf auch grafisch dar.

Aufgabe 2.9
Erläutern Sie anhand von Wertetabellen und einer grafischen Veranschaulichung die Zeitabhängigkeit von Erwartungswert und Varianz der Schadenanzahlverteilung bei einem

(a) positiven linearen Ansteckungsprozess;
(b) Polya-Prozess.

Aufgabe 2.10
In Abwandlung von Beispiel 2.3.1.1 sei angenommen, dass als Einheitszeitperiode ein Tag betrachtet wird und die tägliche Wahrscheinlichkeit eines Schadens $p = 0,1/30 = 1/300$ sei. Berechnen Sie, z.B. mittels R oder Excel, im Binomialmodell die Wahrscheinlichkeit von $k = 0, 1, \ldots, 30$ Schäden sowie die erwartete Schadenanzahl und die Standardabweichung der Verteilung.

Aufgabe 2.11
Für das Beispiel 2.3.1.3 berechne man die Wahrscheinlichkeit von $k = 0, 1, 2, \ldots, 10$ Todesfällen innerhalb eines Jahres.

Aufgabe 2.12
(a) In Anknüpfung an Beispiel 2.3.1.4 sei angenommen, dass eine Bank ein Kreditportfolio von $n = 100$ ($n = 1.000, n = 10.000$) unabhängigen Kreditnehmern mit identisch eingeschätzter einjähriger Ausfallwahrscheinlichkeit $w = 0,01$ hält. Berechnen Sie unter Annahme des Binomialmodells die erwartete Anzahl an Kreditausfällen und die Standardabweichung der Verteilung sowie die Wahrscheinlichkeit, dass mehr als $k = 0, 1, 2, \ldots, 10$ (bzw. $k = 0, 10, 20, 30, \ldots, 100$ für $n = 1.000$, $k = 0, 100, 200, 300, \ldots, 1.000$ für $n = 10.000$) Kreditausfälle innerhalb eines Jahres eintreten.

(b) Im letzten Satz von Beispiel 2.3.1.4 wird angemerkt, dass der Bernoulli-Prozess für eine Modellierung von Kreditausfällen im Zeitverlauf in der Regel nicht infrage kommt. Begründen Sie diese Aussage ausführlicher.

(c) In Anknüpfung an Beispiel 2.3.7.2 sei ein Portfolio unabhängiger Kreditnehmer mit Ausfallintensität von $\lambda = 1$ ($\lambda = 10$, $\lambda = 100$) pro Jahr gegeben. Berechnen Sie die Wahrscheinlichkeit, dass mehr als $k = 0, 1, 2, \ldots, 10$ (bzw. $k = 0, 10, 20, 30, \ldots, 100$ für $n =$

1.000, $k = 0, 100, 200, 300, \ldots, 1.000$ für $n = 10.000$) Kreditausfälle innerhalb eines Jahres eintreten und vergleichen Sie mit den Ergebnissen aus Teil a). Führen Sie ähnliche Berechnungen auch für andere Zeitperioden durch z. B. für die Kreditausfälle innerhalb eines Halbjahres und innerhalb von zwei Jahren.

Aufgabe 2.13
In Anknüpfung an die Beispiele 2.3.4.1 und 2.3.7.2 berechne man für eine vorgegebene Ausfallintensität von $\lambda = 0,1$ sowie $\lambda = 0,6$ pro Zeitperiode die Wahrscheinlichkeit von $k = 0, 1, \ldots,$ 10 Schadenfällen für jeweils $t = 1$, $t = 6$ und $t = 12$ Zeitperioden. Insbesondere für die Gesamtausfallintensität $\alpha = \lambda \cdot t = 0,6$ vergleiche man mit der Binomialverteilung in Tabelle 2.1 zu Beispiel 2.3.1.1.

Aufgabe 2.14
In Abwandlung von Beispiel 2.3.7.3 sei nun angenommen, dass es sich um eine Krankheit handelt, bei der die Anzahl der Neuerkrankungen im Zeitverlauf zunimmt. Genauer soll gelten $\lambda(t) = 24 \cdot t$, wobei die Zeiteinheit weiterhin ein Jahr sei. Berechnen Sie die erwartete Anzahl von Behandlungsfällen bis zum Zeitpunkt t (also die kumulative Intensitätsfunktion) und bestimmen Sie den Zeitpunkt, zu dem die erwartete Anzahl behandlungsbedürftiger Erkrankter genauso groß ist, wie im Modell mit konstanter Intensität von 24.

Aufgabe 2.15
Berechnen Sie in der Situation von Beispiel 2.3.11.1, z. B. mittels Excel oder R, für verschiedene Werte von p (z. B. $p = 0,1$ und $p = 0,4$) die Wahrscheinlichkeit von $n = 0, 1, 2, \ldots, 100$ Maschinenausfällen nach einem Monat ($t = 1/12$), einem Halbjahr und einem Jahr.

Aufgabe 2.16
Berechnen Sie (softwaregestützt) in der Situation von Beispiel 2.3.11.2 für verschiedene Werte von p_1, p_2 und p_3 die Wahrscheinlichkeit von $n = 0, 10, 20, \ldots, 500$ Kreditausfällen pro Jahr.

2.4 Modellierung einzelner Wertentwicklungsprozesse

In diesem Abschnitt geht es um die allgemeine Beschreibung der Wertentwicklung von Vermögensgegenständen wie z. B. Aktien, Immobilien und Rohstoffen oder etwas allgemeiner auch von Wechselkursen, variablen Zinssätzen usw. Man kann auch von der Modellierung einzelner finanzieller Risiken bzw. Finanzmarktrisiken sprechen. Die Begriffe „finanzielles Risiko" bzw. „Finanzmarktrisiko" sollen nicht im Einzelnen definiert werden, da eine genaue Abgrenzung schwierig ist, sowohl in Bezug auf andere mögliche betriebswirtschaftliche Risikokategorien als auch im Hinblick auf die Unterscheidung von „Risikotreibern" von Wertentwicklungen und „riskanten" Wertentwicklungen selbst. Beispielsweise kann der Wechselkurs zwischen US-Dollar und Euro Risikotreiber für die Wertentwicklung einer exportorientierten Aktiengesellschaft sein, was bei einem Modell für die Aktienkursentwicklung ggf. durch geeignete Modellparameter zu berücksichtigen wäre. Demgegenüber spiegelt für ein US-Dollar-Tagesgeldkonto eines Investors im Euro-Wirtschaftsraum die Wechselkursentwicklung schon unmittelbar die zugehörige Wertentwicklung wider.

Gedanklich bietet es sich an, Wertentwicklungsprozesse ähnlich wie Schadenanzahlprozesse zu modellieren; und es besteht auch keine klare Abgrenzung, wie etwa das Beispiel ausfallrisikobehafteter festverzinslicher Wertpapiere zeigt. Wie bereits in 2.1 kurz angesprochen, besteht ein gewisser grundsätzlicher Unterschied zwischen reinen Schaden- und finanziellen Risiken darin, dass Schadenereignisse in der Regel immer nur mit finanziellen Verlusten verbunden sind, während bei Finanzrisiken Gewinn- und Verlustmöglichkeiten in einem quasi ausgeglichenen Verhältnis stehen. Auch ist bei zeitstetiger Modellierung, wenn also der Wert des stochastischen Prozesses für jeden Zeitpunkt eines vorgegebenen Zeitintervalls interessiert, die Modellierung von Wertentwicklungsprozessen allgemein noch komplexer als die Modellierung der Schadenanzahl als ein „einfacher" Zählprozess. Aus Vereinfachungsgründen, aber teilweise auch aus Gründen der Realitätsnähe (Börsenkurse etwa verändern sich nicht zeitstetig), werden allerdings bei der Modellierung von Wertentwicklungen oft auch lediglich zeitdiskrete Prozesse betrachtet, d. h. man interessiert sich nur für den Kurs- oder Renditewert zu festgelegten diskreten Zeitpunkten eines Zeitintervalls. Oder man beschränkt sich statt der Beschreibung des gesamten stochastischen Prozesses auf Aussagen zur Wertverteilung für bestimmte Zeitintervalle, z. B. typische Kurs- und Renditeverteilungen für einen Monat oder ein Jahr. Im Folgenden werden lediglich einige Grundideen zur Modellierung von Finanzmarktrisiken vorgestellt.

2.4.1 Kurs- und Renditewerte als Ausgangsbasis der Modellierung

Die Beschreibung von Wertentwicklungsprozessen im Zeitverlauf oder von zeitpunktbezogenen Wertverteilungen entspricht im Wesentlichen der Modellierung von Kurs- und Renditeverläufen. Zur Beschreibung der zufallsbehafteten Entwicklung $\{K_t | t \geq 0\}$ eines Asset-Kurses (damit ist hier allgemein irgendein klar definierter Preis oder eine sonstige klar definierte Bewertung gemeint) als stochastischer Prozess kommen verschiedene Bezugsgrößen, d. h. z. B. auch Renditewerte, infrage, deren Beziehungen untereinander im Folgenden erläutert werden. Die nachfolgende Darstellung sowie auch die Ausführungen in den folgenden Abschnitten orientieren sich teilweise eng an entsprechenden Ausführungen in [Cot08].

Neben dem Kurs selbst kann die Wertentwicklung eines Assets durch die Gesamtrendite Γ_t bis zum Zeitpunkt t beschrieben werden, wobei

$$K_t = K_0 \cdot (1 + \Gamma_t),$$

oder für ganzzahliges t auch durch die Renditen I_t der jeweils t-ten Einheitszeitperiode mit

$$K_t = K_{t-1} \cdot (1 + I_t).$$

Wählt man etwa das Jahr als Zeiteinheit, so entspricht I_t der Rendite des t-ten Anlagejahrs und Γ_t der Gesamtrendite für einen Anlagezeitraum von t Jahren. Man sollte sich jedoch klar machen, dass man für Modellierungszwecke genauso gut andere, insbesondere kürzere, Einheitszeiträume (Monate, Tage, Stunden) zugrunde legen kann, was in aller Regel deutlich einfacher ist, als das Rechnen mit „gebrochenen" Zeiteinheiten (wie $t = \frac{1}{12}$ für den Monat, $t = \frac{1}{365}$ für das Jahr usw.).

Zunächst erscheint es nahe liegend, einen stochastischen Prozess zu definieren, der unmittelbar die Größen K_t, Γ_t oder I_t beschreibt. Dabei stößt man aber auf verschiedene Schwierigkeiten. Es stellt sich heraus, dass es für die stochastische Modellbildung meist einfacher ist, den Umweg über die stetigen Renditen zu gehen. Dazu setzt man

$$1 + \Gamma_t =: Q_t = \exp(G_t) \qquad \text{bzw.} \qquad G_t := \ln(1 + \Gamma_t) = \ln(Q_t), \qquad (2.2)$$
$$1 + I_t =: W_t = \exp(R_t) \qquad \text{bzw.} \qquad R_t := \ln(1 + I_t) = \ln(W_t).$$

Die Werte Q_t und W_t spielen die Rolle von zufallsbehafteten Aufzinsungsfaktoren. Sie geben das prozentuale Wachstum der Kapitalanlage bezogen auf ein Anfangsvermögen von $1 (= 100\%)$ an, und zwar ist Q_t der Wachstumsfaktor bis zum Zeitpunkt t und W_t der Wachstumsfaktor für die t-te Zeitperiode. Die Größen G_t und R_t werden als *stetige Renditen*, *kontinuierliche Renditen* oder *Log-Renditen* bezeichnet, und zwar ist G_t die stetige Rendite für den Gesamtzeitraum bis t und R_t die stetige Rendite der t-ten Zeitperiode. Zur klareren Unterscheidung kann man die konventionellen Renditen Γ_t bzw. I_t in Abgrenzung zu den stetigen Renditen G_t und R_t auch als Zeitintervall-Renditen oder kurz Intervall-Renditen bezeichnen.

Zur Motivation dieser Bezeichnung sei daran erinnert, dass für die stetige Rendite R gilt

$$e^R = \lim_{m \to \infty} \left(1 + \frac{R}{m} \right)^m,$$

d. h. die Verzinsung zum stetigen Zinssatz R pro Einheitszeitperiode entspricht im Grenzwert $m \to \infty$ einem Zinssatz von $\frac{R}{m}$ für immer kleinere Zeitintervalle der Länge $\frac{1}{m}$ bei Verzinsung mit Zinseszins pro Zeitintervall.

Betrachtet man nur ganzzahlige Zeitpunkte, kann man für $t \geq 1$ weiterhin schreiben

$$G_t = G_{t-1} + R_t = R_1 + \cdots + R_t,$$

d. h.

$$K_t = K_{t-1} \cdot \exp(R_t) = K_0 \cdot \exp(G_t) = K_0 \cdot \exp(R_1 + \cdots + R_t). \qquad (2.3)$$

In Intervall-Schreibweise gilt demgegenüber

$$1 + \Gamma_t = (1 + \Gamma_{t-1}) \cdot (1 + I_t) = (1 + I_1) \cdots (1 + I_t)$$

und

$$K_t = K_{t-1} \cdot (1 + I_t) = K_0 \cdot (1 + \Gamma_t) = K_0 \cdot (1 + I_1) \cdots (1 + I_t).$$

Die Renditezuwächse verhalten sich also beim stetigen Ansatz für die Renditen additiv, beim Intervall-Ansatz dagegen multiplikativ. Dies spricht insbesondere bei stochastischer Modellierung für die Verwendung des stetigen Modells, da eine Summenverteilung oft relativ einfach zu ermitteln ist (bei Annahme der Unabhängigkeit der Einzelrenditen z. B. gemäß einer Faltungsformel), die Wahrscheinlichkeitsverteilung eines Produkts jedoch meist nicht.

2.4.2 Zeitdiskreter arithmetischer Random Walk

Ein Basismodell zur Beschreibung der zufallsabhängigen Entwicklung stetiger Renditen ist der zeitdiskrete *Random Walk*, auf Deutsch auch *Irrfahrt* genannt. Unter einer zeitdiskreten Zufallsvariablen soll hier allgemein eine Zufallsvariable verstanden werden, die nur zu ganzzahligen Zeitpunkten beobachtet wird. Da die Zeiteinheit, wie bereits erläutert, beliebig klein gewählt werden kann, stellt die Ganzzahligkeit der Beobachtungszeitpunkte keine wesentliche Einschränkung für ein diskretes Modell dar.

Die Zufallsvariable $\{G_t | t \geq 0\}$ folgt definitionsgemäß einem einfachen Random Walk, falls die Zufallsschwankungen $\{\varepsilon_t | t \geq 0\}$ einen *White-Noise-Prozess* (*Weißes Rauschen*) darstellen, d. h.

$$G_t = G_{t-1} + \varepsilon_t \tag{2.4}$$

mit Erwartungswert $\mathbf{E}(\varepsilon_t) = 0$, Varianz $\mathbf{Var}(\varepsilon_t) = \sigma^2$ und Kovarianz $\mathbf{Cov}(\varepsilon_t, \varepsilon_{t-1}) = 0$ für alle $t \geq 1$. Der Schwankungsparameter σ wird im gegebenen Zusammenhang auch als *Volatilität* bezeichnet. In Verallgemeinerung des einfachen Random Walk spricht man von einem (*arithmetischen*) *Random Walk mit Drift r* (und Volatilität σ), falls über den White-Noise-Prozess hinaus in jeder Zeitperiode ein fester Zuwachs in Höhe von r erfolgt. Ausgehend von $G_0 = 0$ gilt dann also

$$G_t = G_{t-1} + r + \varepsilon_t = r \cdot t + \varepsilon_1 + \varepsilon_2 + \ldots + \varepsilon_t$$

mit $\mathbf{E}(\varepsilon_j) = 0$, $\mathbf{Var}(\varepsilon_j) = \sigma^2$ und $\mathbf{Cov}(\varepsilon_j, \varepsilon_{j-1}) = 0$ für alle $1 \leq j \leq t$. Indem man $R_j = \varepsilon_j + r$ setzt, erhält man die äquivalente Darstellung

$$G_t = G_{t-1} + R_t = R_1 + R_2 + \ldots + R_t$$

mit $\mathbf{E}(R_j) = r$, $\mathbf{Var}(R_j) = \sigma^2$ und $\mathbf{Cov}(R_j, R_{j-1}) = 0$ für alle $1 \leq j \leq t$. Interpretiert man die auftauchenden Zufallsvariablen als stetige Renditen, so gibt die Drift r also die pro Zeiteinheit erwartete stetige Rendite an, und die Volatilität σ kann als Risikoparameter des Prozesses angesehen werden. Besonders klar wird die anschauliche Bedeutung von r und σ im Spezialfall des symmetrischen Binomialgitter-Prozesses; vgl. Abschnitt 2.4.4. Als Erwartungswert bzw. Varianz der stetigen Gesamtrendite ergibt sich

$$\mathbf{E}(G_t) = r \cdot t,$$
$$\mathbf{Var}(G_t) = \sigma^2 \cdot t.$$

Erwartungswert und Varianz der Gesamtrendite verhalten sich also beim Random Walk jeweils zeitproportional. Dieser Zusammenhang erlaubt u. a. eine einfache Anpassung der Parameter Drift und Volatilität, wenn man in einer Simulation von Wertentwicklungsprozessen die zugrunde gelegte Zeiteinheit verkleinern oder vergrößern will.

Das Random-Walk-Modell ist zunächst verteilungsfrei konzipiert, d. h. für die Zufallsvariablen ε_t aus (2.4) wird keine besondere Verteilungsannahme getroffen; sehr oft nimmt man die einzelnen Störterme allerdings als identisch verteilt an. Speziell bei Normalverteilungsannahme $\varepsilon_t \sim \mathbf{N}(0; \sigma^2)$ spricht man auch von einem *normalen Random Walk*.

2.4.3 Zeitdiskreter geometrischer Random Walk

Zur unmittelbaren Modellierung von Wertentwicklungen oder von Intervall-Renditen (d. h. Renditen in der üblichen, nicht stetigen, Schreibweise) ist der arithmetische Random Walk in der Regel nicht geeignet, da sich dabei Intervall-Renditen kleiner als -100%, gleichbedeutend mit negativen Kurswerten, ergeben können. Demgegenüber können stetige Renditen prinzipiell beliebige positive oder negative Werte annehmen und korrespondieren trotzdem immer nur mit positiven Kurswerten. Legt man das arithmetische Random-Walk-Modell für die stetigen Renditen zugrunde, ergibt sich gemäß der Beziehung

$$Q_0 = 1,$$
$$Q_t = Q_{t-1} \cdot \exp(R_t) = \exp(G_t),$$
$$K_t = Q_t \cdot K_0$$

(vgl. (2.2)) ein sogenannter *geometrischer Random Walk* für die Wachstumsfaktoren Q_t. Von einem geometrischen (oder auch *logarithmischen* oder *multiplikativen*) Random Walk spricht man allgemein, falls nicht die betrachtete Zufallsvariable $\{Q_t | t \geq 0\}$ selbst, sondern deren Logarithmus $\{G_t := \ln(Q_t) | t \geq 0\}$ einem Random Walk (mit oder ohne Drift) folgt. Für die Simulation von Kurspfaden erzeugt man also zunächst die logarithmierten Werte

$$\ln(Q_t) = \ln(Q_{t-1}) + R_t$$
$$= r_t + \varepsilon_1 + \varepsilon_2 + \ldots + \varepsilon_t$$

als Summe der Zufallsgrößen ε_j (plus Drift) und erhält den Prozess $\{Q_t | t \geq 0\}$ durch anschließende Anwendung der Exponentialfunktion. Zur Erzeugung von Pfaden des Kursprozesses $\{K_t | t \geq 0\}$ sind lediglich alle Werte von Q_t mit K_0 zu multiplizieren, s. auch Kapitel 7.5.

2.4.4 Binomialgitter-Prozesse

Als einfachen Spezialfall des Random Walk betrachten wir ein Kursmodell, bei dem in einem kleinen Zeitraum der Länge 1 (z. B. ein Tag) der Wert K_t der Kapitalanlage lediglich um einen bestimmten prozentualen Betrag x^+, entsprechend der stetigen Rendite u (für „up"), steigen oder um den Betrag x^-, entsprechend der stetigen Rendite $-d$ (für „down"), fallen kann, und zwar im Zeitverlauf jeweils mit konstanter Wahrscheinlichkeit p bzw. $1 - p$, d. h.

$$K_t = \begin{cases} K_{t-1} \cdot (1 + x^+) = K_{t-1} \cdot e^u & \text{mit Wahrscheinlichkeit } p, \\ K_{t-1} \cdot (1 + x^-) = K_{t-1} \cdot e^{-d} & \text{mit Wahrscheinlichkeit } 1 - p. \end{cases}$$

Der Prozess ist also nicht nur in Bezug auf den Zeitparameter, sondern auch auf die Kurswertverteilung pro Zeitschritt (in diesem Fall nur zwei mögliche Werte) diskret. Dieser Spezialfall ist zur Veranschaulichung von Kursrisiken u. a. deshalb besonders interessant, weil es insgesamt nur eine endliche Anzahl verschiedener Kurspfade gibt, d. h. die Situation besonders übersichtlich ist. Andererseits ist das Modell bei Verwendung kleiner Zeiteinheiten trotzdem realitätsnah.

Für die Simulation von Kurspfaden (s. Kapitel 7.5) startet man wie beim allgemeinen Random Walk mit der Erzeugung unkorrelierter stetiger Periodenrenditen $R_t = \ln(K_t/K_{t-1}) = \varepsilon_t + r'$ (s. (2.3)). Diese besitzen also im Spezialfall des Binomialgitter-Prozesses die Wahrscheinlichkeitsverteilung

$$P(R_t = u) = p \quad \text{und}$$
$$P(R_t = -d) = 1 - p.$$

Somit ist $R_t = d - (u+d)\eta_t$ mit $\eta_t \sim \mathbf{Bin}(1;p)$ und es folgt

$$\mathbf{E}(R_t) = r' = pu - (1-p)d;$$
$$\mathbf{Var}(R_t) = \sigma'^2 = (u+d)^2 p(1-p).$$

Die Anzahl der Auf- bzw. Abwärtsbewegungen des Kursprozesses ist binomialverteilt und für die Wahrscheinlichkeitsverteilung der Gesamtrendite $G_t = R_1 + R_2 + \ldots + R_t$ bzw. der resultierenden Kurswerte $K_t = K_0 \cdot \exp(G_t)$ ergibt sich also

$$P(K_t = \mathrm{e}^{ku} \cdot \mathrm{e}^{-(t-k)d} \cdot K_0) = P(G_t = ku - (t-k)d)$$
$$= \binom{t}{k} \cdot p^k \cdot (1-p)^{t-k}.$$

Man bezeichnet den stochastischen Verlauf der stetigen Gesamtrendite deshalb auch als *arithmetischen Binomialgitter-Prozess* und den der Kurswerte (bzw. präziser formuliert eigentlich nur den für die Wachstumsfaktoren, also für den Startwert $K_0 = 1$) als *geometrischen Binomialgitter-Prozess*.

Für $p = \frac{1}{2}$ und $u = r + \sigma, -d = r - \sigma$, ergibt sich speziell der *symmetrische Binomialgitter-Prozess* mit Drift bzw. Varianz

$$\mathbf{E}(R_t) = r = \frac{1}{2}(u-d); \tag{2.5}$$

$$\mathbf{Var}(R_t) = \sigma^2 = \frac{1}{4}(u+d)^2. \tag{2.6}$$

Für Erwartungswert und Varianz der Gesamtrenditen gilt – wie bei jedem Random Walk – $\mathbf{E}(G_t) = rt$ und $Var(G_t) = \sigma^2 t$. Die spezielle Voraussetzung liegt beim symmetrischen Binomialgitter-Prozess lediglich in der Annahme der Gleichwahrscheinlichkeit von Auf- und Abwärtsbewegung. Die Umschreibung von u und d in der angegebenen Form stellt lediglich eine lineare Parametersubstitution dar.

Die Drift r lässt sich als ein „risikoloser" stetiger Zinszufluss interpretieren, in dem Sinne, dass sowohl die Aufwärtsbewegung u als auch die Abwärtsbewegung $-d$ den „sicheren" positiven Summanden r enthalten. Das stochastische Element kommt also lediglich durch den Risikoparameter σ zum Ausdruck, der aufgesetzt auf den risikolosen Wertzuwachs die Höhe der möglichen Auf- bzw. Abwärtsbewegung angibt. Setzt man $\sigma = 0$, so fallen alle Pfade des stochastischen Prozesses zusammen, und der Kursverlauf $K_t = K_0 \cdot \mathrm{e}^{rt}$ entspricht der sicheren Verzinsung mit Zinseszins zum stetigen risikolosen Zinssatz r. Diese Interpretation gilt im Übrigen in ähnlicher Form auch für den allgemeinen Random Walk.

Die möglichen Realisierungen eines typischen Binomialgitter-Prozesses sind in der Abbildung 2.17 veranschaulicht; zur besseren Darstellbarkeit wurden große Zuwächse pro Zeitperiode gewählt. Jeder spezielle Pfad entspricht einer möglichen Kursbewegung. An dieser Stelle

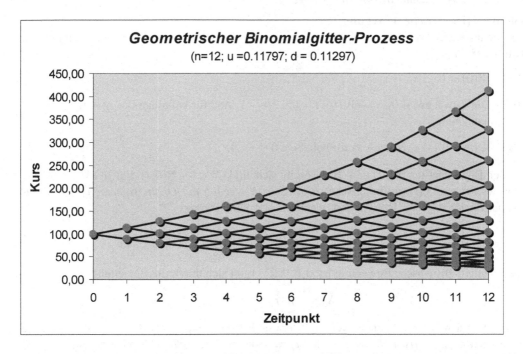

Abbildung 2.17: Mögliche Kursentwicklungen über zwölf Zeitperioden bei einem Binomialgitter-Prozess

sei nochmals auf die Analogie des Binomialgitter-Prozesses zur Modellierung von Wertentwicklungen mit dem Bernoulli-Prozess zur Modellierung der Schadenanzahl (vgl. Abschnitt 2.3.1) hingewiesen, die man im Vergleich der Abbildungen 2.11 und 2.17 besonders deutlich erkennt. Beim Bernoulli-Prozess werden die Alternativen „Schaden"/„kein Schaden" und beim Binomialgitter-Prozess die Alternativen „Kursaufwärtsbewegung"/„Kursabwärtsbewegung" betrachtet und durchgezählt. Der exponentielle Verlauf der Verbindungslinien in Abbildung 2.17 gegenüber dem linearen Verlauf in 2.11 erklärt sich dadurch, dass in 2.17 eine Kursentwicklung dargestellt ist, also eine geometrische Variante des Binomialgitter-Prozesses. Die Verbindungslinien bei der arithmetischen Variante für die möglichen Ausprägungen der stetigen Gesamtrendite wären ebenfalls linear.

2.4.5 Brownsche Bewegung (Wiener-Prozess)

In 2.4.2 – 2.4.4 wurden nur zeitdiskrete Prozesse beschrieben. Wie erwähnt, ist zwar eine beliebig genaue Modellierung erzielbar, indem man die betrachteten Zeiteinheiten (Stunden, Minuten, ...)

klein genug wählt . Trotzdem ist für manche theoretische Überlegungen ein zeitstetiges Modell hilfreicher.

Ein u. a. für die Finanzmarktmodellierung sehr wichtiges zeitstetiges Modell ist die auch als *Wiener-Prozess* bekannte *Brownsche Bewegung*.

Definition (Brownsche Bewegung)

Ein stochastischer Prozess $\{W(t)|t \in \mathbb{R}_+\}$ ist eine *Standard-Brownsche Bewegung*, wenn gilt (s. etwa [Ros83])

(BB1) $W(0) = 0$.

(BB2) Die Zuwächse $W(t_{i+1}) - W(t_i)$, $i = 0, \ldots, n-1$, sind für beliebige $0 = t_0 < t_1 < \cdots < t_n$ unabhängig.

(BB3) $W(t) - W(s) \sim \mathbf{N}(0; t-s)$ für beliebige $0 \le s < t$.

Aus den Eigenschaften (BB1) und (BB3) ergibt sich direkt $W(t) \sim \mathbf{N}(0; t)$. Für $\mu \in \mathbb{R}$ und $\sigma > 0$ heißt der Prozess $X(t)$ (arithmetische) *Brownsche Bewegung mit Driftparameter μ und Streuungsparameter σ^2* bzw. *Volatilität σ*, wenn der normierte Prozess

$$\frac{X(t) - \mu \cdot t}{\sigma}$$

eine Standard-Brownsche Bewegung ist, d. h. $X(t)$ ergibt sich durch die Beziehung

$$X(t) = \mu \cdot t + \sigma \cdot W(t)$$

aus der Standard-Brownschen Bewegung. Der durch $Y(t) = \exp(X(t))$ definierte stochastische Prozess heißt *geometrische Brownsche Bewegung* oder *geometrischer Wiener-Prozess*.

Der Wiener-Prozess lässt sich als stetige Variante des symmetrischen Binomialgitter-Prozesses (oder auch des normalen Random Walk) auffassen. Wir erläutern dies nachfolgend speziell für die stetigen Renditen, um damit an die Notation aus Abschnitt 2.4.4 anzuknüpfen.

Für die mathematische Formulierung des Grenzübergangs zum stetigen Modell ist es angebracht, die Periodenlänge nun in Abhängigkeit von n zu wählen, also nicht mehr wie in Abschnitt 2.4.4 gleich eins zu setzen. Man unterteilt etwa den Gesamtbetrachtungszeitraum der Länge T in n Unterperioden und ersetzt in (2.5) und (2.6) die Periodendrift r durch $r \cdot \frac{T}{n}$ und die Periodenvarianz σ^2 durch $\sigma^2 \cdot \frac{T}{n}$. Die Auf- bzw. Abwärtsbewegung der stetigen Rendite im Zeitraum der Länge $\frac{T}{n}$ kann also die möglichen Werte

$$u = u_n = r\frac{T}{n} + \sqrt{\sigma^2 \frac{T}{n}},$$

$$-d = -d_n = r\frac{T}{n} - \sqrt{\sigma^2 \frac{T}{n}}$$

annehmen.

Im Grenzübergang $n \to \infty$ (auf Einzelheiten des stochastischen Konvergenzbegriffs soll an dieser Stelle nicht eingegangen werden) ergibt sich für die stetigen Renditen G_T ein arithmetischer Wiener-Prozess mit Drift r und Volatilität σ, für die resultierende Wertentwicklung liegt entsprechend ein geometrischer Wiener-Prozess vor. Umgekehrt lässt sich der symmetrische Binomialgitter-Prozess oder auch der normale Random Walk als diskretisierte Form des Wiener-Prozesses auffassen. Wie beim Binomialgitter-Prozess lässt sich auch beim Wiener-Prozess r als risikoloser stetiger Periodenzins und σ als Risikoparameter interpretieren.

In dem als Ausgangsbasis für den Wiener-Prozess betrachteten Binomialgitter-Modell ist die stetige Gesamtrendite G_T binomialverteilt mit $p = \frac{1}{2}$; genauer gilt zum Zeitpunkt T:

$$P\left(G_T = r \cdot T + k \cdot \sigma \cdot \sqrt{\frac{T}{n}} - (n-k) \cdot \sigma \cdot \sqrt{\frac{T}{n}}\right) = \frac{1}{2^n} \cdot \binom{n}{k}.$$

Die resultierende Grenzverteilung für den Wiener-Prozess ist eine Normalverteilung; genauer

$$G_T \sim \mathbf{N}(rT; \sigma^2 T).$$

Somit ergibt sich für die prozentuale und somit auch für die absolute Kursverteilung eine Lognormalverteilung und entsprechend für die Periodenrendite Γ_T im Zeitraum $[0; T]$ eine um 1 nach links verschobene Lognormalverteilung; genauer

$$\frac{K_T}{K_0} = e^{G_T} = 1 + \Gamma_T \sim \mathbf{LN}(rT; \sigma^2 T).$$

An dieser Stelle sei nochmals daran erinnert, dass sich Erwartungswertbildung und Exponentialfunktion nicht vertauschen lassen; vielmehr gilt mit $Q_T = \exp(G_T)$ bei positiver Varianz immer $\mathbf{E}(Q_T) > \exp(\mathbf{E}(G_T))$, genauer

$$\mathbf{E}(Q_T) = e^{rT + \frac{\sigma^2}{2}T},$$

$$\mathbf{Var}(Q_T) = e^{2rT + \sigma^2 T} \cdot (e^{\sigma^2 T} - 1),$$

vgl. auch Abschnitt 2.2.7. Bezogen auf die Entwicklung im Zeitverlauf kann also $\mu := r + \frac{1}{2}\sigma^2$ auch als Drift der Kursentwicklung interpretiert werden, d. h. als erwarteter Wachstumsfaktor des Kurses pro Zeiteinheit, d. h. aus der Drift r der stetigen Rendite ergibt sich die Drift μ der Kurse.

2.4.6 Ausblick auf weitere Modellierungsansätze für einzelne Finanzmarktrisiken

Eine wichtige allgemeine Klasse stetiger Wertentwicklungsmodelle, die den Wiener-Prozess beinhalten, sind die sogenannten *Diffusions- oder Itô-Prozesse*, die über stochastische Differentialgleichungen für den Wertverlauf beschrieben werden können. Diffusionsprozesse sind *Markov-Prozesse*; das bedeutet, dass die zukünftige Wertentwicklung lediglich vom aktuellen Wert K_t abhängig ist, nicht aber von irgendwelchen Vergangenheitswerten. Zu den Markov-Prozessen gehören auch die *Lévy-Prozesse*, die ebenfalls den Wiener-Prozess verallgemeinern und zusätzlich zu den Parametern r und σ noch weitere Parameter aufweisen (s. [EKM97]).

Zeitstetige Wertentwicklungsmodelle spielen vor allem für theoretische Überlegungen eine große Rolle. Für Anwendungen in der Praxis genügen in der Regel diskretisierte Varianten.

In Aufgabe 2.19 werden diskretisierte Varianten des Vasicek-Prozesses und des Cox-Ingersoll-Ross-Prozesses, beides Diffusionsprozesse, behandelt. Im Gegensatz zu den in den vorherigen Abschnitten ausführlich behandelten Random Walks tendieren sie dazu, sich immer wieder auf ein bestimmtes Niveau „einzupendeln" (sogenannte *Mean Reversion*). Dieses Verhalten ist für die Wertentwicklung vieler Assets eher atypisch, aber z. B. eine gängige Annahme bei der Modellierung von Zinssätzen.

Manchmal werden in der Finanzmarktmodellierung auch Modelle benötigt, die die Markov-Eigenschaft nicht aufweisen, bei denen also etwa die Entwicklung der Gesamtrendite G_t bzw. des Kurses K_t von den Werten der Vergangenheit abhängt. Eine wichtige Klasse entsprechender Modelle sind die sogenannten *ARMA(p,q)-Prozesse* (*autoregressive Moving-Average-Prozesse der Ordnung* (p,q)). Sie sind definiert durch die Beziehung

$$G_t = c + a_1 G_{t-1} + \cdots + a_p G_{t-p} + \varepsilon_t + b_1 \varepsilon_{t-1} + \cdots + b_q \varepsilon_{t-q},$$

wobei a_i, b_j $(i = 1, \ldots, p; j = 1, \ldots, q)$ reellwertige Konstanten sind und ε_t „Weißes Rauschen" ist (s. Abschnitt 2.4.2). ARMA-Prozesse spielen auch über die reine Finanzmarktmodellierung in ökonometrischen Modellen eine große Rolle, z. B. in Prognosemodellen von Wirtschaftsforschungsinstituten und Banken.

Für $c = 0$, $p = 0$ resultiert aus dem Ansatz ein *MA(q)-Prozess*, d. h. ein „gleitender Durchschnitt" q-ter Ordnung des weißen Rauschens. Im Fall $q = 0$ bekommt man einen *AR(p)-Prozess*, bei dem ebenfalls ein Durchschnittswert der Vorgängerwerte berechnet wird. Dieser ergibt sich jedoch im Gegensatz zum *MA(q)*-Prozess bis auf den Zufallsterm ε_t direkt aus den Vorgängerwerten.[2] Formal handelt es sich um ein multiples lineares Regressionsmodell, in dem der Wert G_t durch die p Vorgängerwerte „erklärt" wird.

Als weitere Verallgemeinerung können die erzeugten Werte auch von den Varianzen der Vergangenheit abhängen, wie z. B. bei den sogenannten *GARCH-Prozessen* (GARCH = *Generalized Autoregressive Conditional Heteroscedasticity*). Derartige Modelle benutzt man beispielsweise, wenn man eine zeitabhängige „Schwankungsfreudigkeit" der Wertentwicklung darstellen will.

Da hier nicht die Modellierung spezieller Prozesse, sondern die allgemeine Interpretation von Wertverteilungen im Mittelpunkt stehen soll, verzichten wir auf die Erörterung weiterer Einzelheiten, die man in vielen Quellen zur Stochastik bzw. stochastischen Finanzmathematik nachlesen kann; z. B. werden in [Deu04] und [PDP08] besonders Aspekte der praktischen Implementierung angesprochen. Einen ausführlicheren gut verständlichen Überblick zu stochastischen Zinsmodellen findet man in [PS08].

Andere etwas einfachere weiterführende Modelle ergeben sich, indem nicht der komplette stochastische Prozess für die Wertentwicklung angegeben wird, sondern lediglich die Verteilungsmodelle für Wertveränderungen bzw. Renditen (bezogen auf einen vorgegebenen Zeitraum) modifiziert werden. Hierbei sind ähnliche Überlegungen wie zu Schadenhöhenverteilungen anzustellen. Beispielsweise weisen empirische Untersuchungen darauf hin, dass in der (Log-) Normalverteilungsannahme, die sich dem Wiener-Prozess ergibt, extreme Kursveränderungen möglicherweise zu wenig berücksichtigt sind. Diesbezüglich könnte man modellmäßig auf Kursverteilungen mit „breiteren Rändern" (*Fat Tails*) ausweichen.

---

[2]Man beachte aber, dass man bei deterministischen Zeitreihen vom $AR(p)$-Typ, d. h. für $q = 0$ und $\varepsilon_t = 0$, im Falle von $c = 0$ und $\sum a_i = 1$ ebenfalls oft von „gleitenden Durchschnitten" spricht.

Ein konkreter Modellansatz zur Modifikation der Normalverteilung (für stetige Renditen) bzw. der Lognormalverteilung (für Periodenrenditen bzw. Kursverläufe) besteht in der Idee der „Kontaminierung" der Ursprungsverteilung. Dabei wird die ursprüngliche Dichtefunktion f_1 durch eine andere Dichtefunktion f_2 „verunreinigt". Die Dichtefunktion f der *kontaminierten Verteilung* ist dann definiert als

$$f(x) = (1 - \lambda) \cdot f_1(x) + \lambda \cdot f_2(x),$$

wobei $0 < \lambda < 1$ (in der Regel $\lambda \ll \frac{1}{2}$) der „Verunreinigungsparameter" ist.

2.4.7 Aufgaben

Zur Bearbeitung dieser Aufgaben kann es nützlich sein, sich vorher bereits mit dem Kapitel 7 zu Simulationsmethoden beschäftigt zu haben.

Aufgabe 2.17
Erzeugen Sie computergestützt selbst das Schaubild 2.17. Simulieren Sie mit den gegebenen Parametern u und d einige Kurspfade, auch für mehr als zwölf Zeitperioden. Variieren Sie die Parameter und führen Sie erneut Simulationen durch.

Aufgabe 2.18
Die kontinuierliche Rendite R einer einjährigen Investition sei normalverteilt mit Erwartungswert $r = 8{,}1\,\%$ und Standardabweichung $\sigma = 20{,}8\,\%$.

1. Berechnen Sie Erwartungswert und Standardabweichung der Periodenrendite $I = e^R - 1$ und skizzieren Sie die Verteilungen von R und I.

2. Legen Sie $r/12$ und $\sigma/12$ als Parameter eines zeitdiskreten normalen Random Walk für die kontinuierliche Rendite mit Zeiteinheit 1 Monat zugrunde. Simulieren Sie unter diesen Voraussetzungen den Wertverlauf der Gesamtrendite G_t, $t = 0, 1, \ldots 12$, für ein Jahr, wobei jeder Monat als gleich lang angenommen wird.

Aufgabe 2.19
Die (normalerweise zeitstetigen) Ansätze von Vasicek bzw. Cox-Ingersoll-Ross zur stochastischen Modellierung einer Zinsentwicklung $i(t)$ mit Startwert $i(0) = i_0$ lauten in diskretisierter Form

$$\text{(V)} \qquad i(t) = i(t-1) + c \cdot (m - i(t-1)) + s \cdot \varepsilon_t,$$

$$\text{(CIR)} \qquad i(t) = i(t-1) + c \cdot (m - i(t-1)) + s \sqrt{i(t-1)} \cdot \varepsilon_t,$$

wobei c, m und s positive reelle Zahlen und ε_t eine standard-normalverteilte Zufallsvariable mit jeweils voneinander unabhängigen Realisationen ist.

(a) Überlegen Sie (ohne exakten Beweis), gegen welchen Wert die beiden Prozesse „in der Regel" konvergieren werden.

(b) Erzeugen Sie computergestützt für vorgegebene Konstanten c, m und s einige exemplarische Zinspfade gemäß Algorithmus (V) bzw. (CIR). Anhaltspunkte für eine sinnvolle Wahl der Konstanten kann man aus (a) erhalten; als Zeiteinheit $t = 1$ kann z. B. ein Jahr oder auch ein Monat gewählt werden.

Hinweis: Im Vasicek-Modell kann der Zinssatz negativ werden, im CIR-Modell in seiner stetigen Form „fast sicher" nicht. In der diskretisierten Variante kann beim CIR-Algorithmus ein negativer Zinssatz generiert werden, und der Prozess ist also im Weiteren undefiniert. Um dies zu vermeiden, kann man sich im Rahmen dieser Aufgabe dann mit einem „mechanischen" Zurücksetzen auf den Startwert oder einer ähnlichen einfachen Modifikation behelfen.

2.5 Modellierung extremer Ereignisse

Dieses Unterkapitel beinhaltet eine kurze Einführung in einige Modelle der Extremwerttheorie. Aus mathematischer Sicht geht es unter anderem darum, Verteilungsmodelle zu finden, mit denen sich *extreme* Ereignisse beschreiben lassen. Historischer Hintergrund für die Entwicklung der Extremwerttheorie war unter anderem die Frage, wie hoch Deiche an der niederländischen Küste gebaut werden sollten, um gegen seltene aber katastrophale Überflutungen gewappnet zu sein; vgl. [dH90]. Die Extremwerttheorie liefert mathematische Methoden, mit denen die Wahrscheinlichkeit von genau solchen Ereignissen, die extremer sind, als alles, was bisher beobachtet wurde, geschätzt werden kann. Sie stellt ein umfangreiches Gebiet innerhalb der Stochastik dar. Eine umfassende Darstellung findet sich in dem „Klassiker" [EKM97]; eine gut lesbare Einführung ist [FK11]. Im Kapitel 6.3 wird ergänzend noch eine kurze Einführung in die Extremwertstatistik (Anpassung von Extremwertmodellen) gegeben.

Im Kontext dieses Buchs geht es in erster Linie um Modelle für zwei Typen „extremer" Ausprägungen, nämlich Maxima aus einer großen Anzahl von Werten, wie z. B. Versicherungsschäden (etwa der Jahresmaximalschaden) oder Kursverlusten, sowie Werte, die einen sehr hohen vorgegebenen Schwellenwert überschreiten, wie sie etwa bei bestimmten Rückversicherungsverträgen für Versicherungsschäden relevant sein können.

2.5.1 Verteilungsmodelle für Maxima

Zunächst sollen Verteilungsmodelle für Wert-Maxima, z. B. von Versicherungsschäden, vorgestellt werden. Für eine Folge $X_1, X_2, \ldots$ von unabhängigen, identisch verteilten Zufallsvariablen wird das Maximum von n Werten durch $M_n = \max\{X_1, \ldots, X_n\}$ definiert. Die GEV-Verteilung (s. Abschnitt 2.2.11) spielt in der Modellierung von M_n eine ähnliche Rolle wie die Normalverteilung bei der statistischen Analyse von Summen $S_n = X_1 + \ldots + X_n$ von unabhängigen, identisch verteilten Zufallsvariablen $X_i \sim X$. Damit ist Folgendes gemeint. Der zentrale Grenzwertsatz lässt sich auch dahingehend formulieren, dass es Normierungskonstanten a_n und b_n gibt, sodass die standardisierte Summe $(S_n - a_n)/b_n$ gegen die Standardnormalverteilung konvergiert (mit $a_n = \mathbf{E}(S_n)$ und $b_n = \mathbf{SD}(S_n)$). Es liegt daher nahe zu fragen, ob man auch für die Maxima M_n Normierungskonstanten a_n und b_n finden kann, für die die normalisierten Maxima $(M_n - a_n)/b_n$ konvergieren bzw. welche Grenzverteilungen überhaupt infrage kommen. Die Beantwortung der ersten Frage würde in diesem Rahmen zu weit führen; die daran interessierten Leser werden auf das Kapitel 3.3 in [EKM97] verwiesen. Der zweite Teil der Frage wird von einem der zentralen Ergebnisse der Extremwerttheorie, dem sogenannten Fisher-Tippett-Theorem, beantwortet.

Satz (Fisher und Tippett)

Wenn es Normierungskonstanten $a_n \in \mathbb{R}$ und $b_n > 0$ gibt, sodass

$$\lim_{n \to \infty} P\left(\frac{M_n - a_n}{b_n} \leq x\right) = H(x)$$

für eine Verteilung H, die keine Einpunktverteilung ist, gilt, dann muss die Grenzverteilung H bereits eine GEV-Verteilung sein, d. h. es muss gelten $H = H_{\xi,\mu,\sigma}$ für geeignete ξ, μ, σ. Dabei ergibt sich für mögliche unterschiedliche Normierungen im Grenzwert immer der gleiche Formparameter ξ, d. h. die GEV ist in ihrer standardisierten Form eindeutig bestimmt.

Das Fisher-Tippett-Theorem besagt also, dass das normalisierte Maximum einer Folge von Zufallsvariablen (Verluste, Schäden o. Ä.), wenn überhaupt, dann gegen eine der Verteilungen vom Typ Gumbel, Fréchet oder negative Weibull konvergiert (unter Ausschluss der Einpunktverteilung), wobei der Formparameter ξ der Grenzverteilung unabhängig von der gewählten Normierung ist. Dieses Ergebnis ist äußerst wichtig, denn damit ergibt sich (s. Aufgabe 2.23), dass sich das (nicht-normierte) Maximum einer „großen" Anzahl von unabhängig identisch verteilten Verlusten bzw. Schäden zumindest näherungsweise wie genau eine der drei Verteilungen verhält (vorausgesetzt, der Grenzwert existiert überhaupt).

Für bestimmte Ausgangsverteilungen lassen sich die Normierungskonstanten und Grenzverteilung relativ elementar bestimmen. So gilt für eine Folge von standard-exponentialverteilten Risiken $X_1, X_2, \ldots \sim \mathbf{Exp}(1)$ und Normierungskonstanten $a_n = \ln n$, $b_n = 1$, dass (s. Aufgabe 2.24)

$$P\left(\frac{M_n - a_n}{b_n} \leq x\right) \to \exp(-\exp(-x)),$$

d. h. die Verteilung der normierten Maxima von exponentialverteilten Risiken konvergiert gegen die Gumbel-Verteilung. Für eine Folge von Nullpunkt-Pareto-verteilten Risiken $X_1, X_2, \ldots \sim$ **Null-Pareto**$(x_0; \alpha)$ und Normierungskonstanten $a_n = x_0 \cdot n^{1/\alpha} - x_0$ und $b_n = \frac{x_0 \cdot n^{1/\alpha}}{\alpha}$ gilt (s. Aufgabe 2.25)

$$P\left(\frac{M_n - a_n}{b_n} \leq x\right) \to \exp\left(-\left(1 + \frac{x}{\alpha}\right)^{-\alpha}\right),$$

d. h. die Verteilung der normierten Maxima von Nullpunkt-Pareto-verteilten Risiken konvergiert gegen eine Fréchet-Verteilung. Wie am Anfang dieses Abschnitts erwähnt, gibt es weitergehende Aussagen darüber, welche Ausgangsverteilungen zu welchen Grenzverteilungen führen. So ist beispielsweise auch das Maximum von Pareto-verteilten Risiken Fréchet-verteilt. Die hieran interessierten Leser seien auf die Spezialliteratur, etwa [EKM97], verwiesen.

2.5.2 Verteilungsmodelle für Überschreitungen

Im vorangegangenen Abschnitt war das Maximum M_n als größter unter n beobachteten Werten von Interesse. Nun geht es um Schäden, die in dem Sinn extrem sind, dass sie einen gewissen, sehr hohen, Schwellenwert u überschreiten. Die mathematische Theorie, mit der solche hohen Überschreitungen modelliert und statistisch analysiert werden können, wird auch als *POT*-Theorie bezeichnet, wobei POT für „Peaks Over Threshold" steht.

Die *Exzess-Verteilungsfunktion*, d. h. die bedingte Verteilung von Überschreitungen $X - u$ über eine Schranke u, ist gegeben durch

$$F_u(x) = P(X - u \leq x | X > u) = \frac{P(X \leq x + u, X > u)}{P(X > u)} = \frac{F(x+u) - F(u)}{1 - F(u)}$$

für $x \geq 0$. Oft wird diese Funktion auch einfach *Exzessfunktion* genannt. Falls der Erwartungswert von X existiert, so wird mit

$$e(u) = \mathbf{E}(X - u | X > u)$$

die sogenannte *mittlere Exzessfunktion* (abgekürzt MEF) bezeichnet. Das heißt $e(u)$ ist die mittlere Überschreitung $X - u$ unter der Bedingung, dass der Schwellenwert u überschritten wird.

Für die GPD-Verteilung (s. Abschnitt 2.2.10) lassen sich die Exzess- und mittlere Exzessfunktion relativ unkompliziert ausrechnen. Es gilt (s. Aufgabe 2.21)

$$F_u(x) = G_{\xi, \beta + \xi \cdot u}(x), \qquad \text{und}$$
$$e(u) = \frac{\beta + \xi \cdot u}{1 - \xi}. \tag{2.7}$$

Die erste Identität besagt, dass die Exzessfunktion einer GPD wieder eine GPD-Verteilungsfunktion ist. Die zweite Identität zeigt, dass die MEF einer GPD linear im Schwellenwert u ist. Diese Tatsache spielt in Kapitel 6.3 bei der Anpassung von Extremwertverteilungen eine Rolle.

Der folgende Satz ist ein Analogon zum Fisher-Tippett-Theorem für Exzess-Verteilungsfunktionen.

Satz (Pickands, Balkema und de Haan)
Wenn die Voraussetzungen des Fisher-Tippett-Theorems gegeben sind, dann gilt

$$\lim_{u \to \infty} F_u(x) = G_{\xi, \beta(u)}(x)$$

für alle x und ein geeignetes $\beta(u)$. Der Parameter ξ stimmt dabei mit dem Parameter ξ der GEV-Verteilung aus dem Fisher-Tippett-Theorem überein.

Das obige Ergebnis besagt also, dass die GPD das „natürliche" Verteilungsmodell für extreme Schäden - im Sinne von (bedingten) Überschreitungen eines sehr hohen Schwellenwerts u - ist. Man beachte, dass der Parameter ξ der approximierenden GPD-Verteilung für Überschreitungen identisch ist mit demjenigen für die approximierende GEV-Verteilung der Maxima. Mithilfe dieses Resultats kann die Gesamtverteilungsfunktion zerlegt werden in einen Tail-Bereich, der sich durch eine GPD-Verteilung approximieren lässt, und einen „Rest". Auf dieser Basis werden u. a. in Kapitel 6.3 Extremwertschätzer für den Value-at-Risk und den Tail Value-at-Risk hergeleitet. Bei der obigen Darstellung des Satzes von Pickands, Balkema und de Haan wurde Wert auf eine möglichst elementare Formulierung gelegt. So wurde die genaue Art der Konvergenz nicht weiter spezifiziert. Ferner wurde genau genommen nur der Teil des Satzes angegeben, der für die folgenden Kapitel, insbesondere Kapitel 6.3, relevant ist. Die an weiterführenden Informationen interessierten Leser werden auf [EKM97] verwiesen.

Bemerkung

An dieser Stelle sei darauf hingewiesen, dass die Gültigkeit von Extremwertmodellen – wie bei allen Modellen – vom Vorliegen der entsprechenden Modellvoraussetzungen abhängt. In der hier vorgestellten „einfachsten" Version, geht es u. a. um die Annahme, die zugrunde liegenden Schäden bzw. Verluste seien unabhängig und identisch verteilt. Diese Annahme ist in der Praxis oft unrealistisch; Verallgemeinerungen z. B. auf abhängige Verluste sind aktuelle Forschungsthemen.

Abschließend sei noch erwähnt, dass die Extremwerttheorie nicht unumstritten ist, da sie Vorhersagen für Werte, etwa Versicherungsschäden, trifft, die in der Vergangenheit noch nie beobachtet wurden. Dieser grundsätzliche Kritikpunkt lässt sich naturgemäß nicht vollständig widerlegen. Allerdings stellt die Extremwerttheorie Werkzeuge zur Verfügung, die zumindest auf fundierten mathematischen Methoden beruhen. Die beiden [EKM97] entnommenen Zitate fassen die Argumente noch einmal prägnant zusammen.

> *„There is always going to be an element of doubt, as one is extrapolating into areas one doesn't know about. What extreme value theory is doing is making the best use of whatever data you have about extreme phenomena."* (R. Smith)

> *„The key message is that extreme value theory cannot do magic – but it can do a whole lot better than empirical curve-fitting and guesswork. My answer to the sceptics is that if people aren't given well-founded methods like extreme value theory, they'll just use dubious ones instead."* (J. Tawn)

2.5.3 Aufgaben

Aufgabe 2.20
Es sei $X \sim \mathbf{Exp}(\lambda)$, d. h. $F(x) = 1 - \exp(-\lambda x)$, und $u > 0$. Zeigen Sie, dass für die Exzess-Verteilungsfunktion dann $F_u(x) = F(x)$ für alle $x \geq 0$ gilt.

Aufgabe 2.21
Es sei $X \sim \mathbf{GPD}(\xi; \beta)$ mit Verteilungsfunktion $G_{\xi,\beta}(x)$ und $u > 0$.

(a) Zeigen Sie, dass für die Exzess-Verteilungsfunktion gilt

$$F_u(x) = G_{\xi, \beta + \xi \cdot u}(x),$$

wobei $0 \leq x < \infty$, falls $\xi \geq 0$, und $0 \leq x \leq -\frac{\beta}{\xi} - u$, falls $\xi < 0$.

(b) Zeigen Sie, dass für die mittlere Exzessfunktion dann gilt

$$e(u) = \frac{\beta + \xi \cdot u}{1 - \xi},$$

wobei $0 \leq x < \infty$, falls $\xi \geq 0$ und $0 \leq x \leq -\frac{\beta}{\xi} - u$, falls $\xi < 0$.

Aufgabe 2.22
Es seien $X_1, \ldots, X_n \sim X$ iid. Zeigen Sie, dass dann gilt $P(M_n \leq z) = [P(X \leq z)]^n$.

Aufgabe 2.23

Angenommen, es gibt Normierungskonstanten $a_n \in \mathbb{R}$ und $b_n > 0$, die das Fisher-Tippett-Theorem erfüllen, d. h. es gibt $\xi \in \mathbb{R}, \widetilde{\mu} \in \mathbb{R}$ und $\widetilde{\sigma} > 0$, sodass

$$P\left(\frac{M_n - a_n}{b_n} \leq x\right) \approx H_{\xi,\widetilde{\mu},\widetilde{\sigma}}(x),$$

wobei H die GEV-Verteilung bezeichnet; vgl. Abschnitt 2.2.11. Zeigen Sie, dass dann gilt

$$P(M_n \leq x) \approx H_{\xi,\mu,\sigma}(x)$$

mit $\sigma = b_n \cdot \widetilde{\sigma}$ und $\mu = \widetilde{\mu} \cdot b_n + a_n$.

Aufgabe 2.24

Es sei eine Folge $X_1, X_2, \ldots \sim \mathbf{Exp}(1)$ und Normierungskonstanten $a_n = \ln n$, $b_n = 1$ gegeben.

(a) Zeigen Sie, dass $P\left(\dfrac{M_n - a_n}{b_n} \leq x\right) = \left(1 - \dfrac{e^{-x}}{n}\right)^n$ gilt. (Hinweis: Verwenden Sie Aufgabe 2.22.)

(b) Zeigen Sie, dass $P\left(\dfrac{M_n - a_n}{b_n} \leq x\right) \to \exp(-\exp(-x))$. (Hinweis: Verwenden Sie das Ergebnis $\lim_{n\to\infty}(1 + \frac{a}{n})^n = \exp(a)$ für $a \in \mathbb{R}$.)

Aufgabe 2.25

Es sei eine Folge $X_1, X_2, \ldots \sim \mathbf{Null\text{-}Pareto}(x_0; \alpha)$ und Normierungskonstanten $a_n = x_0 \cdot n^{1/\alpha} - x_0$, $b_n = \frac{x_0 \cdot n^{1/\alpha}}{\alpha}$.

(a) Zeigen Sie, dass $P\left(\dfrac{M_n - a_n}{b_n} \leq x\right) = \left(1 - \dfrac{1}{n} \cdot \left(1 + \dfrac{x}{\alpha}\right)^{-\alpha}\right)^n$ gilt. (Hinweis: Verwenden Sie Aufgabe 2.22.)

(b) Zeigen Sie, dass $P\left(\dfrac{M_n - a_n}{b_n} \leq x\right) \to \exp\left(-\left(1 + \dfrac{x}{\alpha}\right)^{-\alpha}\right)$. (Hinweis: Verwenden Sie das Ergebnis $\lim_{n\to\infty}(1 + \frac{a}{n})^n = \exp(a)$ für $a \in \mathbb{R}$.)

Aufgabe 2.26

Der Monatsmaximalschaden M_{Monat} eines Risikos sei Fréchet-verteilt (vgl. Abschnitt 2.2.11) mit Parametern ξ_M, μ_M und σ_M. Zeigen Sie: Der Jahresmaximalschaden M_{Jahr} ist wieder Fréchet-verteilt mit Parametern $\xi_J = \xi_M, \mu_J = \mu_M - \frac{\sigma_M - \sigma_J}{\xi_M}$ und $\sigma_J = 12_M^{\frac{\xi}{}} \cdot \sigma_M$.

Aufgabe 2.27

Zeigen Sie, dass für die MEF einer $\mathbf{Pareto}(1; 2)$-Verteilung gilt $e(u) = u$. (Hinweis: Sie dürfen verwenden, dass $e(u) = \dfrac{\int_u^\infty (x - u)f(x)dx}{1 - F(u)}$ gilt.)

2.6 Aggregation von Teilrisiken

Nach der Modellierung von Einzelrisiken und Schadenanzahlprozessen stellt sich nun die Aufgabe, die Gesamtschaden- bzw. Gesamtwertverteilungen für *risiko- oder versicherungstechnische Einheiten* zu ermitteln. Eine solche Einheit kann man als bestimmte Risikoquelle auffassen. Das kann bezogen auf die Schadenmodellierung beispielsweise ein einzelnes Objekt (z. B. Kfz oder Gebäude) mit mehreren möglichen Schadenfällen im Zeitverlauf sein, ein Versicherungsbestand eines Versicherungsunternehmens oder die Gesamtheit ähnlicher Einzelrisiken (z. B. Maschinenschäden) eines Betriebs. Im Hinblick auf Finanzrisiken kann man z. B. an Wertpapierportfolios aus verschiedenen risikobehafteten Wertpapieren denken, an die Gesamtbetrachtung verschiedener paralleler Investitionsprojekte eines Betriebs oder auch an die Berechnung von Gesamtrenditen für einen aus mehreren Zeitperioden bestehenden Gesamtzeitraum.

Bei der Ermittlung einer Gesamtschaden- bzw. Gesamtwertverteilung geht es also entweder um die Zusammenfassung der Risiken einer Risikoquelle im Zeitverlauf, d. h. aus mehreren Zeitperioden, oder die Erfassung zeitparalleler Risiken innerhalb einer Zeitperiode oder evtl. auch um beides zugleich. Sinnvoll ist sie nur, wenn sie sich auf einheitliche Wertmaßstäbe für die zusammenzufassenden Risiken bezieht; s. auch Abschnitt 2.6.1. Die Risikoaggregation im Zeitverlauf wurde im Grunde bereits bei den in 2.3 bzw. 2.4 betrachteten stochastischen Schadenanzahl- bzw. Wertentwicklungsprozessen angesprochen. Man erkennt, dass es mathematisch bei der Risikoaggregation im Zeitverlauf also im Kern um eine Addition von Zufallsvariablen geht; vgl. dazu auch die Ausführungen zum Random Walk in 2.4.2 und 2.4.3 sowie zum $ARMA(p,q)$-Prozess in 2.4.6. Auch eine zeitparallele Risikoaggregation lässt sich als Addition entsprechender Zufallsvariablen auffassen.

Die zusammenzufassenden Zufallsvariablen sind bei der Ermittlung von Gesamtschadenverteilungen alle nichtnegativ. Je nach Kontext kann es bei der Aggregation von Einzelrisiken modellgemäß sinnvoll sein, die schadenfreien Risiken mitzusummieren oder auch nicht (d. h. im ersten Fall sind Summanden der Höhe null zugelassen, im zweiten nicht). Im Bereich der Finanzrisiken können Einzelrisiken (Wertveränderungen) positive und negative Ausprägungen haben. Je nachdem, ob die Anzahl der Summanden bei der Risikoaggregation als fest oder selbst als zufallsabhängig angenommen wird, spricht man vom individuellen bzw. kollektiven Modell der Risikotheorie; vgl. 2.6.2 und 2.6.3. Diese Unterscheidung bezieht sich in erster Linie auf die Schadenmodellierung. Auf Besonderheiten von Finanzmarktrisiken wird separat in 2.6.4 eingegangen.

Die Ermittlung aggregierter Schaden- bzw. Wertverteilungen ist in der Regel eine sehr schwierige Aufgabe, die oft nur für Teilbereiche durchgeführt werden kann und sollte. Für sehr große Risikoeinheiten wie etwa gesamte Wirtschaftsunternehmen ist z. B. die Ermittlung einer Gesamtschadenverteilung für alle denkbaren Arten von Schadenfällen oft weder möglich noch sinnvoll, da gleichzeitig auch finanzielle Risiken und Chancen betrachtet werden sollten, kurzum: das gesamte unternehmerische Wagnis mit seinen positiven und negativen Aspekten. So bedeutet die Erweiterung einer Produktionsanlage ein höheres Schadenpotenzial in der gesamten Produktion, etwa bei Betriebsunterbrechungen durch Feuer oder Maschinenschäden; die erweiterte Produktion geht aber auch mit höheren Ertragschancen einher.

Bei derartig komplexen Gesamtbetrachtungen kommt man in aller Regel nur mit Simulationsmethoden (s. Abschnitt 2.6.6 und Kapitel 7) weiter, da die zusammengefassten Risiken in ihrer

Art meist sehr unterschiedlich sind und oft auch stochastische Abhängigkeiten zwischen den einzelnen Risiken vorliegen. Oft wird man nicht die gesamte Verteilung ermitteln können (nicht einmal approximativ), sondern wird sich mit der Kenntnis einiger charakterisierender Parameter wie etwa Erwartungswert und Varianz zufrieden geben. Zum Thema Risikokennzahlen vgl. auch das Kap. 3. Wenn man keine aufwendigen Simulationsrechnungen durchführen kann oder sich zunächst nur einen ersten Überblick zur Gesamtrisikosituation verschaffen möchte, ist die Technik der Risikomatrizen in der Praxis sehr beliebt; sie wird in 2.6.5 kurz vorgestellt.

Um das Problem der Risikoaggregation besser zu verstehen, ist es vielleicht hilfreich, zunächst den umgekehrten Weg zu gehen, und sich zu überlegen, wie man mehrere Risiken unmittelbar in einem Modell erfassen würde. Dies geschieht im folgenden Abschnitt.

2.6.1 Allgemeines zu Gesamtrisikomodellen

Ein Gesamtrisikomodell ist ein Modell, das mehrere zeitparallele Einzelrisiken innerhalb einer oder auch mehrerer Zeitperioden in ihrer Gesamtheit erfasst. Anzugeben ist also die ggf. zeitabhängige gemeinsame Verteilung mehrerer Zufallsvariablen (nämlich der Einzelrisiken). An dieser Stelle ist es noch unerheblich, dass die Risiken sich auf einen einheitlichen Wertmaßstab beziehen. Beispielsweise könnte man eine bivariate Risikoverteilung für den Vektor $X = (X_1, X_2) =$ (Krankheitstage Fachkräfte, Anzahl Maschinenausfälle) angeben. Eine Aggregation der beiden Einzelrisiken würde nur Sinn ergeben, wenn man einen einheitlichen Wertmaßstab verwendet – beispielsweise die außerordentlichen Kosten, die dem Betrieb pro Krankheitstag einer Fachkraft oder pro Maschinenausfall entstehen.

Die genauere Kenntnis der bivariaten (allgemeiner: multivariaten) Verteilung ist für die Risikoaggregation besonders im Hinblick auf Abhängigkeiten wichtig. Sind beispielsweise in einer bestimmten Zeitperiode die Anzahl der Krankheitstage des Fachpersonals und der Maschinenausfälle unabhängig voneinander, so kann man die entsprechenden mit Kosten bewerteten Zufallsvariablen „einfach" addieren. (Daran, dass das zumindest nicht ganz so einfach ist wie die Addition von Zahlen, wird in einem Beispiel des nachfolgenden Abschnitts 2.6.2 nochmals erinnert.) Bestehen aber Abhängigkeiten, z. B. weil Maschinen öfter ausfallen, wenn viele Fachkräfte krank sind, geht das nicht.

Abhängigkeiten einzelner Risiken im Zeitverlauf lassen sich über stochastische Prozesse erfassen; vgl. dazu auch 2.3 und 2.4. Abhängigkeiten mehrerer zeitparalleler Risiken lassen sich allgemein nur durch Angabe der gesamten zugehörigen bi- bzw. multivariaten Verteilung beschreiben. Ein wegen seiner verhältnismäßigen Einfachheit häufig verwendeter Ansatz ist die Annahme einer multivariaten Normalverteilung. Die multivariate Normalverteilung wird auf der Basis des entsprechenden grundsätzlichen Verteilungsmodells durch die Erwartungswerte und Standardabweichungen der Einzelrisiken sowie die paarweisen Korrelationskoeffizienten beschrieben (s. Abschnitt 2.2.5).

Daneben besteht die Möglichkeit, Abhängigkeiten ohne Rückgriff auf spezielle Verteilungsannahmen nur teilweise zu beschreiben, etwa in Form charakteristischer Parameter wie Korrelationskoeffizienten. Bei der Risikoaggregation sind dann ebenfalls nur noch Aussagen über charakteristische Parameter, wie die Gesamtvarianz, erzielbar; vgl. dazu auch die entsprechenden Aussagen in 2.6.2 und 2.6.3. Ein Kompromiss zwischen der kompletten Angabe einer bivariaten Risikoverteilung und einer einfachen Abhängigkeitskennzahl wie dem Korrelationskoeffizienten stellt die Technik der Copulas dar, bei der die Kopplung zweier (Rand-)Verteilungen in funktionaler Form beschrieben wird. Dieser Modellierungsansatz und weitere Modellierungsansätze werden in Kapitel 5 beschrieben.

2.6.2 Das individuelle Modell der Risikoaggregation

Vom individuellen Modell der Risikoaggregation spricht man, wenn „individuelle" (Verteilungs-) Informationen über jedes einzelne Risiko vorliegen und somit insbesondere die Anzahl n der zusammenzufassenden Einzelrisiken oder eingetretenen Schadenfälle bekannt ist. Die sprachliche Unterscheidung zwischen Einzelrisiken und Schadenfällen ist so zu verstehen, dass Einzelrisiken auch schadenfrei sein können, d. h. mit positiver Wahrscheinlichkeit eine Schadenhöhe von null haben, was für echte Schadenfälle nicht vorgesehen ist. Die Bezeichnung „Einzelrisiken" ist also insofern etwas allgemeiner.

Gegeben seien n Einzelrisiken X_i (bezogen auf einen festgelegten Zeitpunkt oder Zeitraum) mit jeweiliger Schadenhöhenverteilung

$$F_{X_i}(x) = P(X_i \leq x).$$

Das Gesamtrisiko S ergibt sich als Summe der Einzelrisiken, also

$$S = \sum_{i=1}^{n} X_i;$$

die Verteilungsfunktion des Gesamtrisikos ist $F_S(s) = P(S \leq s)$. Zur Kalkulation des Gesamtrisikos bzw. der Gesamtschadenverteilung benötigt man somit Vorschriften zur Berechnung der Verteilungsfunktion der Summe zweier Zufallsvariablen X und Y. Einfache Formeln auf der Basis der univariaten Verteilungen gibt es im Allgemeinen nur im Falle der Unabhängigkeit von X und Y. Die Verteilungsfunktion der Summe $X + Y$ wird dann auch als Faltung der beiden Verteilungsfunktionen bezeichnet (vgl. Anhang B.3). Entsprechend wird die zugehörige Wahrscheinlichkeits- bzw. Dichtefunktion im Fall von diskreten bzw. stetigen Zufallsvariablen als Faltung der Wahrscheinlichkeits- bzw. Dichtefunktionen von X und Y bezeichnet. Man verwendet für diese Verknüpfung meist das Symbol $*$. Es gilt damit für die Verteilungsfunktionen

$$(F_X * F_Y)(z) := F_{X+Y}(z) := P(X + Y \leq z).$$

Im stetigen Fall ergibt die Faltung der Dichtefunktionen f_X und f_Y die Dichtefunktion der Summe $X + Y$ und berechnet sich gemäß

$$(f_X * f_Y)(x) = \int\limits_{-\infty}^{+\infty} f_X(x - u) \cdot f_Y(u) du.$$

Man beachte, dass im Falle von Schadenverteilungen das Integral tatsächlich nur von 0 bis x läuft, da für andere Werte von u der Integrand null ist (nichtnegative Schadenhöhe).

Im diskreten Fall berechnet man die Faltung der Wahrscheinlichkeitsfunktionen p_X und p_Y, d. h. die Wahrscheinlichkeitsfunktion der Summe $X + Y$, gemäß der analogen Formel

$$(p_X * p_Y)(x) = \sum_{u \in \mathbb{R}} p_X(x - u) \cdot p_Y(u).$$

Diese Summenschreibweise ist deshalb sinnvoll, weil die Wahrscheinlichkeitsfunktion diskreter Zufallsvariablen nur in abzählbar vielen Punkten von null verschieden ist und nur die echt positiven Werte aufaddiert werden.

Für die n-fache Summe unabhängiger und identisch verteilter Risiken $X_k \sim X$ führen wir noch $F^{*n}(x)$ als n-fache Faltung der Verteilungsfunktion $F(x)$ von X ein. Im Fall einer stetigen bzw. diskreten Zufallsvariablen X steht analog $f^{*n}(x)$ bzw. $p^{*n}(x)$ für die n-fache Faltung der Dichtefunktion $f(x)$ bzw. die n-fache Faltung der Wahrscheinlichkeitsfunktion $p(x)$ von X.

Es gelten für $k \in \mathbb{N}$ die Aussagen

$$F^{*1}(x) = F(x), \quad F^{*k}(x) = (F^{*(k-1)} * F)(x) \quad \text{für } k > 1,$$

$$f^{*1}(x) = f(x), \quad f^{*k}(x) = \int_{-\infty}^{\infty} f^{*(k-1)}(x-s)f(s)ds \quad \text{für } k > 1,$$

$$p^{*1}(x) = p(x), \quad p^{*k}(x) = \sum_{u \in \mathbb{R}} p^{*(k-1)}(x-u)p(u) \quad \text{für } k > 1.$$

Falls X eine nichtnegative Zufallsvariable ist, können die Integrations- bzw. Summationsgrenzen auf $[0;x]$ eingeschränkt werden.

Das folgende Beispiel soll zeigen, dass die Berechnung von Gesamtschadenverteilungen schon in recht einfachen Situationen relativ aufwendig wird. Als Schadenhöhenverteilungen werden an dieser Stelle statt stetiger Verteilungen lediglich einfache 0-1-Verteilungen (Bernoulli-Verteilungen) angenommen, wie sie in der Praxis beispielsweise häufig auch in der Lebensversicherung vorkommen.

Beispiel (Berechnung einer Gesamtschadenverteilung)
Ein Betrieb besitzt drei gleichartige Maschinen. Bei beiden können Bauteil A oder Bauteil B ausfallen. Nach einem unplanmäßigen Stromausfall müssen mit jeweils 10 % Wahrscheinlichkeit Bauteil A und Bauteil B erneuert werden. Es besteht kein Zusammenhang zwischen den jeweiligen Defekten bzw. den zugehörigen Neubeschaffungskosten.

Der Gesamtschaden im Falle des Stromausfalls ergibt sich als Summe

$$S = \sum_{i=1}^{6} X_i$$

der zufallsbedingten Auswechslungskosten der 6 betroffenen Bauteile. Die Wahrscheinlichkeitsverteilung von S soll explizit berechnet werden

a) für den Fall, dass beide Bauteile 30.000 kosten (alle Angaben in €), d. h. für $i = 1, \ldots, 6$ ist

$$X_i = \begin{cases} 30.000 & \text{mit Wahrscheinlichkeit } 0{,}1, \\ 0 & \text{mit Wahrscheinlichkeit } 0{,}9, \end{cases}$$

b) für den Fall, dass Bauteil A 20.000 und Bauteil B 40.000 kostet, d. h.

$$X_1, X_2, X_3 = \begin{cases} 20.000 & \text{mit Wahrscheinlichkeit } 0,1, \\ 0 & \text{mit Wahrscheinlichkeit } 0,9, \end{cases}$$

$$X_4, X_5, X_6 = \begin{cases} 40.000 & \text{mit Wahrscheinlichkeit } 0,1, \\ 0 & \text{mit Wahrscheinlichkeit } 0,9. \end{cases}$$

c) Zudem soll jeweils die erwartete Schadensumme und die Varianz des Schadens bestimmt werden.

Im Fall a) liegt eine Binomialverteilung vor; vgl. 2.3.1. Da der Gesamtschaden identisch ist mit 30.000 × Anzahl der Schäden, ergibt sich die Wahrscheinlichkeitsverteilung in Tabelle 2.2 aus Tabelle 2.1 auf S. 51. Der Erwartungswert beträgt $6 \cdot 30.000 \cdot 0,1 = 18.000$, die Varianz $6 \cdot 30.000^2 \cdot 0,1 \cdot 0,9 = 486.000.000$, die Standardabweichung also 22045,41.

Schadensumme S	Wahrscheinlichkeit
0	$\binom{6}{0} \cdot 0,1^0 \cdot 0,9^6 = 0,531441$
30.000	$\binom{6}{1} \cdot 0,1^1 \cdot 0,9^5 = 0,354294$
60.000	$\binom{6}{2} \cdot 0,1^2 \cdot 0,9^4 = 0,098415$
90.000	$\binom{6}{3} \cdot 0,1^3 \cdot 0,9^3 = 0,014580$
120.000	$\binom{6}{4} \cdot 0,1^4 \cdot 0,9^2 = 0,001215$
150.000	$\binom{6}{5} \cdot 0,1^5 \cdot 0,9^1 = 0,000054$
180.000	$\binom{6}{6} \cdot 0,1^6 \cdot 0,9^0 = 0,000001$

Tabelle 2.2: Schadenverteilung für den Fall a)

Im Fall b) muss man die verschiedenen Kombinationsmöglichkeiten betrachten, wobei der Binomialkoeffizient $\binom{3}{k}$ für die Anzahl der Möglichkeiten steht, dass bei $k = 0, 1, 2$ oder 3 Maschinen Bauteil A bzw. B defekt ist. Der Erwartungswert beträgt $(3 \cdot 20.000 + 3 \cdot 40.000) \cdot 0,1 = 18.000$, die Varianz $(3 \cdot 20.000^2 + 3 \cdot 40.000^2) \cdot 0,1 \cdot 0,9 = 540.000.000$, die Standardabweichung also 23237,90; vgl. Tabelle 2.3.

Man erkennt an diesem Beispiel u. a., dass der erwartete Schaden nur ein unzureichendes Indiz für das tatsächliche Risiko ist. So ist die Varianz in den beiden Varianten bei gleichem Erwartungswert recht unterschiedlich. Weitere Risikokennzahlen werden in Kapitel 3 behandelt. Ganz ähnliche Beispiele lassen sich auch im Rahmen der Lebensversicherung und im Kontext von Kreditausfällen betrachten; vgl. hierzu die Aufgaben in 2.6.7. Für eine umfassende Einschätzung von Risiken ist also eine möglichst genaue Kenntnis der gesamten Verteilung erforderlich. Das Beispiel zeigt allerdings auch, dass selbst in einfachen Fällen bei zunehmender Anzahl von Risiken die Berechnung der Gesamtschadenverteilung kaum noch „per Hand" durchzuführen sein

Mögliche Schadensumme S im Fall b)	Wahrscheinlichkeit
0	$\binom{3}{0} \cdot \binom{3}{0} \cdot 0{,}1^0 \cdot 0{,}9^6 = 0{,}531441$
20.000	$\binom{3}{1} \cdot \binom{3}{0} \cdot 0{,}1^1 \cdot 0{,}9^5 = 0{,}177147$
40.000	$\binom{3}{2} \cdot \binom{3}{0} \cdot 0{,}1^2 \cdot 0{,}9^4 + \binom{3}{0} \cdot \binom{3}{1} \cdot 0{,}1^1 \cdot 0{,}9^5 = 0{,}19683$
60.000	$\binom{3}{3} \cdot \binom{3}{0} \cdot 0{,}1^3 \cdot 0{,}9^3 + \binom{3}{1} \cdot \binom{3}{1} \cdot 0{,}1^2 \cdot 0{,}9^4 = 0{,}059778$
80.000	$\binom{3}{2} \cdot \binom{3}{1} \cdot 0{,}1^3 \cdot 0{,}9^3 + \binom{3}{0} \cdot \binom{3}{2} \cdot 0{,}1^2 \cdot 0{,}9^4 = 0{,}026244$
100.000	$\binom{3}{3} \cdot \binom{3}{1} \cdot 0{,}1^4 \cdot 0{,}9^2 + \binom{3}{1} \cdot \binom{3}{2} \cdot 0{,}1^3 \cdot 0{,}9^3 = 0{,}006804$
120.000	$\binom{3}{2} \cdot \binom{3}{2} \cdot 0{,}1^4 \cdot 0{,}9^2 + \binom{3}{0} \cdot \binom{3}{3} \cdot 0{,}1^3 \cdot 0{,}9^3 = 0{,}001458$
140.000	$\binom{3}{2} \cdot \binom{3}{3} \cdot 0{,}1^5 \cdot 0{,}9^1 + \binom{3}{1} \cdot \binom{3}{3} \cdot 0{,}1^4 \cdot 0{,}9^2 = 0{,}00027$
160.000	$\binom{3}{2} \cdot \binom{3}{3} \cdot 0{,}1^5 \cdot 0{,}9^1 = 0{,}000027$
180.000	$\binom{3}{3} \cdot \binom{3}{3} \cdot 0{,}1^6 \cdot 0{,}9^0 = 0{,}000001$

Tabelle 2.3: Schadenverteilung für den Fall b)

wird. Der Berechnungsaufwand steigt, wenn die Risiken nicht identisch verteilt sind. Etwaige Korrelationen (in Variation des o. g. Beispiels etwa eine erhöhte Wahrscheinlichkeit des Defekts von B unter der Bedingung, dass A defekt ist) würden die Komplexität noch deutlich weiter erhöhen; dann gelten auch die zuvor angegebenen allgemeinen Faltungsformeln nicht mehr.

Oft begnügt man sich daher mit der Kenntnis von charakteristischen Parametern der aggregierten Verteilung. Beispielsweise werden zur Berechnung von Erwartungswert und Varianz die bekannten Rechenvorschriften

$$\mathbf{E}(X+Y) = \mathbf{E}(X) + \mathbf{E}(Y),$$
$$\mathbf{Var}(X+Y) = \mathbf{Var}(X) + \mathbf{Var}(Y) + 2 \cdot \mathbf{Cov}(X,Y)$$

verwendet (s. Lemma B.17).

Sind beispielsweise alle n Risiken $X_i \sim X$ unabhängig und identisch verteilt mit

$$\mathbf{E}(X) = \mu \quad \text{und} \quad \mathbf{Var}(X) = \sigma^2,$$

so gilt also für das Gesamtrisiko $S = \sum\limits_{i=1}^{n} X_i$ im individuellen Modell

$$\mathbf{E}(S) = n \cdot \mu \quad \text{und} \quad \mathbf{Var}(S) = n \cdot \sigma^2.$$

Gilt etwas allgemeiner die Unabhängigkeit und die Beziehung $X_i \sim u_i \cdot X$ mit beliebigen Konstanten u_i für $i = 1, \ldots, n$, so folgt

$$\mathbf{E}(S) = \left(\sum_{i=1}^{n} u_i \right) \cdot \mu,$$

$$\mathbf{Var}(S) = \left(\sum_{i=1}^{n} u_i^2 \right) \cdot \sigma^2.$$

Für die Anwendung des individuellen Modells der Risikotheorie speziell auf Finanzrisiken vgl. auch Abschnitt 2.6.4.

2.6.3 Das kollektive Modell der Risikoaggregation und der Gesamtschadenprozess

Vom kollektiven Modell der Risikoaggregation spricht man, wenn die Anzahl N der zusammenzufassenden Einzelrisiken bzw. Schadenfälle nicht genau bekannt ist; N ist also selbst eine Zufallsvariable. Obwohl das Modell auch für Finanzrisiken angewendet wird (s. etwa [GSW10] und [GH09]), beschränken wir uns im Folgenden zur Begrenzung der Komplexität auf die Schadenmodellierung.

In Abschnitt 2.3 wurde bereits angesprochen, dass die Schadenanzahl des Öfteren nicht lediglich über die Angabe einer Wahrscheinlichkeitsverteilung, sondern als stochastischer Prozess modelliert wird. Analog wird man im allgemeinen Fall ausgehend vom Schadenanzahlprozess $N(t)$ und den Schadenhöhenverteilungen der Einzelschäden X_k den *Gesamtschadenprozess*

$$S(t) = \sum_{k=1}^{N(t)} X_k$$

betrachten. Ganz allgemein könnten die Schadenhöhen X_k voneinander und außerdem noch von den Schadeneintrittszeitpunkten T_k abhängig sein; eine derartige Modellierung ist allerdings in der Regel nur mit komplexen Simulationsmodellen in den Griff zu bekommen. Meist setzt man die Unabhängigkeit und eine identische Verteilung der X_k sowie die Unabhängigkeit von den Eintrittszeitpunkten voraus. Einen stochastischen Prozess, der diese Bedingungen erfüllt und dessen Schadenanzahlprozess ein Poisson-Prozess ist, bezeichnet man auch als *zusammengesetzten Poisson-Prozess* (*Compound Poisson Process*). Der Klumpen-Poisson-Prozess aus 2.3.10 ist ebenfalls ein spezieller zusammengesetzter Poisson-Prozess, wobei anstelle der Schadenhöhe die „Klumpengröße" steht.

Die entsprechende Verteilung des Gesamtschadens $S = \sum_{k=1}^{N} X_k$ zu einem festen Zeitpunkt bezeichnet man als *zusammengesetzte Poisson-Verteilung* (*Compound Poisson Distribution*). Wenn $N \sim \mathbf{Pois}(\lambda)$ und $X_k \sim F_X$, dann schreiben wir auch $S \sim \mathbf{CPois}(\lambda, F_X)$. Solche Compound-Verteilungen spielen außer in der klassischen Schadenversicherungsmathematik auch bei der Modellierung von operationellen Risiken eine wichtige Rolle. Beispielsweise können Banken beim sogenannten *Advanced Measurement Approach* (AMA) außer Standardmodellen auch interne Modelle zur Ermittlung ihres benötigten regulatorischen Kapitals einsetzen. Die operationellen Verluste können dabei sowohl für verschiedene Geschäftsbereiche als auch verschiedene Verlusttypen modelliert werden. Da die Anzahl der Verluste – also die Schadenanzahl – hier zufällig ist, bietet sich wieder eine aus Schadenanzahl und Schadenhöhen zusammengesetzte Summe $S = \sum_{k=1}^{N} X_k$ an. Im Rahmen des AMA wird dieser Ansatz als *Loss Distribution Approach (LDA)* bezeichnet.

Bei bekannter Wahrscheinlichkeitsfunktion $p_N(t)$ für die Schadenanzahl $N(t)$ und Verteilungsfunktion $F(x)$ für die Schadenhöhe $X_k \sim F$ besitzt mit obigem Absatz die Verteilungsfunktion $G(x,t)$ des Gesamtschadens $S(t)$ die Gestalt

$$G(x,t) = p_0(t) + \sum_{v=1}^{\infty} p_v(t) \cdot F^{*v}(x),$$

wobei F^{*v} die in 2.6.2 eingeführte v-fache Faltung der Verteilungsfunktion F von X ist.

Eine geschlossene Formel für $G(x,t)$ gibt es nur in einigen wenigen Spezialfällen. Wenn die Schadenhöhe X für ein $h > 0$ nur die Werte $0, h, 2h, 3h, \ldots$ annehmen kann und die Schadenanzahl Panjer-verteilt ist (vgl. Abschnitt 2.3.5), dann gibt es ein exaktes numerisches Verfahren, die sogenannte *Panjer-Rekursion*, mit dem sich die Gesamtschadenverteilung rekursiv berechnen lässt. Im folgenden Satz ist das Verfahren für den Fall formuliert, dass X seine Werte auf $\mathbb{N}_0$, also mit $h = 1$, annimmt.

Satz (Rekursionsformel von Panjer)
Für die Schadenanzahl gelte $N \sim$ **Panjer**(a,b) und die Schadenhöhe X kann nur Werte $X \in \mathbb{N}_0$ annehmen. Dann gilt:

$$P(S = k) = \frac{1}{1 - a \cdot P(X = 0)} \cdot \sum_{i=1}^{k} \left(a + \frac{b}{k} \cdot i \right) \cdot P(X = i) \cdot P(S = k - i).$$

Der Startwert der Rekursion ist gegeben durch

$$P(S = 0) = \begin{cases} P(N = 0) \cdot \exp[P(X = 0) \cdot b], & \text{falls } a = 0, \\[2mm] \dfrac{P(N = 0)}{(1 - P(X = 0) \cdot a)^{1 + \frac{b}{a}}}, & \text{falls } a \neq 0. \end{cases}$$

Da die in der Praxis benutzten Schadenhöhenverteilungen i. Allg. stetig sind, kann der Panjer-Algorithmus erst angewendet werden, nachdem die Schadenhöhenverteilung diskretisiert wurde. Daraus ergibt sich – je nach Wahl der Diskretisierungsschrittweite h und dem verwendeten Diskretisierungsverfahren – ein Approximationsfehler (für Einzelheiten vgl. [Mac02]).

Eine weitere numerische Aggregationsmethode bietet die sog. *Fast-Fourier-Transformation*, die hier jedoch nicht weiter beschrieben werden soll. Einzelheiten hierzu finden sich in [KGDD08, Kap. 3.6] sowie in [KPW08, Kap. 9]. In der letzteren Literaturquelle werden auch die Vor- und Nachteile der verschiedenen Aggregationsverfahren angesprochen.

Ein stochastischer Ansatz zur Approximation der Gesamtschadenverteilung besteht in der folgenden Version des zentralen Grenzwertsatzes. Der zentrale Grenzwertsatz (s. Satz B.27) lässt sich im kollektiven Modell nicht unmittelbar anwenden, da keine deterministische, sondern eine zufällige Anzahl von Summanden vorliegt. Man kann jedoch trotzdem zeigen, dass für hinreichend lange Beobachtungszeiträume gilt

$$P(S(t) \leq y) \approx \Phi\left(\frac{y - \mathbf{E}(S(t))}{\sqrt{\mathbf{Var}(S(t))}}\right).$$

Zu den genauen Voraussetzungen verweisen wir auf [Mik04, S. 131], ähnliche Ergebnisse finden sich in [KGDD08]. Im Risikomanagement, etwa bei der Bestimmung des Value-at-Risk, sind vor allem die Tail-Wahrscheinlichkeiten $P(S(t) > y)$ für großes y von Interesse. Für große y ist die obige Approximation jedoch nicht zufriedenstellend. Eine Diskussion verfeinerter Approximationsergebnisse findet sich in [Mik04]. Eine vierte Möglichkeit zur Approximation der Gesamtschadenverteilung bieten Simulationsmethoden (s. Kapitel 7). Im R-Paket `actuar` (s. [DGP08]) sind alle der oben erwähnten Methoden zur Berechnung der Gesamtschadenverteilung in der Funktion `aggregateDist` enthalten.

In vielen Fällen begnügt man sich lediglich mit der Berechnung von Erwartungswert und Varianz des Gesamtschadens. Man kann zeigen, dass gilt (vgl. z. B. [Sch09] oder [BHN$^+$97])

$$\mathbf{E}(S(t)) = \mathbf{E}(N(t)) \cdot \mathbf{E}(X),$$
$$\mathbf{Var}(S(t)) = \mathbf{E}(N(t)) \cdot \mathbf{Var}(X) + \mathbf{Var}(N(t)) \cdot [\mathbf{E}(X)]^2.$$

Die Beziehung für den Erwartungswert ist plausibel. Die Formel für die Varianz sieht auf den ersten Blick etwas unübersichtlich aus, ist aber heuristisch ebenfalls einleuchtend. Der erste Summand resultiert aus der Varianz der Einzelschadenhöhe und der zweite Summand aus der Varianz der Schadenanzahl. Wählt man die Schadenhöhe als festen Wert x (Einpunktverteilung), so gilt also $\mathbf{Var}(X) = 0$ und $\mathbf{E}(X) = x$, und in diesem Fall reduziert sich die Formel auf die Rechenregel zum „Herausziehen" eines konstanten Terms aus der Varianz. Wählt man dagegen die die Schadenanzahl $N(t)$ als Einpunkt-Verteilung, d. h. als für einen zum festen Zeitpunkt t konstanten Wert $N(t)$, so ergibt sich als Spezialfall des kollektiven Modells das individuelle Modell aus 2.6.2.

2.6.4 Aggregation einzelner Finanzrisiken

Modellierungsansätze für die Risikoaggregation im Zeitverlauf mittels stochastischer Prozesse wurden bereits in Abschnitt 2.4 angesprochen. Darüber hinaus kann sowohl bei der zeitlich parallelen als auch der zeitlich sequenziellen Aggregation von Finanzrisiken das individuelle Modell der Risikotheorie aus 2.6.2 angewendet werden. Bei der zeitlich parallelen Erfassung geht es dabei um den Gesamtwert bzw. das Gesamtrisiko eines Portfolios aus n Wertpapieren (oder anderen Anlageobjekten), bei der zeitlich sequenziellen Erfassung um den Gesamtwert bzw. das Gesamtrisiko eines Finanzwerts in n Anlageperioden, wobei n jeweils eine feste (bekannte) natürliche Zahl ist. Der Einfachheit halber sollen an dieser Stelle nur Renditen, d. h. die relative Wertentwicklung, betrachtet werden; analoge Aussagen für absolute Werte (etwa Euro-Beträge) lassen sich daraus leicht ableiten.

2.6.4.1 Gesamtrisiko von n Finanzwerten in einer Zeitperiode

Zum Zeitpunkt $t = 0$ wird ein Anlagebetrag von K_{Anf} auf n Finanzanlagen verteilt. Das Gewicht der i-ten Anlage sei mit g_i bezeichnet; es gelte

$$0 \leq g_i \leq 1, \quad \sum_{i=1}^{n} g_i = 1.$$

Die Rendite der i-ten Anlage über die betrachtete Zeitperiode sei $X^{(i)}$; d. h. es gilt:

$$K_{Ende}^{(i)} = K_{Anf}^{(i)} \cdot (1 + X^{(i)}).$$

Dabei bezeichnet $K_{Anf}^{(i)}$ den (bekannten) Wert der i-ten Anlage zu Anfang der Anlageperiode und $K_{Ende}^{(i)}$ den (unbekannten, zufallsabhängigen) Wert der i-ten Anlage zu Ende der Anlageperiode. Die Gesamtrendite X_{ges} des Portfolios berechnet sich dann also gemäß

$$K_{Ende} = K_{Anf} \cdot (1 + X_{ges}) = \sum_{i=1}^{n} (1 + X^{(i)}) \cdot (g_i \cdot K_{Anf}),$$

also

$$X_{ges} = \sum_{i=1}^{n} g_i X^{(i)}.$$

Dies entspricht mit $Y^{(i)} := g_i X^{(i)}$ unmittelbar der Risikoaggregation im individuellen Modell der Risikotheorie; insbesondere lassen sich die in 2.6.2 angegebenen Formeln für Erwartungswert und Varianz der risikobehafteten Gesamtrendite verwenden und im Falle der Unabhängigkeit der Wertentwicklung der i Anlagen ebenso die angegebenen Faltungsformeln (sofern entsprechende Verteilungsmodelle für die einzelnen Anlagen vorliegen).

Beispiel (Gesamtrisiko von Finanzwerten)

In einem Portfolio seien drei verschiedene Aktien mit zufallsabhängiger Jahresrendite $X^{(i)}$, $i = 1, 2, 3$, gleich gewichtet. Es gelte jeweils $\mathbf{E}(X^{(i)}) = 0{,}1$ und $\mathbf{SD}(X^{(i)}) = 0{,}3$, also $\mathbf{Var}(X^{(i)}) = 0{,}09$ für $i = 1, 2, 3$. Für die Rendite X des Gesamtportfolios gilt dann $\mathbf{E}(X) = 0{,}1$ sowie

$$\mathbf{Var}(X) = \mathbf{Var}\left(\frac{1}{3} \cdot X^{(1)} + \frac{1}{3} \cdot X^{(2)} + \frac{1}{3} \cdot X^{(3)}\right)$$

$$= \frac{1}{9}\mathbf{Var}(\cdot X^{(1)}) + \frac{1}{9}\mathbf{Var}(\cdot X^{(2)}) + \frac{1}{9}\mathbf{Var}(\cdot X^{(3)})$$

$$+ 2 \cdot \frac{1}{3} \cdot \frac{1}{3}\mathbf{Cov}(X^{(1)}, X^{(2)}) + 2 \cdot \frac{1}{3} \cdot \frac{1}{3}\mathbf{Cov}(X^{(1)}, X^{(3)}) + 2 \cdot \frac{1}{3} \cdot \frac{1}{3}\mathbf{Cov}(X^{(2)}, X^{(3)}).$$

Unter Voraussetzung der Unkorreliertheit ergibt sich also $\mathbf{Var}(X) = 1/3 \cdot 0{,}09 = 0{,}03$ bzw. $\mathbf{SD}(X) \approx 0{,}1732$, nimmt man beispielsweise $\mathbf{Cov}(X^{(i)}, X^{(j)}) = 0{,}018$ für $i \neq j$ an, ergibt sich $\mathbf{Var}(X) = 1/3 \cdot 0{,}09 + 6 \cdot 1/3 \cdot 1/3 \cdot 0{,}018 = 0{,}042$ bzw. $\mathbf{SD}(X) \approx 0{,}2049$. Ob es sich bei den Renditen um stetige Renditen oder Intervall-Renditen handelt und wie die Wahrscheinlichkeitsverteilung genau aussieht, spielt an dieser Stelle für die Berechnung von Erwartungswert und Varianz der Durchschnittsrendite keine Rolle; man vergleiche aber mit dem Beispiel in 2.6.4.2.

2.6.4.2 Gesamtrisiko eines Finanzwerts über n Zeitperioden

Zum Zeitpunkt $t = 0$ werde der bekannte Betrag K_0 über n Zeitperioden investiert; der im Vorhinein unbekannte Wert der Investition zum ganzzahligen Zeitpunkt $t = j$ sei K_j. Wie in 2.4.1 sei die als Zufallsvariable anzusehende Periodenrendite in der Zeitperiode j mit I_j und die zugehörige kontinuierliche Rendite mit R_j bezeichnet; es soll also gelten

$$K_j = K_{j-1} \cdot (1 + I_j) = K_{j-1} \cdot e^{R_j}$$

für $j = 1, \ldots, n - 1$. In dieser Notation ist K_{j-1} ein fester Wert (vorgegebener Wert der Investition zu Anfang der Zeitperiode) und K_j eine Zufallsvariable (zufallsabhängiger Wert der Investition am Ende der Zeitperiode).

Die *(Perioden-)Gesamtrendite* Γ_n über alle n Zeitperioden zusammen, d. h. über den Gesamtzeitraum $[0; t]$, bzw. die zugehörige *kontinuierliche Gesamtrendite* G_n berechnet sich dann gemäß

$$K_n = K_0 \cdot (1 + \Gamma_n) = K_0 \cdot \prod_{j=1}^{n}(1 + I_j) = K_0 \cdot e^{G_n};$$

es gilt also

$$\Gamma_n = \prod_{j=1}^{n}(1 + I_j) - 1$$

bzw.

$$G_n = \sum_{j=1}^{n} R_j.$$

Unter der *Durchschnittsrendite* über n Anlageperioden versteht man diejenige konstante Periodenrendite, die bei n-facher Anwendung zur vorgegebenen Gesamtrendite führt. Somit ergibt sich zur Berechnung der stetigen Durchschnittsrendite $\bar{R}_n$ bzw. der Intervall-Durchschnittsrendite $\bar{I}_n$ der Ansatz

$$G_n = n \cdot \bar{R}_n = R_1 + R_2 + \ldots + R_n, \quad 1 + \Gamma_n = (1 + \bar{I}_n)^n = (1 + I_1) \cdot \ldots \cdot (1 + I_n)$$

bzw.

$$\bar{R}_n := \frac{1}{n} \sum_{j=1}^{n} R_j;$$

$$\bar{I}_n = \sqrt[n]{\prod_{j=1}^{n}(1 + I_j)} - 1 \quad \Leftrightarrow \quad \ln(1 + \bar{I}_n) = \frac{1}{n} \sum_{j=1}^{n} \ln(1 + I_j). \tag{2.8}$$

Die stetigen Durchschnittsrenditen werden also als arithmetisches Mittel der einzelnen Periodenrenditen berechnet, die Intervall-Durchschnittsrenditen über das geometrische Mittel der Perioden-Wachstumsfaktoren. Man erkennt, dass man bei der Ermittlung von Durchschnittsrenditen mit den stetigen Renditen weitgehend einfacher rechnen kann als mit den gewohnten Renditen in Intervallform; dies gilt insbesondere im Rahmen stochastischer Überlegungen. Die zunächst etwas gewöhnungsbedürftige kontinuierliche Schreibweise der Renditen stellt also bei der Risikoanalyse von zeitsequenziellen zufallsbehafteten Prozessen eine erhebliche Vereinfachung dar. Nur für die stetigen Renditen lassen sich etwa die Faltungsformeln aus 2.6.2 unmittelbar anwenden, da sie sich auf Summen von Zufallsvariablen beziehen und nicht auf Produkte, wie sie bei der Aggregierung in der nichtkontinuierlichen Schreibweise auftauchen.

Ebenfalls nur unter Verwendung der kontinuierlichen Schreibweise lassen sich auch charakteristische Verteilungsparameter für die Gesamt- bzw. Durchschnittsrendite relativ einfach bestimmen. Es seien beispielsweise Erwartungswert $\mathbf{E}(R_j) = r_j$ und Varianz $\mathbf{Var}(R_j) = \sigma_j^2$ für die stetigen Renditen R_j der Anlageperioden $1 \leq j \leq n$ bekannt bzw. als Schätzwert gegeben. Dann ergibt sich

$$\mathbf{E}(\bar{R}_n) = \frac{r_1 + \ldots + r_n}{n},$$

$$\mathbf{Var}(\bar{R}_n) = \frac{1}{n^2} \sum_{i=1}^{n} \sum_{j=1}^{n} \mathbf{Cov}(R_i, R_j),$$

und speziell im Falle der Unabhängigkeit der einzelnen stetigen Periodenrenditen

$$\mathbf{Var}(\bar{R}_n) = \frac{\sigma_1^2 + \ldots + \sigma_n^2}{n^2}.$$

Über Erwartungswert und Varianz der Intervall-Durchschnittsrenditen lassen sich allgemein keine so einfachen Aussagen treffen; man beachte dazu, dass in (2.8) Wurzelfunktion und Erwartungswert- bzw. Varianz-Operator nicht vertauschbar sind. Lediglich unter Zusatzvoraussetzungen, etwa unter Annahme normalverteilter stetiger Periodenrenditen, kann man entsprechende Zusammenhänge herleiten. Mit

$$R_j \sim \mathbf{N}(r_j; \sigma_j^2), \quad W_j = 1 + I_j \sim \mathbf{LN}(r_j; \sigma_j^2) \quad \text{für} \quad 1 \leq j \leq n$$

folgt

$$\mathbf{E}(\bar{R}_n) = \frac{1}{n} \sum_{j=1}^{n} r_j \quad \text{und} \quad \mathbf{E}(\bar{I}_n) = \exp\left(\frac{1}{n} \sum_{j=1}^{n} r_j + \frac{1}{2n^2} \sum_{j=1}^{n} \sigma_j^2\right) - 1.$$

Unter der zusätzlichen Annahme, dass die einzelnen Periodenrenditen stochastisch unabhängig sind, gilt ferner

$$\mathbf{Var}(\bar{I}_n) = \exp\left(\frac{2}{n} \sum_{j=1}^{n} r_j + \frac{1}{n^2} \sum_{j=1}^{n} \sigma_j^2\right) \cdot \left[\exp\left(\frac{1}{n^2} \sum_{j=1}^{n} \sigma_j^2\right) - 1\right].$$

Im Spezialfall identischer Verteilungen mit $r_j = r$ und $\sigma_j^2 = \sigma^2$ ergibt sich

$$\mathbf{E}(\bar{R}_n) = r \quad \text{und} \quad \mathbf{E}(\bar{I}_n) = \exp\left(r + \frac{\sigma^2}{2n}\right) - 1, \tag{2.9}$$

sowie zusätzlich speziell im Falle der Unabhängigkeit der Periodenrenditen

$$\mathbf{Var}(\overline{R}_n) = \frac{\sigma^2}{n} \quad \text{und} \quad \mathbf{Var}(\overline{I}_n) = \exp\left(2r + \frac{\sigma^2}{n}\right) \cdot \left[\exp\left(\frac{\sigma^2}{n}\right) - 1\right]. \tag{2.10}$$

Man beachte, dass also unter den obigen Voraussetzungen sowohl der Erwartungswert als auch die Varianz der Intervall-Durchschnittsrendite immer kleiner als die der Einzelrenditen ist und mit wachsender Periodenanzahl n die Intervall-Durchschnittsrendite im stochastischen Sinne gegen $\exp(r) - 1$, also den Median der Verteilung von $\overline{I}_t$ konvergiert. Eine weitere Analyse der Verteilung von Gesamt- und Durchschnittsrenditen erfolgt in Kapitel 3.

Beispiel (Durchschnittsrenditen)
Es werde die Entwicklung einer Aktie mit zufallsabhängiger stetiger Jahresrendite $R^{(k)}$ über 3 Jahre ($k = 1, 2, 3$) betrachtet. Es gelte jeweils $\mathbf{E}(R^{(k)}) = 0{,}1$ und $\mathbf{SD}(R^{(k)}) = 0{,}3$, also $\mathbf{Var}(R^{(k)}) = 0{,}09$ für $k = 1, 2, 3$. Für die stetige jährliche Durchschnittsrendite R ergibt sich vollkommen analog wie im Beispiel in 2.6.4.1 das Ergebnis $\mathbf{E}(R) = 0{,}1$ sowie $\mathbf{Var}(R) = 0{,}03$ im Falle der Unkorreliertheit der Einzelrenditen bzw. $\mathbf{Var}(R) = 0{,}042$, wenn $\mathbf{Cov}(R^{(k)}, R^{(m)}) = 0{,}018$ für $k \neq m$ angenommen wird. Ist demgegenüber die Intervall-Rendite $I^{(k)}$ des k-ten Jahrs ($k = 1, 2, 3$) gegeben und sind nur die Werte $\mathbf{E}(I^{(k)})$ und $\mathbf{SD}(I^{(k)})$ für $k = 1, 2, 3$ bekannt, kann man Erwartungswert und Varianz der jährlichen Durchschnittsrendite I aus der Beziehung $1 + I = [(1 + I^{(1)}) \cdot (1 + I^{(2)}) \cdot (1 + I^{(3)})]^{1/3}$ nicht mehr ohne weiteres, sondern nur unter Zusatzannahmen, bestimmen. Wenn man etwa jeweils eine Lognormalverteilung $1 + I^{(k)} \sim \mathbf{LN}(r; \sigma^2)$ voraussetzt, erhält man gemäß (2.9) $\mathbf{E}(I) = \exp(r + \sigma^2/6) - 1$. Ferner ergibt sich unter Voraussetzung der Unkorreliertheit der Renditen gemäß (2.10) die Beziehung $\mathbf{Var}(I) = \exp(2r + \sigma^2/3) \cdot [\exp(\sigma^2/3) - 1]$. Daraus lassen sich also mit den Formeln für Erwartungswert und Varianz der Lognormalverteilung Erwartungswert und Varianz von I berechnen. Gilt beispielsweise ähnlich wie oben $\mathbf{E}(I^{(k)}) = 0{,}1$ und $\mathbf{SD}(I^{(k)}) = 0{,}3$, so ergibt sich $\sigma^2 = \ln(1 + (0{,}3/1{,}1)^2) \approx 0{,}0717$ und $r = \ln(1{,}1) - \sigma^2/2 = 0{,}0594$ und somit $\mathbf{E}(I) = \exp(r + \sigma^2/6) - 1 \approx 0{,}0740$ und $\mathbf{Var}(I) \approx 0{,}0278$. Falls die Intervall-Renditen nicht unkorreliert sind, sind die entsprechenden Zusammenhänge noch komplexer; explizite Berechnungen zu charakteristischen Verteilungsparametern sind i. Allg. nur möglich, wenn die Informationen zur Korrelation sich auf die stetigen Renditen beziehen.

2.6.5 Risikomatrizen

Eine in der Praxis äußerst beliebte Methode zur Visualisierung der Gesamtrisikosituation von Unternehmen, in denen Überlegungen zur Schadenanzahl bzw. -häufigkeit und Einzelschadenhöhe zusammengeführt werden, sind die sogenannten *Risikomatrizen* (andere Bezeichnungen: *Risikographen*, *Risk Maps*). Sie können einen guten ersten Überblick zur Risikosituation verschaffen, weisen aber als Methode zur Risikoerfassung und -quantifizierung im Detail diverse Probleme auf.

Eine Risikomatrix ist ein Koordinatensystem, in dem einerseits die Eintrittswahrscheinlichkeit einer bestimmten Schadenart und andererseits das Schadenausmaß im Falle des Eintritts bezogen auf eine vorgegebene Zeitperiode abgetragen werden. Die (approximativen) Werte für Schadeneintrittswahrscheinlichkeit und -ausmaß ermittelt man z. B. mittels Expertenbefragungen oder aus

Schadenstatistiken. Im Folgenden sollen einige Vor- und Nachteile von Risikomatrizen erörtert werden, die überblicksartig in Abbildung 2.19 zusammengefasst sind.

Von Vorteil ist die relative Einfachheit der Vorgehensweise und die große Anschaulichkeit der Darstellung. Ein wesentlicher Nachteil liegt – abgesehen vom grundsätzlichem Schätzproblem – darin, dass für sehr viele Schadenarten das Schadenausmaß im Falle des Schadeneintritts keine feste Größe ist, sondern einer Wahrscheinlichkeitsverteilung unterliegt. Der Begriff „Schadenausmaß" wäre dann z.B. als „durchschnittlicher" Schaden im Falle des Eintritts zu verstehen. Die Betrachtung des durchschnittlichen Schadens ist aber als Kennzahl für Risikobetrachtungen möglicherweise ungeeignet, da sie z.B. keine Information über seltene katastrophale Fälle enthält. So liegt die durchschnittliche Schadenhöhe bei einem Autounfall im Bereich von einigen tausend Euro; doch im Extremfall können durch verletzte Personen, auslaufende Schadstoffe o.Ä. sehr viel höhere Schäden entstehen, weshalb übrigens in Deutschland auch die Kfz-Haftpflicht-Versicherung vorgeschrieben ist. Alternativ könnte statt eines durchschnittlichen Schadens etwa auch ein wahrscheinlicher Höchstschaden (vgl. Kapitel 3, insbesondere das Beispiel 3.1.5.6) betrachtet werden, was allerdings wiederum Interpretationsschwierigkeiten hinsichtlich der angegebenen Eintrittswahrscheinlichkeit des Schadenereignisses zur Folge hätte. Ein grundsätzliches Problem besteht auch darin, dass es für Menschen in der Regel schwierig ist, Eintrittswahrscheinlichkeiten sinnvoll zu interpretieren. Typischerweise wird etwa eine Eintrittswahrscheinlichkeit von 50 % als hoch angesehen, eine von 1 % als niedrig. Im Versicherungskontext liegen niedrige Wahrscheinlichkeiten jedoch eher im Bereich zwischen 0,01 % und 0,1 %. Nur durch die Aggregation solcher Risiken ergeben sich Wahrscheinlichkeiten, die üblicherweise von Menschen eingeschätzt werden können.

Obwohl Risikomatrizen in der Praxis auch für die Bewertung von Finanzrisiken eingesetzt werden, dürften sie eher für operationale Risiken oder „echte" Schadenereignisse geeignet sein, da riskante Finanzgeschäfte typischerweise auch große Gewinnchancen bieten, die durch die Eingruppierung in einer Risikomatrix unzureichend berücksichtigt werden. Zur Einschätzung von Finanzrisiken dürften eher Rendite-Risiko-Diagramme von Nutzen sein, die in 4.2 näher besprochen werden. Zudem ist anzumerken, dass Risikomatrizen zwar die Gesamtheit aller Risiken eines Unternehmens grundsätzlich einigermaßen erfassen können, nicht aber Zusammenhänge zwischen einzelnen Risiken.

Ferner ist – abgesehen vom Problem der fehlenden Verteilungsinformationen – nicht ohne Weiteres klar, welche Punkte in einer Risikomatrix vergleichbare Risiken darstellen. Mit einer Schadeneintrittswahrscheinlichkeit von w und einem Schadenausmaß von S (z.B. in Euro) ergibt sich der erwartete Gesamtschaden G zu

$$G = w \cdot S \qquad \text{bzw.} \qquad w = G \cdot 1/S.$$

Nimmt man in dieser Beziehung G als konstanten Wert an, so erkennt man, dass die Iso-Risiko-Kurven, also die Kurven in der Risikomatrix mit konstantem erwartetem Gesamtschaden G, einen hyperbelartigen Verlauf haben. Von Laien wird aber oft intuitiv eher ein linearer Ansatz gewählt, was also ebenfalls eine Quelle von Fehleinschätzungen beim Einsatz von Risikomatrizen sein kann; vgl. etwa [Gle06].

In Abbildung 2.18 ist eine prototypische Risikomatrix abgebildet, wie man sie in ähnlicher Form in der Managementliteratur oder in Software-Tools zum Risikomanagement findet. Die

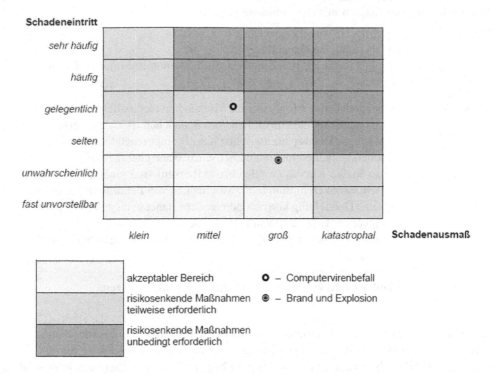

Abbildung 2.18: Beispiel einer Risikomatrix (schematisch)

Darstellung soll nur den grundsätzlichen Aufbau verdeutlichen, ohne damit eine Empfehlung zur tatsächlichen Gestaltung geben zu wollen. Die Matrix kann mehr oder weniger Spalten und Zeilen haben. Die Kategorien für den Schadeneintritt und das Schadenausmaß sind bewusst verbal formuliert, da u. U. eine zahlenmäßige Angabe ein in dieser Darstellungsform nicht erzielbares Ausmaß an Quantifizierbarkeit der Risiken suggerieren könnte. In der Beispielmatrix werden im Hinblick auf konkrete Risiken drei verschiedene Gefährlichkeitsbereiche unterschieden, nämlich ein akzeptabler Bereich, einer, in dem risikosenkende Maßnahmen teilweise, und einer, in dem risikosenkende Maßnahmen unbedingt erforderlich sind. An dieser Stelle könnte auch eine differenziertere Klassifizierung von Risiken erfolgen. Die beiden Kreise stellen exemplarisch zwei verschiedene Risiken dar, wie sie von einem Unternehmen konkret eingeschätzt werden könnten. In Abbildung 2.19 sind nochmals die Vor- und Nachteile von Risikomatrizen zur Visualisierung von Risiken in Kurzform zusammengestellt.

2.6.6 Aggregation von Einzelrisiken mittels Simulationstechniken

Wie in den vorangegangenen Abschnitten bereits erläutert wurde, kann in vielen Situationen die Verteilung des Gesamtschadens, eines Wertpapierportfolios – und erst recht eines zukünftigen Gesamtunternehmenswertes – nicht explizit berechnet werden. Auch Risikomatrizen können

---

Visualisierung von Risiken mit Risikomatrizen

Vorteile: • einfache Vorgehensweise
                   • anschauliche Darstellung
                   • ohne fortgeschrittene mathematische Kenntnisse interpretierbar (teil-
                     weise)

Nachteile: • unzureichende Möglichkeit, zwischen unterschiedlichen Ausprägun-
                     gen der Schadenhöhe im Falle des Schadeneintritts zu unterscheiden
                   • mögliche Diskrepanz zwischen intuitiv eingeschätzten Eintrittswahr-
                     scheinlichkeiten und mathematischen Wahrscheinlichkeiten
                   • Iso-Risiko-Kurven (vergleichbare Risiken) sind nicht offensichtlich
                     (schlüssige Definition fehlt; Möglichkeit von Fehlinterpretationen)
                   • keine Darstellung korrespondierender Chancen; daher z. B. kaum ge-
                     eignet zur Erfassung von Finanzrisiken
                   • keine Erfassung von Zusammenhängen / Abhängigkeiten zwischen
                     Risiken

Abbildung 2.19: Vor- und Nachteile von Risikomatrizen

die Gesamtrisikosituation eines Unternehmens meist nur sehr unvollständig veranschaulichen. In solchen Situationen können Simulationsrechnungen gewinnbringend eingesetzt werden. Durch fortgeschrittene Möglichkeiten der IT-Unterstützung haben solche Ansätze in den letzten Jahren in Forschung und Praxis erheblich an Bedeutung gewonnen. Um zu erläutern, wie die Aggregation von Einzelrisiken mittels Simulationstechniken grundsätzlich funktioniert, soll im Folgenden beispielhaft der Prototyp eines allgemeinen Unternehmensmodells grob skizziert werden; vgl. Abbildung 2.20. Eine Einführung in verschiedene Techniken zur praktischen Implementierung von Unternehmenssimulationen bietet Kapitel 7.

In einem solchen Unternehmensmodell werden zunächst die Vermögenswerte und die Verbindlichkeiten des Unternehmens erfasst. Dies kann man sich als komprimierte Bilanz des Unternehmens vorstellen. Innerhalb einer Zeitperiode $i \to i+1$ verändert sich die Bilanz einerseits durch „deterministische" Managemententscheidungen (z. B. Kauf / Verkauf von Aktiva, Kreditaufnahme u. Ä.), andererseits auch durch externe Einflussfaktoren, die stochastisch zu modellieren sind (z. B. Rohstoffpreisveränderungen, auftretende Maschinenschäden, Absatzzahlen usw.). Für diese externen Einflussfaktoren können dann entweder bestimmte fest vorgegebene Szenarien durchgespielt werden, oder aber die Szenarien werden – auf der Basis bestimmter Modellannahmen – mit einem Zufallszahlengenerator erzeugt; letzteres bezeichnet man auch als *Monte-Carlo-Simulation*. Derartige Simulationen kann man zunächst für eine Zeitperiode ($i \to i+1$), und schließlich auch für mehrere aufeinander folgende Zeitperioden durchführen.

Die Veränderung der Bilanz wird in einer Art Gewinn- und Verlustrechnung bzw. in Form von Bilanzkennzahlen erfasst. Diese Kennzahlen sind wegen der stochastischen Einflussfaktoren selbst Zufallsvariablen und man kann also das Risiko anhand geeigneter Risikokennziffern erfassen; näheres zu solchen Risikokennziffern in Kapitel 3. Aber auch für die (nicht-stochastischen) Managemententscheidungen kann man verschiedene Szenarien durchspielen und dann die bes-

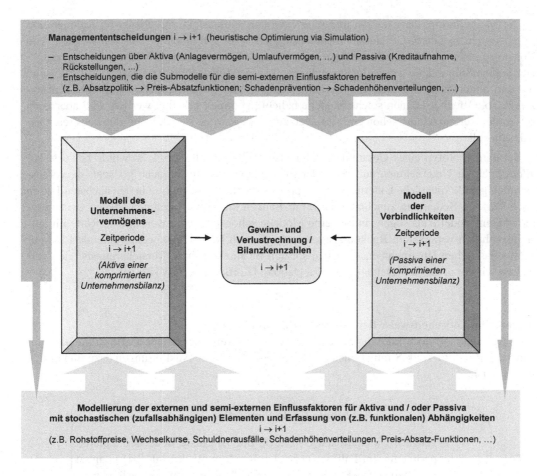

Abbildung 2.20: Prototypisches Unternehmensmodell für die Risikoanalyse

te Alternative auswählen. Dabei muss beachtet werden, dass Managemententscheidungen auch manche „externe" Zufallsgrößen beeinflussen können; diese sollen hier als semi-extern bezeichnet werden. Beispielsweise beeinflusst eine Managemententscheidung über den Absatzpreis die Absatzmenge, wenn auch in der Praxis sicher nicht in deterministischer Weise. Beispielsweise könnten in einem Unternehmensmodell die Absatzzahlen u. U. als näherungsweise normalverteilt angenommen werden. Eine Managemententscheidung zur Senkung des Absatzpreises würde lediglich den Erwartungswert der Absatzmenge erhöhen (gemäß vorgegebener deterministischer Preis-Absatz-Funktion), während z. B. vorgesehene Kundenbindungsmaßnahmen die Standardabweichung der Normalverteilung in einer geschätzten Größenordnung vermindern würde. Auch in relativ einfachen Modellen werden die Zusammenhänge in der Regel so komplex sein, dass optimale Entscheidungsvarianten nicht explizit ausgerechnet werden können, sondern eine Auswahl möglichst optimaler Managemententscheidungen eher nach dem Trial-and-Error-Prinzip erfolgen muss (heuristische Optimierung auf Basis von Simulationsrechnungen).

Die Modellierung der externen und semi-externen Einflussfaktoren erfolgt im Rahmen von Submodellen in einem Gesamtunternehmensmodell, z. B. Submodellen zur Entwicklung von Rohstoffpreisen, zu Absatzzahlen (etwa: Preis-Absatz-Funktionen mit stochastischer „Störung") etc. Solche Submodelle werden mathematisch oft als Faktormodelle angesetzt, s. [MFE05] und die dort angegebene Literatur. Der Detaillierungsgrad des Gesamtmodells hängt vom Einsatzzweck ab. Offenbar können solche Modelle beliebig komplex gestaltet werden, sind aber auch bei großer Vereinfachung schon einigermaßen aufwendig, wenn sie auch nur halbwegs realitätsnah sein sollen.

Bei dem Prototyp eines Gesamtunternehmensmodells gemäß Abb. 2.20 wurde bewusst vor allem auch an Unternehmen außerhalb der Finanzdienstleistungsbranche gedacht, da voraussichtlich gerade für solche Unternehmen die professionelle Risikoanalyse in den nächsten Jahren noch stark an Bedeutung zunehmen wird. Für Banken und Versicherungen spielen Gesamtunternehmensmodelle als sogenannte interne Modelle schon jetzt eine wesentliche Rolle im aufsichtsrechtlich verankerten Risikomanagement; vgl. auch Kap. 1. Als weiterführende Literatur zu stochastischen Unternehmensmodellen speziell im Banken- bzw. Versicherungsbereich verweisen wir vor allem auf [Deu04], [Die07], [Jaq05], [Kor08] und [KW12] .

Allgemeine Vorgehensweise der Monte-Carlo-Simulation
Im Folgenden soll noch kurz die allgemeine Vorgehensweise der Monte-Carlo-Simulation anhand von Random-Walk-Simulationen erläutert werden. Weitere Ausführungen dazu finden sich in Kapitel 7.

Monte-Carlo-Simulation

1. Erzeuge n Simulationen $U_1, \ldots, U_n$ des zugrunde liegenden Zufallsexperiments. Im Fall des normalen Random Walk (vgl. 2.4) könnten dies n Pfade eines Random Walk auf $[0; T]$ sein, wobei jeder Pfad wieder als Summe von normalverteilten Zufallszahlen zu simulieren wäre. Wie solche Zufallszahlen erzeugt werden können, wird in Kapitel 7 beschrieben.

2. Berechne daraus Simulationen der interessierenden Größe $X_1 = g(U_1), \ldots, X_n = g(U_n)$. Beispielsweise könnte der Wert des Random Walk zum Endzeitpunkt T von Interesse sein. In diesem Fall würden also die Endwerte der n Random Walks weiterverarbeitet werden.

3. Werte die Simulationen $X_1, \ldots, X_n$ aus, z. B. durch Berechnung des Mittelwerts oder der Stichprobenquantile.

Zur Verdeutlichung des Prinzips wurde hier der normale Random Walk als Beispiel gewählt. In diesem Fall könnte man die interessierenden Größen aus Schritt 3 jedoch auch ohne Simulationen bestimmen.

2.6.7 Aufgaben

Aufgabe 2.28

(a) Bei einer Risikolebensversicherung wird die Versicherungssumme nur im Todesfall an die begünstigten Hinterbliebenen ausgezahlt. Ein Lebensversicherungsunternehmen hat in seinem Bestand vier gleichartige Risikolebensversicherungen mit einer Versicherungssumme von 600.000 (Angaben in €). Die versicherungsmathematische Wahrscheinlichkeit, dass die versicherte Person im nächsten Jahr stirbt, ist bei allen vier Versicherungen $q = 0,05$. Ermitteln Sie die Wahrscheinlichkeitsverteilung der vom Versicherungsunternehmen im nächsten Jahr auszuzahlenden Versicherungssumme für diese vier Versicherungsverträge und bestimmen Sie deren Erwartungswert und Varianz.

(b) Wie verändert sich die Antwort, wenn zwei der vier Versicherungen eine Versicherungssumme von 400.000 und zwei eine Versicherungssumme von 800.000 haben?

Aufgabe 2.29

(a) Eine Bank hat sechs Kredite vergeben, bei denen am Ende der Laufzeit jeweils 100.000 € zurückzuzahlen sind. Sie schätzt die Wahrscheinlichkeit, dass der Kredit wegen Insolvenz nicht zurückgezahlt werden kann, auf jeweils $w = 0,075$ bei allen sechs Krediten. Ermitteln Sie die Wahrscheinlichkeitsverteilung der gesamten Kreditausfallsumme aus Sicht der Bank und bestimmen Sie deren Erwartungswert und Varianz.

(b) Überlegen Sie sich selbst einige Konstellationen mit ebenfalls sechs Krediten und der gleichen Kreditausfallwahrscheinlichkeit sowie dem gleichen Erwartungswert für die Kreditausfallsumme, aber mit unterschiedlichen Rückzahlungsbeträgen, und bestimmen Sie die zugehörigen Wahrscheinlichkeitsverteilungen und Varianzen.

Aufgabe 2.30

Gegeben sei ein Bestand von 10 (bzw. 100, 1.000, 10.000) gleichartigen Maschinen in einem Betrieb. Die Wahrscheinlichkeit für (mindestens) einen Maschinenschaden im Jahr sei 0,2; mehrere Schäden pro Jahr an derselben Maschine sollen zu einem Schaden zusammengefasst werden.

(a) Die erwartete Anzahl von Maschinenschäden beträgt 2 (bzw. 20, 200, 2000). Wie groß ist jeweils die Varianz der Schadenanzahlverteilung? Wie groß ist die Wahrscheinlichkeit, dass höchstens 3 (bzw. 30, 300, 3000) Schäden auftreten? Interpretieren Sie das Ergebnis. Führen Sie selbst weitere Risikoanalysen zur Schadenanzahl durch.

(b) Bestimmen Sie Erwartungswert und Standardabweichung der jährlichen Schadensummenverteilung (pro Einzelrisiko) und der Gesamtschadenverteilung unter der Voraussetzung, dass

   (i) die jährliche Schadensumme pro einzelner Maschine höchstens 50.000 € beträgt und ansonsten im Intervall $[0; 50.000]$ gleichverteilt ist.

   (ii) die jährliche Schadensumme pro einzelner Maschine exponentialverteilt ist mit Erwartungswert des Gesamtschadens wie in (i) (bei gleicher angenommener erwarteter Anzahl von Maschinenschäden; vgl. a). Inwiefern kann die Annahme einer Exponentialverteilung in dem Beispiel sinnvoll sein? Was wären Alternativen?

Aufgabe 2.31

Für zwei unabhängie, **Pareto**$(1;1)$-verteilte Risiken X und Y soll die Verteilungsfunktion von $X + Y$ ermittelt werden. Dabei können Sie folgendermaßen vorgehen:

(a) Zeigen Sie zunächst

$$F_{X+Y}(x) = \int_1^{x-1} \left(\frac{1}{y^2} - \frac{1}{y^2(x-y)} \right) dy.$$

Hinweis: Sie können die Formel $F_{X+Y}(x) = \int_{-\infty}^{\infty} F_X(x-y) \cdot f_Y(y) dy$ verwenden.

(b) Zeigen Sie

$$\int_1^{x-1} \frac{1}{y^2(s-y)} dy = -\frac{1}{x(x-1)} + \frac{1}{x} + 2\frac{\ln(x-1)}{x^2}.$$

Hinweis: Zeigen Sie zunächst, dass die Partialbruchzerlegung

$$\frac{1}{y^2(x-y)} = \frac{x+y}{x^2 y^2} + \frac{1}{x^2(x-y)}$$

gilt und integrieren Sie anschließend.

(c) Zeigen Sie nun, daß

$$F_{X+Y}(x) = 1 - \frac{2}{x} - 2\frac{\ln(x-1)}{x^2}.$$

Aufgabe 2.32

Die jährliche Schadenhöhen aus der Produkthaftpflicht in zwei verschiedenen Sparten eines Unternehmens werden als exponentialverteilt mit Parameter λ_1 bzw. λ_2 angenommen. Berechnen Sie die Schadenhöhenverteilung aus beiden Sparten zusammen unter der Voraussetzung, dass die Produkthaftpflichtschäden der beiden Sparten unabhängig voneinander sind.

Aufgabe 2.33

Zeigen Sie, dass die n-fache Faltung einer Bernoulli-Verteilung **Bin**$(1;p)$ die Binomialverteilung **Bin**$(n;p)$ ergibt.

Aufgabe 2.34

Es sollen zwei Portfolios aus Produkthaftpflichtrisiken untersucht werden, die die folgenden Eigenschaften besitzen:

- Bei beiden Portfolios wird der Schadenanzahlprozess durch einen homogenen Poisson-Prozess mit Intensität $\lambda = 5$ modelliert.
- Die Schadenhöhen von Portfolio 1 sind Nullpunkt-Pareto-verteilt:
  $X \sim$ **Null-Pareto**$(1/2; 3/2)$.
- Die Schadenhöhen von Portfolio 2 sind exponentialverteilt: $Y \sim$ **Exp**(1).

Zeigen Sie, dass die Gesamtschadenprozesse $S_1(t)$ und $S_2(t)$ der beiden Portfolios „im Mittel" gleich sind, d. h. es gilt $\mathbf{E}(S_1(t)) = \mathbf{E}(S_2(t))$.

Aufgabe 2.35
Die Ankunftszeiten von Kunden an einem Bankschalter werden durch einen homogenen Poisson-Prozess $N(t)$ mit Intensität λ modelliert. Zeigen Sie: Die Ankunftszeit T_n des n-ten Kunden ist Erlang-verteilt, d. h. $T_n \sim \Gamma(n; \lambda)$.

Aufgabe 2.36
Überlegen Sie in Anknüpfung an Aufgabe 2.3, wie Sie die verschiedene Einzelrisiken in einem Privathaushalt, eincm Vcrsicherungsunternehmen, einem Rückversicherungsunternehmen, einer Bank oder einem Wirtschaftsunternehmen aus einer anderen (bestimmten) Branche mittels einer Risikomatrix visualisieren können (einschließlich einer kritischen Betrachtung der Grenzen dieses Hilfsmittels).

2.7 Zusammenfassung

- Risiken lassen sich mathematisch als Zufallsvariablen mit zugehöriger Wahrscheinlichkeitsverteilung und ggf. zusätzlich zeitabhängig als stochastischer Prozess beschreiben.

- Die mathematische Modellierung von Finanzrisiken und Schadenrisiken (etwa Versicherungsrisiken) besitzt viele Gemeinsamkeiten. Der wichtigste prinzipielle Unterschied besteht darin, dass bei Finanzrisiken sowohl negative als auch positive Wertentwicklungen abzubilden sind.

- Zur Modellierung komplexer Risiken, etwa bzgl. kompletter Versicherungsbestände oder Unternehmenswertentwicklungen, ist eine Zerlegung in Teilrisiken erforderlich. In der Schadenmodellierung werden meist zunächst Schadenhöhe und Schadenanzahl getrennt betrachtet.

- Potenzielle Schadenhöhen und Wertverteilungen werden meist durch stetige Wahrscheinlichkeitsverteilungen beschrieben. Bei der Auswahl des passenden Verteilungstyps kann man sich von grundsätzlichen Charakteristika der Gestalt leiten lassen, wie etwa von der Ausprägung des Tails. Die freien Parameter des Verteilungsmodells lassen sich danach in der Regel über ihre statistische Interpretation (z. B. als Erwartungswert oder Varianz der Verteilung) festlegen.

- Schadenanzahlentwicklungen werden sehr häufig mittels Poisson-Prozessen beschrieben. Der homogene Poisson-Prozess als Basisvariante zeichnet sich durch eine konstante Schadenintensität λ aus. Die mathematische Grundidee weiterer praxisrelevanter Varianten besteht in einer Modifikation des Ansatzes für die Schadenintensität.

- Durch Extremwertverteilungen lassen sich Maxima (z. B. die monatlichen Maxima prozentualer DAX-Tagesverluste) bzw. Überschreitungen von hohen Schwellenwerten beschreiben. Für Maxima ist die verallgemeinerte Extremwertverteilung das „natürliche" Modell, für Überschreitungen ist es die verallgemeinerte Pareto-Verteilung.

- Bei der Aggregation von Teilrisiken unterscheidet man das individuelle Modell (Anzahl der Teilrisiken ist bekannt) und das kollektive Modell (Anzahl der Teilrisiken ist eine Zufallsvariable). Oft werden bei der Ermittlung von Gesamtschaden- bzw. Gesamtwertverteilungen auch Simulationsmethoden verwendet.

2.8 Selbsttest

1. Wie kann man Risiken grundsätzlich mittels Zufallsvariablen und zugehöriger Wahrscheinlichkeitsverteilungen mathematisch beschreiben?

2. Nennen Sie verschiedene Grundtypen von Schadenhöhenverteilungen und Schadenanzahlverteilungen, die in der Schadenmodellierung zum Einsatz kommen. Anhand vorgegebener Formeln für die Verteilungsfunktionen sollten Sie deren grundsätzliche Gestalt erläutern können, insbesondere im Hinblick auf einen Vergleich zwischen unterschiedlichen Verteilungstypen und der Variation der Verteilungsparameter bei vorgegebenem Verteilungstyp.

3. Erläutern Sie den Begriff *Schadenanzahlprozess* und speziell den Bernoulli-Prozess und den homogenen Poisson-Prozess als wichtigste Beispiele.

4. Interpretieren Sie die den Poisson-Prozess charakterisierenden mathematischen Bedingungen im Kontext der Schadenanzahlmodellierung und erläutern Sie vor diesem Hintergrund verschiedene Varianten des Poisson-Prozesses (inhomogener Poisson-Prozess, Poisson-Ansteckungsprozess usw.).

5. Erläutern Sie durch einen beispielhaften Vergleich von Bernoulli-Prozess für die Schadenanzahlmodellierung und arithmetischem und geometrischem Binomialgitter-Prozess zur Wertentwicklungsmodellierung einige Gemeinsamkeiten und Unterschiede der Modellierung von Schadenanzahlen bzw. Kapitalentwicklungen.

6. Erläutern Sie den allgemeinen Random Walk als Grundmodell zur Modellierung von Wertentwicklungen und gehen Sie dabei zumindest ansatzweise auch auf weitere Modelle für Kapitalentwicklungen ein.

7. Erläutern Sie die Normalverteilung als Basismodell für die Verteilung stetiger Renditen und die Lognormalverteilung als Basismodell für die Verteilung von Kursen bzw. Preisen. Gehen Sie dabei inbesondere auch auf die formelmäßigen Zusammenhänge von Kursen / Preisen und Renditen sowie die Aggregation von Renditen im Zeitverlauf ein.

8. Beschreiben Sie die Aggregationsproblematik bei der simultanen Modellierung mehrerer Risiken und skizzieren Sie Lösungsansätze, insbesondere den grundsätzlichen Aufbau von Gesamtunternehmensmodellen zur Risikoaggregation mittels Simulationstechniken.

9. Erläutern und vergleichen Sie das individuelle und das kollektive Modell der Risikoaggregation und insbesondere die Bedeutung von Faltungsformeln in diesem Zusammenhang. Welche (rechentechnischen) Schwierigkeiten treten dabei auf? Wie behilft man sich, wenn man keine geschlossene Form der Gesamtschadenverteilung angeben kann (Stichworte: Lageparameter; Approximationen)?

10. Erläutern Sie, weshalb die verallgemeinerte Extremwertverteilung und die verallgemeiner- te Pareto-Verteilung in der Modellierung extremer Ereignisse eine zentrale Rolle spielen.

11. Erläutern Sie Besonderheiten der Risikoaggregation bei Finanzrisiken im Vergleich zu rei- nen Schadenrisiken. Unterscheiden Sie die Risikoaggregation über mehrere Zeitperioden und für mehrere Wertpapiere und gehen Sie insbesondere auf die Verteilung von Durch- schnittsrenditen ein, d. h. Schätzung künftiger Durchschnittsrenditen als Zufallsvariablen bei Vorgabe von Verteilungsannahmen für die Einzel- bzw. Periodenrenditen.

12. Erläutern Sie den grundsätzlichen Aufbau sogenannter Risikomatrizen und gehen Sie auf Vor- und Nachteile dieser Methode zur Bewertung und Visualisierung der Gesamtrisikosi- tuation von Unternehmen ein.

3 Risikokennzahlen

„Never try to walk across a river just because it has an average depth of four feet." (M. Friedman)

Schon in Kapitel 2 haben wir uns damit auseinandergesetzt, wie Risiken durch stochastische Verteilungsmodelle beschrieben werden können. Neben Risikokennzahlen, die sich auf die Verteilung beziehen, sind auch Kennzahlen interessant, die den Grad einer – oft in funktionaler Form gegebenen – Abhängigkeit von wertbeeinflussenden Parametern erfassen. Zur Unterscheidung bezeichnen wir Risikokennzahlen, die sich auf die Wahrscheinlichkeitsverteilung beziehen, als *stochastische Risikokennzahlen* und Risikokennzahlen, die die Sensitivität funktionaler Abhängigkeiten messen, als *analytische Risikokennzahlen*. Stochastische Risikokennzahlen werden in Unterkapitel 3.1 und analytische Risikokennzahlen in Unterkapitel 3.2 näher untersucht.

3.1 Stochastische Risikokennzahlen (Verteilungsparameter)

In diesem Unterkapitel betrachten wir für die Risikomessung hauptsächlich ein Einperiodenmodell, d. h. ein Risiko wird beschrieben durch die Wahrscheinlichkeitsverteilung seiner möglichen Werte am Ende einer fest vorgegebenen Zeitperiode.

3.1.1 Vorbemerkungen zum Vergleich von Risiken

Für den Einsatz in Gesamtunternehmensmodellen sowie auch zum besseren Verständnis der grundsätzlich analogen Vorgehensweise ist es sinnvoll, Schadenrisiken und finanzielle Risiken mit einem einheitlichen Ansatz, also auf Basis einer gemeinsamen Werteskala, zu bewerten. Dazu wird im Folgenden als relevante Zufallsvariable meist der innerhalb der vorgegebenen Zeitperiode entstandene Schaden bzw. Verlust V betrachtet. Ein finanzieller Verlust bzw. eine Schadenhöhe wird dabei durch einen positiven Wert und ein finanzieller Gewinn durch einen negativen Wert von V beschrieben. Diese Konvention ist im Zusammenhang mit finanziellen Risiken zunächst etwas gewöhnungsbedürftig, besitzt aber auch dort einige Vorteile, z. B. kann man in Bilanzsimulationen positive Werte von V als erforderliches Sicherheitskapital interpretieren. Alternativ ist es aber auch möglich, unmittelbar die Zufallsvariable $W = -V$ zu betrachten, also Gewinne mit einem positivem Vorzeichen zu versehen und Verluste mit einem negativen. In der Literatur kommen beide Vorzeichenkonventionen vor, je nachdem ob eher Schäden / Verluste oder mögliche Gewinne im Mittelpunkt der Betrachtung stehen. Verlust- bzw. Gewinnverteilungen können sich auf absolute Werte (etwa: Geldbeträge) oder auch relative Werte (etwa: Renditen) beziehen.

Im Grunde kann man zwei verschiedene Risiken nur bei kompletter Kenntnis der zugehörigen Wahrscheinlichkeitsverteilungen vollständig miteinander vergleichen. Um sich einen Überblick zu verschaffen, sollte man sich allerdings auf einige wenige, die Verteilung charakterisierende Risikokennzahlen konzentrieren. Manchmal möchte man sich sogar nur auf eine einzige Kennzahl als Risikomaß beschränken. Eine solche Kennzahl soll gewissermaßen eine einheitliche „Währung" für den Vergleich verschiedener Risiken liefern. Unter Umständen lässt sie sich unmittelbar als erforderliches Sicherheits- oder Risikokapital interpretieren, das ein Unternehmen bezogen auf ein bestimmtes Risiko V benötigt, um seine Solvenz auch im Fall größerer Verluste mit hoher Wahrscheinlichkeit sicherzustellen.

Risikomaße werden außer zur reinen Ermittlung der Risikoposition eines Unternehmens auch für andere Zwecke der Unternehmenssteuerung, wie etwa der geschäftsfeldbezogenen Performance-Messung und der Steuerung von Investitionsprojekten oder Anlageportfolios herangezogen. Genauer können sie beispielsweise zur Analyse und Entscheidungsunterstützung bei folgenden Fragestellungen dienen:

- In welchem Umfang können lukrative, aber riskante Investitionen mit dem zur Verfügung stehenden Kapital getätigt werden? (Speziell bei Versicherungsunternehmen: Wie viel Geschäft kann gezeichnet werden?)

- In welchem Geschäftsbereich oder Teilportfolio sind besonders hohe Risiken vorhanden?

- Wie profitabel ist ein bestimmter Geschäftsbereich oder eine bestimmte Investition gemessen an dem dafür eingesetzten Risikokapital? (Als Maßzahl wird z. B. der RORAC eingesetzt; vgl. 3.1.8.3.)

Um wünschenswerte Anforderungen an aussagekräftige Risikomaße zu formulieren, braucht man eine Ordnungsrelation für den Vergleich von Risiken. Die Notation

$$V_1 < V_2$$

soll bedeuten, dass bei paralleler Beobachtung der Zufallsvariablen V_1 und V_2, der Wert von V_1 immer[1] kleiner ist als der von V_2; analog werden die Symbole $>$, $\leq$ und $\geq$ verwendet.

Ferner ist der Begriff der *Komonotonie* von Risiken nützlich. Zwei Risiken V_1 und V_2 werden *komonoton* genannt, wenn es eine Zufallsvariable Z und monoton steigende Funktionen f_1 und f_2 gibt, sodass

$$V_1 = f_1(Z) \qquad \text{und} \qquad V_2 = f_2(Z)$$

gilt. Anschaulich bedeutet das, dass die beiden Risiken vollständig und gleichläufig von einem einzigen gemeinsamen Risikofaktor Z abhängen, d. h. beide Werte fallen oder steigen immer gleichzeitig. Da sich negative und positive Entwicklungen niemals ausgleichen können, kann dies als die „extremste" Form von Abhängigkeit gesehen werden.

---

[1]Streng genommen nur „fast immer", d. h. die Wahrscheinlichkeit, dass das Ereignis $V_1 \geq V_2$ eintritt, ist null.

3.1.2 Mögliche Anforderungen an Risikomaße

Der Ausdruck Risikomaß wird oft synonym für stochastische Risikokennzahlen verwendet. Allgemein ist ein *Risikomaß* eine Abbildung

$$V \mapsto \rho\,(V) = \rho\,(F_V),$$

die einem Risiko V mit zugehöriger Verteilungsfunktionen F_V eine reelle Zahl zuordnet. Die Schreibweise mit der Verteilungsfunktion soll verdeutlichen, dass zwei Risiken mit der gleichen Wahrscheinlichkeitsverteilung stets der gleiche Risikowert zugeordnet werden soll. Auf die genaue Festlegung des Definitionsbereichs der Abbildung, also die Gesamtheit der durch dieses Maß zu erfassenden Risiken, verzichten wir und verweisen den hieran interessierten Leser auf [KGDD08] und [MFE05].

Wenngleich man in der Regel zur Beschreibung komplexer Risiken mehrere Kennzahlen braucht und kein einzelnes Risikomaß per se geeigneter ist als alle anderen, lohnt es sich, Risikokennzahlen in Bezug auf besonders wünschenswerte Eigenschaften näher zu untersuchen, um einzelne besonders aussagekräftige auszuwählen. Im Folgenden werden einige solcher besonderen Eigenschaften von Risikomaßen formuliert. Wie bereits in 3.1.1 angesprochen, lassen sich ohne Weiteres auch Gewinnverteilungen als Verlustverteilungen (mit umgekehrtem Vorzeichen) interpretieren. Dennoch sollen, um das Verständnis zu vertiefen, in Aufgabe 3.1 die folgenden Definitionen auch nochmals unmittelbar für zufallsbehaftete Einperiodengewinne $W = -V$ formuliert werden.

(R1) Monotonie: Ein Risikomaß ρ heißt *monoton*, wenn gilt

$$\rho\,(V_1) \leq \rho\,(V_2) \text{ für } V_1 \leq V_2.$$

Das bedeutet, dass V_1 im Vergleich mit V_2 als weniger riskant – oder höchstens gleich riskant – eingestuft wird, wenn bei V_1 im Vergleich mit V_2 in jeder Situation grundsätzlich immer kleinere oder höchstens gleiche Verluste (bzw. größere oder gleiche Gewinne = negative Verluste) auftreten.

(R2) Homogenität: Ein Risikomaß ρ heißt *homogen* (oder genauer: *positiv homogen*), wenn für jedes Risiko gilt

$$\rho\,(\lambda \cdot V) = \lambda \cdot \rho\,(V) \text{ für } \lambda > 0.$$

Das bedeutet, dass ein Schaden bzw. Gewinn-/Verlust, der sich als λ-faches eines anderen Schadens bzw. Gewinn-/Verlusts darstellt, auch als λ-mal so riskant eingestuft wird. Das ist nicht für alle Arten von Risiken selbstverständlich. Beispielsweise würde man es nicht als selbstverständliches Risikokriterium bei einer privaten Kreditvergabe ansehen, da hier oft individuelle Nutzenbewertungen für das riskierte Kapital eine Rolle spielen.

(R3) Translationsinvarianz: Ein Risikomaß ρ heißt *translationsinvariant*, wenn für jedes Risiko gilt

$$\rho\,(V + c) = \rho\,(V) + c \text{ für } c \in \mathbb{R}.$$

Im Falle, dass c positiv ist, bedeutet dies, dass die sichere Erhöhung des Verlusts bzw. Senkung des Gewinns um den Betrag c zu einer Erhöhung des Risikowerts um genau diesen gleichen Betrag führt. Für einen negativen Wert von c bedeutet es entsprechend, dass die sichere Senkung des Verlustes bzw. Erhöhung des Gewinns um den Betrag c zu einer Reduktion des Risikowerts um genau diesen gleichen Betrag führt. Dies ist z. B. eine sinnvolle Anforderung, wenn man das Risikomaß im Sinne eines notwendigen Sicherheitskapitals interpretiert.

(R4) Subadditivität: Ein Risikomaß ρ heißt *subadditiv*, wenn für je zwei Risiken gilt

$$\rho\,(V_1 + V_2) \le \rho\,(V_1) + \rho\,(V_2).$$

Das bedeutet, dass durch eine Zusammenfassung von zwei Risiken niemals zusätzliches Risiko entstehen kann, sondern sich das Gesamtrisiko eher vermindert. Dies entspricht dem bekannten Prinzip der Risikodiversifikation (s. Kapitel 4.2), ist aber nicht in jeder Situation selbstverständlich. Die im Risikomanagement als Maß für das notwendige Sicherheitskapital sehr verbreitete Kennzahl Value-at-Risk (vgl. 3.1.5.2) erfüllt diese Bedingung nur für bestimmte Verteilungstypen wie etwa elliptische Verteilungen, s. [MFE05, Satz 6.8], zu denen auch die multivariate Normalverteilung gehört. Im Allgemeinen ist der Value-at-Risk jedoch ein Risikomaß, das nicht subadditiv ist (s. auch Beispiel 3.1.5.8).

Insbesondere wenn das Risikomaß unmittelbar als Kapitalbedarf interpretiert werden kann, ist die Subadditivität aus unternehmerischer Sicht eine sinnvolle Eigenschaft, da sie eine dezentrale Risikosteuerung ermöglicht. Angenommen ein Unternehmen mit Gesamtrisiko V besteht aus zwei Geschäftseinheiten mit jeweiligen Risiken V_1 und V_2. Die Unternehmensleitung strebt für das Gesamtrisiko $\rho(V) \le 10$ Mio. Euro an. Wenn das verwendete Risikomaß subadditiv ist, dann kann die Unternehmensleitung ihr Ziel erreichen, indem sie den einzelnen Geschäftsbereichen vorgibt, dass $\rho(V_1) \le 5$ Mio. Euro und $\rho(V_2) \le 5$ Mio. Euro sein sollte.

Aus regulatorischer Sicht ist die Forderung der Subadditivität ebenfalls sinnvoll, wie die folgende Überlegung zeigt. Angenommen ein Unternehmen mit Gesamtrisiko V besteht wieder aus zwei Geschäftsbereichen mit entsprechenden Risiken V_1 und V_2. Wenn die Subadditivität nicht gelten würde, wäre $\rho(V) = \rho(V_1 + V_2) > \rho(V_1) + \rho(V_2)$. Eine virtuelle Aufspaltung des Unternehmens in zwei Teilunternehmen wäre damit aus Sicht der Unternehmensleitung sinnvoll, da sich dadurch das benötigte Risikokapital reduzieren würde. An der tatsächlichen Risikosituation des Gesamtunternehmens hätte sich durch diesen „Trick" jedoch nichts geändert.

(R5) Komonotone Additivität: Ein Risikomaß ρ heißt *komonoton additiv*, wenn für je zwei komonotone Risiken gilt

$$\rho\,(V_1 + V_2) = \rho\,(V_1) + \rho\,(V_2).$$

Das bedeutet, dass für zwei Risiken, die sich vollständig gleichläufig verhalten, die Risikomaßzahl des Gesamtrisikos exakt der Summe der Risikomaßzahlen der Einzelrisiken entspricht.

Wenn ein Risiko V' als Summe der beiden komonotonen Risiken $V_1 = 1/2 \cdot V'$ und $V_2 = 1/2 \cdot V'$ betrachtet wird, besagt die komonotone Additivität, dass $\rho(V') = \rho(V_1 + V_2) = \rho(V_1) + \rho(V_2) = 2 \cdot \rho(1/2 \cdot V')$. In diesem Fall wäre also $\rho(1/2 \cdot V') = 1/2 \cdot \rho(V')$ bzw. allgemeiner $\rho(\lambda V') = \lambda \rho(V')$, was der positiven Homogenität (R2) entspricht.

(R6) Positivität: Ein Risikomaß ρ heißt *positiv*, wenn gilt

$$\rho(V) \geq 0 \text{ für } V \geq 0.$$

Das bedeutet, dass einem Risiko, das nie zu Gewinnen führt, immer ein nichtnegativer Risikowert zugeordnet wird.

Risikomaße, die die Anforderungen (R1)-(R4) erfüllen, werden nach Artzner, Delbaen, Eber, Heath auch *kohärente Risikomaße* genannt; vgl. [ADEH99]. Es gibt aber auch interessante Risikomaße, die nicht kohärent sind. In der Literatur werden daher auch alternative Axiomensysteme zur Charakterisierung „ausgezeichneter" Risikokennzahlen diskutiert. Für weitere Informationen zu Risikomaßen sei z. B. auf [Alb03], [BM05], [MFE05] und [DDGK05] verwiesen.

3.1.3 Mittelwerte und Risiko

Eine einfache Kennzahl für das Risiko von Schaden- bzw. Wertverteilungen ist der mittlere Verlust bzw. Gewinn. Präziser kommen als „Mittelwert" der Zufallsvariablen W verschiedene Kenngrößen infrage, und zwar vor allem der Erwartungswert $\mathbf{E}(W)$, der Median $\mathbf{M}(W)$ und der Modus $\mathbf{mod}(W)$. Viele Risikokennzahlen sind so konstruiert, dass sie die Abweichung von einem Mittelwert berechnen.

Wie man besonders deutlich an der Definition für diskrete Wahrscheinlichkeitsverteilungen erkennt, stellt der Erwartungswert eine wahrscheinlichkeitstheoretische Abstraktion des gewichteten arithmetischen Mittels aus der Statistik dar, wobei die Wichtung als Mehrfachzählung entsprechend der Häufigkeit des Auftretens interpretiert werden kann. In diesem Sinne kann man sich am Erwartungswert als Durchschnittswert bei der Bewertung häufiger, mehr oder weniger zeitparalleler Ereignisse orientieren, etwa im Rahmen der Prämienberechnung eines Versicherungsunternehmens bei häufig auftretenden Schäden.

Der Median ist das 50%-Quantil einer Verteilung, also der kleinste Wert einer geordneten Stichprobe bzw. reellen Wahrscheinlichkeitsverteilung, der in mindestens 50 % aller Fälle erreicht wird. Die genaue Höhe extrem kleiner oder großer Verteilungswerte spielt für seine Berechnung keine Rolle, denn es findet keine echte Durchschnittsbildung wie beim Erwartungswert statt. Somit ist er als Mittelwert oft besonders dann geeignet, wenn es um die Auswahl eines Mittelwerts für seltenere bzw. nicht zeitparallel auftretende Ereignisse geht, vgl. auch das folgende Beispiel.

Der Modus einer Verteilung ist dessen häufigster Wert bzw. für eine stetige Verteilung derjenige Wert, bei der die Dichtefunktion ihr Maximum annimmt. Dieser Wert ist nicht immer eindeutig, d. h. eine Verteilung kann mehrere Modi besitzen.

Schadenverteilungen und Kursverteilungen sowie die Verteilung der zugehörigen Periodenrenditen sind sehr oft rechtsschief, d. h. es gilt $\mathbf{M}(W) < \mathbf{E}(W)$. Was das für die Risikoeinschätzung bedeutet, soll an drei Beispielen zur Lognormalverteilung erläutert werden, deren grundsätzliche Aussagen großenteils auch für andere Verteilungstypen zutreffen.

3.1.3.1 Beispiel Lognormalverteilung 1 (Renditeverteilung)

Die kontinuierliche Rendite R (vgl. 2.4.1) einer risikobehafteten Kapitalanlage mit Anfangswert 1 (=100 %) sei normalverteilt mit Erwartungswert r und Varianz σ^2; beispielsweise gelte für eine vorgegebene Einheitszeitperiode $R \sim \mathbf{N}(r; \sigma^2)$ mit $r = 7,64\%$ und $\sigma = 26,68\%$. Diese konkreten Werte ergeben sich unter Normalverteilungsannahme für die stetigen Jahresrenditen der DAX30-Werte im Zeitraum 1986-2006 aus einer Schätzung von r und σ durch das arithmetische Mittel und die Stichprobenstandardabweichung der 20 Log-Renditen. Es sei angemerkt, dass dieses Beispiel für rein illustrative Zwecke so konstruiert wurde und es sich in der Praxis nicht empfiehlt, ein Verteilungsmodell für Aktienrenditen tatsächlich auf diese Weise zu kalibrieren, da das Schätzergebnis wegen der kleinen Stichprobe ($n = 20$) sehr instabil ist, vgl. auch Aufgabe 3.7.

Die möglichen Kurswerte $W = e^R$ am Ende der Zeitperiode sind unter Normalverteilungsannahme für R lognormalverteilt; die Periodenrendite $I = e^R - 1$ besitzt eine um 1 nach links verschobene Lognormalverteilung; vgl. Abbildung 3.1. Erwartungswert, Varianz, Median und Maximum $\mathbf{mod}(I)$ der Dichtefunktion berechnen sich allgemein unter Annahme der Lognormalverteilung und im konkreten Zahlenbeispiel wie folgt (vgl. auch Abschnitt 2.4.5):

$$\mathbf{E}(I) = e^{r+1/2 \cdot \sigma^2} - 1 = 11,85\%; \qquad \mathbf{Var}(I) = e^{2r+\sigma^2} \cdot (e^{\sigma^2} - 1) = 9,23\%;$$

$$\mathbf{M}(I) = e^r - 1 = 7,94\%; \qquad \mathbf{mod}(I) = e^{r-\sigma^2} - 1 = 0,52\%.$$

Offenbar gilt bei beliebiger Wahl von r und σ, dass

$$\mathbf{E}(I) > \mathbf{M}(I),$$

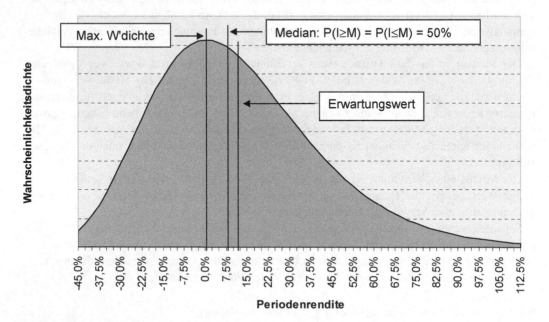

Abbildung 3.1: Dichtefunktion der verschoben lognormalverteilten Jahresrendite I mit $\mathbf{E}(I) =$ 11,85% und $\mathbf{SD}(I) = 30,38\%$

und die Abweichung von Erwartungswert und Median der Periodenrendite wird umso größer, je größer die Standardabweichung der kontinuierlichen Rendite ist.

Dies kann man so interpretieren, dass es für das eingegangene Risiko „erwartungsgemäß" eine vom Risikoparameter σ abhängige Risikoprämie gibt. Je höher die Standardabweichung der kontinuierlichen Rendite R ist, desto höher ist diese Risikoprämie. Der Begriff des Erwartungswerts kann in diesem Zusammenhang aber in die Irre führen, da er im täglichen Sprachgebrauch oft mit einem wahrscheinlichen Wert gleich gesetzt wird. Tatsächlich ist aber die Wahrscheinlichkeit, dass der Erwartungswert $\mathbf{E}(I)$ erreicht wird, immer kleiner als 50 %; genauer gilt ja für $\sigma > 0$, dass

$$P(I \geq \mathbf{E}(I)) = P\left(R \geq r + \frac{1}{2}\sigma^2\right) < P(R \geq r) = P(I \geq \mathbf{M}(I)) = 50\%.$$

Dies kann man sich anschaulich so erklären, dass bei einer rechtsschiefen Verteilung „unwahrscheinlich" hohe Werte die absolute Größe des Erwartungswerts stärker beeinflussen als gleich (un-)wahrscheinliche kleine Werte. Mit Wahrscheinlichkeit von 50 % wird nicht mehr als die „risikolose" Rendite $\mathbf{M}(I)$ erzielt, die sich unter sonst gleichen Annahmen ergeben würde, wenn die kontinuierliche Rendite eine Standardabweichung $\sigma = 0$ aufweisen würde.

Darüber hinaus gilt für das Maximum der Wahrscheinlichkeitsdichte unter Annahme einer Lognormalverteilung immer

$$\mathbf{mod}(I) < \mathbf{M}(I);$$

d. h. bei vorgegebenen festen Bandbreiten (Renditeintervallen) sind sogar Renditen unterhalb von $\mathbf{M}(I)$ am wahrscheinlichsten. Für $\sigma^2 > r$ ist $\mathbf{mod}(I)$ sogar negativ.

Die Beobachtung, dass der Erwartungswert in mehr als 50 % aller Fälle nicht erreicht wird, gilt per Definition für jede rechtsschiefe Verteilung. Da Kurs- bzw. Renditeverteilungen üblicherweise rechtsschief sind, sollte sich ein vorsichtiger Kapitalanleger also eher am Median als realistische Zielvorgabe für den wahrscheinlichen Anlageerfolg orientieren, eventuell sogar nur am Modus.

3.1.3.2 Beispiel Lognormalverteilung 2 (Schadenverteilung)

Die Lognormalverteilung als Prototyp einer Schadenverteilung wurde grundsätzlich bereits in 2.2.7 besprochen. Auch wenn die Lognormalverteilung eher in der Großschadenmodellierung eingesetzt wird, nehmen wir zum besseren Vergleich mit dem vorangegangenen Beispiel 3.1.3.1 an, dass ein bestimmter Schadentyp modelliert sei durch die Schadenhöhe $X = 100 \cdot \exp(Y)$ (in Euro) mit $Y \sim N(r; \sigma^2)$, wobei $r = 7,64\%$ sowie $\sigma = 26,68\%$ wie vorher. Es handelt sich also um einen Schadentyp, bei dem hauptsächlich Kleinschäden vorkommen, allerdings prinzipiell auch sehr hohe Schadenwerte möglich sind. Beispielsweise könnte man sich den Defekt eines elektronischen Bauteils in einem Betrieb vorstellen, das in der Regel nur ausgetauscht werden muss, aber im Extremfall auch einen Brand mit hohen Folgeschäden verursachen kann.

Erwartungswert, Varianz, Median und Maximum der Dichtefunktion berechnen sich analog zur Rechnung in 3.1.3.1 zu

$$\mathbf{E}(X) = 100 \cdot e^{r + \frac{1}{2}\sigma^2} = 111,85; \quad \mathbf{M}(X) = 100 \cdot e^r = 107,94; \quad \mathbf{mod}(X) = 100 \cdot e^{r - \sigma^2} = 100,52.$$

Zur Visualisierung der Wahrscheinlichkeitsverteilung von X ist nun in Abbildung 3.1 lediglich die Beschriftung anzupassen. Trotzdem ist das Ergebnis ein wenig anders zu interpretieren als in 3.1.3.1.

Wenn man etwa davon ausgeht, dass am fraglichen Bauteil relativ häufig Defekte eintreten und es z. B. auch mehrfach im Betrieb eingesetzt wird, kann $\mathbf{E}(X)$ durchaus als Orientierung für die durchschnittlichen Schadenkosten dienen. Die Information, dass natürlich auch hier der Erwartungswert in weniger als 50 % der Fälle tatsächlich erreicht wird, spielt in einer solchen Situation mit vielen beobachteten Schäden nicht so eine wesentliche Rolle. Man beachte dabei insbesondere auch den Unterschied zur Berechnung von Durchschnittsrenditen wie er in 3.1.3.3 nochmals ausführlicher angesprochen wird. Bei selteneren Schadenereignissen wird man dagegen Mittelwerten überhaupt nur bedingt Augenmerk widmen, sondern sich zur Bemessung eines ausreichenden Sicherheitskapitals u. Ä. eher an Shortfall-Maßen orientieren, vgl. dazu 3.1.5. Allerdings wäre eine große Abweichung zwischen Erwartungswert und Median bei der Lognormalverteilung und ähnlichen rechtsschiefen Verteilungstypen zumindest schon einmal ein Indiz für die besondere Gefährlichkeit des Risikos, weil dann die Streuung der möglichen Werte groß ist.

3.1.3.3 Beispiel Lognormalverteilung 3 (Durchschnittsrenditen)

Für das Zahlenbeispiel aus Abschnitt 3.1.3.1 soll nun die Verteilung der mehrjährigen Durchschnittsrendite untersucht werden unter der Voraussetzung, dass die stetigen Renditen $R_j \sim R$ der einzelnen Jahre unabhängig und identisch normalverteilt sind. Für die durchschnittliche stetige Rendite $\overline{R}_t$ bzw. die durchschnittliche Jahresrendite $\overline{I}_t$ über einen Zeitraum von t Jahren gilt gemäß (2.2), S. 71, die Beziehung

$$\ln(1 + \overline{I}_t) = \overline{R}_t = \frac{1}{t} \sum_{j=1}^{t} R_j.$$

Der *konfidente Zinssatz* $c_{t,\alpha}$, der durch die durchschnittliche Periodenrendite $\overline{I}_t$ mit einer Wahrscheinlichkeit von α übertroffen wird, d. h. für den gilt

$$P(\overline{I}_t \geq c_{t,\alpha}) = \alpha,$$

berechnet sich somit zu

$$c_{t,\alpha} = \exp\left(r - u_\alpha \cdot \frac{\sigma}{\sqrt{t}}\right) - 1,$$

wobei u_α für das α-Quantil der Standardnormalverteilung steht (mit $u_\alpha = -u_{1-\alpha}$). Der Wert $c_{t,\alpha}$ entspricht also dem $(1 - \alpha)$-Quantil der Verteilung von $\overline{I}_t$ bzw. dem α-Quantil der zugehörigen Verlustverteilung.

Insbesondere ergibt sich unabhängig von t der Median $\mathbf{M}(\overline{I}_t) = c_{t,50\%} = \exp(r) - 1$, und man erhält unter Verwendung von Formel (2.9), S. 96, die Beziehungen

$$\mathbf{M}(\overline{I}_t) = \mathbf{M}(I) = \exp(r) - 1 < \exp\left(r + \frac{\sigma^2}{2t}\right) - 1 = \mathbf{E}(\overline{I}_t) < \exp\left(r + \frac{\sigma^2}{2}\right) - 1 = \mathbf{E}(I).$$

Wie bereits in Abschnitt 2.6.4.2 festgestellt, wird nochmals deutlich, dass die Durchschnittsrenditen gegen den Median $\mathbf{M}(I)$ der einzelnen Periodenrenditen $I_j \sim I$ konvergieren, nicht gegen den höheren Erwartungswert $\mathbf{E}(I)$. Die Konvergenz erfolgt allerdings wegen des Wurzelterms im Ausdruck für $c_{t,\alpha}$ nur sehr langsam, d. h. die Konfidenzintervalle[2] $[c_{t,\alpha}; c_{t,1-\alpha}]$ um den Median werden für große Werte von t nur langsam schmaler. In Abbildung 3.2 ist für $R \sim \mathbf{N}(r; \sigma^2)$ mit

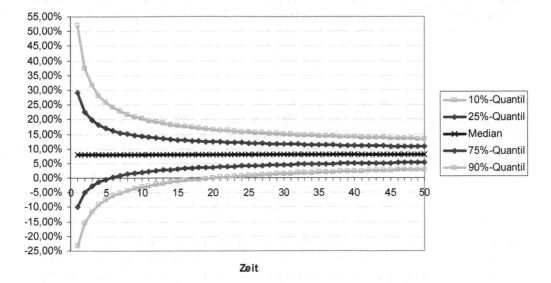

Abbildung 3.2: Konfidenzintervalle für durchschnittliche Jahresrenditen im Falle einer Lognormalverteilung mit $r = 7,64\%$ und $\sigma = 26,68\%$, d. h. mit $\mathbf{E}(I) = 11,85\%$ und $\mathbf{SD}(I) = 30,38\%$

$r = 7,64\%$ und $\sigma = 26,68\%$ der Median sowie der Verlauf der Konfidenzintervalle für $\alpha = 10\%$, 25 %, 75 % und 90 % skizziert, d. h. die t-jährige Durchschnittsrendite liegt unter den getroffenen Verteilungsannahmen mit einer Wahrscheinlichkeit von 50 % bzw. 80 % innerhalb der dargestellten „Konfidenztrichter". Die Asymmetrie ober- bzw. unterhalb des Medians $\mathbf{M}(I) = 7,94\%$ kommt durch die Lognormalverteilung zustande.

3.1.3.4 Mittelwerte und Cost-Average-Effekt

Als weiteres Beispiel für die Analyse von Mittelwerten unter Risikoaspekten soll der *Cost-Average-Effekt* angesprochen werden, dem folgende Fragestellung zugrunde liegt.

Ein Investor möchte in regelmäßigen Zeitabständen in eine risikobehaftete Kapitalanlage, etwa einen Investmentfonds, mit schwankendem Kurs K pro Grundeinheit, sagen wir Fondsanteil, investieren. Ist es besser, pro Investitionszeitpunkt jeweils eine feste Anzahl x von Einheiten zu erwerben oder jeweils eine feste Anlagesumme A auszugeben? Handelsbeschränkungen, wie

---

[2]Es handelt sich hierbei nicht um Konfidenzintervalle im Sinne der Schätztheorie, s. Kapitel 6, sondern um Quantile der Verteilung.

etwa eine unzureichende Teilbarkeit der Anteile, Transaktionskosten oder die Rendite von Alternativanlagen (insbesondere der einer sicheren Anlage) sollen bei dieser Fragestellung nicht berücksichtigt werden. Die erste Anlagestrategie sei als arithmetische Anlagestrategie, die zweite als harmonische Anlagestrategie bezeichnet. Die Begründung für diese Bezeichnungen ergibt sich aus folgender Überlegung.

Beim n-maligen Erwerb von jeweils x Anteilen zu den unterschiedlichen Kursen K_j entspricht der durchschnittliche Preis eines erworbenen Fondsanteils dem arithmetischen Mittel

$$K^a = \frac{\sum\limits_{j=1}^{n} K_j}{n}.$$

Wenn jedoch jeweils ein fester Anlagebetrag A investiert wird, werden $x_j = A/K_j$ Anteile zum Kurs K_j gekauft. Bei dieser Anlagestrategie ergibt sich der Durchschnittskurs der erworbenen Anteile somit also als harmonisches Mittel der Einzelkurse:

$$K^h = \frac{\sum\limits_{j=1}^{n} x_j \cdot K_j}{\sum\limits_{j=1}^{n} x_j} = \frac{n \cdot A}{\sum\limits_{j=1}^{n} \frac{A}{K_j}} = \frac{1}{\frac{1}{n} \sum\limits_{j=1}^{n} \frac{1}{K_j}}.$$

Da das harmonische Mittel von n Zahlen stets kleiner oder gleich dem arithmetischen Mittel ist, gilt immer $K^h \leq K^a$, wobei die Gleichheit der beiden Mittelwerte nur bei Gleichheit aller Einzelwerte gilt. Diese Beziehung wird bezogen auf die harmonische Anlagestrategie im Finanzmanagement auch als *Cost-Average-Effekt* bezeichnet. Als unmittelbare Folgerung ergibt sich, dass bezogen auf irgendeinen festen Endzeitpunkt die Rendite pro Fondsanteil bei der harmonischen Anlagestrategie (Investition eines jeweils konstanten Anlagebetrags zu jedem Investitionszeitpunkt) immer höher ist als bei der arithmetischen Anlagestrategie (Kauf einer konstanten Anzahl von Anteilen pro Investitionszeitpunkt), denn der durchschnittliche Kaufpreis pro Fondsanteil ist ja bei der harmonischen Strategie geringer als bei der arithmetischen.

Die Unterschiede zwischen der harmonischen Anlagestrategie und der arithmetischen Anlagestrategie fallen umso größer aus, je weiter die Kurswerte K_j auseinander liegen, d. h. je riskanter die Anlage ist. Dies ist vergleichbar mit den in 3.1.3.1 beschriebenen zunehmenden Unterschieden zwischen Median und Erwartungswert der Periodenrenditen bei wachsendem Risiko. Auch die Beobachtung, dass bei identischem arithmetischen Mittelwert der Wachstumsfaktoren $K_j/K_{j-1} = 1 + I_j$ der gemäß (2.8) als geometrisches Mittel zu berechnende durchschnittliche Perioden-Wachstumsfaktor $1 + \overline{I_j}$ bzw. die zugehörige Durchschnittsrendite $\overline{I_j}$ mit wachsender Spreizung der Einzelwerte I_j immer kleiner wird, hat einen ähnlichen Hintergrund. (Das geometrische Mittel ist ebenfalls immer kleiner als das arithmetische Mittel; aber größer als das harmonische.) Konkrete Zahlenbeispiele sollen in Aufgabe 3.8 berechnet werden. Zum Cost-Average-Effekt sei ergänzend noch angemerkt, dass zwar der prozentuale Anlageerfolg - wie erläutert - bei der harmonischen Strategie immer höher ist bei der arithmetischen, dies aber nicht unbedingt für den absoluten Erfolg (Gewinn in Geldeinheiten) gelten muss, beispielsweise bei kontinuierlich stark steigenden Kursen. Zahlenbeispiele dafür sollen in Aufgabe 3.8 (b) konstruiert werden.

3.1.3.5 Mittelwerte und Diskontierungsfaktoren

Eine klassische Leitidee finanzmathematischer Bewertungsaufgaben ist der Barwertgedanke. Demnach ergibt sich der als *Barwert* bezeichnete aktuelle Wert einer zukünftigen Zahlung C als diskontierter Wert

$$BW(C) = v \cdot C$$

wobei $v = 1/(1+i)$ der sich aus dem Bewertungszins i ergebende Diskontierungsfaktor ist. (Der Zinssatz i soll sich auf die Anlageperiode bis zur Zahlung von C der Länge 1, nicht notwendig ein Jahr, beziehen.)

Ist der Wert von C nicht genau bekannt, geht man in der Praxis oft so vor, dass für C der Erwartungswert und für v ein „geeigneter" Risikodiskontsatz angesetzt wird, d. h. je unsicherer die Zahlung C, umso höher der verwendete Diskontierungszins und umso niedriger damit der Barwert. Ein anderer Praktiker-Ansatz zur Berücksichtigung des Risikos besteht in einer risikoadjustierten Schätzung von C, d. h. je nach Risiko wird ein „vorsichtiger" Wert für den Rückfluss C angesetzt, der möglicherweise deutlich niedriger als der Erwartungswert ausfällt.

Leider gibt es nur in Spezialfällen befriedigende Verfahren zur Bestimmung angemessener risikoadjustierter Werte von v bzw. C, beispielsweise unter Annahme einer Lognormalverteilung wie in 3.1.3.1. Während in 3.1.3.1 bei gegebenem Startwert $C_0 = 1$ die Verteilung des Periodenzinses I bzw. äquivalent des Aufzinsungsfaktors $Q = 1 + I$ beschrieben wurde, sei nun $C = C_0 \cdot Q$ mit $Q \sim \mathbf{LN}(r; \sigma^2)$ im Sinne einer Schätzung für mögliche zukünftige Wertentwicklungen vorgegeben und der Startwert C_0 selbst zunächst unbekannt. Die Verteilung von C kann sich z. B. durch einen normalen Random Walk oder einen Wiener-Prozess der stetigen Renditen ergeben haben (vgl. dazu die Ausführungen in Kapitel 2.4). Bei der Frage nach einer geeigneten Risikodiskontierung geht es also allgemeiner gesprochen um die wertmäßige „Zusammenführung" des Verteilungsergebnisses solcher stochastischer Prozesse auf den aktuellen Zeitpunkt.

Gemäß den Überlegungen aus 3.1.3.1 gibt es zur Ermittlung des Barwerts von C unter Lognormalverteilungsannahme zwei plausible Bewertungsansätze, die beide zum gleichen Ergebnis C_0 führen, nämlich:

- Diskontiere den Erwartungswert $\mathbf{E}(C) = C_0 \cdot \exp(r + 1/2 \cdot \sigma^2)$ der Verteilung mit dem „Risikodiskontfaktor" $\exp(-(r + 1/2 \cdot \sigma^2))$, d. h.

$$C_0 = BW(C) = \frac{\mathbf{E}(C)}{1+i} \quad \text{mit} \quad i = \exp(r + 1/2 \cdot \sigma^2) - 1,$$

oder

- Diskontiere den Median $\mathbf{M}(C) = C_0 \cdot \exp(r)$ der Verteilung mit dem risikolosen Diskontierungsfaktor $\exp(-r)$, d. h.

$$C_0 = BW(C) = \frac{\mathbf{M}(C)}{1+i} \quad \text{mit} \quad i = \exp(r) - 1.$$

Dabei ist r der stetige Zinssatz für eine sichere Anlage im Vergleichszeitraum bis zur Fälligkeit der Zahlung C. Dieser Zins kann also zur Diskontierung gewählt werden, sofern man $\mathbf{M}(C)$ als

„vorsichtige" Schätzung für den Wert C zugrunde legt. Geht man demgegenüber vom Erwartungswert $\mathbf{E}(C)$ aus, ist dieser mit einem Risikodiskontsatz abzuzinsen, dessen Höhe abhängig vom Risikoparameter σ ist. Da viele Wertverteilungen zumindest näherungsweise lognormalverteilt sind, kann obiger Ansatz des Öfteren zumindest als eine grobe Faustregel dienen.

Auch das in 3.1.3.4 angesprochene harmonische Mittel lässt sich vor dem Hintergrund von Diskontierungsfaktoren interpretieren. Der Anfangskurs des betrachteten Assets sei der Einfachheit halber gleich $1 (\cong 100\%)$ gesetzt. Die n möglichen Endwerte $C = K_j$, $j = 1,\ldots,n$, seien als gleich wahrscheinlich angenommen; bei einem Ausgangswert von 1 entsprechen sie also stochastischen Wachstumsfaktoren. Die Werte $v_j = 1/K_j$ können dementsprechend als zugehörige stochastische Diskontierungsfaktoren angesehen werden, die bei Multiplikation mit K_j jeweils wieder auf den Barwert 1 führen. Der Erwartungswert der Verteilung $(K_j)_{j=1,\ldots,n}$ ist das arithmetische Mittel K_a. Der zugehörige Diskontierungsfaktor ist

$$v^a = \frac{1}{K^a} = \frac{1}{\frac{1}{n}\sum_{j=1}^{n} K_j} = \frac{1}{\frac{1}{n}\sum_{j=1}^{n} \frac{1}{v_j}}$$

also das harmonische Mittel der einzelnen Diskontierungsfaktoren.

Allgemeinere theoretisch befriedigende Ansätze zur Berechung des Barwerts (fairen aktuellen Gegenwerts) der Wahrscheinlichkeitsverteilung einer ungewissen Zahlung C sind wesentlich komplexer; Stichworte in diesem Zusammenhang sind z. B. das Duplikations- bzw. No-Arbitrage-Prinzip sowie die Deflatoren- und die Martingalmethode (vgl. z. B. [JSV01] und [WBF10]).

3.1.4 Streuungsmaße, Schiefemaße und höhere Momente

Als gebräuchlichste allgemeine Streuungsmaße können die Varianz $\mathbf{Var}(W)$ bzw. die Standardabweichung $\mathbf{SD}(W)$ Auskunft darüber geben, in welcher Größenordnung sich die Abweichungen der tatsächlich erzielten Gewinn- bzw. Verlustwerte vom Erwartungswert üblicherweise bewegen und somit als Risikomaße für den Grad der Unsicherheit einer Gewinn- bzw. Verlustprognose dienen. Es gilt bekanntlich

$$\mathbf{Var}(W) = \mathbf{E}([W - \mathbf{E}(W)]^2),$$
$$\mathbf{SD}(W) = \sqrt{\mathbf{Var}(W)},$$

d. h. die Varianz gibt die erwartete quadratische Abweichung der Merkmalswerte vom Erwartungswert an. Auf den ersten Blick mag die Verwendung der Quadrats $[W - \mathbf{E}(W)]^2$ gegenüber z. B. der Verwendung des Absolutbetrags $|W - \mathbf{E}(W)|$ in der Definition der Varianz etwas überraschend scheinen; aber – wie hier nicht näher ausgeführt werden soll – gibt es dafür wichtige mathematische Argumente. Letztlich hat dies auch zur Folge, dass in vielen theoretischen Überlegungen sowie numerischen Berechnungen die Varianz handlicher ist als andere Streuungsmaße. Allerdings kann die Varianz anschaulich, insbesondere in Schaubildern, schlecht interpretiert werden, da die Merkmalswerte quadriert werden. Hat also die Zufallsvariable W beispielsweise die Maßeinheit Euro ($\in$), so wird die zugehörige Varianz in $\in^2$ angegeben. Für anschauliche

Vergleiche ist in der Regel die Standardabweichung geeigneter, da sie die gleiche Maßeinheit besitzt wie die Werte der Wertverteilung selbst.

Weitere relevante Risikokennzahlen ergeben sich, wenn man eine mittlere Abweichung vom Median oder vom Modus berechnet. Hier sind je nach verwendetem Abstandsbegriff verschiedene Definitionen möglich. Von größerer Bedeutung ist vor allem die Größe $\mathbf{E}(|W - \mathbf{M}(W)|)$, also die erwartete absolute Abweichung vom Median. Beim Median als Bezugsgröße ist, anders als bei der Definition der Varianz, tatsächlich der Absolutbetrag in der Regel das geeignete Abstandsmaß, s. Aufgabe 3.16.

Im wichtigen Fall der Normalverteilung ist die Wahrscheinlichkeitsmasse innerhalb bzw. außerhalb von $\pm n$ Standardabweichungen σ um den Erwartungswert μ immer die gleiche, unabhängig von der speziellen Wahl von σ und μ, man spricht auch von n-Sigma-Äquivalenten. Dies wird in Abbildung 3.3 für $n = 1$ veranschaulicht. Nimmt man also für die Schaden- oder Rendi-

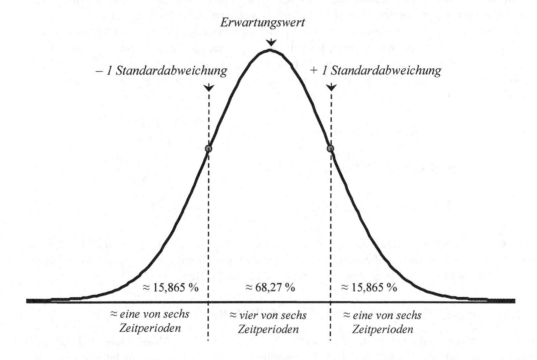

Abbildung 3.3: Ein-Sigma-Äquivalente einer beliebigen Normalverteilung

teverteilung einer einzigen Zeitperiode eine Normalverteilung an, so bedeutet dies, dass bei einer anschließenden Mehrperiodenbetrachtung Werte, die mehr als eine Standardabweichung vom Erwartungswert entfernt sind, durchschnittlich in ungefähr einer von drei Zeitperioden vorkommen, wobei es sich mit jeweils gleicher Wahrscheinlichkeit um eine Abweichung nach oben bzw. unten handelt. Bei Renditebetrachtungen interessieren hauptsächlich die Abweichungen nach unten, bei Schadenhöhen die nach oben, im Qualitätsmanagement meist die in beiden Richtungen, z. B. bei Normvorgaben.

Analoge Aussagen kann man für Werte machen, die n Standardabweichungen vom Erwartungswert entfernt sind; vgl. dazu auch Aufgabe 3.9. Im Qualitäts- und Risikomanagement setzen viele Unternehmen die sogenannte *Six-Sigma*-Methodik ein. Dies ist ein umfassender, auf statistischen Methoden beruhender Managementansatz, in dem es u. a. darum geht, die Wahrscheinlichkeit von Fehlern bzw. nicht tolerablen Abweichungen in Produktionsprozessen u. Ä. unter einem Niveau von 6 Standardabweichungen zu halten, daher der Name.

Die Normalverteilungsannahme wird für Gewinn- und Verlustverteilungen in der Praxis wegen derartiger Interpretationsmöglichkeiten und auch rechentechnischen Vorteilen gegenüber anderen Verteilungsmodellen häufig eingesetzt. Man hat jedoch zu beachten, dass diese Annahme sowohl für Schadenverteilungen als auch für Kurs- und Renditeverteilungen – wie bereits besprochen – in der Regel nur für die logarithmierten Werte (also etwa die stetigen Renditen) plausibel ist bzw. ansonsten nur approximativen Charakter hat. Für die Lognormalverteilung ist dann der Parameter σ (Standardabweichung des Exponenten) aber nicht mehr unmittelbar als Streuungsmaß zu interpretieren, sondern eher als Schiefemaß; vgl. dazu auch das Beispiel 3.1.3.1.

Darüber hinaus können natürlich auch bei beliebigen Verteilungstypen verschiedene andere Schiefemaße als Risikokennzahlen eingesetzt werden. Derartige Schiefemaße sind grundsätzlich so konstruiert, dass Abweichungen von bzw. zwischen den Mittelwerten $\mathbf{E}(W)$, $\mathbf{M}(W)$ und $\mathbf{mod}(W)$ betrachtet und ggf. auf bestimmte Weise normiert werden. Es gibt verschiedene Varianten, z. B.

$$\text{\textit{Schiefemaß nach Pearson:}} \qquad \frac{\mathbf{E}(W) - \mathbf{mod}(W)}{\mathbf{SD}(W)},$$

$$\text{\textit{Schiefemaß nach Yule-Pearson:}} \qquad \frac{3 \cdot (\mathbf{E}(W) - \mathbf{M}(W))}{\mathbf{SD}(W)},$$

$$\text{\textit{Schiefemaß gemäß drittem Moment:}} \qquad \frac{\mathbf{E}(W - \mathbf{E}(W))^3}{\mathbf{SD}(W)^3}.$$

Am gebräuchlichsten ist das Schiefemaß gemäß drittem Moment, welches auch in Kapitel 2.2 bereits verwendet wurde. Schließlich kann man zur weiteren Charakterisierung von Werteverteilungen höhere Momente betrachten, wie z. B. die Wölbung, s. Definition B.20.

3.1.5 Value-at-Risk und weitere Shortfall-Maße

Ein Nachteil der Risikomaße $\mathbf{Var}(W)$ bzw. $\mathbf{SD}(W)$ ist, dass positive Abweichungen als genauso riskant eingestuft werden wie negative Abweichungen. Kennzahlen, die auf höheren Momenten basieren (wie Schiefe- und Wölbungsmaßzahlen), können Zusatzinformationen geben. Aber auch sie sind für eine Einschätzung darüber, wie wahrscheinlich unerwünschte oder sogar katastrophale Ereignisse sind, nur bedingt hilfreich.

Deshalb kommen bei Risikoanalysen oft auch sogenannte Shortfall-Maße zum Einsatz. *Shortfall* bedeutet Unterschreitung oder Defizit. Das Shortfall-Risiko eines Investors oder Unternehmers besteht in der Unterschreitung einer vorgegebenen Ziel- oder Mindestrendite bzw. der Überschreitung eines vorgegebenen als tolerabel erachteten Höchstverlusts. Um verschiedene Typen von Wertverteilungen wie Schadenverteilungen und Renditeverteilungen in einheitlicher Weise behandeln zu können, gehen wir im Folgenden ähnlich wie in Abschnitt 3.1.2 grundsätzlich von Verlustverteilungen V aus, d. h. negative Werte von V bedeuten Gewinne. Die beiden für die Praxis wichtigsten Shortfall-Maße sind die *Shortfall-Wahrscheinlichkeit* und das zugehörige Quantil der Verlustverteilung, der sogenannte *Value-at-Risk*, sowie in gewissem Umfang auch der *Tail Value-at-Risk* als kohärentes Risikomaß. Es ist anzumerken, dass diese im Folgenden näher vorgestellten Risikomaße natürlich alle auch noch von einem – hier zunächst nicht explizit angegebenen – Zeitparameter abhängen, nämlich vom Zeitpunkt bzw. von der Länge des Zeitraums, auf den sich der Verlust V bezieht.

3.1.5.1 Shortfall-Wahrscheinlichkeit

Für eine gegebene Verlustverteilung ist die *Shortfall-Wahrscheinlichkeit* bzgl. des Schwellenwerts x definiert als

$$\mathbf{SW}_x(V) := P(V > x).$$

Dies ist also die Wahrscheinlichkeit ε, dass der Verlust V den Wert x überschreitet. Als Variante kann in der Definition statt dem $>$- auch das $\geq$-Zeichen verwendet werden. Für stetige Verteilungen macht das keinen Unterschied; aber für diskrete oder sonstige Verteilungstypen können sich abweichende Wahrscheinlichkeiten ergeben. Für stetige Verteilungen ist die Shortfall-Wahrscheinlichkeit in Abbildung 3.4 visualisiert.

3.1.5.2 Value-at-Risk

Bei vorgegebener Shortfall-Wahrscheinlichkeit ε bzw. einem vorgegebenen Konfidenzniveau (Sicherheitsniveau) $\alpha = 1 - \varepsilon$ kann man das zugehörige α-Quantil (s. Anhang B.1.2) der Verlustverteilung als Risikomaß verwenden. Das Quantil wird in diesem Zusammenhang, besonders für große Werte von α, auch als *Value-at-Risk* bezeichnet. Der Value-at-Risk ist also definiert als

$$\mathbf{VaR}(V;\alpha) := F_V^{-1}(\alpha),$$

wobei

$$F_V^{-1}(\alpha) = \min\{x | F_V(x) \geq \alpha\}$$

die Quantilfunktion zur Verteilungsfunktion F_V ist (s. Definition B.4). Gegebenenfalls ist zusätzlich ein Zeitraum T anzugeben, in dem das Risiko V betrachtet wird. Man schreibt dann beispielsweise $\mathbf{VaR}(V;\alpha;T)$. Wenn aus dem Zusammenhang offensichtlich ist, welches Risiko V gemeint ist, schreibt man auch einfach $\mathbf{VaR}(\alpha)$ oder $\mathbf{VaR}_\alpha$, oder auch nur $\mathbf{VaR}$, wenn zudem das verwendete Konfidenzniveau klar ist. Oft findet man in der Literatur auch die Notation $\mathbf{VaR}(\varepsilon)$ mit $\varepsilon = 1 - \alpha$, d. h. bei stetigen Verteilungen entspräche dann der Parameter ε der Shortfall-Wahrscheinlichkeit. Die Shortfall-Wahrscheinlichkeit und der Value-at-Risk stellen sozusagen duale Größen dar. Die Zahl $x_\alpha = \mathbf{VaR}_\alpha$ ist derjenige Wert, für den die Verteilungsfunktion F_V des Verlusts, d. h. die kumulierte Wahrscheinlichkeit der Werte $\leq x_\alpha$, erstmals größer oder gleich α ist. Das Minimum existiert wegen der rechtsseitigen Stetigkeit der Verteilungsfunktion. Für den Value-at-Risk gilt also

$$P(V \leq x_\alpha) \geq \alpha \text{ und } P(V > x_\alpha) = 1 - F(x_\alpha) \leq 1 - \alpha = \varepsilon.$$

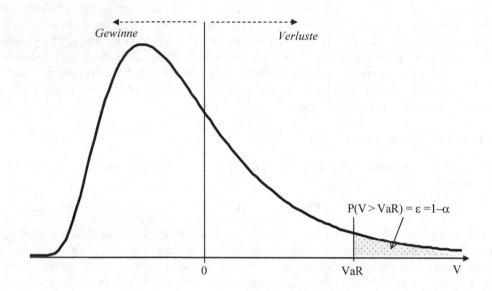

Abbildung 3.4: Visualisierung der Shortfall-Wahrscheinlichkeit und des Value-at-Risk

Die Wahrscheinlichkeit, dass Verluste auftreten, die noch größer sind als $\mathbf{VaR}_\alpha = x_\alpha$, ist höchstens $\varepsilon = 1 - \alpha$. Typische Werte für α bei der Berechnung des Value-at-Risk im Rahmen der Unternehmenssteuerung oder der Finanzberichterstattung sind 95 %, 99 % oder 99,5 %.

Für eine stetige und streng monoton steigende Verteilungsfunktion F lässt sich der Value-at-Risk einfach über die gewöhnliche Umkehrfunktion F^{-1} berechnen, vgl. die Bemerkungen zur Definition B.4. Bei der Definition der Quantilfunktion gibt es auch andere Konventionen als die hier verwendete, sich für das Minimum aller infrage kommenden Werte zu entscheiden. Die genaue Definition ist bei Schätzungen (vgl. auch Abschnitt 6.2) und der betriebswirtschaftlichen Interpretation des Value-at-Risk zu beachten.

Der Value-at-Risk wird in der Praxis oft als vorzuhaltende Risikoreserve interpretiert; vgl. dazu auch Abschnitt 3.1.6. Im Rahmen des Risikomanagements wird der Value-at-Risk nicht nur für Kurs- oder Schadenverteilungen ermittelt, sondern auch für Bilanzgrößen wie Bilanzgewinn oder Jahres-Cashflow. In letzterem Zusammenhang sind für den Value-at-Risk auch Bezeichnungen wie *Earnings-at-Risk* bzw. *Cashflow-at-Risk* üblich. Im Bereich der Schadenmodellierung wird der Value-at-Risk auch als *wahrscheinlicher Höchstschaden* oder *Maximum Probable Loss* bezeichnet, s. 3.1.5.6. Trotz seiner Beliebtheit in der Praxis hat der Value-at-Risk als Risikomaß auch Nachteile, wie etwa seine mangelnde Kohärenz (vgl. Abschnitt 3.1.2).

Eine weitere Variante in der möglichen Definition des Value-at-Risk ist dadurch gegeben, dass manchmal nicht die Verluste selbst, sondern die Abweichungen von einer vorgegebenen Zielgröße (z. B. erwarteter Gewinn) betrachtet werden. Neben absoluten Angaben (Value-at-Risk als Geldbetrag) kommen auch relative Angaben (Value-at-Risk als Prozentsatz) vor. Man beachte,

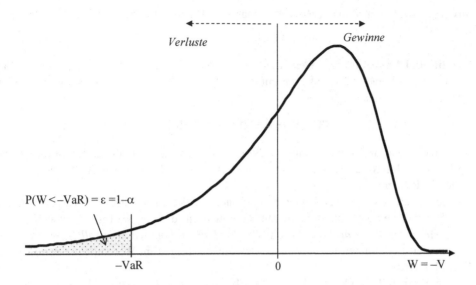

Abbildung 3.5: Visualisierung der Shortfall-Wahrscheinlichkeit und des Value-at-Risk

dass die Bezeichnung „relativer Value-at-Risk" allerdings in der Praxis häufiger auch für die Abweichung vom Erwartungswert verwendet wird.

In der Abbildung 3.4 wird der Value-at-Risk zunächst wie üblich für die Verteilung des Verlusts V visualisiert und zusätzlich zum besseren Verständnis auch für den zugehörigen Gewinn $W = -V$ in Abbildung 3.5.

3.1.5.3 Tail Value-at-Risk und weitere Shortfall-Maße

Auf der Basis eines vorgegebenen Schwellenwerts x für den Verlust kann man weitere Risikokennzahlen bestimmen. Die wichtigsten werden nachfolgend aufgeführt.

Tail Value-at-Risk: Dieses Shortfall-Maß bezieht sich auf den Schwellenwert $x = $ **VaR**. Zu einem vorgegebenen Konfidenzniveau $\alpha \in (0;1)$ ist der *Tail Value-at-Risk* definiert als

$$\mathbf{TVaR}(V;\alpha) := \frac{1}{1-\alpha} \int_{\alpha}^{1} \mathbf{VaR}(V;s)ds.$$

Er ergibt sich also über die Mittelung aller **VaR**$(V;s)$-Werte für $s \geq \alpha$; damit wird also im Gegensatz zum Value-at-Risk auch die Höhe der extremen Verluste berücksichtigt. Dieser Wert wird häufig auch als *Conditional Value-at-Risk* bzw. *Expected Shortfall* bezeichnet. Während sich ein Aktionär möglicherweise am Value-at-Risk orientiert, da er hauptsächlich an der Vermeidung einer Insolvenz interessiert ist, könnte der Tail Value-at-Risk die Sicht einer Holding wiedergeben, für die die erwartete Nachschusshöhe im Fall einer Insolvenz relevant ist. Der Tail Value-at-Risk stellt im Gegensatz zum Value-at-Risk ein kohärentes Risikomaß dar, s. [DDGK05, Abschnitt 2.4.3].

Tail Conditional Expectation: Wenn die Verteilungsfunktion von V stetig ist, stimmt obige Definition des Tail Value-at-Risk überein mit dem bedingten Erwartungswert (s. [MFE05, Lemma 2.16])

$$\mathbf{TCE}(V;\alpha) := \mathbf{E}(V|V > \mathbf{VaR}_\alpha).$$

Statt **TCE** wird auch die Bezeichnung *Conditional Tail Expectation* verwendet. In dieser Darstellung kann der Tail Value-at-Risk also interpretiert werden als der erwartete Verlust, falls der Verlust den **VaR** übersteigt.

Der Unterschied zwischen den beiden Definitionen für den nichtstetigen Fall wird in 3.1.5.8 an einem Beispiel verdeutlicht. Es sei darauf hingewiesen, dass in der Literatur die ähnlichen Begriffe *Conditional Value-at-Risk, Tail Conditional Expectation* und *Shortfall-Erwartungswert* allerdings leider nicht einheitlich verwendet werden; wir folgen im Wesentlichen den Bezeichnungen in [DDGK05].

Eine Variante der Tail Conditional Expectation besteht darin, sich bei der Definition der Tail Conditional Expectation nicht auf den Value-at-Risk und damit auf das Konfidenzniveau α zu beziehen, sondern auf einen beliebigen Schwellenwert x, also zu definieren

$$\mathbf{TCE}_x(V) := \mathbf{E}(V|V > x).$$

Für $x = \mathbf{VaR}_\alpha$ gilt dann unter Verwendung der obigen Notation

$$\mathbf{TCE}_x(V) = \mathbf{TCE}(V;\alpha).$$

Mean Excess Loss: Der *Mean Excess Loss* ist der erwartete Zusatzverlust, der zusätzlich zum Verlust x bei Überschreitung von x eintritt, also

$$\mathbf{MEL}_x(V) := \mathbf{E}(V - x|V > x),$$

d. h.

$$\mathbf{MEL}_x(V) = \mathbf{TCE}_x(V) - x.$$

Shortfall-Erwartungswert: Der *Shortfall-Erwartungswert* ist der erwartete Zusatzverlust, der bei Überschreitung von x zusätzlich zum Verlust x eintritt (wenn nicht vorausgesetzt wird, dass diese Überschreitung überhaupt erfolgt), also

$$\mathbf{SE}_x(V) = \mathbf{MEL}_x(V) \cdot \mathbf{SW}_x(V) = \mathbf{E}(V - x|V > x) \cdot P(V > x).$$

Für eine diskrete Verteilung mit Zähldichte p_i gilt:

$$\mathbf{SE}_x(V) = \sum_{v_i > x} (v_i - x) \cdot p_i;$$

für eine stetige Verteilung mit Dichtefunktion f gilt:

$$\mathbf{SE}_x(V) = \int\limits_x^\infty (v-x)f(v)dv.$$

Für die aufgeführten Shortfall-Maße gibt es noch eine ganze Anzahl von Varianten für nicht-stetige Verteilungen, je nach Verwendung des $>$- bzw. $\geq$-Zeichens, was das bereits angesprochene Problem der uneinheitlichen Begriffsbildung in der Literatur noch verschärft. Weitere auf dem Shortfall-Gedanken basierende Risikokennzahlen ergeben sich, indem man z. B. höhere Shortfall-Momente wie Varianz oder Schiefe des Shortfalls (d. h. der Werte, die über einem vorgegebenen Schwellenwert liegen) berechnet, vgl. etwa [MFE05, S. 244].

3.1.5.4 Value-at-Risk und Tail Value-at-Risk unter Normalverteilungsannahme

Es bezeichne $u_\alpha := u_\alpha(0;1)$ bzw. $u_\alpha(\mu;\sigma^2)$ das α-Quantil der Standard- bzw. $\mathbf{N}(\mu;\sigma^2)$-Normalverteilung. Für $\alpha \in (0;1)$ gilt die Beziehung

$$u_\alpha(\mu;\sigma^2) = \mu + \sigma \cdot u_\alpha = \mu - \sigma \cdot u_{1-\alpha}.$$

Falls der Verlust $V \sim \mathbf{N}(\mu;\sigma^2)$ normalverteilt ist, ergibt sich daraus

$$\mathbf{VaR}_\alpha(V) = \mu + \sigma \cdot u_\alpha.$$

Analog gilt für den Tail Value-at-Risk dann

$$\mathbf{TVaR}_\alpha(V) = \mu + \sigma \cdot \frac{\varphi(u_\alpha)}{1-\alpha},$$

dabei ist φ die Dichtefunktion der Standardnormalverteilung. Für einen normalverteilten Verlust kann man also den (Tail) Value-at-Risk leicht aus μ, σ und α berechnen. Diese Beziehung wird unter anderem in 6.2.1 und 6.2.4 zur Herleitung eines **VaR**-Schätzers und **TVaR**-Schätzers, sowie in Abschnitt 4.2.5.3 zur Portfolio-Optimierung unter Shortfall-Restriktionen ausgenutzt.

Die obigen Formeln lassen sich auch auf Portfolioverluste übertragen. Sei Z der Portfolioverlust eines Portfolios, der sich gemäß $Z = w_1 \cdot X_1 + \ldots + w_d \cdot X_d$ aus Einzelverlusten zusammensetzt. Dabei sind $X_1, \ldots, X_d$ beispielsweise die Verluste von d Aktien o. Ä. Es wird angenommen, dass der Vektor $\boldsymbol{X} = (X_1, \ldots, X_d)$ multivariat normalverteilt ist mit Erwartungswertvektor $\boldsymbol{\mu}$ und Kovarianzmatrix $\boldsymbol{\Sigma}$, d. h. $\boldsymbol{X} \sim \mathbf{N}(\boldsymbol{\mu};\boldsymbol{\Sigma})$ (s. Abschnitt 2.2.5) und $w_1, \ldots, w_d$ die Gewichte bzw. Mengen der einzelnen Aktien im Portfolio bezeichnen. In Matrixschreibweise ist also

$$Z = \boldsymbol{w}^T \cdot \boldsymbol{X}$$

wobei

$$\boldsymbol{w}^T = (w_1, \ldots, w_d)$$

der Gewichtsvektor ist. Damit folgt (s. Lemma B.32), dass $Z \sim N(w^T \cdot \mu; w^T \cdot \Sigma \cdot w)$ eindimensional normalverteilt ist. Damit liefern die obigen Formeln für den (Tail) Value-at-Risk des Portfolios

$$\mathbf{VaR}_\alpha(Z) = w^T \cdot \mu + \sqrt{w^T \cdot \Sigma \cdot w} \cdot u_\alpha \qquad \text{bzw.}$$

$$\mathbf{TVaR}_\alpha(Z) = w^T \cdot \mu + \sqrt{w^T \cdot \Sigma \cdot w} \cdot \frac{\varphi(u_\alpha)}{1-\alpha}.$$

Diese Methode der Risikoaggregation wird bei Banken zur Value-at-Risk-Berechnung für sogenannte *lineare Portfolios* eingesetzt; für Einzelheiten vgl. etwa [Jor07]. Im Versicherungskontext entspricht sie im Prinzip der Risikoaggregation gemäß Standardrisikoformel von *Solvency II*; siehe dazu auch Abschnitt 5.1.3.

3.1.5.5 Value-at-Risk und Tail Value-at-Risk unter der verallgemeinerten Pareto-Verteilung

Für die verallgemeinerte Pareto-Verteilung lassen sich Formeln für den Value-at-Risk und den Tail Value-at-Risk herleiten, die unter anderem zur Schätzung dieser Risikokennzahlen in Kapitel 6.3 herangezogen werden. Dazu wird zunächst die Überschreitungswahrscheinlichkeit $\overline{F}(x) = P(X > x)$ betrachtet. Für $x \geq u$ gilt definitionsgemäß

$$\overline{F}(x) = \overline{F}(u) \cdot \overline{F}_u(x-u).$$

Dabei bezeichnet F_u wie in Abschnitt 2.5.2 die Exzessfunktion. Besitzt das zugrundeliegende Risiko speziell eine verallgemeinerte Pareto-Verteilung mit Parametern ξ und β, so ergibt sich damit

$$\overline{F}(x) = \overline{F}(u) \cdot \left(1 + \xi \frac{x-u}{\beta} \right)^{-\frac{1}{\xi}}.$$

Durch Auflösen dieser Gleichung nach x erhält man dann für $\alpha \geq F(u)$ die Quantilfunktion

$$F^{-1}(x) = u + \frac{\beta}{\xi} \left(\left(\frac{1-x}{\overline{F}(u)} \right)^{-\xi} - 1 \right), \qquad \text{und damit}$$

$$\mathbf{VaR}_\alpha = u + \frac{\beta}{\xi} \left(\left(\frac{1-\alpha}{\overline{F}(u)} \right)^{-\xi} - 1 \right). \tag{3.1}$$

Falls zusätzlich $\xi < 1$ gilt, dann ergibt sich (s. Aufgabe 3.12) für den Tail Value-at-Risk eines $\mathbf{GPD}(\xi, \beta)$-verteilten Risikos

$$\mathbf{TVaR}_\alpha = \frac{\mathbf{VaR}_\alpha}{1-\xi} + \frac{\beta - \xi u}{1-\xi}. \tag{3.2}$$

3.1.5.6 Beispiel: Stetige Schadenverteilung

Für die Verlustverteilung aus einem Versicherungsvertrag zur Absicherung von Betriebsrisiken eines Unternehmens sei eine verschobene Lognormalverteilung angenommen, genauer $V = S - 1.000$ (in Euro) mit $S \sim \mathbf{LN}(5; 2,25)$. Es gilt $\mathbf{E}(V) = -542,86$, d. h. 542,86 ist der erwartete Gewinn. Der Value-at-Risk, also der wahrscheinliche Höchstschaden, berechnet sich über die Quantile der Lognormalverteilung und beträgt z. B. 14,68 bzw. 749,84 bzw. 3863,54 zum Konfidenzniveau von 90 %, 95 % bzw. 99 %. Der Bedarf an Sicherheitskapital steigt also mit zunehmendem Sicherheitsniveau deutlich.

3.1.5.7 Beispiel: Stetige Renditeverteilung

Bereits in Beispiel 3.1.3.3 wurden für die durchschnittlichen Periodenrenditen $\overline{I}_t \sim \mathbf{LN}(r; \sigma^2/t)$ eines t-jährigen Anlagezeitraums die konfidenten Zinssätze (wahrscheinlichen Mindestrenditen) $c_{t,\alpha}$ bestimmt, für die gilt

$$P(\overline{I}_t \geq c_{t,\alpha}) = \alpha \text{ und } P(\overline{I}_t \leq c_{t,\alpha}) = 1 - \alpha,$$

bzw. auch

$$P(-\overline{I}_t \leq -c_{t,\alpha}) = \alpha \text{ und } P(-\overline{I}_t \geq -c_{t,\alpha}) = 1 - \alpha.$$

Die Verteilung von $V = -\overline{I}_t$ ist eine Verlustverteilung im zuvor eingeführten Sinne. Dementsprechend gilt $\mathbf{VaR}_\alpha(V) = -c_{t,\alpha}$. Die Interpretation als Value-at-Risk ist vor allem dann sinnvoll, wenn die wahrscheinlichen Mindestrenditen negativ sind. Dann ist $\mathbf{VaR}_\alpha(V) = -c_{t,\alpha}$ das prozentuale (positive) Sicherheitskapital, das vorzuhalten ist, um (negative) Renditen der Höhe $c_{t,\alpha}$ „verkraften" zu können. Wenn bei gewissen Anlageprodukten „wahrscheinliche Mindestrenditen" als positiv angenommen werden, ist die Interpretation als Value-at-Risk eher unüblich; vgl. auch 3.1.8.1. Intuitiver ist dann die Angabe der Shortfall-Wahrscheinlichkeit zu einem vorgegebenen Renditewert c. In Abbildung 3.2 (im Abschnitt 3.1.3.3) sind für die Parameter $r = 7,64\%$ und $\sigma = 26,68\%$ die Renditewerte $c_{t,75\%}$ und $c_{t,90\%}$ eingezeichnet, die mit einer Wahrscheinlichkeit von 25 % bzw. 10 % nicht unterschritten werden; die Shortfall-Wahrscheinlichkeit zu den eingezeichneten Schwellenwerten ist also $\varepsilon = 1 - \alpha = 25\%$ bzw. $\varepsilon = 1 - \alpha = 10\%$. Für einige andere Sicherheitsniveaus sollen die konfidenten Renditen in Aufgabe 3.13 berechnet werden.

3.1.5.8 Beispiel: Diskrete Schadenverteilung

Wir greifen das Beispiel aus Abschnitt 2.6.2 auf. Der besseren Interpretation halber sei an dieser Stelle angenommen, dass die Bauteile A und B jeweils in verschiedenen Maschinen eingebaut sind, d. h. insgesamt gibt es sechs Maschinen, drei vom Typ A und drei vom Typ B. Da in 2.6.2 die Unabhängigkeit aller Bauteildefekte angenommen wurde, macht dies für die dort angegebenen Wahrscheinlichkeiten keinen Unterschied.

Zunächst sei nur der Bestand aus den drei Maschinen vom Typ A betrachtet. Da die zugehörige Schadenverteilung (vgl. Tabelle 3.1) diskret ist, ist der Value-at-Risk $\mathbf{VaR}_\alpha(S_A)$ eine Treppenfunktion mit (Angaben in Euro)

$$\mathbf{VaR}_\alpha(S_A) = \begin{cases} 0 & \text{für } 0 < \alpha \leq 0{,}729, \\ 20.000 & \text{für } 0{,}729 < \alpha \leq 0{,}972, \\ 40.000 & \text{für } 0{,}972 < \alpha \leq 0{,}999, \\ 60.000 & \text{für } 0{,}999 < \alpha < 1. \end{cases}$$

Der Value-at-Risk ist also jeweils für bestimmte Intervalle von Konfidenzniveaus gleich; beispielsweise ergibt sich $\mathbf{VaR}_{0{,}972}(S_A) = \mathbf{VaR}_{0{,}8}(S_A) = 20.000$. Bei einem Schwellenwert $x = 20.000$ gilt für den Shortfall-Erwartungswert, den Mean Excess Loss und die Tail Conditional Expectation

$$\begin{aligned} \mathbf{SE}_{20.000}(S_A) &= \sum_{v_i > 20.000} (v_i - 20.000) \cdot p_i \\ &= (40.000 - 20.000) \cdot 0{,}027 + (60.000 - 20.000) \cdot 0{,}001 \\ &= 580, \end{aligned}$$

$$\mathbf{MEL}_{20.000}(S_A) = \mathbf{SE}_{20.000}(S_A)/P(S_A > 20.000) = 580/0{,}28 = 20.714{,}29,$$

$$\mathbf{TCE}_{20.000}(S_A) = \mathbf{MEL}_{20.000}(S_A) + 20.000 = 40.714{,}29.$$

Für $\alpha = 0{,}972$ stimmt die Tail Conditional Expectation mit dem Tail Value-at-Risk überein, denn es gilt

$$\mathbf{TCE}_{0{,}972}(S_A) = \mathbf{TCE}_{20.000}(S_A) = 40.714{,}29$$

und

$$\begin{aligned} \mathbf{TVaR}_{0{,}972}(S_A) &= \frac{1}{1 - 0{,}972} \cdot \int_{0{,}972}^{1} \mathbf{VaR}_s(S_A)ds \\ &= \frac{1}{1 - 0{,}972} \cdot (40.000 \cdot 0{,}027 + 60.000 \cdot 0{,}001) = 40.714{,}29. \end{aligned}$$

Schaden S_A	Schaden S_B	Wahrscheinlichkeit	kumulierte Wahrscheinlichkeit
0	0	0,729000	0,729000
20.000	40.000	0,243000	0,972000
40.000	80.000	0,027000	0,999000
60.000	120.000	0,001000	1,000000

Tabelle 3.1: Verteilungen von S_A und S_B in Beispiel 3.1.5.8

Demgegenüber ergibt sich z. B. für $\alpha = 0,8$, dass

$$\mathbf{TVaR}_{0,8}(S_A) = \frac{1}{1-0,8} \cdot \int_{0,8}^{1} \mathbf{VaR}_s(S_A)ds$$

$$= \frac{1}{1-0,8} \cdot (20.000 \cdot 0,172 + 40.000 \cdot 0,027 + 60.000 \cdot 0,001) = 22.900,00,$$

während die Tail Conditional Expectation unverändert bleibt:

$$\mathbf{TCE}_{0,8}(S_A) = \mathbf{TCE}_{0,972}(S_A) = 40.417,29.$$

Man erkennt deutlich, dass unter den angesprochenen Risikomaßen nur der Tail Value-at-Risk den unterschiedlichen Sicherheitsanforderungen Rechnung trägt.

Nun soll noch das Verhalten des Value-at-Risk und des Tail Value-at-Risk bei Zusammenfassung von Risiken beleuchtet werden. Dazu betrachten wir nun auch den Bestand aus den drei Maschinen vom Typ B. Offenbar verdoppeln sich wegen $S_B = 2S_A$ für diesen Bestand die beiden Risikokennzahlen. Für den Gesamtbestand ergibt sich die Schadenverteilung gemäß Tabelle 3.2. An diesem Beispiel kann man erkennen, dass der Value-at-Risk nicht subadditiv ist.

Gesamtschaden $S = S_A + S_B$	Wahrscheinlichkeit	kumulierte Wahrscheinlichkeit
0	0,531441	0,531441
20.000	0,177147	0,708588
40.000	0,196830	0,905418
60.000	0,059778	0,965196
80.000	0,026244	0,991440
100.000	0,006804	0,998244
120.000	0,001458	0,999702
140.000	0,000270	0,999972
160.000	0,000027	0,999999
180.000	0,000001	1,000000

Tabelle 3.2: Verteilung von S in Beispiel 3.1.5.8

Beispielsweise gilt $\mathbf{VaR}_{0,7}(S) = 20.000$, wohingegen $\mathbf{VaR}_{0,7}(S_A) = \mathbf{VaR}_{0,7}(S_B) = 0$, also auch $\mathbf{VaR}_{0,7}(S_A) + \mathbf{VaR}_{0,7}(S_B) = 0$. Das bedeutet, dass bei einem Sicherheitsniveau von 70 % bei zwei separat betrachteten Maschinenbeständen A und B (beispielsweise an verschiedenen Standorten) bemessen am Value-at-Risk überhaupt kein Sicherheitskapital notwendig wäre, während nur wegen der Zusammenfassung ein Sicherheitskapitalbedarf von 20.000 entstünde. Um noch ein etwas weniger extremes Beispiel aufzuführen, gilt z. B. auch $\mathbf{VaR}_{0,972}(S) = 80.000$, aber $\mathbf{VaR}_{0,972}(S_A) + \mathbf{VaR}_{0,972}(S_B) = 20.000 + 40.000 = 60.000$. Für den Tail Value-at-Risk soll die Subadditiviät zu den beiden Konfidenzniveaus $\alpha = 70\%$ und $\alpha = 97,2\%$ in Aufgabe explizit nachgerechnet werden.

3.1.5.9 Beispiel: Stetige Schadenverteilung

Das folgende Beispiel zeigt, dass der Value-at-Risk auch für stetig verteilte Risiken nicht subadditiv sein muss. Wir folgen der Darstellung in [KGDD08, Beispiel 5.6.4]. Seien $X, Y \sim \textbf{Pareto}(1;1)$ unabhängig. Dann gilt für alle $\alpha \in (0,1)$

$$\textbf{VaR}_\alpha(X) + \textbf{VaR}_\alpha(Y) < \textbf{VaR}_\alpha(X+Y),$$

d. h. für diese Verteilungskonstellation ist der Value-at-Risk sogar superadditiv. Um dies nachzuvollziehen, kann folgendermaßen vorgegangen werden. Zunächst gilt $\textbf{VaR}_\alpha(X) = \textbf{VaR}_\alpha(Y) = \frac{1}{1-\alpha}$, da $\textbf{VaR}_\alpha$ nichts anderes als das α-Quantil der Verteilung mit Verteilungsfunktion $F(x) = 1 - 1/x$ ist. Aus Aufgabe 2.31 ist bekannt, dass

$$F_{X+Y}(t) = P(X+Y \leq t) = 1 - \frac{2}{t} - 2\frac{\ln(t-1)}{t^2}$$

und somit

$$P(X+Y \leq \textbf{VaR}_\alpha(X) + \textbf{VaR}_\alpha(Y)) = P\left(X+Y \leq 2\frac{1}{1-\alpha}\right)$$

$$= \alpha - \frac{(1-\alpha)^2}{2}\ln\left(\frac{1+\alpha}{1-\alpha}\right)$$

ist. Da gilt $\dfrac{(1-\alpha)^2}{2}\ln\left(\dfrac{1+\alpha}{1-\alpha}\right) > 0$ für alle $\alpha \in (0,1)$, folgt

$$P(X+Y \leq \textbf{VaR}_\alpha(X) + \textbf{VaR}_\alpha(Y)) < \alpha = P(X+Y \leq \textbf{VaR}_\alpha(X+Y))$$

und damit auch die Behauptung.

3.1.5.10 Obere Schranken für den Value-at-Risk eines Portfolios

In der Praxis ist es oft wichtig, für ein Portfolio $\textbf{X} = (X_1, \ldots, X_n)$ von Risiken mit Gesamtverlust $S = \sum_{i=1}^n X_i$ eine obere Schranke Schranke $\overline{\textbf{VaR}}_\alpha(S)$ für $\textbf{VaR}_\alpha(S)$ zu finden. Falls der Value-at-Risk für die Verteilung von $\textbf{X}$ subadditiv ist, ist eine solche Schranke gegeben durch

$$\textbf{VaR}_\alpha(S) \leq \sum_{i=1}^n \textbf{VaR}_\alpha(X_i). \tag{3.3}$$

Diese Abschätzung ist beispielsweise erfüllt, wenn die gemeinsame Abhängigkeitsstruktur des Zufallsvektors $\textbf{X}$ durch die sogenannte Komonotonie-Copula (s. Abschnitt 5.3.2.1) beschrieben wird. Bei dieser Abhängigkeitsstruktur sind die Risiken $X_1, \ldots, X_n$ vollständig voneinander abhängig; risikomildernde Diversifikationseffekte werden also nicht abgebildet. In der Finanzindustrie wird diese Form der Abhängigkeitsmodellierung deshalb oft als sehr vorsichtig angesehen. Die Beispiele 3.1.5.8 und 3.1.5.9 zeigen jedoch, dass es durchaus praxisrelevante Konstellationen gibt, in denen der Value-at-Risk nicht subadditiv ist. Damit stellt sich die Frage, wie $\mathbf{VaR}_\alpha(S)$ unter beliebigen, d. h. auch „ungünstigsten", multivariaten Verteilungsannahmen nach oben abgeschätzt werden kann. Verschiedene Ergebnisse in dieser Richtung finden sich in [EPR12]; dort werden obere Schranken $\overline{\mathbf{VaR}}_\alpha(S)$ gewonnen, die nur Annahmen über die Verteilungen der Einzelrisiken $X_1, \ldots, X_n$, jedoch nicht zur Abhängigkeitsstruktur des Vektors $(X_1, \ldots, X_n)$ zugrunde legen. Da in der Praxis die Einzelrisiken oft wesentlich genauer modelliert werden können als die Abhängigkeiten, sind derartige Ergebnisse besonders hilfreich. Als wichtiges Teilergebnis aus [EPR12] erwähnen wir den Spezialfall, dass die Risiken $X_1, \ldots, X_n \sim F$ identisch verteilt sind und F die Verteilungsfunktion einer Null-Pareto, Gamma- oder Lognormalverteilung ist. Dann ist

$$\overline{\mathbf{VaR}}_\alpha(S) = D^{-1}(1-\alpha),$$

wobei D^{-1} die inverse Funktion der sogenannten dualen Schranke

$$D(s) = \inf_{t < s/n} \frac{n \cdot \int_t^{s-(n-1)t} \overline{F}(x)dx}{s - nt}$$

mit $\overline{F}(x) = 1 - F(x)$ ist. Für den Fall dass die Risiken $X_1, \ldots, X_n$ verschiedene Verteilungen besitzen, lässt sich $\overline{\mathbf{VaR}}$ für bis zu $n = 600$ numerisch gut mithilfe eines speziellen Algorithmus approximieren (weitere Details in [EPR12]).

3.1.6 Stochastische Risikokennzahlen zur Bemessung von Risikoreserven

In diesem Abschnitt werden nun auch Mehrperiodenmodelle betrachtet. Es sei angenommen, dass zum Zeitpunkt $t = 0$ ein Unternehmen eine bestimmte Risikoreserve (Sicherheitskapital) zur Abfederung unerwarteter zukünftiger Verluste hält. Im weiteren Zeitverlauf entwickelt sich dieses Sicherheitskapital in einem zeitdiskreten Modell gemäß der Beziehung

$$R_t = R_{t-1} + E_t - A_t,$$

wobei

- R_t die Risikoreserve am Ende von Zeitperiode t,
- E_t die Einnahmen in Periode t und
- A_t die Ausgaben in Periode t

bezeichnet. In dieser Gleichung sind E_t und A_t Zufallsvariablen; bei R_t handelt es sich also um einen stochastischen Prozess, den sogenannten *Risikoreserveprozess*. Die Einfachheit der angegebenen Gleichung täuscht ein wenig über die mögliche Komplexität des Risikoreserveprozesses hinweg, zumindest wenn – wie im Regelfall – Einnahmen und Ausgaben eines Unternehmens sich nicht durch einfache Modelle hochrechnen lassen. Wenn die Stochastizität von Einnahmen und Ausgaben einigermaßen detailliert berücksichtigt werden soll, ist zur Ableitung des Risikoreserveprozesses in der Regel zunächst eine stochastische Gesamtunternehmensmodellierung notwendig, etwa ähnlich wie in Abschnitt 2.6.6 angesprochen. Zur groben Abschätzung der Entwicklung der Risikoreserve sind aber auch einfachere Ansätze mit vereinfachten Annahmen für die stochastische Entwicklung von Einnahmen und Ausgaben denkbar.

Speziell bei einem Versicherungsunternehmen bestehen die Einnahmen einer Zeitperiode t überwiegend aus Beitragseinnahmen B_t und Zinseinnahmen Z_t und die Ausgaben dieser Zeitperiode aus gezahlten Versicherungsleistungen für die eingetretenen Leistungs- bzw. Schadenfälle L_t. Damit erhält der Risikoreserveprozess die Form

$$R_t = R_{t-1} + B_t - L_t + Z_t.$$

Zur Vereinfachung wird manchmal $Z_t = 0$ sowie $B_t = c$ gesetzt. Unter Verwendung des Gesamtschadenprozesses S_t anstelle der periodenbezogenen Schadenfälle L_t kann man den Prozess dann auch in zeitstetiger Form schreiben als

$$R_t = u_0 + c \cdot t - S_t$$

aus, wobei

- $R_0 = u_0$ das Kapital zum Zeitpunkt $t = 0$,
- c die Prämieneinnahmen pro Zeiteinheit und
- S_t ein Gesamtschadenprozess

ist. Einzelheiten zur Monte-Carlo-Simulation der Risikoreserve in diesem einfachen Modell werden in 7.6.4 dargestellt. Nachdem also durch stochastische Simulation oder in einfachen Fällen auch analytische Berechnungen die Verteilung der vorhandenen Risikoreserve R_t bestimmt wurde, kann man diese mittels geeigneter Kennzahlen analysieren. Besonders interessant ist in der Regel die *Ruinwahrscheinlichkeit* zum Zeitpunkt t, d. h.

$$P(R_t < 0).$$

Diese Wahrscheinlichkeit hängt vom Startkapital u_0, der Höhe der eingenommenen Prämien $c \cdot t$ sowie Eigenschaften von $S(t)$ ab und ist i. Allg. nicht leicht zu berechnen (s. [Mik04, S. 158]). In abgeschwächter Form kann die Ruinwahrscheinlichkeit auch als *Insolvenzwahrscheinlichkeit* aufgefasst werden. Der Ruin bzw. die Insolvenz des Unternehmens wird in diesem Ansatz gleichgesetzt mit dem Verlust des gesamten Sicherheitskapitals; d. h. der Verlust $V = V_t = S_t - c \cdot t$, den das Unternehmen bis zum Zeitpunkt t erlitten hat, übersteigt die im Zeitpunkt 0 vorhandene Risikoreserve. Der Ruin bzw. die Insolvenz des Unternehmens tritt damit ein, sobald

$$V > u_0.$$

In dieser Formulierung würde man sich für den Zeitpunkt des erstmaligen Auftretens dieses Ereignisses interessieren. In der Praxis ist allerdings die mathematische Ruinwahrscheinlichkeit in der Regel nicht zu jedem Zeitpunkt interessant, sondern nur bezogen auf das Ende eines bestimmten (Bilanzierungs-)Zeitraums $[0;t]$, zumal Details von bilanziellen Bewertungsfragen, der Zeitraumabgrenzung von Einnahmen und Ausgaben usw. abhängen. Das bedeutet, dass man sich nur für die Wahrscheinlichkeitsverteilung zum Zeitpunkt t interessiert und nicht im Einzelnen für die Pfade des Risikoreserveprozesses, die zu dieser Verteilung geführt haben.

Mathematisch liegt dann im Grunde wieder ein Einperiodenmodell vor und die Ruin- bzw. Insolvenzwahrscheinlichkeit

$$P(R_t < 0) = P(V > u_0) = \mathbf{SW}_{u_0}(V)$$

ist eine Shortfall-Wahrscheinlichkeit bzgl. des Schwellenwerts u_0; vgl. 3.1.5.

Wird diese unter bestimmten Annahmen an die Unternehmenspolitik berechnete Shortfall-Wahrscheinlichkeit als zu hoch angesehen, ist aus dem Modell abzuleiten, dass im Unternehmen Maßnahmen getroffen werden müssen, um diese Wahrscheinlichkeit abzusenken. Neben der unmittelbaren Beeinflussung der Einnahmen- und Ausgabenseite kommen hier diverse finanzielle Risikobewältigungsstrategien infrage, wie sie ansatzweise etwa in Kap. 4 erläutert werden. Eine weitere Möglichkeit ist auch die Erhöhung der Risikoreserve u_0 selbst, z. B. durch eine Eigenkapitalerhöhung.

Wie ansatzweise bereits in Abschnitt 3.1.5 angesprochen stellt die Frage nach der angemessenen Höhe der Risikoreserve $R_0 = u_0$ das „duale" Problem zur Ermittlung der Ruinwahrscheinlichkeiten dar. Betrachtet wird nun also die Verteilung der möglichen Verluste V, die bis zum interessierenden Zeitpunkt t auftreten können. Es wird eine Wahrscheinlichkeit (z. B. $\varepsilon = 1\%$) vorgegeben, mit der der Verzehr der Risikoreserve u_0 toleriert wird, d. h.

$$P(V > u_0) \leq \varepsilon.$$

Gemäß den Ausführungen in 3.1.5.2 wird diese Forderung erfüllt, wenn die Risikoreserve u_0 als Value-at-Risk

$$u_0 = \mathbf{VaR}(V; 1 - \varepsilon; t)$$

zum Sicherheitsniveau $1 - \varepsilon$ gewählt wird. Der Parameter t soll andeuten, dass die als tolerabel betrachtete Insolvenzwahrscheinlichkeit ε und damit also auch der berechnete Value-at-Risk sich auf den Zeitraum $[0;t]$ bezieht; vgl auch die Erläuterungen zur Notation in 3.1.5.2.

An dieser Stelle wird die praktische Bedeutung der Kennzahl Value-at-Risk nochmals besonders deutlich: Das Kapital $u_0 = \mathbf{VaR}(V; 1 - \varepsilon; t)$ reicht mit großer Wahrscheinlichkeit $1 - \varepsilon$ aus, um bezogen auf den Zeitraum $[0;t]$ die Insolvenz des Unternehmens zu verhindern; nur mit kleiner Wahrscheinlichkeit können in diesem Zeitraum eingetretene Verluste durch die Risikoreserve $\mathbf{VaR}(V; 1 - \varepsilon; t)$ nicht aufgefangen werden. Diese Aussagen beruhen natürlich auf den Modellannahmen zur Ermittlung der Verteilung des Verlusts V. Da sich bei der beschriebenen Ermittlung des Value-at-Risk die Zahlungsfähigkeit nur auf den Endzeitpunkt t, nicht das gesamte Intervall $[0;t]$ bezieht, kann es sinnvoll sein, die Gesamtheit der Pfade des Risikoreserveprozesses zu betrachten, die bis zum Zeitpunkt t überhaupt negativ werden. Dazu eignen sich u. a. Simulationsmethoden; s. Abschnitt 7.6.4.

Die Bedeutung des Value-at-Risk bei der Ermittlung erforderlicher Risikoreserven von Banken und Versicherungen, sowie in gewissem Umfang auch von sonstigen Wirtschaftsunternehmen, wurde bereits im einleitenden Kapitel 1 angesprochen. Weitere exemplarische Ausführungen zum Value-at-Risk-Ansatz bei der Risikokapitalbestimmung enthält der Abschnitt 5.1.3. Da der Value-at-Risk, wie in Abschnitt 3.1.5.2 näher erläutert, als Risikokennzahl allerdings auch Nachteile besitzt, werden dazu darüber hinaus andere Kennzahlen herangezogen wie z. B. der kohärente Tail Value-at-Risk, s. 3.1.5.3.

Einfache Risikokennzahlen wie beispielsweise die Standardabweichung eingetretener Schäden werden z. B. von der Versicherungsaufsicht (und natürlich den Versicherungsunternehmen selbst) schon seit Jahrzehnten herangezogen, um die Höhe der gesetzlich vorgeschriebenen

Schwankungsrückstellung zu ermitteln. Ähnliches gilt für die pauschale Ermittlung der sogenannten *Solvabilitätsspanne* von Banken und Versicherungsunternehmen d. h. grob gesprochen den aufsichtsrechtlich erforderlichen Nachweis hinreichender Ausstattung mit Eigenmitteln (ohne Verwendung eines unternehmensindividuellen Risikomodells).

3.1.7 Bemessung von Versicherungsprämien unter Risikoaspekten

Eine wichtige Anwendung von Risikokennzahlen besteht in der Berechnung ausreichender Versicherungsprämien. Wegen der umfangreichen Besonderheiten der Personenversicherung, die dadurch entstehen, dass dabei die Versicherung in der Regel mit einem langfristigen Sparvorgang gekoppelt ist, beziehen sich die folgenden Ausführungen im Wesentlichen auf Schadenversicherungen; die grundsätzlichen Überlegungen sind aber auch auf die Personenversicherung anwendbar. In der Schadenversicherung erfolgt die Beitragsberechnung in der Regel jeweils nur für *eine* Versicherungsperiode, d. h. anders als in der Personenversicherung wird kein individuelles Deckungskapital bzgl. einzelner Versicherungsverträge auf- oder abgebaut.

Zur Ermittlung angemessener Versicherungsprämien entwickelt das Versicherungsunternehmen Verteilungsmodelle für das Einperioden-Risiko S aus einer einzelnen Versicherungspolice; vgl. Kapitel 2 sowie zur Modellanpassung auch Kapitel 6. Anschließend stellt sich die Frage nach einer angemessenen zu fordernden Beitragshöhe. Notwendige Kostenzuschläge für die Sachbearbeitung, die Versicherungssteuer etc. sollen an dieser Stelle nicht explizit diskutiert werden, da sie aus mathematischer Sicht unproblematisch sind.

Offensichtlich ist es für die meisten Versicherungsarten unzureichend, vom Kunden als Prämie für die folgende Versicherungsperiode einfach den erwarteten Schaden $E(S)$ (plus Kostenzuschlägen etc.) zu fordern, da das Versicherungsunternehmen im Falle unerwartet hoher Schäden sofort zahlungsunfähig wäre, zumindest, wenn man die Risikoreserve des Unternehmens nicht berücksichtigt. Aber auch die Risikoreserve muss ja in erster Linie aus den Beitragseinnahmen gespeist werden, um einen Risikoausgleich im Kollektiv (vgl. Abschnitt 4.2.3.2) und in der Zeit zu ermöglichen, der das Grundprinzip des Versicherungsgeschäfts darstellt.

Somit führt die Frage nach der Höhe angemessener Versicherungsbeiträge mathematisch vor allem auf die Aufgabenstellung der Bemessung von Sicherheitszuschlägen. Versicherungstechnisch enthalten also Versicherungsprämien einen Sicherheitszuschlag der – grob gesprochen – in guten Jahren zum Aufbau der Risikoreserve verwendet wird und in schlechten Jahren wieder abgeschmolzen wird.

3.1.7.1 Mögliche Anforderungen an Prämienkalkulationsprinzipien

Für die Bemessung von Versicherungsprämien unter Berücksichtigung versicherungsmathematisch angemessener Sicherheitszuschläge werden in der Literatur sogenannte Prämienkalkulationsprinzipien untersucht. Allgemein ist ein *Prämienkalkulationsprinzip* etwas Ähnliches wie ein Risikomaß, nämlich eine Abbildung

$$S \mapsto \Pi(S) = \Pi(F_S),$$

die einem Versicherungsrisiko S mit zugehöriger Verteilungsfunktionen F_S eine positive reelle Zahl zuordnet. Dieser Wert kann als Versicherungsprämie, die für das versicherte Risiko S

erhoben werden sollte, interpretiert werden. Die Schreibweise mit der Verteilungsfunktion soll verdeutlichen, dass für zwei Versicherungsportfolios mit der gleichen Schadenverteilung stets die gleiche Prämie erhoben werden soll. Die Berechung von $\Pi(S)$ kann sowohl für ein einzelnes versichertes Risiko S erfolgen (Schadenvariable S und kalkulierte Versicherungsprämie $\Pi(S)$ bzgl. eines einzelnen Versicherungsvertrags) als auch für mehrere (z. B. Schadenvariable S und kalkulierte Gesamtprämie $\Pi(S)$ für alle bzgl. einer bestimmten Schadenart beim Unternehmen versicherten Kunden).

Analog zu den Anforderungen an Risikomaße in Abschnitt 3.1.2 formulieren wir im Folgenden mögliche bzw. wünschenswerte Eigenschaften von Prämienkalkulationsprinzipien. Ähnlich wie bei den im vorangegangenen Abschnitt behandelten Risikoreserven erkennt man die enge Verwandtschaft zu den zuvor diskutierten Risikomaßen. Im Grunde kann man die nach einem Prämienkalkulationsprinzip kalkulierte Versicherungsprämie $\Pi(S)$ sogar unmittelbar als Risikomaß im Sinne von Abschnitt 3.1.2 interpretieren.

(P1) Monotonie: Ein Prämienkalkulationsprinzip heißt *monoton*, wenn gilt

$$\Pi(S_1) \leq \Pi(S_2) \text{ für } S_1 \leq S_2.$$

Das bedeutet, dass für ein Risiko, das in jeder Situation kleinere Schäden aufweist als ein anderes, auch eine geringere Prämie gezahlt werden muss.

(P2) Homogenität: Ein Prämienkalkulationsprinzip Π heißt *homogen* (oder genauer eigentlich: positiv homogen), wenn für jedes Risiko gilt

$$\Pi(\lambda \cdot S) = \lambda \cdot \Pi(S) \text{ für } \lambda > 0.$$

Beträgt die Schadenhöhe eines Risikos generell das λ-fache eines anderen Risikos, so wird also entsprechend auch die λ-fache Prämie erhoben.

(P3) Translationsinvarianz: Ein Prämienkalkulationsprinzip Π heißt *translationsinvariant*, wenn für jedes Risiko gilt

$$\Pi(S + c) = \Pi(S) + c \text{ für } c \in \mathbb{R}.$$

Das bedeutet, dass eine sichere Leistung ($c > 0$) bzw. Selbstbeteiligung ($c < 0$) durch einfache Addition bzw. Subtraktion des entsprechenden Betrags berücksichtigt wird.

(P4) Subadditivität: Ein Prämienkalkulationsprinzip Π heißt *subadditiv*, wenn für jedes Risiko gilt

$$\Pi(S_1 + S_2) \leq \Pi(S_1) + \Pi(S_2).$$

Die Gesamtprämie für zwei versicherte Risiken liegt nicht über der Summe der Prämien für die einzelnen Risiken.

(P5) Additivität: Ein Prämienkalkulationsprinzip Π heißt *additiv*, wenn für je zwei unabhängige Risiken gilt

$$\Pi(S_1 + S_2) = \Pi(S_1) + \Pi(S_2).$$

Die Gesamtprämie für zwei versicherte Risiken entspricht in diesem Fall also der Summe der Prämien für die einzelnen Risiken.

Des Weiteren verlangt man von Prämienkalkulationsprinzipien in der Regel, dass sie mindestens den erwarteten Schaden abdecken und eine bestimmte feste Höhe M_S (z. B. höchstmöglicher Schaden) nicht überschreiten:

(E) Erwartungswertübersteigend: Ein Prämienkalkulationsprinzip Π heißt *erwartungswertübersteigend*, wenn für jedes Risiko gilt

$$\Pi(S) \geq \mathbf{E}(S).$$

(M) Maximalschadenbegrenzt: Ein Prämienkalkulationsprinzip Π heißt *maximalschadenbegrenzt*, wenn für jedes Risiko gilt

$$\Pi(S) \leq M_S,$$

dabei bezeichnet M_S den höchstmöglichen Schaden.

Bemerkungen

1. Die Prämienprinzipien (P1)-(P4) entsprechen direkt den Forderungen (R1)-(R4) aus Abschnitt 3.1.2 an Risikomaße; d. h. die relevanten Bemerkungen gelten ebenfalls. Allerdings wird beim Vergleich zweier Versicherungsrisiken oft eine etwas allgemeinere Definition der Ordnungsrelation zugrunde gelegt; vgl. [KGDD08].

2. Die Eigenschaft (P5) unterscheidet sich von (R5) nur durch die Voraussetzung der Unabhängigkeit anstelle der Komonotonie der Risiken (bei Versicherungsbeständen geht man eher von unabhängigen Risiken aus). Da ein Versicherungsschaden S nichtnegativ ist, folgt die Positivität (R6) z. B. aus (P1) und (P2).

3. Die Forderung (M) ist unmittelbar einleuchtend, da kein Versicherungsnehmer bereit wäre, mehr als den maximal möglichen Schaden als Versicherungsprämie zu bezahlen.

4. Die Forderung (E), dass die Prämie nicht den Erwartungswert des Schadens unterschreiten darf, lässt sich durch das Gesetz großer Zahlen begründen. Dazu wird ein Versicherungsunternehmen betrachtet, dessen Gesamtschäden $X_1, X_2, \ldots$ in den Geschäftsjahren $1, 2, \ldots$ unabhängig und identisch verteilt sind mit Erwartungswert $\mathbf{E}(X)$, und für die das Unternehmen jeweils den Betrag π als Prämie verlangt. Außerdem verfüge das Versicherungsunternehmen über ein Anfangskapital der Höhe u_0. In diesem Fall ist der Gesamtschaden am Ende des n-ten Geschäftsjahrs durch

$$S_n = \sum_{i=1}^{n} X_i$$

gegeben, und mit dem Risikoreservemodell aus Abschnitt 3.1.6 ist

$$R_n = u_0 + n \cdot \pi - \sum_{i=1}^{n} X_i$$

die Risikoreserve des Unternehmens am Ende des n-ten Geschäftsjahrs. Damit ist

$$\frac{R_n}{n} = \frac{u_0}{n} + \pi - \frac{1}{n} \sum_{i=1}^{n} X_i,$$

und da $\lim_{n \to \infty} u_0/n = 0$ ist, folgt mit dem Gesetz großer Zahlen (vgl. Satz B.25)

$$\lim_{n \to \infty} \frac{R_n}{n} = \pi - \mathbf{E}(X).$$

Wenn die Prämie den erwarteten Schaden unterschreitet, also $\pi - \mathbf{E}(X) < 0$ ist, dann gilt $R_n \to -\infty$ für $n \to \infty$. Also würde das Versicherungsunternehmen – unabhängig von der Höhe des Anfangskapitals – mit Sicherheit Ruin erleiden.

3.1.7.2 Einige relevante Prämienkalkulationsprinzipien

In der Versicherungspraxis gebräuchliche bzw. in der Literatur vorgeschlagene Prämienkalkulationsprinzipien sind unter anderem

Nettoprämienprinzip:	$\Pi(S) = \mathbf{E}(S)$,
Erwartungswertprinzip:	$\Pi(S) = (1+a) \cdot \mathbf{E}(S)$,
Standardabweichungsprinzip:	$\Pi(S) = \mathbf{E}(S) + b \cdot \mathbf{SD}(S)$,
Varianzprinzip:	$\Pi(S) = \mathbf{E}(S) + c \cdot \mathbf{Var}(S)$,
Schiefeprinzip 1:	$\Pi(S) = \mathbf{E}(S) + b \cdot \mathbf{SD}(S) + d \cdot \gamma(S)$,
Schiefeprinzip 2:	$\Pi(S) = \mathbf{E}(S) + c \cdot \mathbf{Var}(S) + d \cdot \gamma(S)$,
Quantileprinzip 1:	$\Pi(S) = F_S^{-1}(q)$,
Quantileprinzip 2:	$\Pi(S) = \max(\mathbf{E}(S), F_S^{-1}(q))$,
Quantileprinzip 3:	$\Pi(S) = \mathbf{E}(S) + e \cdot F_S^{-1}(q)$.

Dabei bezeichne wie üblich $\mathbf{E}(S)$ den Erwartungswert, $\mathbf{SD}(S)$ die Standardabweichung und $\gamma(S)$ die Schiefe (verschiedene mögliche Definitionen) von S. Ferner sind a, b, c, d, e und q geeignete positive reelle Zahlen. Der Wert $\mathbf{E}(S)$ wird auch als *Nettoprämie* für die Übernahme des Risikos S bezeichnet.

Bemerkungen

1. Alle oben genannten Prämienprinzipien bis auf möglicherweise das *Quantileprinzip 1*, erfüllen die Eigenschaft (E). Das *Erwartungswertprinzip* ist additiv und homogen, aber nicht translationsinvariant. Das *Standardabweichungsprinzip* ist subadditiv, homogen und translationsinvariant, jedoch additiv nur für perfekt positiv korrelierte Risiken. Das *Varianzprinzip* ist translationsinvariant, aber nicht homogen, ferner additiv nur für unkorrelierte

Risiken und subadditiv für negativ korrelierte Risiken. Die *Quantileprinzipien* sind alle homogen, aber die Subadditivität ist in der Regel verletzt; ferner ist nur das *Quantileprinzip 1* translationsinvariant. Eine detaillierte Überprüfung dieser Eigenschaften kann als Übung erfolgen; vgl. auch die Ausführungen zu den Risikomaßen in den Abschnitten 3.1.1-3.1.6.

2. Neben den oben aufgeführten gibt es eine Fülle weiterer Prämienkalkulationsprinzipien. Nähere Informationen finden sich etwa in den Abschnitten 2.5 und 2.6 in [DDGK05].

3. Das Standardabweichungsprinzip kann durch den zentralen Grenzwertsatz (vgl. Satz B.27) motiviert werden. Dazu wird von n Risiken $X_1, \ldots, X_n$ ausgegangen, die unabhängig und identisch verteilt sind mit der gleichen Verteilung wie ein Risiko X, Erwartungswert $\mathbf{E}(X) = \mu$ und Varianz $\mathbf{Var}(X) = \sigma^2$. In diesem Fall ist $S = X_1 + \cdots + X_n$ der Gesamtschaden bezogen auf das Gesamtportfolio und π bezeichne die Prämie für das Gesamtportfolio. Das Versicherungsunternehmen arbeitet profitabel, wenn $\pi > S$ gilt (Kosten und Gewinne aus Kapitalanlagen etc. werden vernachlässigt). Da der Gesamtschaden S eine zufällige Größe ist, lässt sich diese Profitabilität in der Regel nicht mit hundertprozentiger Sicherheit erreichen. Nehmen wir an, dass $P(\pi > S) = 0{,}95$ gefordert wird, d. h. mit 95%iger Sicherheit soll die Prämie ausreichen, um die anfallenden Schäden zu bezahlen. Es gilt also

$$0{,}95 = P(S < \pi)$$

$$= P\left(\frac{1}{\sqrt{n}} \sum_{i=1}^{n} \frac{X_i - \mu}{\sigma} \leq \frac{\pi - n \cdot \mu}{\sqrt{n}\sigma} \right).$$

Dann folgt mit dem zentralen Grenzwertsatz (vgl. Satz B.27)

$$P(S < \pi) \approx \Phi\left(\frac{\pi - n \cdot \mu}{\sqrt{n}\sigma} \right).$$

Das heißt die Forderung $P(\pi > S) = 0{,}95$ ist zumindest approximativ erfüllt, wenn

$$\frac{\pi - n \cdot \mu}{\sqrt{n}\sigma} = u_{0{,}95} = 1{,}645,$$

und damit

$$\pi = n \cdot \mu + 1{,}645\sqrt{n}\sigma$$
$$= \mathbf{E}(S) + 1{,}645 \cdot \mathbf{SD}(S)$$

gilt. Also setzt sich die erforderliche Prämie aus dem erwarteten Gesamtschaden und einem Schwankungszuschlag, der aus einem Vielfachen der Standardabweichung des Gesamtschadens besteht, zusammen. Diese Beziehung lässt sich auch auf der Ebene des einzelnen Versicherungsvertrags betrachten: Für die Prämie pro Einzelrisiko ergibt sich

$$\frac{\pi}{n} = \mathbf{E}(X) + \frac{1}{\sqrt{n}} 1{,}645 \cdot \mathbf{SD}(X).$$

Also ist der Schwankungszuschlag pro Vertrag gegeben durch $c \cdot \mathbf{SD}(X)/\sqrt{n}$, d. h. je größer das Versichertenkollektiv ist, umso kleiner kann der Schwankungszuschlag pro Vertrag sein.

3.1.8 Risikoadjustierte Performance-Maße

Schon in den vorangegangenen Abschnitten, insbesondere Abschnitt 3.1.3, wurde die mangelnde Aussagekraft von Erwartungswerten oder anderen Mittelwerten für die Beurteilung des zukünftigen oder auch vergangenen Rendite-Erfolgs von Kapitalanlagen angesprochen. Wegen der aufgezeigten Problematik sind für die Quantifizierung des Erfolgs von Kapitalanlagen oder Investitionsprojekten Performance-Kennzahlen entwickelt worden, die gleichzeitig die erwartete (oder „mittlere") Rendite einer Kapitalanlage *und* das eingegangene Risiko berücksichtigen.

Ebenso wenig wie es einzelne Risikokennzahlen gibt, die allgemein das Risiko einer Kapitalanlage vollständig beschreiben können, kann man auch von einzelnen risikoadjustierten Performance-Kennzahlen keine „Wunder" erwarten. Dennoch können sie als Zusatzinformation im Verbund mit anderen Kennzahlen sehr hilfreich sein.

Risikoadjustierte Performance-Maße $p(R)$, die sich auf eine prognostizierte oder auch in der Vergangenheit beobachtete Rendite R beziehen, sind oft so aufgebaut, dass von einer nicht risikoadjustierten Kennzahl für den mittleren Erfolg $m(R)$ (z. B. erwartete bzw. durchschnittlich erzielte Rendite oder Exzessrendite oder Median der Renditeverteilung) eine Risikokennzahl $\rho(R)$ (z. B. Vielfaches der Standardabweichung) abgezogen wird, d. h.

$$p(R) = m(R) - \rho(R) \tag{RPM1}$$

oder aber die Erfolgskennzahl durch die Risikokennzahl dividiert wird, d. h.

$$p(R) = \frac{m(R)}{\rho(R)}. \tag{RPM2}$$

Im ersten Fall erfolgt die Risikoadjustierung also dadurch, dass der nicht risikoadjustierte Erfolg um einen Risikowert vermindert wird. Wenn die Risikokennzahl $\rho(R)$ die gleiche Dimension hat wie $m(R)$, also auch ein Renditewert ist, kann die Performance-Kennzahl $p(R)$ ebenfalls unmittelbar als Renditewert interpretiert werden. Im zweiten Fall wird der Erfolg pro Risikoeinheit betrachtet. Wenn Erfolgskennzahl $m(R)$ und Risikokennzahl $\rho(R)$ die gleiche Dimension haben, so ist $p(R)$ dimensionslos.

Im Folgenden sollen zur exemplarischen Verdeutlichung von Grundideen der risikoadjustierten Performance-Messung lediglich zwei risikoadjustierte Performance-Kennzahlen näher beleuchtet werden, nämlich die *wahrscheinliche Mindestrendite* und das *Sharpe-Ratio* sowie die damit in Verbindung stehende *Modigliani/Modigliani-Leverage-Rendite* (*M/M-Leverage-Rendite*). Des Weiteren werden die Begriffe RoRAC, RARoC u. Ä. kurz erläutert.

3.1.8.1 Wahrscheinliche Mindestrendite

Ein wichtiges Beispiel für ein risikoadjustiertes Performance-Maß ist das Shortfall-Quantil der Rendite R zur Irrtums- bzw. Shortfallwahrscheinlichkeit ε bzw. zum Konfidenzniveau $1 - \varepsilon = \alpha$, das in diesem Zusammenhang als *wahrscheinliche Mindestrendite* (*Probable Minimum Return*) $\mathbf{PMR}_\alpha(R)$ oder kurz $\mathbf{PMR}_\alpha$ bezeichnet wird. Mit konkretem Bezug auf das Konfidenzniveau spricht man auch von der *konfidenten Rendite* bzw. dem *konfidenten Zinssatz*; vgl. die Terminologie in Beispiel 3.1.3.3.

Für eine gegebene Rendite R ist diese Performance-Kennzahl also definiert durch die Bedingungen

$$P(R < \mathbf{PMR}_\alpha) \leq 1 - \alpha = \varepsilon \text{ und } P(R \geq \mathbf{PMR}_\alpha) \leq \alpha$$

bzw. für eine stetige Verteilung einfach durch

$$P(R \geq \mathbf{PMR}_\alpha) = \alpha.$$

Damit ist $-\mathbf{PMR} = \mathbf{VaR}(-R; \alpha)$, d. h. $-\mathbf{PMR}_\alpha$ ist der Value-at-Risk zum Verlust $V = -R$. Wenn $\mathbf{PMR}_\alpha$ negativ ist, ist die Interpretation von $-\mathbf{PMR} = \mathbf{VaR}(-R; \alpha)$ als vorzuhaltendes prozentuales Sicherheitskapital offensichtlich; vgl. auch 3.1.6. Wenn $\mathbf{PMR}_\alpha$ positiv ist, wie z. B. bei bestimmten Garantiezertifikaten, Kapitallebensversicherungen und ähnlichen „sicheren" Anlageprodukten, ist eine Interpretation als Value-at-Risk eher unüblich.

Bei normalverteilter Rendite R lässt sich $\mathbf{PMR}_\alpha$ mittels des α-Quantils der Standardnormalverteilung schreiben als

$$\mathbf{PMR}_\alpha = \mathbf{E}(R) - u_\alpha \sigma(R),$$

vgl. auch 3.1.5.4. In diesem Fall ist die wahrscheinliche Mindestrendite also ein Beispiel für eine risikoadjustierte Performance-Kennzahl vom Typ (PRMa). Vorteil dieses risikoadjustierten Performance-Maßes ist die unmittelbare Interpretation als Rendite sowie die Unabhängigkeit der Formel von Informationen über die risikolose Rendite, wie man sie demgegenüber etwa beim Sharpe-Ratio benötigt.

Beispiel (wahrscheinliche Mindestrendite eines Aktienfonds)
Die stetige Jahresrendite R eines Aktienfonds sei als normalverteilt angenommen mit Erwartungswert 10 % und Standardabweichung 20 %. Damit berechnet man zu einem Konfidenzniveau von 90 % bzw. 95 % die wahrscheinliche stetige Mindestrendite

$$\mathbf{PMR}_{0,9} = 0,1 - 1,2816 \cdot 0,2 = -15,63\%$$

bzw.

$$\mathbf{PMR}_{0,95} = 0,1 - 1,6449 \cdot 0,2 = -22,90\%.$$

3.1.8.2 Sharpe-Ratio und M/M-Leverage-Rendite

Das Sharpe-Ratio gehört zu den bekanntesten risikoadjustierten Performance-Maßen und ist eine Kennzahl vom Typ (RPM2). Es bezieht sich auf den Periodenerfolg und das Risiko einer fest vorgegebenen Anlageperiode und ist definiert als

$$SR(R) = \frac{\mathbf{E}(R) - r_0}{\mathbf{SD}(R)},$$

wobei r_0 den *risikolosen Zinssatz* bezeichnet, also denjenigen Zins, den man in dem betrachteten Anlagezeitraum für eine risikolose Anlage bekommen würde.

Der Wert $SR(R)$ entspricht also der über die risikolose Verzinsung hinaus erwartete Exzessrendite („Risikoprämie") pro Einheit Schwankungsrisiko (gemessen durch die Standardabweichung $SD(R)$). Statistisch entspricht er dem Kehrwert des Variationskoeffizienten (s. Definition B.16) der Exzessrendite. Es handelt sich um eine dimensionslose Größe, d. h. insbesondere keine Renditegröße, und ist primär geeignet für den Vergleich (Ranking) verschiedener Anlagen in Bezug auf ihre risikoadjustierte Performance.

Um die Sharpe-Ratios zweier verschiedener Investitionen anschaulich miteinander vergleichen zu können, ist die Betrachtung der *Modigliani/Modigliani-Leverage-Rendite (M/M-Leverage-Rendite)* hilfreich. Die Grundidee besteht darin, zwei Anlagen mit unterschiedlichem Risiko (Standardabweichung der Renditeverteilung) vergleichbar zu machen, indem sie durch Kombination mit einer sicheren Anlage („Cash") auf ein einheitliches Risikoniveau gebracht werden. Die folgende Darstellung sowie auch das Beispiel sind angelehnt an entsprechende Ausführungen in [AM08].

Zunächst seien einige Bezeichnungen eingeführt:

- R_I sei die Rendite der zu beurteilenden Kapitalinvestition I,
- σ_I die Standardabweichung von R_I,
- μ_I der Erwartungswert von R_I,
- σ_N das „Normrisiko" einer Vergleichsanlage,
- μ_N die zugehörige „Normrendite" (erwartete Rendite der Vergleichsanlage),
- r_0 der sichere Zinssatz,
- x_L der prozentuale Anteil, der bei der Leverage-Operation in I investiert wird,
- RL_I die Rendite des Leverage-Portfolios,
- SR_I das Sharpe-Ratio der Investition I,
- SR_N das Sharpe-Ratio der Vergleichsanlage.

Es soll vorausgesetzt werden, dass der Investor sich an den Risiko- und Renditeparametern μ_N und σ_N der Vergleichsanlage N orientieren will. Dazu wird gedanklich ein sogenanntes Leverage-Portfolio erzeugt, das sich zusammensetzt aus einem Anteil x_L der Investition I und dem komplementären Anteil $1 - x_L$ der sicheren Anlage ($0 \leq x_L \leq 1$). Gesucht ist der Wert von x_L, bei dem das Leverage-Portfolio das gleiche Risiko aufweist wie N (gemessen über die Rendite-Standardabweichung).

Die zufallsbehaftete Rendite des Leverage-Portfolios beträgt allgemein

$$R_{LI} = x_L \cdot R_I + (1 - x_L) \cdot r_0.$$

Es ergibt sich

$$\mathbf{E}(R_{LI}) = x_L \mathbf{E}(R_I) + (1 - x_L) \cdot r_0 = x_L \mu_I + (1 - x_L) \cdot r_0,$$
$$\mathbf{SD}(R_{LI}) = x_L \mathbf{SD}(R_I) = x_L \sigma_I.$$

Aus der Bedingung, dass das Leverage-Portfolio gerade das „Normrisiko" haben soll, d. h.

$$\mathbf{SD}(R_{LI}) = \sigma_N,$$

folgt

$$x_L = \frac{\sigma_N}{\sigma_I}.$$

Während also für den berechneten Wert von x_L das Risiko des Leverage-Portfolios (gemessen über die Standardabweichung) per Definition dem der Vergleichsanlage N entspricht, beträgt die erwartete Rendite des Leverage-Portfolios demgegenüber:

$$\mathbf{E}(R_{LI}) = \frac{\sigma_N}{\sigma_I}\mu_I + \left(1 - \frac{\sigma_N}{\sigma_I}\right) r_0.$$

Falls $\mathbf{E}(R_{LI}) > \mu_N$ ist, ist also das Leverage-Portfolio und damit auch die Anlage I unter Rendite-Risiko-Aspekten als attraktiver anzusehen als die Anlage N, für $\mathbf{E}(R_{LI}) < \mu_N$ gilt das umgekehrte.

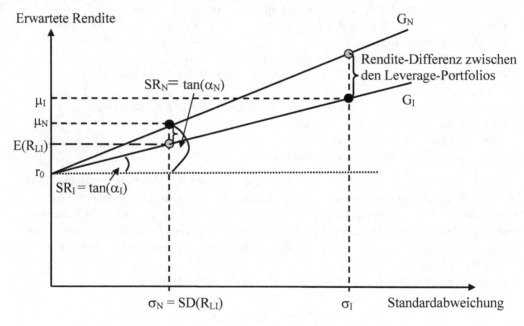

Abbildung 3.6: Veranschaulichung der M/M-Leverage-Rendite

Der Zusammenhang zum Sharpe-Ratio wird durch Abbildung 3.6 veranschaulicht. Die möglichen Rendite-Risiko-Positionen der „Leverage-Portfolios" (Mischportfolios) aus sicherer Anlage und Anlage N bzw. I sind in der grafischen Darstellung jeweils Geraden G_N bzw. G_I, deren Steigung gerade dem Sharpe-Ratio der Anlagen N bzw. I entspricht. Dadurch wird der Hebel (*Leverage*) veranschaulicht, der sich für zunehmend hohe Risikopositionen (d. h. hohe Anteile von N bzw. I) ergibt. Die Konstruktion ist anschaulicher als der direkte Vergleich zweier Sharpe-Ratios, da unmittelbar Renditewerte verglichen werden. Die Idee der M/M-Leverage-Rendite hängt zudem eng mit dem bekannten Capital Asset Pricing Modell zusammen; vgl. dazu auch die Ausführungen am Ende von Abschnitt 4.2.6.

Beispiel (Vergleich von zwei Investments)

Für zwei Investments mit Einperiodenrenditen R_1 bzw. R_2 gelte

$$\mathbf{E}(R_1) = 0{,}1, \qquad\qquad \mathbf{SD}(R_1) = 0{,}2,$$
$$\mathbf{E}(R_2) = 0{,}05, \qquad\qquad \mathbf{SD}(R_2) = 0{,}05.$$

Bei einem risikolosen Zins von $r_0 = 0{,}03$ berechnet man die Sharpe-Ratios

$$\mathbf{SR}(R_1) = (0{,}1 - 0{,}03)/0{,}2 = 0{,}35,$$
$$\mathbf{SR}(R_2) = (0{,}05 - 0{,}03)/0{,}05 = 0{,}4.$$

Gemessen am Sharpe-Ratio ist also Investment 2 auf risikoadjustierter Basis vorzuziehen.

Nun soll ein Leverage-Portfolio L aus Investment 1 und einer sicheren Anlage zum Zins r_0 konstruiert werden, wobei Investment 2 als Vergleichsanlage genommen wird. Für die Standardabweichung des Leverage-Portfolios soll also gelten $\mathbf{SD}(R_L) = \mathbf{SD}(R_2) = 0{,}05$. (Genauso gut könnte man das Leverage-Portfolio aber auch mit Investment 2 konstruieren und Investment 1 als Vergleichsanlage nehmen; vgl. Aufgabe 3.14.)

Aus $R_L = x \cdot R_1 + (1 - x) \cdot 0{,}03$ folgt $\mathbf{SD}(R_L) = x \cdot \mathbf{SD}(R_1) = 0{,}2 \cdot x$, und also $\mathbf{SD}(R_L) = \mathbf{SD}(R_2) = 0{,}05$ für $x = 0{,}25$. Mit $x = 0{,}25$ für den Anteil von Investment 1 folgt für die Rendite des so konstruierten Leverage-Portfolios $R_L = 9{,}25 \cdot R_1 + 0{,}75 \cdot 0{,}03 = 0{,}25 \cdot R_1 + 0{,}0225$. Gemäß Konstruktion gilt $\sigma_N = \mathbf{SD}(R_2) = 0{,}05$ und die erwartete Rendite von Portfolio L, also die M/M-Leverage-Rendite, ergibt sich als $\mathbf{E}(R_L) = 0{,}25\mathbf{E}(R_1) + 0{,}0225 = 0{,}0475$. Wegen $\mathbf{E}(R_L) < \mathbf{E}(R_2) = 0{,}05$ bestätigt sich also die bereits unmittelbar aufgrund des Sharpe-Ratios getroffene Einschätzung, dass Investment 2 vorzuziehen ist.

3.1.8.3 Risikokapitalbezogene Performance-Kennzahlen

Hauptsächlich, aber nicht nur, im Bankenbereich, ist die Kennzahl RoRAC und Varianten davon recht verbreitet. Es bedeuten

- RoRAC: Return on Risk Adjusted Capital (RAC),

- RoRC: Return on Risk Capital (RC),

- RARoC: Risk Adjusted Return on Capital,

- RARoRAC: Risk Adjusted Return on Risk Adjusted Capital.

Die Kennzahl RoRAC kann man als risikoadjustiertes Performance-Maß vom Typ (RPM2) auffassen, wobei im Nenner als Risikomaß das „Risikokapital" steht. In diesem Sinn lässt sich Risikokapital also als einheitliche Währung für Risiken interpretieren, durch das sich auch verschiedenartige Risiken vergleichen lassen. Im Detail findet man in der Literatur unterschiedliche Definitionen. Beispielsweise wird in der betriebswirtschaftlichen Literatur unter dem RAC manchmal einfach das tatsächliche Risikokapital des Unternehmens verstanden (in anderen Quellen auch als RC bezeichnet). Versteht man unter dem RAC hingegen das theoretisch erforderliche Risikokapital, kommen dafür verschiedene Risikomaße infrage, z. B. der Value-at-Risk oder der Tail Value-at-Risk. Weiterhin kann es sich beim RoRAC je nach Kontext um eine erwartete Größe, eine Ziel-Größe (Benchmark) oder auch um einen realisierten Wert handeln. Die Begriffe RoRC, RARoC und RARoRAC, werden in Literatur und Praxis teils synonym, teils auch in Abgrenzung (bzgl. der angesprochenen Details) zu RoRAC verwendet.

3.1.8.4 Risikokapitalallokation

Mithilfe von risikokapitalbezogenen Performance-Kennzahlen lässt sich auch die Performance von verschiedenen Geschäftsbereichen bzw. Teilrisiken innerhalb eines Unternehmens vergleichen. Um etwa die RoRACs verschiedener Teilrisiken zu ermitteln, muss zunächst geklärt werden, welcher Teil des benötigten Gesamtrisikokapitals den einzelnen Teilen des Portfolios allokiert, d. h. zugewiesen, wird. Im Allgemeinen ist diese Frage nicht leicht zu beantworten, da z. B. nicht klar ist, wie etwaige Diversifikationsgewinne (wenn (R4) gilt) „fair" und „sinnvoll" aufgeteilt werden können. Neben der Verteilung der Einzelrisiken, der Verteilung des Gesamtrisikos und dem verwendeten Risikomaß hängt die Aufteilung vom verwendeten *Allokationsprinzip* ab. Eine allgemeine Beschreibung des Allokationsproblems findet sich in [MFE05], wir stellen hier nur den einfachen Spezialfall von zwei Risiken X_1 und X_2 mit stetiger Verteilungsfunktion dar, wobei der Tail Value-at-Risk bzw. die Tail Conditional Expectation als Risikomaß verwendet wird. In diesem Fall ist $\mathbf{TCE} = \mathbf{TCE}(X_1 + X_2)$ also das Risikokapital, das das Unternehmen vorhalten muss, um große Verluste ausgleichen zu können. Da die Tail Conditional Expectation ein (bedingter) Erwartungswert ist, ist sie additiv, d. h. es gilt

$$
\begin{aligned}
\mathbf{TCE}_\alpha &= \mathbf{TCE}_\alpha(X_1 + X_2) \\
&= \mathbf{E}(X_1 + X_2 | X_1 + X_2 > \mathbf{VaR}_\alpha(X_1 + X_2)) \\
&= \mathbf{E}(X_1 | X_1 + X_2 > \mathbf{VaR}_\alpha(X_1 + X_2)) + \mathbf{E}(X_2 | X_1 + X_2 > \mathbf{VaR}_\alpha(X_1 + X_2)).
\end{aligned}
$$

Wenn

$$
\begin{aligned}
\mathbf{AC}_1 &:= \mathbf{E}(X_1 | X_1 + X_2 > \mathbf{VaR}_\alpha(X_1 + X_2)), \\
\mathbf{AC}_2 &:= \mathbf{E}(X_2 | X_1 + X_2 > \mathbf{VaR}_\alpha(X_1 + X_2))
\end{aligned}
$$

gesetzt wird, dann gilt also

$$
\mathbf{TCE} = \mathbf{AC}_1 + \mathbf{AC}_2.
$$

Dabei können $\mathbf{AC}_1$ und $\mathbf{AC}_2$ (**AC** steht für *Allocated Capital*) als die Beiträge der einzelnen Risiken zur gesamten Tail Conditional Expectation, also zum Gesamtrisikokapital, aufgefasst werden. Wenn spezielle Verteilungen vorliegen, können diese Beiträge durch Formeln berechnet werden, i. Allg. müssen die Beiträge jedoch aus Monte-Carlo-Simulationen geschätzt werden, s. Abschnitt 7.6.3.

3.1.9 Aufgaben

Aufgabe 3.1

Formulieren und interpretieren Sie die Anforderungen (R1) bis (R6) aus 3.1.2, indem Sie statt von Einperiodenverlusten von Einperiodengewinnen $W = -V$ ausgehen. Dem Risiko W sei also die reelle Zahl $R(W)$ zugeordnet, wobei in der Wertverteilung von W positive Zahlen Gewinne und negative Zahlen Verluste bedeuten.

Aufgabe 3.2

Zeigen Sie dass für ein kohärentes Risikomaß ρ gilt

  (a) $\rho(0) = 0$,
  (b) $\rho(V - \rho(V)) = 0$.

Aufgabe 3.3

Schon in frühen Jahren des achtzehnten Jahrhunderts wurde u. a. an der Petersburger Akademie der Wissenschaften ein auf Nikolaus und Daniel Bernoulli zurückgehende Problem diskutiert, das später auch den Namen *Petersburger Spiel* oder *Petersburger Paradoxon* erhielt. Man fragt sich nach der angemessenen Teilnahmegebühr für folgendes Glücksspiel. Es wird eine faire Münze mit den Seiten A und B geworfen, solange bis zum ersten Mal B fällt. Der Gewinn richtet sich nach der Anzahl der Münzwürfe bis zum Eintritt dieses Ereignisses B. Fällt B beim ersten Mal, gibt es einen bestimmten Geldbetrag, z. B. einen Euro. Dieser Gewinn verdoppelt sich bei jedem Wurf, d. h. fällt B beim zweiten Mal gibt es zwei Euro, beim dritten Mal vier Euro, beim vierten Mal acht Euro usw. Fällt also B erstmalig im k-ten Wurf, gibt es 2^{k-1} Euro.

  (a) Wie hoch ist der Erwartungswert des Gewinns im Petersburger Spiel?
  (b) Welche Gewinnhöhe wird mit einer Wahrscheinlichkeit von 90 % (95 %; 99 %; 99,9 %) nicht überschritten?
  (c) Wie hoch ist die Wahrscheinlichkeit, einen Gewinn von mehr als 10 (100, 1.000, 10.000) Euro zu erzielen?
  (d) Informieren Sie sich (z. B. mittels Internet-Recherche) über Lösungsansätze für das *Petersburger Paradoxon*.

Aufgabe 3.4

Untersuchen Sie, welche der Eigenschaften (R1)-(R6) aus Abschnitt 3.1.2, von den Kennziffern Erwartungswert, Standardabweichung, Varianz und Value-at-Risk einer Verlustverteilung erfüllt sind.

Aufgabe 3.5

Die Höhe der finanziellen Risikoreserven eines Unternehmens ist offensichtlich in gewissem Sinne ein „Risikomaß". Was bedeuten in diesem Sinne die möglichen Anforderungen (R1)-(R6) aus 3.1.2?

Aufgabe 3.6

Berechnen Sie für die Beispiele 3.1.3.1 bzw. 3.1.3.2 weitere Risikokennzahlen wie etwa den Value-at-Risk zu verschiedenen Sicherheitsniveaus und die in 3.1.5.3 genannten Shortfall-Maße.

Aufgabe 3.7
Führen Sie – mit Software-Unterstützung – die Berechnungen aus den Beispielen 3.1.3.1 und 3.1.3.3 zu lognormalverteilten Periodenrenditen mit anderen Zahlenwerten durch und visualisieren Sie die Ergebnisse.

(a) Legen Sie die durchschnittliche stetige Jahresrenditen der DAX30-Werte oder eines anderen Aktienindex aus den letzten 20 Jahren aus einer Schätzung von r und σ durch das arithmetische Mittel und die (korrigierte) Stichprobenstandardabweichung der 20 Log-Renditen (s. Abschnitte 2.4.1 und 3.1.3.1) zugrunde. Geeignete Zeitreihen findet man etwa auf den Internet-Seiten der Deutschen Bundesbank.

(b) Überzeugen Sie sich von der in Beispiel 3.1.3.1 angesprochenen Instabilität der Parameterschätzung, indem Sie auf der Basis des Verteilungsmodells $R \sim N(r; \sigma^2)$ mit $r = 7{,}64\%$ und $\sigma = 26{,}68\%$ ein sogenanntes *Resampling* durchführen. Dazu erzeugen Sie 20 neue zufällige stetige Jahresrenditen als Ziehung aus der Normalverteilung $N(r; \sigma^2)$ und nehmen diese Werte als Grundlage für eine neue Schätzung der Parameter $r = r'$ und $\sigma = \sigma'$. Beobachten Sie, wie sich dabei die charakteristischen Parameter der Intervall-Rendite wie Erwartungswert, Median und Dichtemaximum in der Regel (je nach Ziehung) stark verändern. Für weitere Erläuterungen zur Resampling-Technik vgl. auch Kapitel 7.7.

Aufgabe 3.8
Entwickeln Sie ein Tool, das ausgehend von einem Anfangskurs von $K_0 = 100\%$ zu beispielsweise $n = 5$ vorgegebenen Periodenrenditen I_j die Kurse K_j, deren arithmetisches und harmonisches Mittel K^a bzw. K^h sowie die arithmetische Durchschnittsrendite $\frac{1}{n}\sum_{j=1}^{n} I_j$ und die Perioden-Durchschnittsrendite $\overline{I_j}$ (gemäß (2.8) über das geometrische Mittel der Wachstumsfaktoren) berechnet. Führen Sie ähnliche Berechnungen auch bei vorgegebenen Kursen K_j durch.

(a) Beobachten Sie die Unterschiede zwischen der arithmetischen und der geometrischen Durchschnittsrendite sowie zwischen dem arithmetischen und dem harmonischen Kursmittel (Cost-Average-Effekt) in Abhängigkeit von der Spreizung der Eingabewerte.

(b) Überlegen Sie sich Zahlenbeispiele, in denen (trotz des Cost-Average-Effekts) der absolute, in Geldeinheiten gemessene, Erfolg für die in 3.1.3.4 beschriebene arithmetische Anlagestrategie größer ist als für die harmonische.

Aufgabe 3.9
In wie vielen von 100.000 Zeitperioden bzw. Versuchen tritt unter Normalverteilungsannahme durchschnittlich ein Ereignis ein, das mehr als zwei (drei, vier, fünf, sechs) Standardabweichungen vom Erwartungswert abweicht? Machen Sie sich die entsprechenden Aussagen anhand von konkreten Einsatzbeispielen zur Renditemessung, zu Schadenhöhenverteilungen und zum Qualitätsmanagement (etwa: Grundaussage der in 3.1.4 kurz angesprochenen Six-Sigma-Methodik) klar.

Aufgabe 3.10
Weisen Sie für die Schadenverteilung $S = S_A + S_B$ aus Beispiel 3.1.5.8 die Subadditivität des Tail Value-at-Risk zu den beiden Konfidenzniveaus $\alpha = 70\%$ und $\alpha = 97{,}2\%$ explizit nach.

Aufgabe 3.11

(a) Berechnen Sie für einen standard-exponentialverteilten ($\lambda = 1$) Verlust den Value-at-Risk und den Conditional Value-at-Risk für das Konfidenzniveau 90 %.

(b) Berechnen Sie für den in (a) bestimmten Value-at-Risk, den Mean Excess Loss, die Tail Conditional Expectation und den Shortfall-Erwartungswert.

Aufgabe 3.12

Es sei $X \sim \mathbf{GPD}(\xi, \beta)$ mit $\xi < 1$. Zeigen Sie, dass dann die Beziehung (3.2) gilt. Dazu können Sie z. B. folgendermaßen vorgehen.

(a) Zeigen Sie mithilfe der Identität (3.1), dass gilt

$$\mathbf{TVaR}_\alpha = u - \frac{\beta}{\xi} + \frac{\beta}{\xi} \frac{1}{1-\alpha} \int_\alpha^1 \left(\frac{1-s}{\overline{F}(u)} \right)^{-\xi} ds.$$

(b) Zeigen Sie (z. B. mit Substitution), dass $\int_\alpha^1 \left(\frac{1-s}{\overline{F}(u)} \right)^{-\xi} ds = \frac{1-\alpha}{1-\xi} \cdot \left(\frac{1-\alpha}{\overline{F}(u)} \right)^{-\xi}$ für $\xi < 1$ gilt.

Setzen Sie abschließend das Ergebnis aus (b) in (a) ein.

Aufgabe 3.13

Berechnen Sie für das Beispiel 3.1.3.3 zur Verteilung der durchschnittlichen Periodenrendite aus Abschnitt die konfidenten Zinssätze $c_{t,80\%}$, $c_{t,95\%}$ und $c_{t,99\%}$ für $t = 1, \ldots, 50$.

Aufgabe 3.14

In dem Beispiel aus 3.1.8 wurde ein Leverage-Portfolio aus Investment 1 und sicherer Anlage mit Investment 2 als Vergleichsanlage konstruiert. Konstruieren Sie analog dazu ein Leverage-Portfolio aus Investment 2 und sicherer Anlage mit Investment 1 als Vergleichsanlage. Vergleichen Sie die beiden Ergebnisse und stellen Sie den angesprochenen Leverage-Effekt in beiden Fällen grafisch dar.

Aufgabe 3.15

Zeigen Sie, dass für ein Pareto-verteiltes Risiko $X \sim \mathbf{Pareto}(x_0; a)$ der Value-at-Risk gegeben ist durch

$$\mathbf{VaR}_\alpha = x_0 \cdot (1 - \alpha)^{-\frac{1}{a}}.$$

Aufgabe 3.16

Zeigen Sie, dass der (Stichproben-)Median die Summe der absoluten Abstände zu den Daten minimiert. Genauer: Sei der Datensatz $x_1, \ldots, x_n \in \mathbb{R}$ und die zugehörige Funktion

$$f : \mathbb{R} \to [0, \infty), \qquad f(t) := \sum_{i=1}^n |x_i - t|$$

gegeben. Zeigen Sie, dass f an der Stelle $t = \mathbf{M}(x_1, \ldots, x_n)$ minimal wird. Hinweise:

(a) Nehmen Sie im Folgenden an, dass eine ungerade Anzahl $n = 2k + 1$ von Daten vorliegt und dass $x_1 < x_2 < \cdots < x_{2k+1}$ gilt. In diesem Fall ist also $\mathbf{M}(x_1, \ldots, x_n) = x_k$, s. Abschnitt 6.1.1.2. Falls $t \in (x_j, x_{j+1})$ ist, wie lässt sich dann $f(t)$ ohne Betragsfunktion darstellen?

(b) Falls $t \in (x_j, x_{j+1})$ ist, berechnen Sie $f'(t)$.

(c) Was können Sie mit (b) über das Monotonieverhalten von f aussagen? (Unterscheiden Sie die Fälle $j < k$ und $j > k$.)

Aufgabe 3.17
Zeigen Sie, dass das arithmetische Mittel $\bar{x}$ eines Datensatzes den quadratischen Abstand zu den Daten minimiert. Genauer: Sei der Datensatz $x_1, \ldots, x_n \in \mathbb{R}$ und die zugehörige Funktion

$$f : \mathbb{R} \to [0, \infty), \qquad f(t) := \sum_{i=1}^{n} (x_i - t)^2$$

gegeben. Zeigen Sie, dass f an der Stelle $t = \bar{x}$ minimal wird. (Hinweis: Erweitern Sie mit $\bar{x}$ oder leiten Sie die Funktion nach t ab.)

3.2 Analytische Risikokennzahlen (Sensitivitätsparameter)

In diesem Unterkapitel geht es um die Risikoerfassung in Bezug auf die funktionalen Abhängigkeiten risikobehafteter Werte (z. B. Kapitalanlagen, Rohstoffpreise) von verschiedenen werteinflussenden Variablen und Parametern, d. h. um die Sensitivität der Wertfunktionen bei Veränderung solcher Variablen und Parameter. Bei in der Regel gegebener Differenzierbarkeit der Wertefunktionen liegen als Sensitivitätskennzahlen die (partiellen) Ableitungen nach dem zu analysierenden Risikoparameter, ggf. auch in spezifisch normierten Varianten, nahe. Dies erlaubt z. B. eine Approximation der funktionalen Zusammenhänge durch eine Taylor-Entwicklung. Entsprechende Ansätze und Anwendungen werden in den folgenden Abschnitten 3.2.1 und 3.2.2 exemplarisch am Beispiel der Zinssensitivität von Barwerten sowie von Optionspreissensitivitäten erläutert.

3.2.1 Zinssensitivität von Barwerten

Gegeben sei eine Kapitalanlage oder ein betriebliches Investitionsprojekt (im Folgenden sprechen wir kurz von „Investition") mit positiven Rückflüssen der Höhe Z_k zu den Zeitpunkten $k = 1, 2, \ldots, n$. Das Projekt kann also durch die Zahlungsreihe

$$(Z_1, Z_2, \ldots, Z_n)$$

beschrieben werden.

Die Werte Z_k sollen hier und im Folgenden als sicher bekannt vorausgesetzt werden, bzw. es wird auf Erwartungswertbasis gerechnet. Des Weiteren soll angenommen werden, dass die Rückflüsse aus der Investition zu einem konstanten Zinssatz $r \geq 0$ angelegt werden können. Unter diesen vereinfachten Voraussetzungen werden die Grundideen verschiedener Zinssensitivitätskennzahlen deutlich. Varianten für unsichere Zahlungsströme oder eine nicht konstante Zinskurve gibt es auch; diesbezüglich sei lediglich auf die weiterführende Literatur, etwa [AM08] und [Pan98], verwiesen.

Mit r als Bewertungszins (Diskontierungszins) entspricht der aktuelle Wert der Zahlungsreihe bekanntlich dem *Barwert*

$$BW(r) = \sum_{k=1}^{n} Z_k (1+r)^{-k}.$$

Derartige Barwerte werden in der Unternehmenspraxis vielfältig eingesetzt, z. B. zum Vergleich der Vorteilhaftigkeit verschiedener Investitionsprojekte, zur Bewertung von Kapitalanlagen, zur Bewertung von Versicherungsbeständen. Der sogenannte *Embedded Value* eines Versicherungsunternehmens (oder auch eines Teilbestands) wird im Wesentlichen als ein Barwert der zukünftigen Cashflows aus den laufenden Versicherungsverträgen bestimmt, der sogenannte *Appraisal Value* bezieht auch zukünftig erwartetes Geschäft mit ein. Im Hinblick auf derartige Anwendungen ist es deshalb im Rahmen des Risikomanagements sehr wichtig zu untersuchen, wie zinssensitiv der Barwert ist, d. h. wie stark sich der Barwert ändert, wenn man den Bewertungszins ändert. Als einfache Kennzahl eignet sich der Absolutbetrag der Ableitung der Barwertfunktion nach dem Zinssatz r; diese bezeichnet man in dem gegebenen Zusammenhang auch als *absolute Duration*. Der Hintergrund für diese Bezeichnung wird in den Abschnitten 3.2.1.4– 3.2.1.6 erläutert. Im Folgenden werden verschiedene Varianten dieser Kennzahl vorgestellt.

3.2.1.1 Absolute Duration

Der Betrag der infinitesimalen absoluten Barwertänderung bei infinitesimaler absoluter Änderung des Zinsniveaus wird als *absolute Duration* (oder in der US-Terminologie als *Dollar Duration*) $D^a(r)$ bezeichnet. Sie ist also nichts anderes als der Betrag der Ableitung der Barwertfunktion nach dem Diskontierungszins:

$$D^a(r) := -BW'(r) = -\lim_{\lambda \to 0} \frac{BW(r+\lambda) - BW(r)}{\lambda}$$

$$= \frac{1}{1+r} \cdot \sum_{k=1}^{n} k \cdot Z_k \cdot (1+r)^{-k}.$$

Je größer die absolute Duration $D^a(r)$ zum betrachteten derzeitigen Zinsniveau r ist, desto größer ist also die aktuelle Zinssensitivität des Barwerts. Näherungsweise entspricht der Betrag der absoluten Duration dem Differenzenquotienten der Barwertfunktion. Somit kann die Auswirkung der Änderung des Bewertungszinses von r auf $r+\lambda$ auf die Barwertfunktion durch die Formel

$$BW(r) - BW(r+\lambda) \approx D^a(r) \cdot \lambda$$

erfasst werden. Dies entspricht einer Taylor-Approximation erster Ordnung, also einer linearen Approximation durch die Tangente im Punkt $(r, BW(r))$. Da die Barwertfunktion $BW(r)$ monoton fallend und konvex ist (man überprüft leicht die Bedingung $BW''(r) \geq 0$) wird durch diese

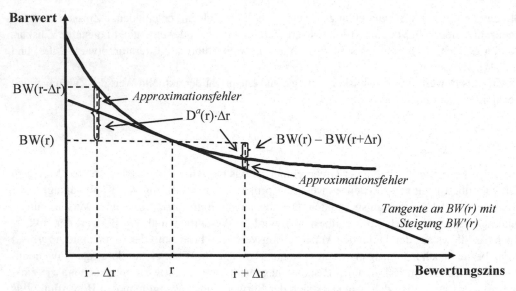

Abbildung 3.7: Absolute Zinssensitivität der Barwertfunktion

Näherungsformel der Einfluss fallender Zinsen auf den Barwert unterschätzt und der Einfluss steigender Zinsen überschätzt. Dies wird anhand Abbildung 3.7 nochmals veranschaulicht (mit $\lambda = \pm\Delta r$, $\Delta r > 0$). Die Näherungsformel ermöglicht eine schnelle überschlagsweise Neuberechnung des Barwerts bei geändertem Bewertungszins ohne komplette Neuberechnung der Barwertfunktion. Da heutzutage Barwertberechnungen computergestützt auch in exakter Form einfach und schnell durchgeführt werden können, ist dies allerdings rechentechnisch kaum noch von Bedeutung. Jedoch kommt durch diese Formel die Bedeutung der Duration als Sensitivitäts- und damit Risikokennzahl nochmals besonders klar zum Ausdruck.

Beispiel (Duration eines Standardbonds)

Ein *Standardbond* ist ein festverzinsliches Wertpapier mit konstanten jährlichen Zinszahlungen auf einen festgelegten Nennwert (Nominalzins) und Rückzahlung dieses Nennwerts am Ende der vereinbarten Laufzeit. Gegeben sei nun ein Standardbond mit Nennwert 100, einem Nominalzins von 5 % p. a. auf den Nennwert und einer Restlaufzeit von 4 Jahren unmittelbar nach der letzten Zinszahlung. Unter Vernachlässigung des Ausfallrisikos berechnet sich der theoretische Preis P des Bonds als Barwert der Rückflüsse in Abhängigkeit vom Bewertungszins r zu

$$P(r) = \frac{5}{1+r} + \frac{5}{(1+r)^2} + \frac{5}{(1+r)^3} + \frac{105}{(1+r)^4}.$$

Es folgt

$$D^a(r) = -P'(r) = \frac{5}{(1+r)^2} + \frac{2 \cdot 5}{(1+r)^3} + \frac{3 \cdot 5}{(1+r)^4} + \frac{4 \cdot 105}{(1+r)^5}.$$

Beispielsweise ergibt sich $P(4\%) = 103,63, P(5\%) = 100,00$ und $P(6\%) = 96,53$. Für die Duration berechnet man beispielsweise $D^a(5\%) = 354,60$, und damit als Approximation:

$$P^{approx}(4\%) = 100,00 + 354,60 \cdot 0,01 = 103,55$$

sowie

$$P^{approx}(6\%) = 100,00 - 354,60 \cdot 0,01 = 96,45.$$

3.2.1.2 Modifizierte Duration

Die *modifizierte Duration* ist erklärt als

$$D^m(r) := -\frac{BW'(r)}{BW(r)} = -\lim_{\lambda \to 0} \frac{\dfrac{BW(r+\lambda) - BW(r)}{\lambda}}{BW(r)}.$$

Sie ist somit ein Maß für die relative Änderung des Barwerts bei absoluter Änderung des Zinsniveaus. Näherungsweise gilt also

$$BW(r) - BW(r+\lambda) \approx D^m(r) \cdot BW(r) \cdot \lambda.$$

Die modifizierte Duration $D^m(r)$ ist eine dimensionslose Größe, während die absolute Duration $D^a(r) = D^m(r) \cdot BW(r)$ unmittelbar einen Geldbetrag darstellt. Die Aussagekraft der modifizierten gegenüber der absoluten Duration als Sensitivitätskennzahl kann man sich etwa anhand des vorangegangenen Beispiels aus 3.2.1.1 klar machen. Vervielfacht sich lediglich der Nennwert des Bonds unter sonst gleichen Bedingungen vervielfacht sich auch die absolute Duration entsprechend, während die modifizierte Duration sich nicht verändert.

3.2.1.3 Zinselastizität des Barwerts

Die Kennzahl, die die relative Änderung des Barwerts bei relativer Änderung des Zinsniveaus misst, nennt man *Zinselastizität (des Barwerts)*; sie ist also definiert als

$$\eta(r) := -BW'(r) \cdot \frac{r}{BW(r)} = \lim_{\lambda \to 0} \frac{\dfrac{BW(r+\lambda) - BW(r)}{\lambda}}{-\dfrac{BW(r)}{r}} = r \cdot D^m(r).$$

Es ergibt sich die Approximationsformel

$$BW(r) - BW(r+\lambda) \approx \eta(r) \cdot BW(r) \cdot \lambda/r.$$

Auch wenn die Zinselastizität eine sehr naheliegende Variante von absoluter und modifizierter Duration ist, stellt sich heraus, dass der ähnlich definierten Macaulay-Duration in Bezug auf die Analyse des Zinsrisikos eine deutlich größere Bedeutung zukommt, wie nachfolgend weiter erläutert wird.

3.2.1.4 Macaulay-Duration als Sensitivitätskennzahl

Die *Macaulay-Duration* ist erklärt als

$$D^M(r) := D(r) := -(1+r) \cdot \frac{BW'(r)}{BW(r)} = -\lim_{\lambda \to 0} \frac{\dfrac{BW(r+\lambda) - BW(r)}{(1+r+\lambda) - (1+r)}}{\dfrac{BW(r)}{1+r}};$$

sie kann also als Maß für die relative Änderung des Barwerts bei relativer Änderung des Aufzinsungsfaktors $q = 1+r$ interpretiert werden.

Näherungsweise gilt offenbar:

$$BW(r) - BW(r+\lambda) \approx D(r) \cdot \frac{BW(r)}{1+r} \cdot \lambda.$$

Manchmal wird diese Kennzahl einfach nur als *Duration* bezeichnet, da sie sich – wie in den nachfolgenden Unterabschnitten 3.2.1.5 und 3.2.1.6 noch weiter erörtert wird – unmittelbar als Zeitpunkt bzw. Zeitdauer (engl.: *Duration*) interpretieren lässt, und in diesem Sinne auch die historisch ursprünglich als Duration bezeichnete Kennzahl ist.

Diese noch zu erläuternde anschauliche Bedeutung der Macaulay-Duration weist darauf hin, dass für die Einschätzung des Zinsänderungsrisikos die Änderung des Aufzinsungsfaktors noch relevanter ist als die Änderung des Zinssatzes selbst. Tatsächlich hätte man in der Definition der absoluten und der modifizierten Duration ebenso gut auch von der Änderung des Aufzinsungsfaktors sprechen können; es macht für diese beiden Kennzahlen keinen Unterschied, ob man sich auf die (in diesen Fällen absolute) Änderung des Zinssatzes oder des Aufzinsungsfaktors bezieht. Die Zusammenhänge werden noch klarer, wenn man statt des Periodenzinssatzes r den stetigen Zinssatz δ betrachtet; vgl. 3.2.1.8.

3.2.1.5 Macaulay-Duration als zeitlicher Zahlungsschwerpunkt

Unmittelbar aus der Definition der Macaulay-Duration ergibt sich die Darstellung

$$D(r) = \frac{\sum_{k=1}^{n} k \cdot Z_k (1+r)^{-k}}{\sum_{k=1}^{n} Z_k (1+r)^{-k}}.$$

Diese Formel lässt sich so interpretieren, dass die Duration – vom aktuellen Zeitpunkt $t = 0$ aus betrachtet – den barwertgewichteten zeitlichen Schwerpunkt, also den gemittelten Fälligkeitszeitpunkt, aller zukünftiger Zahlungen Z_k darstellt, wie in Abbildung 3.8 veranschaulicht wird.

3.2.1.6 Macaulay-Duration als Kompensationszeitpunkt für die Gesamtwertentwicklung

Über die in 3.2.1.5 gegebene Interpretation hinaus kann die Macaulay-Duration auch als Kompensationszeitpunkt im Hinblick auf den gegenläufigen Einfluss einer Änderung des Bewertungszinses auf den Wert bereits erfolgter bzw. den Wert zukünftiger Rückflüsse aus der Investition

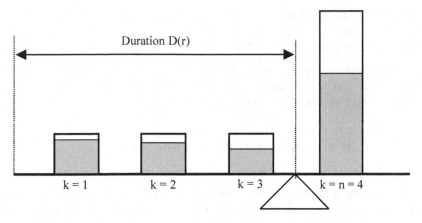

Abbildung 3.8: Macaulay-Duration als barwertgewichteter Schwerpunkt einer Zahlungsreihe

interpretiert werden. Bei einem höheren Zinssatz werden die bereits erfolgten, wieder angeleg-ten Rückflüsse höher verzinst, während jedoch die zukünftigen Rückflüssen einen niedrigeren (Bar-)Wert aufweisen.

Um nachzurechnen, dass die Macaulay-Duration denjenigen Zeitpunkt darstellt, in dem sich die beiden gegenläufigen Effekte gerade ausgleichen, sei nochmals explizit die der Investition zugehörige Zahlungsreihe $(Z_1, Z_2, \ldots, Z_n)$ betrachtet. Der Barwert

$$BW(r) = \sum_{k=1}^{n} Z_k (1+r)^{-k},$$

also der Wert der Investition zum Zeitpunkt $t = 0$, ist eine monoton fallende und konvexe ($BW''(r) \geq 0$) Funktion des Bewertungszinses r.

Der Endwert

$$EW(r) = \sum_{k=1}^{n} Z_k (1+r)^{n-k},$$

also der Wert der Investition am Ende der Laufzeit $t = n$, ist eine monoton steigende und konvexe Funktion von r.

Es soll nun der Wert $V(r,t)$ der Investition zu einem zwischenzeitlichen Zeitpunkt $t = k$, un-mittelbar nach Auszahlung von Z_t, betrachtet werden. Dann wurden die Beträge $(Z_1, Z_2, \ldots, Z_t)$ bereits ausgezahlt und konnten zum weiterhin als konstant angenommenen Zinssatz r wieder angelegt werden; die Auszahlung der Beträge $(Z_{t+1}, Z_{t+2}, \ldots, Z_n)$ erfolgt erst in der Zukunft.

Aus Sicht des Investors setzt sich der Gesamtwert $V(r,t)$ des Investitionsprojekts zum Zeit-punkt t also zusammen aus dem Endwert der bisherigen Rückflüsse $(Z_1, Z_2, \ldots, Z_t)$ in t und dem Barwert der zukünftigen Rückflüsse $(Z_{t+1}, Z_{t+2}, \ldots, Z_n)$, also

$$V(r,t) = \sum_{k=1}^{t} Z_k (1+r)^{t-k} + \sum_{k=t+1}^{n} Z_k (1+r)^{t-k} = \sum_{k=1}^{n} Z_k (1+r)^{t-k} = (1+r)^t \cdot BW(r).$$

Die letzte Darstellung gilt dabei auch für nicht ganzzahliges t. Es gilt $V(r,0) = BW(r)$ und $V(r,n) = EW(r)$. Als Funktion von t ist $V(r,t)$ für festes r konvex und umso stärker gekrümmt, je größer r ist (da die Differenz zwischen $BW(r)$ und $EW(r)$ dann größer ist).

Zur Analyse des Zinsänderungsrisikos soll der Bewertungszins nun von r auf r' variiert werden (oder umgekehrt von r' auf r). Weil der Barwert $BW(r)$ als Funktion von r monoton fallend und der Endwert $EW(r)$ als Funktion von r monoton steigend ist, gilt also

$$BW(r) \geq BW(r') \text{ und } EW(r) \leq EW(r') \quad \text{für } r' > r.$$

Dies bedeutet, dass sich die beiden jeweils als Funktion von t betrachteten (stetigen) Wertkurven $V(r,t)$ und $V(r',t)$ zu einem bestimmten Zeitpunkt $0 < t^* = t^*(r,r') \leq n$ schneiden. Zu diesem Zeitpunkt wird sowohl beim Zinsniveau r als auch beim Zinsniveau r' jeweils der gleiche Gesamtwert (wieder angelegte Rückflüsse plus Barwert der noch ausstehenden Rückflüsse)

$$V(r,t^*) = V(r',t^*)$$

erreicht. Bei einem höheren Bewertungszins wird also der entsprechend niedrigere Barwert der künftigen Rückflüsse durch die höhere Verzinsung der bisherigen Rückflüsse ausgeglichen; analoges gilt für einen niedrigeren Bewertungszins. Mit anderen Worten spielt also für den Gesamtwert der Investition zum Zeitpunkt $t^* = t^*(r,r')$ die Höhe des angesetzten Bewertungszinses überhaupt keine Rolle.

In Abbildung 3.9 ist für zwei Zinsniveaus r und $r' > r$ nochmals der erläuterte Gesamtwertverlauf $V(r,t) = (1+r)^t \cdot BW(r)$ schematisch dargestellt. Konkret berechnet sich der Kompensa-

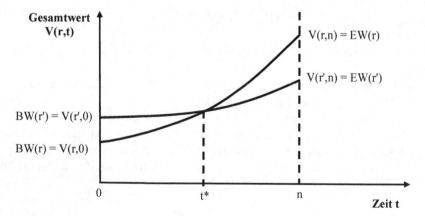

Abbildung 3.9: Kompensationspunkt t^* des Gesamtwerts einer Investition bei Zinsänderung

tionszeitpunkt $t^* = t^*(r, r')$ folgendermaßen:

$$(1+r)^{t^*} \cdot BW(r) = V(r, t^*) = V(r', t^*) = (1+r')^{t^*} \cdot BW(r')$$

$$\Leftrightarrow \qquad \left(\frac{1+r}{1+r'}\right)^{t^*} = \frac{BW(r')}{BW(r)}$$

$$\Leftrightarrow \qquad t^* = t^*(r, r') = \frac{\ln\left[\dfrac{BW(r')}{BW(r)}\right]}{\ln\left[\dfrac{1+r}{1+r'}\right]}.$$

Es überrascht nicht, dass der Schnittpunkt t^* der Wertfunktionen $V(r,t)$ und $V(r',t)$ bei vorgegebenem r auch von der speziellen Wahl von r' abhängt; siehe dazu auch Abbildung 3.10. Beispielrechnungen zeigen jedoch, dass die jeweiligen Kompensationszeitpunkte meist auch bei großen Zinsänderungen relativ nahe beieinander liegen, vgl. Aufgabe 3.18. Ferner stellt sich heraus, dass der Grenzwert von $t^*(r, r + \lambda)$ für $\lambda \to 0$ gerade der Macaulay-Duration der Investition (bzw. der zugehörigen Zahlungsreihe) entspricht. Mit der Regel von de l'Hospital ergibt sich nämlich:

$$\lim_{\lambda \to 0} t^*(r, r + \lambda) = \lim_{\lambda \to 0} \frac{\dfrac{d}{d\lambda} \ln\left[\dfrac{BW(r+\lambda)}{BW(r)}\right]}{\dfrac{d}{d\lambda} \ln\left[\dfrac{1+r}{1+r+\lambda}\right]}$$

$$= \lim_{\lambda \to 0} \frac{-(1+r+\lambda) \cdot BW'(r+\lambda)}{BW(r+\lambda)}$$

$$= -(1+r) \cdot \frac{BW'(r)}{BW(r)}$$

$$= D(r).$$

Ausgehend von einem aktuellen Zinsniveau r_0 ist die Macaulay-Duration $D(r_0)$ also derjenige Zeitpunkt, bis zu dem der Gesamtwert der Zahlungsreihe (bestehend aus dem dann aktuellen Kurs, d. h. dem Barwert der verbleibenden Zahlungsreihe, und den wieder angelegten bisherigen Rückflüssen) nach einer „infinitesimal kleinen" Änderung des konstanten Bewertungszinses in $t = 0$ (bzw. vor dem ersten Zahlungsrückfluss) seinen ursprünglich erwarteten Wert exakt wieder erreicht.

Mehr noch ist der Gesamtwert der Zahlungsreihe speziell zu diesem Zeitpunkt $D(r_0)$ für jeden anderen in $t = 0$ bzw. vor dem ersten Zahlungsrückfluss angesetzten Bewertungszins r' mindestens genauso groß wie für den ursprünglichen Zins r_0. Mathematisch formuliert hat ausgehend von dem ursprünglichen Zinsniveau $r = r_0$ die Wertfunktion $V(r, D(r_0))$ als Funktion von r in $r = r_0$ ihr absolutes Minimum, d. h. bei Änderung des Bewertungszinses von r_0 auf irgendeinen anderen Wert r' liegt der Gesamtwert $V(r', D(r_0))$ zum Zeitpunkt $D(r_0)$ immer über dem ursprünglich angenommenen Wert $V(r_0, D(r_0))$. Der Sachverhalt – man spricht auch von der Immunisierung gegen das Zinsänderungsrisiko – ist in Abbildung 3.10 veranschaulicht (mit $\lambda > 0$). Anschaulich folgt die behauptete Minimalwerteigenschaft aus dem bereits zuvor diskutierten grundsätzlichen Verlauf der in Abbildung 3.9 bzw. 3.10 dargestellten Wertkurven $V(r,t) = (1+r)^t \cdot BW(r)$. Denn da sie als Funktion von t jeweils konvex und relativ zum Ausgangsniveau $BW(r)$ um so stärker gekrümmt sind, je größer r ist, ergibt sich, dass bei festem r_0 die Folge der Schnittpunkte $t^*(r_0, r')$ als Funktion von r' monoton fallend ist.

Falls $r' > r_0$ ist, gilt somit $t^*(r_0, r') \leq D(r_0)$, und es ist $V(r',t) \geq V(r_0,t)$ für $t > t^*(r_0, r')$. Falls $r' < r_0$ ist, gilt $t^*(r_0, r') \geq D(r_0)$, und es ist $V(r',t) \geq V(r_0,t)$ für $t < t^*(r_0, r')$. Insbesondere gilt somit wie behauptet

$$V(r', D(r_0)) \geq V(r_0, D(r_0)) \text{ für alle } r' \geq 0.$$

Von dieser Minimaleigenschaft kann man sich auch in mathematisch exakter Weise durch Ableiten der Funktion $V(r, D(r_0))$ nach r überzeugen. Während die notwendige Bedingung leicht zu überprüfen ist, erfordert es allerdings einige nicht ganz offensichtliche Umformungen, um zu sehen, dass die zweite Ableitung immer positiv ist; vgl. [SU01, Anhang 2.1]. Die Bedeutung der Duration für das Management von Zinsrisiken wird in Abschnitt 3.2.1.9 weiter erläutert. Es sei allerdings schon an dieser Stelle nochmals ausdrücklich betont, dass sich die Immunisierungsaussage nur auf einen konstanten, d. h. laufzeitunabhängigen, Bewertungszins für alle Zahlungen Z_k bezieht. Es wird also von einer sogenannten flachen Zinsstruktur ausgegangen, die sich nur parallel verschieben kann. Wenn realitätsnäher vom Zeitpunkt der Zahlungen abhängige Bewertungszinssätze $(r_1, \ldots, r_n)$ zugrunde gelegt werden, kann kein allgemeingültiger Immunisierungszeitpunkt berechnet werden. Letzteres ist, ohne dass dies an dieser Stelle im Einzelnen weiter erläutert werden kann, gemäß den Grundprinzipien der modernen Finanzmathematik auch plausibel, da eine solche Immunisierungsstrategie risikolos überdurchschnittliche Gewinne gegenüber anderen Anlagestrategien ermöglichen würde.

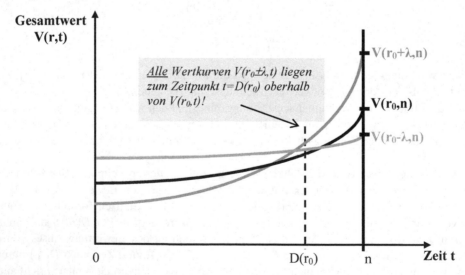

Abbildung 3.10: Macaulay-Duration als Zeitpunkt der vollständigen Immunisierung gegen das Zinsänderungsrisiko

Trotzdem ist die Kennzahl Duration mit der vorgestellten anschaulichen Bedeutung gut geeignet, um wichtige Aspekte des Zinsänderungsrisikos zu erfassen. Daneben können weitere Zinssensitivitätskennzahlen (z. B. die laufzeitabhängigen *Key-Rate-Durationen*) (s. [Pan98] und [AM08]) zur Einschätzung des Zinsänderungsrisikos eingesetzt werden, die hier allerdings nicht näher betrachtet werden sollen.

3.2.1.7 Konvexität

Bei den bisher vorgestellten Zinssensitivitätskennzahlen wurde die Auswirkung einer Zinsänderung auf den Barwert durch den Betrag seiner ersten Ableitung (= absolute Duration) bzw. modifizierter erster Ableitungen abgeschätzt. Als genauere Approximation betrachten wir die Taylor-Entwicklung der Barwertfunktion bis zum zweiten Glied:

$$BW(r+\lambda) \approx BW(r) + BW'(r) \cdot \lambda + \frac{1}{2} \cdot BW''(r) \cdot \lambda^2.$$

In diesem Zusammenhang bezeichnet man die Kennzahl

$$C^a(r) = BW''(r) \geq 0$$

auch als die *absolute Konvexität* der Barwertfunktion. Die absolute Konvexität erfasst die absolute Barwertveränderung bei (absoluter) Zinsänderung aufgrund der Stärke der Krümmung (Konvexität) der Barwertkurve. Man erhält also die gegenüber der Formel aus 3.2.1.1 verbesserte Näherungsformel

$$BW(r) - BW(r+\lambda) \approx D^a(r) \cdot \lambda - \frac{1}{2} \cdot C^a(r) \cdot \lambda^2.$$

Ähnlich wie bei der Duration gibt es auch für die Sensitivitätskennzahl „Konvexität" weitere Varianten, die im Wesentlichen auf einer anderen Normierung beruhen. Bedeutsam ist vor allem noch die relative Konvexität $C^{rel}(r) = BW''(r)/BW(r)$. Zwei Barwertfunktionen mit unterschiedlicher Konvexität sind in Abbildung 3.11 veranschaulicht.

3.2.1.8 Zinssensitivität bezüglich des stetigen Zinssatzes

Analog wie für den Periodenzinssatz r kann man die Zinssensitivität von Barwerten auch bzgl. des stetigen Zinssatzes $\delta = \ln(1+r)$ untersuchen. Wegen der besonders einfachen Differenziationsregeln für die e-Funktion vereinfachen sich hierdurch sogar einige Überlegungen. Mit δ als relevantem Risikoparameter erhält man etwa, dass die relative Barwertänderung bei (absoluter) Änderung des *stetigen* Zinssatzes (bezüglich des Periodenzinssatzes r in 3.2.1.2 als modifizierte Duration bezeichnet) genau der Macaulay-Duration mit ihrer in 3.2.1.5 und 3.2.1.6 erörterten anschaulichen Bedeutung entspricht, d. h.

$$-\frac{BW'(\delta)}{BW(\delta)} = \frac{\sum_{k=1}^n k \cdot Z_k \, e^{-\delta k}}{\sum_{k=1}^n Z_k \, e^{-\delta k}} = \frac{\sum_{k=1}^n k \cdot Z_k (1+r)^{-k}}{\sum_{k=1}^n Z_k (1+r)^{-k}}.$$

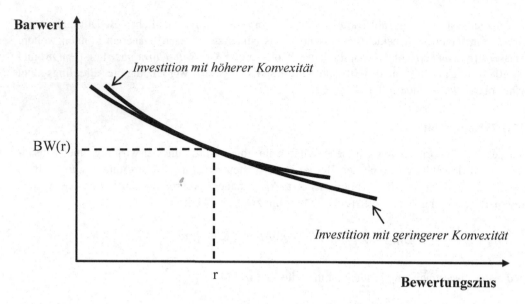

Abbildung 3.11: Barwert von zwei Zahlungsströmen mit unterschiedlicher Konvexität

3.2.1.9 Asset-Liability-Management auf der Basis von Zinssensitivitätskennzahlen

Das sogenannte Asset-Liability-Management ist ein Teil des finanziellen Risikomanagements von Unternehmen, in dem Zinsänderungsrisiken eine besondere Rolle spielen. Es geht darum, die Vermögensanlagen (*Assets*) auf die (Zahlungs-)Verpflichtungen (*Liabilities*) eines Unternehmens möglichst optimal abzustimmen. Das Zinsänderungsrisiko besteht darin, dass der Wert der Assets, etwa eines Bestands von festverzinslichen Wertpapieren, mit dem Zinsniveau schwankt, und bei unzureichendem Risikomanagement möglicherweise nicht ausreicht, um fällige Verpflichtungen abzudecken.

Um das Zinsänderungsrisiko zu kontrollieren, werden sogenannte *Matching-Strategien* eingesetzt. Die elementarste Matching-Technik ist das sogenannte *Cashflow-Matching*, also die Abstimmung von Zahlungsströmen in einer Art Liquiditätsplanung. Grob gesprochen werden dabei die laufenden Ausgaben eines Unternehmens unmittelbar aus den laufenden Einnahmen des Unternehmens bestritten. Beispielsweise würde bei dieser Strategie ein Lebensversicherungsunternehmen die in der Gesamthöhe mittelfristig in der Regel recht gut prognostizierbaren fälligen Versicherungsleistungen mit endfälligen festverzinslichen Wertpapieren sowie den laufenden Coupon-Zahlungen abdecken.

Über einen längeren Planungshorizont hinweg ist ein exaktes Cashflow-Matching aber schwierig und zum flexiblen Ausnutzen von Investitionschancen etc. oft auch gar nicht erwünscht. Deshalb führt man oft nur ein sogenanntes *Duration-Matching* durch, d. h. man achtet darauf, dass die Durationen von Vermögenswerten (interpretiert als Barwert der künftigen Einnahmen) und Verpflichtungen (interpretiert als Barwert der künftigen Ausgaben) annähernd übereinstimmen.

Unter Voraussetzung einer flachen Zinsstruktur des Niveaus r_0 reicht es zur Absicherung ei-

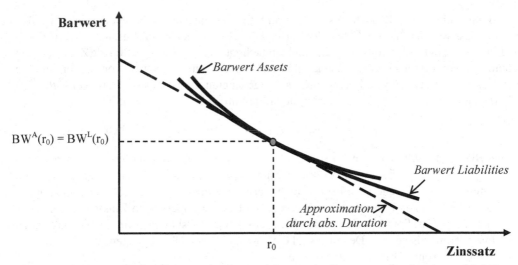

Abbildung 3.12: Veranschaulichung der Immunisierungsbedingungen für das Asset-Liability-Management

ner einzelnen Zahlungsverpflichtung zum Zeitpunkt T mit Barwert $BW^L(r_0)$ aus, ein Anleihen-Portfolio mit gleichem Barwert $BW^A(r_0)$ und Duration T zu halten, d. h. man hat die Immunisierungsbedingungen

$$BW^A(r_0) = BW^L(r_0) \text{ und } D^A(r_0) = T.$$

Gemäß den Ausführungen aus 3.2.1.6 würde der Gesamtwert des Anleihe-Portfolios einschließlich reinvestierter Rückflüsse zum Zeitpunkt T stets ausreichen, um die Verpflichtung zu erfüllen; vgl. dazu auch nochmals Abbildung 3.10. Tatsächlich kann so eine Strategie in der Realität höchstens „ungefähr" funktionieren, da nicht dauerhaft flache Zinsstrukturen herrschen.

Sollen verschiedene Zahlungsverpflichtungen zu unterschiedlichen Zeitpunkten durch ein Anleihen-Portfolio abgedeckt werden, erhält man unter Voraussetzung der flachen Zinsstruktur die drei Immunisierungsbedingungen

$$BW^A(r_0) = BW^L(r_0), D^A(r_0) = D^L(r_0) \text{ und } C^A(r_0) > C^L(r_0),$$

wobei C^A bzw. C^L die absolute Konvexität des Anleihe-Portfolios bzw. der gesamten Zahlungsverpflichtungen bezeichnet.

Da $BW^A(r_0) = BW^L(r_0)$ gilt, besteht die Identität $D^A(r_0) = D^L(r_0)$ in $t = 0$ bei vorgegebenem Zinssatz r_0 immer gleichzeitig für alle Durationskennzahlen (absolute, modifizierte und Macaulay-Duration). Die zweite Bedingung entspricht für eine einzige Zahlungsverpflichtung in T bzgl. der Macaulay-Duration der zuvor formulierten Bedingung $D^A(r_0) = T$, da die Macaulay-Duration einer einzelnen Zahlung offenbar mit ihrem Fälligkeitszeitpunkt übereinstimmt. Die Konvexitätsbedingung ist für eine einzige, der Höhe nach sicher bekannte Verpflichtung in T aufgrund des Immunisierungsergebnisses aus 3.2.1.6 nicht erforderlich. Anschaulich folgen die genannten Immunisierungsbedingungen für mehrere Zahlungsverpflichtungen aus der Abbildung

3.11, die in Abbildung 3.12 nochmals in einer der Situation angepassten Form dargestellt ist. Man erkennt, dass wegen $C^A(r_0) > C^L(r_0)$ der Barwert der Assets nach einer Zinsänderung über dem der Liabilities liegt. Allerdings muss dies nicht unbedingt wie in der Skizze für jede Zinsänderung gelten, sondern nur für Zinssätze in einer „hinreichend kleinen" Umgebung von r_0. Formal lässt sich dies auch mittels Taylor-Entwicklung des sogenannten *Surplus* $S(r) = BW^A(r) - BW^L(r)$ (Überschuss der Assets über die abzudeckenden Liabilities) begründen. Es gilt

$$S(r) = S(r_0) + S'(r_0) \cdot (r - r_0) + S''(\xi) \cdot (r - r_0)^2 \text{ mit einem } \xi \text{ zwischen } r \text{ und } r_0.$$

Wegen $BW^A(r_0) = BW^L(r_0)$ gilt $S(r_0) = 0$, wegen $D^A(r_0) = D^L(r_0)$ gilt $S'(r_0) = 0$, und wegen $C^A(r_0) > C^L(r_0)$ gilt $S''(\xi) > 0$ für Werte von ξ hinreichend nahe bei r_0. Damit gilt auch $S(r) > 0$ für Werte von r hinreichend nahe bei r_0. Auch hier ist anzumerken, dass diese Strategie nur bei einer dauerhaft flachen Zinsstruktur funktioniert und es bei allgemeinen Zinsstrukturen außer durch perfektes Cashflow-Matching keine Möglichkeit der vollständigen Immunisierung gegen das Zinsänderungsrisiko gibt. Dennoch sind die durchgeführten Überlegungen zur Duration und Konvexität zur groben Orientierung hilfreich.

3.2.1.10 Beispiel: Absicherung einer Zahlungsverpflichtung durch einen Standardbond

Im Regelwerk von *Solvency II* sind zur Bemessung des vorzuhaltenden Risikokapitals von Versicherungsunternehmen unter anderem Tests zu den Auswirkungen sogenannter Zinsschocks vorgesehen, wobei gemäß QIS5-Studie vorwiegend parallele Verschiebungen der Zinskurve relevant sind; vgl. [EUR10]. Daher kann beispielsweise das erforderliche Risikokapital für einen Bestand von Rentenversicherungen klein gehalten werden, wenn ein perfektes Duration-Matching durchgeführt wird. (Diese Aussage ist auf der Basis der vorangegangenen Ausführungen zunächst nur klar, falls das Ausgangszinsniveau ebenfalls flach ist, gilt aber approximativ auch bei allgemeinen Parallelverschiebungen der Zinsstruktur, was hier des Umfangs halber nicht näher thematisiert werden kann.)

Vor diesem Hintergrund möchte eine Pensionskasse eine in $T = 2{,}777356$ Jahren fällige Auszahlung von 200.000 (Angaben in €) absichern und sucht auf dem Markt nach einer dafür geeigneten Kapitalanlage. Das aktuelle Zinsniveau sei (exemplarisch) 10 %. Es stellt sich heraus, dass gerade ein neu emittierter dreijähriger Standardbond mit Nennwert 100 und Nominalzins von 8 % die gewünschte (Macaulay-)Duration $D = T$ aufweist. Der Barwert der Auszahlung ist $BW = 200.000/(1{,}1)^T = 153.485{,}65$. Der Kurs K des Standardbonds entspricht dem Barwert der zugehörigen Zahlungsreihe $(8; 8; 108)$, also $K = 95{,}03$. Daraufhin erwirbt die Pensionskasse also 1615 Stücke des Bonds (exaktes Ergebnis abgerundet auf eine ganze Zahl), um ein perfektes Duration-Matching durchzuführen. Als Aufgabe 3.21 sollen diese Angaben nochmals nachgerechnet und die Matching-Strategie visualisiert werden.

3.2.1.11 Absicherung einer Zahlungsverpflichtung mit zwei Bonds

Wenn nicht wie in Beispiel 3.2.1.10 unmittelbar ein geeigneter Bond zur Absicherung einer Zahlungsverpflichtung zum Zeitpunkt T zur Verfügung steht, lässt sich ein Duration-Matching trotzdem einfach durchführen, solange dafür nur ein Bond Typ A mit Duration $D_A > T$ und ein Bond Typ B mit Duration $D_B < T$ zur Verfügung stehen.

Für den Barwert eines Portfolios P aus x Anteilen von Bond Typ A und y Anteilen von Bond Typ B mit Kurs (hier: Barwert bei konstantem Bewertungszins r) $P_A(r)$ bzw. $P_B(r)$ gilt

$$BW_P(r) = x \cdot P_A(r) + y \cdot P_B(r) \quad \text{und} \quad BW_P'(r) = x \cdot P_A'(r) + y \cdot P_B'(r).$$

Also beträgt die (Macaulay-)Duration des Portfolios

$$D_P(r) = -\frac{(1+r) \cdot (x \cdot P_A'(r) + y \cdot P_B'(r))}{BW_P(r)}$$

$$= \frac{x \cdot D_A(r) \cdot P_A(r) + y \cdot D_B(r) \cdot P_B(r)}{BW_P(r)}.$$

Wählt man nun $x = \frac{BW_P \cdot (T - D_B)}{P_A \cdot (D_A - D_B)}$ und $y = \frac{BW_P \cdot (D_A - T)}{P_B \cdot (D_A - D_B)}$ (die Kennzeichnung der Abhängigkeit vom Marktzinsniveau r ist hier der Übersicht halber weggelassen), so erhält man gerade $D_P(r) = T$.

Besonders einfach ist diese Strategie mit *Zerobonds* anzuwenden. Bei Zerobonds ist der Nominalzins null, d. h. der (theoretische) Kurs entspricht dem abgezinsten Nennwert, der bei Fälligkeit nach vereinbarter Laufzeit ausgezahlt wird. Bei Zerobonds ist die Macaulay-Duration unabhängig vom Marktzins und mit dem Fälligkeitszeitpunkt identisch. Dies rechnet man sofort nach, und es ist auch anschaulich klar, dass ohne zwischenzeitliche Auszahlungen die Duration als Kompensationszeitpunkt gemäß 3.2.1.5 bzw. 3.2.1.5 mit dem Laufzeitende zusammenfällt.

Beispiel (Absicherung einer Zahlungsverpflichtung mit zwei Zerobonds)
Ein Lebensversicherungsunternehmen möchte eine in zwei Jahren fällige Verbindlichkeit mit Barwert 1.000.000 (Angaben in €) durch ein Portfolio mit gleichem Barwert aus x Zerobonds mit einer Laufzeit von genau von genau drei Jahren (Typ A) und y Zerobonds mit einer Laufzeit von genau einem Jahr (Typ B) mit der Strategie des Duration-Matching absichern. Da es sich um Zerobonds handelt, gilt also $D_A = 3$ und $D_B = 1$. Der Kurs von Bond A betrage 90, der von Bond B betrage 100. (Das Marktzinsniveau und die Nennwerte der Bonds brauchen nicht explizit bekannt zu sein, hängen aber natürlich zusammen.) Somit folgt aus der obigen allgemeinen Formel für die zu haltenden Anteile

$$x = [1.000.000 \cdot (2-1)]/[90 \cdot (3-1)] \approx 5556 \quad \text{und}$$

$$y = [1.000.000 \cdot (3-2)]/[100 \cdot (3-1)] = 5000.$$

3.2.1.12 Duration Gap

Eine weitere Anwendung der Kennzahl Duration im Risikomanagement ist die Analyse des sog. *Duration-Gap* zur Einschätzung der Zinssensitivität des *Net Worth* ($\approx$ Eigenkapital zu Marktwerten) eines Unternehmens, in 3.2.1.9 in etwas anderem Zusammenhang auch als Surplus bezeichnet. Dieser Wert ist (wiederum bei Annahme eines laufzeitunabhängigen Bewertungszinssatzes r) gegeben durch:

$$NW(r) = BW^A(r) - BW^L(r),$$

wobei BW^A für den Barwert der gesamten Kapitalanlagen (Assets) und BW^L für den Barwert der Verbindlichkeiten (Liabilities) des Unternehmens steht.

Der *Duration-Gap* sei definiert als

$$DG(r) := D^A(r) - \frac{BW^L(r)}{BW^A(r)} D^L(r),$$

wobei D^A und D^L für die Duration von Assets bzw. Liabilities steht. Dann kann die Veränderung des Net Worth nach einer Änderung des Zinsniveaus von r_0 auf $r_0 + \Delta r$ folgendermaßen abgeschätzt werden:

$$\Delta NW = NW(r_0 + \Delta r) - NW(r_0) \approx -DG(r_0) \cdot BW^A(r_0) \cdot \frac{\Delta r}{1 + r_0}.$$

Bei Lebensversicherungsunternehmen ist etwa typischerweise die Duration D^A der Kapitalanlagen kleiner als die Duration D^L der versicherungstechnischen Verbindlichkeiten (da sich die Zahlungsversprechen aus Kapital- und Rentenversicherung teilweise auf sehr lange Zeiträume beziehen), also der Duration-Gap oft negativ. Man erkennt, dass dann sinkende Zinsen ($\Delta r < 0$) sich negativ auf den Unternehmenswert (Net Worth) auswirken, und kann den Effekt mit obiger Formel auch quantitativ ungefähr abschätzen. Wie schon zuvor in allgemeinerem Kontext angemerkt, muss aber im Auge behalten werden, dass derartige Betrachtungen von stark vereinfachten Voraussetzungen ausgehen (flache Zinsstruktur, bekannte Zahlungsströme usw.) und somit nur eine erste Orientierung vor umfassenderen Analysen des Unternehmenswerts geben können.

3.2.2 Optionspreissensitivitäten

Weitere analytische Risikokennzahlen sollen exemplarisch am Beispiel von Optionspreissensitivitäten vorgestellt werden.

Optionen sind im betrieblichen Risikomanagement sehr wichtig; z. B. kann man durch den Kauf von Optionsscheinen auf Fremdwährungen Wechselkursrisiken oder von Optionsscheinen auf Rohstoffe entsprechende Preisänderungsrisiken absichern. Ein Optionsschein beinhaltet in der Standardversion das Recht, einen bestimmten Basiswert (Fremdwährung, Rohstoff, Aktie o. Ä.) zu einem künftigen Zeitpunkt T zu einem vorher bestimmten Preis X zu kaufen (bei einer Kaufoption, engl.: *Call*) bzw. zu verkaufen (bei einer Verkaufsoption, engl.: *Put*); vgl. auch Kapitel 4.3.

Der Wert einer solchen Option hängt neben der Laufzeitdauer T und dem sog. Ausübungspreis X offenbar zusätzlich noch vom aktuellen Preis K (d. h. dem Kurs bei einem börsennotierten Basiswert) ab. Ferner spielt wie beim Barwert der Bewertungszinssatz r eine Rolle, bzw. der zugehörige stetige Zinssatz $\delta = \ln(1 + r)$. Schließlich kommt es auch noch darauf an, wie stark die Kurse des Basiswerts üblicherweise schwanken; bei großen Schwankungen, d. h. Änderungsrisiken, ist ein Optionsschein wertvoller als bei geringen Schwankungen. Die „Schwankungsfreudigkeit" des Basiswertkurses wird oft gemessen über die Standardabweichung σ seiner Wertveränderungen, also der sogenannten Volatilität (s. Abschnitt 2.4.2). Die Optionspreissensitivitäten werden in der Literatur meist mit griechischen Buchstaben (bis auf Vega, vgl. 3.2.2.3) bezeichnet und daher oft auch *Greeks*, oder manchmal auch auf Deutsch *Griechen*, genannt.

Zur Bewertung von Aktienoptionen wird oft die in Abschnitt 4.3.7 noch ausführlicher erläuterte *Black-Scholes-Formel* verwendet; sie ergibt sich aus der Annahme einer geometrischen

Brownschen Bewegung (s. 2.4.5) für die Wertveränderungen des Basiswerts. Die Black-Scholes-Formel für den Wert bzw. Preis C einer Kaufoption (Call) mit Basiskurs K, Ausübungspreis X, stetigem Periodenzinssatz δ, Volatilität σ und Laufzeit T lautet (s. Kapitel 4.3):

$$C = K \cdot \Phi(d_1) - e^{-\delta \cdot T} \cdot X \cdot \Phi(d_2)$$

mit

$$d_1 = \frac{1}{\sigma\sqrt{T}} \cdot \left[\ln\left(\frac{K}{X}\right) + \delta T + \frac{1}{2}\sigma^2 T \right],$$
$$d_2 = d_1 - \sigma\sqrt{T},$$

wobei Φ für die Verteilungsfunktion der Standardnormalverteilung steht. Die Formel für die entsprechende Verkaufsoption (Put) sieht ähnlich aus, vgl. Abschnitt 4.3.7.1.

Im Rahmen des finanziellen Risikomanagements ist es nun wichtig zu untersuchen, wie sich der Wert bereits erworbener oder zum Erwerb ins Auge gefasster Optionsscheine ändert, wenn sich die wertbeeinflussenden Parameter ändern. Zwar spielen im betrieblichen Risikomanagement Aktienoptionen in der Regel keine große Rolle, und es werden bei anderen Optionstypen (auf Fremdwährungen, Rohstoffe etc.) verschiedene andere (nicht so einfach zu erläuternde) Optionspreisformeln benutzt. Auch diese Preisformeln hängen aber von den gleichen, oder zumindest ähnlichen, Parametern wie der „Black-Scholes-Preis" ab, sodass die Berechnung von Sensitivitätskennzahlen für die obige Preisformel einen guten Eindruck vermittelt, worum es im Prinzip geht.

Die im Folgenden angegebenen Formeln für die Preissensitivitäten einer Kaufoption gemäß Black-Scholes-Formel lassen sich großenteils relativ einfach nachrechnen (Aufgabe 3.22). Für weitere Informationen, z. B. zum Zusammenhang von Delta, Gamma und Theta im Black-Scholes-Modell, sei auf weiterführende Literatur zu Derivaten, z. B. [Hul12], verwiesen. Zu dem Buch von Hull gibt es auch die kostenlose Begleitsoftware *DerivaGem*, mit der sich u. a. Optionspreissensitivitäten berechnen und visualisieren lassen. Die Software ist erhältlich unter `http://www.rotman.utoronto.ca/~hull/software/`.

3.2.2.1 Options-Delta

Als *Options-Delta* bezeichnet man die (infinitesimale) Veränderung des Optionspreises bei (infinitesimaler) Änderung des Basiswertkurses. Speziell für die Preisformel nach Black-Scholes ergibt sich

$$\Delta := \frac{\partial C}{\partial K} = \Phi(d_1) > 0.$$

Hinsichtlich der Auswirkung einer tatsächlich beobachteten (d. h. nicht infinitesimalen) Preisänderung des Basiswerts auf den Wert des Optionsscheins liefert das Options-Delta eine lineare Approximation, ähnlich wie die Duration hinsichtlich der Zinssensitivität von Barwerten. Dies ist in der Abbildung 3.13 veranschaulicht.

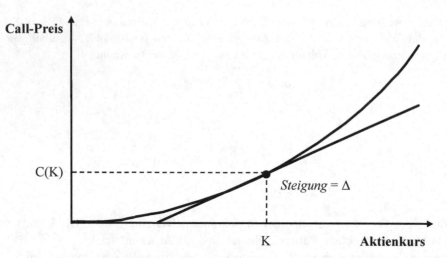

Abbildung 3.13: Options-Delta als Sensitivitätskennzahl

Wenn C_t den Optionspreis und K_t den Aktienkurs zum Zeitpunkt t bezeichnet, kann man die Wertveränderung des Call bis zum Zeitpunkt $t + h$ abhängig von der Wertveränderung der Aktie durch die sogenannte *Delta-Approximation* abschätzen:

$$C_{t+h} - C_t \approx \Delta \cdot (K_{t+h} - K_t).$$

Neben der generellen Vereinfachung durch die Linearisierung bleibt bei dieser Abschätzung auch der Zeitwertverlust (vgl. 3.2.2.3) unberücksichtigt. Der Index t in der Approximationsformel hat also nichts mit dem Laufzeitparameter T aus der Black-Scholes-Formel zu tun.

3.2.2.2 Options-Gamma

Der Preis des Basiswerts ist in der Regel der wichtigste wertbeeinflussende Parameter für Optionen. Analog zur Konvexität bei der Betrachtung der Zinssensitivität von Barwerten betrachtet man auch hinsichtlich des Optionswerts manchmal zusätzlich die zweite Ableitung der Optionspreisfunktion nach dem Basispreis. Üblicherweise wird sie als Options-Gamma bezeichnet. Speziell für die Preisformel nach Black-Scholes ergibt sich

$$\Gamma := \frac{\partial^2 C}{\partial K^2} = \frac{\varphi(d_1)}{K\sigma\sqrt{T}} > 0,$$

wobei φ die Dichtefunktion der Standardnormalverteilung bezeichnet.

Als Verbesserung der Delta-Approximation erhält man gemäß Taylor-Entwicklung bis zum zweiten Glied die *Delta-Gamma-Approximation*:

$$C_{t+h} - C_t \approx \Delta(K_{t+h} - K_t) + \frac{1}{2}\Gamma(K_{t+h} - K_t)^2.$$

3.2.2.3 Options-Theta

Als *Options-Theta* bezeichnet man die (infinitesimale) Veränderung des Optionspreises bei (infinitesimaler) Änderung der (Rest-)Laufzeit der Option. Offenbar steigt unter der Voraussetzung, dass sich die anderen wertbeeinflussenden Parameter nicht ändern, der Wert einer Option mit zunehmender Laufzeit T bzw. sinkt mit abnehmender Laufzeit. Da üblicherweise die Auswirkung der abnehmenden Restlaufzeit auf den Optionsschein von Interesse ist, definiert man das Options-Theta als Maß für diesen sog. *Zeitwertverfall* mit einem negativen Vorzeichen. Speziell für die Preisformel nach Black-Scholes ergibt sich (nach einigen Umformungen)

$$\theta := -\frac{\partial C}{\partial T} = -\frac{K\sigma}{2\sqrt{T}}\varphi(d_1) - \delta\,\mathrm{e}^{-\delta T}\cdot X\cdot\Phi(d_2) < 0.$$

3.2.2.4 Options-Rho

Als *Options-Rho* bezeichnet man den Betrag der (infinitesimalen) Veränderung des Optionspreises bei (infinitesimaler) Änderung des Bewertungszinses. Speziell für die Black-Scholes-Formel ergibt sich

$$\rho := \frac{\partial C}{\partial \delta} = \mathrm{e}^{-\delta T}\cdot X\cdot T\cdot\Phi(d_2) > 0.$$

Anders als bei Barwerten steigt also der Optionswert einer nach dem Black-Scholes-Modell bewerteten Kaufoption mit steigendem Bewertungszins. (Für eine Verkaufsoption, für die hier keine Formeln angegeben sind, würde er fallen.) Dies kann man sich damit plausibel machen, dass ein höherer Bewertungszins im Kursmodell für die Basispreisentwicklung (d. h. der „sichere" Zinssatz in der geometrischen Brownschen Bewegung für die Wertveränderungen; vgl. Abschnitt 2.4.5) tendenziell auch für höhere Aktienkurse sorgt.

3.2.2.5 Options-Vega

Als *Options-Vega* bezeichnet man die (infinitesimale) Veränderung des Optionspreises bei (infinitesimaler) Änderung der Volatilität. Es gilt im Black-Scholes-Modell

$$V = \frac{\partial C}{\partial \sigma} = K\cdot\sqrt{T}\,\varphi(d_1) > 0.$$

Der Wert des Call steigt also monoton mit zunehmender Volatilität, was ebenfalls anschaulich plausibel ist. Im Black-Scholes-Modell ist σ eigentlich fest vorgegebener Modellparameter, s. auch 4.3.6. In diesem Sinne dient die angegebene Formel also nur dazu, die Sensitivität des Optionspreises in Bezug auf unterschiedliche Modellannahmen einzuschätzen. In der Praxis wird die Formel aber in heuristischer Weise auch für „Black-Scholes-ähnliche" Modelle mit zeitabhängiger Volatilität verwendet.

3.2.2.6 Beispiel: Delta- und Gamma-neutrale Absicherung von Optionsverpflichtungen

Optionspreissensitivitäten werden u. a. von Emittenten (Verkäufern) von Optionsscheinen als Kennzahlen im Risikomanagement eingesetzt. Intuitiv ist klar, dass der Optionspreis während der gesamten Optionslaufzeit nicht nur den Wert der Option aus Sicht des Optionsinhabers, sondern – versehen mit einem negativen Vorzeichen – auch den Gegenwert der eingegangenen Verpflichtung aus Sicht des Emittenten widerspiegelt; ausführlicher wird dies in Kapitel 4.3 erläutert. Das folgende Beispiel beruht nicht auf speziellen Modellvoraussetzungen für die Optionspreisbildung, d. h. die Optionspreissensitivitäten müssen nicht gemäß der Black-Scholes-Formel bestimmt worden sein.

Wir nehmen an, eine Bank habe z. B. $z = 100$ Calls (Kaufoptionen) mit Preis C_1 auf eine Aktie mit aktuellem Aktienkurs K emittiert und möchte die resultierende Verpflichtung zur Lieferung der Aktien zum festgesetzten Ausübungspreis und -zeitpunkt absichern, indem sie eine bestimmte Anzahl der ggf. zu liefernden Aktien bereits selbst hält. Das Delta der Optionsscheine sei $\Delta_1 = \partial C_1/\partial K \doteq 0{,}7$. Dies bedeutet gemäß 3.2.2.1, dass die Veränderung des Gegenwerts der Verpflichtung ungefähr 70 % der Veränderung des Basiswertkurses ausmacht. Hält die Bank also zur Absicherung der Verpflichtung aus den emittierten Calls gerade $a_\Delta = z \cdot \Delta_1 = 70$ Aktien, wird der Zuwachs der Optionsverpflichtung bei Aktienkurssteigerung gerade durch den Wertzuwachs des Aktienpakets ausgeglichen. Man nennt diese Risikomanagementstrategie auch *Delta-neutrale Absicherung* oder *Delta-Hedging*. Zu beachten ist allerdings, dass – wie in 3.2.2.1 erläutert – die Absicherung nur approximativ gilt und zudem im Zeitverlauf der Aktienanteil ständig neu angepasst werden muss. Für eine Interpretation des Delta-Hedging speziell im Kontext des Black-Scholes-Modells vgl. auch 4.3.7.2.

Insbesondere, wenn das Gamma der emittierten Calls ziemlich groß ist, also die lineare Delta-Approximation bei größeren Kursänderungen nicht besonders gut, kommt eine zusätzliche *Gamma-neutrale Absicherung*, d. h. insgesamt ein sogenanntes *Delta-Gamma-Hedging*, infrage. Dazu ist es notwendig, dass die Bank einen anderen Call auf den gleichen Basiswert mit abweichender Laufzeit und/oder Ausübungspreis als den emittierten kauft. Dieser habe den Preis C_2 und beispielsweise das Delta $\Delta_2 = \partial C_2/\partial K = 0{,}9$. Ferner gelte für das Zahlenbeispiel $\Gamma_1 \doteq \partial^2 C_1/\partial K^2 = 1{,}2$ und $\Gamma_2 = \partial^2 C_2/\partial K^2 = 2{,}4$. Kauft die Bank nun zusätzlich $b = z \cdot \Gamma_1/\Gamma_2 = 50$ Calls vom Typ 2, so ergibt sich zunächst bzgl. der Optionsscheine eine Gamma-neutrale Position, d. h. das Gesamt-Gamma $100 \cdot \Gamma_1$ der ursprünglichen Optionsverpflichtung entspricht genau dem Gesamt-Gamma $50 \cdot \Gamma_2$ der zusätzlich gekauften 50 Optionsscheine. Die Position aus den $a_\Delta = 70$ Aktien gemäß Delta-Hedging und den 50 Optionsscheinen vom Typ 2 wäre aber nun nicht mehr Delta-neutral. Die Delta-Neutralität wird wieder erreicht, wenn zusätzlich zu den $b = 50$ Calls vom Typ 2 nur noch $a_{\Delta\Gamma} = a_\Delta - b \cdot \Delta_2 = z \cdot (\Delta_1 - \Delta_2 \cdot \Gamma_1/\Gamma_2) = 25$ Aktien gehalten werden. Die Gesamtrisikoposition aus emittierten Calls, gekauften Calls und Aktienpaket hat nun ein Delta von null und ein Gamma von null (wegen $\partial K/\partial K = 1$ und $\partial^2 K/\partial K^2 = 0$). Insgesamt gleicht die Wertsteigerung der $a_{\Delta\Gamma} = 25$ Aktien zusammen mit der Wertsteigerung der $b = 50$ Calls den Zuwachs der Optionsverpflichtung in linearer Delta-Approximation gerade aus (analoges gilt bei fallenden Kursen), und zusätzlich gleichen sich Wertveränderungen der Optionsscheine in der Delta-Gamma-Approximation aus.

Durch Hinzunahme einer dritten Option auf den Basiswert könnte man auf ähnliche Weise auch noch eine Vega-neutrale Position erreichen.

3.2.3 Aufgaben

Aufgabe 3.18

(a) Berechnen Sie den theoretischen Preis eines Standardbonds mit 10 Jahren Laufzeit, Nennwert 100 und Nominalzins 6 % bei einem konstanten Marktzins (Bewertungszins) von 5 %, 6 % und 7 %.

(b) Berechnen Sie für den Standardbond aus (a) und einen Bewertungszins von 5 %, 6 % und 7 % die absolute, die modifizierte und die Macaulay-Duration sowie die Zinselastizität des Barwerts.

(c) Welche Resultate ergeben sich, wenn man den Preis des Bonds aus (a) näherungsweise mit Hilfe der (absoluten) Duration abschätzt:

   (i) bei einer Marktzinssenkung von 6 % auf 5 %,

   (ii) bei einer Marktzinssteigerung von 6 % auf 7 %,

   (iii) bei einer Marktzinssteigerung von 5 % auf 6 %,

   (iv) bei einer Marktzinssenkung von 7 % auf 6 %?

Vergleichen Sie diese Approximationen mit dem exakten Ergebnis aus (a).

(d) Berechnen Sie für die in (c) angesprochenen Fälle eine verbesserte Approximation unter Verwendung der Konvexität (vgl. Unterabschnitt 3.2.1.7).

(e) Führen Sie, mit Software-Unterstützung, die Vergleichsrechnungen aus (a)-(d) auch in allgemeinerer Form durch (Variation von Marktzinsen, Nominalzinsen und Laufzeit).

Aufgabe 3.19

Anschaulich ist klar, dass die Macaulay-Duration eine monoton fallende Funktion von r ist. Überzeugen Sie sich hiervon auch formal.

Aufgabe 3.20

Ein Unternehmen erwartet aus einer bereits getätigten Anfangsinvestition für die Produktion von Fanartikeln im Zusammenhang mit einem in drei Jahren anstehenden Sportevent zwei Jahre lang Rückflüsse in Höhe von 9.000 € und im dritten Jahr von 109.000 €. Diese Einnahmen sollen vertraglich garantiert, d. h. als „sicher" vorausgesetzt werden. Der Barwert dieses Projekts wird mit einem Bewertungszins von $r_0 = 9\,\%$ berechnet und beträgt dann also 100.000 €.

(a) Berechnen Sie jeweils den Schnittpunkt der Gesamtwertkurven $V(r_0,t)$ und $V(r',t)$ (wobei $V(r,t) =$ Endwert bisheriger Rückflüsse plus Barwert zukünftiger Rückflüsse zum Zeitpunkt t berechnet mit Zinssatz r) für $r' = 3\,\%$, $r' = 8\,\%$, $r' = 10\,\%$ und $r' = 15\,\%$, und interpretieren Sie ihre Ergebnisse.

(b) Variieren Sie die Berechnungen, indem Sie von Rückflüssen mit identischem Barwert ausgehen, die allerdings anders über die drei Jahre verteilt sind (z. B. gleichmäßig oder mit einem Schwerpunkt zu Anfang des Rückflusszeitraums), und interpretieren Sie die Ergebnisse.

Aufgabe 3.21

Rechnen Sie die Zahlenangaben aus dem Beispiel 3.2.1.10 nach. Skizzieren Sie mit Software-Unterstützung angelehnt an Abb. 3.10 für den in 3.2.1.10 betrachteten dreijährigen Standardbond mit Nominalzins 8 % den Verlauf der Gesamtwertkurven $V(r,t)$ für $0 \le t \le 3$ und $r = 5\%$, $r = 10\%$, $r = 15\%$, und erstellen Sie dazu auch eine Wertetabelle. Überzeugen Sie sich von der anschaulichen Interpretation der Duration D als Kompensationszeitpunkt für die Gesamtwertentwicklung.

Hinweis: Die Krümmung der Gesamtwertkurven ergibt sich im Einzelnen aus den betrachteten Zahlungsreihen und Zinssätzen. Im obigen Beispiel erscheinen die Gesamtwertkurven auf den ersten Blick fast linear und schneiden sich beinahe in einem Punkt. Die starke Krümmung der Kurven in Abb. 3.10 wurde nur zur Veranschaulichung des grundsätzlichen Sachverhalts derart skizziert.

Aufgabe 3.22

Rechnen Sie die Formeln für die Optionspreissensitivitäten aus den Abschnitten 3.2.2.1–3.2.2.5 nach. Es werden dazu nur die der üblichen Differenziationsregeln und u. U. die explizite Darstellung der Dichtefunktion φ der Standardnormalverteilung (s. 2.2.4) benötigt.

Aufgabe 3.23

Führen Sie auf der Basis der in Abschnitt 3.2.2.1 beschriebenen Delta-Approximation eine sogenannte Delta-Normal-Approximation für den Value-at-Risk einer Call-Option innerhalb eines kleinen Zeitraums h durch. Setzen Sie dazu voraus, dass die Kursveränderung $\Delta K = K_{t+h} - K_t$ (annähernd) normalverteilt ist mit Erwartungswert 0 und Varianz $\sigma^2 h$ und verwenden Sie die Darstellung für den Value-at-Risk aus Abschnitt 3.1.5.4.

3.3 Zusammenfassung

- Während ein vollständiges Bild über ein Risiko nur durch Kenntnis der gesamten Verteilungsfunktion gewonnen werden kann, dienen Risikokennzahlen dazu, sich einen kompakten Überblick über besonders wichtige Charakteristika des Risikos zu verschaffen. Zu unterscheiden sind stochastische Risikokennzahlen, also charakteristische Verteilungsparameter u. Ä., und analytische Risikokennzahlen, die die Sensitivität funktionaler Abhängigkeiten messen.

- Stochastische Risikokennzahlen werden oft auch als Risikomaße bezeichnet. Mögliche Anforderungen an aussagekräftige Risikomaße sind beispielsweise Monotonie, Homogenität, Translationsinvarianz und Subadditiviät. Ein Risikomaß, das all diese vier Eigenschaften erfüllt, wird kohärent genannt. Es gibt aber auch relevante Risikomaße, die nicht kohärent sind, beispielsweise der Value-at-Risk.

- In einem allgemeinen Sinne sind auch Mittelwerte von Verteilungen Risikokennzahlen. In Bezug auf die Risikoanalyse können vor allem Unterschiede zwischen verschiedenen Arten von Mittelwerten, etwa zwischen Erwartungswert, Median und Modus, aufschlussreich sein. Für die Performance-Messung gibt es risikoadjustierte Varianten von Mittelwerten.

- Eine wichtige Klasse von Risikokennzahlen sind Streuungsparameter, wie etwa Standardabweichung und Varianz, oder auch höhere Momente der Wahrscheinlichkeitsverteilung.

- Besonders wichtig für die Risikoanalyse ist die Klasse der Shortfall-Maße, die speziell negative Abweichungen quantifizieren. Zu dieser Klasse gehören u. a. die Shortfall-Wahrscheinlichkeit (Wahrscheinlichkeit, eine vorgegebene Verlustschwelle zu überschreiten) und der dazu duale Value-at-Risk (Verlustschwelle, die nur mit vorgegebener kleiner Wahrscheinlichkeit überschritten wird). Der Value-at-Risk ist als Risikomaß in der Praxis äußerst verbreitet, weil seine Definition relativ anschaulich ist und er sich unmittelbar als vorzuhaltendes Risikokapital interpretieren lässt. Allerdings ist er nicht kohärent. Als kohärente Alternative bietet sich der sogenannte Tail Value-at-Risk an.

- Wichtige Beispiele von analytischen Risikokennzahlen sind Zinssensitivitätsmaße für Barwerte, wie etwa verschiedene Varianten der Kennzahl Duration, sowie Optionspreissensitivitäten in Bezug auf eine vorgegebene Formel für den Preis einer Finanzoption in Abhängigkeit verschiedener Einflussfaktoren.

3.4 Selbsttest

1. Erläutern Sie allgemein den Begriff „stochastische Risikokennzahlen", insbesondere vor dem Hintergrund von Einsatzfeldern wie etwa der Ermittlung von Risikoreserven, der Risikokapitalallokation oder der Bestimmung angemessener Versicherungsbeiträge.

2. Nennen Sie einige sinnvolle Anforderungen an Risikomaße (mathematische Formulierung sowie anschauliche Interpretation) und gehen Sie dabei insbesondere auch auf den Begriff des kohärenten Risikomaßes ein. Erläutern Sie, inwiefern diese Eigenschaften für wichtige Risikomaße wie etwa Standardabweichung, Varianz, Value-at-Risk usw. erfüllt sind.

3. Erläutern Sie am Beispiel normalverteilter stetiger Renditen die Aussagekraft von Mittelwerten wie Erwartungswert, Median und Modus unter Risikoaspekten.

4. Definieren und erläutern Sie verschiedene gängige Varianten von Shortfall-Maßen.

5. Erläutern Sie allgemein den Begriff „risikoadjustiertes Performance-Maß" sowie in exemplarischer Form Einzelheiten zum sogenannten Sharpe-Ratio, insbesondere auch dessen Interpretation über die M/M-Leverage-Rendite.

6. Erläutern Sie allgemein den Begriff „analytische Risikokennzahlen" und geben einige Beispiele (Kennzahlen für die Zinssensitivität von Barwerten und verschiedene Optionspreissensitivitäten).

7. Erläutern Sie die anschauliche Bedeutung der (Macaulay-)Duration und grundsätzliche Einsatzmöglichkeiten im Asset-Liability-Management.

4 Risikoentlastungsstrategien

„The pessimist sees the difficulty in every opportunity. The optimist sees the opportunity in every difficulty." (W. Churchill)

Dieses Buch behandelt vorwiegend die Risikoanalyse und nicht im engeren Sinne den Risikomanagement-Prozess selbst. Selbstverständlich ist aber das Management von Risiken, wie es auch in den vorangegangen Kapiteln als Anwendung schon verschiedentlich angesprochen wurde, letztlich das Ziel der Risikoanalyse. In diesem Sinne sollen in diesem Kapitel in kompakter Form verschiedene unmittelbar auf der mathematischen Risikoanalyse aufbauende Risikoentlastungsstrategien als Baustein des Risikomanagements dargestellt werden, nämlich die Risikoteilung, insbesondere in Form von Versicherung, die Diversifikation von Risiken, also Aufteilung auf verschiedene Kapitalanlagen oder Investitionsprojekte, und sogenannte Hedging-Strategien (spezielle finanzielle Absicherungsstrategien). Zur Beschränkung des Umfangs werden allerdings nur einige Grundzüge dargestellt, da jedes Thema schon für sich genommen mehr als genug Stoff für ganze Bücher bietet. Auch auf nicht in erster Linie mathematisch orientierte Risikoentlastungsstrategien, wir etwa die Risikoprävention durch betriebswirtschaftliche Controlling-Prozesse oder technische Schutzvorkehrungen können wir im vorliegenden Rahmen nicht eingehen.

4.1 Risikoteilung

4.1.1 Begriffserläuterung und Überblick

Bei der Strategie der *Risikoteilung* entlastet sich der „Träger" eines Risikos dadurch, dass er einen Teil seines Risikos, in der Regel gegen ein Entgelt oder auch auf gegenseitiger Basis (gemäß dem Motto „Einer für Alle, Alle für Einen"), auf Dritte überträgt. Man spricht auch von *Risikotransfer*. Der Prototyp der Risikoteilung ist die Versicherung, die auch bei den folgenden Ausführungen im Vordergrund steht. Eine Versicherung muss nicht unbedingt durch ein spezielles Versicherungsunternehmen erfolgen, sondern kann auch durch einen Zusammenschluss von Einzelpersonen oder Unternehmen organisiert werden; in der Bildung solcher Gemeinschaften liegt sogar gerade der Ursprung des Versicherungswesens. Auch Versicherungsunternehmen transferieren in der Regel einen Teil ihrer Risiken weiter auf sogenannte Rückversicherungen. Die finanzielle Absicherung durch derivate Finanzinstrumente, also das Hedging, weist viele Gemeinsamkeiten mit der klassischen Versicherung auf; entsprechende Zusammenhänge, aber auch Unterschiede, werden im Kapitel 4.3 erläutert.

Versicherungsverträge dienen in erster Linie dazu, dem Versicherungsnehmer einen Schutz vor den finanziellen Folgen von Schäden zu bieten. Ob ein Schaden überhaupt eintritt, kann ungewiss sein, und auch die Schadenhöhe ist meist unsicher. Für den Versicherungsschutz bezahlt der Versicherungsnehmer dem Versicherungsunternehmen eine Prämie. Durch seine Versicherungspolice hat der Versicherungsnehmer also das Risiko, einen zufälligen, aber potenziell ruinösen Verlust zu erleiden, eingetauscht gegen einen sicheren, aber i. Allg. relativ geringen Verlust, nämlich die Versicherungsprämie. In diesem Sinn übernimmt die Versicherung also zum einen die Funktion, fehlendes Kapital zu ersetzen. Zusätzlich kann eine Versicherung aber selbst dann sinnvoll sein, wenn beim Versicherungsnehmer hinreichendes Kapital vorhanden ist, nämlich um starke zeitliche Schwankungen, etwa in der Unternehmensbilanz, zu verhindern.

Mathematisch kann der Begriff der Risikoteilung folgendermaßen präzisiert werden. Es bezeichne X die Schadenhöhe eines Risikos. Dann kann man *Risikoteilung* allgemein definieren als Zerlegung

$$X = g(X) + [X - g(X)]$$
$$= X_A + X_B$$

wobei g eine monoton wachsende Funktion mit $0 \leq g(x) \leq x$ ist. Ist $X_A = g(X)$ das abgegebene Risiko, so wird der Term $X_B = X - g(X)$ auch als *Selbstbehalt* bezeichnet. In der Praxis kommt die Risikoteilung vor zwischen

- Versicherungsnehmer (VN) und Versicherungsunternehmen (VU) als *Selbstbeteiligung* (in diesem Fall ist also $X_A = X_{VU}$ und $X_B = X_{VN}$),
- Rückversicherer (RV) und Erstversicherer (EV) als *Rückversicherung* (in diesem Fall ist also $X_A = X_{RV}$ und $X_B = X_{EV}$),
- zwei oder mehreren Erstversicherern als *Mitversicherung*,
- mehreren Unternehmen als *Risikopool*,
- zwei oder mehreren Rückversicherern als *Retrozession*.

Je nach Perspektive der Akteure sprechen verschiedene Gründe für die Aufteilung von Risiken.

1. Für den Versicherungsnehmer ist eine Selbstbeteiligung sinnvoll, da er durch die Übernahme von relativ kleinen Schäden seine Versicherungsprämie reduzieren kann, ohne auf den Versicherungsschutz in finanziell bedrohlichen Situationen verzichten zu müssen.

2. Für das Versicherungsunternehmen stellt das Angebot der Risikoteilung das Geschäftsmodell dar. Seine Funktionsweise ist durch den Risikoausgleich im Kollektiv begründet; vgl. Abschnitt 4.2.3.2. Aus Sicht des Versicherungsunternehmens gegenüber dem Versicherungsnehmer sprechen im Wesentlichen zwei Gründe für eine echte Risikoteilung gegenüber der vollständigen Risikoübernahme:

   - Wenn kleine Schäden vollständig vom Versicherungsnehmer übernommen werden, entfallen für das Versicherungsunternehmen nicht nur die Aufwendungen für die Schäden an sich, sondern auch für deren Abwicklung. Diese Ersparnisse können an den Kunden weitergegeben werden.

   - Da der Versicherungsnehmer an den finanziellen Schäden mitbeteiligt ist, wird er sich bemühen, Schäden zu vermeiden bzw. die Schadenhöhe möglichst gering zu halten – das sogenannte *moralische Risiko* wird also reduziert.

3. Für den Erstversicherer ergeben sich durch die Risikoteilung mit dem Rückversicherer folgende Vorteile:

   - Besonders gefährliche Risiken wie etwa Naturkatastrophen können an den Rückversicherer abgegeben werden. Dies reduziert seine Ruinwahrscheinlichkeit; die Risikoteilung wirkt somit als Eigenkapitalersatz.
   - Durch die Abgabe von Spitzenrisiken erreicht der Erstversicherer eine Homogenisierung seines Portfolios und damit eine bessere Planbarkeit seiner Geschäftsergebnisse.
   - Durch Rückversicherung kann der Erstversicherer zusätzliches Geschäft zeichnen, das ansonsten im Gesamtvolumen zu riskant für ihn wäre. Auch in diesem Sinn wirkt Rückversicherung für das Versicherungsunternehmen also als Eigenkapitalersatz.

4. Für den Rückversicherer stellt die Risikoteilung mit dem Erstversicherer ebenfalls das Geschäftsmodell dar. Sein Erfolg beruht also vor allem auf Möglichkeiten, sein Portfolio auf verschiedenen Ebenen möglichst stark zu diversifizieren, damit ein Ausgleich im Kollektiv stattfindet, s. Abschnitt 4.2.3.2. In der Praxis strebt der Rückversicherer daher an, weltweit (geografische Diversifikation) Geschäft über verschiedene Versicherungssparten (Haftpflichtversicherung, Sachversicherung etc.) und verschiedene Katastrophenrisiken (Erdbeben, Sturm, etc.) zu zeichnen.

Man unterscheidet zwei wichtige Grundformen, nämlich zum einen die *proportionale Risikoteilung* mit

$$g(x) = c \cdot x \text{ mit } 0 \leq c \leq 1.$$

Das heißt, wenn X der Originalschaden ist, dann ist $X_A = c \cdot X$ der Schaden, den der Versicherte abgibt und $X_B = (1-c) \cdot X$ der Schaden, der beim Versicherten verbleibt. Unter der *nichtproportionalen Risikoteilung* werden im Prinzip alle anderen Formen der Risikoteilung verstanden. Der bei weitem wichtigste Ansatz für die nichtproportionale Risikoteilung lautet

$$g(x) = (x-d)_+$$

mit einer Konstante d, wobei

$$y_+ := \max(y, 0)$$

den Positivteil der Zahl y bezeichnet. Das heißt, in diesem Fall ist

$$X_A = (X-d)_+ = \begin{cases} 0, & \text{wenn } X \leq d, \\ X-d, & \text{wenn } X > d, \end{cases}$$

und

$$X_B = \min(X, d) = \begin{cases} X, & \text{wenn } X \leq d, \\ d, & \text{wenn } X > d. \end{cases}$$

Schäden unterhalb von d verbleiben also vollständig beim Versicherten; der Versicherte hat seinen maximalen Verlust auf d begrenzt, während der Versicherer potenziell ein unbegrenztes Risiko trägt.

4.1.2 Proportionale Risikoteilung

Bei der proportionalen Risikoteilung wird der Originalschaden gemäß

$$X = X_A + X_B$$
$$= c \cdot X + (1 - c) \cdot X$$

aufgeteilt. Wenn F_X bzw. F_{X_A} die Verteilungsfunktion von X und X_A bezeichnen, so erhält man als Verteilungs- bzw. Dichtefunktion des abgegebenen Schadens

$$F_{X_A}(x) = F_X \left(\frac{x}{c} \right)$$

bzw.

$$f_{X_A}(x) = \frac{1}{c} \cdot f_X \left(\frac{x}{c} \right).$$

Die proportionale Risikoteilung kommt hauptsächlich in der Rückversicherung vor; sinngemäß sind die folgenden Ausführungen aber auch auf proportionale Selbstbeteiligungen in der Erstversicherung anwendbar.

4.1.2.1 Quotenrückversicherung

Bei der *Quotenrückversicherung* ist der vom Rückversicherer übernommene Prozentsatz c des Schadens für alle versicherten Risiken einheitlich. Besonders geeignet ist die Quotenrückversicherung für Branchen, in denen das versicherungstechnische Risiko weniger in den möglichen Spitzenschäden als vielmehr im Klein- und Mittelschadenbereich liegt (wie z. B. in der Krankenversicherung und der KfZ-Kasko-Versicherung). Ein Hauptgrund für den Abschluss einer Quotenrückversicherung ist die Möglichkeit zur Erweiterung der Geschäftskapazität bei relativ geringem Eigenkapital. Besonders bei neuen Versicherungszweigen dient die Quotenrückversicherung auch zur Entlastung des Erstversicherers in Bezug auf das Irrtumsrisiko bzgl. der Rechnungsgrundlagen.

4.1.2.2 Surplus-Rückversicherung

Die *Surplus-Rückversicherung* (*Summenexzedenten-Rückversicherung*) ist eine Form der proportionalen Rückversicherung für Versicherungen mit vereinbarter (Höchst-)Versicherungssumme. Dabei wird vertraglich zunächst ein für alle Versicherungsfälle fester, d. h. von der Höhe der einzelnen Versicherungssummen unabhängiger, Selbstbehalt SB, das sogenannte *Maximum* des Erstversicherers, festgelegt. Der vom Rückversicherer übernommene Prozentsatz c des Schadens hängt dann vom einzelnen versicherten Risiko (bzw. genauer von der dafür vereinbarten Versicherungssumme VS) ab, und zwar gilt

$$c = c(VS) := \max \left(0, 1 - \frac{SB}{VS} \right).$$

Im Falle des Totalschadens (oder wenn, wie z. B. in der „klassischen" Lebensversicherung, keine Teilschäden möglich sind) zahlt der Rückversicherer also den Teil der Versicherungssumme, der den Selbstbehalt übersteigt; Teilschäden übernimmt er anteilig entsprechend dem Verhältnis von Selbstbehalt und Versicherungssumme. Der Summenexzedenten-Vertrag hat gegenüber dem Quoten-Vertrag den Vorteil, dass er Spitzenrisiken reduziert und damit den im Risiko des Erstversicherers verbleibenden Bestand homogenisiert; s. dazu auch Abschnitt 4.1.4.

Beispiel (Surplus-Vertrag)
Ein Erstversicherer verfügt über einen Bestand von Risiken, für die er einen Surplus-Vertrag mit einem Maximum von 100 abschließt (alle Angaben in Tausend €). In den ersten beiden Zeilen von Tabelle 4.1 sind Schäden mit der jeweiligen Versicherungssumme angegeben. In der

VS	250	500	1.000	2.000	5.000
Schaden X	200	100	700	500	300
$c_{EV}(VS)$	100 %	60 %	30 %	15 %	6 %
Schaden X_{EV}	200	60	210	75	18

Tabelle 4.1: Beispieldaten Surplus-Vertrag

dritten Zeile ist der Anteil $c(VS)$ des Erstversicherers am Schaden angegeben. Die letzte Zeile der Tabelle ergibt sich dann durch die Multiplikation dieser Anteile mit der absoluten Schadenhöhe. In Abbildung 4.1 ist die Wirkung dieses Surplus-Vertrags noch einmal grafisch dargestellt.

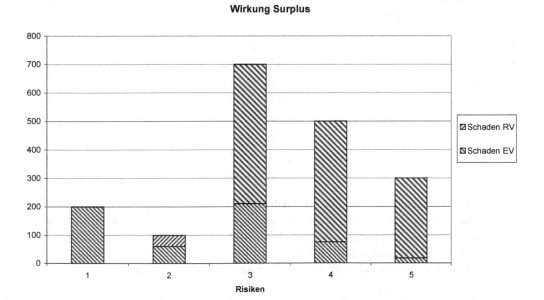

Abbildung 4.1: Wirkung des Surplus-Vertrags

4.1.3 Nichtproportionale Risikoteilung

4.1.3.1 Franchisen

Trägt der Versicherungsnehmer einen gewissen Anteil a seines Schadens selbst, spricht man auch von einer Franchise. Man unterscheidet *Zeitfranchisen* und *Kapitalfranchisen*. *Zeitfranchisen* kommen nur bei Versicherungsformen infrage, bei denen der Schaden über einen längeren Zeitraum verteilt auftritt, z. B. bei der Krankheitskostenversicherung oder der Betriebsunterbrechungsversicherung. Die Selbstbeteiligung des Versicherungsnehmers orientiert sich an verstrichenen Zeiteinheiten. Bei der *reinen Zeitfranchise* trägt der Versicherungsnehmer z. B. bei einer Gesamtschadendauer von n Tagen in den ersten k Tagen (manchmal auch *Karenzzeit* genannt) den Schaden komplett selbst, während er anschließend vom Versicherungsunternehmen übernommen wird. Bei der *proportionalen Zeitfranchise* trägt der Versicherungsnehmer demgegenüber den Anteil k/n am Gesamtschaden.

Bei der *Kapitalfranchise* wird die Selbstbeteiligung des Versicherungsnehmers betragsmäßig festgelegt. Die wichtigste Form der Kapitalfranchise ist die *Abzugsfranchise*. Dabei trägt der Versicherungsnehmer jeden Schaden bis (höchstens) zum Selbstbehalt d, das Versicherungsunternehmen trägt den darüber hinausgehenden Teil, d. h. es gilt die Zerlegung

$$X = X_{VU} + X_{VN}$$
$$= (X - d)_+ + \min(X, d).$$

Eine „echte" Schadenbeteiligung des Versicherungsunternehmens findet nur statt, wenn der Originalschaden X den Selbstbehalt d überschreitet, d. h. wenn $X_{VU} > 0$ ist. Daher sind aus Sicht des Versicherungsunternehmens nur diese Schäden relevant und die entsprechende Verteilung ist durch die bedingte Verteilungsfunktion (s. Anhang B.5) gegeben:

$$F_{X_{VU}|X_{VU}>0}(x) = \frac{P(0 < X_{VU} \le x)}{P(X_{VU} > 0)}$$
$$= \frac{P(0 < (X - d)_+ \le x)}{P((X - d)_+ > 0)}$$
$$= \frac{P(d < X \le x + d)}{P(X > d)}$$
$$= \frac{F_X(x + d) - F_X(d)}{1 - F_X(d)}.$$

Dabei ist F_X die Verteilungsfunktion des Originalschadens. Offensichtlich ist $F_{X_{VU}|X_{VU}>0}(x) = 0$ für $x \le 0$. Man erkennt, dass diese Funktion eine Exzess-Verteilungsfunktion im Sinne von Kapitel 2.5.2 ist. Genauer gilt $F_{X_{VU}|X_{VU}>0}(x) = F_d(x)$ für den Selbstbehalt d, wobei F_d die Exzess-Verteilungsfunktion zum Schwellenwert d bezeichnet. Im Falle einer stetigen Verteilung ist die zugehörige Dichtefunktion der Schäden des Versicherungsunternehmens dann

$$f_{X_{VU}|X_{VU}>0}(x) = \frac{f_X(x + d)}{1 - F_X(d)}.$$

Aus mathematischer Sicht handelt es sich bei dieser bedingten Verteilung um eine an der Stelle d gestutzte Verteilung, s. Abschnitt 2.2.16. Zur Berechnung von Erwartungswert, Varianz und weiterer charakteristischer Verteilungsgrößen siehe [KPW08].

Bei der *Integralfranchise* wird demgegenüber jeder den Selbstbehalt d übersteigende Schaden komplett vom Versicherungsunternehmen übernommen, d. h. es gilt die Zerlegung

$$X = X_{VU} + X_{VN}$$

mit

$$X_{VU} = \begin{cases} 0, & \text{wenn } X \le d, \\ X, & \text{wenn } X > d, \end{cases}$$

und für die Verteilungs- und Dichtefunktion gelten ähnliche Formeln wie bei der Abzugsfranchise; vgl. [KPW08].

Die *verschwindende Abzugsfranchise* ist eine Mischform, bei der nach Überschreiten der Grenze d_1 die Selbstbeteiligung bis zu einer vorgegebenen zweiten Schadenhöhe d_2 linear abgebaut

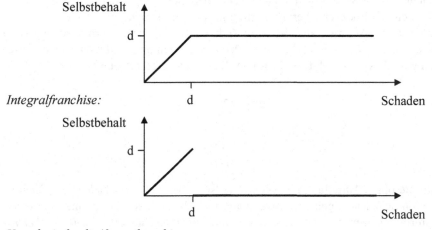

Abzugsfranchise:

Integralfranchise:

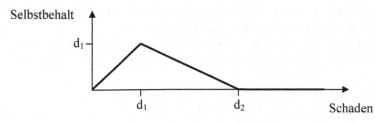

Verschwindende Abzugsfranchise:

Abbildung 4.2: Verschiedene Typen der Franchise (schematische Darstellung)

wird. Außer auf den Einzelschaden kann sich die Kapitalfranchise auch auf den Gesamtschaden in einem bestimmten Zeitraum beziehen (z. B. Selbstbeteiligung in der privaten Krankenversicherung). Die Wirkung der verschiedenen Franchisen ist in Abbildung 4.2 dargestellt.

4.1.3.2 Schadenexzedenten-Rückversicherung

Das Analogon zur Franchise in der Erstversicherung wird in der Rückversicherung als *Schadenexzedenten-Vertrag* (oder *Excess-of-Loss-Vertrag* bzw. *XL-Vertrag*) bezeichnet; den Selbstbehalt d des Erstversicherers nennt man in diesem Zusammenhang auch *Priorität*. Die Schäden werden stets gemäß

$$X_{RV} = (X - d)_+$$

und

$$X_{EV} = \min(X, d),$$

aufgeteilt, allerdings unterscheidet man je nach gedecktem Risiko verschiedene Typen von XL-Verträgen:

1. Bezieht sich der Selbstbehalt auf jeden einzelnen Schaden bzw. auf jedes einzelne Risiko, das durch den Rückversicherungsvertrag gedeckt ist, spricht man von einem *Einzelschadenexzedenten*-Vertrag (oder: *Working XL* bzw. *W-XL*). Dieser Vertrag schützt vor großen Einzelschäden. Wenn $S = \sum_{i=1}^{N} X_i$ den Originalschaden im kollektiven Modell bezeichnet, dann wird dieser wie folgt auf Erst- und Rückversicherer aufgeteilt:

$$S_{EV} = \sum_{i=1}^{N} \min(X_i, d),$$

$$S_{RV} = \sum_{i=1}^{N} (X_i - d)_+.$$

2. Wird die obige Aufteilung hingegen jeweils auf den Gesamtschaden aus *einem* wohldefinierten Schadenereignis wie etwa einem Erdbeben, einer Überflutung oder einem Wirbelsturm angewendet, so spricht man von einem *Kumulschadenexzedenten-Vertrag* bzw. *Cat-XL*. Hier bezieht sich die Priorität also auf den Gesamtschaden pro Ereignis. Dieser Vertrag schützt den Erstversicherer, wenn viele Versicherungsverträge gleichzeitig von einem Schadenereignis betroffen sein können.
3. Schließlich kommt auch der *Jahresüberschadenexzedenten-Vertrag* (oder: *Stop-Loss-Vertrag*) vor, bei dem sich die Priorität auf den Gesamtschaden S eines Jahres bezieht, d. h.

$$S_{EV} = \min(S, d),$$
$$S_{RV} = (S - d)_+.$$

Bei Verträgen mit fester Versicherungssumme ohne Teilschäden stimmen Summenexzedenten- und Schadenexzedenten-Rückversicherung überein, und entsprechen der Quotenrückversicherung. Ansonsten sichert der Schadenexzedenten-Vertrag zwar besser gegen Spitzenrisiken ab als der Summenexzedenten-Vertrag, bietet jedoch keinen oder nur geringen Schutz gegen eine Erhöhung der Schadenhäufigkeit im Bereich niedriger und mittlerer Schadensummen.

Bemerkungen

1. Die Quotenrückversicherung ist eine einfach zu handhabende und kostensparende Form der Rückversicherung, sie wirkt allerdings auch in Schadenbereichen, in denen der Erstversicherer eigentlich keinen Rückversicherungsschutz benötigt, da er diese Risiken selbst tragen kann. Trotzdem erhält der Rückversicherer vom Erstversicherer den entsprechenden Anteil der Prämie, was den Gewinn des Erstversicherers reduziert.

2. Die Summenexzedenten-Rückversicherung ist eine Form der proportionalen Risikoteilung, wobei jedoch die Quote $c = c(VS)$ nicht proportional von der Versicherungssumme abhängt. Durch diese Form der Risikoteilung werden Spitzenrisiken auf eine für den Erstversicherer flexible Art reduziert. Allerdings ist die Handhabung relativ kompliziert, da für jedes einzelne Risiko die Versicherungssumme bekannt sein muss.

3. Die Einzelschadenexzedenten-Rückversicherung schützt den Erstversicherer vor großen Einzelschäden, die Kumulschadenexzedenten-Rückversichererung vor „katastrophalen" Ereignissen, bei denen viele Risiken gleichzeitig betroffen sein können.

4. Bei den hier vorgestellten Schadenexzedenten-Formen trägt der Rückversicherer potenziell ein unbegrenztes Risiko. In der Regel wird auch der Rückversicherer sein Risiko begrenzen und übernimmt Schäden nur bis zu einer maximalen Höhe c, der sogennanten *Haftstrecke*. Für Schäden, die $c + d$ übersteigen, muss der Erstversicherer seinen Anteil dann entweder selbst übernehmen oder weiteren Rückversicherungsschutz erwerben.

In der Regel werden verschiedene Rückversicherungsformen miteinander zu einem sogenannten Rückversicherungsprogramm kombiniert.

Beispiel (Rückversicherungsprogramm)
Nach proportionaler Rückversicherung verbleibt einem Erstversicherer ein maximaler Selbstbehalt von 8 Mio. (alle Angaben in €), für das er folgendes Programm abschließt:

- Zum Schutz vor Großschäden schließt der Erstversicherer einen Einzelschadenexzedenten-Vertrag (W-XL) mit Priorität 2 Mio. ab.

- Als zusätzlichen Schutz vor Katastrophenschäden aus einem Erdbeben schließt der Erstversicherer eine Kumulschadenexzedenten-Rückversicherung (Cat-XL) mit Priorität 4 Mio. ab.

Ein Erdbeben hinterlässt nun beim Erstversicherer Schäden im Selbstbehalt gemäß der ersten Zeile in Tabelle 4.2. Insgesamt treten Schäden in der Höhe von 9 Mio. auf. Lediglich der Schaden der Höhe 4 Mio. übersteigt die Priorität des W-XL. Das heißt, von diesem Schaden übernimmt der Rückversicherer 2 Mio. Nach dem Einzelschadenexzedenten verbleiben also die Schäden in der zweiten Zeile mit einer Summe von 7 Mio. beim Erstversicherer. Diese Schäden sind nun vom Cat-XL gedeckt und übersteigen dessen Priorität um 3 Mio, die also auch der Rückversicherer übernimmt. Insgesamt übernimmt der Rückversicherer bei dieser Konstruktion also 5 Mio. der 9 Mio. Originalschäden.

Schaden (original)	1	1	1	2	4
Schaden EV (nach W-XL)	1	1	1	2	2

Tabelle 4.2: Schäden (in Mio. €)

4.1.4 Entlastungseffekt bei Risikoteilung

Der Entlastungseffekt, der sich durch die Vereinbarung von Selbstbeteiligung bzw. durch einen Rückversicherungsvertrag in Bezug auf den zu tragenden Gesamtschaden ergibt, lässt sich u. a. durch den sogenannten *Entlastungskoeffizienten* quantifizieren. Wenn die allgemeine Form der Risikoteilung

$$X = X_A + X_B$$

zugrunde gelegt wird, dann lässt sich der Entlastungseffekt durch

$$r = \frac{\mathbf{E}(X_B)}{\mathbf{E}(X)}$$

messen. Konkret ergibt sich im Falle der Selbstbeteiligung zwischen Versicherungsnehmer und Versicherungsunternehmen

$$r = \frac{\mathbf{E}(X_{VN})}{\mathbf{E}(X)},$$

und bei der Risikoteilung zwischen Erstversicherer und Rückversicherer

$$r = \frac{\mathbf{E}(S_{EV})}{\mathbf{E}(S)},$$

wobei S bzw. S_{EV} der vom Erstversicherer zu tragende Gesamtschaden ohne bzw. mit Rückversicherung ist. Bei der weiteren Analyse des Entlastungseffekts sprechen wir nun der Einfachheit halber immer nur von Rückversicherung. Die Aussagen gelten analog für Versicherung mit Selbstbeteiligung.

Der Entlastungskoeffizient gibt im Fall der Rückversicherung also an, welcher Anteil des auch als Nettoprämie bezeichneten erwarteten Schadens (s. Abschnitt 3.1.7.2) beim Erstversicherer nach Rückversicherung verbleibt. Somit bezieht sich die Entlastung auf die Entlastung des Versichernden. Für verschiedene Rückversicherungsverträge ergeben sich die folgenden Eigenschaften des Entlastungskoeffizienten:

1. Im Falle der Quotenrückversicherung mit Beteiligungsquote c des Rückversicherers gilt offenbar $r = 1 - c$; für andere Rückversicherungsformen ist der Entlastungskoeffizient i. Allg. nicht so einfach zu berechnen.

2. Wenn $S = \sum_{i=1}^{N} X_i$ der Gesamtschaden im kollektiven Modell mit unabhängig und identisch verteilten Schadenhöhen und davon unabhängiger Schadenanzahl ist (s. Abschnitt 2.6.3), dann lässt sich S_{EV} etwa beim Summen- und Schadenexzedenten wiederum als kollektives Modell mit der gleichen Schadenanzahl ausdrücken:

$$S_{EV} = \sum_{i=1}^{N} X_{EV}^{i}.$$

Für die Erwartungswerte ergibt sich in diesem Fall

$$\mathbf{E}(S) = \mathbf{E}(N) \cdot \mathbf{E}(X) \qquad \text{und}$$
$$\mathbf{E}(S_{EV}) = \mathbf{E}(N) \cdot \mathbf{E}(X_{EV})$$

und damit folgt

$$r = \frac{\mathbf{E}(X_{EV})}{\mathbf{E}(X)},$$

wobei X bzw. X_{EV} der zu tragende Einzelschaden ohne bzw. mit Rückversicherung ist. Das heißt r hängt nur von der Schadenhöhenverteilung und nicht von der Schadenanzahlverteilung ab.

(i) Bei der Summenexzedenten-Rückversicherung ergibt sich speziell $r = SB/VS$, wenn alle Risiken dieselbe Versicherungssumme VS aufweisen und SB der identische Selbstbehalt pro Einzelrisiko ist.

(ii) Im Falle der Einzelschadenexzedenten-Rückversicherung mit vereinbarter Priorität d gilt

$$r = \frac{\mathbf{E}(\min(X, d))}{\mathbf{E}(X)}.$$

Dies ist identisch mit dem Entlastungskoeffizienten einer Abzugsfranchise mit Selbstbehalt d. Der Entlastungskoeffizient hängt von der Priorität d und der Schadenhöhenverteilung ab. Die Funktion $r : d \mapsto r(d)$ heißt *Entlastungseffektfunktion*.

3. Für den speziellen Fall der Einpunktverteilung mit $X = VS$ (d. h. wenn der Schaden immer der festen Versicherungsleistung VS entspricht und somit insbesondere auch Summenexzedenten- und Schadenexzedenten-Vertrag übereinstimmen) gilt

$$\mathbf{E}(\min(X, d)) = \begin{cases} d, & \text{wenn } d \leq VS, \\ VS, & \text{wenn } d > VS, \end{cases}$$

und damit für die Entlastungseffektfunktion

$$r(d) = \begin{cases} \frac{d}{VS}, & \text{wenn } d \leq VS, \\ 1, & \text{wenn } d > VS. \end{cases}$$

4. Ist X stetig verteilt mit Dichtefunktion f und Verteilungsfunktion F, ergibt sich für die Entlastungseffektfunktion

$$r(d) = \frac{\int\limits_0^\infty \min(x,d) \cdot f(x)dx}{\int\limits_0^\infty x \cdot d(x)dx}$$

$$= \frac{\int\limits_0^d x \cdot f(x)dx + d \cdot (1 - F(d))}{\int\limits_0^\infty x \cdot f(x)dx}.$$

Entlastungseffektfunktionen von verschiedenen Verteilungen sind in Abbildung 4.3 dargestellt; zur Berechnung siehe Aufgaben 4.6 und 4.8.

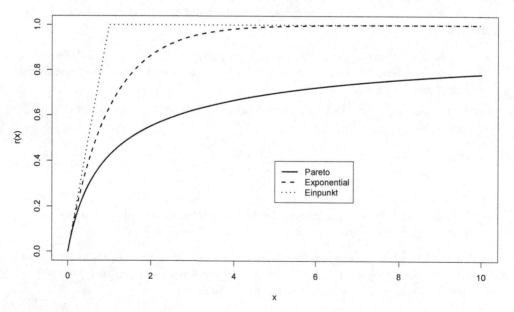

Abbildung 4.3: Entlastungseffektfunktionen verschiedener Schadenverteilungen

4.1.5 Einfluss von Risikoteilung auf den Variationskoeffizienten

Der Entlastungskoeffizient macht als Quotient von Erwartungswerten nur eine Aussage über die erwarteten Schäden. Als Kennzahl für die Schwankung des Gesamtschadens wird häufig der *Variationskoeffizient*

$$\mathbf{VK}(S) = \frac{\mathbf{SD}(S)}{\mathbf{E}(S)}$$

herangezogen. Analog zur Auswirkung von Risikoteilung auf den Schadenerwartungswert kann nun der Einfluss von Risikoteilung auf den Quotienten

$$\frac{\mathbf{VK}(S_{EV})}{\mathbf{VK}(S)}$$

als Maß für die (prämiennormierte) Reduktion des Risikos untersucht werden.

Genauere Aussagen sind in der Regel nur unter speziellen Verteilungsannahmen für die Schäden möglich. Gehen wir beispielsweise von einem Bestand unabhängiger und identischer Risiken aus und nehmen ferner zusätzlich an, dass die Schadenanzahl N des Bestands pro Zeitperiode (z. B. Jahr) Poisson-verteilt sei mit Erwartungswert λ, so gilt gemäß Abschnitt 2.6.3:

$$\mathbf{E}(S) = \mathbf{E}(N) \cdot \mathbf{E}(X) = \lambda \cdot \mathbf{E}(X);$$
$$\mathbf{Var}(S) = \mathbf{E}(N) \cdot \mathbf{Var}(X) + \mathbf{Var}(N) \cdot [\mathbf{E}(X)]^2$$
$$= \lambda \cdot \mathbf{Var}(X) + \lambda \cdot [\mathbf{E}(X)]^2$$
$$= \lambda \cdot \mathbf{E}(X^2).$$

Für den Variationskoeffizienten eines solchen kollektiven Modells gilt also

$$\mathbf{VK}(S) = \sqrt{\frac{\mathbf{E}(X^2)}{\lambda \cdot [\mathbf{E}(X)]^2}}.$$

Somit ergibt sich für das Verhältnis der Variationskoeffizienten vor bzw. nach Rückversicherung bei der Summenexzedenten- und der Einzelschadenexzedenten-Rückversicherung

$$\frac{\mathbf{VK}(S_{EV})}{\mathbf{VK}(S)} = \sqrt{\frac{\mathbf{E}(X_{EV}^2)}{\lambda \cdot [\mathbf{E}(X_{EV})]^2}} \cdot \sqrt{\frac{\lambda \cdot [\mathbf{E}(X)]^2}{\mathbf{E}(X^2)}}$$
$$= \frac{1}{r} \cdot \sqrt{\frac{\mathbf{E}(X_{EV}^2)}{\mathbf{E}(X^2)}},$$

wobei r der Entlastungskoeffizient ist. In diesem Modell ist das Verhältnis der Variationskoeffizienten also unabhängig von der Schadenintensität λ.

4.1.6 Anmerkungen zur Preiskalkulation bei Risikoteilung

Die Kalkulation der Nettoprämien bei Risikoteilung orientiert sich zunächst an den erwartungsgemäß zu tragenden Schäden; d. h. bei einem erwarteten Schaden $\mathbf{E}(S_{EV})$ nach Rückversicherung bzw. Selbstbeteiligung ist der Nettopreis für die Rückversicherung bzw. Versicherung mit
Selbstbeteiligung

$$NP = \mathbf{E}(S - S_{EV}) = \mathbf{E}(S) - \mathbf{E}(S_{EV}).$$

Bei differenzierteren Überlegungen ist in Betracht zu ziehen, dass sich auch die Verteilung der
Gesamtschadenhöhe S durch die Vereinbarung der Risikoteilung verändern kann (wegen des
moralischen Risikos; zum Begriff vgl. 4.1.1).

Zur Berücksichtigung der Kosten bei Risikoteilung sind kaum pauschale Aussagen möglich.
Es hängt stark von der speziellen Versicherungsform ab, welche Fixkosten vorliegen und wie die
Schadenregulierungskosten beim Erstversicherer durch die Risikoteilung beeinflusst werden.

Schließlich ist noch die Aufteilung der Sicherheitszuschläge anzusprechen; diese hängt vom
verwendeten Prämienkalkulationsprinzip ab. Wenn beispielsweise der Erstversicherer in seine
Prämien gemäß Standardabweichungsprinzip einen Sicherheitszuschlag von $b \cdot \mathbf{SD}(S)$ einkalku-
liert hat, so erscheint es plausibel, dass er davon den Anteil

$$c_{RV} = \frac{\mathbf{SD}(S - S_{EV})}{\mathbf{SD}(S_{EV}) + \mathbf{SD}(S - S_{EV})}$$

an den Rückversicherer abgibt und selbst den Anteil

$$c_{EV} = \frac{\mathbf{SD}(S_{EV})}{\mathbf{SD}(S_{EV}) + \mathbf{SD}(S - S_{EV})}$$

behält, wobei S_{EV} der vom Erstversicherer und also $S_{RV} = S - S_{EV}$ der vom Rückversicherer zu
tragende Schaden ist. Man beachte hierbei, dass gilt $c_{EV} + c_{RV} = 1$. Wenn der Sicherheitszuschlag als Risikokapital interpretiert wird, dann handelt es sich bei dieser Aufteilung also um ein
Allokationsprinzip (s. Abschnitt 3.1.8.4), bei dem das Gesamtrisiko S in zwei Teilrisiken

$$S = S_{RV} + S_{EV}$$
$$= S_1 + S_2$$

zerlegt wird und das Gesamtrisikokapital proportional aufgeteilt wird gemäß der Regel

$$c_1 = \frac{\mathbf{SD}(S_1)}{\mathbf{SD}(S_1) + \mathbf{SD}(S_2)},$$
$$c_2 = \frac{\mathbf{SD}(S_2)}{\mathbf{SD}(S_1) + \mathbf{SD}(S_2)}.$$

Neben dieser proportionalen Zuteilung mit der Standardabweichung als Risikomaß gibt es viele
weitere Allokationsmethoden (s. [UDKS03]).

4.1.7 Aufgaben

Aufgabe 4.1

Sei $X \sim$ **Pareto**$(x_0; a)$ der Originalschaden eines Risikos. Zeigen Sie, dass bei einer proportionalen Risikoteilung mit $c \in (0; 1)$ für das abgegebene Risiko $X_A = c \cdot X$ gilt:

$$X_A \sim \textbf{Pareto}(c \cdot x_0; a).$$

(Hinweis: Ermitteln Sie die Verteilungsfunktion von X_A.)

Aufgabe 4.2

Sei $X \sim$ **Null-Pareto**$(x_0; a)$ der Originalschaden eines Risikos. Für dieses Risiko wird eine Abzugsfranchise mit Selbstbehalt d eingeführt. Zeigen Sie, dass wenn $X_{VU} = (X - d)_+$ ist, für die bedingte Verteilung

$$X_{VU} | X_{VU} > 0 \sim \textbf{Null-Pareto}(x_0 + d; a)$$

gilt. (Hinweis: Verwenden Sie die Formel für $F_{X_{VU}|X_{VU}>0}$ aus Abschnitt 4.1.3.1.)

Aufgabe 4.3

Ein Erstversicherer verfügt über einen Bestand von Risiken mit einer Versicherungssumme von höchstens 2.500 (alle Angaben in Tausend €). Er schließt einen Surplus-Vertrag mit einem Maximum von 100 ab.

(a) Erzeugen Sie eine Tabelle (per Hand oder mit Excel), die die Abhängigkeit der individuellen Quote $q = q(VS)$ von der Versicherungssumme für Erst- und Rückversicherer darstellt ($0 \leq VS \leq 2.500$).

(b) Stellen Sie denselben Zusammenhang grafisch dar.

(c) In Tabelle 4.3 sind Schäden mit der jeweiligen Versicherungssumme angegeben. Ermitteln Sie die Aufteilung der Schäden auf den Erst- und Rückversicherer.

VS	50	150	500	500	2.000	2.500
Schaden	10	10	10	300	300	300

Tabelle 4.3: Daten zu Aufgabe 4.3

Aufgabe 4.4

Gehen Sie von den Risiken und Schäden aus dem Beispiel in Abschnitt 4.1.2.2 aus. Nehmen Sie an, dass der Erstversicherer mit dem Rückversicherer folgendes Rückversicherungsprogramm vereinbart hat:

1. einen Surplus-Vertrag (unbegrenzte Haftung des Rückversicherers) mit einem Maximum von 300,

2. einen W-XL auf den Selbstbehalt in der Surplus-Rückversicherung mit einer Priorität von 100,

3. einen Cat-XL auf den Selbstbehalt in der W-XL-Rückversicherung mit einer Priorität von 200.

Gehen Sie davon aus, dass sich die drei Schäden mit den Versicherungssummen 250, 500 und 1.000 bei einem vom Cat-XL gedeckten Erdbeben ereigneten, und ermitteln Sie, wie sich der Gesamtschaden auf den Erstversicherer und die einzelnen Rückversicherungsverträge aufteilt.

Aufgabe 4.5
Sei $X \geq 0$ eine Schadenhöhenvariable mit Verteilungfunktion F. Zeigen Sie, dass die Entlastungseffektfunktion $r = r(x)$ folgende Eigenschaften besitzt:

(a) $r(0) = 0$,

(b) $r'(x) = \dfrac{1 - F(x)}{\mathbf{E}(X)}$,

(c) $r'(0) = \dfrac{1}{\mathbf{E}(X)}$,

(d) $F(x) = 1 - \dfrac{r'(x)}{r'(0)}$,

(e) $r''(x) \leq 0$.

Aufgabe 4.6
Sei $X \sim$ **Null-Pareto**$(x_0; a)$ eine Nullpunkt-Pareto-verteilte Schadenhöhenvariable mit Parametern $a > 1, x_0 > 0$. Zeigen Sie, dass für die Entlastungseffektfunktion r gilt:

$$r(x) = 1 - \left(\frac{x_0}{x + x_0} \right)^{a-1}.$$

Aufgabe 4.7
Sei $X \sim$ **Exp**(λ) eine exponentialverteilte Schadenhöhenvariable mit Parameter $\lambda > 0$. Zeigen Sie, dass für die Entlastungseffektfunktion r gilt:

$$r(x) = 1 - \exp(-\lambda x).$$

Aufgabe 4.8
Es seien $X_1 \sim$ **Null-Pareto**$(1/2; 3/2)$ und $X_2 \sim$ **Exp**(1) zwei Schadenhöhenvariablen.

(a) Zeigen Sie, dass $\mathbf{E}(X_1) = \mathbf{E}(X_2)$ gilt.

(b) Berechnen Sie die Entlastungseffektfunktionen der beiden Risiken und skizzieren Sie diese in einer gemeinsamen Grafik.

Aufgabe 4.9
Zeigen Sie, dass sich bei einer Quotenrückversicherung der Variationskoeffizient nicht verändert, d. h. dass gilt

$$\mathbf{VK}(S_{EV}) = \mathbf{VK}(S).$$

4.2 Diversifikation von Risiken

Unter Risikodiversifikation versteht man die Verteilung von Risiken auf verschiedene Kapitalanlagen oder Investitionsprojekte. Grundsätzlich ist das Prinzip auch im Alltagsleben wohlbekannt und wird dort in geflügelten Worten wie „Man soll nicht alle Eier in einen Korb legen" oder „Man soll nicht alles auf's gleiche Pferd setzen" ausgedrückt. Auch die Funktionsweise von Versicherungsunternehmen beruht im Kern auf dem Diversifikationsprinzip und wird dort oft als „Risikoausgleich im Kollektiv" bezeichnet.

Die Theorie, die sich mit der Zusammenstellung optimal diversifizierter Portfolios beschäftigt, wird auch als Portfoliotheorie bezeichnet. Im Folgenden wird zunächst die allgemeine Aufgabenstellung beschrieben und anschließend für die Spezialfälle von zwei Anlagealternativen sowie n unabhängigen gleichartigen Anlagen näher betrachtet. Danach wird ausblicksartig der der allgemeine Fall behandelt und der Zusammenhang zum sogenannten Capital Asset Pricing Modell hergestellt.

4.2.1 Allgemeines Problem der Portfoliooptimierung

In den 50er Jahren hat H. Markowitz erstmals allgemein die Auswirkungen der Diversifikation eines Anlageportfolios auf dessen Rendite-Risiko-Struktur beschrieben und für seine diesbezüglichen Arbeiten 1990 den Nobelpreis für Wirtschaftswissenschaften erhalten. Der nach ihm benannte *Markowitz-Diversifikationseffekt* besagt grob gesprochen, dass durch geeignete Diversifikation in der Regel das Gesamtrisiko unter das Risiko *jeder* der einzelnen Anlagealternativen gesenkt werden kann.

In der Portfoliotheorie interessiert man sich also für das risikominimale Portfolio oder auch andere unter Rendite-Risiko-Aspekten optimal diversifizierte Portfolios. Das grundlegende Ziel der Portfoliotheorie ist also die Ermittlung optimaler Portfoliogewichte x_i bei Verteilung eines festen Geldbetrags auf vorgegebene Investitionsmöglichkeiten $i = 1, \ldots, n$, also die optimale prozentuale Aufteilung

$$0 \leq x_i \leq 1, \quad \sum_{i=1}^{n} x_i = 1$$

unter Unsicherheit der Erträge. Diese Formulierung ist unabhängig von der – für die meisten Grundüberlegungen irrelevanten – Höhe des zur Verfügung stehenden Investitionsbetrags; ebenso werden auch die Erträge in relativer Form, d. h. als Renditen, angegeben. Die auf einen bestimmten Zeitpunkt (Investitionshorizont) bezogene zufallsabhängige Portfolio-Rendite R_P sowie damit auch deren charakteristische Verteilungsparameter werden also als Funktionen der Portfoliogewichte $x_1, x_2, \ldots, x_n$ aufgefasst. Allgemein kann die Aufgabe der Portfoliooptimierung damit in einer der folgenden Weisen formuliert werden:

- Minimiere die Risikokennzahl $\rho(R_P) = \rho(R_P)(x_1, x_2, \ldots, x_n)$

  - bei vorgegebener Performance-Anforderung $m(R_P)$
  - und unter sonstigen finanziellen Nebenbedingungen.

- Maximiere die Performance-Kennzahl $m(R_P) = m(R_P)(x_1, x_2, \ldots, x_n)$
  - bei vorgegebenem Risikolimit $\rho(R_P)$
  - und unter sonstigen finanziellen Nebenbedingungen.
- Maximiere die risikoadjustierte Performance-Kennzahl $p(R_P) = p(R_P)(x_1, x_2, \ldots, x_n)$
  - unter sonstigen finanziellen Nebenbedingungen.

Als Performance-Kennzahl $m(R_P)$ kommt z. B. der Erwartungswert oder der Median der Portfolio-Rendite infrage, als Risikokennzahl $\rho(R_P)$ die Standardabweichung oder der Value-at-Risk, als risikoadjustierte Erfolgskennzahl $p(R_P)$ die wahrscheinliche Mindestrendite oder das Sharpe-Ratio; vgl. hierzu auch das Kapitel 3.1. In der „klassischen" Variante wird die Standardabweichung von R_P bei vorgegebenem Erwartungswert minimiert.

Bei den sonstigen finanziellen Nebenbedingungen ist neben den Standardbedingungen $\sum x_i = 1$ und $0 \leq x_i \leq 1$ in erster Linie an Unter- und Obergrenzen für den Umfang der Einzelinvestitionen gedacht, wie sie sich etwa aus Kapitalanlagevorschriften für Versicherungsunternehmen oder aus unternehmenspolitischen Erwägungen (z. B. angestrebte Beteiligungen an anderen Unternehmen) ergeben können. Auf die Nichtnegativitätsbedingung $0 \leq x_i \leq 1$ an die Portfoliogewichte kann unter Umständen auch verzichtet werden, wenn man sowohl Long- als auch Short-Positionen zulässt, also Investition oder auch Verschuldung in einer bestimmten Anlageform; vgl. dazu auch Unterkapitel 4.2.2, insbesondere 4.2.2.2. Die explizite Lösung der allgemein beschriebenen Optimierungsaufgabe hängt also unter anderem ab

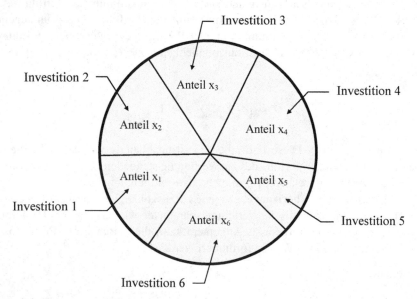

Abbildung 4.4: Schematische Darstellung der grundsätzlichen Aufgabenstellung der Portfoliotheorie

- vom *Modell für die zufallsbehaftete Wertentwicklung der betrachteten Investitionsalternativen / Assets* unter Berücksichtigung von wechselseitigen Abhängigkeiten,

- vom betrachteten Zeithorizont der Investition,

- vom *Handelsmodell für den Finanzmarkt* (z. B. Handelsrestriktionen, Transaktionskosten),

- von den *Rendite-Risiko-Präferenzen* des Investors (benutztes Risikomaß und Grad der Risikofreude bzw. -aversion).

Da die Portfolio-Rendite R_P implizit von einem Zeitparameter abhängt, könnte die Optimierungsaufgabe noch allgemeiner in einer dynamischen, d. h. in der Zeit veränderlichen, Form gestellt werden. Zur Veranschaulichung von Grundideen beschränken wir uns im Folgenden allerdings auf Einperiodenmodelle.

4.2.2 Diversifikation bei zwei Anlagealternativen

4.2.2.1 Aufgabenstellung

Gegeben sei ein fester Investitionsbetrag, der auf zwei mit Unsicherheit behaftete Investitionsprojekte oder Kapitalanlagen A und B verteilt werden soll. Zur Veranschaulichung des Grundprinzips der Portfoliooptimierung gehen wir von einem einfachen Basismodell aus, genauer:

- Für die Wertentwicklung wird ein Einperiodenmodell angenommen mit zufallsbehafteten Einperiodenrenditen R_A und R_B und

  - den Erwartungswerten $\mu_A = \mathbf{E}(R_A), \mu_B = \mathbf{E}(R_B)$,
  - den Standardabweichungen $\sigma_A = \mathbf{SD}(R_A), \sigma_B = \mathbf{SD}(R_B)$
  - und dem Korrelationskoeffizienten $\rho_{AB} = \mathbf{Corr}(R_A, R_B)$ bzw. der Kovarianz $\mathbf{Cov}(R_A, R_B) = \sigma_A \cdot \sigma_B \cdot \rho_{AB}$.

- Das Handelsmodell geht von einfachsten Voraussetzungen aus, insbesondere der beliebigen Teilbarkeit der Anlagen und Investitionsmöglichkeiten in beliebiger Höhe ohne Veränderung des Rendite-Risiko-Profils, d. h. u. a. ohne Einfluss von Kosten.

- Der Investor orientiert sich lediglich an Erwartungswert und Standardabweichung bzw. Varianz der Rendite (sogenannter *Mean-Variance*-Investor oder *Erwartungswert-Varianz*-Investor) und ist risikoavers mit ungesättigten Renditevorstellungen, d. h. bei identischer Standardabweichung wird das Portfolio mit der höheren Renditeerwartung bevorzugt und bei identischer Renditeerwartung dasjenige mit der geringsten Standardabweichung. Als Risikomaß wird hier also $\rho(R) = \mathbf{SD}(R)$ bzw. $\rho(R) = \mathbf{Var}(R)$ zugrunde gelegt und als Performance-Maß die Kennzahl $m(R) = \mathbf{E}(R)$.

4.2.2.2 Numerische Beschreibung des Diversifikationseffekts für zwei Assets

Die Gesamtposition, d. h. das Portfolio aus Anlage A und B, sei mit P bezeichnet. Die Anteile von Investition A bzw. B am Gesamtportfolio P seien

$$x_A = x, \quad x_B = 1 - x.$$

Die zufallsbehaftete Rendite von P ist also

$$R_p = x \cdot R_A + (1 - x) \cdot R_B.$$

Für die erwartete Rendite von P in Abhängigkeit von x gilt somit

$$\mu := \mathbf{E}(R_P) = x \cdot \mu_A + (1 - x) \cdot \mu_B,$$

und für die Varianz von P gilt

$$\sigma^2 := \mathbf{Var}(R_P) = x^2 \cdot \sigma_A^2 + (1 - x)^2 \cdot \sigma_B^2 + 2x(1 - x) \cdot \sigma_A \cdot \sigma_B \cdot \rho_{AB}.$$

Für $\mu_A \neq \mu_B$ ist

$$x = \frac{\mu_B - \mu}{\mu_B - \mu_A},$$

d. h. Erwartungswert μ und Portfoliogewicht x lassen sich durch diese lineare Transformation direkt ineinander umrechnen. Damit lässt sich die Standardabweichung σ bzw. die Varianz σ^2 der Portfolio-Rendite nicht nur als Funktion von x, sondern unmittelbar auch als Funktion von μ ausdrücken. Die Varianz σ^2 als Funktion von x bzw. μ ist eine Parabel wie in Abbildung 4.5 dargestellt. Statt der Varianz wird meist die Standardabweichung betrachtet, weil sich diese anschaulich leichter interpretieren lässt. Auch wird anstelle von $\sigma(\mu)$ oft der Graph $\mu(\sigma)$ dargestellt, weil es meist naheliegender ist, die erwartete Rendite als Funktion des eingegangenen Risikos abzulesen als umgekehrt; vgl. auch die Abbildungen 4.6 und 4.7. Allerdings ist in der Darstellung $\mu(\sigma)$ das Varianzminimum nicht mehr unmittelbar auszurechnen wie im Folgenden für $\sigma(\mu)$. Abhängig von der Korrelation ρ_{AB} ergeben sich die folgenden Konstellationen:

1. Im Fall $\rho_{AB} = 1$ gilt

$$\sigma = x \cdot \sigma_A + (1 - x) \cdot \sigma_B,$$

   d. h. $\sigma(\mu)$ bzw. $\mu(\sigma)$ ist eine lineare Funktion, die im μ-σ-Diagramm die Risikopositionen von Anlage A und Anlage B verbindet.

2. Im Fall $\rho_{AB} = -1$ gilt

$$\sigma = |x \cdot \sigma_A - (1 - x) \cdot \sigma_B|,$$

   d. h. $\sigma(\mu)$ bzw. $\mu(\sigma)$ ist eine aus zwei Teilstücken bestehende stückweise lineare Funktion. Für $x_{MVP} = \sigma_B/(\sigma_A + \sigma_B)$ ist $\sigma = 0$, d. h. das Risiko ist vollkommen wegdiversifiziert.

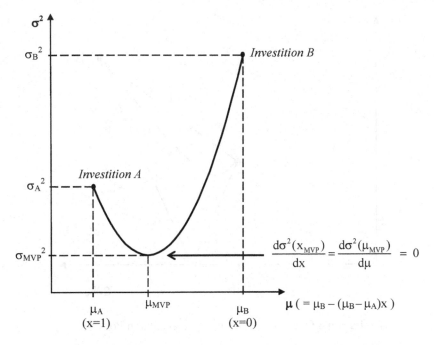

Abbildung 4.5: Visualisierung des Minimum-Varianz-Portfolios

3. Im allgemeinen Fall $-1 < \rho_{AB} < 1$ ist $\sigma(\mu)$ eine Hyperbel, die sich mit wachsendem ρ_{AB} der linearen Funktion des Falls $\rho_{AB} = 1$ und mit fallendem ρ_{AB} der stückweise linearen Funktion des Falls $\rho_{AB} = -1$ annähert. Das Minimum der Varianz als Funktion von x, und damit auch von μ, berechnet sich gemäß

$$\frac{d\sigma^2}{dx} = 0$$
$$\Leftrightarrow \quad 2x\sigma_A^2 - 2(1-x)\sigma_B^2 + (2-4x)\sigma_A\sigma_B\rho_{AB} = 0$$
$$\Leftrightarrow \quad x_{MVP} = \frac{\sigma_B^2 - \rho_{AB}\sigma_A\sigma_B}{\sigma_A^2 + \sigma_B^2 - 2\rho_{AB}\sigma_A\sigma_B}.$$

Man erkennt unmittelbar, dass in x_{MVP} die zweite Ableitung $\frac{d^2\sigma^2}{dx^2}$ immer positiv ist, d. h. tatsächlich ein Minimum vorliegt. Da die Standardabweichung genau dann minimal wird, wenn die Varianz minimal wird, ist x_{MVP} auch das Minimum der Standardabweichung. Mit dem Portfoliogewicht x_{MVP} ergibt sich also das varianzminimale Portfolio, auch *Minimum-Varianz-Portfolio* genannt, mit Erwartungswert

$$\mu_{MVP} = \mu_B - (\mu_B - \mu_A) \cdot x_{MVP}$$

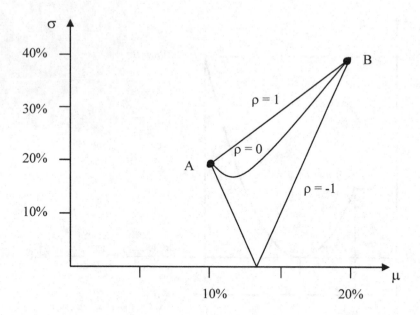

Abbildung 4.6: σ-μ-Diagramm der erreichbaren Portfolios

und Varianz

$$\sigma_{MVP}^2 = x_{MVP}^2 \sigma_A^2 + (1 - x_{MVP})^2 \sigma_B^2 + 2x_{MVP}(1 - x_{MVP})\sigma_A \sigma_B \rho_{AB}$$

$$= \frac{(1 - \rho_{AB}^2)\sigma_A^2 \sigma_B^2}{\sigma_A^2 + \sigma_B^2 - 2\rho_{AB}\sigma_A \sigma_B}.$$

Ebenfalls rechnet man leicht nach (als Aufgabe 4.10), dass unter der Bedingung

$$\rho_{AB} \leq \min(\sigma_A/\sigma_B, \sigma_B/\sigma_A) \Leftrightarrow \mathbf{Cov}(R_A, R_B) \leq \min(\sigma_A^2, \sigma_B^2)$$

dieses Minimum tatsächlich für $0 \leq x_{MVP} \leq 1$ (d. h. für einen nichtnegativen Anteil beider Investitionen im Portfolio) angenommen wird; also insbesondere immer im Fall $\rho_{AB} = 0$.

Ein negativer Wert von x_{MVP} bzw. $1 - x_{MVP}$ würde bedeuten, dass durch unmittelbare Kombination der Assets A und B keine derartige Risikosenkung erzielt werden kann, sondern ggf. nur durch einen sogenannten *Leerverkauf*. Dabei werden etwa im Fall $x_{MVP} < 0$ zuvor geliehene Stücke von Asset A verkauft (man erhält also einen Kredit, der mit Stücken von A getilgt werden muss), und zwar so viele, dass der Gegenwert zusammen mit dem ursprünglichen Investitionsbetrag von $1 = 100\,\%$ eine Investition in Asset B mit dem Portfoliogewicht $1 - x_{MVP} > 1$ erlaubt. Das Portfoliogewicht x_{MVP} für Anlage A ist für denjenigen Investor optimal, der sein Anlagerisiko minimieren will. Für Investoren, die aufgrund höherer Renditeerwartungen ein höheres Risiko eingehen wollen, wird ein anderes Mischungsverhältnis optimal sein. Allgemein

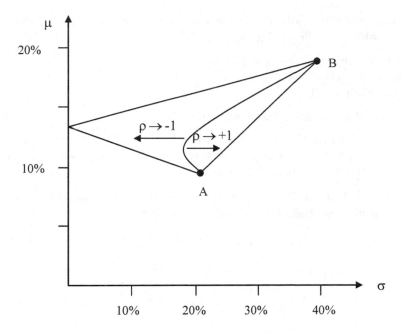

Abbildung 4.7: μ-σ-Diagramm der erreichbaren Portfolios

rechnet man (als Aufgabe 4.11) für die möglichen μ-σ-Kombinationen (sogenannte *erreichbare Portfolios*) die Beziehung

$$\mu = \mu_{MVP} \pm \sqrt{h(\sigma^2 - \sigma_{MVP}^2)}$$

mit

$$h = \frac{(\mu_B - \mu_A)^2}{\sigma_A^2 + \sigma_B^2 - 2\rho_{AB}\sigma_A\sigma_B}$$

nach. Für $\sigma > \sigma_{MVP}$ gibt es also zwei mögliche Werte von μ, von denen einer kleiner und einer größer als μ_{MVP} ist. Offenbar sind für einen risikoaversen Investor nur die Werte größer als μ_{MVP} von Interesse; man spricht auch vom *effizienten Rand*.

4.2.2.3 Beispiel: Portfoliooptimierung bei zwei Anlagealternativen

Gegeben seien zwei Aktien A und B mit folgenden Grunddaten:

$$\mu_A = 0{,}1, \quad \sigma_A = 0{,}2,$$
$$\mu_B = 0{,}2, \quad \sigma_B = 0{,}4.$$

Es soll das varianzminimale Portfolio unter allen aus den Aktien A und B generierbaren Portfolios bestimmt werden, wenn die Renditen von A und B

1. perfekt positiv korreliert sind ($\rho_{AB} = +1$),
2. perfekt negativ korreliert sind ($\rho_{AB} = -1$),
3. unkorreliert sind ($\rho_{AB} = 0$).

Ferner soll für $\rho_{AB} = 0$ der effiziente Rand bestimmt werden.

1. Im Fall $\rho_{AB} = +1$ ist die Menge der erreichbaren Portfolios die Verbindungsgerade zwischen ($\mu_A = 10\,\%, \sigma_A = 20\,\%$) und ($\mu_B = 20\,\%, \sigma_B = 40\,\%$). Das varianzminimale Portfolio ergibt sich bei 100 % Investition in Aktie A.

2. Im Fall $\rho_{AB} = -1$ lautet der Zusammenhang zwischen Gewicht x von Aktie A, erwarteter Portfolio-Rendite μ und Portfolio-Standardabweichung σ

$$\sigma = |x \cdot (\sigma_A + \sigma_B) - \sigma_B| = |0{,}6x - 0{,}4|$$

mit

$$x = \frac{\mu_B - \mu}{\mu_B - \mu_A} = 10 \cdot (0{,}2 - \mu).$$

Ferner gilt $x_{MVP} = \dfrac{\sigma_B}{\sigma_A + \sigma_B} = \dfrac{2}{3}$ mit $\sigma_{MVP} = 0$ und $\mu_{MVP} = 0{,}1333$.

3. Im Fall $\rho_{AB} = 0$ ist der Zusammenhang zwischen Gewicht x von Aktie A, erwarteter Portfolio-Rendite μ und Portfolio-Standardabweichung σ

$$\sigma = \sqrt{x^2 \sigma_A^2 + (1-x)^2 \sigma_B^2} = \sqrt{0{,}04 \cdot x^2 + 0{,}16 \cdot (1-x)^2}$$

mit

$$x = \frac{\mu_B - \mu}{\mu_B - \mu_A} = 10 \cdot (0{,}2 - \mu).$$

Ferner berechnet man $x_{MVP} = \dfrac{\sigma_B^2}{\sigma_A^2 + \sigma_B^2} = 0{,}8$, und damit

$$\mu_{MVP} = \mu_B - x_{MVP} \cdot (\mu_B - \mu_A) = 0{,}12;$$

$$\sigma_{MVP} = \frac{\sigma_A \sigma_B}{\sqrt{\sigma_A^2 + \sigma_B^2}} = 0{,}1789.$$

Die Menge aller möglichen μ-σ-Kombinationen (erreichbare Portfolios) ergibt sich mit $x = 10\mu - 2$ als Lösung der Gleichung

$$\sigma^2 = 0{,}04(2 - 10\mu)^2 + 0{,}16(-1 + 10\mu)^2$$

zu $\mu = 0{,}12 \pm \sqrt{0{,}05(\sigma^2 - 0{,}032)}$, wobei der positive Ast die effizienten Kombinationen darstellt.

Die Rechenergebnisse sind in den Abbildungen 4.6 und 4.7 visualisiert.

4.2.3 Diversifikationseffekt für n gleichartige, unabhängige Risiken

Zur weiteren Veranschaulichung von Diversifikationseffekten soll nun der Spezialfall von n gleichartigen, unabhängigen Risiken betrachtet werden. Dies können z. B. wiederum risikobehaftete Finanzinvestitionen sein oder aber auch gleichartige Versicherungspolicen im Bestand eines Versicherungsunternehmens. Der Anschaulichkeit wegen unterscheiden wir zwischen einem Portfolio aus Finanzanlagen und dem Versicherungsbestand, auch wenn die beiden Fälle sehr ähnlich sind. Für den Versicherungsbestand verzichten wir jedoch auf die Angabe der Teilrisiken als Prozentsätze des Gesamtportfolios, weil das in diesem Zusammenhang unüblich ist.

4.2.3.1 Portfolio aus n unabhängigen Investitionen

Gegeben sei ein Portfolio P aus n unabhängigen Investitionen, deren zufallsbehaftete Renditen R_i alle den gleichen Erwartungswert $\mu = \mathbf{E}(R_i)$ und die gleiche Varianz $\sigma^2 = \mathbf{Var}(R_i)$ besitzen und im Portfolio alle gleichgewichtet seien. Dann gilt

$$\mathbf{E}(R_P) = \mathbf{E}\left(\sum_{i=1}^{n} \frac{1}{n} R_i\right) = \frac{1}{n} \sum_{i=1}^{n} \mathbf{E}(R_i) = \mu;$$

$$\mathbf{Var}(R_P) = \mathbf{Var}\left(\sum_{i=1}^{n} \frac{1}{n} R_i\right) = \frac{1}{n^2} \sum_{i=1}^{n} \mathbf{Var}(R_i) = \frac{\sigma^2}{n}.$$

Während der Erwartungswert sich mit zunehmender Diversifikation also nicht verändert, nimmt die Standardabweichung als Maß für das Risiko des Gesamtportfolios P immer mehr ab. Dies ist in Abbildung 4.8 für eine Standardabweichung von $\sigma = 20\%$ veranschaulicht.

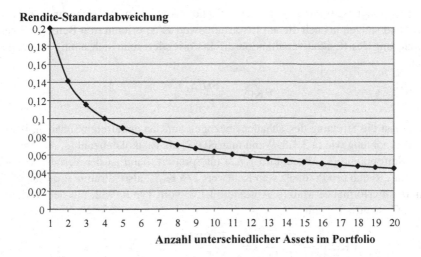

Abbildung 4.8: Diversifikationseffekt für n unabhängige Assets mit identischer Standardabweichung 0,2

Ähnliche Überlegungen lassen sich mit Hilfe der modifizierten Formel für $\mathbf{Var}(R_P)$ unter Berücksichtigung der Kovarianzen (s. Abschnitt 4.2.4) auch durchführen, wenn die Anlagealternativen potenziell von null verschiedene Korrelationskoeffizienten sowie ungleiche Renditeverteilungen besitzen; vgl. auch Aufgabe 4.12.

4.2.3.2 Versicherungsbestand aus n unabhängigen identischen Risiken

Die Funktionsweise des Versicherungsgeschäfts beruht aus Sicht des Versicherungsunternehmens zum großen Teil ebenfalls auf einem Diversifikationseffekt – dem sogenannten *Ausgleich im Kollektiv*. Darunter versteht man den Effekt, dass bei der Zusammenfassung einer großen Anzahl von Risiken sich hohe und niedrige Schäden tendenziell ausgleichen. Dieses Phänomen soll nachfolgend in exemplarischer Weise für n unabhängige und identische Risiken genauer quantifiziert werden. Anders als bei den vorangegangenen Portfolio-Betrachtungen beziehen sich die Überlegungen zunächst auf absolute Größen (Geldbeträge), nicht auf relative Renditewerte. Wir gehen aus von einem Bestand von n unabhängigen Versicherungsverträgen, die sich auf identische Risiken mit Schadenhöhen $X_1, \ldots, X_n$ bzgl. einer vorgegebenen Zeitperiode beziehen (beispielsweise vergleichbare Haftpflichtpolicen, Krankenversicherungsverträge usw.) mit der gleichen Verteilung wie ein Risiko X. Insbesondere sind also die erwarteten Schaden- bzw. Leistungssummen $\mathbf{E}(X_i)$ und die Varianzen $\mathbf{Var}(X_i)$ für jeden Einzelvertrag gleich; und für das Gesamtrisiko $S = X_1 + \ldots + X_n$ des Versicherungsunternehmens gilt

$$\mathbf{E}(S) = \mathbf{E}(\sum_{i=1}^{n} X_i) = \sum_{i=1}^{n} \mathbf{E}(X_i) = n \cdot \mathbf{E}(X);$$

$$\mathbf{Var}(S) = \mathbf{Var}(\sum_{i=1}^{n} X_i) = \sum_{i=1}^{n} \mathbf{Var}(X_i) = n \cdot \mathbf{Var}(X).$$

Offensichtlich nimmt die Gesamtvarianz mit wachsender Anzahl von Versicherungsverträgen zu; aber entsprechend steigen ja auch die am Erwartungswert $\mathbf{E}(S)$ orientierten Beitragseinnahmen. Zur Quantifizierung des Risikodiversifikationseffekts orientiert man sich häufig am Variationskoeffizienten

$$\mathbf{VK}(S) = \frac{\mathbf{SD}(S)}{\mathbf{E}(S)}.$$

Diese Größe misst die Streuung des Schadens bezogen auf den erwarteten Schaden, liefert also eine relative Betrachtung wie in 3.1.8. Wenn man $\mathbf{SD}(S)$ als Risikokennzahl (s. Abschnitt 3.1.4) und $\mathbf{E}(S)$ als Nettoprämie (s. Abschnitt 3.1.7.2) interpretiert, dann ist der Variationskoeffizient also ein Maß für „Risiko pro Prämie"; sein Kehrwert $1/\mathbf{VK}(S)$, also „Prämie pro Risiko", ist ein risikoadjustiertes Performance-Maß (s. Abschnitt 3.1.8) vom Typ RPM2. Für den Variationskoeffizienten des Gesamtrisikos gilt:

$$\mathbf{VK}(S) = \frac{\sqrt{\mathbf{Var}(S)}}{\mathbf{E}(S)} = \frac{\sqrt{n} \cdot \mathbf{SD}(X)}{n \cdot \mathbf{E}(X)} = \frac{1}{\sqrt{n}} \mathbf{VK}(X).$$

Dieses Ergebnis entspricht genau dem zuvor dargestellten Ergebnis für n unabhängige Investitionen und lässt sich ebenso auf den Fall korrelierter und nicht identischer Risiken erweitern.

Das Versicherungsunternehmen trägt also in Bezug auf die zur Verfügung stehenden finanziellen Mittel (d. h. grob gesprochen die Beitragseinnahmen) ein wesentlich geringeres Risiko als der einzelne Versicherungsnehmer, der sich den Beitrag „gespart" und für den Notfall zurückgelegt hätte.

Der Ausgleich im Kollektiv lässt sich auch anhand der aus der Stochastik bekannten Tschebyschow-Ungleichung (s. Satz B.24)

$$P(|S - \mathbf{E}(S)| \geq \upsilon) \leq \frac{\mathbf{Var}(S)}{\upsilon^2} \text{ für jede Zahl } \upsilon > 0$$

illustrieren. Daraus lässt sich die Wahrscheinlichkeit abschätzen, dass der Gesamtschaden von seinem Erwartungswert prozentual um mehr als ε abweicht. (Es interessieren natürlich in erster Linie die negativen Abweichungen, d. h. höhere Schadensummen als $\mathbf{E}(S)$, die sich aber nicht ganz so einfach separat analysieren lassen.) Setzen wir $\upsilon = \varepsilon \cdot \mathbf{E}(S)$ ergibt sich:

$$P\left(\frac{|S - \mathbf{E}(S)|}{\mathbf{E}(S)} \geq \varepsilon \right) = P(|S - \mathbf{E}(S)| \geq \varepsilon \cdot \mathbf{E}(S))$$

$$\leq \frac{(\mathbf{VK}(S))^2}{\varepsilon^2}$$

$$= \frac{1}{n} \cdot \frac{(\mathbf{VK}(X))^2}{\varepsilon^2}.$$

An dieser Darstellung erkennt man deutlich, dass die Wahrscheinlichkeit, dass der Gesamtschaden um mehr als einen vorgegebenen Prozentsatz von seinem Erwartungswert abweicht, mit zunehmendem Umfang des Versicherungsbestands immer kleiner wird. Die Tschebyschow-Ungleichung liefert eine sehr grobe Abschätzung, die für jeden beliebigen Verteilungstyp gilt. Genauere Aussagen, die insbesondere auch zwischen negativen und positiven Abweichungen unterscheiden, lassen sich unter Voraussetzung spezieller Schadenhöhenverteilungen ableiten.

Eine weitere Darstellung des Ausgleichs im Kollektiv ist mithilfe des Gesetzes großer Zahlen möglich. Da der durchschnittliche Schaden pro Risiko gegeben ist durch

$$\frac{S}{n} = \frac{1}{n} \sum_{i=1}^{n} X_i$$

folgt nach dem Gesetz großer Zahlen (vgl. Satz B.25)

$$\lim_{n \to \infty} \frac{S}{n} = \mathbf{E}(X).$$

Das heißt, für sehr große Versicherungsbestände ist der durchschnittliche Schaden pro Risiko fast identisch mit einem deterministischen Wert, nämlich $\mathbf{E}(X)$. Erst dadurch wird es dem Versicherungsunternehmen möglich, das unsichere bzw. zufällige Risiko des individuellen Versicherungsnehmers im Austausch für eine sichere Prämie zu übernehmen. Das Gesetz der großen Zahlen wird daher in diesem Zusammenhang auch als *Produktionsgesetz der Versicherungstechnik* bezeichnet. In der Realität sind Versicherungsbestände offensichtlich endlich und somit ist auch der durchschnittliche Schaden pro Risiko keine feste sondern eine zufällige Größe. Daher sind bei der Bemessung von Versicherungsprämien angemessene Sicherheitszuschläge erforderlich (zur Prämienberechnung s. Abschnitt 3.1.7).

4.2.4 Ausblick: Diversifikation bei n Anlagealternativen

4.2.4.1 Veranschaulichung des Diversifikationseffekts für drei Assets

Anhand einer Skizze kann man sich heuristisch klar machen, wie die Überlegungen aus 4.2.2 zum Diversifikationseffekt im 2-Asset-Fall auf drei und mehr Investitionen ausgedehnt werden können.

Gegeben seien die Investitionsmöglichkeiten A, B und C. Zu jeweils zwei Investitionen A und B, B und C sowie A und C werden alle möglichen Kombinationen im Rendite-Risiko-Diagramm berechnet (wie in Abschnitt 4.2.2 beschrieben); vgl. Abbildung 4.9. Jede dieser Kombinationen, beispielsweise das Portfolio mit dem Rendite-Risiko-Profil D oder E, kann selbst wieder als eigenständiges Investitionsobjekt aufgefasst werden und auf analoge Weise mit einer weiteren Anlage kombiniert werden. Alle auf diese Weise erzeugten μ-σ-Kombinationen liefern die sogenannte *Portfoliofläche*; vgl. Abbildung 4.10. Der effiziente Rand besteht nun aus der unteren Begrenzungslinie der Portfoliofläche rechts vom globalen Varianzminimum (in Abbildung 4.10 mit M gekennzeichnet).

Analog kann man bei mehr als drei ursprünglichen Anlagealternativen vorgehen.

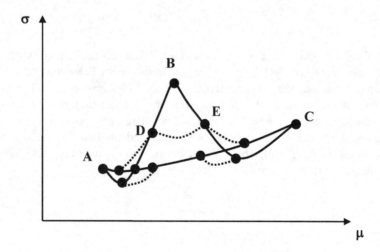

Abbildung 4.9: Konstruktion der Portfoliofläche bei drei Anlagealternativen A, B, C (schematische Darstellung)

4.2.4.2 Numerische Beschreibung der erreichbaren Portfolios im n-Asset-Fall

Um die Menge der erreichbaren Portfolios numerisch zu beschreiben, werden die verschiedenen Assets nun durchnummeriert. Es bezeichne

- R_i die zufallsbehaftete Einperiodenrendite von Asset i mit $\mu_i = \mathbf{E}(R_i)$ und $\sigma_i = \mathbf{SD}(R_i)$ ($i = 1, \ldots, n$),
- x_i den relativen Anteil der Investition in Asset i,

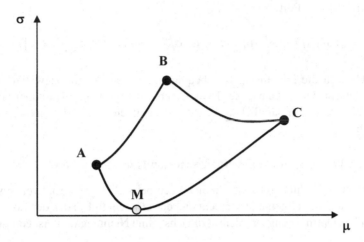

Abbildung 4.10: Portfoliofläche bei drei Anlagealternativen A, B, C (schematische Darstellung)

- $R_P = \sum\limits_{i=1}^{n} x_i \cdot R_i$ die Portfolio-Rendite mit $\mu_P = \mathbf{E}(R_P)$ und $\sigma_P = \mathbf{SD}(R_P)$,
- $\rho_{ij} = \rho(R_i, R_j)$ $(i, j = 1, \ldots, n)$ die paarweisen Asset-Korrelationen.

Zur Vereinfachung der Schreibweise werden die Erwartungswerte und Standardabweichungen in Vektoren

$$\boldsymbol{\mu}^T = (\mu_1, \ldots, \mu_n);$$
$$\boldsymbol{\sigma}^T = (\sigma_1, \ldots, \sigma_n),$$

zusammengefasst. Ferner führt man die Kovarianzmatrix

$$\boldsymbol{\Sigma} = (\mathbf{Cov}(R_i, R_j))_{i \leq i, j \leq n} = (\rho_{ij} \cdot \sigma_i \cdot \sigma_j)_{1 \leq i, j \leq n}$$

ein; vgl. Definition B.30. Das Gesamtportfolio $P = P(\boldsymbol{x})$ lässt sich beschreiben durch den Gewichtevektor

$$\boldsymbol{x}^T = (x_1, \ldots, x_n) \quad \text{mit} \quad \sum_{i=1}^{n} x_i = 1.$$

Für den Erwartungswert $\mu_P(\boldsymbol{x})$ und die Varianz $\sigma_P^2(\boldsymbol{x})$ von R_P ergeben sich nun mit den Rechenregeln für Erwartungswert und Varianz die Darstellungen (s. Lemma B.31)

$$\mu_P = \mu_P(\boldsymbol{x}) = \boldsymbol{x}^T \cdot \boldsymbol{\mu} = \sum_{i=1}^{n} x_i \mu_i;$$

$$\sigma_P^2 = \sigma_P^2(\boldsymbol{x}) = \boldsymbol{x}^T \cdot \boldsymbol{\Sigma} \cdot \boldsymbol{x} = \sum_{i=1}^{n} \sum_{j=1}^{n} x_i x_j \rho_{ij} \sigma_i \sigma_j = \sum_{i=1}^{n} x_i^2 \sigma_i^2 + 2 \sum_{i<j} x_i x_j \rho_{ij} \sigma_i \sigma_j.$$

Die Menge der erreichbaren Portfolios lautet also

$$EP = \{(\sigma_P, \mu_P) \in \mathbb{R}^2 \mid \mu_P = \boldsymbol{x}^T \cdot \boldsymbol{\mu}, \ \sigma_P^2 = \boldsymbol{x}^T \cdot \boldsymbol{\Sigma} \cdot \boldsymbol{x} \text{ mit} \sum_{i=1}^{n} x_i = 1\}.$$

Dazu kommt u. U. noch die Nichtnegativitätsbedingung für die Portfoliogewichte, wenn man Leerverkäufe ausschießt. Das Ausmaß der Risikodiversifikation hängt also außer von den Varianzen der Einzelpapiere von sämtlichen, paarweise gebildeten Korrelationskoeffizienten ab $(1/2 \cdot n(n-1)$ Stück).

4.2.4.3 Ansatz für die Berechnung des effizienten Rands im n-Asset-Fall

Wie man sich an der Abbildung 4.10, die ähnlich auch bei n Anlagealternativen aussieht, klar machen kann, entspricht die allgemeine Berechnung des effizienten Randes der Lösung des folgenden quadratischen Optimierungsproblems (zunächst ohne Nichtnegativitätsbedingung für die Portfoliogewichte):

> Minimiere $\sigma(\boldsymbol{x})$ bzw. $\sigma^2(\boldsymbol{x})$ für jeweils konstante Werte von $\mu(\boldsymbol{x})$
>
> unter der Nebenbedingung $\sum_{i=1}^{n} x_i = 1$,

d. h. minimiere die Zielfunktion

$$Z(\boldsymbol{x}) = \sum_{i=1}^{n} x_i^2 \sigma_i^2 + 2 \sum_{i<j} x_i x_j \rho_{ij} \sigma_i \sigma_j$$

unter den Nebenbedingungen

$$\mathbf{E}(R_P) = \sum_{i=1}^{n} x_i \mu_i = \mu \quad \text{und} \quad \sum_{i=1}^{n} x_i = 1.$$

Dieses Optimierungsproblem lässt sich mit Standardmethoden (z. B. mit dem sog. Lagrange-Ansatz) lösen. Es zeigt sich, dass, wenn die Kovarianzmatrix regulär ist, der effiziente Rand die gleiche grundsätzliche Gestalt besitzt wie im 2-Asset-Fall, nämlich

$$\mu = \mu_{MVP} + \sqrt{c(\sigma^2 - \sigma_{MVP}^2)}$$

mit einer positiven Konstanten c und der globalen varianzminimalen μ-σ-Kombination $M = (\mu_{MVP}, \sigma_{MVP})$, d. h. dies ist derjenige Punkt auf dem effizienten Rand mit der kleinsten Standardabweichung bzw. Varianz. Einzelheiten findet man etwa in [SU01], [EGBG07] oder [AM08].

Als weitere Nebenbedingung kommt u.U. die Nichtnegativitätsbedingung $0 \leq x_i \leq 1$ für die Portfoliogewichte hinzu, sowie möglicherweise andere Nebenbedingungen durch Kapitalanlagevorschriften (etwa Beschränkung des Umfangs einzelner Asset-Klassen) oder weitere Risikorestriktionen (etwa Forderung wahrscheinlicher Mindestrenditen oder einer Obergrenze für den Value-at-Risk). Mit solchen zusätzlichen Nebenbedingungen ist die beschriebene Optimierungsaufgabe dann allerdings in der Regel nicht mehr einfach und meist nur noch numerisch lösbar;

für weitere Details vgl. wiederum [SU01], [EGBG07] und [AM08]. Einige einfache spezielle Aspekte der individuellen Portfoliooptimierung werden im folgenden Abschnitt noch weiter erläutert.

4.2.5 Individuelle Rendite-Risiko-Optimierung eines Wertpapierportfolios

4.2.5.1 Aufgabenstellung der Asset Allocation

Im Rahmen der individuellen Rendite-Risiko-Optimierung für einen Investor ist die Anwendung der dargestellten Grundideen der Portfoliotheorie in der Regel am praktikabelsten, wenn sie auf eine kleine Anzahl unterschiedlicher Investitionen angewendet wird, etwa im Rahmen der sogenannten *Asset Allocation*. Darunter versteht man die systematische Aufteilung eines gegebenen Investitionsbudgets auf einzelne Anlageklassen nach dem Top-Down-Prinzip. Dies bedeutet, dass unter Berücksichtigung portfoliotheoretischer Grundsätze zunächst verschiedene übergreifende Anlageklassen gebildet werden. Diese können dann jeweils sukzessive weiter strukturiert werden; z. B.

1.Schritt: Aufteilung in Aktien, Bonds und liquide Mittel,

2.Schritt: Aufteilung nach Währungen / Ländern,

3.Schritt:
  (a)   Aufteilung der Aktien nach Branchen,
  (b)   Aufteilung der Bonds nach Laufzeit.

Die konkrete Auswahl einzelner Titel ist meist eher eine betriebswirtschaftliche Aufgabe und wird in der Regel mehr von kurzfristigen Überlegungen geprägt (*taktische Asset Allocation* im Gegensatz zur längerfristigen *strategischen Asset Allocation*).

Da der beschriebene Standard-Markowitz-Ansatz von einer Anlageperiode ausgeht, muss zusätzlich der Anlagehorizont des Investors berücksichtigt werden. Ferner benötigt man für die Zusammenstellung eines konkreten Portfolios ein individuelles Rendite-Risiko-Profil, denn die bisherigen Überlegungen haben ergeben, dass es im Sinne der Portfoliotheorie in der Regel unendlich viele verschiedene optimale Wertpapierkombinationen gibt, nämlich diejenigen auf dem effizienten Rand der Portfoliofläche.

Welches spezielle Portfolio ein Investor davon als persönliches Optimum auswählt, hängt von seinen individuellen Risikopräferenzen ab. Die explizite Vorgabe der erwarteten Rendite oder gar einer akzeptablen Standardabweichung (als Risikomaß) dürfte die Ausnahme sein. Im Folgenden sollen einige alternative Vorgehensweisen vorgestellt werden.

4.2.5.2 Vorgabe eines Referenzportfolios

Bei dieser Vorgehensweise wird die Renditeerwartung oder die Risikobereitschaft dadurch festgelegt, dass der Investor ein Referenzportfolio als sogenannte Benchmark vorgibt. Mittels des in 4.2.4.3 grundsätzlich beschriebenen Ansatzes wird anschließend ein hinsichtlich der Rendite-Risiko-Position vergleichbares effizienteres Portfolio bestimmt, das diese Benchmark schlagen soll.

Als Referenzportfolios kommen in erster Linie bekannte Indizes (z. B. DAX) infrage. Es kann aber auch die Rendite-Risiko-Struktur eines bereits bestehenden Portfolios des Investors als Ausgangsbasis für eine Optimierung gewählt werden. Die grundsätzliche Vorgehensweise wird durch Abbildung 4.11 veranschaulicht. Hier ist nun entsprechend der verbreitetsten Gepflogenheit als Ordinate μ und als Abzisse σ gewählt.

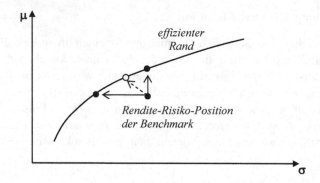

Abbildung 4.11: Benchmark-Ansatz zur Portfoliooptimierung (schematische Darstellung)

4.2.5.3 Vorgabe einer Shortfall-Restriktion

Bei diesem Ansatz – auch als *Safety-first-Prinzip* bezeichnet – soll die erwartete Rendite $\mathbf{E}(R) = \mu$ unter der Bedingung maximiert werden, dass eine angestrebte Mindestrendite $m = \mathbf{PMR}_\alpha$ mit vorgegebener hoher Wahrscheinlichkeit α erreicht wird. Die Optimierungsaufgabe lautet also: Maximiere

$$\mu = \mathbf{E}(R) = \sum_{i=1}^{n} x_i \mu_i$$

unter den Nebenbedingungen

$$P(R < m) \leq 1 - \alpha \text{ und } \sum_{i=1}^{n} x_i = 1$$

sowie ggf. zusätzlich den Nichtnegativitätsbedingungen $0 \leq x_i \leq 1$ oder weiteren Restriktionen; vgl. 4.2.4.3.

Für den Fall, dass die Rendite R (annähernd) normalverteilt ist und der effiziente Rand $\mu(\sigma)$ bereits ohne die formulierte Shortfall-Restriktion berechnet wurde, ist die Lösung sehr einfach und anschaulich zu erzielen. Denn gemäß 3.1.8.1 lässt sich die Restriktion in der Form

$$\mathbf{PMR}_\alpha = m = \mu - u_\alpha \cdot \sigma \Leftrightarrow \mu = m + u_\alpha \cdot \sigma$$

schreiben, wobei u_α das α-Quantil der Standardnormalverteilung ist. Im μ-σ-Diagramm ist die Restriktion also durch eine Halbgerade gegeben, die für $\sigma = 0$ den Wert m annimmt und die

Steigung u_α besitzt. Mit zunehmendem Sicherheitsniveau α nimmt die Steigung also zu. Es können im Wesentlichen sechs verschiedene Fälle auftreten; vgl. Abbildung 4.12.

1. Die Restriktionsgerade liegt komplett oberhalb des effizienten Randes. Dies tritt bei hohen geforderten Mindestrenditen zu einem hohen Sicherheitsniveau auf. In diesem Fall kann die Anforderung von keinem der betrachteten Portfolios erfüllt werden.

2. Die Restriktionsgerade bildet eine Tangente an den effizienten Rand. Es gibt also nur einen einzigen Schnittpunkt und dieser steht für das einzige Portfolio, das die formulierte Shortfall-Restriktion erfüllt.

3. Die Restriktionsgerade hat zwei Schnittpunkte mit dem effizienten Rand. In diesem Fall wird die Shortfall-Restriktion von allen (effizienten) Portfolios erfüllt, die oberhalb der Geraden liegen. Möglicherweise tritt dieser Fall, wie auch die weiteren aufgeführten, für realitätsnahe Verläufe des effizienten Rands bei höheren Sicherheitsniveaus allerdings nur ein, wenn die geforderte Mindestrendite (anders als in dem Schaubild) lediglich einen geeigneten negativen Wert annimmt.

4. Die Restriktionsgerade hat einen Schnittpunkt mit dem effizienten Rand und einen weiteren im nicht-effizienten Bereich. In diesem Falle kann man alle effizienten Portfolios auswählen, deren Standardabweichung kleiner als die des Schnittpunkt-Portfolios ist.

5. Die Restriktionsgerade hat einen Schnittpunkt mit dem effizienten Rand und verläuft danach unterhalb des effizienten Randes. In diesem Falle kann man alle effizienten Portfolios auswählen, deren Standardabweichung größer als die des Schnittpunkt-Portfolios ist. Dies kann allerdings nur bei sehr geringen Sicherheitsanforderungen auftreten.

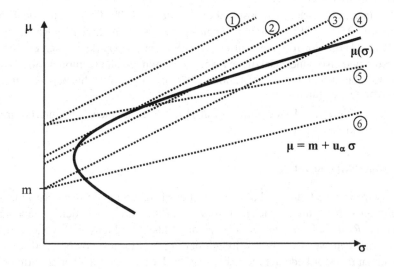

Abbildung 4.12: Portfoliooptimierung mit Shortfall-Restriktionen unter Normalverteilungsannahme (schematische Darstellung)

6. Die Restriktionsgerade verläuft komplett unterhalb des effizienten Randes. Dies bedeutet, dass alle effizienten Portfolios die Restriktion erfüllten. Dies kann erst recht nur bei sehr geringen Sicherheitsanforderungen auftreten.

Beispiel (Portfoliooptimierung unter Shortfall-Restriktionen)
Gemäß Beispiel 4.2.2.3 werden für zwei unkorrelierte Aktien A und B mit

$$\mu_A = 0{,}1, \quad \sigma_A = 0{,}2,$$
$$\mu_B = 0{,}2, \quad \sigma_B = 0{,}4,$$

die effizienten μ-σ-Kombinationen durch die Gleichung $\mu = 0{,}12 + \sqrt{0{,}05(\sigma^2 - 0{,}032)}$ beschrieben.

Unter Normalverteilungsannahme sollen diejenigen Kombinationen ausgewählt werden, die mit 75 % Wahrscheinlichkeit zumindest eine positive Rendite aufweisen. Mit $m = 0$ und $u_{0,75} = 0{,}6745$ ergibt sich also die Shortfall-Restriktion $\mu = 0{,}6745 \cdot \sigma$. Durch Gleichsetzen ermittelt man auf vier Kommastellen gerundet als Schnittpunkte die Kombinationen $(\mu, \sigma) = (0{,}1207; 0{,}1789)$ mit Portfoliogewicht $x_A = 79{,}33\,\%$ und $(\mu, \sigma) = (0{,}1490; 0{,}2208)$ mit Portfoliogewicht $x_A = 51{,}04\,\%$. Die erste Kombination liegt knapp über der varianzminimalen Kombination; also sind ohne weitere Nebenbedingungen beide Kombinationen, und damit auch alle Zwischenpunkte, für einen risikoaversen Erwartungswert-Varianz-Investor geeignet. Erhöht man dagegen die Erfolgswahrscheinlichkeit auf z. B. 80 % oder erhöht bei gleicher Erfolgswahrscheinlichkeit von 75 % die geforderte Mindestrendite auf z. B. $m = 0{,}01$, so existiert kein Schnittpunkt; d. h. die Anforderungen sind mit dem Portfolio nicht zu erfüllen. Demgegenüber ist bei einer geforderten Mindestrendite von $m = -0{,}08 = -8\,\%$ bei Erfolgswahrscheinlichkeit von 75 % die Anforderung für alle nichtnegativen Gewichtungen erfüllt.

Erhöht man bei einer geforderten Mindestrendite von $m = -0{,}08$ die gewünschte Erfolgswahrscheinlichkeit auf 80 %, so gibt es nur einen Schnittpunkt mit dem effizienten Rand, nämlich $(\mu, \sigma) = (0{,}1745; 0{,}3024)$ mit Portfoliogewicht $x_A = 25{,}48\,\%$. Für den risikoaversen Erwartungswert-Varianz-Investor sind also ohne zusätzliche Nebenbedingungen alle Kombinationen von der varianzminimalen Kombination $(\mu, \sigma) = (0{,}1200; 0{,}1789)$ mit $x_A = 80\,\%$ bis zum Schnittpunkt $(\mu, \sigma) = (0{,}1745; 0{,}3024)$ geeignet.

Am besten führt man derartige Berechnungen mit Hilfe eines kleinen Computerprogramms durch; vgl. dazu auch Aufgabe 4.13.

4.2.5.4 Vorgabe einer Nutzenfunktion

Bei diesem Ansatz wird versucht, die Risikobereitschaft des Investors in Form einer zu maximierenden Nutzenfunktion $\Phi(\mu, \sigma)$ auszudrücken. Eine solche Funktion wird in dem gegebenen Zusammenhang auch als *Risikopräferenzfunktion* bezeichnet. Die Abbildung 4.13 veranschaulicht die grundsätzliche Vorgehensweise der Portfoliooptimierung bei Vorgabe von Nutzenfunktionen. Für einen risikoaversen Investor bedeutet die Erhöhung des Risikos bei gleicher erwarteter Rendite einen niedrigeren Nutzen. Maximal kann also das Nutzenniveau erreicht werden, bei dem die Linie konstanten Nutzens $\Phi(\mu, \sigma)$ gerade den effizienten Rand der Portfoliofläche berührt. Häufig werden Nutzenfunktionen des Typs

$$\Phi(\mu, \sigma) = \mu - \lambda \cdot \sigma^2$$

und damit

$$\sigma = \sqrt{1/\lambda \cdot (\mu - \Phi(\mu, \sigma))}$$

verwendet. Die Zugrundelegung dieser Funktion bedeutet anschaulich, dass der Investor für die Zunahme der Varianz um eine Einheit einen Zuwachs der Rendite um λ Einheiten erwartet; der Parameter λ drückt also die Risikobereitschaft des Investors aus.

Bei einer Nutzenfunktion der Form

$$m = \Phi(\mu, \sigma) = \mu - \lambda \cdot \sigma$$

ergibt sich für den konstanten Nutzen m eine lineare Restriktion, wie sie bereits in 4.2.5.3 betrachtet wurde. Wählt man $\lambda = u_\alpha$ als das α-Quantil der Standardnormalverteilung, so ist der Nutzen unter Normalverteilungsannahme an die Portfolio-Renditen also als mit einer Wahrscheinlichkeit von α mindestens zu erzielende Rendite zu interpretieren. Der Nutzen wird in diesem Sinne maximiert, wenn die Nutzenfunktion die Tangente an den effizienten Rand bildet. Der Grad der Risikoaversion drückt sich hier durch die Höhe des Sicherheitsniveaus aus. Für einen großen Wert von α sind die Restriktionsgeraden als Funktion von σ steiler und eine hohe wahrscheinliche Mindestrendite m ist – wenn überhaupt – nur für relativ „sichere" Portfolios (mit kleinem σ) zu erzielen.

Beispiel (Portfolioauswahl mit Risikopräferenz-Funktion im 2-Asset-Fall)
Gegeben seien zwei Assets mit charakteristischen Parametern (μ_1, σ_1) bzw. (μ_2, σ_2) und Kovarianz σ_{12}. Maximiert werden soll die Präferenzfunktion $\Phi(\mu, \sigma) = \mu - \lambda \cdot \sigma^2$ ohne Beschränkungen an das Portfoliogewicht x von Asset 1.

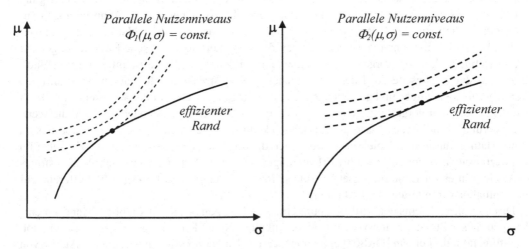

Abbildung 4.13: Portfoliooptimierung unter Vorgabe einer stärker oder schwächer risikoaversen Nutzenfunktion Φ_1 bzw. Φ_2.

Es gilt

$$U(x) := \Phi(\mu_P(x), \sigma_P(x)) = \mu_2 + (\mu_1 - \mu_2)x - \lambda[\sigma_1^2 x^2 + \sigma_2^2(1-x)^2 + 2x(1-x)\sigma_{12}].$$

Zur Bestimmung des Maximums wird die Ableitung von U gleich null gesetzt:

$$\frac{\partial U(x)}{\partial x} = (\mu_1 - \mu_2) - 2\lambda\sigma_1^2 x + 2\lambda\sigma_2^2(1-x) - 2\lambda\sigma_{12} + 4\lambda x\sigma_{12} = 0,$$

und damit folgt

$$x = \frac{2\lambda(\sigma_{12} - \sigma_2^2) - (\mu_1 - \mu_2)}{4\lambda\sigma_{12} - 2\lambda(\sigma_1^2 + \sigma_2^2)}.$$

Für den in den Abschnitten 4.2.2.3 und 4.2.5.3 diskutierten Fall von zwei unkorrelierten Aktien A und B mit

$$\mu_A = 0{,}1; \quad \sigma_A = 0{,}2;$$
$$\mu_B = 0{,}2; \quad \sigma_B = 0{,}4.$$

ergibt sich also beispielsweise $x_A = \dfrac{0{,}32 \cdot \lambda - 0{,}1}{0{,}4 \cdot \lambda} = 0{,}8 - \dfrac{0{,}25}{\lambda}$.

Für $\lambda \to \infty$, also größtmögliche Risikoaversion, ergibt sich $x_A = 0{,}8$, was dem varianzminimalen Portfolio entspricht. Für kleinere Werte von λ ergibt sich entsprechend ein kleinerer Anteil, der in die sicherere Anlage A zu investieren ist.

4.2.5.5 Berücksichtigung finanzieller Verpflichtungen

Ein weiterer wichtiger Aspekt für die individuelle Portfoliooptimierung ist die Berücksichti-gung finanzieller Zahlungsverpflichtungen. Die grundsätzliche Aufgabenstellung kann man sich anhand einer schematischen Bilanz, wie sie in Abbildung 1.7 dargestellt ist, klarmachen. Man stelle sich beispielsweise einen Pensionsfonds vor, der versicherungstechnische Rückstellungen für die betriebliche Altersvorsorge eines Unternehmens bilden muss. Diese Verpflichtungen (Liabilities) auf der Passivseite der Bilanz entsprechen grob gesprochen dem Barwert der künftigen Versicherungsleistungen und müssen durch Kapitalanlagen (Assets) auf der Aktivseite abgedeckt werden. Die bisher vorgestellten Ansätze zur Portfoliooptimierung zielten lediglich auf die Wertveränderung (Rendite) der Assets ab. Tatsächlich kann sich aber auch die Höhe der Liabilities im Zeitverlauf verändern, beispielsweise wenn sich die angemessenen Diskontierungszinssätze im Barwertansatz ändern; vgl. auch die Erläuterungen in 3.2.1.9. Somit ist für einen Pensionsfonds o. Ä. nicht in erster Linie die Asset-Rendite selbst ausschlaggebend, sondern die Differenz zur prozentualen Veränderung der Liabilities.

Das komplexe Thema der Portfoliooptimierung im Rahmen des Asset-Liability-Managements kann an dieser Stelle nur angerissen werden. Anknüpfend an den vorangegangen Abschnitt soll nachfolgend lediglich ein [DKS03] entnommener, auf Nutzenfunktionen beruhender Ansatz von Sharpe und Tint etwas ausführlicher erläutert werden; in [DKS03] finden sich auch weiterführende Erläuterungen zu dem Thema.

Es gelten weiterhin die zuvor getroffenen Annahmen und Bezeichnungen; lediglich die zufallsbehaftete Einperiodenrendite des Gesamtportfolios aus n Assets sei nun mit R_A bezeichnet; also $R_A = \sum x_i R_i$, wobei R_i für die Rendite von Asset i mit Portfoliogewichtung x_i steht. Zusätzlich führen wir formal analog zur Asset-Rendite die Zufallsvariable R_L mit

$$(1 + R_L) \cdot L_0 = L_1$$

ein, wobei L_0 bzw. L_1 für den Wert der Liabilities am Anfang bzw. Ende der betrachteten Zeitperiode steht; sie beschreibt also die Wertveränderung der Liabilities. Die Optimierungsaufgabe bezieht sich nun nicht mehr auf R_A, sondern auf die Surplus-Rendite

$$R_S = R_A - c \cdot R_L.$$

Wie bereits in 3.2.1.9 steht der Begriff Surplus für den Überschuss der Assets über die abzudeckenden Liabilities. Der Faktor c wird an dieser Stelle vor allem deshalb eingeführt, weil in der Regel der Anfangswert A_0 der strukturmäßig zu optimierenden Assets nicht mit L_0 übereinstimmt, sondern (aus Sicherheitsgründen) größer ein sollte. Für eine entsprechende Korrektur der prozentualen Renditewerte kann man dann $c = L_0/A_0$ wählen. Eine noch kleinere Wahl von c würde bedeuten, dass bei der Optimierungsaufgabe die Liabilities nur teilweise berücksichtigt werden sollen, beispielsweise weil teilweise auch die Muttergesellschaft des Pensionsfonds für die Verpflichtungen haftet. In der Regel ist also $0 \leq c \leq 1$, wobei sich im Grenzfall $c = 0$ der bereits analysierte Assets-only-Fall ergibt.

Im Modell von Sharpe und Tint maximiert man nun ähnlich wie in 4.2.5.4 einen Rendite-Nutzen (nun bezogen auf den Surplus), nämlich

$$\Phi(\mathbf{E}(R_S), \mathbf{SD}(R_S)) = \mathbf{E}(R_S) - \lambda \cdot \mathbf{Var}(R_S).$$

Es ergibt sich

$$\Phi(\mathbf{E}(R_S), \mathbf{SD}(R_S)) = \mathbf{E}(R_A - c \cdot R_L) - \lambda \cdot \mathbf{Var}(R_A - c \cdot R_L)$$
$$= \mathbf{E}(R_A) - c \cdot \mathbf{E}(R_L) - \lambda \cdot \mathbf{Var}(R_A) + 2\lambda c \cdot \mathbf{Cov}(R_A, R_L) - \lambda c^2 \cdot \mathbf{Var}(R_L).$$

Da die Terme $c \cdot \mathbf{E}(R_L)$ und $\lambda c^2 \cdot \mathbf{Var}(R_L)$ nicht von den Portfoliogewichten x_i abhängen, ist die Maximierung von $\Phi(\mathbf{E}(R_S), \mathbf{SD}(R_S))$ gleichwertig mit der von

$$\Psi(\mathbf{E}(R_S), \mathbf{SD}(R_S)) = \mathbf{E}(R_A) - \lambda \cdot \mathbf{Var}(R_A) + 2\lambda c \cdot \mathbf{Cov}(R_A, R_L) = \Phi(\mathbf{E}(R_A), \mathbf{SD}(R_A)) + LHC_A$$

mit

$$LHC_A = 2\lambda c \cdot \mathbf{Cov}(R_A, R_L) = 2\lambda c \cdot \mathbf{Cov}(\sum_{i=1}^{n} x_i R_i, R_L)$$
$$= \sum_{i=1}^{n} x_i 2\lambda \cdot c \mathbf{Cov}(R_i, R_L) = \sum_{i=1}^{n} x_i \cdot LHC_i.$$

Der Term LHC_A wird auch als *Liability Hedging Credit* für die Assets bezeichnet und $LHC_i = 2\lambda c \cdot \mathbf{Cov}(R_i, R_L)$ als *Liability Hedging Credit* für Asset i. Mit dieser Umformung ist die Optimierungsaufgabe auf den Assets-only-Fall zurückgeführt; denn man sieht nun, dass die Maximierung von $\Phi(\mathbf{E}(R_S), \mathbf{SD}(R_S))$ der Maximierung von $\Phi(\mathbf{E}(R_A), \mathbf{SD}(R_A))$ entspricht, wenn man die Rendite-Erwartungswerte der einzelnen Assets um den Wert LHC_i erhöht. Dies wird im Rahmen des folgenden Beispiels für den 2-Asset-Fall noch etwas ausführlicher erläutert.

Beispiel (Nutzenbasierte Portfolioauswahl unter Berücksichtigung der Liabilities)
Ein Pensionsfonds investiert in die Anlageklassen Aktien („Shares") und Bonds mit jeweiligem Anteil x bzw. $1-x$. Für die zufallsbehafteten Renditen R_{sh} und R_{bd} des Planungszeitraums liegen folgende Schätzungen vor

$$\mathbf{E}(R_{sh}) = \mu_{sh} = 0,1; \qquad\qquad \mathbf{SD}(R_{sh}) = \sigma_{sh} = 0,3;$$
$$\mathbf{E}(R_{bd}) = \mu_{bd} = 0,06; \qquad\qquad \mathbf{SD}(R_{bd}) = \sigma_{bd} = 0,1.$$

Ferner gibt es Schätzungen für Erwartungswert und Standardabweichung der Liability-Veränderung R_L, nämlich

$$\mathbf{E}(R_L) = \mu_L = 0,05; \qquad\qquad \mathbf{SD}(R_L) = \sigma_L = 0,1.$$

Die angenommenen paarweisen Korrelationskoeffizienten lauten

$$\rho(R_{sh},R_{bd}) = \rho_{sb} = 0; \quad \rho(R_{sh},RL) = \rho_{sL} = 0,25; \quad \rho(R_{bd},RL) = \rho_{bL} = 0,9.$$

In der Praxis kann man versuchen, derartige Größen aus ökonometrischen Modellen herzuleiten. Eine hohe Korrelation von Liability- und Bond-Werten ist z. B. deshalb plausibel, weil beide stark vom Marktzinsniveau abhängen.

Der Risikoaversionsparameter im Nutzenansatz sei $\lambda = 5$. Für die Anpassungskonstante nehmen wir vereinfachend $c = 1$ an. Mit $R_A = x \cdot R_{sh} + (1-x) \cdot R_{bd}$ gilt nun

$$\Phi(\mathbf{E}(R_A),\mathbf{SD}(R_A)) = x \cdot \mu_{sh} + (1-x) \cdot \mu_{bd} - \lambda \cdot [x^2 \cdot \sigma_{sh}^2 + (1-x)^2 \cdot \sigma_{bd}^2 + 2x(1-x) \cdot \sigma_{sh} \cdot \sigma_{bd} \cdot \rho_{sb}]$$

und

$$
\begin{aligned}
LHC_A &= 2\lambda \cdot \mathbf{Cov}(x \cdot R_{sh} + (1-x) \cdot R_{bd}, R_L) \\
&= x \cdot 2\lambda \cdot \sigma_{sh} \cdot \sigma_L \cdot \rho_{sL} + (1-x) \cdot 2\lambda \cdot \sigma_{bd} \cdot \sigma_L \cdot \rho_{bL} \\
&= x \cdot LHC_{sh} + (1-x) \cdot LHC_{bd},
\end{aligned}
$$

wobei LHC_{sh} und LHC_{bd} für die Liability Hedging Credits von Aktien bzw. Bonds stehen. Zu maximieren ist also

$$
\begin{aligned}
\Psi = \Psi(x) &= x \cdot (\mu_{sh} + LHC_{sh}) + (1-x) \cdot (\mu_{bd} + LHC_{bd}) \\
&\quad - \lambda \cdot [x^2 \cdot \sigma_{sh}^2 + (1-x)^2 \cdot \sigma_{bd}^2 + 2x(1-x) \cdot \sigma_{sh} \cdot \sigma_{bd} \cdot \rho_{sb}].
\end{aligned}
$$

Dies entspricht genau dem allgemeinen Ansatz aus dem Beispiel in 4.2.5.4 mit $\sigma_1 = \sigma_{sh}, \sigma_2 = \sigma_{bd}$, sowie $\mu_1 = \mu_{sh} + LHC_{sh}, \mu_2 = \mu_{bd} + LHC_{bd}$.

Konkret ergibt sich

$$LHC_{sh} = 2 \cdot 5 \cdot 0,3 \cdot 0,1 \cdot 0,25 = 0,075; \qquad LHC_{bd} = 2 \cdot 5 \cdot 0,1 \cdot 0,1 \cdot 0,9 = 0,09.$$

Somit berechnet man mit $\sigma_{12} = 0$ aus der allgemeinen Formel in 4.2.5.4 das optimale Portfoliogewicht $x = 0,125$ für Aktien, verglichen mit $x = 0,14$ im Assets-only-Fall.

4.2.6 Das Capital Asset Pricing Modell

4.2.6.1 Kernidee des CAPM

Das *Capital Asset Pricing Modell* (CAPM) ist ein wirtschaftswissenschaftliches Modell, das unter idealisierten Marktvoraussetzungen den Zusammenhang zwischen eingegangenem Risiko und der resultierenden realistischen Renditeerwartung erklären soll. Mathematisch-formal lässt es sich aus den in 4.2.4 erörterten allgemeinen Überlegungen zur Portfoliooptimierung herleiten.

Dazu werden die ursprünglich betrachteten Anlagealternativen ergänzt um eine risikolose Kapitalanlage zum Zinssatz r_0, d. h. mit Renditevarianz null. Es wird angenommen, dass zum Zins r_0 beliebige Beträge sowohl angelegt als auch als Kredite aufgenommen werden können.

Es sei EP die Menge der durch Mischung der vorgegebenen riskanten Titel realisierbaren Portfolios und P irgendein spezielles Portfolio aus EP. Mit

- R_P, der Rendite des Portfolios P,
- a, der anteiligen Investition in P ($0 \leq a \leq \infty$),
- $1 - a$, der anteiligen Investition in die sichere Anlage ($-\infty < 1 - a \leq 1$),

ergibt sich für die Rendite R_G des Gesamtportfolios G

$$R_G = aR_P + (1-a)r_0.$$

Erwartungswert μ und Standardabweichung σ von R_G berechnen sich zu

$$\mu = a\mu_P + (1-a)r_0 = r_0 + a(\mu_P - r_0),$$
$$\sigma^2 = \mathbf{Var}(aR_P + (1-a)r_0) = a^2\sigma_P^2.$$

Damit ist

$$a = \frac{\sigma}{\sigma_P},$$

und es folgt

$$\mu = r_0 + \frac{\mu_P - r_0}{\sigma_P}\sigma.$$

Die Menge der im erweiterten Anlagespektrum unter Einbeziehung der risikolosen Anlage erreichbaren Portfolios lautet also

$$\overline{EP} = \{(\sigma,\mu) \in \mathbb{R}^2 \mid \mu = r_0 + \frac{\mu_P - r_0}{\sigma_P}\sigma, (\sigma_P,\mu_P) \in EP\}.$$

Der effiziente Rand ist somit als Tangente durch $(0;r_0)$ an EP gegeben, s. Abbildung 4.14. Das Portfolio, das zu dem Schnittpunkt der Tangente an EP gehört, bezeichnet man als *Tangentialportfolio*. Für die erreichbaren Portfolios mit sicherer Anlageform gelten also folgende Ergebnisse:

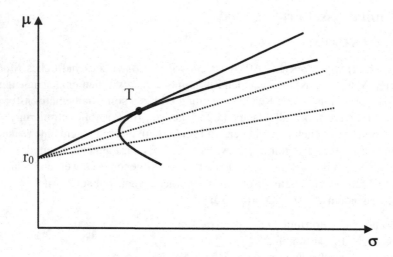

Abbildung 4.14: Visualisierung des Tangentialportfolios

- Die Menge aller optimalen Portfolios entspricht im μ-σ-Diagramm einer Geraden. Fur jeden *Mean-Variance*-Investor ergibt sich das für ihn optimale Portfolio als bestimmter Punkt auf dieser Effizienzgeraden. Diese wird, wenn T dem sogenannten *Marktportfolio M* entspricht, als *Kapitalmarktlinie* des CAPM bezeichnet (s. u.).

- Alle optimalen Portfolios sind in ihrem rein riskanten Teil strukturell identisch, d. h. sie enthalten die risikobehafteten Anlagen des ohne die sichere Anlage zur Verfügung stehenden Anlageuniversums in gleicher prozentualer Aufteilung.

- Die optimalen Portfolios unterscheiden sich nur durch den Betrag a, der in das Tangential-Portfolio T investiert wird. Dies bedeutet insbesondere, dass a den unterschiedlichen Grad der Risikoaversion vollständig ausdrückt.

In der wirtschaftswissenschaftlichen Theorie wird nun gefolgert, dass unter bestimmten idealisierten Voraussetzungen, insbesondere einem Marktgleichgewicht, bei Betrachtung aller in einem Finanzmarkt vorhandenen Anlagealternativen das Tangentialportfolio T mit dem Marktportfolio M übereinstimmen muss, d. h. dem Portfolio, das in der prozentualen Zusammensetzung dem Gesamtmarkt entspricht. Denn da es das einzige rein riskante optimale Portfolio ist, sollte diese Zusammensetzung von allen Marktteilnehmern angestrebt werden. Man beachte allerdings, dass diese Überlegungen – ebenso wie die Konstruktion der Effizienzlinie in Abschnitt 4.2.4 – lediglich von einem Einperiodenmodell und risikoaversen Investoren ausgehen.

Mit anderen Worten sind gemäß CAPM nur die Anlagestrategien optimal, die in einem von der Risikobereitschaft des Investors abhängigen Verhältnis die sichere Anlage mit dem Marktportfolio kombinieren. Für praktische Anwendungen kann man sich das Marktportfolio als einen breit gestreuten Fonds oder Index vorstellen, und die obige Argumentation bietet eine Begründung für die vielfach empfohlenen „passiven" Anlagestrategien, die im Wesentlichen genau das dargestellte Prinzip verfolgen.

4.2.6.2 Die Kapitalmarktlinie des CAPM

Die Verbindungsgerade zwischen $S = (0; r_0)$ und $M = (\sigma_M, \mu_M)$ im Rendite-Risiko-Diagramm wird im CAPM als Kapitalmarktlinie bezeichnet. Sie ist in Abbildung 4.15 nochmals grafisch dargestellt. Die Gleichung der Kapitalmarktlinie lautet also

$$\mu = r_0 + \frac{\mu_M - r_0}{\sigma_M} \cdot \sigma.$$

Diese Gleichung kann so interpretiert werden, dass für die Übernahme eines Risikos in Höhe von σ zusätzlich zum Marktzins r_0 ein *Risikozuschlag* der Höhe

$$\frac{\mu_M - r_0}{\sigma_M} \cdot \sigma$$

erwartet wird. Fur höchstens marktdurchschnittliche Risiken gilt dies auch ohne die Voraussetzung der Kreditaufnahme zum risikolosen Zins. Die Steigung der Kapitalmarktlinie entspricht genau dem in 3.1.8.2 eingeführten Sharpe-Ratio für das Marktportfolio. Dort wurden zur Veranschaulichung der Bedeutung unterschiedlicher Sharpe-Ratios jeweils „Leverage-Portfolios" aus sicherer Anlage und risikobehafteter Anlage gebildet, welche in der diesbezüglichen Abbildung 3.6 jeweils Geraden G_I und G_N entsprachen. Die möglichen Portfolios entsprechen Geraden im μ-σ-Diagramm. Die Überlegungen aus 3.1.8.2 zur Aussagekraft des Sharpe-Ratios lassen sich also nun auch vor dem Hintergrund der Portfoliotheorie bzw. des CAPM interpretieren; vgl. Abbildung 4.15. In der erläuterten „Modellwelt" (Einperiodenmodell mit risikoloser Anlageform) sind für einen risikoaversen Investor nur Anlagen mit höchstmöglichem Sharpe-Ratio optimal, und dieses wird nur durch Kombination des Tangential- bzw. Marktportfolios mit der sicheren Anlageform erreicht.

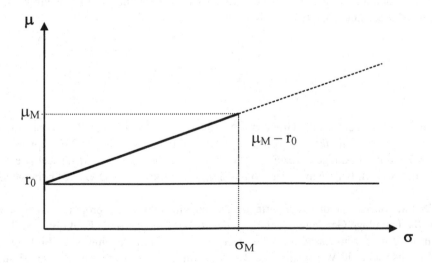

Abbildung 4.15: Die Kapitalmarktlinie des CAPM

4.2.6.3 Die Wertpapierlinie des CAPM

Wir betrachten nun nochmals ein beliebiges Portfolio P; dies kann z. B. auch ein einziges riskantes Wertpapier sein. Man überlegt sich, dass gemäß CAPM nur derjenige Risikoanteil zu einer höheren erwarteten Rendite führt, der auf das allgemeine Marktrisiko entfällt (weil ja eine Kombination aus Marktportfolio und sicherer Anlage effizienter ist). Wenn man die Übereinstimmung

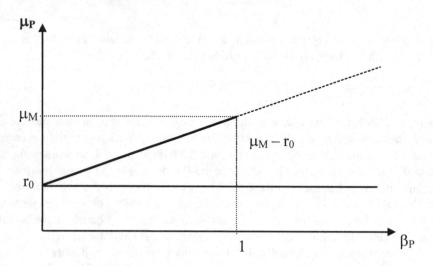

Abbildung 4.16: Die Wertpapierlinie des CAPM

mit dem Marktportfolio durch den Korrelationskoeffizienten ρ_{MP} ausdrückt, ergibt sich aus der Gleichung der Kapitalmarktlinie somit für die auf P erwartete Rendite μ_P in Abhängigkeit von der erwarteten Marktrendite μ_M die Darstellung

$$\mu_P = r_0 + \beta_P \cdot (\mu_M - r_0)$$

mit

$$\beta_P = \rho_{MP} \cdot \frac{\sigma_P}{\sigma_M}.$$

In diesem Sinne bezeichnet man die Größe $\sigma_P \cdot \rho_{MP}$ auch als *systematisches Risiko* und $\sigma_P \cdot (1 - \rho_{MP})$ als *unsystematisches Risiko* des Portfolios P. Der Faktor β_P wird in der Wertpapieranalyse auch als *Beta-Faktor* der Anlage P bezeichnet, wobei als Vergleichsanlage M üblicherweise ein marktbreiter Index (z. B. bei einem Portfolio aus deutschen Aktien der DAX 30) herangezogen wird.

Gemäß CAPM wächst also die zu erwartende Rendite eines Portfolios proportional zu seinem Beta-Faktor β_P. Die obige Geradengleichung, in der μ_P bei festem μ_M als Funktion von β_P aufgefasst wird, wird in diesem Zusammenhang auch *Wertpapierlinie* genannt, s. Abbildung 4.16. Für $\rho_{MP} = 1$ entspricht die Wertpapierlinie der Kapitalmarktlinie, wenn auf der Abszisse das Risiko (Standardabweichung) der Investition relativ - statt absolut - zum Marktrisiko abgetragen wird.

4.2.7 Aufgaben

Aufgabe 4.10

Gemäß Abschnitt 4.2.2.2 gilt für das Portfoliogewicht x_{MVP} des Minimum-Varianz-Portfolios aus Anlage A und B die Darstellung

$$x_{MVP} = \frac{\sigma_B^2 - \rho_{AB}\sigma_A\sigma_B}{\sigma_A^2 + \sigma_B^2 - 2\rho_{AB}\sigma_A\sigma_B}.$$

Man überzeuge sich davon, dass unter der Bedingung

$$\rho_{AB} \leq \min(\sigma_A/\sigma_B, \sigma_B/\sigma_A) \Leftrightarrow \mathbf{Cov}(R_A, R_B) \leq \min(\sigma_A^2, \sigma_B^2)$$

dieses Minimum für $0 \leq x_{MVP} \leq 1$ angenommen wird.

Aufgabe 4.11

Rechnen Sie nach, dass in dem in Abschnitt 4.2.2.2 beschriebenen 2-Asset-Fall für die erreichbaren Portfolios (mögliche μ-σ-Kombinationen) die Beziehung

$$\mu = \mu_{MVP} \pm \sqrt{h(\sigma^2 - \sigma_{MVP}^2)}$$

mit

$$h = \frac{(\mu_B - \mu_A)^2}{\sigma_A^2 + \sigma_B^2 - 2\rho_{AB}\sigma_A\sigma_B}$$

gilt.

Aufgabe 4.12

Gegeben sei ein Portfolio aus n Wertpapieren, die alle gleich gewichtet seien (sogenannte *naive Diversifikation*). Überzeugen Sie sich davon, dass unter der Voraussetzung, dass die Rendite-Varianzen σ_i^2, $i = 1,\ldots,n$, der einzelnen Wertpapiere durch eine von n unabhängige gemeinsame Schranke V begrenzt sind, die Portfolio-Varianz σ_P^2 für wachsendes n gegen die mittlere Kovarianz der paarweise verschiedenen Anlagekombinationen strebt. Letztere lässt sich für großes n als nicht zu diversifizierendes „Marktrisiko" (bei einem Markt mit den n Anlagemöglichkeiten) interpretieren, während also das auf den einzelnen Wertpapieren selbst beruhende sogenannte unsystematische Risiko schon durch die naive Diversifikation eliminiert werden kann.

Berechnen Sie mit Software-Unterstützung für $n = 10, 50$ und 100 und einige konkrete Vorgaben für σ_i^2 und die paarweisen Korrelationskoeffizienten ρ_{ij} explizit den Wert von σ_P^2, um sich anschaulich vom Effekt der naiven Diversifikation zu überzeugen.

Aufgabe 4.13

(a) Entwickeln Sie ein Programm, das für die Portfoliooptimierung im 2-Asset-Fall (vgl. 4.2.2) bei vorgegebenen Rendite-Erwartungswerten und -Standardabweichungen sowie vorgegebenem Korrelationskoeffizienten der beiden Assets das Minimum-Varianz-Portfolio berechnet und die (unter Nichtnegativitätsbedingung an die Portfoliogewichte) erreichbaren Portfolios grafisch darstellt.

(b) Erweitern Sie die Darstellung aus Teil (a) um eine lineare Shortfall-Restriktion der Form $\mathbf{E}(R_P) = \mathbf{PMR}_\alpha + u_\alpha \cdot \sigma$ (vgl. 4.2.5.3).

(c) Erweitern Sie Teil (a) um die Bestimmung eines nutzenoptimalen Portfolios bei Verwendung der Nutzenfunktion $\Phi(\mu, \sigma) = \mu - \lambda \cdot \sigma^2$. Ermöglichen Sie dabei auch eine Anwendung auf die Portfoliooptimierung unter Berücksichtigung finanzieller Verpflichtungen wie in Abschnitt 4.2.5.5.

4.3 Hedging von Risiken

Der Begriff *Hedging* leitet sich ursprünglich vom englischen Wort *hedge* für *Hecke* her, und steht in diesem übertragenen Sinne allgemein für finanzielle Absicherungsmaßnahmen. In aller Regel sind aber nur solche Absicherungsstrategien gemeint, die auf dem Eingehen von Gegengeschäften zu einer bestehenden Finanzposition beruhen, sehr oft speziell mit derivaten Finanzinstrumenten (Futures, Optionen, Swaps usw.). Derivate, also „abgeleitete", Finanzinstrumente, sind auf der Grundlage eines anderen Finanzobjekts, dem sogenannten Basiswert, konstruiert; einige Einzelheiten dazu werden in den folgenden Abschnitten erläutert. Beispielsweise könnte sich eine in die USA exportierende Firma bei einem hohen Dollar-Kurs die in Euro gerechneten günstigen Absatzpreise absichern, indem sie Optionsscheine kauft, die bei fallendem Dollar an Wert gewinnen. Steigt der Dollar jedoch weiter, verliert der Optionsschein zwar an Wert; aber die Absatzeinnahmen auf Euro-Basis steigen ebenfalls.

Eine vollkommene gedankliche Trennung zwischen Hedging-Strategien, Diversifikation und Risikotransfer als Risikoentlastungsstrategien ist allerdings nicht möglich. Die Kombination von Basiswerten und absichernden derivaten Finanzinstrumenten mit gegenläufiger Wertentwicklung in einem Portfolio kann auch als Diversifikation im Sinne der Portfoliotheorie aufgefasst werden; vgl. dazu insbesondere auch Abschnitt 4.3.3.5. Andererseits kann der Preis eines absichernden Derivats, in dem o. g. Beispiel etwa der Preis des Optionsscheins zur Absicherung des Dollar-Kurses, auch als eine Art finanzieller Versicherungsprämie für das Basisobjekt interpretiert werden.

Zur Beschränkung des Umfangs müssen wir uns im Rahmen dieses Buchs auf die Darstellung einiger weniger Grundideen zum Hedging beschränken. Zu verschiedensten Aspekten derivater Finanzinstrumente und verwandten finanzmathematischen Themen ist besonders in den letzten Jahren umfangreiche Fachliteratur erschienen, in denen sich der Leser weiter informieren kann. Als Basisliteratur für weitere Vertiefungen verweisen wir insbesondere auf das Buch von J. Hull ([Hul12]).

4.3.1 Grundbegriffe zu derivaten Finanzinstrumenten

4.3.1.1 Begriffserläuterung: Derivat

Unter einem *derivaten Finanzinstrument* (oder kurz: *Derivat*) versteht man ein (vertraglich geregeltes) Finanzgeschäft, dessen Wert bzw. Zahlungsstrom auf dem eines anderen Finanzobjekts – auch *Basiswert*, *Basisobjekt*, *primärer Wert* oder englisch *Underlying* genannt – beruht, d. h. von diesem „abgeleitet" ist. Angelehnt an die englische Bezeichnung *Derivative* wird häufig auch der Ausdruck *derivatives Finanzinstrument* bzw. *Derivativ* verwendet. Man spricht auch von *Finanz-* bzw. *Warentermingeschäften* (unter der Voraussetzung dass, wie in aller Regel bei Derivaten, die Laufzeit auf einen bestimmten Termin begrenzt ist). Für individuelle, nicht standardisierte Termingeschäfte zweier Vertragspartner ist die Bezeichnung *OTC Derivat* (OTC = *over the counter*) üblich. Viele derivate Finanzgeschäfte werden jedoch in stark standardisierter Form abgewickelt, sodass die jeweils zugrunde liegenden Verträge als verbriefte Derivate selbst zu an der Börse gehandelten Wertpapieren werden. Hierfür existieren u. a. spezielle *Terminbörsen* (z. B. *Eurex*).

Typische Basiswerte sind etwa Wertpapiere (Aktien, Rentenpapiere etc.), Fremdwährungen oder Rohstoffe (z. B. Edelmetalle, Rohöl, landwirtschaftliche Naturprodukte). Eine Gemeinsamkeit der genannten Basiswerte ist, dass sie sich mehr oder weniger langfristig lagern lassen. Neben solchen Underlyings kommen auch nicht oder schlecht speicherbare Basiswerte infrage, etwa elektrischer Strom oder Naturphänomene. Beispielsweise hängt bei der Klasse der Wetterderivate der Wert von bestimmten Wetterereignissen wie etwa Tageshöchsttemperaturen, Sonnenscheinstunden am Tag, gefallene Schneemenge o. Ä. ab. Damit können sich beispielsweise Firmen absichern, deren Geschäft selbst wetterabhängig ist. Abgesehen von den durchaus vielfältigen Einsatzmöglichkeiten solcher etwas ungewöhnlicheren Derivate erwähnen wir sie, auch wenn wir nicht auf Einzelheiten eingehen können, vor allen Dingen deshalb, weil die Lagerbarkeit des Basiswerts eine wichtige Rolle bei der Bewertung von Derivaten und auch für Hedging-Strategien selbst spielt, wie nachfolgend noch deutlich wird. Außer zur Risikoentlastung werden Derivate sehr oft auch aus spekulativen Motiven – und damit dann also in der Regel sogar risikoerhöhend – eingesetzt, was hier jedoch nicht im Mittelpunkt stehen soll.

Die wichtigsten allgemeinen Typen von Derivaten sind *Futures*, *Optionen* und *Swaps*, die im Folgenden noch näher beschrieben werden. Daneben gehören auch die sogenannten *Zertifikate* zu den derivaten Finanzinstrumenten. Rechtlich handelt es sich dabei um Schuldverschreibungen des Emittenten (in der Regel einer Bank), deren Verzinsung und allgemeine Wertentwicklung aber wie bei den klassischen Derivaten von der Wertentwicklung eines oder mehrerer Basiswerte abhängt. Solche Zertifikate lassen sich in der Regel in mehrere einfachere Finanzprodukte zerlegen, von denen mindestens eines ein Derivat ist. Allgemeiner spricht man bei solchen Kombinationsprodukten auch von *strukturierten Produkten*. Damit sollen vor allem Nichtexperten Absicherungs- und Spekulationsmöglichkeiten geboten werden, die sonst von ihnen erst aus einzelnen Bausteinen zusammengesetzt werden müssen. Beispiele hierfür werden im Abschnitt 4.3.8 angesprochen.

4.3.1.2 Begriffserläuterung: Long und Short Position

Wie bei jedem anderen Finanzprodukt gibt es auch bei Derivaten einen Käufer und einen Verkäufer. Die Rolle des Käufers in einem Finanzgeschäft wird in der Finanzsprache auch als *Long Position* und die des Verkäufers als *Short Position* bezeichnet. Etwas komplizierter wird es bei Derivaten allerdings dadurch, dass sie von einem Basisobjekt abhängen. Typische Beispiel für derivate Finanzinstrumente sind etwa Kauf- und Verkaufsoptionen (englisch: *Puts* und *Calls*). Somit gibt es also beispielsweise für Verkaufsoptionen auf eine Aktie einen Käufer und einen Verkäufer. Dies kann leicht zu Begriffsverwirrungen führen, wie es u. a. folgendes viel zitiertes

Bonmot von S. Demolière, u. a. langjähriges Vorstandsmitglied des Deutschen Aktieninstituts, zum Ausdruck bringt:

> *„Welcher Laie wird wohl je verstehen, dass der Verkäufer der Verkaufsoption bei der Ausübung der Verkaufsoption durch den Käufer der Verkaufsoption der Käufer der von dem Käufer der Verkaufsoption verkauften Wertpapiere ist."*

Auch wenn in der Finanzwelt Anglizismen teilweise etwas ausufernd verwendet werden, ist es also im Zusammenhang mit Derivaten tatsächlich oft hilfreich, die englischen Begriffe (*Long / Short, Put / Call* etc.) mit zu verwenden.

Noch verwirrender wird es dadurch, dass bei verbrieften, also selbst als Wertpapier handelbaren, Derivaten, zwar der erstmalige Verkäufer (Emittent) in aller Regel die Short Position dauerhaft beibehält, aber die Long Position wechseln kann. So emittiert (verkauft) beispielsweise eine Bank einen Put (Verkaufsoption), der dem Käufer das Recht zusichert, eine Aktie zu einem späteren Zeitpunkt zu einem bestimmten vorgegebenen Preis zu verkaufen; die Bank geht also eine entsprechende Verpflichtung zur künftigen Abnahme der Aktien zum vereinbarten Preis ein. Dieses verbriefte Recht wird in Form eines sogenannten *Optionsscheins* von einem Käufer erworben, der ihn dann an der Börse weiterverkaufen kann. Damit wird der ursprüngliche Käufer also zum Verkäufer des Optionsscheins; die Short Position in dem Geschäft, also die im Optionsschein verbriefte Verpflichtung, bleibt aber bei der Bank. Aus diesem Grund ist es klarer, den ursprünglichen Verkäufer des Derivats als *Emittenten* oder, wie vor allem bei Optionsgeschäften üblich, als *Stillhalter* zu bezeichnen. Bei einem Derivat ändert sich also der Stillhalter als Inhaber der Short Position in der Regel nicht, während der Inhaberwechsel der Long Position zumindest bei verbrieften Instrumenten häufig vorkommt.

Die hier schon einmal übergreifend eingeführten Begriffe werden nachfolgend im konkreten Zusammenhang mit Futures und Optionen weiter verdeutlicht.

4.3.1.3 Begriffserläuterung: Forwards und Futures

Durch einen *Forward-* oder *Future-Kontrakt* (kurz: *Forward* oder *Future*, oder deutsch auch: *Terminkontrakt*) gehen zwei Vertragsparteien, ein Käufer (in der Long Position) und ein Verkäufer (Stillhalter, in der Short Position), die *feste Verpflichtung* ein, einen vereinbarten Basiswert (beispielsweise eine Aktie, einen Rohstoff oder eine Einheit einer Fremdwährung)

- zu einem festgelegten zukünftigen Zeitpunkt T (dem *Erfüllungstermin*)
- zu einem festgesetzten Preis $F_0 = F_0(T)$ (dem *Ausübungspreis*)

zu kaufen bzw. zu verkaufen.

Die Bezeichnungen *Forward* und *Future* werden, wie im Folgenden in diesem Buch, weitgehend synonym gebraucht. Meist versteht man speziell unter einem Future allerdings einen Terminkontrakt, der hinsichtlich Erfüllungstermin, Ausübungspreis etc. so standardisiert ist, dass er an der Börse gehandelt werden kann, während mit einem Forward (deutsch etwa: *Vorkauf*) überwiegend ein individuelles Termingeschäft gemeint ist. Bei Futures ist, anders als bei Forwards, der tatsächliche Bezug des Basisobjekts in der Regel nicht beabsichtigt und z.T. sogar vertraglich ausgeschlossen, es geht hauptsächlich nur um den wertmäßig äquivalenten Barausgleich.

Mit den beispielsweise für Bewertungsfragen im Detail relevanten Unterschieden zwischen Futures und Forwards (etwa hinsichtlich Liquidität und Hedging-Möglichkeiten) werden wir uns im Folgenden aber nicht näher beschäftigen.

Der Ausübungspreis F_0 wird zum Zeitpunkt $t = 0$ des Vertragsabschlusses so festgesetzt, dass er von beiden Vertragsparteien als „fair" bzw. ausgeglichen empfunden wird. Insbesondere im Falle von standardisierten Kontrakten, die über Terminbörsen abgewickelt werden, wird dieser für einen festen Erfüllungstermin T eindeutig bestimmte Ausübungspreis auch als *Kurs des Future* (manchmal auch: *Preis des Future*, analog zur englischen Bezeichnung *future price*) bezeichnet.

Der Kurs F_0 bezieht sich also nicht wie bei sogenannten Kassa-Geschäften, etwa dem direkten Kauf des Basisobjekts zum Kurs K_0, auf eine unmittelbar fällige, sondern auf eine zukünftige Zahlung. Abgesehen von eventuellen vorab zu stellenden Sicherheitsleistungen zahlt der Käufer erst zum Erfüllungstermin den vereinbarten Ausübungspreises F_0 an den Stillhalter gegen Lieferung des Basisobjekts, oder führt evtl. einen gleichwertigen Barausgleich mit ihm durch. Unter Umständen ist auch eine vorzeitige Vertragsauflösung gegen eine angemessene Ausgleichszahlung möglich; man spricht dann auch von der Glattstellung des Kontrakts. Die erforderliche Höhe der Ausgleichszahlung hängt vor allem von der zwischenzeitlichen Wertveränderung des Basisobjekts ab; vgl. dazu auch Abschnitt 4.3.2.1.

4.3.1.4 Begriffserläuterung: Swaps

Bei einem *Swap* handelt es sich um eine Vereinbarung zweier Vertragsparteien über den Austausch gewisser zukünftiger Zahlungsströme, z. B. von Zinszahlungen von ansonsten gleichartigen festverzinslichen Wertpapieren in zwei verschiedenen Währungen A und B zur den Zeitpunkten $t_1 < t_2 < t_3 < \ldots < t_n$, wie dies in Abbildung 4.17 schematisch veranschaulicht ist. Gedanklich lassen sich Swaps in eine Reihe einzelner Forward-Geschäfte zu den n Zeitpunkten

Abbildung 4.17: Schematische Darstellung der Funktionsweise eines Swap

$t_1 < t_2 < t_3 < \ldots < t_n$ zerlegen. Zur Beschränkung des Umfangs sollen Swaps im Weiteren nicht detaillierter behandelt werden.

	Kaufoption (Call)	Verkaufsoption (Put)
Käufer (Long Position)	*Recht zum Kauf* des Basisobjekts zu vereinbarten Konditionen innerhalb oder am Ende der vereinbarten Optionsfrist	*Recht zum Verkauf* des Basisobjekts zu vereinbarten Konditionen innerhalb oder am Ende der vereinbarten Optionsfrist
Verkäufer bzw. Stillhalter (Short Position)	*Verpflichtung zum Verkauf* des Basisobjekts zu vereinbarten Konditionen bei Optionsausübung des Käufers	*Verpflichtung zum Kauf* des Basisobjekts zu vereinbarten Konditionen bei Optionsausübung des Käufers

Tabelle 4.4: Grundpositionen bei einem Optionsgeschäft

4.3.1.5 Begriffserläuterung: Optionen

Eine *Option* beinhaltet für deren Käufer das Recht ein bestimmtes Basisobjekt (beispielsweise eine Aktie, einen Rohstoff oder eine Einheit einer Fremdwährung)

- zu einem festgelegten zukünftigen Zeitpunkt T (sog. *europäischer Optionstyp*) oder während einer bestimmten Frist $[0;T]$ (sog. *amerikanischer Optionstyp*)

- zu einem festgesetzten Preis X (Ausübungspreis)

zu kaufen (*Kaufoption* oder *Call*) bzw. zu verkaufen (*Verkaufsoption* oder *Put*). Der grundlegende Unterschied zu einem Futures-Geschäft besteht also darin, dass nur der Verkäufer (Stillhalter, in der Short Position) eine feste Verpflichtung eingeht, während der Käufer (in der Long Position) ein Recht erhält. Da eine derartige Vereinbarung für sich genommen nur für den Käufer von Wert ist, wird anders als beim Future schon bei Vertragsabschluss eine Geldzahlung an den Verkäufer fällig, die sogenannte *Optionsprämie*. Dafür hat der Stillhalter die Pflicht, das Basisobjekt zu den festgelegten Konditionen zu verkaufen (bei einem Call) oder zu kaufen (bei einem Put), sofern der Vertragspartner in der Long Position es verlangt. Im Falle, dass der Käufer von seinem Recht Gebrauch macht, spricht man auch von der *Ausübung der Option*. Ist die Option nicht ausgeübt worden, spricht man am Laufzeitende auch vom *Verfall der Option*. In Tabelle 4.4 sind die vier Grundpositionen bei einem Optionsgeschäft nochmals tabellarisch zusammengefasst.

Ähnlich wie bei Futures und Forwards können Optionsgeschäfte auf individuellen Vereinbarungen beruhen oder aber in standardisierter Form durchgeführt werden. Wie bereits in 4.3.1.1 erläutert ändert sich insbesondere bei einer verbrieften Option die Position des Stillhalters (Emittent des Optionsscheins) in aller Regel nicht. Wenn der ursprüngliche Käufer den Optionsschein an der Börse verkauft, wechselt also nur der Inhaber der Long Position und der Erlös aus dem Verkauf sollte ohne Berücksichtigung von Transaktionskosten o. Ä. der Optionsprämie einer vergleichbaren Neuemission entsprechen ("sollte" bedeutet, dass die Preise an der Börse natürlich durch Angebot und Nachfrage zustande kommen). Weitere Einzelheiten zu Bildung von Optionspreisen, die wie bei Futures eng mit dem Hedging-Gedanken zusammenhängen, werden in 4.3.6 und 4.3.7 angesprochen.

Die Begriffsbildung *europäische / amerikanische Option* erklärt sich aus der historischen Entwicklung und hat nichts mit der aktuellen Verbreitung dieser Optionstypen zu tun. Vor allem bei

OTC-Produkten kann das Optionsrecht zusätzlich noch den verschiedensten Nebenbedingungen unterworfen sein; man spricht auch von *exotischen Optionen*. Beispielsweise kann der Beginn oder das Ende der Ausübungsfrist daran gekoppelt sein, ob und wann der Basiswert bestimmte Schwellenwerte unter- oder überschreitet; der Ausübungspreis kann vom maximalen, minimalen oder einem durchschnittlichen Wert des Basisobjekts innerhalb einer gewissen Zeitspanne abhängen u. v. a. m.

4.3.2 Bewertung von Futures

4.3.2.1 Finanzielles Ergebnis eines Future-Kontrakts im Erfüllungszeitpunkt

Gegeben sei ein Future-Geschäft mit Erfüllungstermin T. Es sei

- K_T der Kurs bzw. Preis des Basiswerts zum Zeitpunkt $t = T$,
- $F_0 = F_0(T)$ der Kurs des Future zum Zeitpunkt $t = 0$.

Aus Sicht in $t = 0$ ist F_0 bekannt und K_T eine Zufallsvariable. Der Gewinn oder Verlust, der zum Erfüllungszeitpunkt T für den Käufer – bzw. mit umgekehrtem Vorzeichen für den Verkäufer – des Future-Kontrakts entsteht, ist

$$\pm G_T = K_T - F_0(T).$$

In der Abbildung 4.18 ist der aus dem Geschäft entstehende Gewinn oder Verlust in Abhängigkeit vom Kurs des Basisobjekts zum Zeitpunkt T grafisch dargestellt. Man erkennt, dass der Gewinn des Stillhalters, entsprechend dem maximalen Verlust des Käufers, auf F_0 begrenzt ist; dieser Grenzfall tritt ein, wenn das Basisobjekt in $t = T$ wertlos ist. Demgegenüber ist ohne spezielle Absicherungsmaßnahmen der mögliche Verlust des Stillhalters, entsprechend dem möglichen Gewinn des Käufers, unbegrenzt hoch, proportional zu den potenziellen Wertsteigerungen des Basisobjekts.

Im Falle einer vorzeitigen Glattstellung zum Zeitpunkt $t < T$ hängt das finanzielle Ergebnis des Future-Geschäfts vom zukünftigen Future-Kurs $F_t = F_t(T - t)$ ab; denn theoretisch kann ein Gegengeschäft mit gleichem Basiswert und Erfüllungstermin (dieser liegt dann nur noch $T - t$ Zeiteinheiten in der Zukunft) eingegangen werden, bei dem der ursprüngliche Käufer als Verkäufer auftritt und umgekehrt. Aus der Sicht von $t = 0$ ist der Wert F_t eine Zufallsvariable, der eng mit dem in $t = 0$ ebenfalls unbekannten Kurswert K_t des Basisobjekts zusammenhängt, wie dies im nachfolgenden Abschnitt näher erläutert wird.

4.3.2.2 Der Cost-of-Carry-Ansatz zur Bestimmung eines Future-Kurses

Die Bewertung von Futures wird nachfolgend bezogen auf den Zeitpunkt $t = 0$ erläutert. Analog kann eine Bewertung für einen allgemeinen Bewertungszeitpunkt $t < T$ erfolgen, wobei der Wert F_t dann, ebenso wie der Wert K_t des Basisobjekts, als Zufallsvariable anzusehen ist. Der Kurs eines Futures kommt durch Angebot und Nachfrage an der Börse zustande. Theoretisch kann er durch die folgende Überlegung (*Cost-of-Carry-Prinzip*) ermittelt werden. Zum Bewertungszeitpunkt $t = 0$ ist der Gewinn oder Verlust, der zum Erfüllungszeitpunkt T in der Käufer-Position

Erfolg von Future Long (Sicht des Käufers):

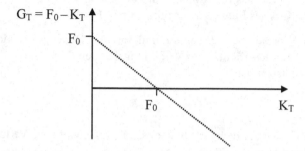

Erfolg von Future Short (Sicht des Stillhalters):

Abbildung 4.18: Gewinn / Verlust aus einem in $t = 0$ abgeschlossenen Future-Kontrakt zum Erfüllungszeitpunkt T

des Future-Kontrakts entsteht:

$$G_T = K_T - F_0(T).$$

Alternativ könnte der Käufer aber auch auf den Abschluss des Future-Kontrakts verzichten und stattdessen – Handelbarkeit vorausgesetzt – das Basisobjekt sofort zum Preis K_0 erwerben und bis zum Zeitpunkt T halten. Dadurch entstehen ihm Haltekosten (*Cost-of-Carry*) $CoC(T)$, die beispielsweise aus den entgangenen Zinsen auf den Investitionsbetrag $r[0;T] \cdot K_0$ und etwa bei Rohstoffen zusätzlich aus den Einlagerungskosten bis T bestehen. Vermindert werden die Haltekosten durch etwaige zwischenzeitliche Erträge auf das Basisobjekt, also etwa Dividendenzahlungen bei einer Aktie, sodass $CoC(T)$ ggf. auch negativ sein kann. Bei der Strategie des sofortigen Erwerbs ergibt sich zum Zeitpunkt T also der Gewinn oder Verlust

$$G_T = K_T - K_0 + CoC(T).$$

Da beide Strategien zum gleichen Ergebnis, nämlich dem Besitz des Basisobjekts in $t = T$ zum Kurs K_T, führen, ergibt sich also durch Gleichsetzen die Bewertungsgleichung

$$F_0(T) = K_0 + CoC(T) \quad \text{bzw.} \quad F_0(T) - K_0 = CoC(T).$$

Als „Merksatz" wird diese Bewertungsgleichung auch in der Form

$$Basis = Cost\text{-}of\text{-}Carry$$

formuliert, wobei als *Basis* die Kursdifferenz $B_0 = F_0 - K_0$ zwischen Future und Basisobjekt bezeichnet wird. Praktisch anwendbar ist die Bewertungsgleichung in dieser einfachen Form natürlich nur unter der Voraussetzung, dass die Haltekosten $CoC(T)$ bereits in $t = 0$ definitiv bekannt sind. Andererseits lassen sich ggf. die von den Marktteilnehmern erwarteten Haltekosten, etwa speziell auch zukünftig erwartete Zinssätze, aus vorliegenden Future-Kursen schätzen.

Wie Abbildung 4.18 zeigt, ist die Stillhalter-Position des Future-Geschäfts mit begrenzten Gewinnen (maximal F_0, wenn das Basisobjekt zum Erfüllungstermin wertlos sein sollte), aber bei theoretisch unbegrenzten Wertsteigerungsmöglichkeiten für das Basisobjekt mit unbegrenzten Verlustmöglichkeiten verbunden. Um entsprechende Risiken zu begrenzen, kann der Stillhalter seine Risiken aus dem Future-Vertrag absichern (*hedgen*), indem er seinerseits bereits in $t = 0$ das Basisobjekt erwirbt. Insgesamt reicht dann der in T zu zahlende Future-Preis $F_0 = K_0 + CoC(T)$ gerade aus, um seine Strategie zu finanzieren. Der Stillhalter ist mit dieser Strategie eine risikolose Position eingegangen und macht dementsprechend auch weder Gewinne noch Verluste. Dies wird in 4.3.3.4 nochmals etwas ausführlicher erläutert; vgl. auch die Abbildung 4.19.

Ohne genaueres Ansehen der obigen Argumentation ist es vielleicht ein wenig überraschend, dass der nach dem Cost-of-Carry-Prinzip bestimmte Future-Kurs nicht von den Erwartungen an die Wertentwicklung des Basiswerts abhängt, sondern lediglich von seinem aktuellen Kurs sowie den Cost-of-Carry. Letztlich steckt dahinter aber ein ganz wesentliches Grundprinzip zur Bewertung derivater und anderer risikobehafteter Finanzinstrumente, das sich in den letzten Jahrzehnten, anknüpfend an die bahnbrechenden Arbeiten von F. Black, M. Scholes und R. Merton zur Optionspreistheorie (mit dem Nobelpreis für Scholes und Merton im Jahr 1997, Black war bereit 1995 verstorben) immer mehr für praktische Bewertungsaufgaben durchgesetzt hat, nämlich das sogenannte Duplikationsprinzip. Grob gesprochen besagt dieses, dass zwei Finanzstrategien, die die gleichen Zahlungsströme erzeugen, den gleichen Wert besitzen müssen. Und die Cost-of-Carry stellen im vorliegenden Kontext nichts anderes dar als die Finanzierungskosten zur Durchführung einer risikolosen Hedging-Strategie zur Erfüllung des Future-Vertrages. Ähnliche, etwas komplexere, Überlegungen zur Preisfestsetzung bei Optionen werden nachfolgend in Abschnitt 4.3.6 dargestellt.

Es ist wichtig, im Auge zu behalten, dass der Cost-of-Carry-Ansatz nur anwendbar ist, wenn der Basiswert selbst eine handelbare Größe ist, da sonst in der Regel keine direkte Erwerbsmöglichkeit für das Basisobjekt zum Zeitpunkt des Abschlusses des Future-Kontrakts besteht. Ein Beispiel, wobei dies nicht der Fall wäre, wäre etwa ein Future auf die in Geldeinheiten ausgedrückte Schneemenge in einem Wintersportort. Hier spielt neben der Handelbarkeit auch die Haltbarkeit des Basisobjekts eine Rolle; die beiden Punkte sind allerdings – zumindest was den klassischen Börsenhandel betrifft – eng miteinander verknüpft. Future-Vereinbarungen für nicht handelbare Basiswerte ähneln eher klassischen Versicherungsverträgen, bei denen es in der Regel keine unmittelbaren Hedging-Strategien im erläuterten Sinne gibt.

4.3.2.3 Beispiel: Bewertung von Aktien-Futures nach dem Cost-of-Carry-Ansatz

Gegeben sei eine Aktie mit aktuellem Kurs K_0. Der sichere, nicht annualisierte, Zinssatz für den Zeitraum $[0; T]$ sei mit $r[0; T]$ bezeichnet. Unter der Voraussetzung, dass keine Dividenden gezahlt werden, ergeben sich die Haltekosten für die Aktie zu $CoC(T) = r[0; T] \cdot K_0$ und der Future-Kurs bei einem Erfüllungstermin in $t = T$ also zu

$$F_0(T) = K_0 \cdot (1 + r[0; T]).$$

Im Falle von Dividendenzahlungen sind diese noch unter Berücksichtigung ihres Fälligkeitszeitpunkts von den Cost-of-Carry abzuziehen.

Beispielsweise sei konkret $K_0 = 100$, und der sichere Zins sei als $r_1 = 3\%$ für das nächste Jahr und $r_2 = 4\%$ für das darauffolgende Jahr angenommen. Unter der Voraussetzung, dass keine Dividenden gezahlt werden, ergeben sich für einen ein- bzw. zweijährigen Future die Kurse

$$F_0(1) = K_0 \cdot (1 + r[0; 1]) = 100 \cdot 1{,}03 = 103;$$
$$F_0(2) = K_0 \cdot (1 + r[0; 2]) = 100 \cdot 1{,}03 \cdot 1{,}04 = 107{,}12.$$

Wird demgegenüber etwa angenommen, dass nach genau einem Jahr (unmittelbar nach Fälligkeit des einjährigen Future) eine Dividende von $D = 5$ auf die Aktie gezahlt wird, ergibt sich

$$CoC(2) = K_0 \cdot (1 + r_1) \cdot (1 + r_2) - K_0 - D \cdot (1 + r_2) = 7{,}12 - 5{,}2 = 1{,}92$$

bzw.

$$F_0(2) = [K_0 \cdot (1 + r_1) - D] \cdot (1 + r_2) = 98 \cdot 1{,}04 = 101{,}92.$$

4.3.3 Hedging-Strategien mit Futures

4.3.3.1 Aufgabenstellung und Grundbegriffe

Offenbar kann man durch den Kauf von Futures die Konditionen für den zukünftig geplanten Kauf eines Basiswerts (z. B. einen für die Produktion in einem Unternehmen erforderlichen Rohstoff) festlegen, und sich somit also gegen die Gefahr zwischenzeitlich steigender Kurse absichern. Diese Strategie nennt man auch *Long Hedge* (*Long Position* = Kaufposition).

Des Weiteren kann man durch den Verkauf von Futures eine bereits bestehende Basisposition gegen mögliche künftige Kursverluste absichern. Diese Vorgehensweise bezeichnet man als *Short Hedge* (*Short Position* = Verkaufsposition).

Als *perfekten Hedge* bezeichnet man eine Situation, in der sich Gewinn und Verlust aus dem abzusichernden Basiswert und der Futures-Position exakt kompensieren. Dies ist in aller Regel nur möglich, wenn das Basisobjekt der Future-Position in Umfang und Art genau dem abzusichernden Basisobjekt entspricht. Außerdem setzt ein perfekter Hedge voraus, dass das sogenannte *Basis-Risiko* vernachlässigt werden kann. Als Basis-Risiko bezeichnet man das Risiko, dass sich die Cost-of-Carry (also konkret beispielsweise Zinssätze oder zwischenzeitliche Dividendenzahlungen auf das Basisobjekt) anders entwickeln als ursprünglich prognostiziert.

Allgemeiner werden beim (nicht perfekten) Hedging auch Basiswerte eingesetzt, die dem abzusichernden Objekt lediglich ähnlich sind. Beispiele wären der Verkauf von DAX-Futures zur Absicherung eines Aktienportfolios oder der Kauf von Rohöl-Futures zur Absicherung des Preises für Flugbenzin. Man spricht auch von einem *Cross-Hedge*. Zusatzlich zum Basis-Risiko gibt es dabei auch das *Cross-Hedge-Risiko* aus nicht vorhersehbaren Preisdifferenzen zwischen dem abzusichernden Objekt und dem abweichenden Basisobjekt des Future.

4.3.3.2 Rendite-Risiko-Analyse eines Short Hedge

Gegeben sei eine Position aus n einkommensfreien Basiswerten mit Kurs K_0, die gegen Kursverluste durch den Verkauf von x Futures mit Erfüllungstermin T zum Kurs F_0 abgesichert werden. Die Futures können sich dabei auch auf einen anderen Basiswert beziehen, dessen Kurs zum Erfüllungstermin mit F_T bezeichnet sei. Bei den zukünftigen Kursen K_T und F_T handelt es sich um Zufallsvariablen, wobei – wie intuitiv plausibel ist und nachfolgend auch formal nachgewiesen wird – für eine Absicherungsstrategie der Korrelationskoeffizient $\rho_{K,F} := \mathbf{Corr}(K_T, F_T)$ positiv sein muss. Letzteres ist immer der Fall, wenn die Futures sich auf ein ähnliches Objekt beziehen wie der abzusichernde Basiswert. Falls sich die Futures unmittelbar auf das abzusichernde Basispapier beziehen, gilt $\rho_{K,F} = 1$. Für den Gewinn oder Verlust des Portfolios aus n Basiswerten und x Futures in Short-Position zum Zeitpunkt T ergibt sich ohne Berücksichtigung der Kosten für das Halten der n Basiswerte

$$G_T = n \cdot (K_T - K_0) - x \cdot (F_T - F_0).$$

Wenn man in die Gewinnanalyse die Finanzierungskosten für das Halten des Basisobjekts mit einbezieht, ergibt sich die modifizierte Formel

$$G_T = n \cdot (K_T - K_0 - CoC(T)) - x \cdot (F_T - F_0).$$

Also gilt für den erwarteten Gewinn ohne bzw. mit Berücksichtigung der Haltekosten

$$\mathbf{E}(G_T) = n \cdot [\mathbf{E}(K_T) - K_0] - x \cdot [\mathbf{E}(F_T) - F_0]$$

bzw.

$$\mathbf{E}(G_T) = n \cdot [\mathbf{E}(K_T) - K_0 - CoC(T)] - x \cdot [\mathbf{E}(F_T) - F_0].$$

Mit den Bezeichnungen $\sigma_K := \mathbf{SD}(K_T)$ und $\sigma_F := \mathbf{SD}(F_T)$ ergibt sich unter der Voraussetzung bekannter Cost-of-Carry für die Varianz der Gewinnverteilung in beiden Fällen

$$\mathbf{Var}(G_T) = n^2 \cdot \sigma_K^2 + x^2 \cdot \sigma_F^2 - 2nx \cdot \sigma_K \cdot \sigma_F \cdot \rho_{K,F}.$$

Gegenüber der reinen Long-Position aus den n Basiswerten mit $\mathbf{Var}(G_T) = n^2 \cdot \sigma_K^2$ nimmt die Varianz der Gewinnverteilung also ab, falls gilt

$$\frac{x}{n} < 2\rho_{K,F} \cdot \frac{\sigma_K}{\sigma_F}.$$

Für die Risikoentlastung im Sinne der Varianzverminderung muss insbesondere der Korrelations-koeffizient $\rho_{K,F}$ positiv sein. Ferner darf die Short-Position nicht zu groß sein; anderenfalls wür-de man auch von *Over-Hedging* sprechen. Der Quotient x/n wird *Hedge-Ratio* genannt. Wie aus den obigen Formeln ersichtlich, besteht die Kehrseite der Risikoentlastung durch das Hedging aus entsprechend geringeren Gewinnerwartungen für die Gesamtposition. Eine weitere Analyse des Risikoentlastungseffekts durch das Hedging erfolgt in Abschnitt 4.3.3.5. Das Beispiel des perfekten Hedge wird in 4.3.3.4 betrachtet.

Die obigen Formeln lassen sich auf naheliegende Weise modifizieren, wenn man Basisobjekte mit bekanntem Einkommen zugrunde legt.

4.3.3.3 Rendite-Risiko-Analyse eines Long Hedge

Bei der Absicherungsstrategie des Long Hedge geht man davon aus, dass n Einheiten eines be-stimmten Basiswerts zum Zeitpunkt T benötigt werden und durch einen Future-Vertrag im Zeit-punkt $t = 0$ „vorgekauft" werden sollen. Wie in 4.3.3.2 muss der Future-Vertrag sich nicht un-bedingt auf das Basisobjekt selbst beziehen, sondern ggf. nur auf ein ähnliches Objekt und kann auch ein anderes Kontraktvolumen x aufweisen. Somit ergibt sich für den Gewinn bzw. Verlust zum Erfüllungstermin die gleiche Formel wie beim Short Hedge mit umgekehrten Vorzeichen, nämlich ohne Berücksichtigung von Haltekosten für das Basisobjekt

$$G_T = x \cdot (F_T - F_0) - n \cdot (K_T - K_0),$$

also

$$\mathbf{E}(G_T) = x \cdot [\mathbf{E}(F_T) - F_0] - n \cdot [\mathbf{E}(K_T) - K_0],$$

bzw. mit Berücksichtigung der (in diesem Falle gegenüber dem Direkterwerb eingesparten) Hal-tekosten

$$G_T = x \cdot (F_T - F_0) - n \cdot (K_T - K_0 - CoC(T)),$$

also

$$\mathbf{E}(G_T) = x \cdot [\mathbf{E}(F_T) - F_0] - n \cdot [\mathbf{E}(K_T) - K_0 - CoC(T)].$$

Zur Interpretation der Formeln mache man sich klar, dass man mit dem voraussichtlichen Er-lös des Future-Geschäfts die voraussichtlichen Kurssteigerungen der n benötigten Basisobjekte finanzieren will bzw. muss. Weist das Future-Geschäft hingegen einen Verlust aus, wird dies durch den günstigeren Preis des Basisobjekts (ggf. teilweise) kompensiert. Für die Varianz der Gewinnverteilung gilt auch beim Long Hedge

$$\mathbf{Var}(G_T) = n^2 \cdot \sigma_K^2 + x^2 \cdot \sigma_F^2 - 2nx \cdot \sigma_K \cdot \sigma_F \cdot \rho_{K,F}.$$

4.3.3.4 Perfekter 1:1-Hedge

Beim perfekten 1:1-Hedge entspricht das Basisobjekt des Future genau dem abzusichernden Basiswert, d. h. in den Formeln aus 4.3.3.2 und 4.3.3.3 ist $n = x = 1$ und $F_T = K_T$. Für den Short Hedge ergibt sich dann also ohne Berücksichtigung der Haltekosten für das Basisobjekt

$$G_T = (K_T - K_0) - (F_T - F_0) = F_0 - K_0 = B_0 = CoC(T)$$

bzw. mit Berücksichtigung dieser Kosten $G_T = 0$.

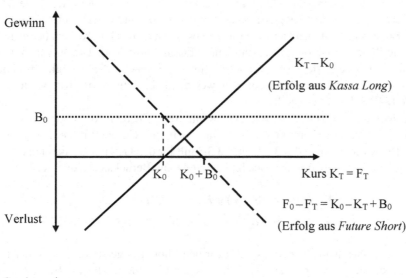

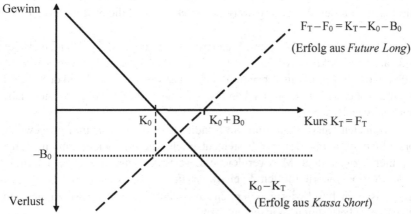

Abbildung 4.19: Funktionsweise des perfekten Short Hedge (oben) und des perfekten Long Hedge (unten)

Für den Long Hedge ergibt sich analog ohne Berücksichtigung der durch den „Vorkauf" eingesparten Finanzierungskosten der Gewinn $G_T = -B_0$ bzw. mit Berücksichtigung dieser Kosten wiederum $G_T = 0$. Beim perfekten Long oder Short Hedge wird also ein risikoloses Geschäft durchgeführt. Der im Erfüllungszeitpunkt T erzielte Abrechnungsgewinn bzw. -verlust in stets konstanter Höhe $B_0 = CoC(T)$ kann als Entgelt für das Halten des Basisobjekts interpretiert werden. Die Funktionsweise des perfekten Short Hedge und perfekten Long Hedge ist in der Abbildung 4.19 visualisiert.

4.3.3.5 Individuelle Rendite-Risiko-Optimierung beim Hedging mit Futures

Mit den aus der Portfoliotheorie bekannten Ansätzen kann man auf der Grundlage der Erwartungswerte $\mathbf{E}(K_T), \mathbf{E}(F_T)$, der Standardabweichungen σ_K, σ_F und des Korrelationskoeffizienten $\rho_{K,F}$ für die Kurse K_T des abzusichernden Basisobjekts und F_T des Future auch beim Hedging eine individuelle Rendite-Risiko-Optimierung durchführen. Diese Vorgehensweise ist ähnlich zur Rendite-Risiko-Analyse in der Portfoliotheorie für den Zwei-Asset-Fall; vgl. Abschnitt 4.2.2. Allerdings werden im vorliegenden Kontext abweichend absolute Werte (Kurswerte) und keine relativen Werte (Renditen) verwendet.

Wir betrachten einen Short oder Long Hedge mit vorgegebenem Kontraktvolumen n für das Basisobjekt und variablem Kontraktvolumen x für das Future-Geschäft mit einem potenziell abweichenden Basiswert. Gemäß 4.3.3.2 bzw. 4.3.3.3 gilt für den Gewinn G_T dann in der einfachsten Version mit einkommensfreien Basisobjekten und ohne Berücksichtigung der Cost-of-Carry

$$\pm\mathbf{E}(G_T) = n \cdot [\mathbf{E}(K_T) - K_0] - x \cdot [\mathbf{E}(F_T) - F_0],$$

$$\mathbf{Var}(G_T) = n^2 \cdot \sigma_K^2 + x^2 \cdot \sigma_F^2 - 2nx \cdot \sigma_K \cdot \sigma_F \cdot \rho_{K,F},$$

wobei das Pluszeichen beim Erwartungswert für den Short Hedge steht. Bei Berücksichtigung deterministischer Cost-of-Carry oder deterministischen Einkommen für die Basisobjekte verändert sich die Formel für den Erwartungswert entsprechend, und die Varianzformel bleibt unverändert.

Die Risikomaße Varianz $\mathbf{Var}(G_T)$ bzw. Standardabweichung $\mathbf{SD}(G_T)$ können also als Funktion von x und damit als Funktion von $\mathbf{E}(G_T)$ (beim Übergang von x zu $\mathbf{E}(G_T)$ als Variable handelt sich lediglich um eine lineare Transformation) aufgefasst werden. Dies ist in der Abbildung 4.20 veranschaulicht, wobei wie in der grafischen Darstellungsweise üblich die Standardabweichung als Risikomaß verwendet wird.

Aus der berechneten Kurve kann nun die Rendite-Risiko-Kombination ausgewählt werden, die den Vorstellungen des Investors am besten entspricht; diese ist wiederum einem bestimmten Kontraktvolumen x zugeordnet. Man vergleiche diese Vorgehensweise mit der Rendite-Risiko-Analyse in der Portfoliotheorie für den Zwei-Aktien-Fall; vgl. Abschnitt 4.2.2.

Insbesondere ist es nicht schwierig, unter den zuvor getroffenen Voraussetzungen den varianzminimalen Hedge zu bestimmen. Wir setzen dazu

$$\frac{d\sigma^2(G_T)}{dx} = 2x \cdot \sigma_F^2 - 2n \cdot \sigma_F \cdot \sigma_K \cdot \rho_{K,F} = 0.$$

Daraus ergibt sich die Bedingung

$$x = x(T) = n \cdot \rho_{K,F} \cdot \frac{\sigma_K}{\sigma_F} = n \cdot \beta_{K,F},$$

wobei

$$\beta_{K,F} = \beta_{K,F}(T) := \rho_{K,F} \cdot \frac{\sigma_K}{\sigma_F}$$

der in 4.2.6 eingeführte *Beta-Faktor* ist, der im vorliegenden Zusammenhang also mit dem Hedge-Ratio übereinstimmt. Zur finanzmathematischen Bedeutung des Beta-Faktors vgl. auch die Ausführungen zur Wertpapierlinie im Rahmen des CAPM in Abschnitt 4.2.6.

Man rechnet aus, dass in diesem Fall gilt:

$$\sigma_{min}(G_T) = n \cdot \sigma_K \cdot \sqrt{1 - \rho_{K,F}^2}.$$

Es ist klar, dass das geringere Risiko einer abgesicherten Position mit einer Verringerung des erwarteten Gewinns einhergeht.

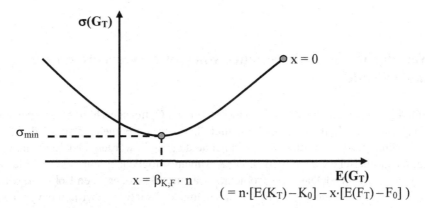

Abbildung 4.20: Ertrags-Risiko-Kombinationen beim nicht perfekten Short Hedge (schematische Darstellung)

In Abbildung 4.20 sind die möglichen Ertrags-Risiko-Kombinationen bei einem Short Hedge in schematischer Weise dargestellt, wobei $\mathbf{E}(K_T) > K_0$ und $\mathbf{E}(F_T) > F_0$ vorausgesetzt ist. Für den Long Hedge ergibt sich wie zuvor erläutert die an der Ordinate gespiegelte Darstellung. Dass damit dann das Varianzminimum mit einem negativen Erwartungswert verbunden wäre, erklärt sich dadurch, dass in der Darstellung die Cost-of-Carry nicht einbezogen sind; vgl. dazu auch die Erläuterungen zum perfekten Hedge in 4.3.3.4. Ein risikofreudiger Investor, der sich an Standardabweichung und Erwartungswert des Gewinns orientiert, würde bei einem Short Hedge, also einer vorhandenen Basisposition, nur ein kleines Hedge-Ratio wählen (im Extremfall $x = 0$), während er bei einem Long Hedge ein großes Hedge-Ratio wählen würde.

Beispiel (Hedging mit Futures)

Eine Fluggesellschaft möchte sich einen in drei Monaten entstehenden Bedarf von einer Million Liter Flugbenzin durch ein Future-Geschäft absichern. Da auf dem Kapitalmarkt momentan keine passenden Futures für das Flugbenzin erhältlich sind, entscheidet sich die Gesellschaft für einen varianzminimalen Hedge mit Heizöl-Futures. Ein Future-Kontrakt beziehe sich auf 10.000 Liter Heizöl. Die Standardabweichungen für den Liter-Preis von Flugbenzin bzw. Heizöl werden für den Dreimonatszeitraum mit $\sigma_B = 0{,}16$ € bzw. $\sigma_H = 0{,}2$ € angesetzt. Die Korrelation der Preise wird mit $\rho_{B,H} = 0{,}8$ geschätzt. Somit ergibt sich, dass das Geschäft sich für einen varianzminimalen Hedge auf

$$x = x(T) = n \cdot \rho_{B,H} \cdot \frac{\sigma_B}{\sigma_H} = 1.000.000 \cdot 0{,}8 \cdot \frac{0{,}16}{0{,}2} = 640.000$$

Liter Heizöl beziehen sollte. Da ein Kontrakt sich auf 10.000 Liter Heizöl als Basiswert bezieht, sind also 64 solcher Kontrakte abzuschließen.

Das gleiche Ergebnis für den varianzminimalen Hedge ergibt sich, falls ein bereits vorhandener Bestand von Flugbenzin durch den Verkauf von Heizöl-Futures abgesichert werden soll (Short Hedge).

4.3.4 Wert der vier Grundpositionen von Optionsgeschäften zum Laufzeitende

In Abschnitt 4.3.1.5 wurden die vier Grundpositionen von Optionsgeschäften beschrieben, nämlich der Long und Short Call sowie der Long und Short Put. Im Folgenden sollen die Wertpositionen bei Ausübung bzw. Verfall zum Laufzeitende dargestellt werden. Der Einfachheit halber seien lediglich europäische Optionen (d. h. mit Ausübungsmöglichkeit nur am Laufzeitende) auf ein einkommensfreies, handelbares Basisobjekt, etwa eine Aktie oder einen Rohstoff, betrachtet. Wie bei Bewertung von Futures soll zur Vereinfachung der Notation außerdem davon ausgegangen werden, dass die Optionsgeschäfte in $t = 0$ abgeschlossen wurden, wobei die Darstellung für einen allgemeinen Abschlusszeitpunkt t analog erfolgen könnte. Es bezeichne im Folgenden

- T die Laufzeit der Option,
- X den Preis zu dem das Basisobjekt zum Ausübungszeitpunkt T gekauft bzw. verkauft wird (= Ausübungspreis),
- K_0 den Kurs bzw. Preis des Basisobjekts zum Zeitpunkt $t = 0$,
- K_T den Kurs bzw. Preis des Basisobjekts zum Zeitpunkt $t = T$,
- δ den kontinuierlichen Marktzins für risikolose Geldanlage pro Zeiteinheit (hier der Einfachheit halber als konstant vorausgesetzt),
- $C_0 = C_0(X)$ die an den Stillhalter im Zeitpunkt $t = 0$ zu zahlende Call-Prämie,
- $P_0 = P_0(X)$ die an den Stillhalter im Zeitpunkt $t = 0$ zu zahlende Put-Prämie.

4.3.4.1 Wert eines Long Call zum Ausübungszeitpunkt

Ein *Long Call* entspricht dem Kauf einer Kaufoption. Es bezeichne $VC^\ell = VC^\ell(X)$ den Wert des Call aus Sicht des Käufers zum Ausübungszeitpunkt T. Dann gilt

$$VC^\ell = \max(K_T - X, 0),$$

und bei einem einkommensfreien Basisobjekt ergibt sich für den Gesamtgewinn bzw. -verlust im Ausübungszeitpunkt

$$G_T = VC^\ell - C_0 \cdot e^{\delta \cdot T}.$$

Bei der Gewinnermittlung wurde der Zins auf die investierte Call-Prämie (für die Aufnahme von Fremdkapital bzw. den entgangenen Zinsertrag für eine Alternativanlage) mit berücksichtigt; d. h. der Gewinn wird positiv, sobald die Auszahlung aus der Optionsausübung die bis zum Ausübungszeitpunkt verzinste Anfangsinvestition übersteigt. Die resultierende Wertposition ist in der Abbildung 4.21 veranschaulicht. Formal entspricht die Wertposition des Long Call ge-

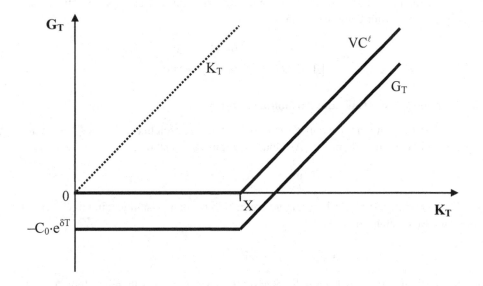

Abbildung 4.21: Wert eines Long Call zum Ausübungszeitpunkt T

nau der Auszahlung einer Versicherung mit Selbstbeteiligung $d = X$ bei prinzipiell unbegrenzter möglicher Schadenhöhe K_T; vgl. Abschnitt 4.1.3. (Man beachte, dass in diesem Unterkapitel 4.3 die Bezeichnung X im Gegensatz zur Terminologie in 4.1 nicht für eine zufallsbehaftete Größe, sondern für einen festen Zahlenwert verwendet wird.) Der Versicherungsnehmer hat also die Option, im Falle eines Schadens die Schadenregulierung in Höhe von K_T abzüglich der Selbstbeteiligung X in Anspruch zu nehmen und wird dies tun, wenn der Schaden K_T den Wert X

übersteigt. Trotz dieser formalen Analogie ist die Festsetzung angemessener Versicherungsprämien bei weitem nicht analog zur Optionsbewertung, da Versicherungsrisiken in der Regel nicht, oder zumindest nicht vollständig, gehedgt werden können. Vergleiche dazu auch die Anmerkungen zu Beginn von Abschnitt 4.3.6.

Beispiel (Long Call)

Ein Automobilproduzent hat für den Erwerb einer Option auf den Kauf von Aluminium in einem halben Jahr zum Ausübungspreis $X = 1.500$ € pro Tonne die Call-Prämie $C_0 = 30$ € pro Tonne bezahlt. Der nichtannualisierte Vergleichszins zur Beurteilung des Verlusts durch die Kapitalbildung für den Halbjahreszeitraum wird als 2 % angenommen (entspricht $\delta = 2\ln(1{,}02)$). Somit beträgt nach Ablauf des halben Jahres der Verlust bzw. Gewinn des Produzenten in Abhängigkeit vom tatsächlichen Aluminiumpreis K zu diesem Zeitpunkt in € pro Tonne

$$GC^\ell = \begin{cases} -30{,}60 & \text{für } K < 1.500, \\ -30{,}60 + (K - 1.500) & \text{für } K \geq 1.500. \end{cases}$$

Wenn der tatsächliche Aluminiumpreis zum Laufzeitende unter 1.500 € pro Tonne liegt, wird der Produzent die Option verfallen lassen und sich das Aluminium am Kassamarkt besorgen. Anderenfalls wird er die Option ausüben. Somit ist die von ihm für den Kauf investierte Summe einschließlich aufgezinster Optionsprämie

$$S = \begin{cases} K + 30{,}60 & \text{für } K < 1.500, \\ 1.530{,}60 & \text{für } K \geq 1.500. \end{cases}$$

4.3.4.2 Wert eines Short Call zum Ausübungszeitpunkt

Ein *Short Call* entspricht dem Verkauf einer Kaufoption. Es bezeichne $VC^s = VC^s(X)$ den Wert des Call aus Sicht des Stillhalters zum Ausübungszeitpunkt T. Dann gilt:

$$VC^s = \min(X - K_T, 0) = -VC^\ell,$$

und bei einem einkommensfreien Basisobjekt ergibt sich für den Gesamtgewinn bzw.-verlust des Stillhalters im Ausübungszeitpunkt:

$$G_T = C_0 \cdot e^{\delta \cdot T} - VC^\ell.$$

Kosten, die durch ein etwaiges Halten des Basisobjekts vor dem Ausübungszeitpunkt entstehen (z. B. Lagerungskosten), sind in dieser Formel nicht berücksichtigt. Die Wertposition des Short Call ist in der Abbildung 4.22 veranschaulicht.

Beispiel (Short Call)

Die Wertposition in dem Beispiel aus 4.3.4.1 sei nun aus Sicht des Stillhalters der Option betrachtet. Der Stillhalter hat sich verpflichtet, in einem halben Jahr Aluminium zum Preis von $X = 1.500$ € pro Tonne zu liefern und dafür die Call-Prämie $C_0 = 30$ € pro Tonne bekommen. Es wird angenommen, dass er die Call-Prämie bis zum Fälligkeitszeitpunkt mit einer Halbjahresverzinsung von 2 % anlegen kann. Somit beträgt nach Ablauf des halben Jahres der Verlust

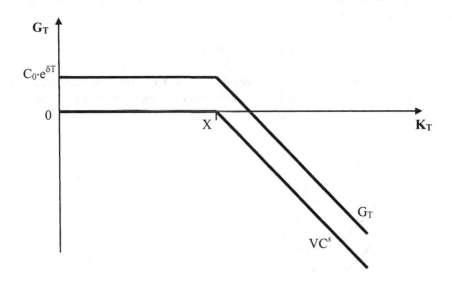

Abbildung 4.22: Wert eines Short Call zum Ausübungszeitpunkt T

bzw. Gewinn des Stillhalters in Abhängigkeit vom tatsächlichen Aluminiumpreis K zu diesem Zeitpunkt in € pro Tonne

$$GC^s = \begin{cases} 30{,}60 & \text{für } K < 1.500, \\ 1.530{,}60 - K & \text{für } K \geq 1.500. \end{cases}$$

Diese Erfolgsermittlung beruht auf der Überlegung, dass der Stillhalter sich im Falle der Ausübung der Option das Basisobjekt (eine Tonne Aluminium) selbst zum Preis K beschaffen, aber zum Preis $X = 1.500$ weiterverkaufen muss bzw. dass ihm im Fall, dass er das Aluminium bereits besitzt, der höhere mögliche Verkaufspreis K entgeht. Als Ausgleich hierfür hat er die Optionsprämie bekommen. Schon an dieser Stelle sei darauf hingewiesen, dass diese sich ähnlich wie bei Future-Geschäften nicht an den Preiserwartungen für das Basisobjekt orientiert, sondern durch Duplikations- bzw. Hedging-Überlegungen ermittelt wird; für weitere Einzelheiten vgl. Abschnitt 4.3.6.

4.3.4.3 Wert eines Long Put zum Ausübungszeitpunkt

Ein *Long Put* entspricht dem Kauf einer Verkaufsoption. Es bezeichne $VP^\ell = VP^\ell(X)$ den Wert des Put aus Sicht des Käufers zum Ausübungszeitpunkt T. Dann gilt:

$$VP^\ell = \max(X - K_T, 0),$$

und bei einem einkommensfreien Basisobjekt ergibt sich für den Gesamtgewinn bzw. -verlust des Käufers im Ausübungszeitpunkt:

$$G_T = VP^\ell - P_0 \cdot e^{\delta \cdot T} .$$

Kosten, die durch ein etwaiges Halten des Basisobjekts vor dem Ausübungszeitpunkt entstehen (z. B. Lagerungskosten) sind in dieser Formel nicht berücksichtigt. Die Wertposition des Long Put ist in der Abbildung 4.23 veranschaulicht.

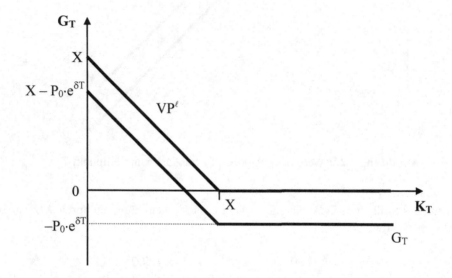

Abbildung 4.23: Wert eines Long Put zum Ausübungszeitpunkt T

Beispiel (Long Put)
Ein Aluminium-Lieferant hat sich für eine Tonne Aluminium den Preis $X = 1.500$ € pro Tonne auf Halbjahressicht gesichert und dafür die Put-Prämie $P_0 = 20$ € pro Tonne bezahlt. Der Zins zur Beurteilung des Verlusts durch die Kapitalbindung wird wie in den vorangegangenen Beispielen zu 2 % für das halbe Jahr angenommen. Somit beträgt nach Ablauf des halben Jahres der Verlust bzw. Gewinn des Lieferanten in Abhängigkeit vom tatsächlichen Aluminiumpreis K zu diesem Zeitpunkt in € pro Tonne

$$GP^\ell = \begin{cases} 1.479{,}60 - K & \text{für } K < 1.500, \\ -20{,}40 & \text{für } K \geq 1.500. \end{cases}$$

Wenn der tatsächliche Aluminiumpreis zum Laufzeitende unter 1.500 € pro Tonne liegt, wird der Lieferant die Option ausüben und das Aluminium für 1.500 € pro Tonne verkaufen. Anderenfalls wird er die Option verfallen lassen. Somit ist der von ihm vereinnahmte Verkaufspreis für eine

Tonne Aluminium abzüglich aufgezinster Optionsprämie

$$S = \begin{cases} 1.479{,}60 & \text{für } K < 1.500, \\ K - 20{,}40 & \text{für } K \geq 1.500. \end{cases}$$

Die eingegangene Wertposition einschließlich des Basisobjekts wird auch als 1:1-Put-Hedge bezeichnet; vgl. auch 4.3.5.1.

4.3.4.4 Wert eines Short Put zum Ausübungszeitpunkt

Ein *Short Put* entspricht dem Verkauf einer Verkaufsoption. Es bezeichne $VP^s = VP^s(X)$ den Wert des Put aus Sicht des Stillhalters zum Ausübungszeitpunkt T. Dann gilt:

$$VP^s = \min(K_T - X, 0) = -VP^\ell,$$

und bei einem einkommensfreien Basisobjekt ergibt sich für den Gesamtgewinn bzw. -verlust des Stillhalters im Ausübungszeitpunkt:

$$G_T = P_0 \cdot e^{\delta \cdot T} - VP^\ell.$$

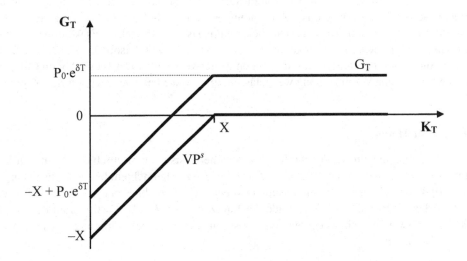

Abbildung 4.24: Wert eines Short Put zum Ausübungszeitpunkt T

Beispiel (Short Put)
Die Wertposition in dem Beispiel aus 4.3.4.3 sei nun aus Sicht des Stillhalters der Option betrachtet. Der Stillhalter hat sich verpflichtet, in einem halben Jahr Aluminium zum Preis von

$X = 1.500$ € pro Tonne abzunehmen und dafür die Put-Prämie $P_0 = 20$ € pro Tonne bekommen. Es wird angenommen, dass er die Put-Prämie bis zum Fälligkeitszeitpunkt mit einer Halbjahresverzinsung von 2 % anlegen kann. Somit beträgt nach Ablauf des halben Jahres der Verlust bzw. Gewinn des Stillhalters in Abhängigkeit vom tatsächlichen Aluminiumpreis K zu diesem Zeitpunkt in € pro Tonne

$$GP^S = \begin{cases} K - 1.479{,}60 & \text{für } K < 1.500, \\ 20{,}40 & \text{für } K \geq 1.500. \end{cases}$$

Wenn der tatsächliche Aluminiumpreis zum Laufzeitende unter € 1.500 pro Tonne liegt, wird der Besitzer der Option diese ausüben und das Aluminium für € 1.500 pro Tonne verkaufen. Anderenfalls wird er die Option verfallen lassen. Somit ist der von ihm vereinnahmte Verkaufspreis für eine Tonne Aluminium abzüglich aufgezinster Optionsprämie

$$S = \begin{cases} 1.479{,}60 & \text{für } K < 1.500, \\ K - 20{,}40 & \text{für } K \geq 1.500. \end{cases}$$

4.3.5 Kombinationsstrategien mit Optionen

In diesem Abschnitt wird anhand einiger Beispiele erläutert, wie durch eine Kombination der Grundtypen von Optionen aus 4.3.4 komplexere Absicherungs- oder Spekulationsprofile zusammengesetzt werden können. Die Anwendungen in 4.3.5.1–4.3.5.4 sind von zentraler Bedeutung, die anschließenden Beispiele sind eher exemplarisch zu verstehen. Es werden wiederum nur europäische Optionen auf ein einkommensfreies, handelbares Basisobjekt betrachtet und die zu Anfang von 4.3.4 eingeführten Bezeichnungen weiter verwendet. Der Index 0 beim Call- und Put-Preis wird nun zur Vereinfachung weggelassen; alle Preise beziehen sich auf den Zeitpunkt $t = 0$.

4.3.5.1 1:1-Put-Hedge

Bei einem sogenannten *Put-Hedge* wird eine gehaltene Basisposition durch den Kauf von Puts abgesichert. Genauer wollen wir hier nur den *1:1-Put-Hedge* betrachten, bei dem ein Exemplar des Basisobjekts durch einen Put mit Ausübungspreis X in $t = 0$ abgesichert wird. Der Wert des nicht abgesicherten Basisobjekts zum Ende der Laufzeit T sei K_T. In $t = 0$ beträgt demgegenüber der Gesamtwert der abgesicherten Basisposition (unter Berücksichtigung des in den Put investierten Betrags):

$$\begin{aligned} W_T &= K_T + VP^\ell - P(X)\,e^{\delta \cdot T} \\ &= K_T + \max(X - K_T, 0) - P(X) \cdot e^{\delta \cdot T} \\ &= \max(X, K_T) - P(X) \cdot e^{\delta \cdot T}. \end{aligned}$$

Der Kauf des Put kann als eine Art Versicherung für den Basiswert interpretiert werden. In verbriefter Form als eigenständiges Finanzprodukt entspricht der 1:1-Put-Hedge im Prinzip einem

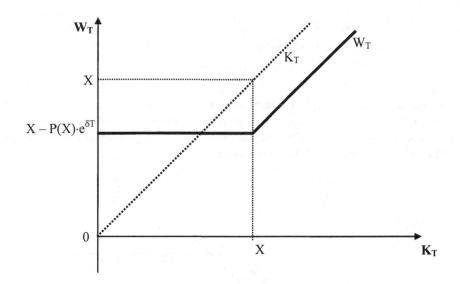

Abbildung 4.25: Funktionsweise eines 1:1-Put-Hedge

sog. *Garantiezertifikat*. Allerdings ist bei der Bewertung darauf zu achten, dass das Basisobjekt nicht bereits wie in der hier beschriebenen Absicherungsstrategie vom Investor gehalten wird; dies wird in Abschnitt 4.3.8.1 noch ausführlicher erläutert.

Beispiel (1:1-Put-Hedge)
Eine Unze Gold wird durch den Kauf eines Put mit Ausübungspreis 700 € für ein Jahr abgesichert. Der Put koste 50 €. Der Zinssatz für eine Vergleichsanlage sei mit 3 % p. a. angesetzt. Somit beträgt Gesamtwert der Investition unter Berücksichtigung der gezahlten Put-Prämie in Abhängigkeit des Goldpreises K pro Unze

$$W = \begin{cases} 648{,}50 & \text{für } K < 700, \\ K - 51{,}40 & \text{für } K \geq 700. \end{cases}$$

Die Absicherung hat sich im Nachhinein gelohnt, wenn der Goldpreis nach einem Jahr unter 648,50 € steht. Eine Information über den aktuellen Goldpreis wird an dieser Stelle nicht benötigt, geht aber selbstverständlich indirekt in den Put-Preis ein.

4.3.5.2 Covered Short Call

Bei einem *Covered Short Call* wird in $t = 0$ ein Call zum Ausübungspreis X auf eine gehaltene Basisposition verkauft. Dadurch wird ein Zusatzertrag erzielt; aber der Investor nimmt nicht mehr unbegrenzt an Wertsteigerungen auf das Basisobjekt teil. Der Gesamtwert der Position zum Ende der Laufzeit T beträgt unter Berücksichtigung der eingenommenen Call-Prämie

$$W_T = K_T + VC^s + C(X) \cdot e^{\delta \cdot T}$$
$$= K_T - \max(K_T - X, 0) + C(X) \cdot e^{\delta \cdot T}$$
$$= \min(X, K_T) + C(X) \cdot e^{\delta \cdot T}.$$

In verbriefter Form als eigenständiges Finanzprodukt entspricht der Covered Short Call im Prinzip einem sog. *Discount-Zertifikat*. Allerdings ist bei der Bewertung darauf zu achten, dass das Basisobjekt nicht bereits wie in der hier beschriebenen Absicherungsstrategie vom Investor gehalten wird; dies wird in Abschnitt 4.3.8.2 noch ausführlicher erläutert.

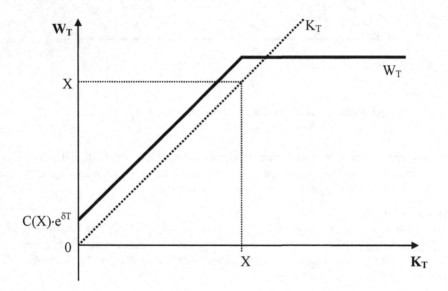

Abbildung 4.26: Funktionsweise eines Covered Short Call

Beispiel (Covered Short Call)
Der Besitz einer Aktie wird dem Verkauf eines einjährigen Call mit Ausübungspreis 80 € kombiniert. Der Call koste 2 €. Der Zinssatz für eine Vergleichsanlage sei mit 5 % p. a. angesetzt. Somit beträgt Gesamtwert der Investition unter Berücksichtigung der eingenommenen Call-Prämie in Abhängigkeit des Kurses K pro Aktie

$$W = \begin{cases} K + 2{,}10 & \text{für } K < 80, \\ 82{,}10 & \text{für } K \geq 80. \end{cases}$$

4.3.5.3 Collar

Ein *Collar* sichert einen gehaltenen Basistitel durch den Kauf einer Verkaufsoption (Long Put) mit Ausübungspreis X_1 bei gleichzeitigem Verkauf einer Kaufoption (Short Call) mit Ausübungspreis $X_1 \geq X_2$ auf den Basistitel ab. Diese Absicherung ist billiger als beim *1:1-Put-Hedge*, da zusätzlich die Call-Prämie eingenommen wird. Unter Umständen kann, je nach genauem Wert von X_1, X_2 und K_0, der Saldo $C(X_2) - P(X_1)$ auch positiv sein, d. h. ein Zusatzertrag generiert werden. Dafür sind ähnlich wie beim *Covered Short Call* auch die möglichen Kursgewinne auf den Basiswert begrenzt.

Für den Gesamtwert der abgesicherten Basisposition zum Ausübungszeitpunkt T gilt:

$$W_T = K_T + VP^\ell(X_1) + VC^s(X_2) - P(X_1) \cdot e^{\delta \cdot T} + C(X_2) \cdot e^{\delta \cdot T}$$

$$= \begin{cases} X_1 + [C(X_2) - P(X_1)] \cdot e^{\delta \cdot T} & \text{für } K_T < X_1, \\ K_T + [C(X_2) - P(X_1)] \cdot e^{\delta \cdot T} & \text{für } X_1 \leq K_T < X_2, \\ X_2 + [C(X_2) - P(X_1)] \cdot e^{\delta \cdot T} & \text{für } K_T \geq X_2. \end{cases}$$

Ohne Halten des Basisobjekts ergibt sich ein sogenannter Bull Spread; vgl. 4.3.5.5. Die Kon-

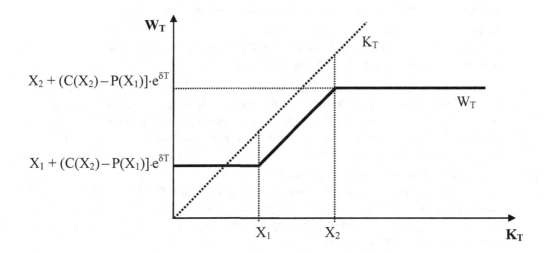

Abbildung 4.27: Funktionsweise eines Collar

struktion des Covered Short Call fürht in verbriefter Form auf sogenannte *Korridor-Zertifikate*; vgl. Abschnitt 4.3.8.4.

4.3.5.4 Put-Call-Parität und synthetische risikolose Anlage

Wir betrachten nun einen Collar mit $X_1 = X_2 = X$; ein Basiswert mit aktuellem Kurs K_0 wird also abgesichert durch den Kauf eines Put und Verkauf eines Call mit identischem Ausübungspreis

X. Dann gilt für den Gesamtwert der abgesicherten Position

$$W_T = X + [C(X) - P(X)] \cdot e^{\delta \cdot T}.$$

Wie z. B. der Abbildung 4.27 entnommen werden kann, entsteht so theoretisch eine vollkommen risikolose Position. Also muss der Wert der Kombinationsstrategie zum Zeitpunkt T dem Endwert einer risikolosen Festgeldanlage des aktuellen Kurswerts K_0 zum stetigen Zinssatz δ entsprechen, d. h.

$$W_T = K_0 \cdot e^{\delta \cdot T}.$$

Hieraus ergeben sich zwei wichtige Folgerungen.

1. Für europäische Optionen gilt die sogenannte Put-Call-Parität:

$$C(X) - P(X) = K_0 - X \cdot e^{-\delta \cdot T}.$$

   Die Preise von europäischen Puts und Calls mit gleicher Laufzeit und gleichem Ausübungspreis lassen sich also unmittelbar ineinander umrechnen.

2. Aus jedem handelbaren Basisobjekt kann mittels Kauf eines Put und Verkauf eines Call eine risikolose Anlage erzeugt werden (synthetische risikolose Anlageform).

   Die Put-Call-Parität kann man auch so interpretieren, dass der Wert $K_0 + P(X) - C(X)$ des Portfolios aus Basiswert, Long Put und Short Call (jeweils mit Ausübungspreis X) dem Barwert des sicheren Auszahlungsbetrags entspricht.

Die Risikofreiheit gilt allerdings nur unter der Voraussetzung, dass das Basisobjekt tatsächlich gehalten wird, der Stillhalter des Put seinen Verpflichtungen mit Sicherheit nachkommt und die Verzinsung auf den Differenzbetrag $C(X) - P(X)$ wirklich sicher ist. Außerdem werden die Haltekosten für das Basisobjekt nicht berücksichtigt bzw. wären, wie beim Cost-of-Carry-Prinzip für Futures, von der Verzinsung abzuziehen.

Beispiel (Put-Bewertung mit Put-Call-Parität)
Eine Aktie ohne Dividendenzahlungen hat einen aktuellen Kurs 140. Der faire Preis eines Call mit Ausübungspreis 150 und einer Laufzeit von drei Monaten liege bei $C = 15$, der risikolose Zins betrage $\delta = 4\%$ p. a. Aus diesen Angaben ergibt sich der faire Preis eines Put mit gleichem Ausübungspreis und gleicher Laufzeit zu

$$P = C - K_0 + X \cdot e^{-\delta \cdot T} = 15 - 140 + 150 \cdot 0{,}99 = 23{,}50.$$

4.3.5.5 Bull Spread

Wenn man die in 4.3.5.3 vorgestellte Anlagestrategie durchführt, ohne dass das Basisobjekt selbst gehalten wird, spricht man auch von einem *Bull Spread*. Der Gewinn bzw. Verlust am Ende der Laufzeit G_T ergibt sich aus dem Wert W_T des Collar am Laufzeitende abzüglich des über die Laufzeit risikolos verzinsten Anfangskurses des Basisobjekts, also

$$G_T = W_T - K_0 \cdot e^{\delta \cdot T}.$$

Mittels der Put-Call-Parität kann man daraus die Darstellung

$$G_T = VC^\ell(X_1) + VC^s(X_2) - C(X_1) \cdot e^{\delta \cdot T} + C(X_2) \cdot e^{\delta \cdot T}$$

$$= \begin{cases} -[C(X_1) - C(X_2)] \cdot e^{\delta \cdot T} & \text{für } K_T < X_1, \\ K_T - X_1 - [C(X_1) - C(X_2)] \cdot e^{\delta \cdot T} & \text{für } X_1 \leq K_T < X_2, \\ X_2 - X_1 - [C(X_1) - C(X_2)] \cdot e^{\delta \cdot T} & \text{für } K_T \geq X_2. \end{cases}$$

oder auch

$$G_T = PC^\ell(X_1) + PC^s(X_2) - P(X_1) \cdot e^{\delta \cdot T} + P(X_2) \cdot e^{\delta \cdot T}$$

$$= \begin{cases} X_1 - X_2 + [P(X_2) - P(X_1)] \cdot e^{\delta \cdot T} & \text{für } K_T < X_1, \\ K_T - X_2 + [P(X_2) - P(X_1)] \cdot e^{\delta \cdot T} & \text{für } X_1 \leq K_T < X_2, \\ [P(X_2) - P(X_1)] \cdot e^{\delta \cdot T} & \text{für } K_T \geq X_2, \end{cases}$$

herleiten.

Diese Darstellungen zeigen also, dass sich der Bull Spread auch mit einem Long Call mit Ausübungspreis X_1 und einem Short Call mit Ausübungspreis X_2 realisieren lässt (sog. *Bull Call Spread*) bzw. alternativ mit einem Long Put mit Ausübungspreis X_1 und einem Short Put mit Ausübungspreis X_2 (sog. *Bull Put Spread*). Der Unterschied liegt lediglich darin, dass wegen $C(X_1) \geq C(X_2)$ und $P(X_1) \leq P(X_2)$ für $X_1 \leq X_2$ beim Bull Call Spread in $t = 0$ eine Investition

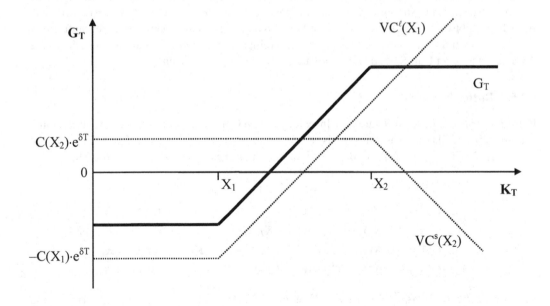

Abbildung 4.28: Gewinn/Verlust beim Bull Spread zum Laufzeitende T

nötig ist, während beim Bull Put Spread eine Einnahme erfolgt. Unter Berücksichtigung der unterschiedlichen Wirkungsweise von Puts und Calls ergibt sich am Laufzeitende saldiert aber das gleiche Auszahlungsprofil in Abhängigkeit vom Kurs des Basiswerts.

Die Wirkungsweise eines mit Calls realisierten Bull Spread ist in Abbildung 4.28 dargestellt; die Realisation mittels Puts soll als Aufgabe 4.18 grafisch veranschaulicht werden. Grundsätzlich handelt es sich beim Bull Spread um eine vorsichtig „bullishe" Strategie. Gewinne werden tendenziell bei hohen Kursen des Basisobjekts gemacht, niedrige Kurse führen zu Verlusten. Sowohl Gewinne als auch Verluste sind aber begrenzt.

4.3.5.6 Bear Spread

Der Bear Spread entspricht dem Bull Spread mit umgekehrten Vorzeichen. Beim *Bear Call Spread* wird also ein Short Call mit Ausübungspreis X_1 und ein Long Call mit Ausübungspreis X_2 kombiniert, beim *Bear Put Spread* ein Short Put mit Ausübungspreis X_1 und ein Long Put mit Ausübungspreis X_2. Für den Gewinn/Verlust am Ende der Laufzeit ergibt sich beispielsweise in der Darstellung als Bear Call Spread

$$G_T = VC^s(X_1) + VC^\ell(X_2) - C(X_2) \cdot e^{\delta \cdot T} + C(X_1) \cdot e^{\delta \cdot T}$$

$$= \begin{cases} [C(X_1) - C(X_2)] \cdot e^{\delta \cdot T} & \text{für } K_T < X_1, \\ [C(X_1) - C(X_2)] \cdot e^{\delta \cdot T} - [K_T - X_1] & \text{für } X_1 \le K_T < X_2, \\ [C(X_1) - C(X_2)] \cdot e^{\delta \cdot T} - [X_2 - X_1] & \text{für } K_T \ge X_2. \end{cases}$$

Die entsprechende Wertposition ist in Abbildung 4.29 dargestellt. Es handelt es sich um eine tendenziell „bearishe" Strategie, d. h. Gewinne werden tendenziell bei niedrigen Kursen gemacht. Allerdings gibt es eine Verlustbegrenzung bei steigenden Kursen größer als X_2, erkauft durch geringere Gewinne bei fallenden Kursen als beim reinen Short Call. Eine ganz analoge Strategie lässt sich wie beim Bull Spread wiederum auch mit Puts verwirklichen.

4.3.5.7 Butterfly Spread

Beim *Butterfly (Call) Spread* kauft der Investor je einen Call mit Ausübungspreis X_1 und X_3 und verkauft zwei Calls mit Ausübungspreis X_2, wobei $X_1 < X_2 < X_3$. Für den Preis der Calls gilt also $C(X_1) \ge C(X_2) \ge C(X_3)$. Für den Gewinn/Verlust am Ende der Laufzeit ergibt sich:

$$G_T = 2 \cdot VC_2^s + VC_1^\ell + VC_3^\ell + [2 \cdot C(X_2) - C(X_1) - C(X_3)] \cdot e^{\delta \cdot T}$$

$$= \begin{cases} [2 \cdot C(X_2) - C(X_1) - C(X_3)] \cdot e^{\delta \cdot T} & \text{für } K_T < X_1, \\ [2 \cdot C(X_2) - C(X_1) - C(X_3)] \cdot e^{\delta \cdot T} + K_T - X_1 & \text{für } X_1 \le K_T < X_2, \\ [2 \cdot C(X_2) - C(X_1) - C(X_3)] \cdot e^{\delta \cdot T} + 2 \cdot X_2 - X_1 - K_T & \text{für } X_2 \le K_T < X_3, \\ [2 \cdot C(X_2) - C(X_1) - C(X_3)] \cdot e^{\delta \cdot T} + 2 \cdot X_2 - X_1 - X_3 & \text{für } K_T \ge X_3. \end{cases}$$

Die entsprechende Wertposition ist in Abbildung 4.30 dargestellt. Gewinne und Verluste sind begrenzt. Die höchsten Gewinne werden gemacht, wenn der Kurs des Basisobjekts am Laufzeitende X_2 beträgt. Die Skizze mag den Eindruck erwecken, dass die Strategie selten lohnend ist;

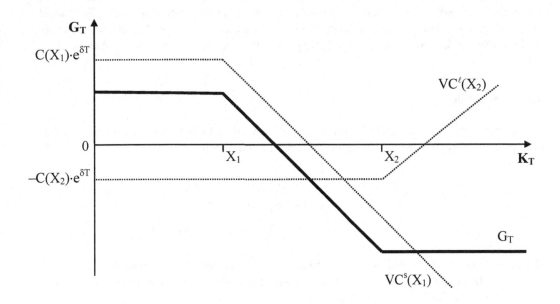

Abbildung 4.29: Gewinn/Verlust beim Bear Spread zum Laufzeitende T

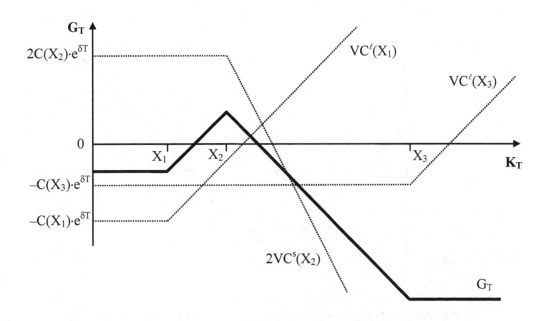

Abbildung 4.30: Gewinn/Verlust beim Butterfly Spread zum Laufzeitende T

aber dies hängt natürlich auch von den hier nicht dargestellten Wahrscheinlichkeiten ab, dass die Kurswerte sich realisieren. Außerdem ist das Wertprofil ja nur allgemein dargestellt, und Einzelheiten hängen von den genauen Ausübungspreisen und zugehörigen Call-Preisen ab. Auch beim Butterfly-Spread lässt sich eine analoge Strategie mit Puts verwirklichen; vgl. Aufgabe 4.18.

4.3.5.8 Straddle

Bei der *Straddle*-Strategie kauft der Investor je einen Call und einen Put mit identischem Ausübungspreis. Für den Gewinn/Verlust am Ende der Laufzeit ergibt sich:

$$G_t = VC^\ell + VP^\ell - [C(X) + P(X)] \cdot e^{\delta \cdot T}$$

$$= \begin{cases} X - K_T - [C(X) + P(X)] \cdot e^{\delta \cdot T} & \text{für } K_T < X, \\ K_T - X - [C(X) + P(X)] \cdot e^{\delta \cdot T} & \text{für } K_T \geq X. \end{cases}$$

Die entsprechende Wertposition ist in Abbildung 4.31 dargestellt. Der Investor macht Gewinne bei am Laufzeitende sehr niedrigen oder hohen Kursen des Basisobjekts und Verluste, wenn der Kurs in der Nähe des Ausübungspreises liegt.

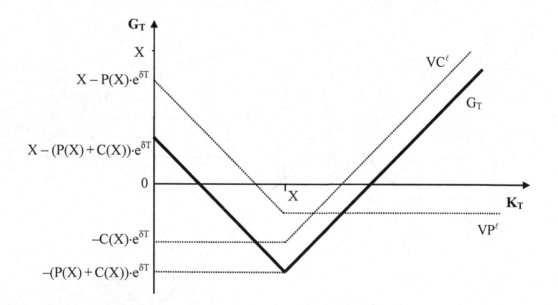

Abbildung 4.31: Gewinn/Verlust beim Straddle zum Laufzeitende T

4.3.5.9 Kombination von Option und sicherer Anlage

Die Kombination einer sicheren Anlage mit Optionen wird im Risikomanagement ebenfalls häufig eingesetzt. Zum Zeitpunkt $t = 0$ werde etwa von einem Gesamtvermögen V ein Anteil V_O in Optionen (z. B. auf einen Aktienindex) investiert; der Rest wird sicher angelegt. Der Kurs des Basisobjekts am Ende der Optionslaufzeit sei K_T. Im Fall, dass x Calls mit Ausübungspreis X für V_O erworben werden, beträgt dann der Wert des Gesamtportfolios zum Ende der Laufzeit

$$W_T = (V - V_O) \cdot e^{\delta \cdot T} + x \cdot \max(K_T - X, 0).$$

Der Wert $(V - V_O) \cdot e^{\delta \cdot T}$ bildet also eine Untergrenze für den Gesamtwert des Portfolios. Andererseits bestehen prinzipiell unbegrenzte Wertsteigerungschancen bei entsprechender Performance des Basisobjekts. Im Einzelnen hängt die Wertentwicklung von der Höhe des in die Calls investierten Betrags V_O und dem Ausübungspreis X ab.

Kauft man für den Betrag V_O dagegen y Puts mit Ausübungspreis X, so beträgt der Wert des Gesamtportfolios zum Ende der Laufzeit

$$W_T = (V - V_O) \cdot e^{\delta \cdot T} + y \cdot \max(X - K_T, 0).$$

Auch in diesem Fall beträgt die Wertuntergrenze $(V - V_O) \cdot e^{\delta \cdot T}$. Eine Wertsteigerung des Gesamtportfolios tritt bei schlechter Performance des Basisobjekts auf mit einer Wertobergrenze von $(V - V_O) \cdot e^{\delta \cdot T} + y \cdot X$.

4.3.6 Hedging und Optionsbewertung im Binomialmodell

In diesem und dem nachfolgenden Abschnitt 4.3.7 soll die Grundidee des Hedging von Optionsverpflichtungen vorgestellt werden, auf deren Basis angemessene Optionspreise ermittelt werden können. Dabei geht es nur sekundär um eine Einführung in die Optionsbewertung, sondern primär um die Idee des Hedging als Risikoentlastungsstrategie selbst. Wie bereits in Abschnitt 4.3.3 am Beispiel von Futures dargestellt, werden durch Hedging-Strategien risikolose, oder – bei nicht perfektem Hedging – zumindest risikoarme, Finanzpositionen erreicht. Auch wenn Optionen als eine Art finanzielle Versicherung interpretiert werden können und umgekehrt Auszahlungsprofile von Versicherungen denen von Optionen gleichen können (s. etwa die Anmerkung in 4.3.4.1) lässt sich die Preisfindung bei Versicherungen und Optionen nur teilweise vergleichen, weil sich Hedging-Strategien im Versicherungskontext (z. B. bei der Absicherung gegen Unfälle, Gebäudeschäden etc.) nicht oder nur sehr eingeschränkt durchführen lassen. Andererseits gibt es auch Optionen, die nicht ohne Weiteres mit Hedging-Ansätzen bewertet werden können, z. B. die bereits angesprochenen Wetter-Derivate, bei denen die Auszahlungen von Naturereignissen abhängen.

4.3.6.1 Beispiel: Hedging und Bewertung einer einfachen Optionsverpflichtung im Einperioden-Binomialmodell

Eine Tonne einer bestimmten Stahlsorte koste derzeit $K_0 = 1.000$ €. Aufgrund der spezifischen Wettbewerbsbedingungen werden für das nächste Jahr in grober Vereinfachung nur zwei Preisentwicklungen für möglich gehalten, und zwar entweder eine Preissenkung auf $K_1 = 800$ € oder eine Preiserhöhung auf $K_1 = 1.250$ €; vgl. Abbildung 4.32. Wie üblich wird im Folgenden auf die Währungsangabe verzichtet.

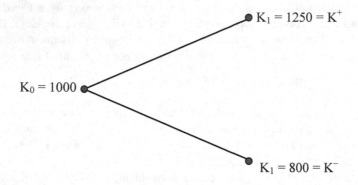

$K_1 = 1250 = K^+$

$K_0 = 1000$

$K_1 = 800 = K^-$

Abbildung 4.32: Mögliche Preisentwicklung des Basiswerts im Einperioden-Binomialmodell (Beispiel)

Ein Rohstoffhändler möchte einem seiner Kunden vertraglich die Option einräumen, in einem Jahr die Tonne Stahl zum aktuellen Preis, d. h. dem Ausübungspreis $X = 1000$, zu beziehen. Bestimmt werden soll erstens eine möglichst risikoarme (d. h. im vorliegenden Fall genauer: eine risikolose) Strategie für den Rohstoffhändler, um die Verpflichtung zu erfüllen, und zweitens der Wert der Option.

Zunächst kann man sich überlegen, dass die Antwort auf die Frage nach einer risikolosen Strategie zur Erfüllung der Optionsverpflichtung unmittelbar auch die zweite Frage nach dem Wert der Option beantwortet. Denn wenn es eine risikolose Strategie gibt, der Verpflichtung nachzukommen, dann müssen die (dann also sicher bekannten!) Kosten für die Durchführung dieser Strategie gerade dem Wert der Option entsprechen. Diese Überlegung entspricht dem in 4.3.2.2 dargestellten Cost-of-Carry-Prinzip zur Bewertung von Futures. Es bezeichne

$$C_1 := VC^\ell = \max(K_1 - X, 0) = \begin{cases} 0, & \text{falls } K_1 = 800, \\ 250, & \text{falls } K_1 = 1.250, \end{cases}$$

den Wert des Call aus Sicht des Käufers zum Ausübungszeitpunkt $t = 1$; vgl. Abschnitt 4.3.4.1. Grafisch ist die mögliche Wertentwicklung des Call in Abbildung 4.33 dargestellt. Eine auf den ersten Blick sichere Möglichkeit, der Verpflichtung nachzukommen, besteht für den Stahlhändler darin, sich den gesamten zu liefernden Stahl schon im Zeitpunkt $t = 0$ zu $K_0 = 1000$ zu beschaffen. Dann kann er also im Falle des Preisanstiegs auf jeden Fall zum Preis $X = 1000$ liefern. Doch kann diese Strategie trotzdem nicht als risikolos bezeichnet werden, da der Kunde im Fall von $K_1 = 800$ die Kaufoption nicht ausüben wird und der Händler dann also auf dem Wertverlust des Rohstoffs selbst „sitzen bleibt".

Schauen wir uns nun an, wie die Situation aussieht, wenn der Händler nur einen Teil des Rohstoffs schon in $t = 0$ erwirbt und sich erst im Falle der Optionsausübung die fehlende Menge am Rohstoffmarkt zum Weiterverkauf in $t = 1$ beschafft. Die Betrachtung von Zwischenzeitpunkten und entsprechenden Handelsstrategien soll hier zunächst nicht erfolgen, sondern ist Gegenstand

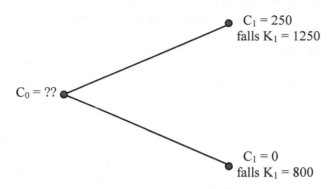

$C_1 = 250$
falls $K_1 = 1250$

$C_0 = ??$

$C_1 = 0$
falls $K_1 = 800$

Abbildung 4.33: Wert des Long Call im Einperioden-Binomialmodell (Beispiel)

der Modellverfeinerung zu einem Mehrperiodenmodell, wie es nachfolgend in Abschnitt 4.3.6.6 dargestellt wird.

Wenn der Händler also in $t = 0$ einen Anteil a pro zu liefernder Tonne Stahl kauft, muss er im Fall eines Preisanstiegs in $t = 1$ also noch einen Anteil $(1 - a)$ zum Preis von 1.250 nachkaufen und hat also in $t = 1$ einen Verlust von $250(1 - a)$ pro Tonne Stahl gemacht, da er ja laut Optionsverpflichtung die gesamte Tonne zu 1.000 verkaufen muss. Im Falle eines Preisverfalls des Stahls auf 800 wird die Option nicht ausgeübt und er hat mit dem von ihm gehaltenen Rohstoffanteil a einen Verlust von $200a$ gemacht. Dass der Händler in jedem Fall einen Verlust macht, ist nicht verwunderlich; darin spiegelt sich ja gerade der Wert der Option wider!

Unter Berücksichtigung der Einnahme der Call-Prämie sieht die Gewinn- bzw. Verlustsituation aus Sicht des Händlers (Stillhalters der Option) bei Erwerb des Anteils a des Basiswerts in $t = 0$ zum Ausübungszeitpunkt folgendermaßen aus:

$$G(C_0, a) = \begin{cases} C_0 - a \cdot 200, & \text{falls } K_1 = 800, \\ C_0 - (1 - a) \cdot 250, & \text{falls } K_1 = 1.250, \end{cases}$$

wobei die Cost-of-Carry (entgangene Zinsen durch Kapitalbindung, Kosten für die Einlagerung des Rohstoffs etc.) zunächst vernachlässigt sind. Wenn man nun die beiden Größen a und C_0 so bestimmt, dass $G(C_0, a)$ in beiden Fällen null ist, hat man eine risikolose Strategie gefunden, der Optionsverpflichtung nachzukommen, und damit gleichzeitig den Wert der Option bestimmt. Es handelt sich dabei um ein einfaches lineares Gleichungssystem mit zwei Gleichungen und zwei Unbekannten. Es gilt $250 \cdot (1 - a) = 200 \cdot a$ bzw. $a = 5/9$ und der Wert der Kaufoption in $t = 0$ ist also

$$C_0 = 250 \cdot (1 - a) = 200 \cdot a = 1000/9 \approx 111{,}11.$$

Hinzu kommen zur fairen Call-Prämie C_0 ggf. noch, ähnlich wie dies bei der Bewertung von Futures erläutert wurde, die Cost-of-Carry für die risikolose Strategie. Den Preis C_0 muss der Händler direkt oder indirekt für die Option in Rechnung stellen (direkt, falls der Kunde die

Option explizit erwerben möchte, indirekt falls es sich bei der Option z. B. um eine Kundenbindungsmaßnahme handelt, deren Kosten entsprechend zu bewerten sind).

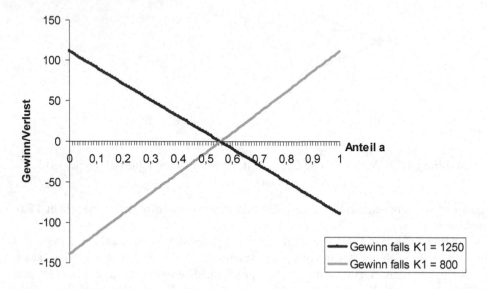

Abbildung 4.34: Gewinn/Verlust aus dem Optionsgeschäft in Abhängigkeit von dem in den Rohstoff investierten Anteil (Beispiel)

Bei der beschriebenen Handelsstrategie („Kaufe $a = 5/9$ des Basiswerts") handelt es sich um ein perfektes Hedging der Verpflichtung aus dem Optionsgeschäft. Andere Investitionsanteile a würden ebenfalls eine gewisse Absicherung bewirken. Ein solches nicht perfektes Hedging weist Verlustmöglichkeiten, aber dafür auch entsprechende Gewinnchancen auf, wie man leicht an den dann beiden unterschiedlichen Werten der Funktion $G(C_0, a)$ (mit C_0 wie oben bestimmt) erkennt; vgl. auch Abbildung 4.34.

Das hergeleitete Ergebnis bedeutet, dass bei der risikolosen Hedging-Strategie in $t = 0$ der Betrag $a \cdot K_0 = 5000/9$ in das Basispapier investiert werden muss; das ist mehr als die eingenommene Call-Prämie. Der Differenzbetrag $F = a \cdot K_0 - C_0$ ist daher als Kredit aufzunehmen (in diesem Beispiel aus Vereinfachungsgründen als zinsloser Kredit vorausgesetzt).

Alternativ zum obigen Gleichungssystem für a und C_0 hätte man auch zunächst ohne Kenntnis von C_0 ein Gleichungssystem für den in den Basistitel zu investierenden Anteil a und den dafür aufzunehmenden Kredit F bei risikoloser Anlagestrategie aufstellen können:

$$a \cdot 1.250 = F + 250 \quad \text{und} \quad a \cdot 800 = F,$$

d. h. der in den Basistitel investierte Betrag reicht sowohl bei steigendem als auch bei fallendem Kurs nach Rückzahlung des Kreditbetrags F genau aus, um die Verpflichtung aus dem Call zu erfüllen, d. h. um das entsprechende Zahlungsprofil zu „duplizieren". Die Lösung des Gleichungssystems lautet:

$$a = \frac{5}{9} \quad \text{und} \quad F = \frac{4000}{9}.$$

Damit ergibt sich der faire Call-Preis als Gesamtwert des „Duplikationsportfolios" aus Basistitel und negativer „Cash-Position" (Kredit) zum Zeitpunkt $t = 0$ wie zuvor zu

$$C_0 = a \cdot K_0 - F = \frac{1000}{9}.$$

Eine für das Gesamtverständnis der Bewertung risikobehafteter Finanzinstrumente sehr wichtige Beobachtung ist, dass der gerade bestimmte Optionspreis nicht von den Wahrscheinlichkeiten der positiven oder negativen Preisentwicklung abhängt; denn darüber lagen im Beispiel nicht einmal Informationen vor! Lediglich die Konstruktion einer perfekten Hedging-Strategie ist von Belang. Hierfür ist es entscheidend, dass tatsächlich die Möglichkeit besteht, den Basiswert (d. h. hier den Stahl) in $t = 0$ schon zu erwerben. Ist das nicht oder nur eingeschränkt der Fall (z. B. bei Optionen auf Stromlieferung), muss also auch der Bewertungsansatz modifiziert werden.

Der im Beispiel vorgestellte Hedging- bzw. Bewertungsansatz lässt sich auf vielfältige Weise verallgemeinern, z. B. im Hinblick auf die Einbeziehung der Kosten der Hedging-Strategie (Cost-of-Carry) und Mehrperiodenmodelle (d. h. auch Zwischenzeitpunkte zwischen $t = 0$ und $t = 1$ sind von Interesse). Die Grundidee besteht immer darin, dass man die künftigen Rückflüsse durch Investition in bereits bewertete Anlageobjekte (Rohstoffe, Wertpapiere etc.) „dupliziert".

4.3.6.2 Bewertung eines beliebigen Call oder Put im Einperioden-Binomialmodell

In dem in Abbildung 4.32 skizzierten Einperiodenmodell gehen wir nun von einem allgemeinen Anfangskurs K_0 eines einkommensfreien Basisobjekts und möglichen Kursen $K_1 = K^+$ bzw. $K_1 = K^-$ nach einer Zeitperiode aus. Es soll ein Call mit allgemeinem Ausübungspreis $X (K^- < X < K^+)$ bewertet werden. Der Preis des Put ergibt sich über die in 4.3.5.4 hergeleitete Put-Call-Parität. Als Modellerweiterung gegenüber der Situation in 4.3.6.1 sollen nun Halte- bzw. Finanzierungskosten in Form eines festen stetigen Zinssatzes δ berücksichtigt werden; andere Haltekosten seien vernachlässigt.

Wie in 4.3.6.1 betrachten wir zur Bewertung des Call eine Duplikationsstrategie. Zur sicheren Erfüllung des Optionsversprechens wird der Betrag $a \cdot K_0$ in den Basiswert investiert und dazu ein Kreditbetrag $F = a \cdot K_0 - C_0$ aufgenommen, wobei C_0 die zunächst noch unbekannte Call-Prämie ist. Die Anlagestrategie ist in Abbildung 4.35 veranschaulicht. Der Kredit ist verzinst zurückzuzahlen; ferner erhält der Inhaber der Option im Falle steigender Kurse das Basisobjekt zum Preis X geliefert bzw. erhält als Barausgleich den Betrag $K^+ - X$. Damit der gewünschte Endbetrag auf jeden Fall risikolos zur Verfügung steht, muss gelten

$$a \cdot K^+ = (K^+ - X) + F \cdot e^{\delta} \qquad \text{(im Fall } K_1 = K^+\text{)}$$

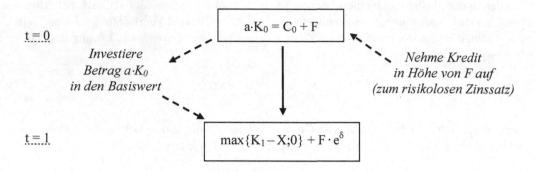

Abbildung 4.35: Veranschaulichung der Duplikationsstrategie zur Call-Bewertung im Einperioden-Binomialmodell

und

$$a \cdot K^- = F \cdot e^{\delta} \qquad \text{(im Fall } K_1 = K^-\text{)}.$$

Daraus ergibt sich

$$a = \frac{K^+ - X}{K^+ - K^-}$$

sowie

$$C_0 = a \cdot K_0 - F = a \cdot (K_0 - K^- \cdot e^{-\delta}) = \frac{(K^+ - X) \cdot (K_0 - K^- \cdot e^{-\delta})}{K^+ - K^-}.$$

Dies ist also (ohne Berücksichtigung weiterer Haltekosten) der faire Preis für den Call, da er zur Finanzierung der risikolosen Duplikationsstrategie gerade ausreicht. Es kann festgehalten werden, dass im Falle $K^- = 0$ die Call-Prämie gerade genau zur Finanzierung der Duplikationsstrategie ausreicht. Allgemein ist zur Finanzierung eine (ggf. fiktive) Kreditaufnahme in Höhe von $F = e^{-\delta} \cdot aK^-$ erforderlich, was der abgezinsten Wertuntergrenze des anteilig gehaltenen Basisobjekts entspricht.

Für den Preis des Put mit Ausübungspreis X ergibt sich gemäß der Put-Call-Parität aus 4.3.5.4 der Wert

$$P_0 = C_0 - K_0 + X \cdot e^{-\delta}.$$

Anstelle der Verwendung der Put-Call-Parität könnte man den Put-Preis auch direkt über eine Duplikationsstrategie, ähnlich wie bei der Call-Bewertung, bestimmen. Beide Prinzipien zur Put-Bewertung sollen unter den Voraussetzungen von Beispiel 4.3.6.1 in Aufgabe 4.20 angewendet werden. Wie im Beispiel aus Abschnitt 4.3.6.1 erkennt man auch im allgemeinen Fall, dass die Optionsprämie in diesem einfachen Modell nur davon abhängt, welche Abweichungen vom Anfangskurs möglich sind, aber nicht davon, mit welcher Wahrscheinlichkeit diese auftreten.

4.3.6.3 1:1-Hedge im Einperioden-Binomialmodell

Die in Abbildung 4.35 dargestellte Anlagestrategie kann man geringfügig modifizieren, indem man annimmt, dass der Käufer der Option in $t = 0$ einen Betrag B investiert und dafür in $t = 1$ die Rückzahlung von $\max(X, K_1)$ verlangt; vgl. Abb. 4.36. Dies entspricht wertmäßig dem in 4.3.5.1 dargestellten 1:1-Hedge (Struktur eines Garantiezertifikats). Gemäß Put-Call-Parität kann man diesen auch durch Kombination eines Call mit einer risikolosen Anlage des Betrags $e^{-\delta} \cdot X$ umsetzen; vgl. auch Abschnitt 4.3.8.1.

Der faire Preis für dieses Geschäft ist also $B = e^{-\delta} \cdot X + C_0$. Hiervon kann man sich auch nochmals durch die entsprechenden „Duplikationsgleichungen" analog zu denen aus 4.3.6.2 überzeugen. Wird von dem zunächst unbekannten Betrag B ein Anteil b in den Basiswert zum Preis $b \cdot B = a \cdot K_0$ und der Rest $(1 - b) \cdot B = B - a \cdot K_0$ in eine risikolose Anlage investiert, so muss zur risikolosen Erfüllung der Zahlungsverpflichtung gelten:

$$a \cdot K^+ + (B - a \cdot K_0) \cdot e^{\delta} = K^+ \qquad (\text{im Fall } K_1 = K^+)$$

und

$$a \cdot K^- + (B - a \cdot K_0) \cdot e^{\delta} = X \qquad (\text{im Fall } K_1 = K^-).$$

Somit folgt wiederum

$$a = \frac{K^+ - X}{K^+ - K^-}$$

und

$$B = a \cdot (K_0 - K^- \cdot e^{-\delta}) + X \cdot e^{-\delta} = C_0 + X \cdot e^{-\delta},$$

mit C_0 wie in 4.3.6.2 ermittelt.

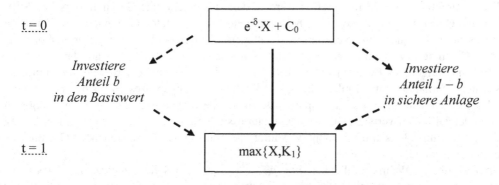

Abbildung 4.36: Veranschaulichung der Duplikationsstrategie zur Bewertung eines Garantiezertifikats (1:1-Hedge) im Einperioden-Binomialmodell

Der gedankliche bzw. ggf. auch praktische Vorteil dieser Interpretation liegt darin, dass die Einschaltung eines Kreditgebers entfällt, da diese Funktion von dem Käufer des „Garantiezertifikats" mit übernommen wird. (Offenbar gilt immer $0 \leq b \leq 1$.) Ferner erkennt man, dass im Grenzfall $X = K^-$ die Position des Stillhalters in die aus einem Futures-Vertrag übergeht.

4.3.6.4 Idee des Martingal-Ansatzes zur Optionsbewertung

Bei der in 4.3.6.2 dargestellten Duplikationsstrategie hat der Stillhalter des Optionsgeschäfts weder eine Gewinnchance noch ein Verlustrisiko, sein Gewinn ist immer null, und damit auch der erwartete Gewinn. Für den Käufer der Option ergibt sich demgegenüber im einperiodigen Binomialmodell bei angenommener Wahrscheinlichkeit p eines Kursanstiegs für sein finanzielles Gesamtergebnis $_KG$ der Erwartungswert

$$
\begin{aligned}
\mathbf{E}(_KG) &= p \cdot (K^+ - X) - C_0 \cdot \mathrm{e}^\delta \\
&= p \cdot (K^+ - X) - \frac{(K^+ - X) \cdot (K_0 \cdot \mathrm{e}^\delta - K^-)}{K^+ - K^-}.
\end{aligned}
$$

Damit folgt $\mathbf{E}(_KG) = 0$ genau dann, wenn

$$
p = p_0 := \frac{K_0 \cdot \mathrm{e}^\delta - K^-}{K^+ - K^-}.
$$

Andererseits gilt für den Kurs K_1 zum Zeitpunkt 1 aber auch

$$
\mathbf{E}(K_1) = p \cdot K^+ + (1 - p) \cdot K^- = K_0 \cdot \mathrm{e}^\delta \Leftrightarrow p = p_0 = \frac{K_0 \cdot \mathrm{e}^\delta - K^-}{K^+ - K^-}.
$$

Das erwartete finanzielle Gesamtergebnis bei Kauf der Option ist aus Sicht des Käufers immer dann positiv, wenn der erwartete Kurs des Basisobjekts über dem mit dem risikolosen Zinssatz aufgezinsten aktuellen Kurs liegt, d. h. für $p \geq p_0$, und ansonsten negativ. Der Optionspreis ist jedoch – wie in 4.3.6.2 abgeleitet – unabhängig von p.

Dieses Ergebnis kann so interpretiert werden, dass das eigentliche Geschäft zwischen Stillhalter und Optionskäufer für keine der beiden Parteien zu erwarteten Gewinnen oder Verlusten führt; es stellt also quasi ein „Nullsummenspiel" zwischen den beiden Vertragsparteien dar. Erwartete Gewinne bzw. Verluste auf Seiten des Optionskäufers sind lediglich auf die erwarteten Wertveränderungen des Basisobjekts zurückzuführen, die (z. B.) bei der risikolosen Duplikationsstrategie anfallen. Unter Einbeziehung des Wertentwicklungsprozesses für das Basisobjekt handelt es sich also um ein „faires Spiel" (wobei die Gesamtsumme nicht mehr null ergeben muss). Der Stillhalter verwaltet bei der Duplikationsstrategie den in 4.3.6.2 bestimmten Betrag $a \cdot K_0$ quasi treuhänderisch für den Optionskäufer und gibt sowohl die entstehenden Gewinne als auch Verluste weiter.

Speziell für die Wahrscheinlichkeit $p = p_0 = \frac{K_0 \cdot \mathrm{e}^\delta - K^-}{K^+ - K^-}$ eines Kursanstiegs stellt das Optionsgeschäft nicht nur zwischen den beiden Vertragsparteien, sondern auch in Bezug auf die Kursentwicklung ein „Nullsummenspiel" dar, in dem Sinne, dass die erwartete (also die durchschnittliche wahrscheinlichkeitsgewichtete) Kursentwicklung genau der risikolosen Verzinsung entspricht. In diesem speziellen Fall lässt sich die Call-Prämie dann wegen $\mathbf{E}(_K G) = 0$ auch als Erwartungswert berechnen:

$$C_0 = e^{-\delta} \cdot \mathbf{E}(K_1 - X)_+ = e^{-\delta} \cdot p_0 \cdot (K^+ - X).$$

Die spezielle Wahrscheinlichkeit p_0 nennt man in diesem Zusammenhang auch *risikoneutrale Wahrscheinlichkeit* oder *Martingal-Wahrscheinlichkeit*. Allgemein ist dies die Grundidee des *Martingal-Ansatzes* zur Optionspreisbestimmung. Ein *Martingal* ist grob gesprochen ein stochastischer Prozess, der ein faires Spiel abbildet. Wird ein solcher Prozess für die Kursentwicklung des Basisobjekts angenommen, so kann der Optionspreis als diskontiertes erwartetes finanzielles Ergebnis aus der Optionsausübung berechnet werden.

4.3.6.5 Grundidee der Optionspreisbestimmung in allgemeineren Kursmodellen

Die in den vorangegangenen Abschnitten dargestellten Grundideen der Duplikations- bzw. Hedging-Strategie und des Martingal-Ansatzes sind auch der Schlüssel zur Bewertung von Optionen und sonstigen Finanzprodukten in viel allgemeineren Kursmodellen. Allerdings ist die Situation insofern wesentlich komplexer, als dass in mehrperiodigen Modellen die Anlagestrategie bei der Duplikation bzw. beim Hedging im Zeitverlauf dynamisch an die aktuelle Kursentwicklung des Basiswerts angepasst werden muss.

Schematisch kann eine allgemeine Duplikationsstrategie zur Bewertung einer Call-Option durch ein ähnliches Diagramm veranschaulicht werden wie beim einperiodigen Binomialmodell; vgl. Abbildung 4.37. Ferner kann auch in allgemeineren Modellen der in 4.3.6.4 vorgestellte

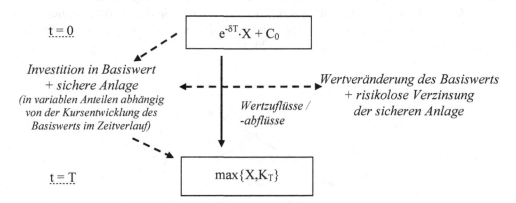

Abbildung 4.37: Veranschaulichung der Duplikationsstrategie zur Call-Bewertung in einem allgemeinen Modell

Martingal-Ansatz zur Optionsbewertung eingesetzt werden. Dabei kann – vereinfacht gesprochen – die zum risikolosen Zinssatz aufgezinste Call-Prämie als erwarteter Gewinn aus der Optionsausübung berechnet werden, wenn die bis zum Zeitpunkt $t = T$ erwartete Wertveränderung des Basisobjekts der risikolosen Verzinsung entspricht. Ansonsten ist der Erwartungswertansatz nicht korrekt. Ggf. kann die Annahme eines Martingal-Prozesses für die Kursentwicklung lediglich fiktiv angesetzt werden (vgl. die Argumentation in 4.3.6.4).

4.3.6.6 Hedging und Optionsbewertung im Mehrperioden-Binomialmodell

Zur Bewertung allgemeiner, auch exotischer, Optionen und anderer Finanzprodukte, lassen sich
in vielen Fällen Mehrperioden-Binomialmodelle einsetzen. Dazu wird der Zeitraum vom Bewertungszeitpunkt $t = 0$ bis zur Fälligkeit der Option $t = T$ in n äquidistante Zeitperioden unterteilt. Abbildung 4.38 zeigt ein Binomialgitter mit vier Zeitperioden. Die angegebenen, aus einem
Binomialgitter-Prozess resultierenden Kurswerte sind nur Beispiele; es kann allgemein für das
Duplikationsprinzip auch eine andere Kursentwicklung zugrunde gelegt werden.

Allgemein kann man beim Duplikationsprinzip folgendermaßen vorgehen. Man schaut sich
zunächst die letzte (n-te) Zeitperiode an. Für jeden der n möglichen Kurswerte zu Beginn der
n-ten Zeitperiode gibt es jeweils nur zwei mögliche Werte. Für diese n Fälle hat man also jeweils
ein Einperioden-Binomialmodell, in dem man die Optionsbewertung durchführen kann. Man
erhält damit n verschiedene mögliche Optionswerte zu Beginn der n-ten Zeitperiode. Anschließend schaut man sich den Beginn der ($n - 1$)-ten Zeitperiode an. Hier hat man $n - 1$ verschiedene Kurswerte, die sich jeweils aber in der nächsten Zeitperiode nur gemäß dem Einperioden-
Binomialmodell verändern können. Aus den zuvor bestimmten Werten berechnet man nun $n - 1$
verschiedene mögliche Optionswerte zu Beginn der ($n - 1$)-ten Zeitperiode. Sukzessive kann
man so den eindeutigen Optionswert C_0 oder P_0 bestimmen. Da die beschriebene allgemeine
Vorgehensweise rechentechnisch bei vielen Zeitperioden relativ aufwendig ist, kann es hilfreich
sein, für spezielle Kursprozesse das Martingal-Prinzip zu verwenden, da damit die Optionswerte
als Erwartungswerte berechnet werden können.

Die entsprechende Vorgehensweise soll am multiplikativen Binomialgitter-Prozess (vgl. 2.4.4)
erläutert werden. Es wird also angenommen, dass pro Periode der Kurs entweder um den Faktor
e^u steigt oder e^{-v} fällt ($u, v > 0$), und zwar in jeder Periode mit gleicher Wahrscheinlichkeit p
bzw. $1 - p$. Bei einem Anfangskurs von K_0 ergeben sich also beispielsweise nach vier Zeitperioden die in Abbildung 4.38 dargestellten Möglichkeiten.

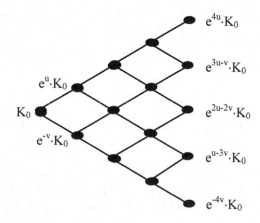

Abbildung 4.38: Binomialgitter mit 4 Zeitperioden zur Optionsbewertung

Der Kurs K_T zum Zeitpunkt T wird in diesem Ansatz also über die Binomialverteilung mit den Wahrscheinlichkeiten

$$P(K_T = \mathrm{e}^{u \cdot j - v \cdot (n-j)} \cdot K_0) = \binom{n}{j} \cdot p^j (1-p)^{n-j} \quad \text{für } j = 0, 1, \ldots, n$$

modelliert. Für die Optionsbewertung wird hierbei nun die spezielle Martingal-Wahrscheinlichkeit p angesetzt, die sich aus der Gleichung

$$\mathrm{e}^{\delta \cdot T/n} = p \cdot \mathrm{e}^u + (1-p) \cdot \mathrm{e}^{-v}$$

ergibt. Der Ansatz bedeutet, dass der erwartete Kursanstieg einer Zeitperiode der Länge T/n der Aufzinsung zum risikolosen stetigen Zinssatz δ entspricht; vgl. Abschnitt 4.3.6.4. Es ergibt sich

$$p = \frac{\mathrm{e}^{\delta \cdot T/n} - \mathrm{e}^{-v}}{\mathrm{e}^u - \mathrm{e}^{-v}} \quad \text{und} \quad 1 - p = \frac{\mathrm{e}^u - \mathrm{e}^{\delta \cdot T/n}}{\mathrm{e}^u - \mathrm{e}^{-v}}.$$

Mit diesen speziellen Wahrscheinlichkeiten ergibt sich folgende Formel für den Preis eines Call im mehrperiodigen Binomialmodell:

$$C_0^{(n)} = \mathrm{e}^{-\delta T} \cdot \mathbf{E}(K_T - X)_+ = \mathrm{e}^{-\delta T} \cdot \sum_{j=0}^{n} \binom{n}{j} p^j (1-p)^{n-j} \cdot \max\left(\mathrm{e}^{u \cdot j - v \cdot (n-j)} \cdot K_0 - X, 0\right).$$

Wir setzen nun noch:

$$a' = \frac{\ln X - \ln K_0 + vn}{u + v}$$

und $a = \lceil a' \rceil$, wobei $\lceil z \rceil$ die kleinste natürliche Zahl bezeichnet, die größer oder gleich z ist. Unter Verwendung der Abkürzung

$$B(a, n, p) = \sum_{j=a}^{n} \binom{n}{j} \cdot p^j (1-p)^{n-j}$$

(es ist also $B(a, n, p) = P(Z \geq a)$ mit binomialverteilter Zufallsvariable Z) kann man die zuvor abgeleitete Formel für die Call-Prämie auch in folgender Form schreiben:

$$C_0^{(n)} = K_0 \cdot B(a, n, p \cdot \mathrm{e}^{u - \delta \cdot T/n}) - X \cdot \mathrm{e}^{-\delta T} \cdot B(a, n, p) \qquad \text{(mit } p \text{ wie oben)},$$

denn es ist

$$\mathrm{e}^{-\delta T} = (\mathrm{e}^{-\delta \cdot T/n})^j \cdot (\mathrm{e}^{-\delta \cdot T/n})^{n-j}$$

und mit

$$p^* = p \cdot \mathrm{e}^{u - \delta \cdot T/n}$$

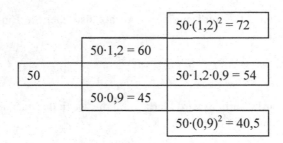

Abbildung 4.39: Kurswerte im Zweiperioden-Binomialmodell (Beispiel)

ergibt sich

$$1 - p^* = (1 - p) \cdot e^{-v - \delta \cdot T / n}.$$

Die somit hergeleitete Bewertungsformel wird auch als *Ansatz nach Cox, Ross und Rubinstein* (CRR-Ansatz) bezeichnet.

Speziell für $T = n$ lautet die CRR-Formel:

$$C_0^{(T)} = K_0 \cdot B(a, T, p \cdot e^{u - \delta}) - X \cdot e^{-\delta T} \cdot B(a, T, p).$$

Diese spezielle Wahl von T entspricht im Grunde keiner Einschränkung der Allgemeinheit, sondern bedeutet lediglich eine andere Normierung der Einheitsperiode; d. h. die Periodenzinssätze u, v und δ sind bei einer solchen Wahl geeignet anzupassen.

Ausgehend von einer Unterteilung der Gesamtlaufzeit der Option in T Unterperioden der Länge 1 wenden wir nun diese Formel im ganzzahligen Bewertungszeitpunkt t an ($t = 1, \ldots, T - 1$), wobei die verbleibende Restlaufzeit der Länge $T - t$ nur noch in $T - t$ Unterperioden unterteilt wird. Der Wert des Call ergibt sich damit zu

$$C_t = K_t \cdot B(a_t, T - t, p \cdot e^{u - \delta}) - X \cdot e^{-\delta(T - t)} \cdot B(a_t, T - t, p),$$

wobei der Index t deutlich machen soll, dass der oben definierte Parameter a hier von t abhängt. Bei diesem Bewertungsansatz wird also das ursprüngliche Binomialgitter beibehalten und mit fortgeschrittener Laufzeit die Anzahl der für die Bewertung relevanten Subperioden reduziert. In der vorangegangenen Definition von a ist ferner K_0 durch K_t zu ersetzen und $n = T - t$ zu wählen. Der spezielle Wert von p ist bei der gewählten Normierung unabhängig von t.

Beispiel (Optionsbewertung im Zweiperioden-Binomialmodell)

Die Kursentwicklung eines Wertpapiers mit Anfangskurs $K_0 = 50 \, €$ soll durch einen geometrischen Binomialgitter-Prozess über zwei Zeitperioden modelliert werden. Die prozentuale Auf- bzw. Abwärtsbewegung in jeder der beiden Zeitperioden betrage 20 % bzw. −10 %. Damit ergeben sich die in Abbildung 4.39 dargestellten Kurswerte. In beiden Zeitperioden soll der Zinssatz für eine sichere Kapitalanlage bzw. Kapitalaufnahme jeweils 5 % betragen. Unter diesen Annahmen soll unter Verwendung des Duplikationsprinzips der arbitragefreie Preis in $t = 0$ der zweiperiodigen Call-Option auf das Wertpapier mit Ausübungspreis von 63 bestimmt werden.

Die Lösung erfolgt ausgehend von den in Abbildung 4.39 dargestellten Kurswerten gemäß dem Schema in Abbildung 4.40, wobei U die Aufwärtsbewegung des Basisobjekts um 20 % und D die Abwärtsbewegung des Basisobjekts um -10 % andeutet. Gesucht ist der Call-Preis C. Der Preis C^D nach einer Zeitperiode ist null, weil der Call bis zum Ausübungszeitpunkt nur noch den Wert null haben kann.

Der Preis C^U ergibt sich nach dem Duplikationsprinzip aus folgenden Gleichungen:

$$72x + 1{,}05y = 9,$$
$$54x + 1{,}05y = 0,$$

wobei x die Anzahl der vom Wertpapier zu erwerbenden Anteile und y die „Cash-Position" ist. Es folgt $x = 0{,}5$ und damit $y = -27/1{,}05 = -25{,}7143$. Daraus folgt:

$$C^U = 60x + y = 30 - 25{,}7143 = 4{,}2857.$$

Durch nochmalige Anwendung des Duplikationsprinzips ergibt sich der Preis C wie folgt:

$$60x + 1{,}05y = 4{,}2857,$$
$$45x + 1{,}05y = 0,$$

wobei x die Anzahl der vom Wertpapier zu erwerbenden Anteile und y die „Cash-Position" ist. Es folgt $x = 0{,}2857$ und damit $y = -12{,}8565/1{,}05 = -12{,}2443$. Daraus folgt:

$$C = 50x + y = 14{,}285 - 12{,}2443 \approx 2{,}04.$$

Die Call-Bewertung mittels des Martingal-Ansatzes soll als Aufgabe 4.21 durchgeführt werden.

4.3.6.7 Skizzierung der Handelsstrategie zur Absicherung der Stillhalter-Position im mehrperiodigen Binomialmodell

Die in 4.3.6.6 hergeleitete Formel kann man auch so interpretieren, dass zum Zeitpunkt t durch Investition der Call-Prämie C_t und einem zusätzlichen Cash-Betrag in der Höhe von $X \cdot e^{-\delta(T-t)} \cdot B(a_t, T-t, p)$ gerade der Erwerb von $B(a_t, T-t, p \cdot e^{u-\delta})$ Anteilen des Basiswerts

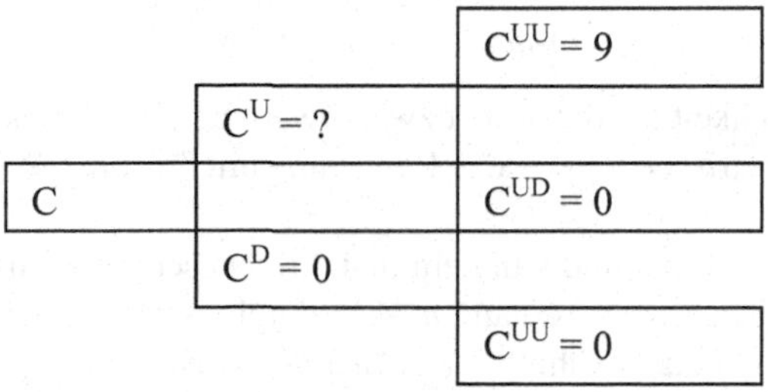

Abbildung 4.40: Call-Werte im Zweiperioden-Binomialmodell (Beispiel)

finanziert werden kann. Man kann sich überlegen (hier ohne Beweis), dass das Halten des Basiswerts in variabler Höhe von $B(a_t, T - t, p \cdot e^{u-\delta})$ Anteilen gerade einer sukzessiven Anwendung der für das Einperiodenmodell im Detail abgeleiteten Duplikationsstrategie entspricht.

Unter der Voraussetzung, dass stets eine Verschuldung zum risikolosen Zinssatz möglich ist und für den Kauf und Verkauf des Basisobjekts keine Transaktionskosten entstehen (dies ist in der Realität zumindest für institutionelle Investoren annähernd erfüllt), kann der Stillhalter also seine Verpflichtung perfekt absichern, indem er stets $B(a_t, T - t, p \cdot e^{u-\delta})$ Anteile des Basiswerts hält. Der wertmäßige Saldo aus gehaltenem Basiswert und Kredit entspricht zum Laufzeitende dann gerade dem Wert des Call, und die anfangs eingenommene Call-Prämie reicht zur Finanzierung der Strategie genau aus.

In der Praxis wird diese Handelsstrategie von Stillhaltern (meist Banken o. Ä.) tatsächlich oft näherungsweise durchgeführt. Durch das beschriebene Hedging entstehen unter idealisierten Voraussetzungen dem Stillhalter also weder Gewinne noch Verluste. Die Motivation für derartige Optionsgeschäfte liegt dementsprechend nicht im Erzielen von Spekulationsgewinnen, sondern in der Einnahme von Gebühren und Provisionen, die in diesem Zusammenhang zusätzlich zur „fairen" Call-Prämie gefordert werden.

Allgemein wird der Faktor, der angibt, wie viele Einheiten des Basisobjekts zur Realisierung einer risikolosen Position pro Call erworben werden müssen, auch Call-Delta oder Hedge-Ratio genannt. Die Absicherungsstrategie für einen Aktien-Call lautet dann im Merksatz:

Call-Wert = Aktienkurs · Call-Delta − Kreditaufnahme.

Im Falle des Binomialmodells beträgt das Hedge-Ratio gemäß den zuvor angestellten Überlegungen

$$\Delta c(t) = B(a_t, T - t, p \cdot e^{u-\delta}).$$

4.3.7 Hedging und Optionsbewertung im Black-Scholes-Modell

4.3.7.1 Ableitung der Black-Scholes-Formel aus dem Binomialmodell (Skizze)

Im Folgenden soll noch die Ermittlung der fairen Call-Prämie beim der Übergang vom zeitdiskreten Binomialmodell zu einem zeitstetigen Modell skizziert werden. Wie in 2.4.5 erwähnt, führt im Binomialmodell die Wahl

$$u = u_{n,T} = \delta \cdot T/n + \sigma \cdot \sqrt{T/n},$$
$$-v = -v_{n,T} = \delta \cdot T/n - \sigma \cdot \sqrt{T/n}$$

bei gleicher Wahrscheinlichkeit für die Auf- bzw. Abwärtsbewegung des Kurses im Grenzübergang $n \to \infty$ auf eine geometrische Brownsche Bewegung mit Drift $\mu = \delta + 1/2\sigma^2$ und Volatilität σ.

Führt man für diese Wahl von u und v in dem in 4.3.6.6 beschriebenen diskreten Bewertungsansatz für den Call-Preis den Grenzübergang $n \to \infty$ durch, so erhält man nach einigen Zusatzüberlegungen die bereits in 3.2.2 erwähnte *Black-Scholes-Formel* zur Optionspreisberechnung

$$C_0 = K_0 \cdot \Phi(d_1) - e^{-\delta T} \cdot X \cdot \Phi(d_2)$$

mit

$$d_1 = \frac{1}{\sigma\sqrt{T}} \cdot \left[\ln\left(\frac{K_0}{X}\right) + \delta T + \frac{1}{2}\sigma^2 T\right],$$
$$d_2 = d_1 - \sigma\sqrt{T}.$$

Der Wert einer europäischen Put-Option ergibt sich aus obiger Formel unter Berücksichtigung der Put-Call-Parität zu

$$P_0 = e^{-\delta T} \cdot X \cdot \Phi(-d_2) - K_0 \cdot \Phi(-d_1).$$

Die Black-Scholes-Formel lässt sich auch ohne den Umweg über ein diskretes Modell beweisen; für eine entsprechende Beweisidee vgl. auch den folgenden Abschnitt 4.3.7.2.

Die Sensitivitätsanalyse für die wertbeeinflussenden Parameter des Call-Preises wurde bereits in Abschnitt 3.2.2 angesprochen.

4.3.7.2 Prinzip des Hedge-Portfolios im Black-Scholes-Modell

Die Black-Scholes-Formel lässt sich geringfügig allgemeiner auch für den Preis des Call zum Zeitpunkt $0 \leq t \leq T$ formulieren; und zwar gilt

$$C_t = K_t \cdot \Phi(d_1(t)) - e^{-\delta(T-t)} \cdot X \cdot \Phi(d_2(t)).$$

In der Definition von d_1 bzw. d_2 in 4.3.7.1 ist dabei die Laufzeit T durch die Restlaufzeit $T - t$ zu ersetzen.

Ähnlich wie im Binomialmodell kann man diese Gleichung so interpretieren, dass durch Investition des Call-Gegenwerts und eines Kreditbetrags in Höhe von $e^{-\delta(T-t)} \cdot X \cdot \Phi(d_2(t))$ gerade $\Phi(d_1(t))$ Anteile des Basisobjekts erworben werden können, und es stellt sich wiederum heraus, dass die entsprechende Handelsstrategie zu einer stets risikolosen Position des Stillhalters führt. Eine ähnliche Strategie ist im Falle einer Put-Position möglich.

Die unmittelbare Konstruktion derartiger Hedge-Portfolios und Nachweis der Finanzierbarkeit und Risikolosigkeit der Strategie (ähnlich wie beim Binomialmodell), ist eine weitere Möglichkeit zum Beweis der Black-Scholes-Formel ohne den Umweg über das Binomialmodell. Des Weiteren liefert sie eine „Anweisung" zur Erzeugung synthetischer Calls bzw. Puts. Die Größe $\Phi(d_1(t))$ entspricht gerade dem bereits in 3.2.2.1 eingeführten Options-Delta; vgl. auch mit 3.2.2.6.

Man beachte, dass die genannte Handelsstrategie allerdings zunächst nur ein theoretisches Konstrukt ist, weil sie eine stetige Anpassung des Hedge-Portfolios mit infinitesimalen Änderungen in infinitesimaler Zeit erfordert. Die praktische Umsetzung würde im Wesentlichen auf den Ansatz des Binomialmodells hinauslaufen. Außerdem ergibt sich die Risikofreiheit der Hedging-Strategie – wie bei Black-Scholes- und CRR-Formel selbst – selbstverständlicherweise nur unter den modellmäßig getroffenen einfachen Annahmen für die Kursentwicklung des Basisobjekts, die im gegebenen Kontext wie bereits erläutert eher exemplarisch aufzufassen sind.

4.3.8 Konstruktion und Bewertung strukturierter Finanzprodukte (Zertifikate)

Ein *strukturiertes Finanzprodukt* ist eine Anlageform, das sich aus der Kombination von zwei oder mehreren Finanzinstrumenten, davon mindestens ein Derivat, ergibt. Im Prinzip wurden Kombinationsstrategien bereits im Abschnitt 4.3.5 betrachtet, jedoch liegt bei strukturierten Produkten als Besonderheit eine rechtliche und wirtschaftliche Einheit der Einzelbestandteile vor. Diese wird etwa durch eine Verbriefung der Kombination erreicht. Formal kann eine Bank beispielsweise eine Inhaberschuldverschreibung emittieren, deren Rückzahlungsversprechen gerade dem Auszahlungsprofil des Kombinationsprodukts entspricht; ein solches Finanzprodukt wird auch *Zertifikat* genannt.

Durch strukturierte Produkte können Finanzinstitute Privatkunden oder auch institutionellen Kapitalanlegern wie Versicherungsunternehmen und Pensionskassen gezielt vordefinierte Auszahlungs- bzw. Chance-Risiko-Profile anbieten, ohne dass sich der Anleger selbst um Einzelheiten der Realisierung kümmern muss.

Die Bewertung strukturierter Produkte kann durch eine Zerlegung in die Produktbestandteile und Addition der Einzelwerte bzw. -preise erfolgen. Hinzu kommt etwa bei Zertifikaten die Berücksichtigung des Emittentenrisikos, also des Risikos, dass das Finanzinstitut seinem Zahlungsversprechen nicht in vereinbarter Form nachkommt. Da wir uns mit dem Ausfallrisiko an dieser Stelle nicht näher beschäftigen wollen, knüpft die Konstruktions- und Bewertungsaufgabe unmittelbar an die Überlegungen aus Abschnitt 4.3.5 an, und soll exemplarisch für sogenannte Garantiezertifikate, Discount-Zertifikate, Aktienanleihen und Korridorzertifikate erfolgen.

Diese Produkte beziehen sich alle auf ein bestimmtes Basisobjekt, beispielsweise eine Aktie oder eine festgelegte Menge eines Rohstoffs, mit anfänglichem Kurs K_0.

4.3.8.1 Garantiezertifikat

Ein *Garantiezertifikat* verspricht dem Inhaber bei Fälligkeit zum Zeitpunkt T die Zahlung des Kurswerts K_T des Basisobjekts, falls dieser über einem vereinbarten Garantiebetrag G liegt, ansonsten wird G ausgezahlt. Der Auszahlungsbetrag ist also $A_T = \max(G, K_T)$; vgl. Abb. 4.41.

Das Zahlungsprofil kann folgendermaßen erzeugt (dupliziert) werden:

- Basiswert + Long Put (europäisch) auf Basiswert

oder auch

- risikolose Anlage von $G \cdot e^{-\delta T}$ zum Zinssatz δ + Long Call auf Basiswert,

wobei die Laufzeit der Option der Laufzeit des Zertifikats und der Ausübungspreis dem Garantiebetrag G entspricht.

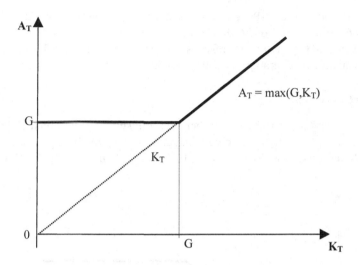

Abbildung 4.41: Auszahlungsprofil eines Garantiezertifikats

Daraus ergibt sich - unter Vernachlässigung von Gebühren, Gewinnmargen und dem Ausfallrisiko - für den angemessenen Preis Π des Garantiezertifikats

$$\Pi = \text{Preis Basiswert} + \text{Preis Put}$$
$$= \text{risikolose Anlage von } G + \text{Preis Call}$$
$$= K_0 + P(G) = G \cdot e^{-\delta T} + C(G),$$

wobei die letzte Gleichung die Put-Call-Parität widerspiegelt.

Das Garantiezertifikat entspricht im Prinzip einem verbrieften Put-Hedge (vgl. 4.3.5.1), wobei allerdings bei der Wertberechnung zu berücksichtigen ist, dass das Basisobjekt erst noch erworben werden muss. Als Produktvariante könnte eine Bank auch zum Preis K_0 (aktueller Kurs des Basiswerts) ein Garantiezertifikat emittieren, das am Ende der Laufzeit den Mindestbetrag $G - P(G) \cdot e^{\delta T}$ auszahlt, sowie zusätzlich den Betrag $K_T - G$, sofern dieser positiv ist. Das Auszahlungsprofil entspricht in diesem Fall genau dem Wertprofil W_T aus der Abbildung 4.25 mit $X = G$. Gegenüber der zuvor dargestellten Hauptvariante handelt es sich lediglich um eine Absenkung des Kaufpreises um $P(G)$ bei gleichzeitiger Absenkung der Auszahlungssumme um den verzinsten Betrag $P(G) \cdot e^{\delta T}$.

Beispiel (Garantiezertifikat)

In dem Beispiel in Abschnitt 4.3.5.1 wurde die Absicherung einer Unze Gold durch einen Put mit Ausübungspreis 700 (Angaben in €) betrachtet. In verbriefter Form kann das Portfolio aus Goldunze und Put als Garantiezertifikat erkauft werden, das nach einem Jahr die Auszahlung von $G = 700$ garantiert und darüber hinaus unbegrenzt an Goldpreissteigerungen partizipiert. Der Preis für dieses Garantiezertifikat sollte ohne zusätzliche Gebühren o. Ä. der Summe aus dem Put-Preis und dem aktuellen Goldunzen-Preis entsprechen. Kostet etwa aktuell der Put 50 und die Goldunze 800, so beläuft sich der Preis des Garantiezertifikats auf $\Pi = 850$. Dieser Preis ergibt sich aufgrund der Put-Call-Parität auch, wenn man den abgezinsten Garantiebetrag, also $700/1{,}03 = 679{,}61$, mit einem Long Call mit Ausübungspreis 700 kombiniert.

Für einen Preis von 800 (= aktueller Preis des Basiswerts) könnte man dagegen ein Garantiezertifikat mit genau dem Auszahlungsprofil W aus 4.3.5.1 erwerben.

4.3.8.2 Discount-Zertifikat

Bei einem *Discount-Zertifikat* erhält der Inhaber bei Fälligkeit zum Zeitpunkt T den Gegenwert des Basisobjekts, höchstens allerdings einen festgelegten Maximalbetrag M, den sogenannten *Cap*. Der Auszahlungsbetrag ist also $A_T = \min(M, K_T)$; vgl. Abb. 4.42. Da das Gewinnpotenzial

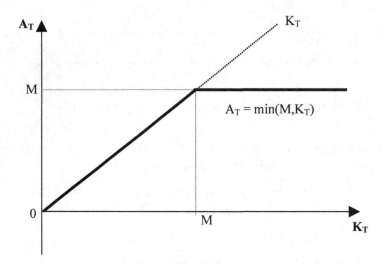

Abbildung 4.42: Auszahlungsprofil eines Discount-Zertifikats

begrenzt wird, liegt der Preis des Zertifikats unter dem des Basiswerts, der Anleger erhält in diesem Sinne also einen „Discount-Preis".

Das Zahlungsprofil kann folgendermaßen erzeugt werden:

- Basiswert + Short Call auf Basiswert

oder auch

- risikolose Anlage von $M \cdot \mathrm{e}^{-\delta T}$ zum Zinssatz δ + Short Put (europäisch) auf Basiswert,

wobei die Laufzeit der Option der Laufzeit des Zertifikats und der Ausübungspreis dem Cap M entspricht.

Daraus ergibt sich für den angemessenen Preis Π des Discount-Zertifikats

$$\Pi = \text{Preis Basiswert - Preis Call}$$
$$= \text{risikolose Anlage von } M \cdot \mathrm{e}^{-\delta T} - \text{Preis Put}$$
$$= K_0 - C(M) = M \cdot \mathrm{e}^{-\delta T} - P(M).$$

Das Produkt entspricht im Prinzip einem verbrieften Covered Short Call (vgl. 4.3.5.2), wobei allerdings bei der Wertberechnung zu berücksichtigen ist, dass das Basisobjekt erst noch erworben werden muss.

Als Produktvariante könnte für einen Emissionspreis von K_0 ein Zertifikat mit Auszahlungssumme $\min(M, K_T) + C(M) \cdot e^{\delta T}$, d. h. mit einem Cap in Höhe von $Max = M + C(M) \cdot e^{\delta T}$, realisiert werden. Allerdings wird in diesem Fall kein Discount auf den Basiswert K_0 gegeben, sondern stattdessen die Mindestrückzahlungssumme $C(M) \cdot e^{\delta T}$ garantiert. Das Auszahlungsprofil entspricht dann genau dem Wertprofil W_T aus der Abbildung 4.26 mit $X = M$. Gegenüber der zuvor dargestellten Hauptvariante handelt es sich lediglich um eine Erhöhung des Kaufpreises um $C(M)$ bei gleichzeitiger Erhöhung der Auszahlungssumme um den verzinsten Betrag $C(M) \cdot e^{\delta T}$.

Beispiel (Discount-Zertifikat)

In dem Beispiel in Abschnitt 4.3.5.2 wurde die Kombination einer Aktie mit einem Short Call auf die Aktie mit Ausübungspreis 80 (Angaben in €) betrachtet. In verbriefter Form kann diese Kombination als Discount-Zertifikat mit Cap $M = 80$ verkauft werden. Liegt der aktuelle Aktienkurs beispielsweise bei 70 und der Call-Preis bei 2, so könnte das Discount-Zertifikat ohne Berücksichtigung zusätzlicher Gebühren o. Ä. zu einem Preis von 68 (Aktienkurs minus Call-Prämie) verkauft werden. Dieser Preisabschlag auf den aktuellen Aktienkurs wird durch den Verzicht auf Kurssteigerungen oberhalb des Cap erkauft. Für einen Preis von 70 (= aktueller Preis des Basiswerts) könnte man dagegen ein Zertifikat mit genau dem Auszahlungsprofil W aus 4.3.5.2 erwerben.

4.3.8.3 Aktienanleihe

Die Grundform einer *Aktienanleihe* kann man als Sonderfall des Discount-Zertifikats auffassen. Dabei wird der Cap gleich dem Nominalbetrag N dieser Anleihe gesetzt; auf diesen erfolgen, wie bei gewöhnlichen Anleihen, regelmäßige Zinszahlungen. Am Ende der Laufzeit wird allerdings nur dann der Nominalbetrag zurückgezahlt, wenn dieser über dem Kurswert K_T der Aktie liegt, ansonsten wird nur der Aktienwert gutgeschrieben. Die Bewertung erfolgt analog zum Discount-Zertifikat, wobei lediglich zusätzlich noch der Barwert der versprochenen Zinszahlungen in Rechnung gestellt werden muss. Ähnlich kann man auch Aktienanleihen auf der Basis von Korridorzertifikaten konstruieren, die abschließend noch vorgestellt werden.

4.3.8.4 Korridorzertifikat

Bei einem *Korridorzertifikat* erhält der Inhaber bei Fälligkeit zum Zeitpunkt T den Kurswert des Basisobjekts, allerdings höchstens den vereinbarten Cap M und mindestens den Garantiebetrag G. Der Auszahlungsbetrag ist also $A_T = \max(G, \min(M, K_T))$; vgl. Abb. 4.43. Dieses Zahlungsprofil kann durch Kombination des Basiswerts mit einem Long Put mit Ausübungspreis G und einem Short Call mit Ausübungspreis M erzeugt werden. Als angemessener Preis für dieses Zertifikat ergibt sich somit nach dem Duplikationsprinzip

$$\Pi = \text{Preis Basiswert} + \text{Preis Put} - \text{Preis Call}$$
$$= K_0 + P(G) - C(M).$$

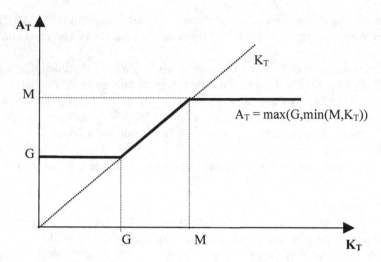

Abbildung 4.43: Auszahlungsprofil eines Korridorzertifikats

Das Produkt entspricht im Prinzip einem verbrieften Collar (vgl. 4.3.5.3), wobei allerdings bei der Wertberechnung für das Zertifikat wiederum darauf geachtet werden muss, dass das Basisobjekt erst noch erworben werden muss. Auch hier könnte man wie beim Garantie- und Discount-Zertifikat eine Produktvariante konstruieren, die den Kaufpreis K_0 hat. Dazu müssen der Garantiebetrag G und der Cap M so gewählt werden, dass $P(G) = C(M)$ ist. Es handelt sich dann also um einen sogenannten Zero-Cost-Collar, womit sich in diesem Fall genau das Auszahlungsprofil aus Abbildung 4.27 ergibt.

4.3.9 Aufgaben

Aufgabe 4.14

(a) Der aktuelle Preis für eine Tonne Aluminium betrage $K_0 = 1.500$ (Angaben in €). Für ein halbes Jahr werden Lagerungs- und Versicherungskosten von 10 pro Tonne veranschlagt. Für eine 6-monatige Geldanlage wird derzeit ein Zinssatz von 2 % pro Halbjahr gezahlt. Welcher theoretische Kurs ist unter diesen Voraussetzungen für einen 6-Monats-Future auf eine Tonne Aluminium angemessen?

(b) Ein Automobilhersteller weiß, dass er in einem halben Jahr mehrere Tonnen Aluminium braucht und möchte sich die aktuellen Konditionen durch ein Future-Geschäft sichern (perfekter Long Hedge). Machen Sie sich für diesen konkreten Fall mit den Zahlenangaben aus (a) die Wirkungsweise des Geschäfts in einer Skizze analog zu Abbildung 4.19 klar.

(c) Der Stillhalter aus dem unter (b) genannten Future-Geschäft besitze bereits die zu liefernde Menge Aluminium. Unter dieser Voraussetzung kann aus seiner Sicht das Geschäft als perfekter Short Hedge zur Wertsicherung interpretiert werden. Machen Sie sich auch hierfür die Wirkungsweise des Geschäfts in einer Skizze analog zu Abbildung 4.19 klar.

Aufgabe 4.15
Welcher Preis für eine Tonne Aluminium ergibt sich aus den Angaben in den Beispielen aus 4.3.4.1 und 4.3.4.3 gemäß der Put-Call-Parität unter deren idealisierten Voraussetzungen (d. h. keine Berücksichtigung von Kosten für das Halten des Basiswerts, kein Ausfallrisiko bei den Emittenten der Optionen etc.)?

Aufgabe 4.16
Einem Investor mit einem Investitionsbudget von 10.000 € stehen u. a. folgende drei Anlagealternativen zur Verfügung:

1. Aktien der Wiesel AG zum Kurs von 70 pro Stück;

2. Europäische Verkaufsoptionen auf diese Aktie mit Basispreis von 70 und Laufzeit von zwei Jahren zum Kurs von 10 (pro Aktie);

3. Festgeldanlage über 2 Jahre zum Zinssatz von 3,9 % p. a.

Es seien vollkommene Märkte unterstellt (idealisierter Kapitalmarkt). Mögliche Transaktionskosten, Restriktionen hinsichtlich der Transaktionsvolumina o. Ä. sollen ebenso nicht berücksichtigt werden.

(a) Bestimmen Sie aus obigen Informationen den fairen Preis einer europäischen Kaufoption auf die Aktie.

(b) Wie groß ist der minimale Wert des Portfolios nach 2 Jahren, wenn der Investor sein komplettes Budget in Form eines 1:1-Put-Hedge in die Aktien und die zugehörigen Verkaufsoptionen investiert?

(c) Mit welcher Kombination aus Festgeld-Anlage und Kaufoptionen kann der Investor alternativ für das Ende der Laufzeit die gleiche Risikostruktur wie mit dem 1:1-Put-Hedge erzielen?

Aufgabe 4.17
Skizzieren Sie für die folgenden drei Kapitalanlagestrategien mit europäischen Optionen auf ein einkommensfreies Basisobjekt und jeweils gleicher Laufzeit T die Gewinn-/Verlustsituation im Ausübungszeitpunkt in Abhängigkeit vom Schlusskurs des Basiswerts.
  * *Strip:* Der Kapitalanleger kauft einen Call und zwei Puts mit jeweils identischem Ausübungspreis X.
  * *Strap:* Der Kapitalanleger kauft zwei Calls und einen Put mit jeweils identischem Ausübungspreis X.
  * *Strangle:* Der Kapitalanleger kauft einen Put mit Ausübungspreis X_1 und einen Call mit Ausübungspreis $X_2 > X_1$.

Aufgabe 4.18
Skizzieren Sie das Gewinn-/Verlust-Profil und die Wertpositionen der Konstruktionsbestandteile eines mit Puts realisierten Bull Spreads, Bear Spreads und Butterfly Spread zum Laufzeitende analog zu den Skizzen in 4.3.5.5, 4.3.5.6 und 4.3.5.7.

Aufgabe 4.19

Die Kursentwicklung eines einkommensfreien Wertpapiers mit Anfangskurs $K_0 = 100$ (€) soll durch einen geometrischen (= multiplikativen) Binomialgitter-Prozess modelliert werden. Die prozentuale Aufwärts- bzw. Abwärtsbewegung pro Zeitperiode betrage jeweils 25 % bzw. -20%. Der konstante risikolose Zinssatz pro Zeitperiode betrage 5 %. Bestimmen Sie auf Basis des Duplikationsprinzips den fairen Preis einer zweiperiodigen Put-Option sowie einer zweiperiodigen Call-Option auf das Wertpapier jeweils mit Ausübungspreis von 90.

Aufgabe 4.20

Bewerten Sie unter den Modellannahmen (Einperioden-Binomialmodell) und Zahlenangaben von Beispiel 4.3.6.1 eine Put-Option mit Ausübungspreis $X = 1.000$

  (a) unter Verwendung des Duplikationsprinzips,
  (b) unter Verwendung der Martingal-Wahrscheinlichkeit,
  (c) unter Verwendung der Put-Call-Parität und des in 4.3.6.1 ermittelten Call-Preises.

Aufgabe 4.21

  (a) Berechnen Sie den Call-Preis aus dem Beispiel in Abschnitt 4.3.6.6 mittels des Martingal-Ansatzes.
  (b) Berechnen Sie den Preis eines Put mit gleichem Ausübungspreis mittels Put-Call-Parität, Duplikationsprinzip und unter Verwendung des Martingal-Ansatzes.

4.4 Zusammenfassung

- Auf der Basis von Risikoanalysen können diverse Risikoentlastungsstrategien, wie Risikoteilung, Risikodiversifikation und das Hedging von Risiken, entwickelt und in Bezug auf ihre Entlastungswirkung quantifiziert werden.

- Bei der Strategie der Risikoteilung entlastet sich ein Risikoträger dadurch, dass er einen Teil seines Risikos, etwa gegen ein Entgelt, auf Dritte überträgt. Der Prototyp der Risikoteilung ist die Versicherung. Man kann grob zwischen proportionaler Risikoteilung und nichtproportionaler Risikoteilung (in verschiedenen praxisrelevanten Varianten) unterscheiden. Je nach genauer Form der Risikoteilung fällt der Entlastungseffekt, quantifizierbar etwa über den sogenannten Entlastungskoeffizienten oder auch den Variationskoeffizienten, unterschiedlich aus.

- Unter Risikodiversifikation versteht man die Verteilung von Risiken auf verschiedene Kapitalanlagen oder Investitionsprojekte. Zunächst stellt man fest, dass durch Diversifikation eine Risikoentlastung erreicht werden kann, dass also beispielsweise ein aus mehreren verschiedenen Anlagenformen bestehendes Investitionsportfolio bei gleicher Ertragserwartung in der Regel weniger riskant ist, als bei Beschränkung auf nur eine Anlageform. Daran anknüpfend stellt sich die Frage nach der optimalen Zusammensetzung eines diversifizierten Portfolios, wobei die Antwort von den Risikopräferenzen des Investors abhängt.

Besonders einfach lässt sich die Situation im Fall von nur zwei unterschiedlichen Anlageformen analysieren; die Grundideen sind aber bei mehr als zwei Formen ähnlich.

- Als Hedging von Risiken bezeichnet man Absicherungsstrategien, die auf dem Eingehen von Gegengeschäften zu einer bestehenden Finanzposition beruhen, sehr oft speziell mit derivaten Finanzinstrumenten wie etwa Futures und Optionen. Die quantitative Analyse von Hedging-Strategien ist eng verbunden mit der Bewertung von Derivaten (Ermittlung eines angemessenen Preises), denn wenn beispielsweise eine aus verschiedenen für sich genommen riskanten Bestandteilen bestehende Gesamtposition insgesamt risikolos ist, kann sie nur soviel Wert sein wie eine risikolose Anlage gleichen Finanzvolumens selbst. Exemplarisch lässt sich so beispielsweise die Idee des Hedging an der Bewertung von Futures nach dem Cost-of-Carry Ansatz sowie von klassischen Call- und Put-Optionen nach dem Duplikationsprinzip erläutern. Die Grundlagen der Optionsbewertung und entsprechender Hedging-Strategien lassen sich relativ einfach in einem zeitdiskreten Binomialmodell darstellen, das unter geeigneten Voraussetzung im Grenzübergang zu der berühmten Optionspreisformel nach Black und Scholes führt.

4.5 Selbsttest

1. Beschreiben Sie die grundsätzliche Funktionsweise von Risikoteilung, Risikodiversifikation und von Hedging als unterschiedliche Risikoentlastungsstrategien.

2. Erläutern Sie den Unterschied zwischen proportionaler und nichtproportionaler Risikoteilung und geben Sie jeweils einige konkrete Varianten an.

3. Erläutern Sie, wie man den Risikoentlastungseffekt von Risikoteilung mittels des sogenannten Entlastungskoeffizienten sowie mittels des Variationskoeffizienten quantifizieren kann. Gehen Sie dabei insbesondere auch auf die unterschiedlichen Entlastungswirkungen verschiedener Formen der Risikoteilung ein.

4. Erläutern Sie, was man allgemein unter einem „optimal" diversifizierten Anlageportfolio verstehen könnte und gehen Sie dabei insbesondere auf mögliche individuelle Risikopräferenzen ein.

5. Erläutern Sie anhand der Formeln für Erwartungswert und Varianz den Risikoentlastungseffekt im Falle von n gleichartigen unabhängigen Risiken.

6. Erläutern Sie den Markowitz-Diversifikationseffekt für einen risikoaversen Mean-Variance-Investor. Verdeutlichen Sie ihn im Falle zweier Assets anhand einer Skizze und erläutern Sie den analytischen Ansatz für die Berechnung des varianzminimalen Portfolios. Erläutern Sie anhand einer weiteren Skizze, wie sich der Diversifikationseffekt im Fall mehrerer Assets gestaltet. Gehen Sie in diesem Zusammenhang auch auf die Begriffe „Portfoliofläche" und „effizienter Rand" ein.

7. Leiten Sie aus dem Grundmodell der Portfoliotheorie die Kapitalmarktlinie und mit einem heuristischen Ansatz auch die Wertpapierlinie des Capital Asset Pricing Modells her. Erläutern Sie anhand dieser beiden Linien die Kernaussagen des CAPM.

8. Erläutern Sie, was man unter einem „Future" versteht und wie sich dessen Preis nach dem Cost-of-Carry-Ansatz berechnet. Gehen Sie insbesondere darauf ein, dass der Preis nicht von der erwarteten Kursentwicklung des Basispapiers abhängt.

9. Erläutern Sie, was man unter einem „Long Hedge" bzw. „Short Hedge" eines Basisobjekts mit Futures versteht. Erläutern Sie für den Short Hedge detaillierter, wie die Rendite-Risiko-Position bei einem solchen Geschäft aussieht und wie man beispielsweise eine varianzminimale Hedge-Position konstruiert. Gehen Sie dabei insbesondere auf den Zusammenhang zur Portfoliotheorie ein.

10. Erläutern Sie (auch anhand einer Skizze) die vier verschiedenen Grundtypen von Finanzoptionen.

11. Erläutern Sie (auch anhand einer Skizze) die Wirkungsweisen eines „Put-Hedge" (Absicherung einer Basisposition durch den Kauf von Verkaufsoptionen), eines „Covered Short Call" (Absicherung einer Basisposition durch den Verkauf von Kaufoptionen) sowie eines „Collar" (Absicherung eines Basispapiers durch den Kauf von Verkaufsoptionen und gleichzeitigem Verkauf von Kaufoptionen). Vergleichen Sie diese Konstruktionen mit der Funktionsweise von Garantiezertifikaten, Discount-Zertifikaten und Korridorzertifikaten.

12. Leiten Sie aus der Collar-Absicherungsstrategie die Put-Call-Parität für Optionspreise her.

13. Erläutern Sie das Grundprinzip der Optionsbewertung am einperiodigen Binomialmodell. Gehen Sie insbesondere darauf ein, dass der „faire" Optionspreis nicht von der erwarteten Kursentwicklung des Basispapiers abhängt.

5 Abhängigkeitsmodellierung

„Alles hängt mit allem zusammen." (Anonymus)

In diesem Kapitel werden einige Methoden vorgestellt, mit denen Abhängigkeiten von Finanz-, Versicherungs- oder anderen Risiken modelliert werden können. Beispiele sind unter anderem:

- Ein Versicherungsunternehmen, das verschiedene Geschäftsfelder betreibt, wie etwa Sachversicherung, Lebensversicherung, Rückversicherung, sowie Anlagen am Kapitalmarkt tätigt, trägt dadurch verschiedene Risiken, die nicht unabhängig voneinander sind. Soll das Gesamtrisiko erfasst werden, so müssen diese Abhängigkeiten geeignet berücksichtigt werden.

- Aktienkurse bzw. Renditen von Unternehmen hängen voneinander ab. Abbildung 5.1 zeigt das Beispiel der Tagesrenditen von BMW und Siemens über den Zeitraum 2.1.1973 bis 23.7.1996[1] in Form eines Streudiagramms. Es ist deutlich zu erkennen, dass besonders hohe bzw. niedrige Renditen die Tendenz haben, gleichzeitig bei beiden Aktien aufzutreten.

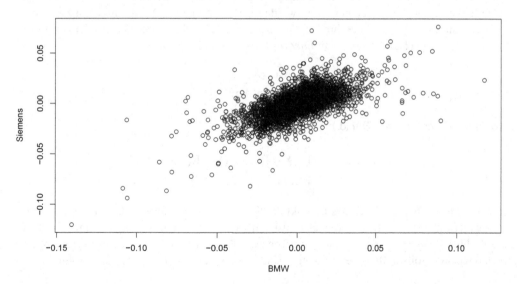

Abbildung 5.1: Streudiagramm der Tagesrenditen von BMW und Siemens über den Zeitraum 2.1.1973 bis 23.7.1996

---

[1] Die Daten finden sich in den Datensätzen bmw und siemens des R-Pakets evir.

Außerdem scheinen auch insgesamt höhere Renditen in dem einen Unternehmen mit höheren Renditen im anderen Unternehmen einherzugehen.

Die Begriffe *Abhängigkeit*, *Zusammenhang* und *Korrelation* werden oft als Synonyme benutzt, obwohl sie verschiedene Bedeutungen besitzen. Während nur eine Form bzw. Definition der stochastischen Unabhängigkeit verwendet wird (vgl. Definition B.6), gibt es unendlich viele Arten der „Nicht-Unabhängigkeit". In diesem Sinn verkörpert der Begriff der Abhängigkeit das allgemeinste Konzept. Zunächst können Abhängigkeiten von Risiken durch einzelne Maßzahlen quantifiziert werden, die ganz bestimmte Aspekte der Abhängigkeit berücksichtigen. Dazu gehören verschiedene Typen von Korrelationskoeffizienten sowie der Tail-Abhängigkeitskoeffizient. Einzelheiten finden sich in den Abschnitten 5.1, 5.4 und 5.5. Neben einer einzelnen Zahl können Abhängigkeiten auch durch funktionale Zusammenhänge in Form von Regressionsmodellen erfasst werden, von denen einige in Abschnitt 5.2 vorgestellt werden. In jüngerer Zeit werden Abhängigkeiten oft durch Copulas modelliert. Das allgemeine Konzept, einige wichtige Resultate aus der Copula-Theorie und einige spezielle Copulas, die auch in der Risikomodellierung in den folgenden Kapiteln eingesetzt werden, werden in 5.3 vorgestellt.

5.1 Lineare Korrelation

5.1.1 Kovarianz und Korrelation als Abhängigkeitsmaß

Das Streudiagramm in Abb. 5.1 legt nahe, dass die Renditen der BMW- und Siemens-Aktien miteinander zusammenhängen. Ähnlich wie die Lage und Streuung von Daten bzw. Zufallsvariablen durch Mittelwerte und Varianzen gemessen werden kann, lassen sich Abhängigkeiten zwischen zwei Risiken durch Maßzahlen beschreiben. Die bekannteste solche Maßzahl stellt der bereits in Kapitel 4 verwendete (*Pearsonsche* oder *lineare*) *Korrelationskoeffizient*

$$\mathbf{Corr}(X,Y) = \frac{\mathbf{Cov}(X,Y)}{\sqrt{\mathbf{Var}(X) \cdot \mathbf{Var}(Y)}}$$

dar, wobei die Kovarianz von X und Y gegeben ist durch

$$\begin{aligned}\mathbf{Cov}(X,Y) &= \mathbf{E}\left[(X - \mathbf{E}(X)) \cdot (Y - \mathbf{E}(Y))\right] \\ &= \mathbf{E}(X \cdot Y) - \mathbf{E}(X) \cdot \mathbf{E}(Y).\end{aligned}$$

Die Korrelation ist also die durch das Produkt der Standardabweichungen normierte Kovarianz; es gilt stets $\rho(X,Y) \in [-1;1]$. Der Korrelationskoeffizient ist besonders geeignet, um den Grad und die Richtung einer *linearen* Abhängigkeit von zwei Risiken X und Y zu quantifizieren. Wenn die beiden Risiken vollständig linear abhängig sind, d. h. wenn $Y = aX + b$ ist, dann folgt

$$\begin{aligned}\mathbf{Cov}(X,Y) &= \mathbf{E}\left[(X - \mathbf{E}(X)) \cdot (aX + b - \mathbf{E}(aX + b))\right] \\ &= \mathbf{E}\left[(X - \mathbf{E}(X)) \cdot a \cdot (X - \mathbf{E}(X))\right] \\ &= a \cdot \mathbf{Var}(X)\end{aligned}$$

und somit ist

$$\mathbf{Corr}(X,Y) = \frac{a}{|a|}.$$

Bei vollständiger linearer Abhängigkeit ist $\mathbf{Corr}(X,Y)$ also betragsmäßig gleich eins. Umgekehrt gilt, dass wenn $\mathbf{Corr}(X,Y)$ betragsmäßig gleich eins ist, eine lineare Beziehung zwischen X und Y vorliegen muss. Das Vorzeichen von $\mathbf{Corr}(X,Y)$ gibt die Richtung des linearen Zusammenhangs an, also ob Y mit steigenden Werten von X steigt (*positive Korrelation*) oder fällt (*negative Korrelation*), je größer $|\mathbf{Corr}(X,Y)|$ ist, umso stärker ist der lineare Zusammenhang zwischen X und Y. In Abbildung 5.1 ist zu erkennen, dass höhere Renditen bei der BMW-Aktie oft mit höheren Renditen bei der Siemens-Aktie einhergehen, in diesem Fall liegt also eine positive Korrelation zwischen den Renditen von BMW- und Siemens-Aktien vor. Wenn X und Y stochastisch unabhängig sind, dann ist $\mathbf{Corr}(X,Y) = 0$, und man spricht von *unkorrelierten Risiken*. Die Umkehrung, dass also unkorrelierte Risiken stochastisch unabhängig sind, gilt nur in speziellen Fällen, etwa bei multivariat normalverteilten Risiken (s. Abschnitt 2.2.5).

5.1.1.1 Beispiel: Streudiagramme zu verschiedenen Korrelationswerten

In Abbildung 5.2 sind verschiedene Streudiagramme mit zugehörigen Korrelationswerten dargestellt. Zu erkennen sind unter anderem vollständige positive bzw. negative Korrelation (Abbildungen (a) bzw. (g)), starke positive bzw. negative Korrelation (Abbildungen (b) bzw. (f))

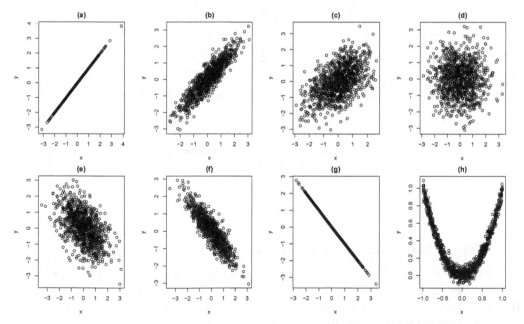

Abbildung 5.2: Streudiagramme mit jeweils 1000 Punkten und Korrelationskoeffizienten 1; 0,9; 0,5; 0; -0,5; -0,9; -1; 0 (in alphabetischer Reihenfolge)

und Unabhängigkeit (Abbildung (d)). In Abbildung (h) ist die Korrelation ebenfalls gleich null, jedoch sind X und Y offensichtlich nicht unabhängig, die Beziehung zwischen X und Y ist allerdings nichtlinear.

Aus einer gegebenen Stichprobe[2] $(x_1, y_1), \ldots, (x_n, y_n)$ von Realisierungen des Vektors (X, Y) lässt sich die *Stichprobenkorrelation* r_{xy} berechnen durch

$$r_{xy} = \frac{s_{xy}}{s_x \cdot s_y},$$

wobei

$$s_{xy} = \frac{1}{n} \sum_{i=1}^{n} (x_i - \bar{x}) \cdot (y_i - \bar{y}) = \frac{1}{n} \sum_{i=1}^{n} x_i \cdot y_i - \bar{x} \cdot \bar{y}$$

die *Stichprobenkovarianz*,

$$\bar{x}_n = \frac{1}{n} \sum_{i=1}^{n} x_i,$$

$$\bar{y}_n = \frac{1}{n} \sum_{i=1}^{n} y_i,$$

das *Stichprobenmittel* und

$$s_x^2 = \frac{1}{n} \sum_{i=1}^{n} (x_i - \bar{x})^2 = \frac{1}{n} \sum_{i=1}^{n} x_i^2 - \bar{x}^2,$$

$$s_y^2 = \frac{1}{n} \sum_{i=1}^{n} (y_i - \bar{y})^2 = \frac{1}{n} \sum_{i=1}^{n} y_i^2 - \bar{y}^2$$

die *Stichprobenvarianz* der Stichprobe $x_1, \ldots, x_n$ bzw. $y_1, \ldots, y_n$ bezeichnet. Für die Stichprobenkorrelation gilt also

$$r_{xy} = \frac{\frac{1}{n} \sum_{i=1}^{n} x_i \cdot y_i - \bar{x} \cdot \bar{y}}{\sqrt{\left(\frac{1}{n} \sum_{i=1}^{n} x_i^2 - \bar{x}^2\right) \cdot \left(\frac{1}{n} \sum_{i=1}^{n} y_i^2 - \bar{y}^2\right)}}$$

$$= \frac{\sum_{i=1}^{n} x_i \cdot y_i - n \cdot \bar{x} \cdot \bar{y}}{\sqrt{\left(\sum_{i=1}^{n} x_i^2 - n \cdot \bar{x}^2\right) \cdot \left(\sum_{i=1}^{n} y_i^2 - n \cdot \bar{y}^2\right)}}.$$

5.1.1.2 Beispiel: Korrelationskoeffizient der BMW- und Siemens-Renditen

Von den im Streudiagramm 5.1 abgebildeten gemeinsamen Renditewerten der BMW- und Siemens-Aktien werden im Folgenden zehn Wertepaare betrachtet, s. Tabelle 5.1 und Abbildung 5.3. Mit diesen Werten ergibt sich $\bar{x} = 0{,}00750$, $\bar{y} = -0{,}00130$, $s_{xy} = 0{,}00008351$, $s_x^2 = 0{,}0001762$, $s_y^2 = 0{,}0001587$, und somit $r_{xy} = 0{,}4994$.

---

[2]Die Begriffe Stichprobe, Daten, Beobachtungen etc. werden im Folgenden synonym verwendet.

i	x_i (BMW)	y_i (Siemens)
1	0,0030	-0,0051
2	0,0224	0,0072
3	-0,0059	-0,0055
4	0,0206	0,0017
5	-0,0058	0,0160
6	-0,0118	-0,0013
7	0,0064	0,0219
8	0,0039	0,0016
9	-0,0015	-0,0156
10	-0,0238	-0,0222

Tabelle 5.1: Zehn gemeinsame Renditewerte der BMW- und Siemens-Aktie

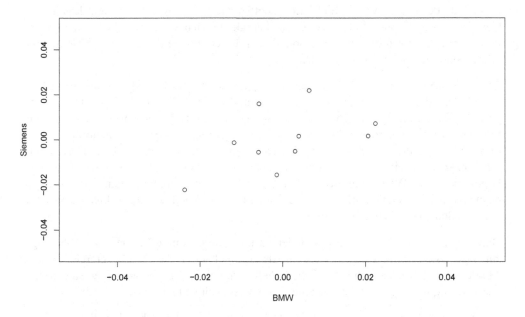

Abbildung 5.3: Streudiagramm der zehn Wertepaare aus Beispiel 5.1.1.2

5.1.2 Bemerkungen zum Einsatz des Pearsonschen Korrelationskoeffizienten

Die Vorzüge des Pearsonschen Korrelationskoeffizienten liegen in den folgenden Eigenschaften:

1. Die Stichprobenkorrelation r_{xy} lässt sich – auch bei großen Stichproben – einfach und schnell berechnen.
2. Die Korrelation von linear transformierten Risiken lässt sich leicht aus der Korrelation der

Originalrisiken berechnen. Für die Kovarianz gilt

$$\mathbf{Cov}(aX + b, cY + d) = ac \cdot \mathbf{Cov}(X, Y)$$

und damit

$$\mathbf{Corr}(aX + b, cY + d) = \frac{a}{|a|} \cdot \frac{c}{|c|} \cdot \mathbf{Corr}(X, Y).$$

3. Wenn der Vektor der beiden Risiken (X, Y) multivariat normalverteilt ist, dann lässt sich die gesamte Abhängigkeitsstruktur von X und Y bereits durch $\mathbf{Corr}(X, Y)$ beschrieben; s. auch Abschnitt 5.3.2.2. Der lineare Korrelationskoeffizient passt also besonders gut zu normalverteilten Risiken.
4. Aus dem Pearsonschen Korrelationskoeffizienten kann der Steigungsparameter einer linearen Regression ermittelt werden und umgekehrt (s. Abschnitt 5.2).

Die Verwendung des Pearsonschen Korrelationskoeffizienten ist so weit verbreitet, dass der lineare Korrelationsbegriff oft mit allgemeiner Abhängigkeit gleichgesetzt wird. Dies kann allerdings zu falschen Schlüssen bzw. Fehlinterpretationen führen. Einige potenzielle Probleme und Trugschlüsse sind im Folgenden aufgeführt.

1. Aus einer Korrelation kann i. Allg. nicht auf eine Ursache-/Wirkungsbeziehung geschlossen werden. So wurde beispielsweise in einer Untersuchung schwedischer Landkreise festgestellt, dass die Anzahl der jährlichen Geburten und die Anzahl der jährlich beobachteten Störche stark korrelliert sind. Trotzdem ist die Folgerung, dass es einen inhaltlichen Zusammenhang – „der Storch bringt die Kinder" – gibt, nicht korrekt. Die hohe Korrelation rührt in Wirklichkeit von einer weiteren Variablen – dem Grad der „Verstädterung" der Landkreise – her. Wenn man den Effekt dieser Variablen eliminiert, dann gibt es keine nennenswerte Korrelation mehr zwischen Geburten und Störchen. Dieses Phänomen wird auch als Scheinkorrelation bezeichnet.

2. Durch den linearen Korrelationskoeffizienten können bestimmte Formen der Abhängigkeit nicht erklärt bzw. entdeckt werden. Als Beispiel sei an das Streudiagramm (h) aus Abbildung 5.2 erinnert. Obwohl die Korrelation gleich null ist, besteht hier eine starke quadratische Abhängigkeit der Variable Y von X, s. auch Aufgabe 5.6.

3. Wenn zwei Risiken X und Y gegeben sind, dann können i. Allg. nicht alle beliebigen Korrelationswerte im Intervall $[-1; 1]$ von diesen Risiken tatsächlich angenommen werden. Wenn z. B. $X \sim \mathbf{LN}(0; 1)$ und $Y \sim \mathbf{LN}(0; 4)$ sind, dann sind nur Werte von $\mathbf{Corr}(X, Y)$ im Intervall $[-0{,}09; 0{,}67]$ möglich; s. [MFE05, Beispiel 5.26].

4. Wenn ein bestimmter Korrelationskoeffizient $\mathbf{Corr}(X, Y)$ von zwei Risiken mit vorgegebenen Verteilungen vorliegt, dann gibt es i. Allg. eine Vielzahl von Verteilungsmodellen, die die geforderte Korrelation und gegebenen Randverteilungen besitzen. Das heißt, die Aufgabe, zu zwei gegebenen Risiken eine gemeinsame Verteilung zu finden, die einen vorgegebenen Korrelationskoeffizienten besitzt, ist möglicherweise nicht eindeutig oder aber gar nicht lösbar (s. Punkt 3).

Aus den obigen Bemerkungen geht hervor, dass sich Abhängigkeiten i. Allg. nicht vollständig durch eine einzelne Maßzahl wie den Pearsonschen Korrelationskoeffizienten beschreiben lassen. Vielmehr sind dazu (bei gegebenen Randverteilungen) bestimmte Funktionen, sogenannte Copulas nötig, die in Abschnitt 5.3 eingeführt werden.

5.1.3 Beispiel: Abhängigkeitsmodellierung und Risikoaggregation gemäß Standardansatz von *Solvency II*

Gemäß EU-Direktive *Solvency II* soll das von Versicherungsunternehmen vorzuhaltende Risikokapital SCR grundsätzlich dem Value-at-Risk zu einem Sicherheitsniveau von 99,5 % entsprechen; vgl. die Veranschaulichung dazu in Abb. 1.7. Für den Fall, dass keine (von der Aufsicht im Detail zu akzeptierende) unternehmensindividuelle Modellierung erfolgt, sieht die Direktive einen Standardansatz zur Bestimmung des SCR vor. Dieser wurde im Rahmen der QIS-Studien (vgl. Abschnitt 1.2.2.4) in vorläufiger Form näher beschrieben. Der Ansatz ist modular aufgebaut, d. h. es werden zunächst verschiedene Teilrisiken betrachtet und das dafür erforderliche Sicherheitskapital gemäß weiterer Vorgaben (oft beispielsweise unter Annahme des näherungsweisen Vorliegens von Normalverteilungen) festgelegt. Darauf aufbauend erfolgt eine teils mehrstufige Aggregation der Teilrisiken.

Für diese Risikoaggregation ist gemäß Standardansatz an verschiedenen Stellen von QIS5 die sogenannte *Standardrisikoformel* vorgesehen, die vorhandene Abhängigkeiten mittels zugehöriger Korrelationskoeffizienten modelliert. Ist das Risikokapital SCR_k für n verschiedene Teilrisiken L_k $(k = 1, \ldots, n)$ bereits bestimmt, so ergibt sich das Gesamtrisikokapital SCR_{aggr} für das aggregierte Risiko L gemäß diesem Standardansatz aus der Beziehung

$$(\text{SCR}_{\text{aggr}})^2 = \sum_{1 \leq i,j \leq n} \rho_{ij} \cdot \text{SCR}_i \cdot \text{SCR}_j,$$

wobei ρ_{ij} den Korrelationskoeffizienten von Risiko i und Risiko j bezeichnet. Die jeweils zu verwendenden Korrelationen sind in der Dokumentation zu QIS5 konkret vorgegeben. Ohne in Einzelheiten gehen zu können, sind zur Verdeutlichung des praktischen Hintergrunds in Abbildung 5.4 die Hauptrisikokategorien eines Versicherungsunternehmens gemäß QIS5 sowie in Abbildung 5.5 exemplarisch die Korrelationsmatrizen für die Berechnung des sog. BSCR (Basic SCR) und des SCR_{life} (also des partiellen SCR für das versicherungstechnische Risiko aus dem Lebensversicherungsgeschäft) dargestellt. Weitere Erläuterungen kann man in [EUR10] nachlesen.

Unter der Voraussetzung, dass die zu SCR_k gehörigen Einzelrisiken L_k alle normalverteilt sind mit Erwartungswert $\mathbf{E}(L_k) = 0$ und Standardabweichung $\mathbf{SD}(L_k) = \sigma_k$, ist $\mathbf{VaR}(L_k; \alpha) = u_\alpha \cdot \sigma_k$ mit dem α-Quantil u_α der Standardnormalverteilung (vgl. Abschnitt 3.1.5.4) und also $\text{SCR}_k = \mathbf{VaR}(L_k; 99,5\%) = u_{0,995} \cdot \sigma_k$. Aus der Standardrisikoformel berechnet sich dann für $\alpha = 0,995$ (oder im Prinzip auch für irgendein anderes der Risikokapitalberechnung ggf. zugrunde gelegtes Sicherheitsniveau α) das Risikokapital für das Gesamtrisiko $L = L_1 + \cdots + L_n$ als

$$(\text{SCR}_{\text{aggr}})^2 = \sum_{1 \leq i,j \leq n} \rho_{ij} \cdot u_\alpha^2 \cdot \sigma_i \cdot \sigma_j = u_\alpha^2 \cdot \sum_{1 \leq i,j \leq n} \rho_{ij} \cdot \sigma_i \cdot \sigma_j = u_\alpha^2 \cdot \mathbf{Var}(L).$$

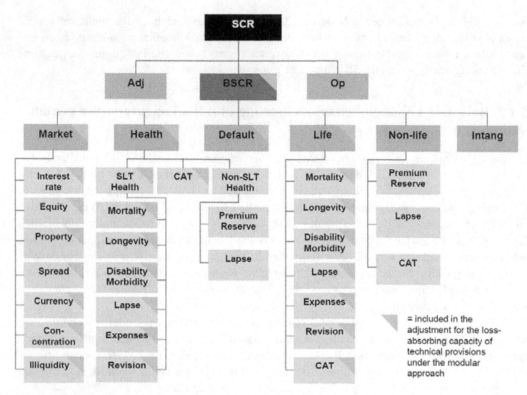

Abbildung 5.4: Modularer Aufbau der Risikokapitalbestimmung gemäß *Solvency II* (entnommen aus [EUR10, S. 90])

Dabei ergibt sich die letzte Gleichung wegen $\rho_{ij} \cdot \sigma_i \cdot \sigma_j = \mathbf{Cov}(L_i, L_j)$ aus einer mehrfachen Anwendung von Lemma B.17 (d) bzw. aus Lemma B.31 mit $\mathbf{a}^T = (1, \ldots, 1)$; vgl. auch die Formel für den Value-at-Risk eines Portfolios in 3.1.5.4.

Unter Annahme einer multivariaten Normalverteilung für $(L_1, \ldots, L_n)$ mit $\mathbf{E}(L_k) = 0$ ($k = 1, \ldots, n$) folgt also für das Gesamtrisiko

$$\text{SCR}_{\text{aggr}} = \mathbf{VaR}(L; \alpha),$$

und somit ist die Standardrisikoformel zur Risikoaggregation dann grundsätzlich konsistent mit dem Value-at-Risk-Ansatz von *Solvency II*. Man vergleiche dieses Ergebnis auch mit dem in Abschnitt 3.1.5.4 vorgestellten Value-at-Risk-Schätzer nach der Varianz-Kovarianz-Methode, der im Prinzip auf dem gleichen Ansatz beruht. Problematisch im Hinblick auf die Standardrisikoformel ist allerdings, dass die vorgegebenen Korrelationsmatrizen mit recht pauschalen Werten wie etwa $0, 0{,}25$ und $0{,}5$ besetzt sind. Außerdem ist die Annahme, dass der Value-at-Risk der Teilrisiken in obigem Sinne proportional zur Standardabweichung ist, je nach Risikoart ebenfalls teilweise grob vereinfachend.

i \ j	Market	Default	Life	Health	Non-life
Market	1				
Default	0.25	1			
Life	0.25	0.25	1		
Health	0.25	0.25	0.25	1	
Non-life	0.25	0.5	0	0	1

	Mortality	Longevity	Disability	Lapse	Expenses	Revision	CAT
Mortality	1						
Longevity	-0.25	1					
Disability	0.25	0	1				
Lapse	0	0.25	0	1			
Expenses	0.25	0.25	0.5	0.5	1		
Revision	0	0.25	0	0	0.5	1	
CAT	0.25	0	0.25	0.25	0.25	0	1

Abbildung 5.5: Korrelationsmatrizen zur Berechnung von BSCR (oben) und SCR_{life} (unten) gemäß QIS5 (entnommen aus [EUR10, S. 90 und S. 148])

5.1.4 Aufgaben

Aufgabe 5.1
Ein Versicherungsunternehmen möchte den Zusammenhang zwischen der versicherten Gebäudefläche und auftretenden Feuerschäden untersuchen. Es liegen die Schadendaten aus Tabelle 5.2 vor.

Fläche	96.563	56.105	91.481	18.377	88.433
Schadenhöhe	97	103	106	53	133
Fläche	61.848	34.271	16.278	27.134	
Schadenhöhe	138	97	65	88	

Tabelle 5.2: Schadendaten zu Aufgabe 5.1 (Gebäudeflächen in m^2, Schäden in 10 T €)

(a) Stellen Sie die Daten als Streudiagramm, mit der Variable „Fläche" als x-Achse und der Variable „Schadenhöhe" als y-Achse dar, und berechnen Sie den Korrelationskoeffizienten.

(b) Führen Sie Aufgabe (a) auch für die logarithmierten Daten durch, d. h. also mit ln(Fläche) und ln(Schadenhöhe).

(c) Vergleichen Sie die Ergebnisse aus Teil (a) und (b). In welcher der beiden Situationen erscheint die Verwendung des linearen Korrelationskoeffizienten sinnvoller?

Aufgabe 5.2
Um die Performance eines Fonds über einen gegebenen Zeitraum zu messen, wird oft ein Referenzindex als Vergleichsmaßstab verwendet und die Ähnlichkeit des jeweiligen Anlageerfolges wird durch den Pearsonschen Korrelationskoeffizienten gemessen. Ist es unter der Annahme, dass ein Fonds vollständig mit dem Referenzindex korreliert ist, möglich, dass beispielsweise die Rendite des Fonds stets 20 % beträgt, während die Rendite des Referenzindexes 10 % beträgt? Begründen Sie Ihre Antwort auch mit einer Grafik.

Aufgabe 5.3
Betrachten Sie wieder die Renditedaten aus Beispiel 5.1.1.2, nehmen Sie den Punkt $x = 0,0089$, $y = 0,0730$ hinzu und berechnen Sie für diese elf Wertepaare den Korrelationskoeffizienten. Stellen Sie die Daten als Streudiagramm dar und vergleichen Sie das Ergebnis mit dem Ergebnis aus Beispiel 5.1.1.2.

Aufgabe 5.4
Die Kurse der BMW- und Siemens-Aktie werden in Euro notiert. Würde sich die Korrelation der Aktienkurse verändern, wenn eine oder beide der Aktien in Dollar (bei konstantem Wechselkurs) gehandelt würde? Begründen Sie Ihre Antwort.

Aufgabe 5.5
In Tabelle 5.3 sind Datensätze A bis D gegeben, die [Ans73] entnommen sind; die Daten finden sich im R-Datensatz `anscombe`. Die Variablen X und Y könnten beispielsweise die Renditen (in % p. a.) zweier Unternehmen darstellen.

Datensatz A										
x	10	8	13	9	11	14	6	4	12	7	5
y	8,04	6,95	7,58	8,81	8,33	9,96	7,24	4,26	10,84	4,82	5,68
Datensatz B										
x	10	8	13	9	11	14	6	4	12	7	5
y	9,14	8,14	8,74	8,77	9,26	8,1	6,13	3,1	9,13	7,26	4,74
Datensatz C										
x	10	8	13	9	11	14	6	4	12	7	5
y	7,46	6,77	12,74	7,11	7,81	8,84	6,08	5,39	8,15	6,42	5,73
Datensatz D										
x	8	8	8	8	8	8	8	19	8	8	8
y	6,58	5,76	7,71	8,84	8,47	7,04	5,25	12,5	5,56	7,91	6,89

Tabelle 5.3: Datensätze A bis D aus Aufgabe 5.5

(a) Berechnen Sie für jeden der vier Datensätze den Pearsonschen Korrelationskoeffizienten und interpretieren Sie das Ergebnis.

(b) Stellen Sie die vier Datensätze durch Streudiagramme dar. Kommentieren Sie das Ergebnis im Hinblick auf Aufgabenteil (a) und diskutieren Sie für jeden Datensatz, wie sinnvoll der lineare Korrelationskoeffizient als Abhängigkeitsmaß ist.

Aufgabe 5.6

Es sei $X \sim \mathbf{U}(-1;1)$ und $Y := X^2$. Zeigen Sie:

(a) X und Y sind nicht unabhängig. Hinweis: Zeigen Sie z. B., dass

$$P(X \leq -1/4, Y \leq 1/4) \neq P(X \leq -1/4) \cdot P(Y \leq 1/4).$$

(b) Es gilt $\mathbf{E}(X^3) = 0$. (Hinweis: Stellen Sie den Erwartungswert als Integral dar und nutzen Sie die Symmetrieeigenschaft des Integranden aus.)

(c) Es gilt $\mathbf{Cov}(X,Y) = 0$ (und damit auch $\mathbf{Corr}(X,Y) = 0$).

Aufgabe 5.7

Es seien X und Y beliebige unabhängige Zufallsvariablen mit gleicher Varianz. Es sei $U = X + Y$ und $V = X - Y$.

(a) Zeigen Sie, dass $\mathbf{Cov}(U,V) = 0$ ist (und damit auch $\mathbf{Corr}(U,V) = 0$). (Hinweis: Nutzen Sie die Rechenregeln für die Kovarianz aus, s. Lemma B.18.)

(b) Seien $X, Y \sim \mathbf{Bin}(1;p)$ Bernoulli-verteilt mit $p \in (0;1)$. Zeigen Sie, dass U und V nicht unabhängig sind. (Hinweis: Zeigen Sie z. B., dass $P(U = 2, V = 1) \neq P(U = 2) \cdot P(V = 1)$.)

5.2 Lineare Regression und verwandte Modelle

5.2.1 Lineare Regression

Eng mit dem Begriff der linearen Korrelation ist die lineare Regression verbunden. Das Streudiagramm der gemeinsamen Renditen von BMW- und Siemens-Aktie (s. Abbildung 5.1) legt den Verdacht nahe, dass es einen – durch zufällige Schwankungen überlagerten – funktionalen Zusammenhang zwischen den BMW- und Siemens-Renditen gibt. Genauer wird eine Funktion g gesucht, die den x-Werten (den BMW-Renditen) bestimmte y-Werte (die Siemens-Renditen) zuordnet. Häufig wählt man Geraden und spricht dann auch von linearer Regression. In der Abbildung 5.6 sind die zehn Wertepaare aus Beispiel 5.1.1.2 zusammen mit den Geraden

$$g_1(x) = -0,01 + 0,8 \cdot x,$$
$$g_2(x) = 0,02 - 0,5 \cdot x,$$
$$g_3(x) = 0,7 \cdot x$$

dargestellt. Zu erkennen ist, dass die drei Geraden unterschiedlich gut zu den Daten passen.

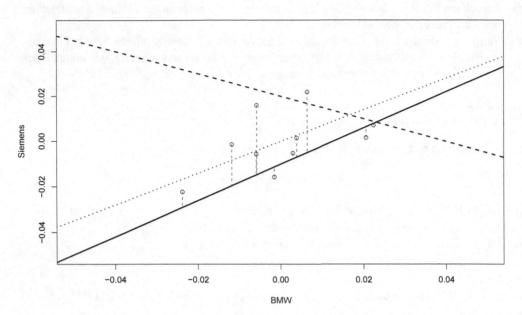

Abbildung 5.6: Renditewerte aus Beispiel 5.1.1.2 mit den Geraden g_1 (durchgezogene Linie),
g_2 (gestrichelte Linie) und g_3 (gepunktete Linie). Für g_1 sind die Abstände zu
den Datenwerten durch gestrichelte vertikale Linien dargestellt.

Während g_1 zu niedrig und g_2 zu hoch sowie mit falscher Steigung verläuft, scheint g_3 relativ
gut zu den Daten zu passen. Eine Möglichkeit, die Güte der Anpassung bzw. den Abstand einer
Geraden $g(x) = a + b \cdot x$ von den gegebenen Wertepaaren $(x_1, y_1), \ldots, (x_n, y_n)$ zu messen, besteht
darin, zunächst für jedes i die Differenz des beobachteten Werts y_i vom Funktionswert der Gerade
an der Stelle x_i, d. h. den Wert

$$y_i - g(x_i) = y_i - (a + b \cdot x_i)$$

zu betrachten. Der Betrag dieser Differenz entspricht dem vertikalen Abstand der Geradenpunkte
zu den beobachteten y-Werten. Für die Gerade g_1 ist dieser Abstand durch gestrichelte vertikale
Linien in Abbildung 5.6 dargestellt. Man erhält den *quadratischen Abstand $Q(a, b)$* zwischen der
Gerade und den Daten, indem die Quadrate dieser Abstände addiert werden

$$Q(a, b) = \sum_{i=1}^{n} [y_i - (a + b \cdot x_i)]^2.$$

Der quadratische Abstand hängt also vom y-Achsenabschnitt a und der Steigung b der gegebenen
Gerade ab. Da ein kleiner Wert von Q auf eine gute, ein großer Wert von Q auf eine schlechte
Anpassung hindeutet, sollten die Parameter a und b also möglichst so gewählt werden, dass
$Q(a, b)$ minimal wird. Dies ist genau die Forderung des *Prinzips der kleinsten Quadrate*:

„Wähle a und b so, dass $Q(a, b)$ minimal ist."

Das Kleinste-Quadrate-Prinzip besagt also, dass man diejenige Gerade verwenden sollte, die die Daten möglichst gut im Sinne des quadratischen Abstands approximiert. Theoretisch kommen auch andere Abstandsbegriffe zur Berechnung der Regressionsgeraden infrage. Aus mathematischer Sicht liegt aber dem Kleinste-Quadrate-Prinzip ein besonders natürlicher Abstandsbegriff zugrunde, da die Wurzel aus $Q(a,b)$ dem euklidischen Abstand der Vektoren $(y_1,\ldots,y_n)$ und $(g(x_1),\ldots,g(x_n))$ entspricht. Fasst man die Daten $(x_1,y_1),\ldots,(x_n,y_n)$ als Stichprobe einer bivariaten Grundgesamtheit (X,Y) mit reellwertigen Merkmalen X und Y auf, so handelt es sich bei den ermittelten Geradenparametern aus statistischer Sicht um Schätzer, die sog. *Kleinste-Quadrate-Schätzer*, die im Folgenden mit $\widehat{a}$ und $\widehat{b}$ bezeichnet werden. Man berechnet Sie als Minimum der Funktion $Q(a,b)$ durch Nullsetzen der beiden partiellen Ableitungen und erhält (s. z. B. [Har05, S. 575]):

$$\widehat{a} = \overline{y} - \widehat{b} \cdot \overline{x},$$

$$\widehat{b} = \frac{\sum_{i=1}^{n} x_i y_i - \frac{1}{n} \sum_{i=1}^{n} x_i \sum_{i=1}^{n} y_i}{\sum_{i=1}^{n} x_i^2 - \frac{1}{n}(\sum_{i=1}^{n} x_i)^2}$$

$$= \frac{\frac{1}{n} \sum_{i=1}^{n} x_i y_i - \overline{x} \cdot \overline{y}}{\frac{1}{n} \sum_{i=1}^{n} x_i^2 - \overline{x}^2}.$$

Mit den Bezeichnungen aus Abschnitt 5.1 gilt für den Steigungsparameter

$$\widehat{b} = \frac{s_{xy}}{s_x^2} = \frac{s_y}{s_x} \cdot r_{xy}.$$

Insgesamt erhalten wir für die Abhängigkeit des Merkmals Y vom Merkmal X die Schätzung

$$\widehat{g}(x) = \widehat{a} + \widehat{b} \cdot x.$$

Die so ermittelte Gerade wird auch als *Regressionsgerade* zu den Daten $(x_1,y_1),\ldots,(x_n,y_n)$ bezeichnet. Die Steigung dieser Geraden wird zum einen durch den Quotienten s_y/s_x der Standardabweichungen, zum anderen durch den Korrelationskoeffizienten r_{xy} bestimmt. Wenn das Verhältnis s_y/s_x als gegeben betrachtet wird, dann gibt r_{xy} an, wie stark und in welche Richtung sich Änderungen in x auf die durch $\widehat{g}$ geschätzten y-Werte auswirken. Je größer r_{xy} ist, umso stärker wächst $\widehat{g}$ mit steigendem x, je kleiner (negativer) r_{xy} ist, umso stärker fällt $\widehat{g}$ mit steigendem x. Wenn $r_{xy} = 0$ ist, dann haben Veränderungen in x keine Auswirkungen auf $\widehat{g}$.

Beispiel (Fortsetzung von Beispiel 5.1.1.2)
Für die zehn gemeinsamen Renditewerte aus Beispiel 5.1.1.2 ergeben sich die Geradenparameter $\widehat{a} = -0,0005$, $\widehat{b} = 0,4740$, und damit die Gleichung $\widehat{g}(x) = -0,0005 + 0,4740 \cdot x$ (s. Abbildung 5.7) für die Regressionsgerade.

Bei der obigen Herleitung der Kleinste-Quadrate-Schätzer wurde unterstellt, dass die Abhängigkeit zwischen x- und y-Werten durch ein statistisches Modell der Form

$$y_i = a_0 + b_0 \cdot x_i + \varepsilon_i \tag{5.1}$$

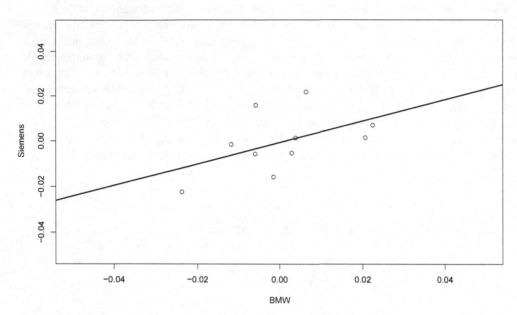

Abbildung 5.7: Streudiagramm und geschätzte Regressionsgerade der zehn Wertepaare aus Beispiel 5.1.1.2

beschrieben wird. Dabei ist $g_0(x) = a_0 + b_0 \cdot x$ die wahre (aber unbekannte) Regressiongerade mit den entsprechenden Parametern a_0 und b_0. Die oben hergeleiteten Kleinste-Quadrate-Schätzer $\widehat{a}$ und $\widehat{b}$ sind also Schätzer der Parameter a_0 und b_0. Die Zufallsvariablen ε_i werden als *Fehlerterme* bzw. *Residuen* bezeichnet. Von ihnen wird in der Regel angenommen, dass sie unabhängig und identisch verteilt sind mit Erwartungswert null. Das durch die Gleichung (5.1) gegebene Modell wird auch als (klassisches) *lineares Regressionsmodell* bezeichnet. Die Variable Y wird als *abhängige Variable* bzw. *Regressand*, die Variable X als *unabhängige Variable* bzw. *Regressor* bezeichnet. Die Gleichung (5.1) besagt also, dass sich die y-Werte aus einer systematischen Komponente $a_0 + b_0 \cdot x$ und einem zufälligen Fehlerterm ε ergeben. Durch den Einfluss der zufälligen Komponente können verschiedene y-Werte zu einem bestimmten x-Wert auftreten, sie streuen dann wegen $\mathbf{E}(\varepsilon) = 0$ um den mittleren Wert $a_0 + b_0 \cdot x$. Der geschätzte Wert $\widehat{y} = \widehat{g}(x)$ zu einem x-Wert kann also als Prognose für den Wert von y bei gegebenem x angesehen werden; die (wahre) Regressionsgerade g_0 ist aus mathematischer Sicht der bedingte Erwartungswert $\mathbf{E}(Y|X = x)$. Mit Regressionsmodellen wird also die Abhängigkeit einer Größe von einer anderen durch einen funktionalen Zusammenhang modelliert. Im Fall der Siemens-Rendite (als abhängiger Variable) und BMW-Rendite (als unabhängiger Variable) ergab sich als Regressionsgerade

$$\widehat{g}_1(x) = -0{,}0005 + 0{,}4740 \cdot x.$$

Wenn nun andererseits die Siemens-Rendite als unabhängige und die BMW-Rendite als abhängige Variable betrachtet wird, ergibt sich (s. Aufgabe 5.8)

$$\widehat{g}_2(y) = 0{,}0008 + 0{,}5262 \cdot y$$

und Auflösen nach y (Siemens-Rendite) liefert

$$y = -0{,}0015 + 1{,}900 \cdot x.$$

Die beiden resultierenden Regressionsgeraden weichen stark voneinander ab (s. Abbildung 5.8). Der Grund dafür ist, dass die erste Gerade den *vertikalen* Abstand zu den Daten minimiert, während die zweite Gerade den *horizontalen* Abstand minimiert. Das Beispiel zeigt, dass die Rollen von unabhängiger und abhängiger Variablen also nicht vertauschbar sind . Das liegt daran, dass das Ziel der Regression gerade darin besteht, das Verhalten einer Größe durch eine andere Größe zu erklären. Für die Risikomodellierung heißt das, dass Regressionsmodelle geeignet sind, wenn ein Risiko aus ökonomischer Sicht im Sinne einer Ursache/Wirkungsbeziehung durch andere Risiken oder Faktoren erklärbar ist. Soll hingegen das gemeinsame Verhalten von mehreren Risiken modelliert werden, sind i. Allg. andere Methoden – wie Copulas – geeigneter.

Eine bekannte finanzökonomische Anwendung des linearen Regressionsmodells besteht in der empirischen Ermittlung des Beta-Faktors aus dem Capital Asset Pricing Modell; vgl. 4.2.6.3. Die Wertpapierlinie des CAPM konstatiert einen linearen Zusammenhang zwischen der Rendite eines Wertpapierportfolios (das beispielsweise auch nur aus einer einzigen Aktie bestehen kann) und der Marktrendite (repräsentiert beispielsweise durch einen marktbreiten Aktienindex), wobei die Marktrendite den erklärenden Faktor für die Wertpapierlinie darstellt. Also lässt sich der

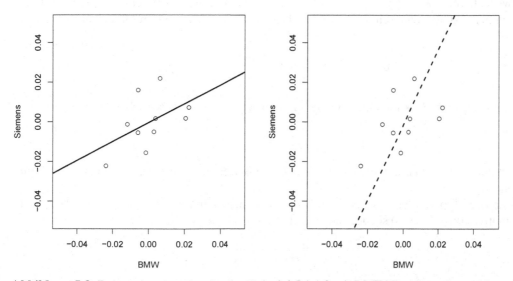

Abbildung 5.8: Regressionsgeraden für das Beispiel 5.1.1.2 mit BMW-Renditen als unabhängige und Siemens-Renditen als abhängige Variable (links) und mit vertauschten Rollen (rechts)

Beta-Faktor des CAPM etwa für eine bestimmte Aktie aus einer Anzahl entsprechender Datenpaare von Aktienrendite und Indexrendite schätzen (z. B. Tagesrenditen oder Monatsrenditen). Ökonomisch gesehen erklärt natürlich nicht die Indexrendite selbst die Aktienrendite, sondern ist in diesem Modell eher stellvertretend für einen allgemeinen markttreibenden Wirtschaftsfaktor zu interpretieren.

5.2.2 Verwandte Modelle

Bei dem im vorangegangenen Abschnitt vorgestellten linearen Regressionsmodell wurde vorausgesetzt, dass abhängige und unabhängige Variable jeweils (eindimensionale) reellwertige Zufallsvariablen sind. Je nach Dimension und Datentyp (stetig, diskret, binär,...) der beiden Variablen steht eine Vielzahl an Modellen zur Verfügung, mit denen die funktionale Abhängigkeit einer abhängigen von einer unabhängigen Variablen beschrieben werden kann. Dies ist ein äußerst umfangreiches Gebiet innerhalb der Statistik, das sich nicht in einigen wenigen Sätzen beschreiben lässt. Daher sollen nur exemplarisch drei für die Risikomodellierung relevante Beispiele beschrieben werden.

5.2.2.1 Beispiel zur logistischen Regression (Kredit-Scoring)

Bei der Vergabe von Krediten wird die *Ausfallwahrscheinlichkeit* (engl.: Probability of Default oder kurz PD) π eines Kreditnehmers in Abhängigkeit von Faktoren wie etwa dem Einkommen X des Kreditnehmers modelliert, d. h. $\pi = \pi(x)$, wenn $X = x$. Sei Y eine Bernoulli-verteilte Zufallsvariable, mit $Y = 1$ für einen Kreditausfall und $Y = 0$ für den Nichtausfall. Zur Beschreibung der Abhängigkeit von Y vom Einflussfaktor X wird häufig ein *logistisches Regressionsmodell* verwendet. Wenn z. B. $P(Y = 1 | X = x)$ die bedingte Wahrscheinlichkeit dafür ist, dass ein Kreditnehmer ausfällt, wenn sein Einkommen x beträgt, dann wird in diesem Modell angenommen, dass

$$\pi(x) = P(Y = 1 | X = x) = \frac{1}{1 + \exp(-(a+bx))}$$

bzw. mit der logit-Funktion $\mathrm{logit} : (0;1) \to \mathbb{R}$, $\mathrm{logit}(y) := \ln \frac{y}{1-y}$ geschrieben

$$\mathrm{logit}(\pi(x)) = a + bx.$$

Das heißt, auch hier handelt es sich um eine lineare Beziehung, allerdings für die transformierte Größe $\mathrm{logit}(\pi(x))$.

Ein anderer Typ von logistischer Regression ergibt sich, wenn die abhängige Variable Y kein qualitatives (z. B. binäres) sondern ein quantitatives Merkmal ist. Wenn

$$f_{a,b,c}(x) = \frac{c}{1 + \exp(-(a+bx))}$$

die *logistische Funktion* mit Parametern a, b, c bezeichnet, dann ist durch

$$y_i = f_{a,b,c}(x_i) + \varepsilon_i$$

ein nichtlineares Regressionsmodell beschrieben. Für $b, c > 0$ wächst die Funktion $f_{a,b,c}$ zunächst exponentiell an, dann verlangsamt sich das Wachstum, um schließlich gegen den Wert c – die sogenannte *Sättigungsgrenze* – zu konvergieren, s. Abbildung 5.9. Aufgrund dieser Eigenschaften eignet sich die logistische Funktion, um vielerlei Wachstumsprozesse, seien sie wirtschaftlich, biologisch oder demografisch, zu modellieren.

5.2.2.2 Beispiel zur Poisson-Regression (Kfz-Haftpflichtversicherung)

In der Kfz-Haftpflichtversicherung kann die Anzahl von Schäden innerhalb eines Jahres durch eine Zufallsvariable Y modelliert werden, die Werte in $\mathbb{N}_0$ annimmt. Als Verteilung von Y kommt beispielsweise eine Poisson-Verteilung mit Erwartungswert μ infrage, wobei der Parameter μ abhängt von Faktoren wie Zulassungsgemeinde, Anzahl der Fahrzeuge in bestimmten Hubraumkategorien, Anzahl der Fahrer in verschiedenen Altersgruppen (< 25, 25-29, 30-35, > 35) etc. Dieser Ansatz wird auch als *Poisson-Regression* bezeichnet. Man geht davon aus, dass Y zu gegebenem x Poisson-verteilt ist mit einem Erwartungswert $\lambda = \lambda(x) = \exp(a + bx)$, der von x abhängt. Für den bedingten Erwartungswert von Y bedeutet das, dass

$$\mathbf{E}(Y|X = x) = \exp(a + bx) \qquad \text{bzw.}$$
$$\log \mathbf{E}(Y|X = x) = a + bx$$

gilt. Das heißt, auch hier handelt es sich um eine lineare Beziehung, allerdings für den Logarithmus des bedingten Erwartungswerts.

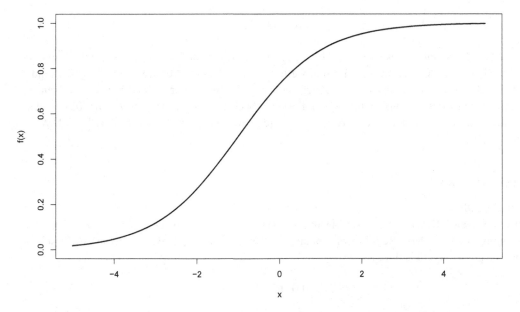

Abbildung 5.9: Funktionsgraph der logistischen Funktion mit $a = 1, b = 1, c = 1$

Sowohl bei der logistischen als auch bei der Poisson-Regression handelt es sich um *generalisierte lineare Modelle* (GLMs). Während beim klassischen linearen Regressionsmodell von einer stetigen, oft zusätzlich normalverteilten, Zielvariablen Y ausgegangen wird, bieten GLMs einen einheitlichen Rahmen, um Variablen, die nicht stetig sondern z. B. binär (s. logistische Regression) oder Zähldaten (s. Poisson-Regression) sind, bzw. bei denen die Normalverteilungsannahme verletzt ist, zu modellieren. Allgemeine Informationen zu GLMs bieten [MN99] und [FKL07], in [KGDD08] sind Anwendungen im Versicherungsbereich dargestellt.

5.2.2.3 Beispiel zu Faktormodellen (Renditen)

Das Ziel von Faktormodellen ist es, das gemeinsame Verhalten von vielen Risiken, wie etwa Renditen verschiedener Unternehmensaktien, durch einige wenige gemeinsame Faktoren zu erklären. Im Beispiel der BMW- und Siemens-Renditen würde sich als einfachste Variante ein *Ein-Faktor-Modell*

$$\begin{pmatrix} X \\ Y \end{pmatrix} = \begin{pmatrix} a_1 \\ a_2 \end{pmatrix} + \begin{pmatrix} b_1 \\ b_2 \end{pmatrix} \cdot F + \begin{pmatrix} \varepsilon_1 \\ \varepsilon_2 \end{pmatrix}$$

ergeben, wobei man sich unter dem Faktor F einen gemeinsamen Markttreiber für alle DAX-Werte vorstellen könnte; vgl. auch die Bemerkungen zum CAPM am Ende von Abschnitt 5.2.1. In diesem einfachen Fall resultieren daraus zwei einfache lineare Regressionsmodelle. Allgemein können als Faktoren neben der Performance von Indizes unter anderem auch makroökonomische Faktoren wie Zinsen und Inflation berücksichtigt werden. Diese Faktormodelle besitzen dann die Form

$$X = a + B \cdot F + \epsilon, \tag{5.2}$$

wobei X, F, a und ϵ Vektoren und B eine Matrix ist, die angibt, wie stark die Faktoren in F die Risiken in X beeinflussen. Formal stellt (5.2) eine direkte Verallgemeinerung der eindimensionalen linearen Regression dar. Allerdings sind die im Vektor F enthaltenen Faktoren im Gegensatz zur Regression nicht unbedingt direkt beobachtbar; diese sog. *latenten Variablen* müssen durch multivariate statistische Verfahren ermittelt werden (s. etwa [MFE05, S. 111], [JW07, Kapitel 9]).

5.2.3 Aufgaben

Aufgabe 5.8
Führen Sie eine Regression zu den Daten aus Beispiel 5.1.1.2 mit den Siemens-Renditen als unabhängiger und BMW-Renditen als abhängiger Variablen durch. Zeigen Sie, dass die resultierende Regressiongerade durch

$$y = -0{,}0015 + 1{,}900 \cdot x$$

mit y als Siemens-Rendite gegeben ist.

Aufgabe 5.9 (Fortsetzung von Aufgabe 5.3)

Betrachten Sie wieder die Renditedaten aus Aufgabe 5.3. Berechnen Sie die geschätzte Regressionsgerade und tragen Sie diese gemeinsam mit der Regressionsgerade $\widehat{g}(x) = -0{,}0005 + 0{,}4740 \cdot x$ aus dem Beispiel von Seite 281 in das Streudiagramm ein. Vergleichen Sie beide Regressionsgeraden und beschreiben Sie den Effekt, den die Hinzunahme des Datenpunkts $(0{,}0089; 0{,}0730)$ bewirkt.

Aufgabe 5.10 (Fortsetzung von Aufgabe 5.5)

Berechnen Sie zu jedem der vier Datensätze aus Aufgabe 5.5 die Regressionsgerade und tragen Sie diese in die Streudiagramme mit ein. Diskutieren Sie für jeden Datensatz, wie geeignet ein lineares Regressionsmodell zur Beschreibung der Abhängigkeit ist.

Aufgabe 5.11 (Fortsetzung von Aufgabe 5.1)

Für die Schadendaten aus Aufgabe 5.1 soll der Einfluss der versicherten Gebäudefläche auf Feuerschäden durch ein Regressionsmodell abgebildet werden. Die Schadendaten finden sich in Tabelle 5.2.

(a) Passen Sie ein Regressionsmodell mit „Fläche" als unabhängiger und „Schadenhöhe" als abhängiger Variablen an. Stellen Sie die Daten als Streudiagramm gemeinsam mit der Regressionsgeraden dar.

(b) Passen Sie ein Regressionsmodell an die logarithmierten Daten an und stellen Sie das Ergebnis wie in (a) dar.

(c) Transformieren Sie die Regressionsgerade aus Teil (b) zurück auf die Originalskala. Welche Beziehung zwischen Gebäudefläche und Schadenhöhe ergibt sich jetzt? Tragen Sie die entsprechende Funktion in die Grafik aus Teil (a) ein.

5.3 Copulas

In Kapitel 2 wurden einzelne Risiken durch die Wahrscheinlichkeitsverteilung von Verlusten beschrieben. Wir betrachten im Folgenden zwei Risiken X_1 und X_2 mit Verteilungsfunktionen F_1 bzw. F_2. Ein Unternehmen, welches beide Risiken in seinem Portfolio hat, interessiert sich natürlich nicht nur für die Einzelverteilungen von F_1 und F_2 sondern für die *gemeinsame Verteilung*, die durch die gemeinsame Verteilungsfunktion $F(x_1, x_2) = P(X_1 \leq x_1, X_2 \leq x_2)$ gegeben ist. Mit dieser Verteilung lässt sich die Frage beantworten, wie hoch die Wahrscheinlichkeit ist, gleichzeitig sowohl beim Risiko X_1 einen Verlust von höchstens x_1 als auch beim Risiko X_2 einen Verlust von höchstens x_2 zu erleiden. Die Funktion F ist somit die Verteilungsfunktion des gemeinsamen Risikos und enthält insbesondere die Information darüber, welche Art von Abhängigkeit zwischen den beiden Risiken besteht, in dem Sinn, dass an F abgelesen werden kann, wie wahrscheinlich es ist, dass die beiden Risiken z. B. gleichzeitig hohe oder niedrige Verluste produzieren. Umgekehrt gilt: Um aus den Randverteilungen $F_1(x_1) = P(X_1 \leq x_1)$ und $F_2(x_2) = P(X_2 \leq x_2)$ die Gesamtverteilung F zu erhalten, muss die Abhängigkeit zwischen den Risiken auf eine geeignete Weise beschrieben sein. Damit stellt sich die für die Modellierung des Gesamtrisikos relevante Frage, wie eine solche Beschreibung erfolgen kann. Der einfachste Fall tritt ein, wenn die beiden Risiken unabhängig sind, denn dann gilt für die gemeinsame

Verteilungsfunktion (s. Bemerkung B.9)

$$F(x_1, x_2) = F_1(x_1) \cdot F_2(x_2).$$

Die gemeinsame Verteilung ist in diesem Fall also das Produkt der Randverteilungen. Wenn nun die Funktion C definiert wird durch $C(u, v) := u \cdot v$, dann lässt sich der obige Sachverhalt auch folgendermaßen ausdrücken:

$$F(x_1, x_2) = C(F_1(x_1), F_2(x_2)). \tag{5.3}$$

Das heißt, die Funktion C koppelt die beiden (eindimensionalen) Verteilungsfunktionen F_1 und F_2 zu einer gemeinsamen zweidimensionalen Verteilungsfunktion F zusammen. Funktionen wie C werden deswegen *Copulas* genannt (s. die Definition in Abschnitt 5.3.1), in der obigen Situation handelt es sich um die *Unabhängigkeits-Copula* $C_{ind}(x_1, x_2) := x_1 \cdot x_2$. Es stellt sich heraus (s. Abschnitt 5.3.1), dass sich durch Copulas nicht nur Randverteilungen zu einer gemeinsamen Verteilung kombinieren lassen, sondern dass es umgekehrt zu einer gegebenen gemeinsamen Verteilungsfunktion F mit gegebenen stetigen Randverteilungen F_1 und F_2 genau eine Copula C gibt, die die Beziehung (5.3) erfüllt.

5.3.1 Grundlagen

Im Folgenden werden einige grundlegende Begriffe und Ergebnisse aus der Copula-Theorie dargestellt. Der an weiteren Details interessierte Leser sei auf die Quellen [MFE05], [Joe97] und [Nel06] verwiesen, an die sich unsere Darstellung anlehnt.

Aus mathematischer Sicht ist eine Copula die gemeinsame Verteilungsfunktion eines Zufallsvektors $U = (U_1, \dots, U_d)$ (s. Definition B.7), dessen Randverteilungen alle gleichverteilt sind.

Definition (Copula)

Eine d-dimensionale *Copula* C ist eine Verteilungsfunktion auf $[0; 1]^d$ mit Randverteilungen $U[0; 1]$.

Eine zentrale Eigenschaft von Copulas wird in dem Satz von Sklar (s. [MFE05, S. 186]) beschrieben.

Satz (Satz von Sklar)

(i) Sei F eine multivariate Verteilungsfunktion mit Randverteilungsfunktionen $F_1, \dots, F_d$. Dann gibt es eine Copula $C : [0; 1]^d \to [0; 1]$, sodass für alle $x_1, \dots, x_d \in \mathbb{R}$ gilt

$$F(x_1, \dots, x_d) = C(F_1(x_1), \dots, F_d(x_d)).$$

Wenn $F_1, \dots, F_d$ stetig sind, dann ist C eindeutig bestimmt.

(ii) Umgekehrt gilt: Ist C eine Copula und sind $F_1, \dots, F_d$ eindimensionale Verteilungsfunktionen, dann ist die durch

$$F(x_1, \dots, x_d) := C(F_1(x_1), \dots, F_d(x_d))$$

definierte Verteilung eine multivariate Verteilung, die genau die vorgegebenen Randverteilungsfunktionen $F_1, \dots, F_d$ besitzt.

Die Aussage (i) besagt, dass sich jede beliebige Verteilung zerlegen lässt in ihre Randverteilungen einerseits und in ihre Copula andererseits, in der die Information über die Abhängigkeiten zwischen den Randverteilungen enthalten ist. In diesem Sinn können Copulas prinzipiell alle möglichen Arten von Abhängigkeiten abbilden. Wenn die einzelnen Randverteilungen stetig sind, dann ist die Copula sogar eindeutig bestimmt. Zunächst wird in (i) nur eine Aussage über die Existenz von C gemacht – interessant wäre es jedoch auch zu wissen, wie zu einer vorgegebener Verteilungsfunktion F und Randverteilungen $F_1, \ldots, F_d$ die Copula C gefunden werden kann. Dies ist in der Tat möglich, es gibt in diesem Fall sogar eine explizite Formel für C, nämlich (s. [MFE05, S. 187])

$$C(u_1, \ldots, u_d) = F(F_1^{-1}(u_1), \ldots, F_d^{-1}(u_d)). \qquad (5.4)$$

Das heißt, die Copula erhält man, indem die Quantilfunktionen (inversen Verteilungsfunktionen) der Verteilungen der Einzelrisiken in die gemeinsame Verteilungsfunktion eingesetzt werden. Diese Identität wird in Abschnitt 5.3.2 benutzt, um aus bekannten multivariaten Verteilungen wie der Normalverteilung oder t-Verteilung (und ihren Randverteilungen) entsprechende Copulas zu gewinnen. Wenn F die gemeinsame Verteilungsfunktion mehrerer Zufallsvariablen ist, dann bezeichnen wir im Folgenden die Copula aus der Aussage (i) des Satzes von Sklar auch als die *Copula der Zufallsvariablen*.

Umgekehrt gibt die Aussage (ii) des Satzes von Sklar eine Methode an, mit der aus d Einzelverteilungen eine einzige gemeinsame Verteilung gewonnen werden kann: Man setzt dazu die einzelnen Verteilungsfunktionen in eine Copula ein. Dann ist die resultierende Funktion F tatsächlich eine Verteilungsfunktion, die außerdem die wichtige Eigenschaft besitzt, dass sie die vorgegebenen Einzelverteilungen als Randverteilung reproduziert.

Aus Sicht des Risikomanagements ist die Aussage (ii) einer der Hauptgründe, die für den Einsatz von Copulas sprechen, denn sie gestattet es, die Modellierung des gemeinsamen Risikos in zwei getrennte Schritte aufzuteilen:

- Modellierung der Einzelrisiken, d. h. der Verteilungen $F_1, \ldots, F_d$;
- Wahl eines geeigneten Copula-Modells C, das alle Informationen über die Abhängigkeiten zwischen den Einzelrisiken enthält.

Die gemeinsame Verteilung F der Risiken ergibt sich dann gemäß Teil (ii) des Satzes von Sklar, welcher außerdem gewährleistet, dass bei einer Zusammenfassung von Risiken mittels Copulas keine Informationen über die Einzelrisiken verloren gehen; denn die Einzelverteilungen bleiben als Randverteilungen von F erhalten.

Wenn C eine Copula ist, dann ist C nach Definition eine Verteilungsfunktion, und somit ist die Dichtefunktion wie üblich definiert, d. h. für stetige Zufallsvariablen ist die *Dichtefunktion* c der zugehörigen Copula etwa im zweidimensionalen Fall gegeben durch (s. Definition B.8)

$$c(u_1, u_2) = \frac{\partial^2 C(u_1, u_2)}{\partial u_1 \partial u_2} \qquad \text{für } (u_1, u_2) \in [0;1]^2.$$

Damit ergibt sich für die Dichtefunktion f zur gemeinsamen Verteilungsfunktion F die Darstellung

$$f(x_1, x_2) = f_1(x_1) \cdot f_2(x_2) \cdot c(F_1(x_1), F_2(x_2)).$$

Dabei entspricht der Term $f_1(x_1) \cdot f_2(x_2)$ der gemeinsamen Dichte, falls Unabhängigkeit vorliegt. Dieser wird mit dem Gewichtungsfaktor $c(F_1(x_1), F_2(x_2))$ multipliziert. Speziell gilt bei Unabhängigkeit der beiden Risiken, dass $c(u_1, u_2) = 1$ ist. Damit lässt sich die Abhängigkeitsmodellierung mit Copulas auch über die Wahrscheinlichkeitsdichten anschaulich interpretieren.

Eine weitere Eigenschaft, die Copulas geeignet für die Modellierung abhängiger Risiken macht, ist die nachfolgend erläuterte Invarianz unter monotonen Transformationen (s. [Nel06, Satz 2.4.3]).

Satz (Invarianz unter monotonen Transformationen)
Sei $(X_1, \ldots, X_d)$ ein Zufallsvektor mit stetigen Randverteilungen und Copula C und es seien $T_1, \ldots, T_d$ streng monoton steigende Funktionen. Dann besitzt der transformierte Zufallsvektor $(T_1(X_1), \ldots, T_d(X_d))$ ebenfalls die Copula C.

Angenommen ein Unternehmen modelliert die Abhängigkeit zwischen den Verlusten verschiedener Einzelrisiken durch eine Copula und verwendet dabei absolute Euro-Beträge. Sollen nun die gemeinsamen Verluste z. B. in US-Dollar (bei konstantem Wechselkurs) oder durch ihre Logarithmen angegeben werden, ändert sich an der Copula nichts, denn in beiden Fällen handelt es sich um streng monotone Transformationen. Nur die Randverteilungen, also die Verteilungen der Einzelrisiken, müssen an die neuen Skalen angepasst werden.

5.3.2 Spezielle Copulas

In diesem Abschnitt werden verschiedene konkrete Copulas vorgestellt. Um die Darstellung übersichtlich zu gestalten, gehen wir dabei von $d = 2$, d. h. von zweidimensionalen Copulas, aus. In fast allen Fällen lassen sich die Definitionen auf beliebige Dimensionen übertragen (s. Bemerkung in 5.3.4).

5.3.2.1 Fundamentale Copulas

Die folgenden drei Copulas - auch fundamentale Copulas genannt - verkörpern wichtige grundlegende Abhängigkeitsformen.

- Die *Unabhängigkeits-Copula* wird definiert durch $C_{ind}(u_1, u_2) := u_1 \cdot u_2$ für $(u_1, u_2) \in [0; 1]^2$.
- Die *Komonotonie-Copula* wird definiert durch $M(u_1, u_2) := \min(u_1, u_2)$ für $(u_1, u_2) \in [0; 1]^2$.
- Die *Kontramonotonie-Copula* wird definiert durch $W(u_1, u_2) := \max(u_1 + u_2 - 1, \, 0)$ für $(u_1, u_2) \in [0; 1]^2$.

Die Unabhängigkeits-Copula beschreibt die stochastische Unabhängigkeit und wurde bereits zu Anfang von 5.3 eingeführt. Die Komonotonie-Copula ist die gemeinsame Verteilungsfunktion des Zufallsvektors (U, U) mit $U \sim \mathbf{U}(0; 1)$, während die Kontramonotonie-Copula die gemeinsame Verteilungsfunktion des Vektors $(U, 1 - U)$ ist. Durch die Komonotonie wird perfekte positive Abhängigkeit (s. Abschnitt 5.1.1), durch die Kontramonotonie perfekte negative Abhängigkeit beschrieben. In Abbildung 5.10 sind für $d = 2$ die drei Copulas mit Höhenliniendiagrammen dargestellt.

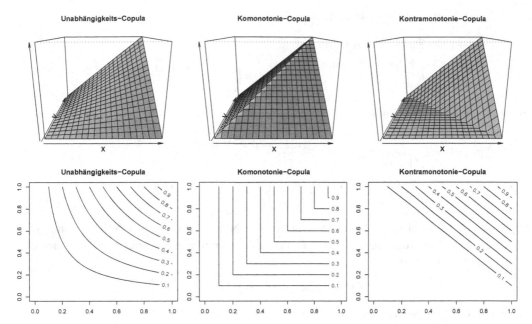

Abbildung 5.10: Dreidimensionale Darstellung (oben) und Höhenliniendiagramme (unten) der fundamentalen Copulas

5.3.2.2 Die Gauß-Copula

Die *Gauß-Copula* ist ein Beispiel dafür, wie ausgehend von einer bekannten multivariaten Verteilung mit stetigen Randverteilungen – hier der Normalverteilung – eine Copula gemäß (5.4) definiert werden kann. Dies wird im Folgenden für $d = 2$ verdeutlicht. Es sei Φ_ρ die Verteilungsfunktion der bivariaten Normalverteilung $N_2(0; \Psi)$ (s. Abschnitt 2.2.5) mit der Korrelationsmatrix

$$\Psi = \begin{pmatrix} 1 & \rho \\ \rho & 1 \end{pmatrix}$$

und Korrelationskoeffizient $|\rho| < 1$. Die Verwendung dieser standardisierten Normalverteilung stellt keine Einschränkung der Allgemeinheit dar, s. Aufgabe 5.19. Es gilt

$$\Phi_\rho(x_1, x_2) = \int_{-\infty}^{x_1} \int_{-\infty}^{x_2} f(s_1, s_2) \, ds_1 ds_2$$

mit der Dichtefunktion

$$f(x_1, x_2) = \frac{1}{2\pi\sqrt{1-\rho^2}} \exp\left(\frac{-(x_1^2 - 2\rho x_1 x_2 + x_2^2)}{2(1-\rho^2)} \right).$$

Damit liefert die Beziehung (5.4) die *Gauß-Copula*

$$C_\rho^{Ga}(u_1,u_2) := \Phi_\rho(\Phi^{-1}(u_1), \Phi^{-1}(u_2)) \tag{5.5}$$

$$= \int_{-\infty}^{\Phi^{-1}(u_1)} \int_{-\infty}^{\Phi^{-1}(u_2)} \frac{1}{2\pi\sqrt{1-\rho^2}} \exp\left(\frac{-(s_1^2 - 2\rho s_1 s_2 + s_2^2)}{2(1-\rho^2)}\right) ds_1 ds_2$$

und als Copula-Dichte ergibt sich

$$c_\rho^{Ga}(u_1,u_2) = \frac{1}{\sqrt{1-\rho^2}} \exp\left(\frac{-(\Phi^{-1}(u_1)^2 - 2\rho\Phi^{-1}(u_1)\Phi^{-1}(u_2) + \Phi^{-1}(u_2)^2)}{2(1-\rho^2)}\right) \tag{5.6}$$

$$\cdot \exp\left(\frac{\Phi^{-1}(u_1)^2 + \Phi^{-1}(u_2)^2}{2}\right).$$

Allgemein ist für zwei normalverteilte Risiken $X_1 \sim \mathbf{N}(\mu_1; \sigma_1^2)$ und $X_2 \sim \mathbf{N}(\mu_2; \sigma_2^2)$ mit zugehörigen Verteilungsfunktionen F_1 und F_2 und mit gemeinsamem Korrelationskoeffizienten $\rho \in (-1; 1)$ die Funktion

$$F(x_1,x_2) := C_\rho^{Ga}(F_1(x_1), F_2(x_2))$$

die Verteilungsfunktion der bivariaten Normalverteilung

$$\mathbf{N}_2\left(\begin{pmatrix}\mu_1\\\mu_2\end{pmatrix}; \begin{pmatrix}\sigma_1^2 & \rho\cdot\sigma_1\sigma_2\\\rho\cdot\sigma_1\sigma_2 & \sigma_2^2\end{pmatrix}\right).$$

Dieser Sachverhalt gilt entsprechend auch für höhere Dimensionen. Das heißt, die Gauß-Copula ist genau diejenige Copula, die mehrere univariate Normalverteilungen zu einer multivariaten Normalverteilung zusammenführt. Für bestimmte Werte von ρ ergeben sich Spezialfälle:

- Für $\rho = 0$ ist die Korrelationsmatrix diagonal, und damit sind die beiden Komponenten der bivariaten Normalverteilung unabhängig (s. 2.2.5). Als Copula erhält man damit die Unabhängigkeits-Copula (s. o.).
- Für $\rho = 1$ erhält man die Komonotonie-Copula.
- Für $\rho = -1$ erhält man die Kontramonotonie-Copula.

In höheren Dimensionen ist die Gauß-Copula zur Korrelationsmatrix $\mathbf{\Psi}$ gegeben durch

$$C_{\mathbf{\Psi}}^{Ga}(u_1,\ldots,u_d) = \int_{-\infty}^{\Phi^{-1}(u_1)} \cdots \int_{-\infty}^{\Phi^{-1}(u_d)} \frac{1}{\sqrt{(2\pi)^d \det(\mathbf{\Psi})}} \exp\left(-\frac{1}{2}x^T \cdot \mathbf{\Psi}^{-1} \cdot x\right) dx_1 \cdots dx_d.$$

5.3.2.3 Die t-Copula

Für die *t-Copula* funktioniert die Konstruktion analog zur Gauß-Copula. Die Dichte der zweidimensionalen t-Verteilung mit ν Freiheitsgraden und Korrelationskoeffizient ρ ist gegeben durch (s. [DDGK05, Abschnitt 4.3.4])

$$t_{\rho,\nu}(x_1,x_2) = \frac{1}{2\pi\sqrt{1-\rho^2}} \left(1 + \frac{x_1^2 - 2\rho x_1 x_2 + x_2^2}{\nu(1-\rho^2)}\right)^{-\frac{\nu+1}{2}},$$

und daraus resultiert die t-Copula

$$C_{\rho,\nu}^t(u_1,u_2) = \int_{-\infty}^{t_\nu^{-1}(u_1)} \int_{-\infty}^{t_\nu^{-1}(u_2)} \frac{1}{2\pi\sqrt{1-\rho^2}} \left(1 + \frac{x_1^2 - 2\rho x_1 x_2 + x_2^2}{\nu(1-\rho^2)}\right)^{-\frac{\nu+1}{2}} dx_1 dx_2.$$

Im Gegensatz zur Gauß-Copula erhält man für $\rho = 0$ nicht die Unabhängigkeits-Copula – unkorrellierte Komponenten eines mehrdimensional t-verteilten Zufallsvektors sind also nicht unabhängig (vgl. [MFE05, Lemma 3.5]).

5.3.2.4 Die Gumbel-Copula

Im Gegensatz zur Gauß- und t-Copula, die über relativ komplizierte Integrale dargestellt werden, besitzt die *Gumbel-Copula* eine einfache explizite Darstellung. Für $\theta \in [1;\infty)$ ist sie gegeben durch

$$C_\theta^{Gu}(u_1,u_2) := \exp\left[-\left((-\ln u_1)^\theta + (-\ln u_2)^\theta\right)^{\frac{1}{\theta}}\right].$$

Für $\theta = 1$ ist die Gumbel-Copula identisch mit der Unabhängigkeits-Copula:

$$\begin{aligned}
C_1^{Gu}(u_1,u_2) &= \exp\left[\ln u_1 + \ln u_2\right] \\
&= \exp(\ln u_1) \cdot \exp(\ln u_2) \\
&= u_1 \cdot u_2 \\
&= C_{ind}(u_1,u_2).
\end{aligned}$$

Wenn $\theta \to \infty$, dann gilt $C_\theta^{Gu}(u_1,u_2) \to M(u_1,u_2)$ (s. [Nel06, S. 117]), d.h. die Gumbel-Copula konvergiert gegen die Komonotonie-Copula. Man kann also sagen, dass die Gumbel-Copula in gewissem Sinne zwischen Unabhängigkeit und vollständiger Abhängigkeit interpoliert.

5.3.2.5 Die Clayton-Copula

Wie die Gumbel-Copula besitzt die *Clayton-Copula* eine einfache explizite Darstellung. Für $\theta \in (0;\infty)$ ist sie gegeben durch

$$C_\theta^{Cl}(u_1,u_2) := \left[\left(\frac{1}{u_1}\right)^\theta + \left(\frac{1}{u_1}\right)^\theta - 1\right]^{-\frac{1}{\theta}}.$$

Ähnlich wie bei der Gumbel-Copula gilt hier für $\theta \to 0$, dass $C_1^{Cl}(u_1,u_2) \to C_{ind}(u_1,u_2)$, und für $\theta \to \infty$, dass $C_1^{Cl}(u_1,u_2) \to M(u_1,u_2)$.

Sowohl die Gumbel- als auch die Clayton-Copula besitzen die Form

$$C^{Gu}(u_1,u_2) = \xi^{-1}(\xi(u_1) + \xi(u_2)) \tag{5.7}$$

mit jeweils geeigneten Funktionen ξ; vgl. Aufgaben 5.16 und 5.17. Copulas, die eine solche Darstellung besitzen, werden *archimedische* Copulas genannt, die Funktion ξ heißt *Erzeuger* der Copula. Man kann zeigen, dass durch die rechte Seite der Gleichung (5.7) tatsächlich eine Copula definiert wird, wenn die Funktion ξ bestimmte Eigenschaften besitzt, s. [Nel06, Kap. 4]. Aus diesem Konstruktionsprinzip lassen sich viele weitere Copulas ableiten.

5.3.3 Implementierung von Copula-Methoden in R

In R sind Copula-Methoden etwa in den Paketen copula und QRMlib implementiert. Im erstge-
nannten Paket lassen sich über den Befehl mvdc (dieser steht für „Multivariate Distribution via
Copula") multivariate Verteilungen mit vorgegebenen Randverteilungen, die über eine Copula
gekoppelt sind, erzeugen. Genauer gesagt erzeugt der Befehl mvdc(copula,margins,param
Margins) ein mvdc-Objekt. Dabei steht copula für einen Copula-Typ; implementiert sind unter
anderem normalCopula, tCopula, gumbelCopula und claytonCopula. Daneben können die
Randverteilungstypen (in margins) mit ihren Parametern (in paramMargins) angegeben werden. Die Dichte- und Verteilungsfunktion bzw. Simulationen (zufällig erzeugte Vektoren) dieses
mvdc-Objekts erhält man durch die Befehle dmvdc, pmvdc bzw. rmvdc.

Beispiel (Verteilungsmodelle für BMW- und Siemens-Renditen)

Wir betrachten den zu Anfang dieses Kapitels beschriebenen Datensatz mit den Tagesrenditen der BMW- und Siemens-Aktie. In 6.4.3 werden Methoden vorgestellt, mit denen sich die
Copula-Parameter aus solchen Daten schätzen lassen. Als Copula-Modelle ergeben sich $C_{0,66}^{Ga}$,
$C_{5,5;0,67}^{t}$, $C_{1,77}^{Gu}$ und $C_{1,27}^{Cl}$; die Randverteilungen der BMW- bzw. Siemens-Renditen werden durch
$N(0;0,0157^2)$ bzw. $N(0;0,0121^2)$ modelliert. Die Dichte- und Höhenliniendiagramme der resultierenden gemeinsamen Verteilungen sind in der Abbildung 5.11 dargestellt.

Der folgende R-Code erzeugt das Dichte- und Höhenliniendiagramm für das Modell mit der
Gumbel-Copula.

```
> library(copula)
> mvd.gumbel.fit<- mvdc(gumbelCopula(1.77), c("norm", "norm"),
+ list(list(0,0.0157), list(0,0.0121)))
> x.lim<-c(-0.05,0.05)        # Definiert die dargestellten x-
> y.lim<-c(-0.05,0.05)        # und y-Achsenwerte
> persp(mvd.gumbel.fit, dmvdc,xlim=x.lim, ylim=y.lim)
> contour(mvd.gumbel.fit, dmvdc,,xlim=x.lim, ylim=y.lim)
```

Im ersten Schritt wird das copula-Paket geladen; im zweiten Schritt wird eine multivariate Verteilung durch die Kopplung der beiden Randverteilungen $N(0;0,0157^2)$ bzw. $N(0;0,0121^2)$ über
die Copula $C_{1,77}^{Gu}$ definiert. Durch den persp- bzw. contour-Befehl werden perspektivische und
Höhenliniendiagramme der gemeinsamen Dichte (option dmvdc) dargestellt.

5.3.4 Bemerkungen

1. Die Copula-Methode gestattet es, die Modellierung des gemeinsamen Risikos in zwei
   Komponenten, nämlich die Modellierung der Einzelrisiken und die Modellierung der Abhängigkeiten, aufzuteilen. In der Praxis liegen über die Einzelrisiken selbst meist wesentlich mehr Daten und Erfahrungen vor als über die Abhängigkeiten zwischen den Einzelrisiken. Daher lässt sich diese Komponente meist genauer modellieren.

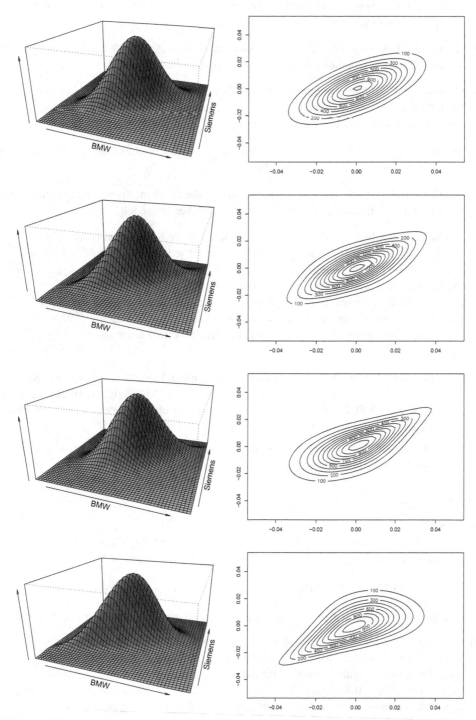

Abbildung 5.11: Dichten- und Höhenliniendiagramme der angepassten Verteilungen zu den Tagesrenditen von BMW und Siemens

2. Neben den hier vorgestellten Copulas gibt es viele weitere Copulas. Die Konstruktion von Copulas ist ein Gegenstand aktueller Forschung.

3. Bis auf die Kontramonotonie-Copula lassen sich alle in Abschnitt 5.3.2 für zwei Dimensionen definierten Copulas auf höhere Dimensionen übertragen.

4. Copulas sind vor allem nützlich, um die Abhängigkeit von stetigen Zufallsvariablen zu modellieren. Für diskrete Verteilungen gilt immer noch der Satz von Sklar, aber die Eindeutigkeitsaussage aus Teil (i) des Satzes geht verloren, s. [DDGK05].

5. Wenn reale Unternehmensdaten vorliegen, müssen die Copula-Parameter geschätzt werden. Wir gehen in Kapitel 6.4 näher darauf ein.

6. Simulationsalgorithmen von abhängigen Risiken, die durch multivariate Verteilungen bzw. Copulas beschrieben sind, werden in Kapitel 7.2 näher behandelt.

7. In jüngerer Zeit hat sich die Copula-Methode zu einer Standardmethode in der Risikomodellierung entwickelt. Sie ist jedoch nicht die Lösung aller Probleme (s. nebenstehende Abbildung), sondern sollte lediglich als eine von mehreren möglichen Arten angesehen werden, Abhängigkeiten zu modellieren. In [Mik04] wird die Begeisterung für Copulas mit des Kaisers neuen Kleidern aus Hans Christian Andersens gleichnamigem Märchen verglichen. Die Kritik betrifft unter anderem:

- Die Vorgehensweise bei der Auswahl des Copula-Modells ist unklar. Als Kriterium wird z. B. oft zugrunde gelegt, ob das Modell Tail-Abhängigkeit zulässt oder nicht (s. Kapitel 5.5). Da die Menge der Copulas sehr groß ist, führen solche heuristischen Regeln zu subjektiven Entscheidungen.

- Die statistische Theorie zur Anpassung eines Copula-Modells an Daten ist noch nicht hinreichend entwickelt.

5.3.5 Aufgaben

Aufgabe 5.12

In einem Versicherungsportfolio werden Schäden X aus Haftpflichtpolicen und Schäden Y aus Feuerpolicen durch zwei Lognormalverteilungen modelliert (Angaben in Millionen €):

$$X \sim \mathbf{LN}(-0{,}0277; 0{,}0149) \quad \text{und} \quad Y \sim \mathbf{LN}(-0{,}1099; 0{,}0089).$$

Die Abhängigkeit wird durch eine Gauß-Copula mit Korrelationskoeffizient $\rho = 0{,}2$ modelliert.

(a) Stellen Sie die resultierende gemeinsame Dichtefunktion der beiden Risiken durch den Funktionsgraphen und durch ein Höhenliniendiagramm dar.

(b) Berechnen Sie die Wahrscheinlichkeit dafür, dass gleichzeitig in beiden Risiken ein Schaden von höchstens 0,8 eintritt. (Hinweis: Die gesuchte Wahrscheinlichkeit lässt sich in R ermitteln, indem der pmvdc-Befehl auf das mvdc-Objekt aus Teil (a) angewendet wird.)

(c) Wiederholen Sie (a) und (b) mit der t-Copula mit Korrelationskoeffizient $\rho = 0{,}2$ und zwei Freiheitsgraden und mit anderen Werten des Korrelationskoeffizienten ρ.

Aufgabe 5.13
Zeigen Sie, dass für $\rho = 0$ die Gauß-Copula C_ρ^{Ga} mit der Unabhängigkeits-Copula übereinstimmt.

Aufgabe 5.14
Leiten Sie die Formel (5.6) für die Dichte der Gauß-Copula her. Zeigen Sie zunächst, dass

$$c_\rho^{Ga}(u_1, u_2) = \frac{\partial^2 \Phi_\rho}{\partial x_1 \partial x_2}(\Phi^{-1}(u_1); \Phi^{-1}(u_2)) \cdot \frac{\partial \Phi^{-1}(u_1)}{\partial u_1} \cdot \frac{\partial \Phi^{-1}(u_2)}{\partial u_2}$$

ist, und nutzen Sie dann die Identität

$$\frac{\partial \Phi^{-1}(u_i)}{\partial u_i} = \frac{1}{\varphi(\Phi^{-1}(u_i))}$$

aus.

Aufgabe 5.15
Die gemeinsame Dichtefunktion zweier Risiken X und Y sei gegeben durch

$$f(x, y) = x \cdot e^{-x \cdot (y+1)}$$

für $x, y \in [0; \infty)$.

(a) Berechnen Sie die gemeinsame Verteilungsfunktion von X und Y.
(b) Berechnen Sie die Randverteilungsfunktionen von X und Y und skizzieren Sie diese. Sind X und Y unabhängig?
(c) Berechnen Sie die Quantilfunktionen von X und Y und ermitteln Sie die Copula von X und Y mit Hilfe von Gleichung (5.4).
(d) Stellen Sie die gemeinsame Verteilungsfunktion und die Copula durch ihre Funktionsgraphen und durch Höhenliniendiagramme dar.

Aufgabe 5.16
Zeigen Sie, dass die Funktion $\xi(t) = (-\ln t)^\theta$ die Gumbel-Copula erzeugt, d. h. dass für die Gumbel-Copula gilt

$$C^{Gu}(u_1, u_2) = \xi^{-1}(\xi(u_1) + \xi(u_2)).$$

Aufgabe 5.17
Zeigen Sie, dass die Funktion $\xi(t) = \frac{1}{\theta}(t^{-\theta} - 1)$ die Clayton-Copula erzeugt, d. h. dass für die Clayton-Copula gilt

$$C^{Cl}(u_1, u_2) = \xi^{-1}(\xi(u_1) + \xi(u_2)).$$

Aufgabe 5.18

Seien X und Y stetige Zufallsvariablen mit Copula $C_{X,Y}$, und es seien $\alpha, \beta : \mathbb{R} \to \mathbb{R}$ streng monoton steigende Funktionen. Beweisen Sie den Satz über die Invarianz der Copula unter monotonen Funktionen für den Fall, dass zusätzlich α und β stetig sind (dann existieren die Umkehrfunktionen α^{-1} und β^{-1} und sind stetig).

(a) Es seien $U = \alpha(X)$ und $V = \beta(Y)$. Zeigen Sie zunächst, dass $F_X(x) = F_U(\alpha(x))$ bzw. $F_Y(y) = F_V(\beta(y))$ für alle $x, y \in \mathbb{R}$ gilt.

(b) Verwenden Sie (5.4), um zu zeigen, dass für beliebige $a, b \in [0; 1]$ die Beziehung

$$C_{U,V}(a,b) = C_{X,Y}(a,b)$$

gilt.

Aufgabe 5.19

Der Vektor $X = (X_1, X_2) \sim N_2(\mu; \Sigma)$ sei bivariat normalverteilt mit Erwartungswertvektor μ und Kovarianzmatrix Σ

$$\mu = \begin{pmatrix} \mu_1 \\ \mu_2 \end{pmatrix} \quad \text{und} \quad \Sigma = \begin{pmatrix} \sigma_1^2 & \rho \cdot \sigma_1 \sigma_2 \\ \rho \cdot \sigma_1 \sigma_2 & \sigma_2^2 \end{pmatrix}.$$

Nun wird durch

$$Y_1 := \frac{X_1 - \mu_1}{\sigma_1} \quad \text{und} \quad Y_2 := \frac{X_2 - \mu_2}{\sigma_2}$$

ein neuer Vektor $Y = (Y_1, Y_2)$ definiert.

(a) Zeigen Sie, dass (X_1, X_2) die gleiche Copula wie (Y_1, Y_2) besitzt. (Hinweis: Argumentieren Sie mit dem Satz über die Invarianz der Copula unter monotonen Funktionen.)

(b) Zeigen Sie, dass gilt $Y \sim N_2(0; \Psi)$ mit der Korrelationsmatrix

$$\Psi = \begin{pmatrix} 1 & \rho \\ \rho & 1 \end{pmatrix}.$$

(Hinweis: Nutzen Sie aus, dass sich Y mit geeigneter Matrix B und Vektor b darstellen lässt als $Y = B \cdot X + b$ und verwenden Sie Lemma B.32.)

5.4 Rangkorrelation

Rangkorrelationskoeffizienten sind Abhängigkeitsmaße, die aus den *Rangzahlen* von Daten berechnet werden. Relevant für die Berechnung ist dabei nur die Reihenfolge und nicht die genauen numerischen Werte. Mit Rangkorrelationskoeffizienten kann das gemeinsame Monotonieverhalten von zwei Risiken beschrieben werden, sie hängen im Gegensatz zum Pearsonschen Korrelationskoeffizienten nur von der Copula der Risiken ab und sind deshalb u. a. nützlich bei der Schätzung von Copulas aus gegebenen Daten (s. Kapitel 6.4).

5.4.1 Spearmanscher Rangkorrelationskoeffizient

Der Spearmansche Rangkorrelationskoeffizient entspricht dem gewöhnlichen Korrelationskoeffizienten; es werden jedoch nicht die Originaldaten einer Stichprobe, sondern deren Rangzahlen verwendet. Bei einer gegebenen Stichprobe $(x_1, y_1), \ldots, (x_n, y_n)$ geht man folgendermaßen vor: Für die x-Werte der Stichprobe $x_1, \ldots, x_n$ werden die *Rangzahlen* $R(x_i)$ innerhalb dieser Stichprobe ermittelt, wobei $R = 1$ für den kleinsten und $R = n$ für den größten Wert gesetzt wird. Entsprechend werden die Rangzahlen $R(y_i)$ für die y-Werte berechnet. Dann ist der *Spearmansche Rangkorrelationskoeffizient* r_S in der Stichprobenversion gegeben durch

$$r_S = \frac{\sum_{i=1}^{n} R(x_i)R(y_i) - n\overline{R(x)} \cdot \overline{R(y)}}{\sqrt{\left(\sum_{i=1}^{n} R(x_i)^2 - n\overline{R(x)}^2\right) \cdot \left(\sum_{i=1}^{n} R(y_i)^2 - n\overline{R(y)}^2\right)}}.$$

Dabei sind $\overline{R(x)} = \overline{R(y)} = (n+1)/2$ die mittleren Rangzahlen. Diese Formel entspricht der Formel für den Pearsonschen Korrelationskoeffizienten aus Abschnitt 5.1.1, wenn die Originalwerte durch ihre Rangzahlen ersetzt werden. Falls alle x-Werte und y-Werte verschieden sind, lässt sich r_S über die einfachere Formel

$$r_S = 1 - \frac{6 \cdot \sum_{i=1}^{n} d_i^2}{n(n^2 - 1)}$$

berechnen, wobei $d_i = R(x_i) - R(y_i)$ die Differenz der Rangzahlen bezeichnet.

Beispiel (Fortsetzung von Beispiel 5.1.1.2)
Für die zehn Werte aus Beispiel 5.1.1.2 ergibt sich Tabelle 5.4. Da $\sum_{i=1}^{n} d_i^2 = 60$, ergibt sich aus der obigen Formel $r_s = 0{,}6364$.

i	x_i (BMW)	y_i (Siemens)	$R(x_i)$	$R(y_i)$	d_i	d_i^2
1	0,003	-0,0051	6	4	2	4
2	0,0224	0,0072	10	8	2	4
3	-0,0059	-0,0055	3	3	0	0
4	0,0206	0,0017	9	7	2	4
5	-0,0058	0,016	4	9	-5	25
6	-0,0118	-0,0013	2	5	-3	9
7	0,0064	0,0219	8	10	-2	4
8	0,0039	0,0016	7	6	1	1
9	-0,0015	-0,0156	5	2	3	9
10	-0,0238	-0,0222	1	1	0	0

Tabelle 5.4: Zur Berechnung des Spearmanschen Korrelationskoeffizienten

Werden statt einer Stichprobe $(x_1, y_1), \ldots, (x_n, y_n)$ die zugrunde liegenden Zufallsvariablen X und Y betrachtet, so wird der Spearmansche Rangkorrelationskoeffizient ρ_S definiert als

$$\rho_S(X, Y) := \mathbf{Corr}(F_X(X), F_Y(Y)),$$

dabei ist **Corr** der Pearsonsche Korrelationskoeffizient. Die Zufallsvariablen $F_X(X)$ und $F_Y(Y)$ ergeben sich durch Einsetzen von X und Y in ihre jeweiligen Verteilungsfunktionen. Wenn diese stetig sind, dann folgt aus dem Simulationslemma (s. Satz B.5), dass die resultierenden Größen $U = F_X(X)$ und $V = F_Y(Y)$ gleichverteilte Zufallsvariablen sind. Somit gilt $\mathbf{E}(U) = \mathbf{E}(V) = \frac{1}{2}$ und $\mathbf{Var}(U) = \mathbf{Var}(V) = \frac{1}{12}$ (s. 2.2.1), und damit folgt

$$\rho_S(X,Y) := \rho(F_X(X), F_Y(Y))$$
$$= \frac{\mathbf{E}(U \cdot V) - \frac{1}{4}}{\frac{1}{12}}$$
$$= 12 \cdot \mathbf{E}(U \cdot V) - 3.$$

Der Spearmansche Rangkorrelationskoeffizient besitzt folgende Eigenschaften:

(i) Der Koeffizient ρ_S nimmt Werte in $[-1;1]$ an und ist symmetrisch, d. h. $\rho_S(X,Y) = \rho_S(Y,X)$.

(ii) Wenn X und Y unabhängig sind, dann ist $\rho_S(X,Y) = 0$, denn aus der Unabhängigkeit von X und Y folgt die Unabhängigkeit von U und V. Mit der obigen Formel ergibt sich dann

$$\rho_S(X,Y) = 12 \cdot \mathbf{E}(U \cdot V) - 3$$
$$= 12 \cdot \mathbf{E}(U) \cdot \mathbf{E}(V) - 3$$
$$= 12 \cdot \frac{1}{2} \cdot \frac{1}{2} - 3$$
$$= 0.$$

Die Umkehrung gilt i. Allg. nicht.

(iii) Wenn $\rho_S(X,Y) = 1$ bzw. $\rho_S(X,Y) = -1$, dann sind X und Y komonoton bzw. kontramonoton, d. h. die Copula von X und Y ist durch die Funktionen M bzw. W aus Abschnitt 5.3.2.1 gegeben.

(iv) Wenn C die Copula von X und Y ist, dann besitzt $\rho_S(X,Y)$ die Copula-Darstellung (s. [Nel06, (5.1.16)])

$$\rho_S(X,Y) = 12 \cdot \int_0^1 \int_0^1 [C(u,v) - u \cdot v] du dv,$$

das heißt, ρ_S hängt nur von der Copula ab. Da die Copula invariant ist unter streng monoton steigenden Transformationen von X und Y (s. den entsprechenden Satz in 5.3.1), gilt dies auch für den Korrelationskoeffizienten, d. h. es gilt $\rho_S(T_1(X), T_2(Y)) = \rho_S(X,Y)$ für streng monoton steigende Transformationen T_1, T_2.

5.4.2 Kendallscher Rangkorrelationskoeffizient

Ein weiteres Korrelationsmaß, das über die Rangzahlen berechnet wird, ist der Kendallsche Rangkorrelationskoeffizient. Er wird für eine gegebene Stichprobe $(x_1, y_1), \ldots, (x_n, y_n)$ folgendermaßen ermittelt. Zunächst werden wie beim Spearmanschen Rangkorrelationskoeffizienten die Rangzahlen für die x- und die y-Werte bestimmt und die x-Werte der Größe nach geordnet. Zu jedem der geordneten x-Werte gehört ein bestimmtes y_i mit Rangzahl $R(y_i)$, das heißt, über die Ordnung der x-Werte erhält man eine Ordnung der Rangzahlen der y-Werte. Aufgrund dieser Reihenfolge kann die Größe

$q_i =$Anzahl der Rangzahlen $R(y_j)$, die kleiner oder gleich $R(y_i)$ sind

und in der Reihenfolge nach $R(y_i)$ kommen

berechnet werden. Der *Kendallsche Rangkorrelationskoeffizient* r_τ wird dann in der Stichprobenversion als die Größe

$$r_\tau = 1 - \frac{4 \cdot \sum_{i=1}^{n} q_i}{n(n-1)}$$

definiert. Wenn die Beobachtungen komonoton sind in dem Sinn, dass für $x_i < x_j$ auch $y_i < y_j$ gilt, dann ist $q_1 = \ldots = q_n = 0$ und damit $\sum_{i=1}^{n} q_i = 0$. Die Summe der q_i kann also als ein Maß dafür angesehen werden, wie stark diese Komonotonieeigenschaft verletzt wird.

Werden statt einer Stichprobe die zugrunde liegenden Zufallsvariablen X und Y betrachtet, so gelten für $\rho_\tau(X,Y)$ wie beim Spearmanschen Korrelationskoeffizienten ρ_S die in 5.4.1 formulierten Eigenschaften (i)-(iii), Eigenschaft (iv) gilt in einer modifizierten Form (s. [MFE05]). Insbesondere hängt ρ_τ ebenfalls nur von der Copula ab und damit ändert sich auch der Spearmansche Korrelationskoeffizient unter streng monoton steigenden Transformationen nicht.

Beispiel (Fortsetzung von Beispiel 5.1.1.2)
Für die zehn Werte aus Beispiel 5.1.1.2 ergibt sich Tabelle 5.5. Die Werte sind den Rangzahlen

x_i (BMW)	y_i (Siemens)	$R(x_i)$	$R(y_i)$	q_i
-0,0238	-0,0222	1	1	0
-0,0118	-0,0013	2	5	3
-0,0059	-0,0055	3	3	1
-0,0058	0,016	4	9	5
-0,0015	-0,0156	5	2	0
0,003	-0,0051	6	4	0
0,0039	0,0016	7	6	0
0,0064	0,0219	8	10	0
0,0206	0,0017	9	7	0
0,0224	0,0072	10	8	0

Tabelle 5.5: Zur Berechnung des Kendallschen Korrelationskoeffizienten

der x-Werte nach geordnet. Da $R(y_1) = 1$ ist, muss $q_1 = 0$ sein, da es keine Rangzahlen $R(y_j)$ gibt, die kleiner oder gleich 1 sind und die unterhalb von $R(y_1)$ stehen. Für $R(y_2) = 5$ gibt es noch 3 solcher Rangzahlen, nämlich 3, 2 und 4. Für $R(y_3) = 3$ gibt es noch eine solche Rangzahl, nämlich die 2 usw. Da $\sum_{i=1}^{n} q_i = 9$ ist, ergibt sich somit $r_\tau = 0{,}6$.

5.4.3 Aufgaben

Aufgabe 5.20 (Fortsetzung von Aufgabe 5.1)
Berechnen Sie für die Versicherungsdaten aus Aufgabe 5.1 sowohl den Spearmanschen als auch den Kendallschen Rangkorrelationskoeffizienten. Führen Sie diese Berechnung ebenfalls für die logarithmierten Werte durch und interpretieren Sie die Ergebnisse.

Aufgabe 5.21 (Fortsetzung von Aufgabe 5.5)
Berechnen Sie für die Datensätze A bis D aus Aufgabe 5.5 jeweils den Spearmanschen und Kendallschen Rangkorrelationskoeffizienten. (Hinweis zum Datensatz D: Der x-Wert 8 taucht mehrfach auf; man spricht in diesem Fall von *Bindungen*. Beim Auftreten von Bindungen ordnet man üblicherweise den betroffenen Werten ihre mittlere Rangzahl zu, so werden beispielsweise den Werten 1; 2; 2; 3 die Rangzahlen 1; 2,5; 2,5; 4 zugeordnet.)

Aufgabe 5.22 (Fortsetzung von Aufgabe 5.3)
Berechnen Sie für die Renditedaten aus Aufgabe 5.3 den Spearmanschen und Kendallschen Rangkorrelationskoeffizienten sowohl mit als auch ohne den gemeinsamen Renditewert $(0,0089; 0,0730)$. Vergleichen Sie die Auswirkung, die die Hinzunahme dieses einzelnen Punkts auf die verschiedenen Korrelationskoeffizienten hat.

Aufgabe 5.23
Es seien $U, V \sim \mathbf{U}(0; 1)$. Zeigen Sie:

(a) Wenn $U = V$ ist (damit sind U und V komonoton), dann ist $\rho_S(U; V) = 1$.
(b) Wenn $U = -V$ ist (damit sind U und V kontramonoton), dann ist $\rho_S(U; V) = -1$.

5.5 Tail-Abhängigkeit

Besonders wichtig für das Risikomanagement sind Informationen über die Wahrscheinlichkeiten von extremen Ereignissen, die bei mehreren Risiken gleichzeitig auftreten können. Ist die Copula von zwei Risiken X_1 und X_2 und deren jeweilige Randverteilung bekannt, dann kann diese gemeinsame Wahrscheinlichkeit prinzipiell ermittelt werden. So wie für die Gesamtverteilung Maßzahlen wie der Pearsonsche, Spearmansche und Kendallsche Korrelationskoeffizient für die Abhängigkeit zwischen zwei Risiken X und Y existieren, können auch Maßzahlen für die Abhängigkeit von extrem hohen oder niedrigen Verlusten definiert werden – sogenannte *Tail-Abhängigkeitskoeffizienten*.

Dazu betrachten wir zunächst die bedingte Wahrscheinlichkeit $P(X \leq a | Y \leq b)$, also etwa bei Schadenverteilungen anschaulich die Wahrscheinlichkeit dafür, in Risiko X einen Verlust von höchstens a zu erleiden, wenn im Risiko Y ein Verlust von höchstens b aufgetreten ist. Nach der Definition der bedingten Wahrscheinlichkeit ist

$$P(X \leq a | Y \leq b) = \frac{P(X \leq a, Y \leq b)}{P(Y \leq b)},$$

und nach dem Satz von Sklar folgt

$$P(X \le a | Y \le b) = \frac{C(F_1(a), F_2(b))}{F_2(b)},$$

wobei F_1 und F_2 die Verteilungsfunktionen von X und Y und C die Copula von X und Y bezeichnet. Wenn a und b so gewählt werden, dass die beiden Ereignisse $X \le a$ und $Y \le b$ mit der gleichen Wahrscheinlichkeit q eintreten, dann ist

$$q = P(X \le a) = F_1(a)$$
$$= P(Y \le b) = F_2(b)$$

beziehungsweise $a = F_1^{-1}(q)$ und $b = F_2^{-1}(q)$, und damit folgt

$$P(X \le a | Y \le b) = \frac{C(q, q)}{q}. \tag{5.8}$$

Wenn der Grenzwert für $q \to 0$, also für den jeweils linken Rand der beiden Verlustverteilungen, existiert, dann wird dieser Grenzwert als unterer Tail-Abhängigkeitskoeffizient bezeichnet. Analog lässt sich der obere Tail-Abhängigkeitskoeffizient definieren, s. Aufgabe 5.26.

Für zwei stetige Zufallsvariablen X und Y mit Copula C ist der *untere Tail-Abhängigkeitskoeffizient* (unterer TDC) definiert durch

$$\lambda_L := \lim_{q \to 0} \frac{C(q, q)}{q}$$

und der *obere Tail-Abhängigkeitskoeffizient* (oberer TDC) durch

$$\lambda_U := \lim_{q \to 1} \frac{1 - 2q + C(q, q)}{1 - q},$$

(L steht für lower, U für upper) falls die Grenzwerte existieren und in $[0; 1]$ liegen.

Falls $\lambda_L = 0$ bzw. $\lambda_U = 0$ spricht man von *asymptotischer Unabhängigkeit im unteren bzw. oberen Tail*, ansonsten von Abhängigkeit in den Tails. Der (obere) TDC entspricht der Wahrscheinlichkeit, in dem einen Risiko einen extremen Verlust zu erleiden, unter der Bedingung, dass man in dem anderen Risiko einen extremen Verlust erleidet.

5.5.1 Beispiel (Tail-Abhängigkeitskoeffizienten für einige Copulas)

Im Folgenden sind die Tail-Abhängigkeitskoeffizienten der Copulas aus 5.3.2 angegeben.

Unabhängigkeits-Copula: Für die Unabhängigkeits-Copula ist $\frac{C(q,q)}{q} = q$ und $\frac{1-2q+C(q,q)}{1-q} = 1 - q$, d. h. $\lambda_L = \lambda_U = 0$. Wie erwartet erzeugt die Unabhängigkeits-Copula auch asymptotische Unabhängigkeit.

Komonotonie-Copula: Hier ist $\frac{C(q,q)}{q} = 1$ und $\frac{1-2q+C(q,q)}{1-q} = 1$, d. h. $\lambda_L = \lambda_U = 1$. Wie erwartet erzeugt die Komonotonie-Copula auch asymptotisch totale Abhängigkeit.

Kontramonotonie-Copula: Für $q \to 0+$ ist $C(q,q) = 0$ und für $q \to 1-$ ist $1 - 2q + C(q,q) = 1 - 2q + 2q - 1 = 0$, d. h. $\lambda_L = \lambda_U = 0$. Somit erzeugt die Kontramonotonie-Copula asymptotische Unabhängigkeit.

Gauß-Copula: Für $\rho \neq \pm 1$ gilt $\lambda_L = \lambda_U = 0$ (s. [MFE05, S. 211]). Das heißt, auch wenn zwei Risiken durch die Gauß-Copula mit extrem starker Korrelation $\rho \neq \pm 1$ gekoppelt sind, treten extreme Verluste (fast) unabhängig in den beiden Risiken auf. Insofern eignet sich die Gauß-Copula nicht zur Modellierung von Risiken, die eine Tail-Abhängigkeit besitzen.

t-Copula: Für die t-Copula mit ν Freiheitsgraden und Korrelation $\rho > -1$ gilt (s. [MFE05, S. 211])

$$\lambda = \lambda_L = \lambda_U = 2t_{\nu+1} \left(-\sqrt{\frac{(\nu+1)(1-\rho)}{1+\rho}} \right), \tag{5.9}$$

dabei ist $t_{\nu+1}$ die Dichte der t-Verteilung mit $\nu + 1$ Freiheitsgraden. Wenn $\rho > -1$, dann ist stets $\lambda > 0$. Also treten bei Risiken, die durch eine t-Copula miteinander gekoppelt sind, Extremereignisse tendenziell gleichzeitig auf. Im Gegensatz zur Gauß-Copula, die stets asymptotische Unabhängigkeit erzeugt, erzeugt die t-Copula also stets asymptotische Abhängigkeit.

Gumbel-Copula: Für die Gumbel-Copula C_θ^{Gu} ist $\lambda_U = 2 - 2^{1/\theta}$ und $\lambda_L = 0$ (s. [Nel06, Beispiel 5.22]). Für alle $\theta > 1$ besitzt die Gumbel-Copula also eine obere Tail-Abhängigkeit und diese strebt für $\theta \to \infty$ gegen 1. Dies entspricht der Tatsache, dass sich die Gumbel-Copula der Komonotonie-Copula annähert.

Clayton-Copula: Für die Clayton-Copula C_θ^{Cl} ist $\lambda_L = 2^{-1/\theta}$ und $\lambda_U = 0$ (s. [Nel06, Beispiel 5.22]). Das heißt, im unteren Tail ist die Clayton-Copula für alle $\theta > 0$ tailabhängig.

5.5.2 Beispiel zur Tail-Abhängigkeit (BMW- und Siemens-Renditen)

Wir betrachten die vier Copulas aus dem Beispiel in Abschnitt 5.3.3. Die entsprechenden Tail-Abhängigkeitskoeffizienten sind in Tabelle 5.6 zusammengestellt. Die Copula mit der stärksten unteren Tail-Abhängigkeit ist die Clayton-Copula, gefolgt von der t-Copula. Sowohl die Gauß- als auch die Gumbel-Copula besitzen keine untere Tail-Abhängigkeit. Bei der oberen Tail-Abhängigkeit ergibt sich das umgekehrte Bild – Gumbel- und t-Copula besitzen die stärksten Tail-Abhängigkeiten, während Gauß- und Clayton-Copula keine Tail-Abhängigkeiten besitzen. Die Auswirkungen dieser Abhängigkeiten auf den Value-at-Risk werden in Kapitel 7 weiter untersucht.

Copula	Parameter	λ_L	λ_U
Gauß	$\rho = 0{,}66$	0	0
t	$\rho = 0{,}67,\ \nu = 5{,}5$	0,39	0,39
Gumbel	$\theta = 1{,}77$	0	0,52
Clayton	$\theta = 1{,}27$	0,58	0

Tabelle 5.6: Tail-Abhängigkeitskoeffizienten der Copulas aus dem Beispiel in Abschnitt 5.3.3

5.5.3 Aufgaben

Aufgabe 5.24

In der Abbildung 5.12 sind jeweils 5000 simulierte Verluste von Risiken X und Y dargestellt. In jeder der Grafiken (a)-(d) sind die Verteilungen von X und Y als Einzelrisiken gleich, jedoch mit verschiedenen Abhängigkeiten versehen. Betrachten Sie ein Portfolio, welches aus diesen beiden Risiken besteht.

(a) Bringen Sie die vier dargestellten Abhängigkeitsformen in eine Reihenfolge bzgl. des oberen bzw. unteren Tail-Abhängigkeitskoeffizienten.

(b) Bringen Sie die vier dargestellten Abhängigkeitsformen in eine Reihenfolge bzgl. des Value-at-Risk (für hohe Quantile) des Gesamtverlustes $L = X + Y$.

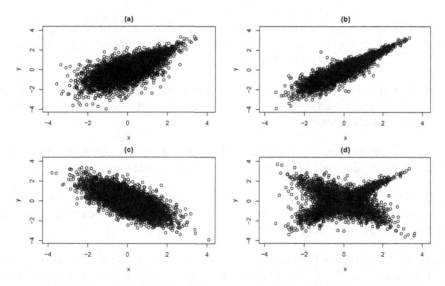

Abbildung 5.12: 5000 Realisierungen der Verluste aus Aufgabe 5.24

Aufgabe 5.25

Entwickeln Sie ein Programm, das als Input ρ und ν nimmt und den Tail-Abhängigkeitskoeffizienten $\lambda = \lambda(\rho, \nu)$ der t-Copula mit ν Freiheitsgraden (s. Gleichung (5.9)) berechnet.

(a) Erzeugen Sie für verschiedene Freiheitsgrade v den Graph von λ auf dem Intervall $(-1;1)$.

(b) Berechnen Sie $\lambda(0,4)$ und interpretieren Sie das Ergebnis.

(c) Wie verhält sich λ für beliebiges ρ, wenn die Anzahl der Freiheitsgrade gegen unendlich geht? Diskutieren Sie das Ergebnis.

Aufgabe 5.26

Zeigen Sie, dass wenn $q = P(X \le a) = P(Y \le b)$ ist, analog zum unteren Tail-Abhängigkeitskoeffizienten (s. Gleichung (5.8)) für den oberen Tail-Abhängigkeitskoeffizienten gilt

$$P(X > a | Y > b) = \frac{1 - 2q + C(q,q)}{1 - q}.$$

Zeigen Sie dazu zunächst, dass

$$P(X > a, Y > b) = 1 - P(X \le a) - P(Y \le b) + P(X \le a, y \le b)$$

ist. Gehen Sie dann analog wie beim unteren Tail-Abhängigkeitskoeffizienten vor.

5.6 Zusammenfassung

- Die Begriffe *Abhängigkeit*, *Zusammenhang* und *Korrelation* werden oft als Synonyme benutzt. In diesem Kapitel ging es ganz allgemein um die Modellierung von Abhängigkeiten im Sinne des Gegenteils von Unabhängigkeit.

- Der Pearsonsche bzw. lineare Korrelationskoeffizient beschreibt die Stärke und Richtung eines linearen Zusammenhangs von zwei Risiken. Es besteht eine direkte Beziehung zum linearen Regressionsmodell.

- Wenn Risiken multivariat normalverteilt sind, dann ist die gesamte Abhängigkeitsstruktur bereits vollständig durch den Pearsonschen Korrelationskoeffizienten festgelegt.

- Bei der Interpretation des Korrelationskoeffizienten sind – vor allem, wenn die Risiken nicht normalverteilt sind – verschiedene Trugschlüsse möglich, da er dann Abhängigkeitsbeziehungen nicht vollständig erfasst.

- Neben dem Pearsonschen Korrelationskoeffizienten gibt es Korrelationskoeffizienten, die über Rangzahlen berechnet werden. Mit diesen kann das gemeinsame Monotonieverhalten von zwei Risiken beschrieben werden, sie hängen im Gegensatz zum Pearsonschen Korrelationskoeffizienten nur von der Copula der Risiken ab. Der Tail-Abhängigkeitskoeffizient ist ein Abhängigkeitsmaß, welches die Wahrscheinlichkeit von extremen Verlusten bzw. Gewinnen wiedergibt. Auch er hängt nur von der Copula der Risiken ab. Es gibt eine Fülle von weiteren Abhängigkeitsmaßen und Abhängigkeitskonzepten neben den hier vorgestellten, s. etwa [Nel06], [Joe97] und [DDGK05].

- Regressionsmodelle beschreiben die funktionale Abhängigkeit einer abhängigen von einer unabhängigen Variablen. Dadurch werden „gerichtete" Abhängigkeiten beschrieben, abhängige und unabhängige Variablen können i. Allg. nicht vertauscht werden.

- Im einfachsten Fall wird bei der Regression eine lineare Beziehung zwischen zwei Zufallsvariablen unterstellt, die sich durch Anpassung einer Geraden an die Stichprobendaten schätzen lässt – üblicherweise nach dem Kleinste-Quadrate-Prinzip. Neben der einfachen linearen Regression gibt es viele Erweiterungen, von denen einige für spezielle Anwendungen in der Risikomodellierung relevant sind.

- Copulas können prinzipiell jede Form der Abhängigkeit von Risiken beschreiben. Sie bieten einen wesentlich flexibleren Ansatz als die Verwendung einer einzelnen Zahl wie eines Korrelationskoeffizienten, der nur ein spezielles Abhängigkeitskonzept verkörpert und sind daher auch flexibler als Regressionsmodelle.

- Copula-Modelle stellen eine Standardmethode im Risikomanagement dar. Allerdings gibt es kontroverse Diskussionen über bestimmte Aspekte ihre Einsatzes.

5.7 Selbsttest

1. Erläutern Sie den Unterschied zwischen (linearer) Korrelation und stochastischer Abhängigkeit. Welches Konzept ist allgemeiner?

2. Erläutern Sie das klassische (lineare) Regressionsmodell und gehen Sie dabei insbesondere auf den Unterschied zwischen abhängiger und unabhängiger Variable ein. Welche Rolle spielt der Korrelationskoeffizient für das Regressionsmodell?

3. Erläutern Sie einige aus dem klassischen Modell abgeleitete nichtlineare Regressionsansätze.

4. Was versteht man unter einer Copula? Nennen Sie einige konkrete Beispiele.

5. Erläutern Sie die Aussage des Satzes von Sklar.

6. Welche Vor- und Nachteile weisen Copulas als Instrument der Risikomodellierung auf?

7. Erläutern Sie die Definition und Aussagekraft des Spearmanschen und des Kendallschen Korrelationskoeffizienten.

8. Erläutern Sie die Definition und Aussagekraft des unteren und oberen Tail-Abhängigkeitskoeffizienten.

6 Auswahl und Überprüfung von Modellen

„All models are wrong, but some are useful." (G. Box)

In den vorangegangenen Kapiteln wurden verschiedene Modelle zur Beschreibung von Risiken formuliert. Beispielsweise wird im Black-Scholes-Modell für Optionspreise (s. Abschnitt 3.2.2) angenommen, dass der Kurs des Basiswerts einer geometrischen Brownschen Bewegung folgt. Modelle liefern jedoch nur eine Annäherung an die Realität und stellen daher stets einen Kompromiss zwischen Einfachheit und Vollständigkeit dar. Ziel ist also die Entwicklung eines Risikomodells, das die für eine konkrete Fragestellung relevanten Risikoaspekte gut beschreibt. Damit stellt sich die Frage, wie ein solches Modell ausgewählt bzw. unpassende Modelle ausgeschlossen werden können.

Ausgangspunkt in diesem Kapitel sind stets Daten $x_1, \ldots, x_n$, die als Realisierungen von unabhängigen, identisch verteilten Zufallsvariablen $X_1, \ldots, X_n$ mit unbekannter Verteilungsfunktion F aufgefasst werden (Kurzschreibweise $X_1, \ldots, X_n \sim F$ iid). Dies könnten beispielsweise Aktienkurse, Großschäden oder operationelle Verluste der Vergangenheit sein. In 6.1 werden Methoden vorgestellt, mit denen sich zu den Daten passende Verteilungen finden lassen bzw. mit denen entschieden werden kann, ob eine bestimmte Verteilung zu den Daten passt. Die Auswahl eines theoretischen Verteilungsmodells ist kein Selbstzweck, sondern dient beispielsweise dazu, Risikokennzahlen wie den Value-at-Risk zu bestimmen – also auf der Basis der ursprünglichen Daten zu schätzen. Dazu werden in 6.2 einige Verfahren vorgestellt. Anschließend werden in 6.3 einige Methoden der Extremwertstatistik erörtert. Wie in Kapitel 5 erläutert wurde, muss ein adäquates Risikomodell auch die Abhängigkeiten zwischen Risiken berücksichtigen. In 6.4 werden zwei Verfahren beschrieben, mit denen sich Copulas an gegebene Daten anpassen lassen. Ein gutes Risikomodell sollte schließlich realitätsnah sein, etwa in dem Sinn, dass es Value-at-Risk-Werte korrekt prognostiziert. Die Prognosegüte eines Modells kann mit Hilfe von Backtesting-Methoden überprüft werden, die in 6.5 dargestellt sind.

6.1 Überprüfung von Modellannahmen

In diesem Abschnitt werden einige Werkzeuge zur Verfügung gestellt, mit denen überprüft werden kann, ob Daten (z. B. Aktienrenditen) bestimmte Verteilungseigenschaften besitzen – also bestimmte Modellvoraussetzungen erfüllen. Dabei werden sowohl Methoden der beschreibenden Statistik und Techniken der explorativen Datenanalyse (Abschnitte 6.1.1 – 6.1.4) als auch statistische Hypothesentests (Abschnitt 6.1.5) angewendet. Da die Normalverteilungsannahme bei vielen Modellen eine zentrale Rolle spielt, ist die Frage, ob gegebene Beobachtungen normalverteilt sind, von besonderem Interesse. Die meisten der hier vorgestellten Verfahren sind für allgemeine Verteilungstypen anwendbar, im Unterabschnitt 6.1.6 werden jedoch auch spezielle Tests auf Normalverteilung vorgestellt.

6.1.1 Lage- und Streuungsparameter

In den Abschnitten 3.1.3 und 3.1.4 wurden unter anderem die Verteilungsgrößen Erwartungswert, Median sowie verschiedene Streuungs- und Schiefemaße im Zusammenhang mit der Risikoquantifizierung diskutiert. Meist beziehen sich diese Parameter auf theoretische Verteilungsmodelle und müssen aus Beobachtungen wie historischen Kursverläufen oder Schadenfällen geschätzt werden. Im Folgenden sollen daher die zu den theoretischen Verteilungsmodellen analogen empirischen – aus Daten berechenbaren – Größen aufgeführt werden. Aus Sicht des Statistikers sind diese Größen *Schätzer* der wahren (aber unbekannten) theoretischen Verteilungsgrößen. Diese Eigenschaft wird im restlichen Kapitel immer wieder benutzt werden, unter anderem um den Value-at-Risk zu schätzen.

6.1.1.1 Stichprobenmittel und Stichprobenvarianz

Für Beobachtungen $x_1, \ldots, x_n$ wurden bereits in Kapitel 5 die Größen

$$\textit{Stichprobenmittel:} \qquad \bar{x}_n := \frac{1}{n} \sum_{i=1}^{n} x_i,$$

$$\textit{Stichprobenvarianz:} \qquad s_n^2 := \frac{1}{n} \sum_{i=1}^{n} (x_i - \bar{x})^2,$$

$$\textit{Stichprobenstandardabweichung:} \qquad s_n := \sqrt{s_n^2}$$

eingeführt. Das Stichprobenmittel stellt das empirische Analogon zum Erwartungswert dar, die Stichprobenvarianz das empirische Analogon zur Varianz etc. Das Stichprobenmittel ist ein Maß für das Zentrum der Beobachtungswerte $x_1, \ldots, x_n$, die Stichprobenvarianz und -standardabweichung charakterisieren die Abweichung der Beobachtungswerte von ihrem Mittelwert. Statt der Stichprobenvarianz wird auch häufig die *korrigierte Stichprobenvarianz* $\frac{1}{n-1} \sum_{i=1}^{n} (x_i - \bar{x})^2$ verwendet, weil sie erwartungstreu ist, d. h. im Erwartungswert liefert dieser Schätzer den richtigen Wert für die Varianz der theoretischen Verteilung. Wenn der Wert n aus dem Kontext klar ist, wird auch $\bar{x}$ statt $\bar{x}_n$ etc. geschrieben.

Beispiel (Stichprobenmittel und Stichprobenvarianz)
Wir betrachten den Datensatz $\mathscr{D} = \{$ 0,22; 0,38; 0,54; 0,67; 0,96; 1,61; 2,26; 3,31; 3,94; 6,17 $\}$ (dies könnten etwa Renditen in % p. a. oder Schadensummen in Mio. Euro sein). In diesem Fall ist $n = 10$, $\bar{x}_n = 2{,}006$ und $s_n^2 = 3{,}386$.

6.1.1.2 Median und Quantile

Ausgangspunkt sind die der Größe nach geordneten Beobachtungswerte, die sogenannte *Rangwertreihe*

$$x_{(1)} \leq \cdots \leq x_{(n)}.$$

Die Klammern symbolisieren die Anordnung, d. h. $x_{(1)}$ steht in dieser Notation immer für den kleinsten Wert, $x_{(2)}$ für den zweitkleinsten Wert usw. Um das „Zentrum" der Daten insbesondere unter dem Anordnungsaspekt zu beschreiben, kann man eine Zahl $x_{0,5}$ verwenden, für die die eine Hälfte (Anteil $p = 0,5$) der Daten kleiner oder gleich, die andere Hälfte der Daten größer oder gleich dieser Zahl $x_{0,5}$ ist. Wenn n eine ungerade Zahl ist, dann ist dies genau der Wert $x_{0,5} = x_{\left(\frac{n+1}{2}\right)}$. Falls n eine gerade Zahl ist, könnte man im Prinzip jede Zahl im Intervall $[x_{\left(\frac{n}{2}\right)}; x_{\left(\frac{n}{2}+1\right)}]$ verwenden. Wir entscheiden uns für den Wert $x_{\left(\frac{n}{2}\right)}$, da dies konsistent ist mit den Quantilen der empirischen Verteilungsfunktion, s. Abschnitt 6.1.4.1. Wenn $\lceil z \rceil$ die kleinste natürliche Zahl bezeichnet, die größer oder gleich z ist, dann erhalten wir in Kurzschreibweise

$$x_{0,5} := x_{(\lceil 0,5 \cdot n \rceil)}$$

als den sogenannten *Median* der Beobachtungswerte.

Beispiel (Fortsetzung des Beispiels aus 6.1.1.1)
Betrachtet wird wieder der Datensatz $\mathcal{D} = \{$ 0,22; 0,38; 0,54; 0,67; 0,96; 1,61; 2,26; 3,31; 3,94; 6,17 $\}$. Da die Daten bereits der Größe nach sortiert sind, kann man die $x_{(i)}$ direkt ablesen und entsprechend der obigen Definition den Median berechnen: $x_{0,5} = x_{(5)} = 0,96$.

Analog zum Median funktioniert die Ermittlung von Quantilen für den allgemeinen Fall $p \in (0; 1)$. Man sucht also einen Wert x_p, das *p-Quantil*, sodass (mindestens) ein Anteil p der Beobachtungswerte kleiner oder gleich x_p und (mindestens) ein Anteil $1 - p$ größer oder gleich x_p ist. In Formeln ausgedrückt:

$$x_p := x_{(\lceil p \cdot n \rceil)}$$

Um die Abhängigkeit von den Daten zu betonen, wird x_p auch als *Stichprobenquantil* bezeichnet. Aus statistischer Sicht sind Stichprobenquantile also Schätzer der Verteilungsquantile $F^{-1}(p)$, vgl. Abschnitt B.1.2.

Beispiel (Fortsetzung des Beispiels aus 6.1.1.1)
Für den Datensatz $\mathcal{D}$ sollen das 80%-Quantil und 75%-Quantil berechnet werden.

(i) Für das 80%-Quantil gilt $n \cdot p = 10 \cdot 0,8 = 8$. Da dies eine natürliche Zahl ist, ist gemäß obiger Definition $x_{0,8} = x_{(8)} = 3,31$.

(ii) Für das 75%-Quantil gilt $n \cdot p = 10 \cdot 0,75 = 7,5$. Da $\lceil 7,5 \rceil = 8$ ist, ist gemäß obiger Definition $x_{0,75} = x_{(8)} = 3,31$.

6.1.1.3 Bemerkungen

1. Wenn eine gerade Anzahl von Daten vorliegt, wird der Median oft als

$$x_{0,5} = \frac{x_{\left(\frac{n}{2}\right)} + x_{\left(\frac{n}{2}+1\right)}}{2}$$

definiert; wie oben erwähnt gibt aber noch viele weitere Varianten. Ähnlich wie bei der Definition des Medians, sind auch modifizierte Definitionen der allgemeinen Quantile möglich (in R etwa sind neun verschiedene Varianten von Stichprobenquantilen implementiert).

2. Das 0,25-Quantil wird auch als *unteres Quartil*, das 0,75-Quantil als *oberes Quartil* bezeichnet. Die Differenz $x_{0,75} - x_{0,25}$ gibt den Abstand zwischen oberem und unterem Quartil an und wird als *Interquartilsabstand* bezeichnet (engl.: IQR – Interquartile Range).

3. Die Quantile zu den Wahrscheinlichkeiten $\frac{1}{100}, \frac{2}{100}, \cdots, \frac{99}{100}$ werden auch als *Perzentile* bezeichnet.

6.1.2 Grafische Darstellungen

In diesem Abschnitt werden zwei Verfahren zur Visualisierung von Datensätzen vorgestellt. Gemäß dem Motto „Ein Bild sagt mehr als tausend Worte" liefert dies oft mehr Erkenntnisse und einen schnelleren Überblick als die rein numerische Darstellung.

6.1.2.1 Histogramme

Das *Histogramm* ist die grafische Darstellung einer Häufigkeitsverteilung von Daten bzw. Messwerten. Die Idee besteht darin, die x-Achse (bzw. den Wertebereich der Daten) in eine bestimmte Anzahl von Klassen einzuteilen und anschließend pro Klasse die relative Häufigkeit, mit der die Daten in dieser Klasse liegen, auszurechnen und grafisch darzustellen. Man geht also folgendermaßen vor:

1. Teile den Wertebereich in k disjunkte Klassen $[b_1, b_2), [b_2, b_3), \ldots, [b_k, b_{k+1})$ ein.

2. Ermittle pro Klasse i die Anzahl Beobachtungen (*absolute Klassenhäufigkeit* bzw. *Besetzungszahl*), die in diese Klasse fällt:

$$n_i = \text{Anzahl Beobachtungen in Klasse } i$$
$$= |\{j | b_i \leq x_j < b_{i+1}\}|.$$

3. Ermittle pro Klasse die *relative Klassenhäufigkeit* $h_i := n_i / n$.

4. Stelle die relativen Häufigkeiten grafisch durch Rechtecke dar. Die Breite der Rechtecke ist dabei durch die Breite $b_{i+1} - b_i$ der entsprechenden Klasse gegeben, die Höhe sollte so festgelegt werden, dass die Fläche des Rechtecks der darzustellenden Häufigkeit entspricht (sog. Prinzip der Flächentreue, s. [Har05]): Häufigkeit = Breite · Höhe. Im Fall der relativen Häufigkeiten h_i ergibt sich dadurch als Höhe l_i des i-ten Rechtecks $l_i = h_i / (b_{i+1} - b_i)$.

6.1.2.2 Bemerkungen

1. Die Funktion $\widehat{f}_n$ mit

$$\widehat{f}_n(x) := \begin{cases} l_i & \text{für } x \in [b_i, b_{i+1}), \\ 0 & \text{sonst,} \end{cases}$$

kann man als Häufigkeitsdichte interpretieren. Geht man im Rahmen der Modellbildung von einer unbekannten Dichtefunktion f aus, die den Daten zugrunde liegt, so ist $\widehat{f}_n$ ein

Schätzer für f, und wird auch *Histogrammschätzer* genannt. Im Wesentlichen stimmt der Graph von $\widehat{f}_n$ mit den horizontalen Linien des Histogramms überein und nach Definition von h_i gilt $\int_{\mathbb{R}} \widehat{f}_n(x)dx = 1$.

2. Kritische Punkte bei der Konstruktion eines Histogramms sind die Wahl der Klassenanzahl sowie die Festlegung der Breite der Intervalle. Es handelt sich nicht um ein einfaches Problem. In der gängigen Statistik-Software sind verschiedene Methoden implementiert, die die Klassenanzahl und Intervallbreite „automatisch" wählen, sodass der Nutzer diese nicht eingeben muss. In R etwa wird als Default $k = \lceil \log_2 n + 1 \rceil$, die sogenannte *Formel von Sturges*, verwendet.

3. Manchmal werden im Histogramm statt der relativen Häufigkeiten die absoluten Häufigkeiten dargestellt.

Beispiel (Fortsetzung des Beispiels aus 6.1.1.1)
Für den Datensatz $\mathscr{D}$ aus dem obigen Beispiel soll ein Histogramm erstellt werden. Es wird beispielsweise $k = 7$ und $b_1 = 0, b_2 = 1, \ldots, b_8 = 7$ gewählt. In Klasse 1 fallen fünf Beobachtungen

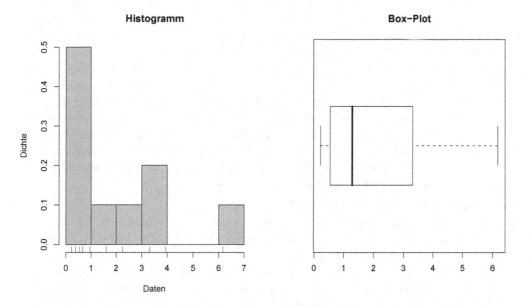

Abbildung 6.1: Histogramm und Box-Plot der Beispieldaten

(nämlich 0,22; 0,38; 0,54; 0,67; 0,96), in Klasse 2 eine Beobachtung (nämlich 1,61) usw. Die relativen Klassenhäufigkeiten sind entsprechend 0,5; 0,1 usw. Da die Breite der Klassen stets 1 beträgt, sind in diesem Fall die Werte von l_i mit denen von h_i identisch, und insgesamt ergeben sich somit die in Tabelle 6.1 aufgeführten Werte mit zugehöriger grafischer Darstellung in Abbildung 6.1. Zwischen der x-Achse und den Histogrammrechtecken sind hier zusätzlich die Daten markiert. Auch wenn die Stichprobengröße (um ein Nachrechnen „von Hand" zu ermöglichen),

i	1	2	3	4	5	6	7
Klasse$_i$	[0;1)	[1;2)	[2;3)	[3;4)	[4;5)	[5;6)	[6;7)
n_i	5	1	1	2	0	0	1
h_i	0,5	0,1	0,1	0,2	0	0	0,1

Tabelle 6.1: Berechnete Größen für das Histogramm von $\mathscr{D}$

zu gering für eine zuverlässige Modellbildung ist, so kann das Histogramm doch folgendermaßen interpretiert werden: Die Verteilung scheint nicht symmetrisch zu sein, sondern rechtsschief, denn es gilt $x_{0,5} = 0{,}96 < 2{,}006 = \bar{x}$ (vgl. 3.1.3); insbesondere deutet dies also darauf hin, dass die Daten nicht einer Normalverteilung entstammen.

6.1.2.3 Box-Plots

In einem *Box-Plot* (auch *Box-Whisker-Plot* genannt) werden in der Standardvariante das Minimum, das Maximum, das obere und untere Quartil, sowie der Median in einer gemeinsamen Grafik zusammengefasst. Dabei besteht die „Box" (Schachtel) aus dem unteren Quartil, Median und oberen Quartil; s. Abb. 6.1 für einen Box-Plot der Beispieldaten. Maximum bzw. Minimum werden durch die Endpunkte der beiden langen dünnen Striche – den „Whiskers" (Barthaaren) – oberhalb bzw. unterhalb der Box dargestellt. Es gibt noch weitere Box-Plot-Varianten, in denen zusätzlich das Stichprobenmittel dargestellt wird oder in denen die Whiskers sich nicht zum Minimum und Maximum sondern zu einem Vielfachen des Interquartilsabstands $x_{0,75} - x_{0,25}$ erstrecken und „extreme" Werte (sog. *Ausreißer*) als Einzelpunkte ober- und unterhalb dieser Begrenzung dargestellt werden. Somit gibt ein Box-Plot einen kompakten Überblick über das Zentrum der Daten (durch den Median), die Streuung der Daten (durch die Breite der Box bzw. Abstand zwischen den Whisker-Enden), die Symmetrie der Daten (durch die Position des Medians relativ zu den Quartilen bzw. Maximum und Minimum) und ggf. Ausreißer (falls eine entsprechende Box-Plot-Variante gewählt wurde).

Beispiel (Fortsetzung des Beispiels aus 6.1.1.1)
Im Box-Plot der Beispieldaten (s. Abbildung 6.1) ist nochmals die Rechtsschiefe der Daten zu erkennen: Innerhalb der Box liegt das untere Quartil wesentlich näher beim Median („Zentrum" der Verteilung) als das obere Quartil, und auch das Minimum liegt wesentlich näher beim Median als das Maximum. Dies bedeutet, dass die unteren 50 % der Daten wesentlich konzentrierter lokalisiert sind als die oberen 50 %. Wären die Daten symmetrisch verteilt, würde sich dies auch in einem symmetrischen Box-Plot niederschlagen, in dem der Median sowohl etwa in der Mitte der Box als auch der Whiskers liegen sollte.

6.1.3 Schätzen von Verteilungsparametern

Die Verteilungsmodelle aus Kapitel 2 enthielten alle einen oder mehrere Parameter. In der Praxis müssen diese Verteilungsparameter in der Regel aus vorliegenden Daten geschätzt werden. In diesem Abschnitt werden zwei wichtige Methoden der Parameterschätzung skizziert, mit denen die verwendeten Risikomodelle an vorliegende Daten angepasst werden können.

6.1.3.1 Die Momentenmethode

Als k-tes *Moment* m_k einer Verteilung bzw. Zufallsvariablen X wird der Erwartungswert von X^k bezeichnet, d. h. $m_k = \mathbf{E}(X^k)$. Bei vielen Verteilungen stimmen die Verteilungsparameter entweder direkt mit gewissen Momenten überein oder sie lassen sich durch diese ausdrücken. Beispiele sind unter anderem

- die Normalverteilung: Wenn $X \sim \mathbf{N}(\mu; \sigma^2)$, dann ist der Parameter μ identisch mit dem ersten Moment $\mu = \mathbf{E}(X) = m_1$, und der Parameter σ^2 lässt sich durch das erste und zweite Moment ausdrücken, d. h. $\sigma^2 = \mathbf{Var}(X) = \mathbf{E}(X^2) - (\mathbf{E}(X))^2 = m_2 - m_1^2$.

- die Poisson-Verteilung: Wenn $X \sim \mathbf{Pois}(\lambda)$, dann ist $\lambda = \mathbf{E}(X) = m_1$.

- die Gamma-Verteilung: Wenn $X \sim \Gamma(k; \lambda)$, dann ist (s. Abschnitt 2.2.2)

$$m_1 = \mathbf{E}(X) = \frac{k}{\lambda} \qquad \text{und}$$

$$m_2 - m_1^2 = \mathbf{Var}(X) = \frac{k}{\lambda^2}.$$

Auflösen nach k und λ liefert

$$k = \frac{m_1^2}{m_2 - m_1^2},$$

$$\lambda = \frac{m_1}{m_2 - m_1^2}.$$

Die Idee bei der Momentenmethode besteht nun darin, die (theoretischen) Momente durch die entsprechenden Schätzer zu ersetzen, also

$$m_1 \qquad \text{durch} \qquad \widehat{m}_1 := \frac{1}{n} \sum_{i=1}^{n} x_i,$$

$$m_2 \qquad \text{durch} \qquad \widehat{m}_2 := \frac{1}{n} \sum_{i=1}^{n} x_i^2,$$

usw.

Für die oben erwähnten Beispiele ergeben sich damit die folgenden Parameterschätzer:

- Für die Normalverteilung:

$$\widehat{\mu} = \widehat{m}_1 = \frac{1}{n} \sum_{i=1}^{n} x_i = \overline{x} \qquad \text{und}$$

$$\widehat{\sigma}^2 = \widehat{m}_2 - \widehat{m}_1^2 = \frac{1}{n} \sum_{i=1}^{n} (x_i - \overline{x})^2 = s_n^2;$$

- für die Poisson-Verteilung: $\qquad \widehat{\lambda} = \overline{x},$

- für die Gamma-Verteilung:

$$\widehat{k} = \frac{\bar{x}^2}{s_n^2} \quad \text{und} \quad \widehat{\lambda} = \frac{\bar{x}}{s_n^2}.$$

Momentenschätzer lassen sich leicht aus Stichproben berechnen und besitzen darüber hinaus einige weitere attraktive Eigenschaften (s. etwa [SH06]).

Beispiel (Fortsetzung des Beispiels aus 6.1.1.1)
Als konkrete Anwendung wird wieder der Datensatz $\mathscr{D}$ betrachtet. Wenn angenommen wird, dass die Daten normalverteilt sind, dann liefert die Momentenmethode als geschätzte Parameter die Werte $\widehat{\mu} = \bar{x} = 2{,}006$ und $\widehat{\sigma}^2 = s_n^2 = 3{,}386$.

6.1.3.2 Die Maximum-Likelihood-Methode

Ausgangspunkt der Maximum-Likelihood-Methode sind Daten $x_1, \ldots, x_n$, die unabhängig identisch verteilt sind und deren zugrunde liegende Verteilung eine Dichtefunktion $f_\theta(x)$ bzw. Wahrscheinlichkeitsfunktion $p_\theta(x)$ besitzt, die von einem Parameter θ abhängt. Ziel ist es, den wahren, aber unbekannten Verteilungsparameter θ aus den Daten zu schätzen. Wenn die Daten die diskrete Wahrscheinlichkeitsfunktion $p_\theta(x)$ besitzen, dann ist $p_\theta(x_i) = P_\theta(X = x_i)$ die Wahrscheinlichkeit dafür, den Wert x_i zu beobachten, wenn der wahre Verteilungsparameter θ vorliegt. In diesem Kontext wird $p_\theta(x_i)$ auch als *Likelihood* bezeichnet. Die Likelihood der Gesamtstichprobe $x_1, \ldots, x_n$ ist dann wegen der Unabhängigkeit der Beobachtungen gegeben durch

$$L_\theta(x_1, \ldots, x_n) := p_\theta(x_1) \cdot \ldots \cdot p_\theta(x_n).$$

Nun wird die Stichprobe als fest betrachtet und $L_\theta(x_1, \ldots, x_n)$ als Funktion des Parameters θ aufgefasst – die sogenannte *Likelihood-Funktion*. Eine ähnliche Überlegung liefert für stetig verteilte Daten

$$L_\theta(x_1, \ldots, x_n) = f_\theta(x_1) \cdot \ldots \cdot f_\theta(x_n)$$

als Likelihood-Funktion. Als Schätzer $\widehat{\theta}$ des unbekannten Parameters θ wird nun jenes θ gewählt, das die vorliegende Likelihood-Funktion maximiert, d. h.

$$L_{\widehat{\theta}}(x_1, \ldots, x_n) = \max_\theta L_\theta(x_1, \ldots, x_n).$$

Der sogenannte *Maximum-Likelihood-Schätzer* (kurz ML-Schätzer) ist also derjenige Parameterwert, der die Likelihood, die beobachteten Daten zu erhalten, maximiert. Der resultierende Schätzer $\widehat{\theta} = \widehat{\theta}(x_1, \ldots, x_n)$ hängt – auf eine unter Umständen komplizierte Art – von der Stichprobe ab. Anstelle der Likelihood-Funktion L_θ wird üblicherweise die *log-Likelihood-Funktion*

$$\begin{aligned} l_\theta(x_1, \ldots, x_n) &:= \ln L_\theta(x_1, \ldots, x_n) \\ &= \ln f_\theta(x_1) \cdot \ldots \cdot f_\theta(x_n) \\ &= \sum_{i=1}^n \ln f_\theta(x_i) \end{aligned}$$

maximiert. Da der Logarithmus streng monoton steigend ist, liefert die Maximierung von l_θ dasselbe Ergebnis wie die Maximierung von L_θ und ist in der Regel einfacher durchzuführen.

Eine ausführlichere Darstellung von ML-Schätzern würde an dieser Stelle zu weit führen, es soll jedoch angemerkt werden, dass man mathematisch beweisen kann, dass diese Schätzer i. Allg. „gute" statistische Eigenschaften besitzen, konkrete Informationen hierzu finden sich etwa in [SH06]. In einigen Fällen, etwa bei der Normalverteilung und Poisson-Verteilung, liefern die ML-Methode und die Momentenmethode identische Schätzer. Bei der Gamma-Verteilung ergibt sich hingegen ein anderer Schätzer für den Formparameter k (s. Abschnitt 2.2.2).

Die ML-Methode funktioniert auch, wenn mehrdimensionale Daten, z. B. $x_1, \ldots, x_n \in \mathbb{R}^2$ vorliegen. Dies wird bei der Maximum-Likelihood-Schätzung von Copula-Parametern in Abschnitt 6.4, benutzt.

Beispiel (Fortsetzung des Beispiels aus 6.1.1.1)
Als konkrete Anwendung wird wieder der Datensatz $\mathscr{D}$ betrachtet, an den nun Normal-, Lognormal- und Gamma-Verteilung mit der ML-Methode angepasst werden. In R steht dafür beispielsweise die Funktion `fitdistr` aus dem Paket `MASS` zur Verfügung, die den folgenden Output liefert.

```
> fitdistr(daten, "normal")
      mean          sd
  2.0060000    1.8401859
 (0.5819179)  (0.4114781)
> fitdistr(daten, "gamma")
     shape         rate
  1.1757582    0.5861214
 (0.4694912)  (0.2898175)
> fitdistr(daten, "log-normal")
    meanlog        sdlog
  0.2140229    1.0405874
 (0.3290626)  (0.2326824)
```

Die Funktion `fitdistr` gibt sowohl die ML-Parameterschätzer als auch die Standardabweichung des entsprechenden Parameterschätzers (in Klammern) aus. Als Kandidaten für die zugrunde liegende Verteilung ergeben sich somit aufgrund der ML-Methode die Verteilungen $N(2{,}006; 3{,}386)$, $\Gamma(1{,}176; 1/0{,}586)$ und $LN(0{,}241; 1{,}041)$. Die Dichten dieser drei Verteilungen sind in der Abbildung 6.2 dargestellt.

6.1.4 Explorativer Vergleich von Daten mit einer vorgegebenen Verteilung

In diesem Abschnitt werden zwei grafische Verfahren vorgestellt, die Hinweise darauf geben, ob die Daten $x_1, \ldots, x_n$ gemäß einer bestimmten Verteilungsfunktion F verteilt sind.

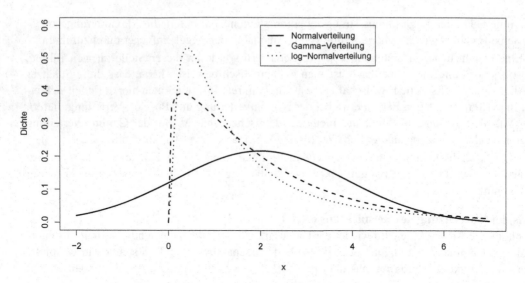

Abbildung 6.2: Dichtefunktionen der drei angepassten Verteilungen

6.1.4.1 Die empirische Verteilungsfunktion und CDF-Plots

Eine Möglichkeit, eine Wahrscheinlichkeitsverteilung zu beschreiben, besteht in der Angabe der Verteilungsfunktion $F(x) = P(X \leq x)$. Auch zu gegebenen Daten $x_1, \ldots, x_n$ lässt sich eine Verteilungsfunktion, die sogenannte empirische Verteilungsfunktion oder kumulative Häufigkeitsverteilung, angeben, die die Häufigkeitsverteilung der Daten wiedergibt. Genauer ist der Wert $\widehat{F}_n(x)$ der *empirischen Verteilungsfunktion* an der Stelle x die relative Häufigkeit der Daten, die kleiner oder gleich der Zahl x sind:

$$\widehat{F}_n(x) := \frac{\text{Anzahl Beobachtungen} \leq x}{\text{Anzahl Beobachtungen insgesamt}}$$

$$= \frac{\#\{i | x_i \leq x\}}{n}$$

$$= \frac{1}{n} \sum_{i=1}^{n} 1_{(-\infty, x]}(x_i).$$

Dabei bezeichnet 1_A für eine Menge A die sog. Indikatorfunktion

$$1_A(x) = \begin{cases} 1 & \text{für } x \in A, \\ 0 & \text{sonst.} \end{cases}$$

Somit ist die empirische Verteilungsfunktion eine Treppenfunktion mit Sprüngen an den Datenpunkten $x_1, \ldots, x_n$ der Höhe $1/n$ (wenn alle x_i verschieden sind). Für die Quantile der empirischen Verteilungsfunktion gilt für $p \in (0; 1)$ die Beziehung

$$\widehat{F}_n^{-1}(p) = x_{(\lceil p \cdot n \rceil)}.$$

Um dies nachzuvollziehen, erinnern wir zunächst an die allgemeine Definition B.4 der Quantil-funktion. Da $\widehat{F}_n$ eine Verteilungsfunktion ist, ist ihre Quantilfunktion durch

$$\widehat{F}_n^{-1}(p) := \min\{x|\widehat{F}_n(x) \geq p\}$$

definiert. Gesucht ist also das minimale x mit $\widehat{F}_n(x) \geq p$. Wenn die Daten $x_1 < \ldots < x_n$ alle verschieden sind, dann ist $\widehat{F}_n(x_1) = 1/n, \widehat{F}_n(x_2) = 2/n, \ldots, \widehat{F}_n(x_n) = 1$. Da $p \in (0;1)$ ist, gibt es also einen minimalen x_i-Wert und damit auch ein minimales i, sodass $\widehat{F}_n(x_i) \geq p$ ist. Da $\widehat{F}_n(x_i) = i/n$ ist, folgt, dass $i \geq n \cdot p$ sein muss. Die kleinste derartige Zahl ist $\lceil p \cdot n \rceil$. Mathematisch lässt sich beweisen, dass für eine sehr große Stichprobengröße n die Beziehung $\widehat{F}_n(x) \approx F(x)$ für alle $x \in \mathbb{R}$ gilt, wobei F die den Beobachtungen zugrunde liegende (i. Allg. aber unbekannte) Verteilungsfunktion ist (dies ist der Satz von *Glivenko-Cantelli*, vgl. Satz B.26). Das heißt, so wie das Histogramm ein Schätzer für die Dichte bzw. Wahrscheinlichkeitsfunktion einer Verteilung ist, so ist die empirische Verteilungsfunktion ein Schätzer für die Verteilungsfunktion. Eine grafische Möglichkeit zur Überprüfung, ob die Beobachtungen einer Verteilung mit vorgegebener hypothetischer Verteilungsfunktion (*Cumulative Distribution Function*, CDF) $F_0(x)$ entstammen, besteht somit darin, sowohl $\widehat{F}_n$ als auch F_0 in eine gemeinsame Grafik, den sogenannten CDF-Plot, einzutragen. Wenn die Annahme stimmt, dann sollten die Diskrepanzen zwischen $\widehat{F}_n$ und F_0 klein sein. Eine Konkretisierung dieser etwas vagen Aussage liefern die in den Abschnitten 6.1.5.2 und 6.1.5.3 beschriebenen Tests von Kolmogorov-Smirnov und Anderson-Darling.

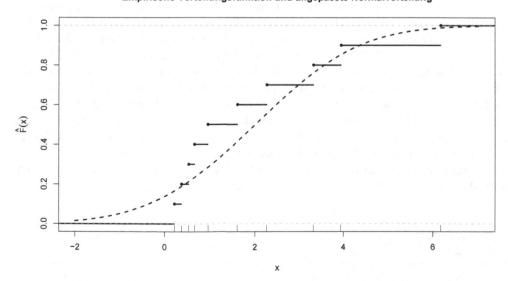

Abbildung 6.3: Empirische Verteilungsfunktion der Beispieldaten mit angepasster Normalverteilung

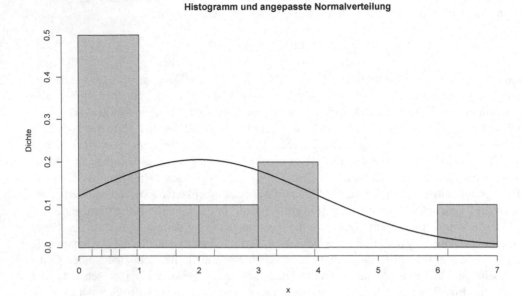

Abbildung 6.4: Histogramm der Beispieldaten mit angepasster Normalverteilung

Beispiel (Fortsetzung des Beispiels aus 6.1.1.1)

Es soll überprüft werden, ob die Daten aus $\mathscr{D}$ normalverteilt sind. Falls die Daten tatsächlich normalverteilt sind, dann erhält man als geschätzte Verteilungsparameter die Werte $\widehat{\mu} = \bar{x} = 2{,}006$ und $\widehat{\sigma}^2 = s_n^2 = 3{,}386$ (s. vorhergehendes Beispiel). Die entsprechende angepasste Verteilung wäre somit $\mathbf{N}(2{,}006; 3{,}386)$. Die Verteilungsfunktion F_0 dieser Verteilung wird nun mit der empirischen Verteilungsfunktion verglichen (s. Abbildung 6.3). Auch wenn der Stichprobenumfang wiederum zu klein ist, um abgesicherte Aussagen treffen zu können, so scheint doch die Normalverteilung nicht besonders gut zu den Daten zu passen. Dies wird deutlich bei den x-Werten in der Nähe von 0 und in der Nähe von 1, wo sich relativ große Abweichungen zwischen $\widehat{F}_n$ und F_0 ergeben. Analog kann mit dem Histogramm aus Abbildung 6.1 verfahren werden, indem man zusätzlich noch die Dichte der angepassten Verteilung einträgt (s. Abbildung 6.4).

In R steht zur Berechnung der empirischen Verteilungsfunktion beispielsweise der Befehl `ecdf` (empirical cumulative distribution function) zur Verfügung. Durch

```
> emp<-ecdf(daten)
> plot(emp)
```

wird ein `ecdf`-Objekt `emp` definiert, dessen Graph dann mit dem `plot`-Befehl erzeugt wird.

6.1.4.2 Q-Q-Plots

Die Idee beim *Q-Q-Plot* (Quantil-Quantil-Diagramm) besteht darin, die Stichprobenquantile mit den Quantilen einer vorgegebenen Verteilung zu vergleichen. Oft wird dies – wie im folgenden Beispiel – eine Normalverteilung sein, aber die Vorgehensweise funktioniert analog ganz allgemein.

Angenommen als Werte der empirischen Verteilungsfunktion in $(0;1)$ treten $\frac{1}{n}, \frac{2}{n}, \dots$ auf. Wenn die Beobachtungen tatsächlich einer Standardnormalverteilung genügten, dann würde man vermuten, dass

$$\frac{1}{n} = \widehat{F}_n(x_{(1)}) \approx \Phi(x_{(1)}),$$

$$\frac{2}{n} = \widehat{F}_n(x_{(2)}) \approx \Phi(x_{(2)}),$$

$$\vdots$$

gelten müsste. Entsprechend sollten dann die Quantile

$$y_1 := \Phi^{-1}\left(\frac{1}{n}\right) \approx x_{(1)},$$

$$y_2 := \Phi^{-1}\left(\frac{2}{n}\right) \approx x_{(2)},$$

$$\vdots$$

erfüllen. Die Idee beim Q-Q-Plot ist es, die Paare $(x_{(1)}, y_1), (x_{(2)}, y_2), \dots$ in einem Diagramm einzutragen. Da $y_i \approx x_{(i)}$, würde man also erwarten, dass die Paare $(x_{(i)}, y_i)$ in etwa auf der winkelhalbierenden Gerade liegen. Falls die Daten nicht $\mathbf{N}(0;1)$-, sondern $\mathbf{N}(\mu; \sigma^2)$-verteilt sind, liegen die Punkte nicht auf der Winkelhalbierenden sondern auf einer entsprechenden Geraden, deren Werte y_i dann durch $y_i = \mu + \Phi^{-1}(\frac{i}{n}) \cdot \sigma$ gegeben sind. Größere Abweichungen von der Geradenform sprechen gegen die Normalverteilung als Verteilungsmodell zu den Beobachtungen.

Für die praktische Berechnung der y_i-Werte sei angemerkt, dass die Quantilfunktion nicht an den Stellen $\frac{i}{n}$ ausgewertet wird (für $i = n$ wäre dann $y_n = \Phi^{-1}(1) = \infty$), sondern an etwas modifizierten Positionen; verschiedene Varianten sind in [Sch04] beschrieben.

Beispiel (Fortsetzung des Beispiels aus 6.1.1.1)

Es wird wieder von den bekannten Daten $\mathscr{D}$ ausgegangen. Im Q-Q-Plot in Abb. 6.5 sind auf der x-Achse die Quantile der Standardnormalverteilung dargestellt, auf der y-Achse die entsprechenden Stichprobenquantile. Bei den positiven Normalverteilungsquantilen ist zu erkennen, dass es im Vergleich zu viele große Stichprobenwerte gibt (oberes rechtes Viertel der Abbildung); d. h. große Beobachtungswerte treten mit einer zu hohen (bezogen auf die Normalverteilung) Wahrscheinlichkeit auf. Für die negativen Normalverteilungsquantile liegen die entsprechenden Stichprobenwerte alle im positiven Bereich, d. h. hier fällt die Verteilungsfunktion der Beobachtungen viel schneller gegen null ab, als es einer Normalverteilung entsprechen würde (dies ist

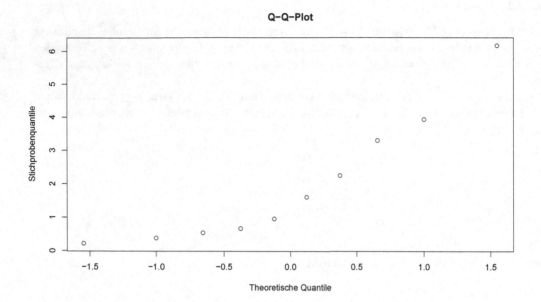

Abbildung 6.5: Q-Q-Plot der Beispieldaten gegen Normalverteilungsquantile

nicht erstaunlich – alle Beobachtungswerte sind schließlich positiv). Insgesamt ist deutlich zu erkennen, dass die Quantile der Daten nicht zu den Quantilen einer Normalverteilung passen. In R wird durch den Befehl `qqnorm(daten)` ein Q-Q-Plot der Daten gegen die Standardnormalverteilung erzeugt.

Q-Q-Plots sind also geeignet, um Daten mit einer hypothetischen Verteilung zu vergleichen. Wenn die Daten (evtl. bis auf eine lineare Transformation) tatsächlich der hypothetischen Verteilung gehorchen, sollte der Q-Q-Plot ungefähr eine Gerade sein. Besonders hilfreich sind Q-Q-Plots, um Aufschlüsse über das Tail-Verhalten der Daten zu gewinnen. Wenn der Q-Q-Plot im linken Teil nach unten bzw. im rechten Teil noch oben gebogen ist, dann hat die hypothetische Verteilung leichtere Tails.

6.1.5 Anpassungstests

Im vorangegangenen Abschnitt wurden einige – vor allem grafische – Werkzeuge vorgestellt, die einen Hinweis darauf geben können, ob die Beobachtungen von einer bestimmten Verteilung stammen. Der Charakter dieser Werkzeuge ist teilweise qualitativ und abhängig von der subjektiven Einschätzung des Datenanalysten bzw. Risikomanagers. Für den Risikomanager ist es sicherlich wünschenswert, die Entscheidung, ob die vorliegenden Daten z. B. normalverteilt sind, auf eine quantitative und damit transparentere Basis zu stellen. Solche Entscheidungsverfahren sind durch statistische Tests gegeben. Tests die überprüfen, ob Daten einem gegebenen Verteilungsmodell folgen, werden *Anpassungstests* genannt.

6.1.5.1 Einige allgemeine Bemerkungen zu statistischen Tests

Statistische Tests liefern zu einer gegebenen Fragestellung bzw. Behauptung, der sog. *(Null-)* *Hypothese*, bei vorliegenden Daten eine der beiden Entscheidungen: „Verwerfe Hypothese" oder „Behalte Hypothese bei". Eine mögliche Hypothese könnte zum Beispiel sein: „H_0: Die Beobachtungen sind verteilt gemäß $N(0;1)$". Demgegenüber steht die Alternativhypothese (kurz: Alternative) „H_1: Die Beobachtungen sind nicht gemäß $N(0;1)$ verteilt". Die meisten statistischen Tests werden so durchgeführt, dass zunächst eine *Teststatistik* bzw. *Prüfgröße T* berechnet wird. Aufgrund dieser Statistik entscheidet der Test, ob die Nullhypothese verworfen oder beibehalten wird. Bei dieser Vorgehensweise können vier verschiedene Konstellationen auftreten, die in der Tabelle 6.2 dargestellt sind. Offensichtlich entscheidet der Test in zwei Situationen falsch:

	Realität	
Testentscheidung	H_0 wahr	H_0 falsch
H_0 abgelehnt	Fehler 1. Art	Entscheidung richtig
H_0 beibehalten	Entscheidung richtig	Fehler 2. Art

Tabelle 6.2: Entscheidungsmöglichkeiten beim statistischen Test

1. H_0 wird abgelehnt, obwohl H_0 wahr ist. Dies ist der *Fehler 1. Art* oder auch *α-Fehler*.

2. H_0 wird nicht abgelehnt, obwohl H_0 falsch ist. Dies ist der *Fehler 2. Art* oder auch *β-Fehler*.

Zu Beginn des Testens wird eine Fehlerwahrscheinlichkeit $\alpha \in (0;1)$ für den Fehler 1. Art vorgegeben, d.h. es soll gelten $P($ Test lehnt H_0 ab, obwohl H_0 zutrifft$) \leq \alpha$. Dieses α wird *Signifikanzniveau* genannt, oft wird $\alpha = 5\%$ oder $\alpha = 1\%$ gewählt. Im zweiten Schritt wird die Teststatistik T berechnet und anschließend mit einem *kritischen Wert k_α* verglichen, der von dem vorgegebenen Signifikanzniveau abhängt. Im letzten Schritt entscheidet der Test, ob die Nullhypothese abgelehnt wird. Beispielsweise könnte die Entscheidungsregel lauten: „Lehne H_0 ab, wenn der beobachtete Wert der Teststatistik $T > k_\alpha$ ist" (von dieser Bauart sind die Tests, die im Folgenden betrachtet werden). Damit diese Vorgehensweise sinnvoll ist, muss natürlich garantiert sein, dass die Fehlerwahrscheinlichkeit 1. Art, d.h. der α-Fehler, tatsächlich $\leq \alpha$ ist. Ist dies der Fall, spricht man von einem *Niveau-α-Test* oder einem Test, der das Signifikanzniveau α *einhält*.

Kompakt lässt sich die Vorgehensweise in vier Schritten zusammenfassen:

1. Lege das Signifikanzniveau $\alpha \in (0;1)$ fest.

2. Berechne aus der Stichprobe den Wert t der Teststatistik T.

3. Ermittle (durch Tabellen oder Computerprogramme) den kritischen Wert k_α.

4. Triff die Testentscheidung: (z. B.) Lehne H_0 ab $\Leftrightarrow t > k_\alpha$.

Bemerkungen

1. Wenn H_0 zutrifft, wird erwartet, dass der Test nur mit einer geringen Wahrscheinlichkeit α die Nullhypothese ablehnt. Andererseits sollte der Test auch deutliche Abweichungen von der Nullhypothese mit einer hohen Wahrscheinlichkeit erkennen. Diese Wahrscheinlichkeit (d. h. die Wahrscheinlichkeit, die Nullhypothese richtigerweise zu verwerfen) nennt man die *Power* eines Tests. Es gilt Power $= 1 - \beta$, wobei β die Wahrscheinlichkeit dafür ist, die Nullhypothese beizubehalten, obwohl sie falsch ist, also einen Fehler 2. Art zu begehen. Das heißt, ein guter Test sollte einerseits den Fehler erster Art kontrollieren (man sagt auch, das „Niveau einhalten") und gleichzeitig eine hohe Power besitzen. Im Allgemeinen hängt die Power eines Tests vom Signifikanzniveau α, dem Stichprobenumfang n und der vorliegenden „Abweichung" von H_0 ab. Bei den Anpassungstests, die im Folgenden betrachtet werden, könnte sich die Abweichung von z. B. der Nullhypothese „H_0: Die Beobachtungen sind $N(0; 1)$-verteilt" in der Form oder Lage der Verteilung äußern. Zum Beispiel wäre zu erwarten, dass der Test mit größerer Wahrscheinlichkeit H_0 ablehnt, wenn die Daten $N(1; 1)$-verteilt sind, als wenn die Daten $N(0,001; 1)$-verteilt sind. Im zweiten Fall ist die Abweichung von der Nullhypothese wesentlich geringer als im ersten Fall und daher schwerer zu entdecken (wie bei einer guten Geldscheinfälschung braucht man dann eine starke Lupe, um die Abweichung zu entdecken). Das heißt, im zweiten Fall wird der Test eine geringere Power als im ersten Fall besitzen.

2. Statistische Tests sind auf die Verwerfung der Nullhypothese ausgelegt. Wenn H_0 nicht abgelehnt werden kann, dann sollte dies i. Allg. nicht als Hinweis dafür gesehen werden, dass H_0 richtig ist, sondern eher in dem Sinn interpretiert werden, dass man „aus Mangel an Beweisen" (bis auf Weiteres) bei der Nullhypothese bleibt.

3. Zu der aus den Daten berechneten Statistik t kann ein sog. *p-Wert* berechnet werden. Dieser Wert gibt an, mit welcher Wahrscheinlichkeit ein Wert wie t oder extremer zu erwarten ist, wenn die Nullhypothese wahr ist. Wenn diese Wahrscheinlichkeit kleiner als das geforderte Signifikanzniveau (z. B. 5 %) ist, wird die Nullhypothese abgelehnt. Etwas lax kann man also sagen, je kleiner der p-Wert, desto „signifikanter" das Testergebnis, desto stärker sprechen also die Indizien gegen die Nullhypothese.
Bei der Durchführung eines Tests geben viele Softwarepakete nicht die eigentliche Testentscheidung – „Lehne H_0 ab" oder „Behalte H_0 bei" – aus, sondern den p-Wert (in den nachfolgenden Beispielen dieses Kapitels werden die p-Werte stets mit R ermittelt). Der Anwender trifft die Testentscheidung dann, indem er diesen p-Wert mit dem vorher festgelegten Signifikanzniveau vergleicht. Der Vorteil dieser Vorgehensweise ist u. a. die genauere Information darüber, wie signifikant die Datenlage ist. Die meisten Anwender würden eine Hypothese zum Siginifikanzniveau von 5 % schließlich mit mehr Überzeugung bei einem p-Wert von 0,049 % als bei einem p-Wert von 4,99 % ablehnen. Zum anderen ermöglicht die Angabe eines p-Werts z. B. zwei Risikomanagern A und B, beim gleichen Informationsstand trotzdem unterschiedliche Entscheidungen zu treffen: So könnte beispielsweise A mit einen Signifikanzniveau von 5 % und B mit 1 % arbeiten. Bei einem p-Wert von 3 % würde A also die Nullhypothese verwerfen während B (der „Konservative") auf stärkeren „Indizien" bestehen würde.

4. Bei Anpassungstests wird in der Regel die Nullhypothese

$$H_0 : \text{Die Daten folgen einer speziellen Verteilung } F_0$$

zugrunde gelegt. In diesem Fall weist ein kleiner p-Wert also darauf hin, dass die Daten inkompatibel mit der Verteilung F_0 sind.

6.1.5.2 Der Kolmogorov-Smirnov-Test

Es soll getestet werden, ob die Verteilungsfunktion der Beobachtungen $x_1, \ldots, x_n$ eine vorgegebene Verteilungsfunktion F_0 ist, d. h. das entsprechende Testproblem lautet

$$H_0 : \text{Die Daten folgen der speziellen Verteilung } F_0$$
$$\text{vs.}$$
$$H_1 : \text{Die Daten folgen nicht der Verteilung } F_0.$$

Zum Beispiel könnte man vermuten, dass F_0 die Verteilungsfunktion von $\mathbf{N}(2{,}006; 3{,}386)$ ist. In diesem Fall lautet also die Nullhypothese

$$H_0 : \text{Die Daten sind } \mathbf{N}(2{,}006; 3{,}386)\text{-verteilt.}$$

Der *Kolmogorov-Smirnov-Test* (kurz: K-S-Test) formalisiert die im Abschnitt 6.1.4.1 bereits dargestellte Folgerung aus dem Satz von Glivenko-Cantelli (s. B.26), dass – zumindest bei hinreichend großem Stichprobenumfang – die Abweichung der wahren (aber unbekannten) Verteilungsfunktion F von der empirischen Verteilungsfunktion klein sein sollte. Der Abstand zwischen der hypothetischen Verteilung F_0 und der empirischen Verteilungsfunktion $\widehat{F}_n$ wird in diesem Zusammenhang durch die Größe

$$D_n := \sup_{x \in \mathbb{R}} |F_0(x) - \widehat{F}_n(x)|$$

gemessen. Die Statistik D_n gibt den größten vertikalen Abstand zwischen der hypothetischen Verteilungsfunktion F_0 und der empirischen Verteilungsfunktion $\widehat{F}_n$ an. Offensichtlich deutet ein großer Wert von D_n auf eine schlechte Anpassung hin, bzw. je kleiner D_n ist, umso näher liegen $F_0(x)$ und $\widehat{F}_n(x)$ für alle $x \in \mathbb{R}$ beieinander. Wenn die Nullhypothese zutrifft und F_0 die wahre Verteilungsfunktion ist, dann besagt der Satz von Glivenko-Cantelli, dass $D_n \to 0$. Wenn also der Wert der Teststatistik D_n für eine konkrete Stichprobe zu groß ist, etwa $D_n > d_{n,\alpha}$, dann wird die Nullhypothese $H_0 : F = F_0$ zum Niveau α abgelehnt. Der Wert $d_{n,\alpha}$ ist ein kritischer Wert, wie er in Abschnitt 6.1.5.1 im allgemeinen Kontext des Testens eingeführt wurde. Dieser kritische Wert wird genau so bestimmt, dass bei der Testentscheidung „Lehne H_0 ab $\Leftrightarrow D_n > d_{n,\alpha}$" die Wahrscheinlichkeit für einen Fehler 1. Art kleiner oder gleich α ist. Die Berechnung dieser kritischen Werte für beliebiges n und α ist kompliziert, sie finden sich jedoch in Tabellen bzw. sind in entsprechender Software implementiert (siehe auch folgende Bemerkung 1).

Auf den ersten Blick scheint die Berechnung von D_n selbst für eine konkrete Stichprobe aufwendig zu sein, tatsächlich ist dies jedoch nicht der Fall. Da $\widehat{F}_n$ eine Treppenfunktion und F_0

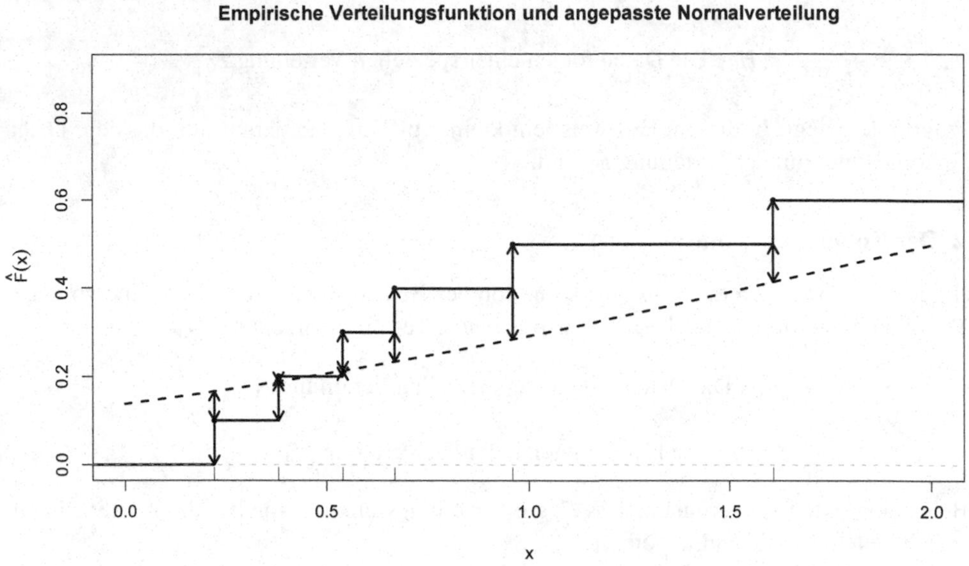

Empirische Verteilungsfunktion und angepasste Normalverteilung

Abbildung 6.6: Zur K-S-Statistik: Ausschnitt aus Abbildung 6.3

monoton steigend ist, kann für eine konkrete Stichprobe der größte Abstand nur an den Sprungstellen von $\widehat{F}_n$, d.h. an den Beobachtungswerten angenommen werden. Daher findet man häufig die folgende Darstellung der Teststatistik:

$$D_n = \max\{D_n^+, D_n^-\} \quad \text{mit}$$

$$D_n^+ := \max_{1 \le i \le n}\left(\frac{i}{n} - F_0(x_{(i)})\right) \quad \text{und} \quad D_n^- := \max_{1 \le i \le n}\left(F_0(x_{(i)}) - \frac{i-1}{n}\right).$$

Dabei ist $x_{(1)} \le \cdots \le x_{(n)}$ die geordnete Stichprobe.

Bemerkungen

1. Zur Bestimmung der kritischen Werte des K-S-Tests muss die Verteilung von D_n unter der Nullhypothese bestimmt werden. Während die Berechnung von D_n für eine konkrete Stichprobe einfach ist, ist die Verteilung von D_n als Zufallsvariable, deren Variabilität durch die Zufälligkeit der Stichprobe entsteht, nicht leicht zu bestimmen. Für kleine Werte von n muss man sie simulieren, für große Werte von n gibt es eine approximative Formel.

2. Die hypothetische Verteilungsfunktion F_0 sollte stetig sein. Ist dies nicht der Fall, dann besitzt der Test wenig Power, d.h. der Test wird Abweichungen von der Nullhypothese schlecht erkennen (vgl. [Har05]).

3. Der K-S-Test in seiner Originalform ist streng genommen nur einsetzbar, wenn die Verteilung F_0 vollständig spezifiziert ist. Für das obige Zahlenbeispiel würde $\widehat{F}_n$ mit F_0, der

Verteilungsfunktion von $\mathbf{N}(2{,}006; 3{,}386)$, verglichen werden. Diese Vorgehensweise ist jedoch nicht ganz korrekt, denn die Parameter von F_0 waren nicht von vornherein festgelegt, sondern wurden aus den Daten geschätzt. Statt H_0 : „Die Daten sind $\mathbf{N}(2{,}006; 3{,}386)$-verteilt" wurde also effektiv ein Test der Nullhypothese

$$H_0' : \text{Die Daten sind } \mathbf{N}(\mu; \sigma^2)\text{-verteilt mit geschätztem } \mu \text{ und } \sigma^2$$

durchgeführt. In diesem Fall sind die kritischen Werte des Kolmogorov-Smirnov-Tests nicht exakt. Für das Testproblem H_0' gibt es jedoch eine entsprechende Modifikation, den sog. *Lilliefors-Kolmogorov-Smirnov-Test*, die diese Tatsache berücksichtigt (vgl. [LK00], [Tho02]). Diese Problematik soll an dieser Stelle jedoch nicht weiter vertieft werden.

4. Der K-S-Test behandelt Abweichungen zwischen hypothetischer und empirischer Verteilungsfunktion überall im Funktionsverlauf gleich, insbesondere spielt es keine Rolle, ob die maximale Abweichung in der Mitte oder in den Tails der Verteilung aufgetreten ist. Die Tail-Bereiche einer Verlustverteilung sind jedoch genau die Bereiche, die für Risikomaße wie den (Tail) Value-at-Risk eine entscheidende Rolle spielen.

Beispiel (Fortsetzung des Beispiels aus 6.1.1.1)
Wie in Abbildung 6.6 zu erkennen ist, wird für die vorliegenden Daten, wenn F_0 die Verteilungsfunktion von $\mathbf{N}(2{,}006; 3{,}386)$ ist, der Abstand $|F_0(x) - \widehat{F}_n(x)|$ an der Stelle $x_5 = 0{,}96$ maximal. Es gilt $D_n = |F_0(0{,}96) - \widehat{F}_n(0{,}96)| = 0{,}2151$. Eine Auswertung (mit dem R-Paket `nortest`) liefert für den K-S-Test einen p-Wert von $0{,}669$ und für den Lilliefors-Test einen p-Wert von $0{,}2725$. In beiden Fällen ist der p-Wert nicht kleiner als 5%, daher wird die Nullhypothese zum 5%-Niveau nicht abgelehnt, obwohl die bisherigen Untersuchungen nahelegen, dass die Nullhypothese nicht zutrifft.

6.1.5.3 Der Anderson-Darling-Test

Der *Anderson-Darling-Test* (kurz: A-D-Test) testet die gleiche Hypothese wie der K-S-Test, nämlich $H_0 : F = F_0$. Die Idee ist ähnlich wie beim K-S-Test: Man verwendet ein Abstandsmaß für die Entfernung zwischen F_0 und $\widehat{F}_n$ und verwirft die Nullhypothese, falls der Abstand zwischen F_0 und $\widehat{F}_n$ zu groß ist. Als Abstandsmaß wird hier der gewichtete integrierte quadratische Abstand verwendet

$$A_n := n \int_{-\infty}^{\infty} (F_0(x) - \widehat{F}_n(x))^2 \cdot \psi(x) \cdot f_0(x) dx.$$

Dabei ist

$$\psi(x) := \frac{1}{F_0(x)(1 - F_0(x))}$$

eine Gewichtsfunktion und f_0 die zu F_0 gehörige Dichtefunktion. Für $x \to \pm\infty$ gilt $F_0(x)(1 - F_0(x)) \to 0$ und damit $\psi(x) \to \infty$. Die Gewichtsfunktion bewirkt also, dass Abweichungen in den Tails der Verteilung mit größerem Gewicht in das obige Integral eingehen als Abweichungen in der Mitte der Verteilung F_0. Das bedeutet, dass der A-D-Test geeigneter als der K-S-Test ist, um Abweichungen in den Tails zu entdecken. Dies ist eine wichtige Eigenschaft in der Praxis, wenn es z. B. darum geht, den Value-at-Risk für hohe Quantile wie 95 % oder 99 % zu schätzen. Ähnlich wie beim K-S-Test wird für die numerische Berechnung des Abstandsmaßes eine andere Formel als in der ursprünglichen Definition verwendet. Die Test-Statistik A_n besitzt (für den hier relevanten stetigen Fall) die alternative Darstellung

$$A_n = \left(-\frac{1}{n} \sum_{i=1}^{n} (2i-1)[\ln z_i + \ln(1 - z_{n+1-i})] \right) - n,$$

wobei $z_i = F_0(x_{(i)})$ (vgl. [LK00, S. 368]).

Beispiel (Fortsetzung des Beispiels aus 6.1.1.1)
Für den Datensatz $\mathscr{D}$ liefert eine Auswertung (mit dem R-Paket `nortest`) für den A-D-Test einen Wert von $A = 0,565$ mit zugehörigem p-Wert von $0,1065$. Also lehnt auch dieser Test die Normalverteilungshypothese zum 5%-Niveau nicht ab.

6.1.5.4 Der χ^2-Anpassungstest

Während K-S- und A-D-Test auf dem Vergleich zwischen einer hypothetischen Verteilungsfunktion und der empirischen Verteilungsfunktion beruhen, entspricht der χ^2-*Anpassungstest* dem Vergleich zwischen einer hypothetischen Dichtefunktion und dem Histogramm der Daten. Wie in Abschnitt 6.1.2.1 gehen wir von k Klassen aus, mit jeweils $O_i = n_i$ Beobachtungen. Die Idee des χ^2-Anpassungstests besteht nun darin, diese Besetzungszahlen mit denjenigen Besetzungszahlen zu vergleichen, die man erwarten würde, falls die Nullhypothese $H_0 : F = F_0$ zuträfe. Wenn die Nullhypothese zutrifft, würde man davon ausgehen, dass die Wahrscheinlichkeit, dass eine Beobachtung in Klasse i liegt, $p_i = F_0(b_{i+1}) - F_0(b_i)$, d. h. im stetigen Fall $p_i = \int_{b_i}^{b_{i+1}} f_0(x)dx$ ist. Bei insgesamt n Beobachtungen würde man also erwarten, dass $E_i = n \cdot p_i$ Werte in der i-ten Klasse liegen. Die Idee ist nun, die unter der Nullhypothese erwarteten Besetzungszahlen $E_1, \ldots, E_k$ mit den tatsächlich beobachteten Besetzungszahlen $O_1, \ldots, O_k$ zu vergleichen. Dazu wird die Statistik

$$T := \sum_{i=1}^{k} \frac{(O_i - E_i)^2}{E_i}$$

verwendet. Diese Statistik ist, wenn die Nullhypothese zutrifft, asymptotisch (d. h. wenn die Besetzungszahlen in allen Klassen sehr groß werden, näherungsweise) χ^2-verteilt mit $k-1$ Freiheitsgraden, also $T \sim \chi^2_{k-1}$ (s. Definition B.12 zur Definition der χ^2-Verteilung). Offensichtlich deutet wiederum ein großer Wert der Teststatistik T darauf hin, dass H_0 verletzt ist; die Nullhypothese wird also abgelehnt, wenn T größer als der kritische Wert $\chi^2_{k-1, 1-\alpha}$ ist. Diese kritischen Werte finden sich wiederum in Tabellen bzw. sind in Statistik-Software implementiert.

Bemerkungen

1. Der Test ist nicht geeignet für kleine Stichprobenumfänge. In der Praxis gibt es verschiedene Faustregeln (vgl. [SH06, S. 336]), für welche Stichprobengrößen der Test eingesetzt werden kann.

2. Ähnlich wie beim K-S-Test muss der Test modifiziert werden, wenn die Parameter der hypothetischen Verteilung geschätzt werden (vgl. [SH06, S. 336]).

3. Wie beim Histogramm, hängt auch die Teststatistik T wieder von der Klassenanzahl und Klasseneinteilung ab. Wie bereits in Abschnitt 6.1.2.1 erwähnt, ist dies kein einfaches Problem; vgl. [LK00, S. 361].

Beispiel (Fortsetzung des Beispiels aus 6.1.1.1)
Für den Datensatz $\mathscr{D}$ liefert eine Auswertung (mit dem R-Paket `nortest`, Befehl `pearson.test` `(daten)`) für den χ^2-Anpassungstest den Wert $T = 9{,}2$ mit zugehörigem p-Wert von 0,02675. Also würde dieser Test die Normalverteilungshypothese zum 5%-Niveau ablehnen.

6.1.6 Spezielle Tests auf Normalverteilung

Die oben vorgestellten Anpassungstests waren alle für die allgemeine Hypothese $H_0 : F = F_0$ formuliert. Falls speziell getestet werden soll, ob die Daten einer Normalverteilung folgen, stehen viele weitere Tests zur Verfügung von denen im Folgenden zwei vorgestellt werden (ein umfassender Überblick findet sich in [Tho02]).

6.1.6.1 Test auf Schiefe und Wölbung / Exzess

Dieser Test, der auch als *Jarque-Bera-Test* (s. etwa [Jor07]) bezeichnet wird, prüft die Hypothese, ob die Stichprobe einer Normalverteilung folgt. Dabei wird ausgenutzt, dass die Normalverteilung symmetrisch ist und damit die Schiefe $\gamma_1 = 0$ besitzt und dass die Wölbung $\gamma_2 = 3$ ist (s. Formel (B.2) in Anhang B.4). Dazu werden die entsprechenden Schätzer

$$b_1 := \frac{\left(\frac{1}{n}\sum_{i=1}^n (x_i - \bar{x})^3\right)^2}{\left(\frac{1}{n}\sum_{i=1}^n (x_i - \bar{x})^2\right)^3},$$

$$b_2 := \frac{\frac{1}{n}\sum_{i=1}^n (x_i - \bar{x})^4}{\left(\frac{1}{n}\sum_{i=1}^n (x_i - \bar{x})^2\right)^2}$$

der quadrierten Schiefe und der Wölbung aus den Daten gewonnen und in der Teststatistik

$$T = n \cdot \left(\frac{b_1}{6} + \frac{(b_2 - 3)^2}{24}\right)$$

kombiniert. Dann ist T unter der Nullhypothese der Normalverteilung χ_2^2-verteilt (s. [MFE05, S. 61]). Dieser Test kann also sowohl Asymmetrie entdecken (Abweichungen der Komponente b_1 von Null) als auch die Abweichung der Tail-Wahrscheinlichkeiten von denen der Normalverteilung (Abweichung der Komponente b_2 von 3) identifizieren.

Beispiel (Fortsetzung des Beispiels aus 6.1.1.1)
Für den Datensatz $\mathscr{D}$ liefert eine Auswertung (mit dem R-Paket `fBasics`, Befehl `jarquebera` `Test(daten)`) für den Jarque-Bera-Test den Wert $T = 1{,}8095$ mit zugehörigem p-Wert von 0,4046, d. h. die Normalverteilungshypothese würde nicht verworfen werden.

6.1.6.2 Der Shapiro-Wilk-Test

Der Shapiro-Wilk-Test verwendet die Tatsache, dass man die Varianz einer Normalverteilung außer durch die Stichprobenvarianz auch durch das Quadrat einer Linearkombination der geordneten Stichprobenwerte schätzen kann, also:

1. durch den üblichen Varianzschätzer $\frac{1}{n}\sum_{i=1}^{n}(x_i - \bar{x})^2$, und

2. durch das Quadrat einer Linearkombination aus den geordneten x-Werten mit Gewichten $a_1, \ldots, a_n$, die nur von n abhängen: $\frac{1}{n}(\sum_{i=1}^{n} a_i x_{(i)})^2$.

Als Teststatistik wird der Quotient der beiden Varianzschätzer verwendet:

$$W := \frac{\left(\sum_{i=1}^{n} a_i x_{(i)}\right)^2}{\sum_{i=1}^{n}(x_i - \bar{x})^2}.$$

Falls tatsächlich eine Normalverteilung vorliegt, sollte dieser Quotient ungefähr 1 sein. Die für die Testentscheidung benötigten kritischen Werte liegen in Tabellen vor bzw. sind in Statistik-Software implementiert.

Beispiel (Fortsetzung des Beispiels aus 6.1.1.1)
Für den Datensatz $\mathscr{D}$ liefert eine Auswertung mit R (und dem Paket `nortest`, Befehl `shapiro.test(daten)`) für den Shapiro-Wilk-Test einen p-Wert von 0,07851, d. h. die Hypothese der Normalverteilung würde nicht abgelehnt werden.

6.1.6.3 Vergleich der verschiedenen Anpassungstests

In der Literatur gibt es einige Untersuchungen zur Power der hier vorgestellten Anpassungstests. In einer solchen Untersuchung wurde festgestellt, dass der χ^2- und der K-S-Test relativ wenig Power besitzen, während der A-D-Test, der Shapiro-Wilk-Test, sowie der Jarque-Bera-Test empfohlen wurden, je nach Art der Alternativhypothese, die durch den Test entdeckt werden soll (s. [Leh04, S. 349]).

6.1.6.4 Beispiel Anpassungstests für Tagesrenditen des NYSE-Composite-Indexes

Als abschließendes Beispiel werden $N = 1000$ Tagesrenditen (vom 4.1.1978 bis zum 16.12.1981)[1] des NYSE-Composite-Indexes (im Folgenden auch kurz: NYSE-Composite) untersucht. Dieser Aktienindex startete am 31.12.1965 mit einer Indexbasis von 50 Punkten und setzt sich aus den Aktienkursen von 2000 der an der New York Stock Exchange (NYSE) gelisteten Unternehmen zusammen. Wir wollen die Indexdaten mit den in diesem Kapitel vorgestellten Methoden untersuchen, das heißt, die Tagesrenditen werden als Realisierungen von unabhängigen, identisch verteilten Zufallsvariablen aufgefasst.
Zunächst wird das Histogramm sowie der CDF- und der Q-Q-Plot der Verluste (der negativen Renditen) betrachtet, s. Abbildung 6.7. Abweichungen von der angepassten Normalverteilung sind weder im Histogramm noch im CDF-Plot genauer zu erkennen. Dagegen weist der Q-Q-Plot darauf hin, dass das Anpassungsproblem nicht im Zentrum der Daten liegt (hier passt sich

---

[1]Die Daten finden sich im Datensatz `nyse` des R-Pakets `fBasics`.

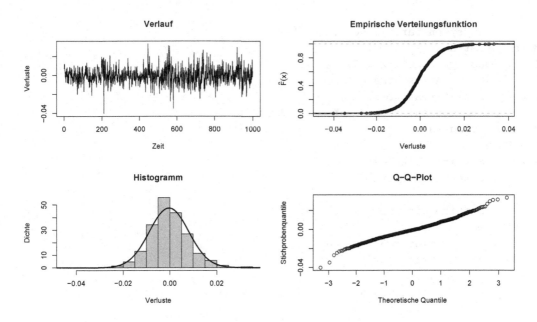

Abbildung 6.7: Verluste des NYSE-Composite

die Normalverteilung sehr gut an die Daten an) sondern im Tail-Bereich, wo die Daten höhere Wahrscheinlichkeiten als die Normalverteilung besitzen. Anschließend an die explorative Datenanalyse werden nun die vorgestellten Anpassungstests durchgeführt. Dazu verwenden wir die in R implementierten Verfahren. Im Folgenden ist der entsprechende Output gelistet.

```
> #     K-S-Test
> ks.test(test.data,"pnorm",mean(test.data),sd(test.data))

        One-sample Kolmogorov-Smirnov test
data:  test.data
D = 0.0468, p-value = 0.02511
alternative hypothesis: two-sided
> #     Lilliefors-Test
> lillie.test(test.data)

        Lilliefors (Kolmogorov-Smirnov) normality
        test
data:  test.data
D = 0.0468, p-value = 2.293e-05
> #     Anderson-Darling-Test
> ad.test(test.data)
```

```
        Anderson-Darling normality test
data:  test.data
A = 2.9358, p-value = 2.224e-07
> #     Chi^2-Anpassungstest
> pearson.test(test.data)
        Pearson chi-square normality test
data:  test.data
P = 52.964, p-value = 0.004248
> #     Shapiro-Wilk-Test
> shapiro.test(test.data)

        Shapiro-Wilk normality test
data:  test.data
W = 0.9865, p-value = 5.846e-08
> #     Jarque-Bera-Test
> library("fBasics")
> jarqueberaTest(test.data)

Title:
 Jarque - Bera Normalality Test
Test Results:
  STATISTIC:
    X-squared: 84.9053
  P VALUE:
    Asymptotic p Value: < 2.2e-16
```

Insgesamt ergibt sich ein konsistentes Bild. Alle Tests lehnen die Normalverteilungshypothese mehr oder weniger stark ab. Bei genauerer Betrachtung der p-Werte in Tabelle 6.3 konkretisiert sich zudem der bereits vermutete Befund: A-D-Test, Shapiro-Wilk-Test und Jarque-Bera-Test liefern wesentlich kleinere p-Werte als K-S-, Lilliefors- und χ^2-Test.

Test	p-Wert
K-S-Test	0,025
Lilliefors-Test	$2{,}293 \cdot 10^{-5}$
A-D-Test	$2{,}224 \cdot 10^{-7}$
χ^2-Test	0,0042
Jarque-Bera-Test	$< 2{,}2 \cdot 10^{-16}$
Shapiro-Wilk-Test	$5{,}846 \cdot 10^{-8}$

Tabelle 6.3: p-Werte der verschiedenen Anpassungstests auf Normalverteilung für die NYSE-Composite-Daten

6.1.7 Aufgaben

Aufgabe 6.1
Auf der Website des Buchs finden sich (simulierte) Versicherungsschäden. Erzeugen Sie ein Histogramm der Schadendaten und probieren Sie verschiedene Klassenanzahlen bzw. Klassenbreiten aus. Was fällt Ihnen auf? Finden Sie eine Erklärung für dieses Phänomen.

Aufgabe 6.2
In der Abbildung 6.8 sind die Q-Q-Plots von drei Risiken X_1, X_2, X_3 visualisiert, d. h. in (a) sind die Quantile von X_1 gegen X_2 etc. dargestellt. Alle Risiken besitzen den gleichen Erwartungswert

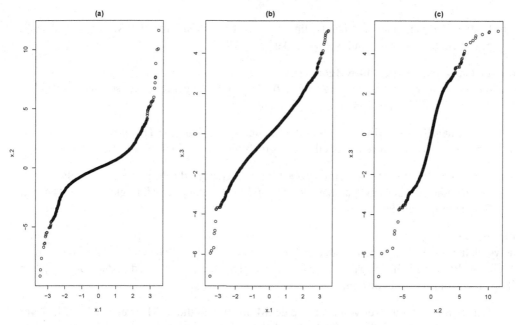

Abbildung 6.8: Q-Q-Plots zu Aufgabe 6.2

und die gleiche Varianz, trotzdem sind sie, was ihr Tail-Verhalten betrifft, verschieden „gefährlich". Bringen Sie die drei Risiken diesbezüglich in eine Reihenfolge.

Aufgabe 6.3
Ein Versicherungsunternehmen möchte die Schadenanzahl N der jährlich in einem bestimmten Geschäftsbereich eintretenden Großschäden modellieren. Für k Geschäftsjahre liegen die Schadenanzahlen $x_1, \dots, x_k \in \mathbb{N}$ vor. Als mögliche Verteilungsmodelle kommen die Poisson-, Binomial- und negative Binomialverteilung in Betracht.

(a) Zeigen Sie, dass der Momentenschätzer (basierend auf dem ersten Moment) für den Parameter der Poisson-Verteilung gegeben ist durch $\widehat{\lambda} = \bar{x}$.

(b) Zeigen Sie, dass die Momentenschätzer für die Parameter der Binomialverteilung gegeben sind durch

$$\widehat{p} = 1 - \frac{s^2}{\bar{x}} \quad \text{und} \quad \widehat{n} = \frac{\bar{x}}{1 - \frac{s^2}{\bar{x}}}.$$

Können diese Schätzer i. Allg. direkt verwendet werden? Finden Sie ggf. modifizierte Schätzer und diskutieren Sie deren Vor- und Nachteile.

(c) Zeigen Sie, dass die Momentenschätzer für die Parameter der negativen Binomalverteilung gegeben sind durch $\widehat{p} = \dfrac{\bar{x}}{s^2}$ und $\widehat{r} = \bar{x} \cdot \dfrac{\widehat{p}}{1 - \widehat{p}}$.

(d) Diskutieren Sie, unter welchen Bedingungen an Erwartungswert und Varianz die Modelle bzw. Schätzer sinnvoll sind, vgl. auch Aufgabe 2.7.

Aufgabe 6.4 (Fortsetzung von Aufgabe 6.3)
Dem Versicherungsunternehmen aus Aufgabe 6.3 liegen die folgenden Großschadenzahlen über 10 Jahre vor: 9, 5, 8, 3, 8, 6, 4, 3, 4, 2.

(a) Berechnen Sie den Mittelwert und die Stichprobenvarianz der Daten und überlegen Sie, welche der Schadenanzahlmodelle aus Aufgabe 6.3 sinnvollerweise in Betracht kommen.

(b) Berechnen Sie die Momentenschätzer der Parameter für die Modelle aus (a). Stellen Sie die Zähldichten der angepassten Modelle und die geschätzten Häufigkeiten der Daten in Stabdiagrammen dar.

Aufgabe 6.5
Ein Versicherungsunternehmen modelliert Großschäden im Industriebereich durch die Pareto-Verteilung. Es seien Schäden $x_1, \dots, x_n$ als unabhängige Realisierungen der **Pareto**$(x_0; \alpha)$-Verteilung gegeben und x_0 sei bekannt.

(a) Finden Sie den Schätzer von α gemäß der Momentenmethode (Hinweis: Gehen Sie davon aus, dass $\alpha > 1$. Aus Abschnitt 2.2.9 ist bekannt, dass dann $\mathbf{E}(X) = x_0 \cdot \frac{\alpha}{\alpha - 1}$.)

(b) Zeigen Sie, dass der ML-Schätzer von α gegeben ist durch

$$\widehat{\alpha} = \frac{n}{\sum_{i=1}^{n} (\ln x_i - \ln x_0)}.$$

Aufgabe 6.6
Auf der Website des Buchs finden sich 100 simulierte Großschäden (Beträge in Millionen €).

(a) Erzeugen Sie ein Histogramm und einen Box-Plot der Daten.
(b) Passen Sie eine Exponentialverteilung an die Daten an. Leiten Sie dazu zunächst den zugehörigen Momentenschätzer der Exponentialverteilung (basierend auf dem ersten Moment) her. (Hinweis: Alternativ können Sie in R auch den `fitdistr`-Befehl aus dem Paket `MASS` verwenden.)

(c) Stellen Sie die Dichte- bzw. Verteilungsfunktion der angepassten Exponentialverteilung aus (b) gemeinsam mit einem Histogramm bzw. der empirischen Verteilungsfunktion dar.

(d) Erzeugen Sie einen Q-Q-Plot der Schäden gegen die angepasste Exponentialverteilung aus (b) (in R ist das möglich, indem Sie zunächst 100 Schäden mit der Exponentialverteilung simulieren und dann die Stichprobenquantile mit dem `qqplot`-Befehl vergleichen).

(e) Führen Sie einen K-S-Test durch und interpretieren Sie das Ergebnis.

(f) Führen Sie (b)-(e) auch für die Lognormalverteilung durch. Welches Modell scheint besser zu passen?

Aufgabe 6.7 (Fortsetzung von Aufgabe 6.6)
Gehen Sie jetzt davon aus, dass die Schäden aus Aufgabe 6.6 **Pareto**$(x_0; \alpha)$-verteilt sind mit unbekanntem α und bekanntem $x_0 = 1$.

(a) Berechnen Sie den Momenten- und ML-Schätzer für α aus Aufgabe 6.5.

(b) Führen Sie die Aufgabenteile (b)-(e) aus Aufgabe 6.6 mit dem durch den ML-Schätzer angepassten Pareto-Modell durch und vergleichen Sie die drei Modelle. (Hinweis zum K-S-Test in R: Wenn der K-S-Test mit der Option `ppareto` aufgerufen wird, wird mit der Nullpunkt-Pareto-Verteilung verglichen. Es empfiehlt sich daher, die Daten zuvor um $x_0 = 1$ nach links zu verschieben).

Aufgabe 6.8
Im Datensatz `EuStockMarkets` des R-Basispakets bzw. auf der Website des Buchs finden sich die Tageskurse bzw. -returns der deutschen, schweizerischen, französischen und britischen Aktienindizes DAX, SMI, CAC und FTSE über die Jahre 1991 bis 1998. Es sollen verschiedene Verteilungen an die DAX-Returns angepasst werden.

(a) Erzeugen Sie ein Histogramm und einen Box-Plot der Daten.

(b) Passen Sie eine Normalverteilung an die DAX-Returns an. Stellen Sie Dichte- bzw. Verteilungsfunktion der angepassten Verteilung gemeinsam mit einem Histogramm bzw. der empirischen Verteilungsfunktion dar. Erzeugen Sie außerdem einen Q-Q-Plot gegen die Normalverteilung.

(c) Passen Sie eine t_3-Verteilung, d. h. eine t-Verteilung mit 3 Freiheitsgraden an die DAX-Returns an (in R mit dem `fitdistr`-Befehl aus dem Paket `MASS`). Da allgemein die t-Verteilung mit $\nu > 2$ Freiheitsgraden Erwartungswert 0 und Varianz $\sqrt{\frac{\nu}{\nu-2}}$ besitzt, ist es sinnvoll, die Daten zunächst so zu normieren, dass sie den gleichen Erwartungswert und die gleiche Varianz besitzen (Hinweis: In R mit dem Kommando

```
daten.normiert<-(daten-mean(daten))*sqrt(nu/(nu-2))/sd(daten)).
```

Stellen Sie die Dichte- bzw. Verteilungsfunktion der angepassten Verteilung gemeinsam mit einem Histogramm bzw. der empirischen Verteilungsfunktion dar. Erzeugen Sie außerdem einen Q-Q-Plot gegen die t_3-Verteilung (in R ist das möglich, indem Sie zunächst eine entsprechende Anzahl von Returns mit der t_3-Verteilung simulieren und dann die Stichprobenquantile mit dem `qqplot`-Befehl vergleichen). Führen Sie abschließend einen K-S-Anpassungstest durch.

(d) Führen Sie Aufgabenteil (c) auch für die t-Verteilungen mit $v = 4, 5, 6$ Freiheitsgraden durch. Diskutieren Sie, welches Modell am besten zu den Daten passt.

6.2 Schätzer von Risikomaßen

In diesem Abschnitt stehen **VaR**-Schätzer im Mittelpunkt; wir geben aber auch einen Ausblick auf **TVaR**-Schätzer. In Kapitel 3 wurde der Value-at-Risk als Quantil einer Verlust- bzw. Wertverteilung definiert. Da die fragliche theoretische Verteilung in der Regel unbekannt ist, kann der Value-at-Risk lediglich auf Basis von Beobachtungen geschätzt werden, d. h. aus statistischer Sicht geht es hier um die Quantilschätzung einer unbekannten Verteilung. Je nach Modellvoraussetzungen lassen sich verschiedene Schätzer angeben, von denen wir exemplarisch zwei vorstellen. Wir gehen im Folgenden stets von Verlust- bzw. Renditedaten $x_1, \ldots, x_n$ aus, die Realisierungen von identisch verteilten, unabhängigen Zufallsvariablen sind. Nachfolgend betrachten wir ähnlich wie in Kapitel 3 stets die Verluste.

6.2.1 Parametrischer VaR-Schätzer

Beim sogenannten *parametrischen Value-at-Risk-Schätzer* geht man von der Annahme aus, dass die Return- oder Verlustverteilung eines Risikos durch ein bestimmtes parametrisches Verteilungsmodell gegeben ist. Das bedeutet, dass die Verteilung durch einen oder mehrere Parameter vollständig bestimmt ist, z. B. ist die Menge der Normalverteilungen $\{\mathbf{N}(\mu; \sigma^2) | \mu \in \mathbb{R}, \sigma^2 > 0\}$ ein zweiparametriges Verteilungsmodell. Die Annahme eines parametrischen Verteilungsmodells wird etwa für die Verteilung von Aktienrenditen, aber auch für Schadenrisiken (zum Beispiel in der Form von zusammengesetzten Poisson-Modellen, s. Abschnitt 2.6.3) häufig getroffen. Um zu zeigen, wie die Methode in einem konkreten Kontext funktioniert, gehen wir von einem sehr einfachen Modell aus, nämlich $X \sim \mathbf{N}(0; \sigma^2)$. Dieses Modell wird unter anderem im Bankenbereich für sehr kurze – etwa tägliche – Periodenrenditen eingesetzt (vgl. [Jor07]). Für das Risiko X ist

$$\mathbf{VaR}_\alpha = \mathbf{VaR}_\alpha(X) = \Phi^{-1}(\alpha) \cdot \sigma, \tag{6.1}$$

s. Abschnitt 3.1.5.4, und man erhält einen Schätzer, indem die unbekannte Standardabweichung aus den Daten geschätzt wird.

$$\widehat{\mathbf{VaR}}_\alpha = \Phi^{-1}(\alpha) \cdot \widehat{\sigma}. \tag{6.2}$$

Dieser Schätzer wird im Folgenden als der *parametrische* **VaR**-*Schätzer* bezeichnet. Als Schätzer für σ^2 wird dabei die Stichprobenvarianz oder die korrigierte Stichprobenvarianz (s. 6.1.3) verwendet. Da der Stichprobenumfang in der Regel groß ist, sind die beiden Schätzer fast gleich.

6.2.1.1 Bemerkungen

1. Der parametrische **VaR**-Schätzer für ein Einzelrisiko lässt sich wie die **VaR**-Formel in Abschnitt 3.1.5.4 auf den Value-at-Risk eines Portfolios übertragen. Wenn man davon ausgeht, dass der Vektor der täglichen Renditen $X_1, \ldots, X_d$ der Einzelpositionen multivariat

normalverteilt ist mit Erwartungswertvektor **0** und Kovarianzmatrix Σ, dann besitzt das Gesamtportfolio mit Gewichtsvektor w den Return $Z = w_1 \cdot X_1 + \ldots + w_d \cdot X_d$. Den **VaR**-Schätzer für das Portfolio

$$\widehat{\mathbf{VaR}}_\alpha = \Phi^{-1}(\alpha) \cdot \sqrt{w^T \cdot \widehat{\Sigma} \cdot w}$$

erhält man dann, indem man die Kovarianzmatrix Σ in der Formel aus Abschnitt 3.1.5.4 durch die geschätzte Kovarianzmatrix $\widehat{\Sigma}$ ersetzt. Dies wird auch als *Varianz-Kovarianz-Methode* bezeichnet. Die Kovarianzen werden dabei wie in Kapitel 5.1 geschätzt.

2. Falls angenommen wird, dass $X \sim N(\mu; \sigma^2)$ mit $\mu \neq 0$ ist, ist der Value-at-Risk durch die Formel

$$\mathbf{VaR}_\alpha = \mathbf{VaR}_\alpha(X) = \mu + \Phi^{-1}(\alpha) \cdot \sigma$$

aus Abschnitt 3.1.5.4 gegeben und man erhält prinzipiell den entsprechenden Schätzer, indem man zusätzlich zur Ersetzung von σ durch $\widehat{\sigma}$ den Parameter μ durch das Stichprobenmittel $\widehat{\mu}$ ersetzt. Es ist allerdings zu beachten, dass für typische Marktdaten der Schätzer für μ ungenauer ist als der für σ, s. [Jor07].

3. Der Vorteil des Value-at-Risk-Schätzers (6.2) ist, dass er leicht zu berechnen ist, allerdings trifft die Normalverteilungsannahme nicht immer zu, so auch im Fallbeispiel aus Abschnitt 6.1.6.4. Dort war sowohl anhand des Q-Q-Plots als auch anhand der verschiedenen Anpassungstest festgestellt worden, dass die Tagesrenditen-Verteilung signifikant von einer Normalverteilung abweicht. Die Analyse hatte gezeigt, dass dies vor allem an den höheren Tail-Wahrscheinlichkeiten der Daten liegt.

4. Andere parametrische **VaR**-Schätzer lassen sich auch ohne die Normalverteilungsannahme herleiten, wenn eine analoge Formel zu (6.2) gilt und wenn Linearkombinationen von einzelnen Risiken wieder zur gleichen Verteilungsfamilie gehören. Dies ist z. B. der Fall für die multivariate t-Verteilung (s. [MFE05, Kap. 3]).

5. Für die Stichprobenstandardabweichung gilt ähnlich wie für das Stichprobenmittel, dass dieser Schätzer bei zunehmendem Stichprobenumfang gegen den Parameter konvergiert, den er schätzen soll, d. h. es gilt $\widehat{\sigma}_n \to \sigma$, wenn $n \to \infty$. Eine solche Konvergenzeigenschaft eines Parameterschätzers bei wachsendem Stichprobenumfang wird in der Statistik als *Konsistenz* bezeichnet. Dies entspricht der Vorstellung, dass ein guter Schätzer für zunehmende Datenmengen immer genauer werden sollte.
Wenn die Voraussetzung $X \sim N(0, \sigma^2)$ erfüllt ist, dann folgt wegen $\widehat{\sigma} \to \sigma$, nach (6.1) und (6.2), dass

$$\widehat{\mathbf{VaR}}_\alpha = \Phi^{-1}(\alpha) \cdot \widehat{\sigma} \to \Phi^{-1}(\alpha) \cdot \sigma = \mathbf{VaR}_\alpha.$$

Das bedeutet, dass unter dieser Modellvoraussetzung der parametrische Value-at-Risk-Schätzer konsistent ist.

Beispiel (Fortsetzung von Beispiel 6.1.6.4)

Für die Renditen des NYSE-Composite soll der parametrische Value-at-Risk geschätzt werden. Es ergibt sich $\widehat{\sigma} = 0{,}00841$ und damit $\widehat{\text{VaR}}_{95\%} = \Phi^{-1}(0{,}95) \cdot 0{,}00841 = 1{,}645 \cdot 0{,}00841 = 0{,}01383$ und $\widehat{\text{VaR}}_{99\%} = \Phi^{-1}(0{,}99) \cdot 0{,}00841 = 2{,}326 \cdot 0{,}008410 = 0{,}01956$.

6.2.1.2 Präzision des Schätzers

Der mit Formel (6.2) ermittelte Value-at-Risk ist nur ein Schätzwert, der dem Risikomanager lediglich einen Anhaltspunkt für den unbekannten Wert des „wahren" Value-at-Risk liefert. Da der Schätzer mathematisch gesehen eine Zufallsvariable ist, d. h. für verschiedene zufällige Stichproben verschiedene Werte liefert, können über den echten Value-at-Risk nur Wahrscheinlichkeitsaussagen getroffen werden, etwa in dem Sinne „Mit 95%iger Wahrscheinlichkeit liegt der echte Value-at-Risk in dem Intervall $[u; o]$". Ein solches Intervall $[u; o]$ wird dann als 95%-*Konfidenzintervall* bezeichnet. Wünschenswert ist dabei, dass ein solches Intervall möglichst schmal ist, denn das bedeutet, dass der unbekannte wahre Value-at-Risk mit einer hohen Wahrscheinlichkeit zumindest in einem kleinen bekannten Bereich liegt. Das heißt, die Breite des Konfidenzintervalls kann als Maß für die Genauigkeit des Schätzers interpretiert werden.

Für den in 6.2.1 hergeleiteten **VaR**-Schätzer lässt sich mit Hilfe des zentralen Grenzwertsatzes ein Konfidenzintervall herleiten. Es gilt nämlich unter sehr allgemeinen Bedingungen, vgl. [Ser80, S. 119], dass[2]

$$\sqrt{n}(\widehat{\sigma} - \sigma) \to \mathbf{N}\left(0; \frac{\tau^2}{4\sigma^2}\right)$$

mit

$$\tau^2 = \mathbf{Var}(X^2) = \mathbf{E}(X^4) - [\mathbf{E}(X^2)]^2.$$

Wenn wiederum $X \sim \mathbf{N}(0; \sigma^2)$ vorausgesetzt wird, folgt $\tau^2 = 2\sigma^4$ (s. Formel (B.2) in Anhang B.4) und damit

$$\sqrt{n}(\widehat{\sigma} - \sigma) \to \mathbf{N}\left(0; \frac{\sigma^2}{2}\right). \tag{6.3}$$

Daraus ergibt sich

$$\sqrt{n}(\widehat{\text{VaR}}_\alpha - \text{VaR}_\alpha) \to \mathbf{N}\left(0; (\Phi^{-1}(\alpha))^2 \cdot \frac{\sigma^2}{2}\right). \tag{6.4}$$

Damit ist dann

$$\left[\widehat{\text{VaR}}_\alpha - \frac{1}{\sqrt{n}}u_{0{,}975} \cdot \frac{\Phi^{-1}(\alpha)}{\sqrt{2}} \cdot \widehat{\sigma}; \widehat{\text{VaR}}_\alpha + \frac{1}{\sqrt{n}}u_{0{,}975} \cdot \frac{\Phi^{-1}(\alpha)}{\sqrt{2}} \cdot \widehat{\sigma}\right]$$

---

[2]Die Schreibweise $X_n \to \mathbf{N}(0; \gamma^2)$ soll hier und im folgenden Abschnitt bedeuten, dass für beliebiges $x \in \mathbb{R}$ die Verteilungsfunktion von X_n an der Stelle x gegen die Verteilungsfunktion von $\mathbf{N}(0; \gamma^2)$ an der Stelle x konvergiert; vgl. auch die Formulierung des zentralen Grenzwertsatzes B.27.

ein approximatives 95%-Konfidenzintervall für $\mathbf{VaR}_\alpha$ (u_p bezeichnet hier wie in 3.1.5.4 das p-Quantil der Standardnormalverteilung).

Beispiel (Fortsetzung von Beispiel 6.1.6.4)

Für die Renditen des NYSE-Composite ergeben sich als 95%-Konfidenzintervalle [0,01323; 0,01444] für den $\mathbf{VaR}_{95\%}$ und [0,01871; 0,02042] für den $\mathbf{VaR}_{99\%}$.

6.2.2 Nichtparametrischer VaR-Schätzer

Bei der **VaR**-Schätzung geht es um die Quantilschätzung einer unbekannten Verteilung. Die Idee beim nichtparametrischen **VaR**-Schätzer besteht darin, das unbekannte Quantil direkt durch das entsprechende Stichprobenquantil zu schätzen (s. 6.1.1.2). Diese Vorgehensweise funktioniert ganz allgemein, ohne ein bestimmtes parametrisches Modell zu benötigen, wie es in 6.2.1 vorausgesetzt wurde.

Ausgangspunkt sind geordnete Daten $x_{(1)} \le \cdots \le x_{(n)}$. In vollständiger Analogie zur Definition des Value-at-Risk

$$\mathbf{VaR}_\alpha = F^{-1}(\alpha)$$

als Quantil der (theoretischen) Verteilung in Abschnitt 3.1.5.2, ist ein **VaR**-Schätzer durch das Quantil der empirischen Verteilungsfunktion bzw. als Stichprobenquantil

$$\widehat{\mathbf{VaR}}_\alpha = \widehat{F}_n^{-1}(\alpha)$$
$$= x_{(\lceil n \cdot \alpha \rceil)} \tag{6.5}$$

geben. Dieser Schätzer wird im Folgenden als der *nichtparametrische* **VaR***-Schätzer* bezeichnet. Wenn z. B. $n = 1.000$ und $\alpha = 0{,}99$ sind, dann würde der **VaR** durch den elftgrößten x-Wert geschätzt werden.

Aus dem Satz von Glivenko-Cantelli ist bekannt, dass für beliebiges q und für hinreichend großes n gilt, dass $\widehat{F}_n(q) \approx F(q)$ ist. Das 90%-Quantil der Verteilung F ist die kleinste Zahl q, die $F(q) \ge 90\%$ erfüllt. Wenn $\widehat{q}$ die kleinste Zahl ist, die $\widehat{F}_n(\widehat{q}) \ge 90\%$ erfüllt, so ist plausibel, dass dann auch $\widehat{q} \approx q$ gelten sollte. Diese Behauptung lässt sich mathematisch beweisen, d. h. der obige **VaR**-Schätzer konvergiert tatsächlich gegen den wahren Value-at-Risk für $n \to \infty$. Ferner gilt die sogenannte *Kendall-Formel* (vgl. [Leh04, S. 389])

$$\sqrt{n}(\widehat{\mathbf{VaR}}_\alpha - \mathbf{VaR}_\alpha) \to \mathbf{N}\left(0; \frac{\alpha(1-\alpha)}{[f_X(\mathbf{VaR}_\alpha)]^2}\right), \tag{6.6}$$

wobei f_X die zur Verlustverteilung F_X gehörige Dichtefunktion ist. Das heißt, die Varianz des Schätzers hängt einerseits von $\alpha(1-\alpha)$ ab, wobei α normalerweise eine Zahl nahe bei 1 ist (z. B. 0,99), d. h. $\alpha(1-\alpha)$ ist eine Zahl nahe 0. Diese kleine Zahl wird allerdings mit dem Faktor $1/f_X(\mathbf{VaR}_\alpha)^2$ multipliziert. Dieser Faktor kann sehr groß werden, speziell wenn α groß ist, denn dann ist die Dichte f_X an der Stelle $\mathbf{VaR}_\alpha$ in der Regel sehr klein (vgl. [Gla04, S. 490]).

Analog zum parametrischen Value-at-Risk kann auf der Basis der Kendall-Formel ein approximatives Konfidenzintervall hergeleitet werden. Beispielsweise ist dann

$$\left[\widehat{\mathbf{VaR}}_\alpha - u_{0,975} \cdot \frac{1}{\sqrt{n}} \cdot \frac{\sqrt{\alpha(1-\alpha)}}{f_X(\mathbf{VaR}(\alpha))}; \widehat{\mathbf{VaR}}_\alpha + u_{0,975} \cdot \frac{1}{\sqrt{n}} \cdot \frac{\sqrt{\alpha(1-\alpha)}}{f_X(\mathbf{VaR}(\alpha))}\right]$$

ein approximatives 95%-Konfidenzintervall für VaR_α. Aus praktischer Sicht ist dieses Konfidenzintervall jedoch nicht hilfreich, da die Dichtefunktion f_X i. Allg. unbekannt ist. Trotzdem kann auch für den nichtparametrischen Value-at-Risk-Schätzer ein Konfidenzintervall berechnet werden, das auf Simulationsmethoden beruht, s. Abschnitt 7.7.1.

Bemerkungen

1. Beim nichtparametrischen Value-at-Risk-Schätzer werden direkt die in der Vergangenheit beobachteten Daten verwendet. Diese Vorgehensweise wird auch als *historische Simulation* bezeichnet (vgl. [MFE05, S. 51]).

2. Die Vorteile der nichtparametrischen Methode sind:

   - Sie ist einfach zu implementieren. Man muss nur ein Quantil aus der Stichprobe schätzen; die meisten Software-Pakete stellen dafür entsprechende Routinen bereit.
   - Es muss nicht auf bestimmte Verteilungsannahmen oder Abhängigkeitsmodelle geachtet werden.
   - Sie funktioniert unter sehr allgemeinen Bedingungen bzw. Modellvoraussetzungen.

3. Die Nachteile der nichtparametrischen Methode sind:

   - Sie kann sehr ungenau sein, wenn zu wenige valide historische Daten vorliegen. Dies kann z. B. im Versicherungsbereich bei Groß- oder Katastrophenschäden der Fall sein.
   - Wenn im Datensatz keine extremen Ereignisse wie etwa Crashs oder Katastrophenschäden enthalten sind, werden zukünftige extreme Ereignisse offensichtlich nicht berücksichtigt. Dieser Punkt betrifft allerdings auch die parametrischen Schätzer, falls nicht ein entsprechendes Verteilungsmodell zugrunde gelegt wird. In bestimmten Situationen kann jedoch die Extremwertstatistik weiterhelfen; vgl. Abschnitt 6.3.

4. Im Vergleich zum parametrischen **VaR**-Schätzer ist Folgendes zu beachten: Falls die Beziehung $\text{VaR}(\alpha) = \Phi^{-1}(\alpha) \cdot \sigma$ nicht gilt, kann der parametrische Schätzer beliebig schlecht werden. Es gilt zwar nach wie vor, dass $\widehat{\sigma} \to \sigma$, da jedoch $\text{VaR} \neq \Phi^{-1}(\alpha) \cdot \sigma$ folgt $\Phi^{-1}(\alpha) \cdot \widehat{\sigma} \nrightarrow \text{VaR}$, d. h. der Schätzer ist in diesem Fall inkonsistent. Der nichtparametrische Schätzer hat dieses systematische Problem nicht, er ist konsistent, allerdings besitzt er i. Allg. eine größere Varianz (wie in 6.2.3 gezeigt wird), was wiederum seine Güte beeinträchtigt.

5. Anstelle der historisch beobachteten Daten können auch simulierte Daten verwendet werden (s. Kapitel 7).

6. Bei der statistischen Analyse wurde in diesem Kapitel stets von unabhängigen, identisch verteilten Beobachtungen ausgegangen. Insbesondere wurde für die Tagesrenditen des NYSE-Composite also ein White-Noise-Prozess (s. 2.4.2) bzw. für die Tageskurse ein geometrischer Random Walk unterstellt. Dieses einfache Modell mit konstanter Varianz

berücksichtigt jedoch nicht die in der Praxis zu beobachtenden Phasen unterschiedlich hoher Volatilität, wie sie auch in der Abbildung 6.7 im Verlauf der Tagesrenditen zu erkennen sind. Dieses Phänomen kann mit geeigneten Zeitreihenmodellen wie ARCH und GARCH modelliert werden (s. Abschnitt 2.4.6), deren Darstellung hier jedoch zu weit führen würde. Ausführliche Darstellungen solcher Modelle, unter anderem mit Anwendungen auf die Volatilitätsschätzung für den NYSE-Composite, bieten [End04] und [SS06].

6.2.3 Vergleich der parametrischen und nichtparametrischen VaR-Schätzer unter Normalverteilungsannahme

Um einen Eindruck von der relativen Genauigkeit der parametrischen und nichtparametrischen Methode zu bekommen, vergleichen wir im Folgenden die Varianzen der beiden Schätzer für den Fall, dass $X \sim \mathbf{N}(0; \sigma^2)$ ist. In dieser Situation ist also sowohl der parametrische als auch der nichtparametrische **VaR**-Schätzer anwendbar. Wir bezeichnen mit

$$\sigma_P^2 := (\Phi^{-1}(\alpha))^2 \cdot \frac{\sigma^2}{2} \qquad \text{bzw.}$$

$$\sigma_{NP}^2 := \frac{\alpha(1-\alpha)}{[f_X(\mathbf{VaR}(\alpha))]^2}$$

die asymptotischen Varianzen des parametrischen bzw. nichtparametrischen **VaR**-Schätzers im Sinne von (6.4) und (6.6). Wie sich leicht nachrechnen lässt, ist

$$f_X(\mathbf{VaR}(\alpha)) = \frac{1}{\sigma} \cdot \varphi(\Phi^{-1}(\alpha)).$$

Daher gilt

$$\frac{\sigma_{NP}^2}{\sigma_P^2} = \frac{\dfrac{\alpha(1-\alpha)}{[f_X(\mathbf{VaR}(\alpha))]^2}}{(\Phi^{-1}(\alpha))^2 \cdot \frac{\sigma^2}{2}}$$

$$= \frac{2\alpha(1-\alpha)}{[\varphi(\Phi^{-1}(\alpha)) \cdot \Phi^{-1}(\alpha)]^2}. \tag{6.7}$$

Für hohe Quantile, d. h. für den Fall $\alpha \to 1$, gilt

$$\frac{\sigma_{NP}^2}{\sigma_P^2} \approx \frac{2(1-\alpha)}{[\varphi(\Phi^{-1}(\alpha)) \cdot \Phi^{-1}(\alpha)]^2}.$$

Unter Verwendung der Bezeichnung $y := \Phi^{-1}(\alpha)$ entspricht der Fall $\alpha \to 1$ dem Fall $y \to \infty$, und es gilt

$$\frac{2(1-\alpha)}{[\varphi(\Phi^{-1}(\alpha)) \cdot \Phi^{-1}(\alpha)]^2} \to \frac{2(1-\Phi(y))}{(y \cdot \varphi(y))^2}.$$

Dieser Quotient geht gegen unendlich bzw. sein Kehrwert gegen null. Da sowohl der Nenner als auch der Zähler des Kehrwerts gegen null gehen, lässt sich dies mit der Regel von de l'Hospital begründen:

$$\lim_{y\to\infty} \frac{(y\cdot\varphi(y))^2}{2(1-\Phi(y))} = \lim_{y\to\infty} \frac{y\varphi(y)\cdot[\varphi(y)+y\varphi'(y)]}{-\varphi(y)}$$

$$= \lim_{y\to\infty}(-y\varphi(y)+y^2\varphi(y)) \qquad (\text{da } \varphi'(y) = -y\varphi(y))$$

$$= 0,$$

da $\varphi(y)$ schneller gegen null geht als jede Potenz von y. Damit wurde also gezeigt, dass für hohe Quantile der Quotient σ_{NP}^2/σ_P^2 groß wird, d. h., dass die Streuung des nichtparametrischen **VaR**-Schätzers größer (und die Güte des Schätzers damit schlechter) ist als die Streuung des parametrischen **VaR**-Schätzers.

Für $\alpha = 0{,}95$ bzw. $\alpha = 0{,}99$ ergeben sich aus der Formel (6.7) für σ_{NP}^2/σ_P^2 die Werte 3,301 bzw. 5,150. Da die Breiten der Konfidenzintervalle proportional zu σ_{NP} bzw. σ_P sind, bedeutet dies, dass das auf dem nichtparametrischen Schätzer beruhende Konfidenzintervall für den Value-at-Risk für $\alpha = 0{,}95$ um den Faktor $\sqrt{3{,}301} = 1{,}817$ und für $\alpha = 0{,}99$ um den Faktor $\sqrt{5{,}150} = 2{,}270$ breiter als das auf dem parametrischen Schätzer basierende Konfidenzintervall ist. Umgekehrt bedeutet dies für die Stichprobengröße, dass für den nichtparametrischen Value-at-Risk-Schätzer etwa die drei- bzw. fünffache Datenmenge erforderlich ist, um die gleiche Präzision wie beim parametrischen Schätzer zu erreichen. Bei normalverteilten Daten ist der parametrische **VaR**-Schätzer also wesentlich präziser als der nichtparametrische **VaR**-Schätzer.

6.2.4 Parametrischer TVaR-Schätzer

Analog zum Value-at-Risk können auch für Schätzer des Tail-Value-at-Risk parametrische und nichtparametrische Versionen hergeleitet werden. Speziell für normalverteiltes X mit $X \sim \mathbf{N}(\mu;\sigma^2)$ lässt sich der Tail Value-at-Risk für $\alpha \in (0;1)$ einfach berechnen durch

$$\mathbf{TVaR}_\alpha = \mu + \sigma \cdot \frac{\varphi(\Phi^{-1}(\alpha))}{1-\alpha}, \tag{6.8}$$

s. Abschnitt 3.1.5.4. Dabei ist Φ bzw. φ die Verteilungs- bzw. Dichtefunktion von $\mathbf{N}(0;1)$. Wenn wieder von $\mu \approx 0$ ausgegangen wird, dann gilt

$$\mathbf{TVaR}_\alpha \approx \sigma \cdot \frac{\varphi(\Phi^{-1}(\alpha))}{1-\alpha},$$

und man erhält – ganz analog zum parametrischen **VaR**-Schätzer – den folgenden parametrischen **TVaR** -Schätzer

$$\widehat{\mathbf{TVaR}}_\alpha = \widehat{\sigma} \cdot \frac{\varphi(\Phi^{-1}(\alpha))}{1-\alpha}. \tag{6.9}$$

Für diesen gilt wegen (6.3) bei zunehmendem Stichprobenumfang

$$\sqrt{n}(\widehat{\mathbf{TVaR}}_\alpha - \mathbf{TVaR}_\alpha) \to \mathbf{N}\left(0; \left(\frac{\varphi(\Phi^{-1}(\alpha))}{1-\alpha}\right)^2 \cdot \frac{\sigma^2}{2}\right),$$

womit

$$\left[\widehat{\text{TVaR}}_\alpha - \frac{1}{\sqrt{n}} \frac{u_{0,975}}{\sqrt{2}} \cdot \frac{\varphi(\Phi^{-1}(\alpha))}{1-\alpha} \cdot \widehat{\sigma}; \widehat{\text{TVaR}}_\alpha + \frac{1}{\sqrt{n}} \frac{u_{0,975}}{\sqrt{2}} \cdot \frac{\varphi(\Phi^{-1}(\alpha))}{1-\alpha} \cdot \widehat{\sigma}\right]$$

ein approximatives 95%-Konfidenzintervall für TVaR_α ist.

6.2.5 Nichtparametrischer TVaR -Schätzer

Falls X nicht normalverteilt ist, lässt sich ein nichtparametrischer Schätzer für den Tail Value-at-Risk angeben. Wir betrachten hier den Fall, dass X eine stetige Verteilungsfunktion besitzt. Dann stimmt der Tail Value-at-Risk mit der Tail Conditional Expectation überein (vgl. Abschnitt 3.1.5.3), d. h. für $\alpha \in (0;1)$ gilt

$$\text{TVaR}_\alpha = \mathbf{E}(X|X > \text{VaR}_\alpha),$$

d. h. TVaR_α ist der erwartete Verlust unter der Bedingung, dass der Verlust den VaR_α übersteigt. Damit ist auch naheliegend, dass man einen sinnvollen nichtparametrischen Schätzer von TVaR_α erhält, wenn man den Erwartungswert und den Value-at-Risk in der obigen Gleichung durch die entsprechenden Stichprobenversionen ersetzt. Ausgehend von geordneten Daten $x_1 \le \cdots \le x_n$ ist dann für $\alpha \in (0;1)$ ein nichtparametrische TVaR -Schätzer durch

$$\widehat{\text{TVaR}}_\alpha = \frac{1}{n - \lceil n \cdot \alpha \rceil} \sum_{i=\lceil n\cdot\alpha\rceil+1}^{n} x_i \tag{6.10}$$

gegeben, der im Folgenden als der *nichtparametrische* TVaR *-Schätzer* bezeichnet wird. Es werden also alle Beobachtungen aufsummiert, die größer als $x_{\lceil n\cdot\alpha\rceil}$ sind (dieser Wert entspricht dem nichtparametrischen VaR-Schätzer aus 6.2.2). Die Summe umfasst $n - \lceil n \cdot \alpha \rceil$ Summanden, d. h. $\widehat{\text{TVaR}}_\alpha$ ist das Stichprobenmittel der $n - \lceil n \cdot \alpha \rceil$ größten Beobachtungen.
Genau wie beim nichtparametrischen VaR-Schätzer lässt sich zeigen, dass dieser TVaR -Schätzer „gute" Eigenschaften hat, wenn der Stichprobenumfang groß genug ist (s. [GL06]).

6.2.6 Aufgaben

Aufgabe 6.9
In Gleichung (6.2) wurde der parametrische VaR-Schätzer

$$\widehat{\text{VaR}}_\alpha = \Phi^{-1}(\alpha) \cdot \widehat{\sigma}.$$

eingeführt. Dabei ist Φ^{-1} die Quantilfunktion von $\mathbf{N}(0;1)$.

(a) Entwickeln Sie ein Programm, das für einen Vektor ℓ von gegebenen Verlusten zu gegebenem α den parametrischen und nichtparametrischen $\widehat{\text{VaR}}_\alpha$ berechnet. (Hinweis: In R können die Befehle sd, qnorm und quantile hilfreich sein.)
(b) Berechnen Sie für die DAX-Returns aus Aufgabe 6.8 den parametrischen und nichtparametrischen Value-at-Risk-Schätzer (mit $\alpha = 0,99$) und vergleichen Sie die Ergebnisse.

(c) Geben Sie ein 95%-Konfidenzintervall für den Value-at-Risk der DAX-Returns an.

Aufgabe 6.10

In Gleichung (6.9) wurde der parametrische **TVaR**-Schätzer

$$\widehat{\textbf{TVaR}}_\alpha^P = \widehat{\sigma} \cdot \frac{\varphi(\Phi^{-1}(\alpha))}{1 - \alpha}$$

eingeführt. Dabei ist Φ bzw. φ die Verteilungs- bzw. Dichtefunktion von $\mathbf{N}(0; 1)$. In Gleichung (6.10) wurde der nichtparametrische **TVaR**-Schätzer

$$\widehat{\textbf{TVaR}}_\alpha^{NP} = \frac{1}{n - \lceil n \cdot \alpha \rceil} \sum_{i = \lceil n \cdot \alpha \rceil + 1}^{n} x_i$$

definiert. Bearbeiten Sie die Aufgabe analog zur Aufgabe 6.9.

Aufgabe 6.11

(a) Zeigen Sie, dass für die Quantilfunktion der **Pareto**$(x_0; \alpha)$-Verteilung gilt

$$F^{-1}(p) = x_0 \cdot (1 - p)^{-\frac{1}{\alpha}}.$$

(b) Entwickeln Sie auf der Basis von (a) einen parametrischen Schätzer des Value-at-Risk von Pareto-verteilten Risiken und implementieren Sie diesen in einem Programm, das für einen Vektor ℓ von gegebenen Verlusten zu gegebenem Niveau α den parametrischen $\widehat{\text{VaR}}_\alpha$ berechnet. Verwenden Sie den ML-Schätzer aus Aufgabe 6.5. Schätzen Sie für die Schäden aus Aufgabe 6.6 den parametrischen und nichtparametrischen Value-at-Risk (mit $x_0 = 1$) und vergleichen Sie die Ergebnisse.

Aufgabe 6.12

(a) Zeigen Sie, dass für die Quantilfunktion der **LN**$(\mu; \sigma^2)$-Verteilung gilt

$$F^{-1}(p) = \exp(\mu + \sigma \cdot \Phi^{-1}(p)).$$

(b) Bearbeiten Sie die Aufgabe mit den Daten aus Aufgabe 6.6 weiter wie Aufgabe 6.11. Vergleichen Sie abschließend die Schätzergebnisse.

6.3 Anpassung von Extremwertmodellen

In diesem Abschnitt werden einige Methoden zur Anpassung der Extremwertmodelle aus Abschnitt 2.5 – also für Maxima und Überschreitungen – vorgestellt. Es sei darauf hingewiesen, dass es zu diesem Thema eine umfangreiche Theorie mit entsprechender Literatur gibt (s. etwa [EKM97] und [Res07]), die interessierten Lesern empfohlen wird.

6.3.1 Anpassung der GEV-Verteilung mit der Blockmethode

Angenommen, es liegen unabhängige, identisch verteilte Schadendaten $x_1, \ldots, x_k$ vor. Beispielsweise könnten dies Versicherungsschäden oder die (negativen) Tagesrenditen einer Aktie sein. Das Ziel in diesem Abschnitt ist es, die Verteilung des Maximums M_n der Blockgröße n, also beispielsweise des monatlichen maximalen Verlusts einer Aktie, zu bestimmen.

Falls die Daten von einer Verteilung stammen, die die Voraussetzung des Fisher-Tippett-Theorems erfüllt, dann ist aus Abschnitt 2.5.1 bekannt, dass sich die Verteilung des Maximums M_n für große n annähernd wie eine GEV-Verteilung mit Parametern ξ, μ und σ verhält. Um diese drei Parameter aus den Daten zu schätzen, werden die Gesamtdaten $x_1, \ldots, x_k$ zunächst in m (ggf. annähernd) gleich große disjunkte Blöcke der Größe n zerlegt. Die dadurch entstandenen *Block-Maxima* werden mit $\widetilde{M}_1 = \max\{x_1, \ldots, x_n\}$, $\widetilde{M}_2 = \max\{x_{n+1}, \ldots, x_{2n}\}, \ldots$, $\widetilde{M}_m = \max\{x_{(m-1)n}, \ldots, x_k\}$ bezeichnet. Aufgrund dieser Blockdaten lässt sich nun eine GEV-Verteilung mithilfe des ML-Prinzips (vgl. 6.1.3.2) folgendermaßen anpassen. Wenn $h_{\xi,\mu,\sigma}$ die Dichte der entsprechenden GEV-Verteilung bezeichnet, dann ist die log-Likelihood-Funktion gegeben durch (s. [MFE05])

$$\ell_{\xi,\mu,\sigma}(\widetilde{M}_1, \ldots, \widetilde{M}_m) = \sum_{i=1}^{m} \ln h_{\xi,\mu,\sigma}(\widetilde{M}_i)$$

$$= -m \ln \sigma - \left(1 + \frac{1}{\xi}\right) \sum_{i=1}^{m} \ln \left(1 + \xi \frac{\widetilde{M}_i - \mu}{\sigma}\right) - \sum_{i=1}^{m} \left(1 + \xi \frac{\widetilde{M}_i - \mu}{\sigma}\right)^{-1/\xi}.$$

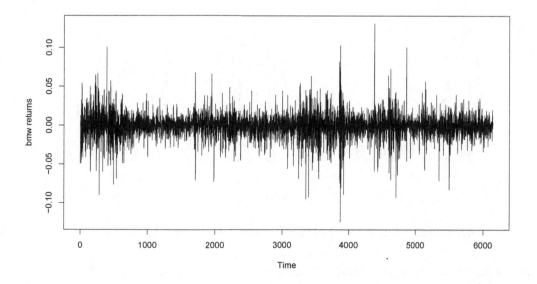

Abbildung 6.9: Tagesrenditen von BMW über den Zeitraum 2.1.1973 bis 23.7.1996

Bei der Maximierung dieser Likelihood-Funktion sind bestimmte Nebenbedingungen zu berücksichtigen. Im R-Paket `evir` sind die entsprechenden Schätzer in der Funktion `gev` implementiert.

Außerdem ist auf eine angemessene Blockgröße zu achten: Je größer die Blockgröße ist, umso besser wird einerseits i. Allg. die Verteilung von M_n durch eine GEV-Verteilung approximiert werden, andererseits werden u. U. nur wenige Block-Maxima $\widetilde{M}_1, \ldots, \widetilde{M}_m$ für die ML-Schätzung der Parameter ξ, μ und σ zur Verfügung stehen. Umgekehrt bewirkt eine kleine Blockgröße zwar viele Blöcke und damit Block-Maxima, jedoch u. U. keine zufriedenstellende Approximation mehr an die GEV. Nähere Informationen zu dieser Problematik findet man in [EKM97].

Beispiel (Blockmethode zur Schätzung monatlicher Maximalverluste)
Die Abbildung 6.9 stellt die Tagesrenditen von BMW über den Zeitraum 2.1.1973 bis 23.7.1996 in Form eines Zeitreihenplots dar. (Die Daten finden sich im Datensatz `bmw` im R-Paket `evir`. Hintergründe zu diesem Datensatz findet man z. B. in [EKM97].) Es wird davon ausgegangen, dass sich die Renditen zumindest näherungsweise wie unabhängige Größen verhalten. Insgesamt sind 6146 Renditewerte vorhanden.

Es sollen die monatlichen Maximalverluste modelliert werden, für die im Folgenden eine GEV-Verteilung angepasst werden soll. Dazu wird der Datensatz in 283 Monatsblöcke aufgeteilt und für diese Blöcke werden die Maxima $\widetilde{M}_1, \ldots, \widetilde{M}_{283}$ bestimmt (s. Abbildung 6.10). Die Anpas-

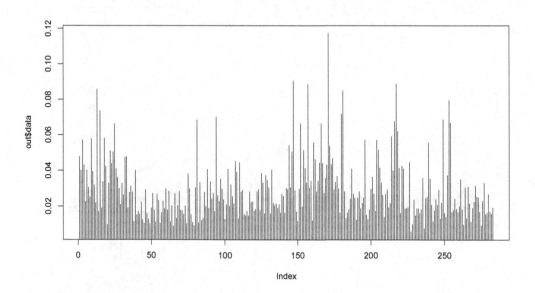

Abbildung 6.10: Monatliche Maximalverluste der BMW-Tagesrenditen

sung mit der oben beschriebenen ML-Methode liefert als Parameterschätzungen $\widehat{\xi} = 0.2208$, $\widehat{\sigma} = 0{,}0102$ und $\widehat{\mu} = 0{,}0211$, d. h. die angepasste Verteilung für die monatlichen Maximalverluste ist eine Fréchet-Verteilung.

Im Folgenden ist der zugehörige R-Code aufgelistet.

```
# R-Paket laden
> library(evir)
# Daten laden
> data(bmw)
# Passe eine EVT mit der Block-Maxima-ML-Methode an
# Wähle Monate als Blöcke
> out <- gev(bmw, "month")
# Stelle Renditen grafisch dar
> plot(out$data,type="h")
# Ausgabe der Parameterschätzer
> out$par.ests
```

6.3.2 Anpassung von GPD-Verteilungen an Überschreitungen

In diesem Abschnitt wird wieder von unabhängigen, identisch verteilten Schadendaten $x_1, \ldots, x_n$ ausgegangen, die jetzt allerdings in geordneter Form vorliegen sollen. Damit ist gemeint, dass $x_1 \geq x_2 \geq \cdots \geq x_n$ gelten soll. Für einen Schwellenwert u bezeichne $N_u = \#\{x_i > u\}$ die Anzahl der Überschreitungen, und $y_1 = x_1 - u, \ldots, y_{N_u} = x_{N_u} - u$ seien die zugehörigen Überschreitungen. Nachfolgend geht es um die Schätzung von Verteilungsmodellen für den Tail einer Verteilung, wie sie in 2.5.2 beschrieben wurden.

6.3.2.1 Die Hill-Methode

Die Hill-Methode ist im Wesentlichen eine grafische Methode, mit der sich der Tail-Bereich von Heavy-Tail-Verteilungen (s. 2.2) schätzen lässt. Im Folgenden wird exemplarisch angenommen, dass die zugrundeliegende Tail-Verteilung eine Pareto-Verteilung ist, d. h. für die Überschreitungswahrscheinlichkeit gelte $\overline{F}(x) = \left(\frac{x}{x_0} \right)^{-\alpha}$ für $x \geq x_0$. Das Ziel ist die Schätzung des Parameters α. Der auf dem Gesamtdatensatz $x_1, \ldots, x_n$ basierende ML-Schätzer für α ist gegeben durch (s. Aufgabe 6.5)

$$\widehat{\alpha} = \left[\frac{1}{n} \sum_{i=1}^{n} \ln \frac{x_i}{x_0} \right]^{-1}.$$

Für die Beobachtungen, die den Schwellenwert u überschreiten, ergibt sich als ML-Schätzer der sogenannte *Hill-Schätzer*

$$\widehat{\alpha}_{\mathrm{Hill}}(u) = \left[\frac{1}{N_u} \sum_{i=1}^{N_u} \ln \frac{x_i}{u} \right]^{-1}$$

bzw. falls $u = x_k$ gewählt wird

$$\widehat{\alpha}_{\text{Hill}}(k) = \left[\frac{1}{k} \sum_{i=1}^{k} \ln \frac{x_i}{x_k} \right]^{-1}.$$

Aus den letzten beiden Gleichungen ist ersichtlich, dass der Hill-Schätzer vom Schwellenwert u, bzw. der Anzahl k der in den Schätzer einfließenden Beobachtungen, abhängt. Leider gibt es keine „beste" Art, diese Werte festzulegen. Im Allgemeinen besteht die Vorgehensweise daher darin, das Verhalten von $\widehat{\alpha}_{\text{Hill}}$ für verschiedene Schwellenwerte u bzw. k grafisch in einem soge-nannten *Hill-Plot* darzustellen. Die Hoffnung ist dann, dass sich ein Bereich im Hill-Plot finden lässt, in dem sich $\widehat{\alpha}_{\text{Hill}}$ stabil verhält. In diesem Fall kann man ein solches $\widehat{\alpha}_{\text{Hill}}(k)$ als Schätzer für den Pareto-Parameter α verwenden. Als Schätzer für die Tail-Wahrscheinlichkeit $\overline{F}(x)$ ergibt sich dann (s. [MFE05])

$$\widehat{\overline{F}}(x) = \frac{k}{n} \left(\frac{x}{x_k} \right)^{-\widehat{\alpha}_{\text{Hill}}(k)}.$$

Da sich die Tail-Wahrscheinlichkeiten einer **Pareto**$(x_0; \alpha)$-Verteilung wie die Tail-Wahrschein-lichkeiten einer GPD-Verteilung mit Formparameter $\xi = \frac{1}{\alpha}$ verhalten (s. etwa [MFE05]), kann $\frac{1}{\widehat{\alpha}_{\text{Hill}}}$ als Schätzer für ξ verwendet werden. Eine Anwendung in der Rückversichung findet sich in [BCHH10].

Beispiel (Hill-Plot für Pareto-Verteilung)
In der Abbildung 6.11 ist ein Hill-Plot für 500 simulierte Daten einer **Pareto**$(1; 2)$-Verteilung dargestellt. Es ergibt sich ein Wert von $\widehat{\alpha}_{\text{Hill}}$ zwischen 1,9 und 2,0, was einen guten Schätzer für das wahre $\alpha = 2$ darstellt.

Es sei darauf hingewiesen, dass die ideale Situation des Beispiels in Anwendungen eher die Aus-nahme als die Regel darstellt. Der Hill-Schätzer lässt sich zwar auch unter etwas allgemeineren Voraussetzungen herleiten, allerdings besitzt er einige Eigenschaften, die zu irreführenden bzw. schwer interpretierbaren Ergebnissen führen können. Einige Beispiele für solche „Hill Horror Plots" findet man z. B. in [Res07] und auch in Aufgabe 6.13. Daher sind in der Praxis oft alter-native Schätzer vorzuziehen; für Details vgl. z. B. [Res07] oder [EKM97].

6.3.2.2 Wahl eines geeigneten Schwellenwerts

Nachfolgend wird eine grafische Methode vorgestellt, mit der sich in vielen Fällen ein geeigneter Schwellenwert u bestimmen lässt. Aus Abschnitt 2.5.2 ist bekannt, dass für $\xi < 1$ die mittlere Exzessfunktion (MEF) $e(u) = \mathbf{E}(X - u \mid X > u)$ einer GPD linear im Schwellenwert u ist, d. h. es gilt (s. Formel (2.7))

$$e(u) = \frac{\beta + \xi \cdot u}{1 - \xi}.$$

Aufgrund des Satzes von Pickands, Balkema und de Haan wird außerdem davon ausgegangen, dass sich die Exzess-Verteilungsfunktion F_u für große u approximativ wie eine GPD-Verteilung verhält. Diese Annahmen lassen sich nun folgendermaßen für die statistische Analyse nutzen. Für u ist durch

$$\widehat{e}(u) = \frac{1}{N_u} \sum_{i=1}^{N_u} y_i$$

ein Schätzer für die MEF $e(u) = \mathbf{E}(X - u | X > u)$ gegeben, wobei $y_1 = x_1 - u, \ldots, y_{N_u} = x_{N_u} - u$ wie am Anfang von Abschnitt 6.3.2 die Höhe der Überschreitungen bezeichnen. Dieser Schätzer hängt wie der Hill-Schätzer vom Schwellenwert u bzw. von der Anzahl der größten Schäden ab. Analog zum Hill-Plot lässt sich wiederum $\widehat{e}$ für verschiedene Werte von u in einem sogenannten *MEF-Plot* darstellen. Wenn sich die Exzessfunktion gemäß dem Satz von Pickands, Balkema und de Haan verhält, sollte sie in einem solchen Plot wegen (2.7) für große Werte von u näherungsweise wie eine Gerade verlaufen. Des Weiteren lässt die Steigung der Geraden Rückschlüsse auf die approximierende GPD-Verteilung zu: Da die Steigung von $e(u) = \frac{\beta + \xi \cdot u}{1 - \xi}$ durch den Parameter ξ bestimmt wird, deutet eine positive (negative) Steigung auf einen positiven (negativen) Parameter ξ hin, eine horizontale Gerade legt $\xi = 0$ und somit eine Exponentialverteilung nahe.

Beispiel (MEF-Plot für Pareto-Verteilung)
In der Abbildung 6.11 ist ein MEF-Plot für simulierte Daten einer **Pareto**$(1; 2)$-Verteilung dargestellt, d. h. in diesem Fall ist $e(u) = u$ (s. Aufgabe 2.27). An der Grafik lässt sich erkennen, dass selbst in diesem idealen Fall der Verlauf des Schätzers $\widehat{e}(u)$ nicht annähernd linear ist. Dies gilt speziell für die größten Werte, sodass es nicht sinnvoll ist, diesen Werten zu viel Bedeutung in der grafischen Analyse beizumessen.

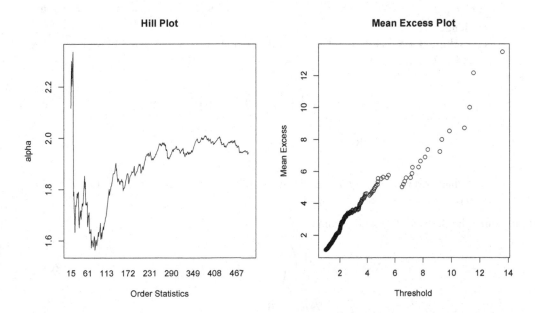

Abbildung 6.11: Hill- und MEF-Plot für 500 simulierte Daten einer **Pareto**$(1; 2)$-Verteilung

6.3.2.3 Anpassung der GPD mit der ML-Methode

Wurde ein sinnvoller Schwellenwert beispielsweise anhand eine MEF-Plots ermittelt (vgl. 6.3.2.2), können die Parameter der approximierenden GDP-Verteilung durch die ML-Methode wie folgt geschätzt werden. Als log-Likelihood-Funktion erhält man (s. [MFE05])

$$\ell_{\xi,\beta}(y_1,\ldots,y_{N_u}) = \sum_{i=1}^{N_u} \ln(g_{\xi,\beta}(y_i)) = -N_u \ln\beta - \left(1 + \frac{1}{\xi}\right) \sum_{i=1}^{N_u} \ln\left(1 + \xi\frac{y_i}{\beta}\right),$$

wobei $g_{\xi,\beta}$ die zu $G_{\xi,\beta}$ gehörige Dichtefunktion bezeichnet. Wie bei der Blockmethode muss diese log-Likelihood-Funktion unter bestimmten Nebenbedingungen maximiert werden (s. [MFE05]). Damit erhält man geschätzte Parameter $\widehat{\xi}$ und $\widehat{\beta}$ und somit eine Schätzung für den oberen Tailbereich der Verteilungsfunktion. Im R-Paket `evir` sind diese Parameterschätzer in der Funktion `gpd` implementiert.

6.3.2.4 Schätzer für den Value-at-Risk und den Tail Value-at-Risk

Wenn Daten $x_1,\ldots,x_n$ vorliegen, können auf Extremwertmethoden beruhende Schätzer für den Value-at-Risk und den Tail Value-at-Risk etwa folgendermaßen gewonnen werden:

1. Ermittle einen geeigneten Schwellenwert u, beispielsweise mithilfe eines MEF-Plots (vgl. 6.3.2.2).
2. Passe ein GPD-Modell oberhalb dieses Schwellenwerts an. Als Schätzer $\widehat{\xi}$ und $\widehat{\beta}$ können beispielsweise die ML-Schätzer aus 6.3.2.3 verwendet werden.
3. Schätze $\overline{F}(u) = 1 - F(u)$ durch $\widehat{\overline{F}}(u) = \dfrac{\#\{x_i > u\}}{n}$ (# steht für die Anzahl der Elemente einer Menge).
4. Aus Abschnitt 3.1.5.5 ist bekannt, dass für den Value-at-Risk und den Tail Value-at-Risk einer GPD-Verteilung gilt

$$\mathbf{VaR}_\alpha = u + \frac{\beta}{\xi}\left(\left(\frac{1-\alpha}{\overline{F}(u)}\right)^{-\xi} - 1\right) \qquad \text{und}$$

$$\mathbf{TVaR}_\alpha = \frac{\mathbf{VaR}_\alpha}{1-\xi} + \frac{\beta - \xi u}{1-\xi}.$$

Einen Schätzer dieser Risikomaße erhält man, indem man $\widehat{\xi}$ für ξ, $\widehat{\beta}$ für β und $\widehat{\overline{F}}(u)$ für $\overline{F}(u)$ in diese Gleichungen einsetzt.

Somit lauten die Schätzer für die Risikomaße

$$\widehat{\mathbf{VaR}}_\alpha = u + \frac{\widehat{\beta}}{\widehat{\xi}}\left(\left(\frac{1-\alpha}{\widehat{\overline{F}}(u)}\right)^{-\widehat{\xi}} - 1\right) \tag{6.11}$$

$$\widehat{\mathbf{TVaR}}_\alpha = \frac{\widehat{\mathbf{VaR}}_\alpha}{1-\widehat{\xi}} + \frac{\widehat{\beta} - \widehat{\xi}u}{1-\widehat{\xi}}. \tag{6.12}$$

6.3.2.5 Beispiel: Dänische Feuerschadendaten

Die Abbildung 6.12 stellt 2156 Schadenhöhen einer dänischen Feuerversicherung im Zeitraum 1980-1990 (in Millionen dänischer Kronen) dar. (Die Daten finden sich im Datensatz `danish` im R-Paket `evir`. Hintergründe zu diesem Datensatz findet man z. B. in [EKM97].) Im Folgenden werden diese Daten mit den zuvor vorgestellten Methoden analysiert. Der Hill-Plot in Abbil-

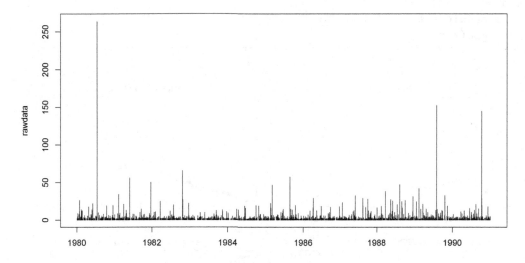

Point process of 2167 exceedances of threshold 0

Abbildung 6.12: Zeitreihenplot der Schäden im Datensatz `danish`

dung 6.13 legt nahe, dass $\alpha \approx 1,4$, d. h. also $\xi \approx 0,7$. Der MEF-Plot ist einigermaßen linear oberhalb des Schwellenwerts $u = 10$ (dies entspricht den 109 größten Schäden), entsprechend wurde ein GPD-Modell angepasst. Als ML-Schätzer für die GPD ergaben sich dabei $\widehat{\xi} = 0,497$ und $\widehat{\beta} = 6,975$. Die Verteilungsfunktion dieser angepassten Verteilung ist zusammen mit der entsprechenden empirischen Verteilungsfunktion aller Schäden oberhalb des Schwellenwerts $u = 10$ links unten in Abbildung 6.13 dargestellt. Rechts davon sind die entsprechenden Tail-Wahrscheinlichkeiten dargestellt. Beide Grafiken legen eine gute Anpassungsgüte nahe.

Die gesamte Darstellung und Analyse wurde mit dem R-Paket `evir` erstellt. Im Folgenden ist der wesentliche Teil des benutzten R-Codes aufgeführt.

```
# R-Paket laden
> library(evir)
# Daten laden
> data(danish)
# erzeuge Hill plot
```

```
> hill(danish)
# erzeuge mean exzess plot
> meplot(danish)
# passe GPD-Modell oberhalb u=10 an
> out <- gpd(danish, 10)
# Ausgabe der Parameterschätzer
> out$par.ests
       xi        beta
0.4968062 6.9745523
# erzeuge die unteren beiden Plots...
> plot.gpd(out)
```

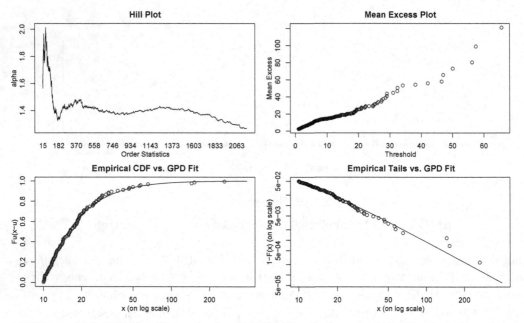

Abbildung 6.13: Hill-Plot (links oben) und MEF-Plot (rechts oben) für die dänischen Feuer-
schadendaten; unten: CDF- sowie Tail-Plot der empirischen Verteilung und der
angepassten GPD

6.3.2.6 Beispiel BMW-Tagesrenditen

Im Folgenden werden für die Tagesrenditen von BMW aus dem Beispiel aus 6.3.1 die Verluste
- also die negativen Renditen - wieder mit den gleichen Extremwertmethoden wie im vorangegangenen Beispiel analysiert, sowie Schätzer für den Value-at-Risk und den Tail Value-at-Risk
gewonnen.

Der Hill-Plot in Abbildung 6.14 ist schwierig zu interpretieren, da es keine Abschnitte mit konstantem Verlauf gibt. Dies ist eines der in Abschnitt 6.3.2.1 erwähnten Probleme, die in Hill-Plots

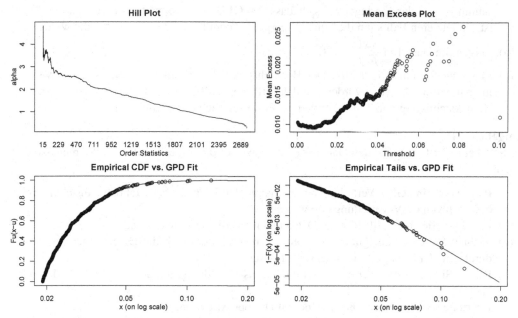

Abbildung 6.14: Hill-Plot (links oben) und MEF-Plot (rechts oben) für die Tagesrenditen von BMW; unten: CDF- sowie Tail-Plot der empirischen Verteilung und der angepassten GPD

auftauchen können. Auch der MEF-Plot ist in dieser Situation schwieriger zu interpretieren als bei dem vorangegangenen Beispiel. Ignoriert man das Verhalten für die höchsten Schwellenwerte, dann erscheint beispielsweise ein Schwellenwert von $u = 0.019$ (dies entspricht den 391 größten Verlusten) plausibel. Für diesen Schwellenwert liefert der ML-Schätzer die GPD-Parameter $\hat{\xi} = 0,223$ und $\hat{\beta} = 0,009$. Die beiden unteren Grafiken legen wie im vorangegangenen Beispiel eine recht gute Anpassung des Modells nahe.

Mit diesen Ergebnissen können nun wie in Abschnitt 6.3.2.4 beschrieben, Schätzer für den Value-at-Risk und den Tail Value-at-Risk berechnet werden. Dafür kann die R-Funktion `riskmeasures` aus dem R-Paket `evir` verwendet werden, in der die Schätzer aus (6.11) und (6.12) implementiert sind. Als Ergebnisse erhält man $\widehat{\text{VaR}}_{0,99} \approx 0,0503$ und $\widehat{\text{TVaR}}_{0,99} = 0,0705$.

6.3.3 Aufgaben

Aufgabe 6.13
In der Abbildung 6.11 sind der MEF- und der Hill-Plot für 500 simulierte Daten eines Risikos X mit Verteilungsfunktion $F_X(x) = 1 - \left(\dfrac{1}{x}\right)^{\alpha}$ mit $\alpha = 2$ (für $x \geq 1$) dargestellt.

(a) Simulieren Sie 500 Daten eines Risikos Y mit Verteilungsfunktion $F_Y(x) = 1 - \left(\dfrac{1}{1+x} \right)^{\alpha}$
mit $\alpha = 2$ (für $x \geq 0$). Hinweis: Verwenden Sie entweder die Inversionsmethode (s. Abschnitt 7.1.1) oder überlegen Sie sich, dass $Y \sim$ **GPD** (mit geeignet gewählten Parametern) ist. Im letzteren Fall kann die Funktion `rgpd` aus dem R-Paket `evir` verwendet werden.

(b) Zeigen Sie, dass $\lim\limits_{x \to \infty} \dfrac{\overline{F}_X(x)}{\overline{F}_Y(x)} = 1$.

(c) Erzeugen Sie einen Hill-Plot. Der Hill-Schätzer schätzt den Exponenten α der Verteilungsfunktion F_X. Was würden Sie daher für den Hill-Plot der Daten aus Teil (a) unter Berücksichtigung von Teil (b) erwarten? Bewerten Sie das Ergebnis.

Aufgabe 6.14

Im R-Paket `evir` finden Sie den Datensatz `siemens`, der die Tagesrenditen der Siemens-Aktie enthält.

(a) Passen Sie eine GEV-Verteilung an die maximalen Monats- bzw. Jahresverluste an. Welcher Typ von GEV-Verteilung ergibt sich?

(b) Erzeugen Sie einen Hill-Plot der Daten und interpretieren Sie diesen.

(c) Wählen Sie einen geeigneten Schwellenwert u, ab dem sich die Daten näherungsweise durch eine GPD-Verteilung beschreiben lassen.

(d) Passen Sie eine GPD-Verteilung für die Exzess-Verteilungsfunktion mit der ML-Methode an.

(e) Beurteilen Sie (grafisch) die Güte der GPD-Approximation.

(f) Schätzen Sie, basierend auf Teil (d), den 99% und 99,9% Value-at-Risk und Tail Value-at-Risk.

6.4 Parameterschätzung für Copulas

In diesem Abschnitt werden einige Werkzeuge für die Schätzung von Copula-Parametern vorgestellt. Auf die Frage, welches Copula-Modell am besten zu den Daten passt, wollen wir nicht eingehen. Vielmehr gehen wir davon aus, dass die an die Daten anzupassende Copula-Familie (z. B. vom Gauß- oder vom Gumbel-Typ) unter inhaltlichen Gesichtspunkten bereits ausgewählt wurde und nur noch die Parameter des Modells zu schätzen sind (d. h. bei der Gauß-Copula der Korrelationskoeffizient ρ und bei der Gumbel-Copula der Parameter θ). Manchmal werden die direkt aus den Daten geschätzten Parameter noch weiter angepasst (kalibriert), damit das am Ende gefundene Modell bestimmte vorgegebene Eigenschaften besitzt, die sich nicht automatisch in den Anpassungsvorgang integrieren lassen. Daher wird Kalibrierung auch als „guesstimate" bezeichnet, also als Kombination aus Vermutung und Schätzung. Bei der Anpassung von Copulas an Daten werden die Begriffe der Kalibrierung und Schätzung aber manchmal auch als Synonyme verwendet.

Als Anpassungsmethoden werden exemplarisch die Schätzung durch Rangkorrelationskoeffizienten und die Maximum-Likelihood-Methode vorgestellt. Zur Darstellung der grundlegenden Ideen gehen wir vom zweidimensionalen Fall aus; weiterführende Hinweise finden sich in [Joe97] und [MFE05].

6.4.1 Parameterschätzung durch Rangkorrelationen

Die Methode der Anpassung durch Rangkorrelationen wird benutzt, wenn es eine bestimmte Beziehung zwischen dem Copula-Parameter θ und dem Rangkorrelationskoeffizienten der Daten $x_1, \ldots, x_n$ mit $x_i \in \mathbb{R}^2$ (entweder in der Variante von Spearman oder Kendall) gibt. Diese Beziehung wird ausgenutzt, um aus der geschätzten Korrelation $\widehat{\rho}$ einen Schätzer $\widehat{\theta}$ für den Copula-Parameter abzuleiten. Die Rangkorrelation wird deshalb verwendet, weil sie im Gegensatz zur linearen Korrelation nur von der Copula und nicht von den Randverteilungen abhängt (s. 5.4). Für die Copulas aus Kapitel 5 ergeben sich auf diese Weise die im Folgenden beschriebenen Schätzverfahren.

6.4.1.1 Gauß-Copula

Für den Parameter ρ der Gauß-Copula C_ρ^{Ga} und den Spearmanschen Rangkorrelationskoeffizienten ρ_S gilt die Beziehung $\rho \approx \rho_S$, s. [MFE05, S. 230]. Das heißt, als passendes $\widehat{\rho}$ wird hier der aus den Daten geschätzte Wert r_S verwendet (s. 5.4.1).

6.4.1.2 t-Copula

Für den Parameter ρ der t-Copula C_ρ^t und den Kendallschen Rangkorrelationskoeffizienten ρ_τ gilt die Beziehung $\rho = \sin(\frac{\pi}{2} \cdot \rho_\tau)$ (s. [MFE05, S. 230]) und entsprechend wird hier als passendes $\widehat{\rho}$ der aus den Daten geschätzte Wert $\sin(\frac{\pi}{2} \cdot r_\tau)$ verwendet (zur Berechnung von r_τ siehe Abschnitt 5.4.2). Der zweite Parameter ν der t-Copula kann dann in einem zweiten Schritt durch die Maximum-Likelihood-Methode (s. 6.4.2) geschätzt werden.

6.4.1.3 Gumbel-Copula

Für den Parameter θ der Gumbel-Copula C_θ^{Gu} und den Kendallschen Rangkorrelationskoeffizienten ρ_τ gilt die Beziehung $\theta = 1/(1 - \rho_\tau)$ (s. [MFE05, S. 230]). Dem entsprechend wird der aus den Daten geschätzte Wert $\widehat{\theta} = 1/(1 - r_\tau)$ verwendet (falls $r_\tau \geq 0$ und damit $\widehat{\theta} \geq 1$).

6.4.1.4 Clayton-Copula

Für den Parameter θ der Clayton-Copula C_θ^{Cl} und den Kendallschen Rangkorrelationskoeffizienten ρ_τ gilt $\theta = 2\rho_\tau/(1 - \rho_\tau)$ (s. [MFE05, S. 230]) und entsprechend wird in diesem Fall der aus den Daten geschätzte Wert $\widehat{\theta} = 2r_\tau/(1 - r_\tau)$ verwendet (falls $r_\tau > 0$ und damit $\widehat{\theta} > 0$).

6.4.2 Parameterschätzung für Copulas mit der Maximum-Likelihood-Methode

In diesem Abschnitt werden der Komplexität wegen keine konkreten Beispiele zur Parameterschätzung für Copulas betrachtet, sondern lediglich die Ideen und Probleme geschildert, die dabei von besonderer Bedeutung sind. Wenn eine Copula C mit der ML-Methode (s. Abschnitt 6.1.3.2) geschätzt werden soll, dann müssen unabhängige, identisch verteilte Daten $u_1, \ldots, u_n \in \mathbb{R}^2$ mit einer Copula-Dichte c_θ vorliegen. Damit lautet die log-Likelihood-Funktion

$$l_\theta(u_1, \ldots, u_n) = \sum_{i=1}^{n} \ln c_\theta(u_i).$$

Ein Problem besteht nun darin, dass i. Allg. keine Realisierungen $u_1, \ldots, u_n$ der Copula vorliegen, sondern nur Realisierungen der gemeinsamen Verteilung: $x_1, \ldots, x_n \sim F$ mit $x_i \in \mathbb{R}^2$, wie etwa beim Beispiel der Renditen von BMW und Siemens, s. Abbildung 5.1. Es stellt sich die Frage, wie hieraus Realisierungen $u_1, \ldots, u_n$ der Copula berechnet werden können.

Es sei $X = (X_1, X_2) \sim F$, d. h. jedes der $x_i \in \mathbb{R}^2$ entspricht einer Realisierung von (X_1, X_2). Wir definieren $U = (V_1, V_2)$ mit $V_1 := F_1(X_1)$ und $V_2 := F_2(X_2)$, wobei F_1 und F_2 die Randverteilungen von F sind. Dann ist $U \sim C$, denn

$$
\begin{aligned}
F_U(v_1, v_2) &= P(V_1 \leq v_1, V_2 \leq v_2) \\
&= P(F_1(X_1) \leq u_1, F_2(X_2) \leq u_2) \quad \text{(nach Def. von } V_1, V_2) \\
&= P(X_1 \leq F_1^{-1}(v_1), X_2 \leq F_2^{-1}(v_2)) \\
&= F(F_1^{-1}(v_1), F_2^{-1}(v_2)) \quad \text{(da } F \text{ die Verteilungsfunktion von } X \text{ ist)} \\
&= C(v_1, v_2),
\end{aligned}
$$

wobei die letzte Gleichung wegen Beziehung (5.4) gilt.

Damit haben wir also eine Methode zur Erzeugung von Copula-Realisierungen gefunden, zumindest für den idealen Fall, dass die Randverteilungen F_1 und F_2, die zur Definition von V_1 und V_2 benutzt wurden, bekannt sind. In der praktischen Anwendung müssen die unbekannten Verteilungen F_1 und F_2 aus der Stichprobe geschätzt werden. Dazu gibt es verschiedene Möglichkeiten, von denen hier nur die sogenannte *nichtparametrische Methode* vorgestellt werden soll. Im Wesentlichen werden F_1 und F_2 dabei durch ihre jeweiligen empirischen Verteilungsfunktionen $\widehat{F}_1$ und $\widehat{F}_2$ geschätzt (wobei üblicherweise in der Definition der empirischen Verteilungsfunktion, s. Abschnitt 6.1.4.1, durch „Anzahl der Beobachtungen +1" anstatt durch „Anzahl der Beobachtungen" dividiert wird, da bei vielen Copulas die Dichte auf dem Rand unendlich ist). Damit erhält man keine exakten Realisierungen $(F_1(x_{11}), F_2(x_{12})), \ldots, (F_1(x_{n1}), F_2(x_{n2}))$ der Copula, sondern eine Stichprobe $\widehat{u}_1, \ldots, \widehat{u}_n$ von *Pseudorealisierungen*

$$\widehat{u}_1 := (\widehat{F}_1(x_{11}), \widehat{F}_2(x_{12}))$$
$$\widehat{u}_2 := (\widehat{F}_1(x_{21}), \widehat{F}_2(x_{22}))$$
$$\vdots$$
$$\widehat{u}_n := (\widehat{F}_1(x_{n1}), \widehat{F}_2(x_{n2})).$$

Mit diesen Pseudorealisierungen wird nun die log-Likelihood-Funktion

$$l_\theta(\widehat{u}_1, \ldots, \widehat{u}_n) = \sum_{i=1}^{n} \ln c_\theta(\widehat{u}_i)$$

für θ maximiert. Diese Methode wird auch als CML-Methode (CML = *Canonical Maximum Likelihood*) bezeichnet. Wenn hingegen die Randverteilungen nicht über die empirischen Verteilungsfunktionen, sondern als bestimmte parametrische Verteilungen, etwa Normalverteilungen, modelliert werden, spricht man auch von der IFM-Methode (IFM =*Inference for Margins*).

6.4.3 Beispiel zur Copula-Schätzung (BMW- und Siemens-Renditen)

Wir betrachten wieder die gemeinsame Verteilung der BMW- und Siemens-Renditen. Einerseits werden die Gauß-, t-, Gumbel- und Clayton-Copulas durch Rangkorrelationen angepasst. Außerdem wird die ML-Anpassung mit der nichtparametrischen Methode durchgeführt, d. h. mit einer Schätzung der Randverteilungen durch eine Variante der empirischen Verteilungsfunktion. Für die BMW- und Siemens-Renditen sind die Originalrenditen wie auch die Pseudorealisierungen der Copula in der Abbildung 6.15 dargestellt. Im Folgenden ist der wesentliche R-Code (unter

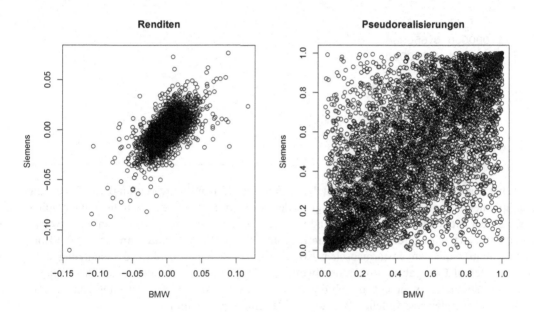

Abbildung 6.15: Gemeinsame Verteilung der BMW- und Siemens-Renditen (links) und Pseudorealisierungen der Gauß-Copula (rechts)

Verwendung der Pakete `copula`, `QRMlib` und `evir`) für die beiden Anpassungsmethoden bzgl. der Gauß-Copula aufgelistet.

```
#   Erzeuge empirische Randverteilungsfunktionen
emp.bmw<-ecdf(daten[,1])
emp.siemens<-ecdf(daten[,2])
vert<-function(z){
```

```
c(emp.bmw(z[1]),emp.siemens(z[2]))
}
#   Renormierung der empirischen Verteilungsfunktion
#   mit n+1 statt n
z.neu<-t(apply(daten,1,FUN=vert))
daten<-z.neu*length(z.neu)/(length(z.neu)+1)
#                Anpassung mit Spearmans rho
> Spearman(daten)
          x          y
x 1.0000000 0.6499582
y 0.6499582 1.0000000


#                Anpassung mit ML-Methode
> fit.gausscopula(daten)
$P
          [,1]       [,2]
[1,] 1.000000 0.656934
[2,] 0.656934 1.000000

$converged
[1] TRUE

$ll.max
[1] 1508.542
```

Zunächst werden durch den `ecdf`-Befehl die beiden empirischen Randverteilungsfunktionen mit dem üblichen Normierungsfaktor n erzeugt. In der Matrix `z.neu` befinden sich die in die empirischen Randverteilungen eingesetzten Renditen, die renormiert mit $n+1$ als `daten` weiterverarbeitet werden (n wird durch `length(z.neu)` ermittelt). Der Befehl `Spearman` erzeugt die Korrelationsmatrix mit dem Spearmanschen Korrelationskoeffizienten ρ, die ML-Schätzung wird mit dem Befehl `fit.gausscopula` durchgeführt. Als Ergebnis wird neben einer entsprechenden Korrelationsmatrix angegeben, ob der Algorithmus zur Maximierung der log-Likelihood-Funktion konvergiert und welchen Wert dieses Maximum ggf. annimmt.

Die Ergebnisse der beiden Methoden sind in Tabelle 6.4 zusammengefasst. Weder für die Gauß-, noch die t-Copula treten relevante Unterschiede in der Anpassung auf. Die größte numerische Diskrepanz ergibt sich für die Clayton-Copula.

6.4.4 Aufgaben

Aufgabe 6.15
Passen Sie die Gauß-, t-, Gumbel- und Clayton-Copulas für die gemeinsame Verteilung der DAX- und FTSE-Returns des Datensatzes aus Aufgabe 6.8 an. Sie können sich dabei am Beispiel 6.4.3 orientieren.

Copula	Parameter	
	Rangkorrelation	CML
Gauß	$\rho = 0{,}65$	$\rho = 0{,}66$
t	$\rho = 0{,}68$	$\nu = 5{,}5, \rho = 0{,}67$
Gumbel	$\theta = 1{,}90$	$\theta = 1{,}77$
Clayton	$\theta = 1{,}80$	$\theta = 1{,}27$

Tabelle 6.4: Ergebnisse der beiden Anpassungsmethoden für die BMW- und Siemens-Renditen

(a) Schätzen Sie die Copula-Parameter durch Rangkorrelationen.
(b) Schätzen Sie die Copula-Parameter durch die Canonical Maximum Likelihood.
(c) Vergleichen Sie die Ergebnisse.

6.5 Backtesting

6.5.1 Backtesting im Kontext der Modellvalidierung

Für den (Tail) Value-at-Risk wurden in 6.2 verschiedene Schätzmethoden beschrieben. Die Bedeutung dieser Schätzer liegt u. a. darin, dass sie als Vorhersage für mögliche zukünftige Verluste eingesetzt werden. Beim sogenannten *Backtesting* geht es um die empirische Überprüfung der Prognosegüte solcher Schätzer, d. h. die Vorhersagen des Modells werden mit den tatsächlich eingetretenen Verlusten (bzw. Wertveränderungen) verglichen. So sind Finanzinstitute, die ein eigenes Marktrisikomodell verwenden, in Deutschland nach der Solvabilitätsverordnung verpflichtet, regelmäßig ein solches Backtesting durchzuführen. Dabei wird z. B. der Ein-Tages-**VaR**$_{99\%}$, über ein Jahr bzw. etwa 252 Börsentage hinweg täglich neu geschätzt und mit den tatsächlichen Wertveränderungen verglichen. Ähnlich wird bei Kreditrisikomodellen vorgegangen, bei denen u. a. die Abweichung zwischen geschätzten und beobachteten Ausfallwahrscheinlichkeiten untersucht wird. In beiden Fällen geht es um die *Validierung* eines Risikomodells, d. h. den Nachweis, dass eine Risikomessmethode die an sie gestellten Anforderungen erfüllt. Unabhängig von der speziellen Risikoart stellt die Validierung also einen wichtigen Schritt innerhalb des Risikomanagement-Prozesses dar. Beim Backtesting handelt es sich um eine spezielle Validierungstechnik, die im Folgenden anhand des Backtesting der beiden Schätzmethoden für den Value-at-Risk aus Kapitel 6.2 exemplarisch erläutert wird.

6.5.2 Mathematische Beschreibung

Wir betrachten äquidistante Planungsperioden der Länge 1, und es wird angenommen, dass der Value-at-Risk für das Ende der Periode zu deren Anfang geschätzt wird. Mit $\widehat{\mathbf{VaR}}^t_{99\%}$ bezeichnen wir den zum Zeitpunkt t geschätzten Value-at-Risk für den Zeitpunkt $t+1$ und mit L_{t+1} den tatsächlich eingetretenen Verlust. Ist $L_{t+1} > \widehat{\mathbf{VaR}}^t_{99\%}$, dann bezeichnet man diesen Wert als *Ausreißer* oder *Ausnahme*. Offensichtlich ist die Prognosegüte des Modells schlecht, wenn zu viele (dann wird das Risiko unterschätzt) oder zu wenige (dann wird das Risiko überschätzt) Ausreißer auftreten. Während der Regulator vorrangig vermeiden möchte, dass der Anwender des Risikomodells das Risiko unterschätzt, sind auch Überschätzungen im Hinblick auf die Eignung des Modells etwa zur internen Steuerung, kritisch zu beurteilen. Nach der Definition des Value-at-Risk gilt $P(L_{t+1} > \mathbf{VaR}^t_{99\%}) = 1 - 0{,}99 = 1\,\%$, sodass die Ausreißerwahrscheinlichkeit $p_0 = 1\,\%$ ist. Der Wert $\mathbf{VaR}^t_{99\%}$ liegt allerdings so nur im idealisierten Fall vor. In der Realität ist $\mathbf{VaR}^t_{99\%}$ unbekannt, sodass stattdessen der entsprechende Schätzer $\widehat{\mathbf{VaR}}^t_{99\%}$ angesetzt werden muss. Von einer sinnvollen Prognosemethode sollte man trotzdem erwarten, dass die entsprechende Ausreißerwahrscheinlichkeit p nahe bei $1\,\%$ liegt und dass somit – die Unabhängigkeit von Ausreißern vorausgesetzt – die Anzahl der Ausreißer über den Gesamtzeitraum $1, \ldots, T$ binomialverteilt ist mit Erfolgswahrscheinlichkeit (=Ausreißerwahrscheinlichkeit) $p = 1\,\%$ und z. B. $T = 252$ unabhängigen Versuchswiederholungen; vgl. [MFE05, S. 55]. Gemäß diesen Überlegungen beträgt die erwartete Anzahl von Ausreißern über ein Jahr hinweg also $T \cdot p = 252 \cdot 0{,}01 = 2{,}52$. Um die Korrektheit des verwendeten Risikomodells zu überprüfen, werden basierend auf dieser Idee verschiedene statistische Tests (s. Abschnitte 6.5.3 und 6.5.4) sowie die sogenannte *Basler Ampel*, die auf den Basler Ausschuss für Bankenaufsicht zurückgeht, angewendet. Bei der Basler Ampel werden Ausreißerzahlen (bezogen auf den Einjahreshorizont) für den $\mathbf{VaR}_{99\%}$ in drei Zonen eingeteilt, anhand derer die Prognosegüte festgestellt wird und ggf. das vorzuhaltende Risikokapital des Unternehmens zu erhöhen ist (s. [Cam05]):

- Grüne Zone: Vier oder weniger Ausreißer,
- Gelbe Zone: Fünf bis neun Ausreißer,
- Rote Zone: Zehn oder mehr Ausreißer.

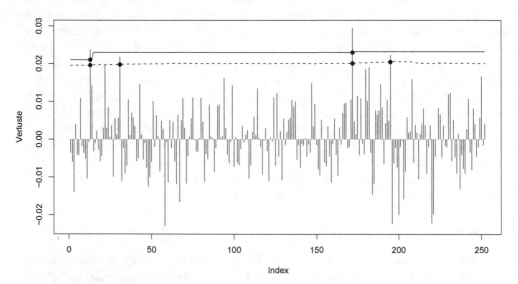

Abbildung 6.16: Tagesrenditen des NYSE-Composite, parametrischer (gestrichelte Linie) und nichtparametrischer $\mathbf{VaR}_{99\%}$-Schätzer (durchgezogene Linie) über eine Backtestingperiode von 252 Tagen. Die Ausreißer sind durch Punkte markiert.

Während Ausreißerzahlen in der grünen bzw. gelben Zone als unbedenklich bzw. tolerierbar gelten, stellen Ausreißerzahlen in der roten Zone die Genauigkeit des Modells infrage und erzwingen eine Verbesserung der zugrunde liegenden Risikomodellierung.

Beispiel (Ausreißerzahlen für den NYSE-Composite)
Hilfreich zur Veranschaulichung sind grafische Darstellungen in denen sowohl die beobachteten Tagesrenditen als auch die entsprechenden **VaR**-Schätzer über den Backtesting-Zeitraum gemeinsam abgebildet werden. Für die NYSE-Composite-Daten sind in den Abbildungen 6.16 bzw. 6.17 sowohl der parametrische als auch der nichtparametrische $\text{VaR}_{99\%}$-Schätzer über die letzten 252 bzw. 504 Tage der 1000 betrachteten Tage dargestellt. Dabei wurden die täglichen **VaR**-Schätzer auf der Basis der vergangenen 1000-252=748 bzw. 1000-504=496 Werte berechnet. In den Abbildungen ist zu erkennen, dass sich die Schätzer relativ wenig an die Dynamik der Gewinne/Verluste anpassen. Der Grund hierfür ist u. a., dass hier ein Random-Walk-Modell unterstellt wurde, welches nicht die Phasen unterschiedlich hoher Volatilität berücksichtigt, s. auch die letzte Bemerkung in Abschnitt 6.2.2. Die entsprechenden Ausreißerzahlen für den pa-

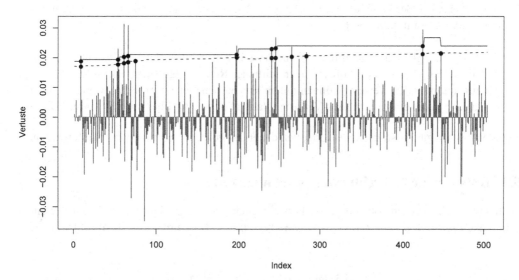

Abbildung 6.17: Tagesrenditen des NYSE-Composite, parametrischer (gestrichelte Linie) und nichtparametrischer $\text{VaR}_{99\%}$-Schätzer (durchgezogene Linie) über eine Backtestingperiode von 504 Tagen. Die Ausreißer sind durch Punkte markiert.

rametrischen bzw. nichtparametrischen Value-at-Risk sind: 4 bzw. 2 für 252 Tage und 12 bzw. 8 beim 504-Tages-Backtesting. Während der nichtparametrische **VaR**-Schätzer in beiden Fällen eine akzeptable Anzahl an Ausreißern liefert, produziert der parametrische **VaR**-Schätzer im Falle der 252 Tage das erwartete Ergebnis, im Falle der 504 Tage weicht er hingegen nach oben ab. Für die betrachteten 252 Tage würden die Ergebnisse beider Methoden in der grünen Zone der Basler Ampel liegen.

Um die Situation beim Backtesting mathematisch genauer zu beschreiben, wird die Größe

$$A_{t+1} := \begin{cases} 1 & \text{für } L_{t+1} > \widehat{\mathbf{VaR}}^t, \\ 0 & \text{für } L_{t+1} \leq \widehat{\mathbf{VaR}}^t, \end{cases}$$

eingeführt. Die Zufallsvariable A_{t+1} nimmt also genau dann den Wert 1 an, wenn zur Zeit $t + 1$ ein Ausreißer auftritt, d. h. wenn der tatsächliche Verlust den vorhergesagten Value-at-Risk übersteigt. Damit ist die Gesamtzahl an Ausreißern über den Zeitraum $t = 1, \ldots, T$ gegeben durch $A := \sum_{t=1}^{T} A_t$, und $\widehat{p} := \frac{A}{T}$ ist ein Schätzer für die Ausreißerwahrscheinlichkeit. Von den A_t wird – wie oben begründet – angenommen, dass sie unabhängig $\mathbf{Bin}(1; p)$-verteilt sind und dass somit $A \sim \mathbf{Bin}(T; p)$ mit unbekannter Ausreißerwahrscheinlichkeit p ist. Aus Sicht des Backtesting sind also zwei Eigenschaften zu überprüfen, nämlich:

1. die korrekte Wahrscheinlichkeit von Ausreißern: Das heißt, die Ausreißerwahrscheinlichkeit p sollte mit der vorgegebenen Ausreißerwahrscheinlichkeit p_0 (beim $\mathbf{VaR}_{99\%}$ also 1 %) übereinstimmen. Wenn diese Eigenschaft verletzt ist, z. B. mit $p = 2\%$, bedeutet dies, dass Ausreißer häufiger als erwartet (und akzeptabel) auftreten und das Risikomodell das Risiko somit unterschätzt.

2. die Unabhängigkeit der Ausreißer: Wenn diese Eigenschaft verletzt ist, könnte das z. B. bedeuten, dass Ausreißer zu oft in enger zeitlicher Reihenfolge auftreten. Solche zeitlich gehäuft auftretenden Verluste können einem Finanzdienstleister größere Probleme bereiten, als wenn die entsprechenden Verluste relativ gleichmäßig über die Zeit verteilt sind.

Für beide Aspekte gibt es statistische Tests, von denen im Folgenden einige vorgestellt werden.

6.5.3 Tests für die Ausreißerwahrscheinlichkeit

Es soll untersucht werden, ob die Ausreißerwahrscheinlichkeit p einer vorgegebenen Wahrscheinlichkeit p_0 (z. B. $p_0 = 1\%$ für den $\mathbf{VaR}_{99\%}$) entspricht. Das zugehörige Testproblem lautet somit

$$H_0 : p = p_0 \qquad \text{vs.} \qquad H_1 : p \neq p_0.$$

Das Risikomodell gilt in Bezug auf die Ausreißerwahrscheinlichkeit als angemessen, wenn die Nullhypothese nicht abgelehnt wird. Zur Prüfung der Hypothesen stehen verschiedene Tests zur Verfügung, von denen im Folgenden zwei Binomialtests vorgestellt werden.

6.5.3.1 Approximativer Binomialtest

Wenn $\widehat{p} := \frac{A}{T}$ als Schätzer der wahren (aber unbekannten) Ausreißerwahrscheinlichkeit p verwendet wird, kann die Abweichung von p zu p_0 durch $\widehat{p} - p_0$ geschätzt werden. Für diese Differenz lässt sich der Satz von de Moivre und Laplace (s. B.28) anwenden, der besagt, dass die

Größe

$$Z := \sqrt{T} \cdot \frac{\widehat{p} - p_0}{\sqrt{p_0 \cdot (1 - p_0)}}$$

$$= \frac{A - T \cdot p}{\sqrt{T \cdot p \cdot (1 - p)}}$$

unter der Nullhypothese (d. h., wenn $p = p_0$ gilt) approximativ standardnormalverteilt ist. Das heißt, wenn zum Signifikanzniveau $\alpha \in (0; 1)$ die Entscheidungsregel

$$\text{Lehne } H_0 \text{ ab} \quad \Leftrightarrow \quad |Z| > u_{1-\alpha/2}$$

verwendet wird, dann ist der Test ein (approximativer) α-Niveau-Test (s. 6.1.5.1) für das obige Testproblem.

Beispiel (Approximativer Binomialtest für den NYSE-Composite)
Für das Backtesting des parametrischen **VaR**$_{99\%}$ über 2 Jahre (504 Tage) ergeben sich für die NYSE-Composite Renditen zwölf Ausreißer. Hier ist also

$$Z = (12 - 504 \cdot 0{,}01) / \sqrt{504 \cdot 0{,}01 \cdot 0{,}99} = 3{,}116.$$

Dies entspricht einem p-Wert (s. Abschnitt 6.1.5.1) von weniger als 0,2 %, d. h. zum 5%-Niveau würde das Risikomodell als unangemessen erachtet werden. Beim nichtparametrischen **VaR**$_{99\%}$ mit acht Ausreißern ergibt sich $Z = 1{,}325$, was einem p-Wert von ca. 19 % entspricht, d. h. zum 5%-Niveau würde das Risikomodell als angemessen erachtet werden.

6.5.3.2 Der Likelihood-Quotiententest von Kupiec

Der *Test von Kupiec* ist ein sogenannter *Likelihood-Quotienten-Binomialtest* (s. [SH06, S.351]). Ausgangspunkt ist die log-Likelihood-Funktion für den unbekannten Erfolgsparameter p bei A Erfolgen unter T Versuchen

$$l(p) = \ln \left[(1 - p)^{T-A} \cdot p^A \right].$$

Damit ergibt sich als Teststatistik des Likelihood-Quotiententests

$$LR := -2 \cdot \ln \left[(1 - p_0)^{T-A} \cdot p_0^A \right] + 2 \cdot \ln \left[(1 - \widehat{p})^{T-A} \cdot \widehat{p}^A \right],$$

wobei $\widehat{p} := \frac{A}{T}$ ist. Diese Statistik ist asymptotisch χ^2-verteilt mit einem Freiheitsgrad unter der Nullhypothese, dass p_0 die wahre Ausreißerwahrscheinlichkeit ist, vgl. [Jor07, S. 147].

Beispiel (Kupiec-Test für den NYSE-Composite)
Für das Backtesting des parametrischen **VaR**$_{99\%}$ über zwei Jahre (504 Tage) ergibt sich für die NYSE-Composite-Renditen der Wert $LR = 6{,}998$. Das 95%-Quantil der χ^2-Verteilung (s. Anhang B.3) mit einem Freiheitsgrad ist $\chi^2_{1;0,95} = 3{,}841$; also wird die Nullhypothese $p_0 = 1\%$ abgelehnt. Für das Backtesting über ein Jahr ergibt sich hingegen $LR = 0{,}745$, also würde die Nullhypothese aufgrund dieses Werts nicht verworfen werden.

6.5.4 Ein Test auf Unabhängigkeit

Mit den vorgestellten Binomialtests kann die Einhaltung der vorgegebenen Ausreißerwahrscheinlichkeit überprüft werden. Die zweite wichtige Eigenschaft, die zu überprüfen ist, ist die Unabhängigkeit der Ausreißer. Einen Ansatz liefert der sogenannte *Markov-Test von Christoffersen* (s. [Jor07]). Dieser Test prüft, ob die Ausreißerwahrscheinlichkeit am Tag t davon abhängt, ob am Tag $t-1$ ein Ausreißer vorlag. Die zugrunde liegende Idee ist, dass wenn der geschätzte Value-at-Risk das Risiko richtig abbildet, die Wahrscheinlichkeit diesen Wert zu überschreiten unabhängig davon sein sollte, ob er am Tag zuvor überschritten wurde (vgl. [Cam05]). Um zu überprüfen, ob es einen Zusammenhang zwischen den Ausreißern eines Tages und denen des Vortages gibt, wird eine entsprechende Vierfeldertafel erstellt (s. Tabelle 6.5).

	Vortag	
Heute	Ausreißer ($A_{t-1} = 1$)	Kein Ausreißer ($A_{t-1} = 0$)
Ausreißer ($A_t = 1$)	n_{11}	n_{10}
Kein Ausreißer ($A_t = 0$)	n_{01}	n_{00}
Gesamt	$n_{11} + n_{01}$	$n_{10} + n_{00}$

Tabelle 6.5: Vierfeldertafel zum Test von Christoffersen

Wenn $p = P(A_t = 1)$, $p_{11} = P(A_t = 1 | A_{t-1} = 1)$ und $p_{10} = P(A_t = 1 | A_{t-1} = 0)$ die entsprechenden (bedingten) Ausreißerwahrscheinlichkeiten bezeichnen, dann lautet die zu überprüfende Nullhypothese

$$H_0 : p = p_{11} = p_{10},$$

und als Teststatistik ergibt sich (s. [Jor07, S. 151])

$$LR := -2 \cdot \ln\left[(1-\widehat{p})^{n_{00}+n_{01}} \cdot \widehat{p}^{\,n_{10}+n_{11}} \right] + 2 \cdot \ln\left[(1-\widehat{p}_{10})^{n_{00}} \cdot \widehat{p}_{10}^{\,n_{10}} \cdot (1-\widehat{p}_{11})^{n_{01}} \cdot \widehat{p}_{11}^{\,n_{11}} \right],$$

wobei

$$\widehat{p} = \frac{n_{11} + n_{10}}{T}$$

die geschätzte Ausreißerwahrscheinlichkeit ist und

$$\widehat{p}_{10} = \frac{n_{10}}{n_{10} + n_{00}} \qquad \text{bzw.} \qquad \widehat{p}_{11} = \frac{n_{11}}{n_{11} + n_{01}}$$

die Schätzer der bedingten Wahrscheinlichkeiten p_{10} bzw. p_{11} für das Auftreten eines Ausreißers heute sind, wenn am Vortag kein bzw. ein Ausreißer auftrat. Die Teststatistik LR besitzt unter der Nullhypothese asymptotisch eine χ^2-Verteilung mit einem Freiheitsgrad.

Beispiel (Test auf Unabhängigkeit der Ausreißer für den NYSE-Composite)
Für das Backtesting des parametrischen **VaR**$_{99\%}$ über 2 Jahre (504 Tage) ergeben sich für die NYSE-Composite-Daten Ausreißer an den Tagen 9, 54, 61, 66, 75, 197, 240, 245, 265, 283,

424 und 447. Die zugehörige Vierfeldertafel findet sich in Tabelle 6.6. Einsetzen dieser Werte in die Teststatistik LR liefert $LR = 0,585$ (mit $\hat{p} = 0,0238$, $\hat{p}_{10} = 0,0238$ und $\hat{p}_{11} = 0$). Da das 95%-Quantil der χ^2-Verteilung 3,841 beträgt, würde die Nullhypothese der Unabhängigkeit nicht verworfen werden.

Heute	Vortag	
	Ausreißer ($A_{t-1} = 1$)	Kein Ausreißer ($A_{t-1} = 0$)
Ausreißer ($A_t = 1$)	0	12
Kein Ausreißer ($A_t = 0$)	12	480
Gesamt	12	492

Tabelle 6.6: Ausreißerzahlen für das Backtesting des parametrischen **VaR**$_{99\%}$ des NYSE-Composite über 504 Tage

6.5.5 Anmerkungen zum Backtesting

1. Bei den vorgestellten Tests waren die Hypothesen i. Allg. als

$$H_0 : \textbf{VaR}\text{-Modell korrekt} \quad \text{vs.} \quad H_1 : \textbf{VaR}\text{-Modell inkorrekt}$$

formuliert worden, d. h. ein Fehler erster Art tritt genau dann auf, wenn ein korrektes Modell vom Test als inkorrekt identifiziert wurde. Da die Tests den Fehler erster Art kontollieren, bedeutet diese Sichtweise also, dass vor allem das Risiko des Unternehmens, ein valides Modell als untauglich zu deklarieren, kontrolliert wird. Aus regulatorischer Sicht ist es hingegen wünschenswert, problematische Modelle korrekt als solche identifizieren zu können, d. h. die Power des Tests, also die Wahrscheinlichkeit $P(H_0$ wird verworfen | H_1 liegt vor), sollte möglichst groß sein. Für die in 6.5.3 vorgestellten Tests für die Ausreißerwahrscheinlichkeit ist bekannt, dass sie eine niedrige Power besitzen, s. [Cam05]. Das bedeutet u. a., dass es schwierig ist, eine systematische Unterschätzung der Ausreißerwahrscheinlichkeit durch das Unternehmen festzustellen. Dieses Problem tritt entsprechend auch bei der Basler Ampel auf und wurde bereits 1996 durch das Basel-II-Komittee (s. [Bas96, S. 5]) thematisiert:

> „The Committee of course recognises that tests of this type are limited in their power to distinguish an accurate model from an inaccurate model."

2. Sowohl bei der Basler Ampel als auch bei den Binomialtests wird die mögliche Verletzung der Unabhängigkeitsannahme ignoriert. Bei diesen Verfahren wird nur die Häufigkeit der Ausreißer betrachtet, nicht aber die Zeitpunkte.

3. Ausgangspunkt der Überlegungen zur Ausreißerwahrscheinlichkeit ist die Identität $P(L_{t+1} > \textbf{VaR}_\alpha) = 1 - \alpha$. In der Praxis muss der Value-at-Risk jedoch geschätzt werden, d. h. der Schätzer $\widehat{\textbf{VaR}}$ wird den echten Value-at-Risk zufälligerweise über- oder unterschreiten. Die oben erwähnten Verfahren berücksichtigen diesen Schätzfehler nicht;

vgl. [OS00]. In [EO07] werden entsprechende Auswirkungen untersucht, sowie Verbesserungen vorgeschlagen.

4. Der Test auf Unabhängigkeit von Christoffersen kann eine Verletzung der Unabhängigkeit nur erkennen, wenn eine ganz spezielle Form der Abhängigkeit vorliegt – nämlich von einem Tag auf den nächsten. Wenn beispielsweise das Auftreten eines Ausreißers nur davon abhängt, ob vor einer Woche ein Ausreißer aufgetreten ist, kann dieser Test das nicht erkennen. Ein weiterer Test auf Unabhängigkeit ist der „Runs"-Test (s. [LK00]), bei dem die Anzahl der aufgetretenen Runs (aufeinanderfolgende Nullen oder Einsen) einer bestimmten Länge mit derjenigen unter der Unabhängigkeitsannahme verglichen wird.

5. Im Allgemeinen wird ein **VaR**-Schätzer $\widehat{\mathbf{VaR}}^t$ zu einem Zeitpunkt t, auf der Basis eines Zeitfensters der Länge K, etwa der Zeitpunkte $t-K, t-K+1, \ldots, t-1$ geschätzt. Im Beispiel in Abschnitt 6.5.2 etwa war $K = 748$ bzw. 496 für das Backtesting über 252 bzw. 504 Tage. Das bedeutet, dass z. B. $\widehat{\mathbf{VaR}}^t$ und $\widehat{\mathbf{VaR}}^{t+1}$ auf den überlappenden Beobachtungen $t-K+1, \ldots, t-1$ geschätzt werden, und somit wird die Unabhängigkeitsannahme auch für die Ausreißervariablen in der Praxis nicht erfüllt sein. Es gibt jedoch Methoden, um dies angemessen zu berücksichtigen, s. [OS00].

6. Auch für andere Risikomaße lassen sich Backtesting-Verfahren etablieren. Für den Tail Value-at-Risk (bzw. die Tail Conditional Expectation bei stetigen Verteilungen) besteht die Grundidee darin, bei den aufgetretenen Ausreißern die Differenz zwischen Wertverlust L_{t+1} und Prognose des Risikomaßes $\widehat{\mathbf{TVaR}}^t$ zu bilden: $Y_{t+1} := L_{t+1} - \widehat{\mathbf{TVaR}}_\alpha^t$. Da $\mathbf{TVaR}_\alpha = \mathbf{E}(L|L > \mathbf{VaR}_\alpha)$ (s. 6.2.4) folgt, dass die Zufallsgrößen Y_t den Erwartungswert null haben sollten; weitere Details finden sich in [MFE05].

7. In den vorangegangenen Ausführungen stand das Backtesting zur Überprüfung eines bestimmten Risikomaßes im Vordergrund. Es gibt jedoch auch Verfahren, wie etwa das Verfahren von Crnkovich und Drachman (s. [Jor07, S. 153]), mit denen die Prognosequalität des **VaR**-Modells insgesamt beurteilt werden kann. Die Idee besteht darin, dass falls L_{t+1} tatsächlich die vorhergesagte Verteilung $\widehat{F}_{L_{t+1}}$ besitzt, sich die Werte $\widehat{U}_1 = \widehat{F}_{L_1}(L_1), \ldots, \widehat{U}_T = \widehat{F}_{L_T}(L_T)$ wie die Realisierungen einer $\mathbf{U}(0; 1)$-verteilten Zufallsvariablen verhalten. Diese Aussage kann dann wiederum mit den Anpassungstests aus 6.1.5 überprüft werden.

6.5.6 Aufgaben

Aufgabe 6.16

Führen Sie für die DAX-Daten aus Aufgabe 6.8 ein Backtesting des parametrischen Value-at-Risk-Schätzers unter Normalverteilungsannahme durch; genauer:

(a) Ermitteln Sie für ein Backtesting über die letzten 252 Tage des Datensatzes die prognostizierten **VaR**-Werte. (Zur Ermittlung der $\widehat{\mathbf{VaR}}^t$-Werte können jeweils alle Werte der Vergangenheit verwendet werden.) Stellen Sie diese Werte gemeinsam mit den realisierten Verlusten in einer Grafik wie 6.16 dar.

(b) Führen Sie die Tests aus Abschnitt 6.5.3 für die Ausreißerwahrscheinlichkeit durch und interpretieren Sie die Ergebnisse. (Hinweis: In R ist der approximative Binomialtest in `prop.test` implementiert.)

(c) Führen Sie (a) und (b) auch für ein Backtesting über die letzten 504 Tage des Datensatzes durch.

Aufgabe 6.17
Bearbeiten Sie die Aufgabe 6.16 auch für den nichtparametrischen **VaR**-Schätzer.

6.6 Zusammenfassung

* Um Risiken adäquat zu modellieren, sind Verteilungen auszuwählen, die zu beobachteten Verlusten passen, und die Modellparameter sind entsprechend zu schätzen.

* Modellannahmen lassen sich zum einen durch explorative Methoden wie Histogramme, Box-Plots und Q-Q-Plots, zum anderen durch statistische Tests, z.B. Anpassungstests, überprüfen. Zur Überprüfung der Normalverteilungsannahme stehen spezielle Anpassungstests zur Verfügung.

* Bei der Verwendung von Anpassungstests ist zu beachten, dass sie genügend Power besitzen sollten.

* Risikokennzahlen wie der (Tail) Value-at-Risk müssen in der Praxis geschätzt werden. Im Allgemeinen stehen verschiedene Schätzer zur Verfügung, deren Güteeigenschaften zu vergleichen sind. In Kapitel 7 werden Simulationsmethoden vorgestellt, die dies auch in komplizierten Situationen ermöglichen.

* Durch Extremwertverteilungen lassen sich Maxima (z.B. die monatlichen Maxima prozentualer DAX-Tagesverluste) bzw. Überschreitungen von hohen Schwellenwerten adäquat beschreiben. Um diese Modelle an reale Daten anzupassen stehen verschiedene statistische Methoden zur Verfügung. Unter anderem lassen sich hierdurch auch die Risikomaße Value-at-Risk und Tail Value-at-Risk schätzen.

* Genauso wie die Verteilungen der Einzelrisiken, sind die verwendeten Abhängigkeitsmodelle an die beobachteten Verlustdaten anzupassen. Die zur Abhängigkeitsmodellierung häufig eingesetzten Gauß-, t-, Gumbel- und Clayton-Copulas lassen sich einerseits mittels Rangkorrelationen und andererseits durch Maximum-Likelihood-Methoden anpassen.

* Die Güte eines Risikomodells ist durch Validierungsmethoden zu überprüfen. Für den Value-at-Risk gibt es verschiedene Ansätze, bei denen die Anzahl der Ausreißer, Unabhängigkeit der Ausreißer u. Ä. betrachtet werden.

6.7 Selbsttest

1. Geben Sie einen kurzen allgemeinen Überblick über unterschiedliche Methoden zur Überprüfung von Modellannahmen.

2. Erläutern Sie die Idee von Histogrammschätzern und CDF-Schätzern.

3. Erläutern Sie, wie mithilfe von Box-Plots Datensätze visualisiert werden können.

4. Erläutern Sie, wie Q-Q-Plots zur Überprüfung eines Verteilungsmodells genutzt werden können.

5. Erläutern Sie den grundsätzlichen Ansatz der Momentenmethode sowie der Maximum-Likelihood-Methode zur Schätzung von Verteilungsparametern.

6. Erläutern Sie die Grundidee des Kolmogorov-Smirnov-Anpassungstests, des Anderson-Darling-Anpassungstests sowie des χ^2-Anpassungstests.

7. Was versteht man unter der Power eines Tests? Welche Bedeutung hat dieser Begriff im Zusammenhang mit Anpassungstests?

8. Erläutern Sie den parametrischen und den nichtparametrischen Ansatz zur Herleitung von Schätzern für Risikokennzahlen wie den Value-at-Risk und den Tail Value-at-Risk. Vergleichen Sie für den VaR-Schätzer Vor- und Nachteile der beiden Schätzmethoden.

9. Erläutern Sie, wie sich Verteilungen von Maxima und Überschreitungen von hohen Schwellenwerten aus Daten schätzen lassen.

10. Erläutern Sie, wie sich der Value-at-Risk und der Tail Value-at-Risk mithilfe von Extremwertmethoden aus Daten schätzen lassen.

11. Erläutern Sie in Grundzügen, wie durch Betrachtung der Rangkorrelationen bzw. mit der Maximum-Likelihood-Methode die Parameter spezieller Copulas geschätzt werden können.

12. Erläutern Sie die grundsätzliche Idee des Backtesting zur Validierung von Risikomodellen, sowie einige konkrete Ansätze (insbes. Binomialtests) bzgl. Ausreißern in **VaR**-Modellen.

7 Simulationsmethoden

„One of the best ways to develop an understanding of a model [. . .] is to implement a simulation of the model." (P. Glasserman)

In den vorangegangenen Kapiteln wurde beschrieben, wie sich Risiken mathematisch modellieren lassen und wie diese Modelle an reale Daten angepasst werden können. Am Ende solcher Prozesse steht dann ein Modell, mit dem sich im Prinzip Fragen wie etwa nach der (modellgemäßen) Höhe des Value-at-Risk beantworten lassen. In der Praxis ist so ein Modell jedoch viel zu komplex, um derartige Fragen analytisch zu lösen, sodass in der Regel Simulationsstudien durchgeführt werden müssen. Dabei werden Zufallszahlen auf einem Rechner erzeugt, die die vom Modell vorgegebenen Verteilungen besitzen. In 7.1 bzw. 7.2 wird beschrieben, wie sich solche Zahlen für einzelne Risiken bzw. abhängige Risiken erzeugen lassen. Die Simulation einiger spezieller stochastischer Prozesse wird in 7.4 und 7.5 vorgestellt. Die eingeführten Algorithmen werden abschließend bei sogenannten Monte-Carlo- und Bootstrap-Simulationen eingesetzt.

7.1 Erzeugung von Zufallszahlen

Grundlage der im Folgenden betrachteten Simulationsverfahren sind *Zufallszahlen* (genauer: Pseudozufallszahlen), die sich auf einem Rechner erzeugen lassen. Solche Zahlen sind nicht wirklich zufällig, sie sollten aber durch statistische Tests möglichst schwer von echten Zufallszahlen zu unterscheiden sein. Für eine Folge von Zufallszahlen sind außerdem die folgenden Eigenschaften wünschenswert:

- Die Periodenlänge sollte möglichst groß sein, d. h. es sollten möglichst lange Folgen erzeugt werden, bevor Wiederholungen auftreten.
- Die Folge sollte reproduzierbar sein, damit Simulationsergebnisse nachvollzogen bzw. Fehler gefunden werden können.
- Die effiziente Berechenbarkeit auf einem Computer sollte gewährleistet sein.

Das Ziel ist also die Erzeugung von Zufallszahlen $x_1, \ldots, x_n$, die gemäß einer beliebigen, aber vorgegeben Verteilung F verteilt sein sollen. Im Folgenden wird angenommen, dass ein Algorithmus zur Verfügung steht, mit dem sich gleichverteilte Zufallszahlen, d. h. $u_1, \ldots, u_n \sim U(0; 1)$, erzeugen lassen. Die Konstruktion solcher Zufallszahlengeneratoren ist alles andere als trivial, s. beispielsweise [LK00] und [L'E02], soll aber im Rahmen dieses Buchs nicht thematisiert werden. Die Simulation von beliebig verteilten Zufallszahlen $x_1, \ldots, x_n$ kann dann in vielen Fällen durch geeignete Transformationen von gleichverteilten Zufallszahlen errreicht werden. Einige dieser Methoden werden im Folgenden vorgestellt.

7.1.1 Die Inversionsmethode

Gesucht wird eine Methode, um Simulationen $x_1, \ldots, x_n$ gemäß einer gegebenen Verteilungs-funktion F zu erzeugen. Die *Inversionsmethode* beruht auf dem ersten Teil des Simulationslem-mas (s. Satz B.5). Wenn $F : \mathbb{R} \to [0;1]$ eine Verteilungsfunktion mit Quantilfunktion F^{-1} und $Y \sim U(0;1)$ eine gleichverteilte Zufallsvariable ist, wird $X := F^{-1}(Y)$ gesetzt. Somit ist $X \sim F$, d. h. die Verteilungsfunktion der Zufallsvariablen X ist tatsächlich F. Um dies nachzuvollziehen, betrachten wir ein beliebiges $x \in \mathbb{R}$. Dann gilt

$$P(X \leq x) = P(F^{-1}(Y) \leq x) \qquad \text{(nach Definition von } Y\text{)}$$
$$= P(Y \leq F(x)) \qquad \text{(denn } F^{-1}(Y) \leq x \Leftrightarrow Y \leq F(x))$$
$$= F(x),$$

denn Y ist nach Voraussetzung gleichverteilt. Dies bedeutet, dass für beliebiges $t \in [0;1]$ (und damit auch für $t = F(x)$) die Beziehung $P(Y \leq t) = t$ gilt.

Dieses Ergebnis hat folgende Bedeutung für die Praxis: Wenn die inverse Verteilungsfunktion bzw. Quantilfunktion F^{-1} bekannt ist, kann eine Realisierung x erzeugt werden, indem zunächst eine Realisierung y der Gleichverteilung simuliert wird. Anschließend wird dieser Wert in die inverse Verteilungsfunktion eingesetzt, d. h. $x := F^{-1}(y)$. Das Simulationslemma besagt nun, dass x tatsächlich eine Simulation der vorgegebenen Verteilung ist. Damit ergibt sich der folgende allgemeine Algorithmus:

> **Algorithmus zur Erzeugung einer Realisierung von $X \sim F$ gemäß**
> **Inversionsmethode**
>
> 1. Erzeuge $U \sim \mathbf{U}(0;1)$.
>
> 2. Setze $X := F^{-1}(U)$.

Eine Visualisierung der Vorgehensweise zur Simulation von zehn Realisierungen $X_1, \ldots, X_{10} \sim F$ findet sich in Abbildung 7.1. Im ersten Schritt werden $U_1, \ldots, U_{10} \sim \mathbf{U}(0;1)$ simuliert, deren Realisationen auf der y-Achse der Abbildung als horizontale Striche gekennzeichnet sind. An-schließend werden die Werte $X_1 = F^{-1}(U_1), \ldots, X_{10} = F^{-1}(U_{10})$ ermittelt, d. h. diejenigen Wer-te, für die $F(X_1) = U_1, \ldots, F(X_{10}) = U_{10}$ gilt. In der Grafik sind diese durch vertikale Striche auf der x-Achse dargestellt. Die Inversionsmethode für diskrete Zufallszahlen wird im separaten Abschnitt 7.1.4 behandelt.

7.1.1.1 Beispiel Exponentialverteilung

Für die Exponentialverteilung $\mathbf{Exp}(\lambda)$ ist die Verteilungs- bzw. Quantilfunktion gegeben durch

$$F(x) = 1 - \exp(-\lambda x) \qquad \text{bzw.}$$
$$F^{-1}(y) = -\frac{1}{\lambda} \ln(1 - y).$$

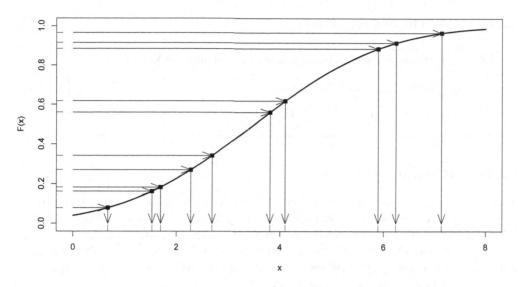

Abbildung 7.1: Visualisierung der Inversionsmethode

Das heißt, wenn $U \sim \mathbf{U}(0;1)$ ist, dann besitzt

$$X := F^{-1}(U) = -\frac{1}{\lambda}\ln(1-U)$$

die gewünschte Verteilung. Da die Zufallsvariable $1 - U \sim \mathbf{U}(0;1)$ ebenfalls gleichverteilt ist, kann die Exponentialverteilung auch durch $-1/\lambda \ln U$ simuliert werden, sodass sich folgender Algorithmus ergibt:

> **Algorithmus zur Erzeugung einer Realisierung von $X \sim \mathbf{Exp}(\lambda)$ gemäß Inversionsmethode**
>
> 1. Erzeuge $U \sim \mathbf{U}(0;1)$.
>
> 2. Setze $X := -1/\lambda \ln U$.

7.1.1.2 Beispiel Erlang-Verteilung

Eine Erlang-verteilte Zufallsvariable X ergibt sich aus der Summe von unabhängig exponential-verteilten Zufallsvariablen (s. Abschnitt 2.2.2): $X = Y_1 + \ldots + Y_k$ mit $Y_i \sim \mathbf{Exp}(\lambda)$, wobei jedes Y_i durch $Y_i = -1/\lambda \ln U_i$ simuliert werden kann (s.o.). Damit ist

$$
\begin{aligned}
X &= Y_1 + \ldots + Y_k \\
&= -1/\lambda \ln U_1 - \ldots - 1/\lambda \ln U_k \\
&= -1/\lambda \ln(U_1 \cdot \ldots \cdot U_k),
\end{aligned}
$$

und es ergibt sich der folgende Algorithmus:

> **Algorithmus zur Erzeugung einer Realisierung von $X \sim \Gamma(k; \lambda)$**
>
> 1. Erzeuge $U_1, \dots, U_k \sim \mathbf{U}(0; 1)$.
>
> 2. Setze $X := -1/\lambda \ln(U_1 \cdot \ldots \cdot U_k)$.

7.1.2 Die Verwerfungsmethode

Im Gegensatz zur Inversionsmethode handelt es sich bei der *Verwerfungsmethode* (Acceptance-Rejection Method) um eine indirekte Methode zur Erzeugung von Zufallszahlen einer gewünschten Verteilung. Zunächst wird eine Zufallszahl gemäß einer leichter zu simulierenden Verteilung erzeugt und dann gemäß einer bestimmten Entscheidungsregel angenommen oder verworfen. Dabei muss der Verwerfungsmechanismus so funktionieren, dass die schließlich akzeptierten Zufallszahlen der gewünschten Verteilung gehorchen.

Das Ziel ist die Simulation einer stetigen Zufallsvariablen $X \sim F$ mit Dichtefunktion f. Ausgangspunkt ist eine weitere Verteilung G mit Dichte g, die sich „gut" simulieren lässt und für die es eine Zahl $c > 0$ gibt, sodass

$$f(x) \leq c \cdot g(x)$$

für alle Werte von x ist. Im ersten Schritt wird nun eine Realisierung von $Y \sim G$ erzeugt. Diese Realisierung soll mit Wahrscheinlichkeit $f(Y)/cg(Y)$ als Realisierung von $X \sim F$ akzeptiert werden. Dies kann erreicht werden, indem zunächst eine gleichverteilte Zufallszahl $U \sim \mathbf{U}(0; 1)$ erzeugt wird. Ist die Bedingung $U \leq f(Y)/cg(Y)$ erfüllt, wird die Zahl Y akzeptiert, ansonsten wird sie verworfen. Als Algorithmus stellt sich die Methode wie folgt dar:

> **Algorithmus zur Erzeugung einer Realisierung von $X \sim F$ gemäß Verwerfungsmethode**
>
> 1. Erzeuge $Y \sim G$.
>
> 2. Erzeuge $U \sim \mathbf{U}(0; 1)$.
>
> 3. Wenn $U \leq f(Y)/cg(Y)$, setze $X := Y$. Ansonsten gehe zu Schritt 1.

Die resultierende Zufallszahl besitzt tatsächlich die geforderte Verteilung, vgl. [LK00] und [Gla04]. Man kann zeigen, dass die Anzahl der Iterationen, die notwendig ist, um eine Realisierung von X zu erzeugen, geometrisch verteilt ist mit Erfolgswahrscheinlichkeit $1/c$, d. h. im Mittel werden c Simulationen benötigt, um eine Simulation von X zu erzeugen (s. Abschnitt 2.3.2). Daher sollte c aus Effizienzgründen möglichst klein, d. h. nahe bei eins, gewählt werden (c kann nicht kleiner als eins sein, da f und g Dichtefunktionen sind).

Beispiel Gamma-Verteilung

Die Verwerfungsmethode bietet ein Möglichkeit, Gamma-Verteilungen zu simulieren. Die allgemeine Idee soll am Beispiel der $\Gamma(3/2; 1)$-Verteilung illustriert werden (s. [Ros06, Beispiel 5e]). Die Dichtefunktion dieser Verteilung ist für $x > 0$ durch

$$f(x) = \frac{1}{\Gamma\left(\frac{3}{2}\right)} \cdot x^{\frac{1}{2}} \cdot e^{-x}$$

gegeben. Da

$$\Gamma\left(\frac{3}{2}\right) = \frac{\sqrt{\pi}}{2},$$

folgt

$$f(x) = \frac{2}{\sqrt{\pi}} \cdot \sqrt{x} \cdot e^{-x}.$$

Sei nun g die Dichtefunktion der **Exp**$(2/3)$-Verteilung, d. h.

$$g(x) = \frac{2}{3} \cdot e^{-\frac{2}{3}x}.$$

Dann kann man zeigen (s. Aufgabe 7.4), dass für alle $x > 0$ gilt

$$f(x) \leq \frac{3^{\frac{3}{2}}}{\sqrt{2\pi e}} \cdot g(x),$$

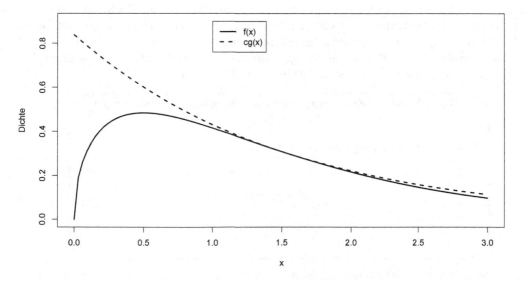

Abbildung 7.2: Zur Verwerfungsmethode

d. h. f wird durch $c \cdot g$ mit

$$c = \frac{3^{\frac{3}{2}}}{\sqrt{2\pi e}}$$

majorisiert (s. Abbildung 7.2). Da sich die Exponentialverteilung einfach simulieren lässt, ist damit eine Methode zur Simulation von $\Gamma(3/2; 1)$ gefunden. Die Verwerfungsmethode nimmt in diesem Fall die folgende Form an:

Algorithmus zur Erzeugung einer Realisierung von $X \sim \Gamma(3/2; 1)$ gemäß Verwerfungsmethode

1. Erzeuge $U_1 \sim \mathbf{U}(0; 1)$ und setze $Y := -\frac{3}{2} \ln U_1$.

2. Erzeuge $U_2 \sim \mathbf{U}(0; 1)$.

3. Wenn $U_2 \leq \frac{\sqrt{2e}}{\sqrt{3}} \cdot \sqrt{Y} e^{-\frac{1}{3}Y}$, setze $X := Y$. Ansonsten gehe zu Schritt 1.

Man kann zeigen, dass $g(x) = \frac{2}{3} \cdot e^{-\frac{2}{3}x}$ die beste Wahl unter allen Exponentialverteilungen ist, d. h. jene mit minimalem c gemäß $f \leq c \cdot g$; der obige Simulationsalgorithmus lässt sich für $k > 1$ und $\lambda > 0$ direkt auf $\Gamma(k; \lambda)$-Verteilungen verallgemeinern (s. [Ros06]). Weitere Simulationsalgorithmen für die Gamma-Verteilung, auch für den Fall $0 < k < 1$, finden sich in [LK00].

7.1.3 Erzeugung normalverteilter Zufallszahlen

Normalverteilte Zufallszahlen lassen sich auf mehrere Arten erzeugen. Prinzipiell ist es möglich, mit der Inversionsmethode zu arbeiten, dazu muss die Quantilfunktion Φ^{-1} der Standardnormalverteilung ausgewertet werden. Da es keine einfache exakte Formel für diese Funktion gibt, muss in der Praxis auf Approximationen zurückgegriffen werden, s. [Gla04, Kapitel 2.3]. Eine andere Simulationsmethode ist die *Box-Muller-Transformation*, die durch folgenden Algorithmus unabhängig standardnormalverteilte Zufallsvariablen X_1 und X_2 erzeugt.

Algorithmus zur Erzeugung zweier unabhängiger Realisierungen $X_1, X_2 \sim \mathbf{N}(0; 1)$

1. Erzeuge unabhängige $U_1, U_2 \sim \mathbf{U}(0; 1)$.

2. Setze

$$X_1 = \sqrt{-2 \cdot \ln(U_1)} \cdot \cos(2\pi \cdot U_2);$$
$$X_2 = \sqrt{-2 \cdot \ln(U_1)} \cdot \sin(2\pi \cdot U_2).$$

Im Prinzip beruht der Algorithmus auf einer bivariaten Inversionsmethode, bei der die Darstellung der Dichtefunktion einer bivariaten Normalverteilung in Polarkoordinaten ausgenutzt wird, s. [Ros06, Abschnitt 5.3]. Es gibt allerdings auch noch effizientere Methoden, die auf die numerisch aufwendige Berechnung der trigonometrischen Funktionen verzichten; s. [Gla04] für weitere Details.

7.1.4 Erzeugung diskreter Zufallszahlen

In den vorangegangenen Abschnitten wurden Simulationsalgorithmen für stetige Verteilungen vorgestellt. Die Inversionsmethode funktioniert in etwas abgewandelter Form jedoch auch für diskrete Verteilungen.

Ziel ist es, eine Zufallsvariable X zu simulieren, die Werte $x_0 < x_1 < \cdots$ mit den Wahrscheinlichkeiten $p_i = P(X = x_i)$ annimmt. Analog zur Inversionsmethode mit stetiger Verteilungsfunktion wird im ersten Schritt eine gleichverteilte Zufallszahl $U \sim \mathbf{U}(0;1)$ erzeugt. Die gesuchte Realisierung von X wird dann definiert durch

$$
X := \begin{cases}
x_0, & \text{falls } U < p_0, \\
x_1, & \text{falls } p_0 \leq U < p_0 + p_1, \\
x_2, & \text{falls } p_0 + p_1 \leq U < p_0 + p_1 + p_2, \\
\vdots & \vdots
\end{cases}
$$

Diese Definition liefert das richtige Ergebnis, denn es ist

$$
P(X = x_i) = P\left(\sum_{j=0}^{i-1} p_j \leq U < \sum_{j=0}^{i} p_j \right)
$$

$$
= \sum_{j=0}^{i} p_j - \sum_{j=0}^{i-1} p_j,
$$

da $U \sim \mathbf{U}(0;1)$. Somit folgt

$$
P(X = x_i) = p_i.
$$

Auch wenn die Inversionsmethode getrennt für stetige und diskrete Verteilungen dargestellt wurde, so wird auch im diskreten Fall effektiv nichts anderes gemacht, als $X = F^{-1}(U)$ zu setzen, wobei F^{-1} die Quantilfunktion der diskreten Verteilung $F(x) = P(X \leq x)$ ist.

Beispiel Poisson-Verteilung

Es soll eine Simulation $X \sim \mathbf{Pois}(\lambda)$ erzeugt werden. Hier gilt also $p_i = e^{-\lambda} \frac{\lambda^i}{i!}$. In diesem Fall lassen sich die Wahrscheinlichkeiten p_i durch eine Rekursion darstellen: $p_0 = e^{-\lambda}$ und $p_{i+1} = \frac{\lambda}{i+1} \cdot p_i$. Dies nutzt die folgende Variante der Inversionsmethode aus, indem sie bestimmt, in welchem Intervall $[\sum_{j=0}^{i-1} p_j; \sum_{j=0}^{i} p_j)$ die erzeugte Realisation von U liegt:

> **Algorithmus zur Erzeugung einer Realisierung von $X \sim \mathbf{Pois}(\lambda)$**
>
> 1. Erzeuge $U \sim \mathbf{U}(0;1)$.
>
> 2. Setze $i := 0$, $p := e^{-\lambda}$, $F := p$.
>
> 3. Ist $U < F$, setze $x := i$ und stoppe.
>
> 4. Setze $p = \frac{\lambda}{i+1} \cdot p$, $F := F + p$, $i := i + 1$.
>
> 5. Gehe zu 3.

7.1.5 Anmerkungen zur Erzeugung von Zufallszahlen

1. Statistische Softwarepakete enthalten $U(0;1)$-Zufallszahlengeneratoren. Da die Simulation der meisten anderen Verteilungen in der einen oder anderen Form auf diesen Generatoren beruht, ist es äußerst wichtig, dass gute Algorithmen implementiert wurden und die Implementierung valide Ergebnisse liefert. Hinsichtlich des letzten Punkts sind auch mögliche IT-spezifische Probleme zu beachten. Eine Einführung in die Problematik von $U(0;1)$-Zufallszahlengeneratoren findet sich bei [L'E02].

2. Weitere Informationen zu Simulationsmethoden verschiedener Verteilungen finden sich in [LK00]. Einen umfassenden Überblick über Monte-Carlo-Methoden im Finanzbereich bietet [Gla04].

7.1.6 Aufgaben

Aufgabe 7.1

Entwickeln Sie ein Simulationsprogramm, das eine vorgegebene Anzahl N von $X \sim \mathbf{Bin}(5;1/2)$ erzeugt.

(a) Berechnen Sie (exakt) den Erwartungswert und die Varianz von X.

(b) Schätzen Sie den Erwartungswert und die Varianz von X durch Simulationen mit $N=10$, 1.000, 10.000, 100.000 und beurteilen Sie die Güte der Schätzer.

(c) Führen Sie (a) und (b) auch für $X \sim \mathbf{Pois}(1)$, $X \sim \mathbf{N}(0;1)$ und $X \sim \mathbf{Exp}(1)$ durch. (Hinweis: In Excel sind die Quantilfunktionen für die Normal- und Exponentialverteilung durch NORMINV und GAMMAINV (mit Excel-Parametern $\alpha = 1$, $\beta = 1/\lambda$) implementiert. In R können die Zufallszahlen durch rbinom, rpois, rnorm und rexp erzeugt werden.)

Aufgabe 7.2

In Aufgabe 5.6 wurde für die Zufallsvariablen $X \sim \mathbf{U}(-1;1)$ und $Y := X^2$ gezeigt, dass $\mathbf{Corr}(X,Y) = 0$ ist. Simulieren Sie 10 (bzw. 100, 1000, 10000) Mal die Zufallsvariable X, berechnen Sie die resultierenden Werte von Y und ermitteln Sie die Stichprobenkorrelation der simulierten X- und Y-Werte. Welches Ergebnis erwarten Sie? Warum ist die Stichprobenkorrelation nicht null? Interpretieren Sie das Verhalten für steigenden Simulationsumfang.

Aufgabe 7.3

(a) Berechnen Sie die Quantilfunktion der Pareto-Verteilung **Pareto**$(x_0; a)$ für beliebige Parameterwerte $x_0 > 0$ und $a > 0$.

(b) Implementieren Sie die Quantilfunktion aus (a) in einem Programm.

(c) Gegeben sind die folgenden zehn Simulationen von gleichverteilten Zufallszahlen

0.96560033, 0.56061066, 0.91472513, 0.18295641, 0.88421380,
0.61809459, 0.34204836, 0.16194603, 0.27060681, 0.07892783.

Erzeugen Sie daraus zehn **Pareto**$(1; 2)$-verteilte Zufallszahlen gemäß der Inversionsmethode.

Aufgabe 7.4

Es seien f bzw. g die Dichtefunktionen von $\Gamma(3/2; 1))$ bzw. **Exp**$(2/3)$, d. h. für $x > 0$ gilt

$$f(x) = \frac{2}{\sqrt{\pi}} \cdot \sqrt{x} \cdot e^{-x},$$

$$g(x) = \frac{2}{3} \cdot e^{-\frac{2}{3}x}.$$

Zeigen Sie, dass mit

$$c = \frac{3^{\frac{3}{2}}}{\sqrt{2\pi e}}$$

für alle $x > 0$

$$\frac{f(x)}{g(x)} \leq c$$

gilt. Hinweis: Zeigen Sie zunächst, dass die Funktion $h(x) = \frac{f(x)}{g(x)}$ ihr Maximum an der Stelle $x_0 = 3/2$ annimmt, und berechnen Sie dann $h(x_0)$.

7.2 Simulation von abhängigen Risiken

In diesem Abschnitt wird eine kurze Einführung in die Simulation von abhängigen Risiken mittels multivariater Verteilungen bzw. Copulas gegeben.

7.2.1 Simulation der multivariaten Normalverteilung

Zunächst soll die Simulation eines multivariat normalverteilten Zufallsvektors $X \sim N_d(\mu; \Sigma)$ beschrieben werden. Ausgangspunkt ist die Cholesky-Zerlegung $\Sigma = A \cdot A^T$ mit $A \in \mathbb{R}^{d \times d}$ der Kovarianzmatrix, s. Abschnitt 2.2.5. Wenn $X = \mu + A \cdot Z$, wobei $Z = (Z_1, \ldots, Z_d)$ und

$Z_1, \ldots, Z_d \sim N(0;1)$ sind, dann gilt $X \sim N_d(\mu; \Sigma)$. Zur Simulation einer multivariaten Normalverteilung simuliert man also zunächst d unabhängig standardnormalverteilte Zufallszahlen, die anschließend noch linear transformiert werden. Zusammengefasst ergibt sich der folgende Algorithmus:

Algorithmus zur Simulation einer multivariaten Normalverteilung

1. Finde die Cholesky-Zerlegung der Kovarianzmatrix, d.h. finde eine Matrix $A \in \mathbb{R}^{d \times d}$ mit $\Sigma = A \cdot A^T$.

2. Erzeuge $Z = (Z_1, \ldots, Z_d)$ mit $Z_1, \ldots, Z_d \sim N(0;1)$ iid.

3. Setze $X := \mu + A \cdot Z$.

Für die Gewinnung der Cholesky-Zerlegung stehen numerische Standardalgorithmen zur Verfügung; vgl. beispielsweise [Sto89].

7.2.2 Simulation der Gauß-Copula

Die Simulation der Gauß-Copula (s. Abschnitt 5.3.2.2) wird hier für den Fall $d = 2$ beschrieben, d.h. es wird von einem bivariat normalverteilten Zufallsvektor $X = (X_1, X_2) \sim N_2(0; \Psi)$ mit Korrelationsmatrix

$$\Psi = \begin{pmatrix} 1 & \rho \\ \rho & 1 \end{pmatrix}$$

ausgegangen. Dann sind $X_1, X_2 \sim N(0;1)$ standardnormalverteilte Zufallsvariablen, und aus dem Simulationslemma (s. Satz B.5) folgt damit, dass $U_1 := \Phi(X_1), U_2 := \Phi(X_2) \sim U(0;1)$ gleichverteilt sind. Also besitzt der Vektor $U = (U_1, U_2)$ die Verteilungsfunktion C_ρ^{Ga}, weil für $u_1, u_2 \in (0;1)$ gilt

$$\begin{aligned} F_U(u_1, u_2) &= P(U_1 \leq u_1, U_2 \leq u_2) \\ &= P(\Phi(X_1) \leq u_1, \Phi(X_2) \leq u_2) \quad \text{(nach Def. von } U_1, U_2) \\ &= P(X_1 \leq \Phi^{-1}(u_1), X_2 \leq \Phi^{-1}(u_2)) \\ &= F_X(\Phi^{-1}(u_1), \Phi^{-1}(u_2)) \\ &= \Phi_\rho(\Phi^{-1}(u_1), \Phi^{-1}(u_2)), \end{aligned}$$

denn Φ_ρ ist die Verteilungsfunktion des Vektors X. Der letzte Ausdruck ist nichts anderes als die Definitionsgleichung der Gauß-Copula (s. Abschnitt 5.3.2.2), d.h. $F_U(u_1, u_2) = C_\rho^{Ga}(u_1, u_2)$, und damit besitzt der Vektor U die vorgegebene Verteilung. Als Simulationsalgorithmus ergibt sich also:

Algorithmus zur Simulation einer Gauß-Copula

1. Simuliere $X = (X_1, X_2) \sim N_2(0; \Psi)$.

2. Setze $U = (U_1, U_2) := (\Phi(X_1), \Phi(X_2))$.

Dann ist, wie oben gezeigt wurde, $(U_1, U_2) \sim C_\rho^{Ga}$. Für höhere Dimensionen $d > 2$ verläuft der Algorithmus völlig analog mit entsprechender Korrelationsmatrix $\Psi \in \mathbb{R}^{d \times d}$.

7.2.3 Simulation der t-Copula

Die Simulation der Gauß-Copula beruht im Kern auf dem Satz von Sklar bzw. der Beziehung (5.4) zwischen gemeinsamer Verteilung, Randverteilungen (bzw. deren Quantilfunktionen) und der Copula. Damit lässt sich die t-Copula ganz analog zur Gauß-Copula simulieren. Die einzige Modifikation besteht darin, dass im ersten Schritt des Algorithmus $X = (X_1, X_2) \sim t_{v,\rho}$ zu simulieren ist. Dies ist komplizierter als der entsprechende Schritt der Gauß-Copula; vgl. [Gla04] und [MFE05, S. 76].

7.2.4 Simulation der Gumbel- und Clayton-Copula

Die Gumbel- und die Clayton-Copula sind archimedische Copulas, die sich durch die sogenannte Laplace-Stieltjes-Transformation darstellen lassen. Für diesen Copula-Typ gibt es einen allgemeinen Simulationsalgorithmus, der hier jedoch nicht weiter beschrieben werden soll. Vielmehr sei auf [MFE05, S. 224] verwiesen.

Beispiel (Visualisierung von Copulas)

Bei der Copula-Schätzung der gemeinsamen BMW- und Siemens-Renditen mit der ML-Methode in Abschnitt 6.4.3 hatten sich folgende konkret parametrisierte Copulas ergeben (s. Tabelle 6.4): $C_{0,66}^{Ga}, C_{5,5;0,67}^{t}, C_{1,77}^{Gu}$ und $C_{1,27}^{Cl}$. In Abbildung 7.3 sind die Dichtefunktionen und jeweils 5000 Simulationen der entsprechenden Copulas abgebildet. Die Dichteplots geben einen Hinweis auf das Verhalten der jeweiligen Copula für extreme gemeinsame Ereignisse, d. h. für Werte nahe bei $(0;0)$ und $(1;1)$. Die Form der Gauß- und t-Copula ist vergleichbar, jedoch werden unter der t-Copula wesentlich mehr gemeinsame extreme Ereignisse erzeugt als unter der Gauß-Copula, was den höheren Dichtewerten entspricht. Dies passt zum unterschiedlichen Tail-Verhalten der beiden Copulas (s. Abschnitt 5.5). Bei der Gumbel-Copula ist erkennbar, dass sich die extremen gemeinsamen Ereignisse eher bei $(1;1)$ konzentrieren, bei der Clayton-Copula hingegen bei $(0;0)$.

Implementierung in R Der folgende Code erzeugt das Streudiagramm für die Simulationen der Gumbel-Copula $C_{1,77}^{Gu}$ in Abbildung 7.3:

```
> gumbel.bspl<- mvdc(gumbelCopula(1.77))
> set.seed(4711)
> gumbel.bspl.sim <- rmvdc(gumbel.bspl,5000)
> plot(gumbel.bspl.sim)
```

Im ersten Schritt wird ein mvdc-Objekt gumbel.bspl erzeugt. Durch den Befehl set.seed wird ein Startwert für den Zufallszahlengenerator vorgegeben, damit sich die simulierten Werte reproduzieren lassen. In der vorletzten Zeile werden durch den rmvdc-Befehl 5000 Simulationen von $C_{1,77}^{Gu}$ erzeugt, die in der letzten Zeile als Streudiagramm ausgegeben werden.

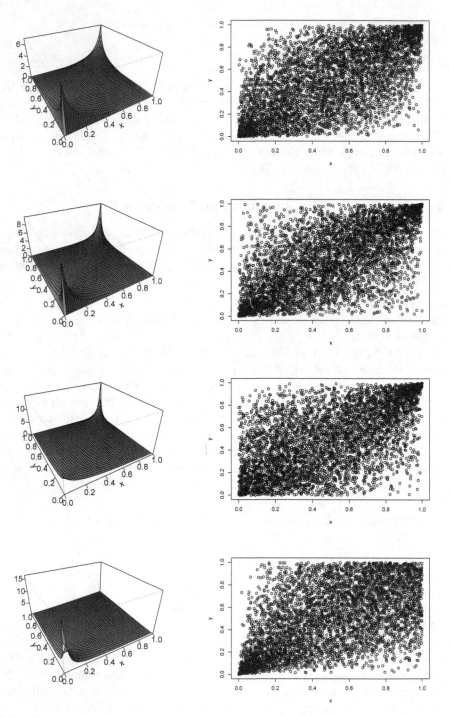

Abbildung 7.3: Dichtefunktionen und Simulationen von $C_{0,66}^{Ga}, C_{5,5;0,67}^{t}, C_{1,77}^{Gu}$ und $C_{1,27}^{Cl}$ (von oben)

7.2.5 Simulation von abhängigen Risiken

Zu Anfang von Kapitel 5 wurde die Risikosituation eines Unternehmens beschrieben, welches d verschiedene Risiken $X_1, \ldots, X_d$ in seinem Portfolio hat, deren einzelne Verlustverteilungen durch Verteilungsfunktionen $F_1, \ldots, F_d$ modelliert werden. Die Abhängigkeiten der Risiken werden durch eine Copula C beschrieben. Das Unternehmen möchte seine Gesamtrisikoverteilung mittels einer Simulation analysieren, d. h. es stellt sich die Frage nach der Simulation des Vektors $X = (X_1, \ldots, X_d)$.

Im Folgenden wird angenommen, dass die Quantilfunktionen $F_1^{-1}, \ldots, F_d^{-1}$ berechenbar sind und dass für die Copula C ein Simulationsalgorithmus zur Verfügung steht. Wenn $U = (U_1, \ldots, U_d) \sim C$, dann sind $U_1, \ldots, U_d \sim \mathbf{U}(0;1)$. Aus dem Simulationslemma (s. Satz B.5) folgt, dass die Zufallsvariablen $X_1 := F_1^{-1}(U_1), \ldots, X_d := F_d^{-1}(U_d)$ die vorgegebenen Randverteilungen $F_1, \ldots, F_d$ besitzen. Außerdem besitzt der Vektor $X = (X_1, \ldots, X_d)$ die Copula C, denn für die Verteilungsfunktion von X gilt für beliebige $x_1, \ldots, x_d$, dass

$$
\begin{aligned}
F_X(x_1, \ldots, x_d) &= P(X_1 \leq x_1, \ldots, X_d \leq x_d) \\
&= P(F_1^{-1}(U_1) \leq x_1, \ldots, F_d^{-1}(U_d) \leq x_d) \qquad \text{(nach Def. von } X_1, \ldots, X_d) \\
&= P(U_1 \leq F_1(x_1), \ldots, U_d \leq F_d(x_d)) \\
&= C(F_1(x_1), \ldots, F_d(x_d)),
\end{aligned}
$$

da $(U_1, \ldots, U_d) \sim C$. Algorithmisch lässt sich die Vorgehensweise folgendermaßen zusammenfassen:

Algorithmus zur Simulation abhängiger Risiken

1. Erzeuge $(U_1, \ldots, U_d) \sim C$.

2. Setze $X = (X_1, \ldots, X_d) := (F_1^{-1}(U_1), \ldots, F_d^{-1}(U_d))$.

Dann besitzt der Zufallsvektor X die vorgegebenen Randverteilungen $F_1, \ldots, F_d$ und Copula C.

Der obige Algorithmus gestattet es, prinzipiell beliebige Verlustverteilungen mit einer beliebigen Copula zu kombinieren und damit eine gemeinsame Verteilung der Risiken zu erhalten. Werden beispielsweise beliebige Verteilungen durch eine Gauß-Copula gekoppelt, so bezeichnet man die gemeinsame Verteilung auch als *Meta-Gauß-Verteilung* (und analog für andere Copulas).

Beispiel (Simulation extremer gemeinsamer Verluste)
Betrachtet wird ein aus zwei Risiken X_1 und X_2 bestehendes Portfolio mit standardnormalverteilten Renditen. Zur Modellierung der Abhängigkeiten werden die vier Copulas, die sich bei der Copula-Schätzung der gemeinsamen BMW- und Siemens-Renditen mit der ML-Methode ergeben hatten, verwendet (s. Tabelle 6.4): $C_{0,66}^{Ga}, C_{5,5;0,67}^{t}, C_{1,77}^{Gu}$ und $C_{1,27}^{Cl}$. Höhenlinien- und Streudiagramme sowie jeweils 5000 Simulationen der resultierenden gemeinsamen Meta-Gaußschen Verteilungen, sind in der Abbildung 7.4 dargestellt. Offensichtlich unterscheiden sich diese Verteilungen erheblich voneinander, insbesondere was das gemeinsame Tail-Verhalten betrifft. Um

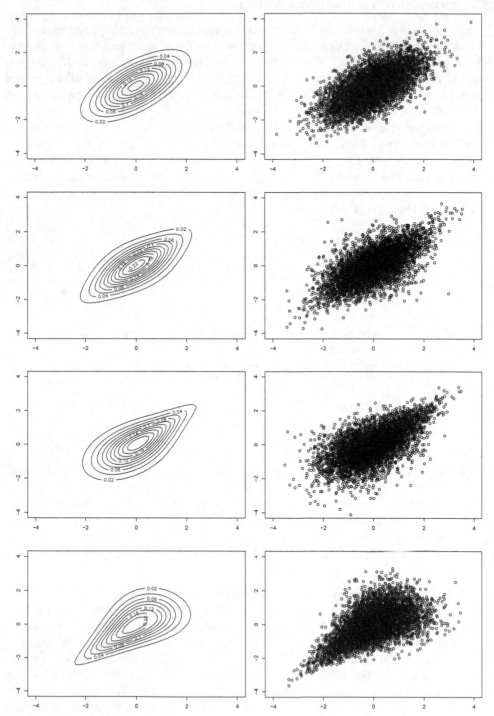

Abbildung 7.4: Höhenlinien und Simulationen der gemeinsamen Verteilungen mit den Copulas $C_{0,66}^{Ga}$, $C_{5,5;0,67}^{t}$, $C_{1,77}^{Gu}$ und $C_{1,27}^{Cl}$ (von oben)

einen genaueren Eindruck davon zu erhalten, wird die Häufigkeit von gemeinsam auftretenden extremen Verlusten (hier: negative Renditen) untersucht, d. h. von Simulationen (x_1, x_2), für die beide Komponenten kleiner oder gleich -1,645 (dies ist das 5 %-Quantil der beiden Randverteilungen) bzw. -2,326 (dies ist das 1 %-Quantil der beiden Randverteilungen) sind, d. h. die sich in der unteren linke Ecke des Streudiagramms in Abbildung 7.4 befinden. Die absoluten Ver-

	Anzahl gemeinsamer Verluste	
Copula	$(x_1, x_2) \in (-\infty; -1,645]^2$	$(x_1, x_2) \in (-\infty; -2,326]^2$
Gauß	80	12
t	97	23
Gumbel	59	10
Clayton	151	31

Tabelle 7.1: Simulationsergebnisse der extremen gemeinsamen Verluste

lusthäufigkeiten unter den verschiedenen Copula-Modellen sind in der Tabelle 7.1 dargestellt. Die Clayton- und t-Copula scheinen die „pessimistischeren", die Gauß- und Gumbel-Copula dagegen die „optimistischeren" Abhängigkeitsmodelle zu sein. Dies spiegelt sich auch im Verhalten der jeweiligen unteren Tail-Abhängigkeitskoeffizienten λ_L (s. Abschnitt 5.5) wider: Für die Gauß- und Gumbel-Copula ist $\lambda_L = 0$, während sich für die t-Copula $\lambda_L = 0{,}39$ und für die Clayton-Copula $\lambda_L = 0{,}58$ ergibt.

Implementierung in R Der wesentliche Unterschied zum R-Code des Beispiels aus Abschnitt 7.2.4 ist, dass die mvdc-Objekte der simulierten Verteilungen keine Gleichverteilungen, sondern Normalverteilungen als Randverteilungen besitzen. Der folgende Code erzeugt beispielsweise das Streudiagramm in Abbildung 7.4 für die normalverteilten Risiken, die durch die Gumbel-Copula $C_{1,77}^{Gu}$ gekoppelt sind:

```
> library(copula)
> gumbel.bspl<- mvdc(gumbelCopula(1.77),c("norm", "norm"),
+ list(list(mean=0,sd=1), list(mean=0,sd=1)))
> set.seed(4711)
> gumbel.bspl.sim <- rmvdc(gumbel.bspl,5000)
> plot(gumbel.bspl.sim,xlim=c(-4,4),ylim=c(-4,4))
```

Hier wird also ein mvdc-Objekt gumbel.bspl mit standardnormalverteilten Randverteilungen erzeugt. In der vorletzten Zeile werden 5000 Simulationen dieser Verteilung erzeugt, die in der letzten Zeile als Streudiagramm ausgegeben werden.

7.2.6 Aufgaben

Aufgabe 7.5

In einem Versicherungsportfolio werden Schäden (in Millionen €) X_1 aus Haftpflichtpolicen und X_2 aus Feuerpolicen durch zwei Lognormalverteilungen modelliert:

$$X_1 \sim \mathbf{LN}(-0{,}0277; 0{,}0149) \quad \text{und} \quad X_2 \sim \mathbf{LN}(-0{,}1099; 0{,}0089).$$

Die Abhängigkeit wird durch eine Gauss-Copula mit Korrelationskoeffizient $\rho = 0{,}2$ modelliert.

(a) Erzeugen Sie 5000 Simulationen des gemeinsamen Schadens (X_1, X_2) und stellen diese in einem Streudiagramm dar.

(b) Schätzen Sie $\mathbf{Corr}(X_1, X_2)$ anhand dieser Simulationen.

(c) Führen Sie (a) und (b) auch durch, indem Sie die Abhängigkeit durch die Copulas $C^t_{2;0,18}$, $C^{Gu}_{1,13}$ und $C^{Cl}_{0,26}$ modellieren. Welche Copula scheint am „gefährlichsten" bzw. "ungefährlichsten" im Hinblick auf extreme gemeinsame Verluste in beiden Risiken zu sein?

Aufgabe 7.6 (Fortsetzung von Aufgabe 7.5)

Das Versicherungsunternehmen, das das Portfolio aus Aufgabe 7.5 hält, schließt einen Quoten-Rückversicherungsvertrag ab, gemäß dem es von den Haftpflichtschäden 30 % und von den Feuerschäden 40 % tragen muss. Aus der Sicht des Versicherungsunternehmens ergeben sich nach Rückversicherung also die neuen Schadenhöhen $X_1' = 0{,}3 \cdot X_1$ und $X_2' = 0{,}4 \cdot X_2$.

(a) Wenn die vier Copulas aus Aufgabe 7.5 als mögliche Abhängigkeitsmodelle für die gemeinsamen Schäden (X_1, X_2) *vor* Rückversicherung erachtet werden, warum sind sie dann auch sinnvolle Abhängigkeitsmodelle für die gemeinsamen Schäden (X_1', X_2') *nach* Rückversicherung?

(b) Erzeugen Sie 5000 entsprechende Simulationen der gemeinsamen Schäden (X_1', X_2') nach Rückversicherung z. B. auf der Grundlage der Simulationen aus Aufgabe 7.5.

(c) Führen Sie (b) auch aus Sicht des Rückversicherungsunternehmens durch.

Aufgabe 7.7

Simulieren Sie für $\rho \in \{-1 ; -0{,}9 ; -0{,}5 ; 0 ; 0{,}5 ; 0{,}9 ; 1\}$ jeweils 1000 Werte von

$$X = \begin{pmatrix} X_1 \\ X_2 \end{pmatrix} \sim N \left(\begin{pmatrix} 0 \\ 0 \end{pmatrix} ; \begin{pmatrix} 1 & \rho \\ \rho & 1 \end{pmatrix} \right).$$

Plotten Sie die Ergebnisse als Streudiagramme und stellen Sie diese in einem gemeinsamen Grafikfenster dar. (Folgende R-Befehle können hilfreich sein: `rmvnorm` aus dem Paket `mvtnorm`, sowie `par(mfrow=...)`.)

7.3 Simulation von Zählprozessen

Zählprozesse werden in der Risikomodellierung vor allem in Form von Schadenanzahlprozessen (vgl. Abschnitt 2.3), aber auch als Basis für die Modellierung von Wertentwicklungen, etwa bei

Binomialgitter-Prozessen, benutzt. Im Folgenden werden konkret Simulationsmethoden für den Bernoulli-Prozess und verschiedene Varianten von Poisson-Prozessen vorgestellt.

7.3.1 Bernoulli-Prozess

Wenn $\varepsilon_i \in \{0; 1\}$ die Schaden- bzw. Ereignis-Anzahl im Zeitraum i angibt, dann geht man beim Bernoulli-Prozess davon aus, dass es sich dabei um unabhängige **Bin**$(1; p)$-verteilte Zufallsvariablen handelt, s. Abschnitt 2.3.1. Die Wahrscheinlichkeit p gibt die Wahrscheinlichkeit für das Auftreten eines Ereignisses pro Zeitraum an. Für die Anzahl N_t der bis zum Zeitpunkt $t \in \mathbb{N}$ eingetretenen Ereignisse gilt mit $N_0 = 0$ also

$$N_t = \varepsilon_1 + \ldots + \varepsilon_t.$$

Für die Simulation des Prozesses zu den Zeitpunkten $1, \ldots, T$ ergibt sich daraus unmittelbar der folgende Algorithmus:

Simulation eines Bernoulli-Prozesses mit Eintrittswahrscheinlichkeit p

(1) Setze $N_0 := 0$.

(2) Erzeuge $\varepsilon_1, \ldots, \varepsilon_T \sim$ **Bin**$(1; p)$ iid.

(3) Setze

$$\begin{aligned} N_1 &:= \varepsilon_1, \\ N_2 &:= N_1 + \varepsilon_2, \\ &\ \vdots \\ N_T &:= N_{T-1} + \varepsilon_T. \end{aligned}$$

7.3.1.1 Beispiel zur Simulation eines Bernoulli-Prozesses mit Excel

In Abbildung 7.5 ist die Simulation eines Bernoulli-Prozesses mit Excel dargestellt; es könnte sich etwa um einen Schadenanzahlprozess handeln, in dem pro Zeitperiode nur ein Schaden eintreten kann. In der Zelle Z2S3 kann die Eintrittwahrscheinlichkeit p pro Zeitperiode variiert werden. In der dargestellten Variante werden 30 Zeitperioden betrachtet. Mittels der Funktionstaste F9 auf der PC-Tastatur werden die Zufallszahlen aktualisiert und eine neue Simulation erzeugt. In Spalte 2 wird mittels der Excel-Funktion ZUFALLSZAHL() eine Zufallszahl im Intervall $[0; 1]$ erzeugt. In Spalte 3 wird der Schaden mit Wert 1 gezählt, falls die Zufallszahl größer als die vorgegebene Eintrittswahrscheinlichkeit ist; sonst wird der Wert 0 zugewiesen. Dies entspricht der Inversionsmethode zur Erzeugung einer Bernoulli-verteilten Zufallszahl mit Eintrittswahrscheinlichkeit p. In Spalte 4 wird die Anzahl der Schäden bis zum Zeitpunkt k aufsummiert.

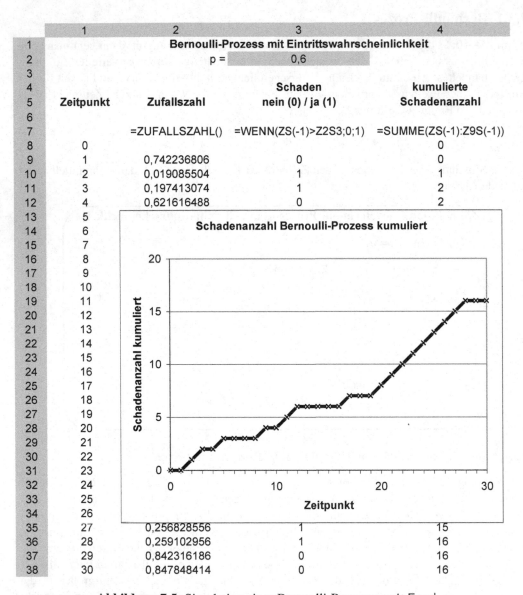

Abbildung 7.5: Simulation eines Bernoulli-Prozesses mit Excel

7.3.1.2 Beispiel zur Simulation eines Bernoulli-Prozesses mit R

In der Abbildung 2.12 zum Beispiel 2.3.1.1 ist eine Realisierung eines Bernoulli-Prozesses über einen Zeitraum von $T = 12$ Monaten mit einer Schadeneintrittswahrscheinlichkeit von $p = 0,5$ dargestellt. Die Grafik wurde im Wesentlichen mit dem folgenden R-Code erzeugt.

```
> T<-12
> p<-0.5
> x<-rbinom(T,1,p)
> N<-c(0,cumsum(x))
> t<-0:T
> plot(t,N,type="l")
> points(t,N,pch=19)
```

Der Befehl `rbinom(T,1,p)` erzeugt einen Vektor $(\varepsilon_1, \ldots, \varepsilon_T)$ der Länge T von unabhängigen **Bin**$(1; p)$-verteilten Zufallszahlen, die dem Vektor x zugewiesen werden. Der `cumsum`-Befehl bildet von einem Vektor $(v_1, v_2, \ldots, v_T)$ die kumulierte Summe $(v_1, v_1 + v_2, \ldots, v_1 + \ldots + v_T)$, d. h. der Vektor `cumsum(x)` enthält die Werte $(N_1, \ldots, N_T)$ des Bernoulli-Prozesses zu den Zeitpunkten 1 bis T. Damit zusätzlich der Prozess zum Zeitpunkt $t = 0$ mit dem Wert $N_0 = 0$ startet, wird den kumulierten Zuwächsen durch den `c()`-Befehl noch der Wert 0 am Anfang hinzugefügt. Der Befehl `0:T` erzeugt den Vektor $(0, 1, \ldots, T)$ der betrachteten Zeitpunkte. Durch den `plot`- bzw. `points`-Befehl werden schliesslich die Verbindungslinien bzw. Punkte grafisch dargestellt.

7.3.2 Homogener Poisson-Prozess

Bei homogenen Poisson-Prozessen mit Intensität λ ist bekannt, dass die Zwischeneintrittszeiten $E_1, E_2, \ldots$ iid **Exp**(λ)-verteilt sind; vgl. Abschnitt 2.3.7. Diese Eigenschaft nutzt der folgende Algorithmus:

Simulation eines homogenen Poisson-Prozesses mit Intensität λ

(1) Setze $T_0 := 0$.

(2) Für $i = 1, \ldots, n$:

    (2a) Erzeuge eine Zufallszahl $E \sim \textbf{Exp}(\lambda)$.

    (2b) Setze $T_i := T_{i-1} + E$.

Der Algorithmus liefert also n Eintrittszeiten $T_1, \ldots, T_n$ des homogenen Poisson-Prozesses mit Intensität λ.

7.3.2.1 Beispiel zum homogenen Poisson-Prozess (Simulation von Haftpflichtschäden)

Ein Versicherungsunternehmen modelliert den zeitlichen Eintritt von großen Kfz-Einzelschäden durch einen homogenen Poisson-Prozess der jährlichen Intensität $\lambda = 5$. In Abbildung 7.6 ist eine

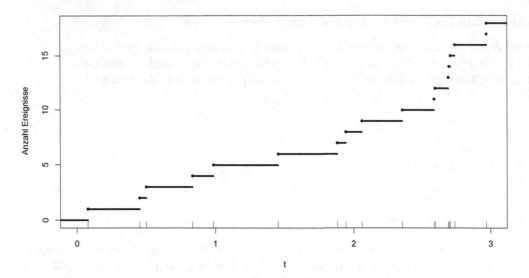

Abbildung 7.6: Pfad eines homogenen Poisson-Prozesses mit $\lambda = 5$

Realisierung dieses Prozesses über drei Jahre dargestellt. Die Ereigniszeiten sind durch vertikale Striche oberhalb der Zeitachse markiert.

7.3.2.2 Beispiel zur Simulation eines Poisson-Prozesses mit R

Der in Abbildung 7.6 dargestellte Pfad eines homogenen Poisson-Prozesses wurde mit folgendem R-Code erzeugt

```
> lambda<-5
> zeit.horizont<-3
> t0<-rexp(1,lambda)
> while (sum(t0)<=zeit.horizont){
+      t1<-rexp(1,lambda)
+      t0<-c(t0,t1)
+ }
> t<-cumsum(t0)
> t<-t[t<=zeit.horizont]
> y<-0:length(t)
> pfad<-stepfun(t,y)
> plot(pfad,verticals=FALSE,lwd=3,pch=20)
> rug(t)
```

Nach der Festlegung der Intensität und des betrachteten Zeitraums wird in der dritten Zeile die erste exponentialverteilte Eintrittszeit erzeugt. Weitere Zwischeneintrittszeiten werden in der folgenden while-Schleife so lange erzeugt, bis die Summe der Zwischeneintrittszeiten den vorgegebenen Zeithorizont überschreitet. Der Vektor t enthält dann alle Eintrittszeiten im Intervall [0;zeit.horizont]. Durch den Befehl y<-0:length(t) wird der Vektor $(0, 1, \ldots, \text{length(t)})$ erzeugt, der die Anzahl der Ereignisse $N(T_0), N(T_1), \ldots$ des Prozesses zu den Zeitpunkten $T_0, T_1, \ldots$ zählt. Zwischen diesen Zeitpunkten ist der Prozess konstant, d. h. der Pfad des Prozesses ist eine Treppenfunktion mit Stufen der Höhe 1 zu den Zeiten t, die durch den stepfun(t,y)-Befehl erzeugt wird und mit dem plot-Befehl in eine Grafik eingetragen wird. Durch den rug(t)-Befehl werden zusätzlich die Schadeneintrittszeiten auf der Zeitachse eingetragen. Um einen zusammengesetzten Poisson-Prozess mit konstanter Intensität zu erzeugen, muss im obigen Code lediglich die Definition des Vektors y, der die (aufsummierten) Sprunghöhen des Prozesses enthält, geändert werden.

7.3.2.3 Beispiel zur Simulation eines Poisson-Prozesses mit Excel

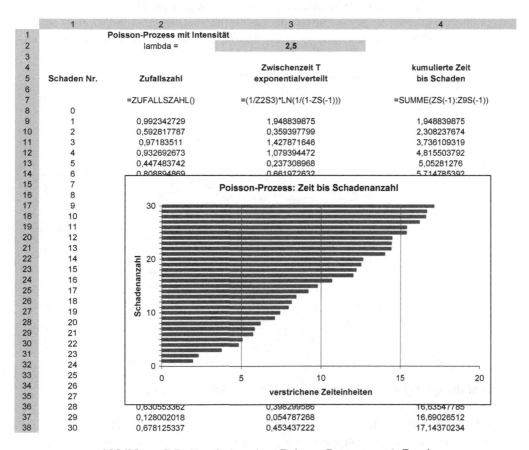

Abbildung 7.7: Simulation eines Poisson-Prozesses mit Excel

In Abbildung 7.7 ist die Simulation eines Poisson-Prozesses (beispielsweise eines Schadenan-zahlprozesses wie in 7.3.2.1) mit Excel dargestellt. In dieser Variante werden immer 30 Schäden simuliert und im zugehörigen Balkendiagramm die kumulierte Zeit bis zum k-ten Schaden darge-stellt. In Zelle Z2S3 kann die Intensität des Prozesses variiert werden. Mittels der Funktionstaste F9 auf der PC-Tastatur werden die Zufallszahlen aktualisiert und eine neue Simulation erzeugt.

In Spalte 2 wird mittels der Excel-Funktion ZUFALLSZAHL() eine Zufallszahl im Intervall [0;1] erzeugt. In Spalte 3 wird daraus mittels der Inversionsmethode eine exponentialverteilte Zufallszahl erzeugt. Statt der expliziten Eingabe der inversen Verteilungsfunktion könnte man auch die Excel-Funktion GAMMAINV nutzen; die erforderlichen Input-Parameter ergeben sich aus den Hilfe-Kommentaren unter Excel. In Spalte 4 wird die verstrichene Zeit bis zum k-ten Schaden berechnet.

7.3.3 Inhomogener Poisson-Prozess

Beim inhomogenen Poisson-Prozess (s. 2.3.8) sind die Zwischeneintrittszeiten nicht exponenti-alverteilt, sondern hängen von der kumulativen Intensitätsfunktion ab. Die Eintrittszeiten kön-nen dann über die sogenannte Verwerfungsmethode (für inhomogene Poisson-Prozesse) erzeugt werden. Dabei wird angenommen, dass die Intensitätsfunktion $\lambda(t)$ auf dem betrachteten Zeit-

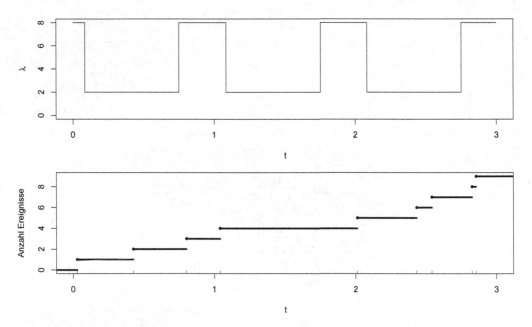

Abbildung 7.8: Intensitätsfunktion und Pfad eines inhomogenen Poisson-Prozesses

intervall beschränkt ist durch eine Konstante $\overline{\lambda}$. Seien nun $T_1^*, T_2^*, \ldots$ die Eintrittszeiten eines homogenen Poisson-Prozesses mit konstanter Intensität $\overline{\lambda}$. Dieser Prozess wird „verdünnt", in-dem jede potenzielle Eintrittszeit T_i^* nur mit Wahrscheinlichkeit $\lambda(T_i^*)/\overline{\lambda}$ akzeptiert wird. Die akzeptierten Eintrittszeiten bilden dann eine Realisierung des inhomogenen Poisson-Prozesses mit der vorgegebenen Intensitätsfunktion. Damit ergibt sich bei gegebenem $\overline{\lambda}$ der folgende Algorithmus:

Simulation eines inhomogenen Poisson-Prozesses

(1) Setze $T_0 := 0$ und $T^* := 0$.

(2) Für $i = 1, \ldots, n$:

    (2a) Erzeuge eine Zufallszahl $E \sim \mathbf{Exp}(\overline{\lambda})$.

    (2b) Setze $T^* := T^* + E$.

    (2c) Erzeuge eine Zufallszahl $U \sim \mathbf{U}(0;1)$.

    (2d) Falls $U \leq \lambda(T^*)/\overline{\lambda}$: Setze $T_i := T^*$ (Eintrittszeit wird akzeptiert), ansonsten (Eintrittszeit wird verworfen) gehe zu (2a).

Der Schritt (2d) entspricht dabei dem Schritt (3) der Verwerfungsmethode aus Abschnitt 7.1.2. In beiden Schritten wird eine Realisierung auf zufällige Art verworfen bzw. akzeptiert.

Beispiel (Fortsetzung des Beispiels 7.3.2.1)
Nach einer eingehenderen Untersuchung kommt das Versicherungsunternehmen zu dem Ergebnis, dass zwar im jährlichen Mittel mit fünf Schäden zu rechnen ist, die Schäden jedoch vor allem in den Wintermonaten auftreten. Dies soll durch eine entsprechende Intensitätsfunktion berücksichtigt werden, die im oberen Teil der Abbildung 7.8 dargestellt ist. Offensichtlich ist hier $\lambda(t) \leq 8$, sodass im entsprechenden Algorithmus $\overline{\lambda} = 8$ gesetzt werden kann. Im unteren Teil ist eine Realisierung des entsprechenden inhomogenen Poisson-Prozesses abgebildet.

7.3.4 Gemischter Poisson-Prozess

Gemischte Poisson-Prozesse wurden in Abschnitt 2.3.11 eingeführt. Man kann sie sich als ein zweistufiges Experiment vorstellen: Im ersten Schritt wird zufällig eine Intensität λ „gezogen", im zweiten Schritt realisiert sich ein homogener Poisson-Prozess mit der im ersten Schritt gezogenen Intensität. Das heißt, hier muss der Algorithmus für den homogenen Poisson-Prozess lediglich um einen vorgeschalteten Schritt erweitert werden:

Simulation eines gemischten Poisson-Prozesses

(1) Erzeuge eine Realisierung λ der zufälligen Intensität Λ.

(2) Setze $T_0 := 0$.

(3) Für $i = 1, \ldots, n$:

    (3a) Erzeuge eine Zufallszahl $E \sim \mathbf{Exp}(\lambda)$.

    (3b) Setze $T_i := T_{i-1} + E$.

7.3.5 Cox-Prozess

Der Cox-Prozess wurde in Abschnitt 2.3.12 eingeführt. Er kann als zweistufiges Zufallsexperiment aufgefasst werden: Im ersten Schritt wird eine Realisierung des Intensitätsprozesses gezogen. Mit dem Pfad dieser Realisierung als Intensitätsfunktion wird dann im zweiten Schritt

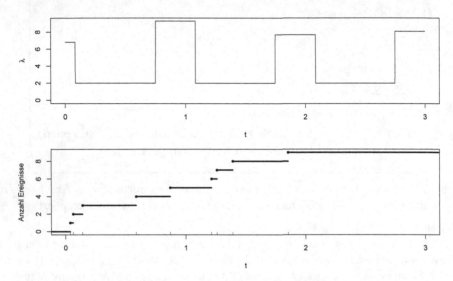

Abbildung 7.9: Pfad eines Cox-Prozesses

ein inhomogener Poisson-Prozess simuliert. Das heißt, im zweiten Schritt kann wieder die Verwerfungsmethode verwendet werden, wobei die dominierende Intensität $\overline{\lambda}$ des inhomogenen Poisson-Prozesses zur Realisierung $\lambda(t)$ gehört, i. Allg. also zufällig ist. Als Algorithmus ergibt sich damit:

Simulation eines Cox-Prozesses

(1) Erzeuge eine Realisierung $\lambda(t)$ des Intensitätsprozesses $\Lambda(t)$.

(2) Setze $\overline{\lambda} := \max\{\lambda(t)\}$.

(3) Setze $T_0 := 0$ und $T^* := 0$.

(4) Für $i = 1, \ldots, n$:

    (4a) Erzeuge eine Zufallszahl $E \sim \mathbf{Exp}(\overline{\lambda})$.

    (4b) Setze $T^* := T^* + E$.

    (4c) Erzeuge eine Zufallszahl $U \sim \mathbf{U}(0;1)$.

    (4d) Falls $U \leq \lambda(T^*)/\overline{\lambda}$: Setze $T_i := T^*$ (Eintrittszeit wird akzeptiert), ansonsten (Eintrittszeit wird verworfen) gehe zu (4a).

Beispiel (Fortsetzung des Beispiels 7.3.2.1)

Als weitere Verfeinerung des Modells berücksichtigt das Versicherungsunternehmen, dass die Schadenintensität in den Wintermonaten z. B. je nach Strenge des Winters schwanken kann. In Abbildung 7.9 ist die Realisierung eines solchen Cox-Prozesses dargestellt. Die Intensitätsfunktion ist der Pfad eines stochastischen Prozesses (im Wesentlichen die Intensitätsfunktion des vorangegangenen Beispiels, deren Winterschadenintensitäten durch zufällige Störterme überlagert wurden); für die spezielle Simulation gilt offensichtlich $\max\{\lambda(t)\} \leq 10$.

7.3.6 Aufgaben

Aufgabe 7.8

Simulieren Sie einen Poisson-Ansteckungsprozess mit Schadenintensität

  (a) $\lambda_n = 2 + 0{,}5 \cdot n$;
  (b) $\lambda_0 = 3$; $\lambda_n = 1$ für $n > 0$.

Beschreiben Sie allgemein die Auswirkungen der beiden verschiedenen Intensitätsfunktionen auf den grundsätzlichen Verlauf des Ansteckungsprozesses.

Aufgabe 7.9

Ein Versicherungsunternehmen modelliert den Schadenanzahlprozess für Großschäden in einem bestimmten Geschäftsbereich durch einen homogenen Poisson-Prozess der (jährlichen) Intensität $\lambda = 5$.

  (a) Simulieren Sie fünf Pfade des Schadenanzahlprozesses über den Zeithorizont $[0;10]$ und stellen Sie diese grafisch dar. (Hinweis: Es ist sinnvoll, zunächst eine Funktion zu definieren, die bei gegebenem λ und Zeithorizont $[0;T]$ die simulierten Schadeneintrittszeiten ausgibt. Zur Darstellung der Treppenfunktion kann in R die Funktion stepfun verwendet werden.)
  (b) Die Risiken, die in dem Geschäftsbereich zusammengefasst sind, sind inhomogen in dem Sinn, dass die Intensität verschiedene Werte annehmen kann. Daher modelliert das Versicherungsunternehmen den Schadenanzahlprozess in einem zweiten Schritt durch einen gemischten Poisson-Prozess mit $\Lambda \sim U(2;8)$. Simulieren Sie fünf Pfade dieses Schadenanzahlprozesses über $[0;10]$ und stellen Sie diese grafisch dar.

7.4 Simulation von Gesamtschadenprozessen und Gesamtschadenverteilungen

Die Simulation von Gesamtschadenprozessen

$$S(t) = \sum_{i=1}^{N(t)} X_i$$

(s. Abschnitt 2.6.3) ist vor allem dann praktikabel, wenn für den Schadenanzahlprozess $N(t)$ ein Poisson-Prozess angesetzt wird, etwa in einer der Varianten, wie sie im vorangegangenen Abschnitt beschrieben wurden. Es ist dann $S(t)$ ein zusammengesetzter Poisson-Prozess. Falls sich zusätzlich zu den Schadeneintrittszeiten $T_1, \ldots, T_N$ außerdem die Schadenhöhen X_i simulieren lassen, lässt sich ein Pfad von $S(t)$ über einen vorgegebenen Zeitraum $[0; T]$ simulieren, indem zunächst die Schadeneintrittszeiten simuliert werden und dann (unabhängig von den Eintrittszeiten) Schadenhöhen $X_1, \ldots X_N$ erzeugt werden. Dann ist die Gesamtschadenhöhe $S(t)$ zum Zeitpunkt t gegeben durch die Summe der bis dahin aufgetretenen Schäden:

$$
S(t) = \begin{cases}
0 & \text{für } t \in [0; T_1), \\
X_1 & \text{für } t \in [T_1; T_2), \\
X_1 + X_2 & \text{für } t \in [T_2; T_3), \\
\vdots & \vdots \\
X_1 + \ldots + X_N & \text{für } t \in [T_N; T].
\end{cases}
$$

Damit ergibt sich der folgende Algorithmus zur Simulation eines zusammengesetzten Poisson-Prozesses, der sich bei Verfügbarkeit eines Simulationsalgorithmus für die Schadeneintrittszeiten auch auf noch allgemeinere Gesamtschadenprozesse übertragen lässt:

> **Algorithmus zur Simulation eines Pfads eines Gesamtschaden-prozesses auf $[0; T]$**
>
> 1. Simuliere Eintrittszeiten $T_1, \ldots, T_N$ des Schadenanzahlprozesses.
>
> 2. Simuliere Schadenhöhen $X_1, \ldots, X_N$.
>
> 3. Für $t \in [T_i; T_{i+1})$ setze $S(t) = X_1 + \ldots + X_i$.

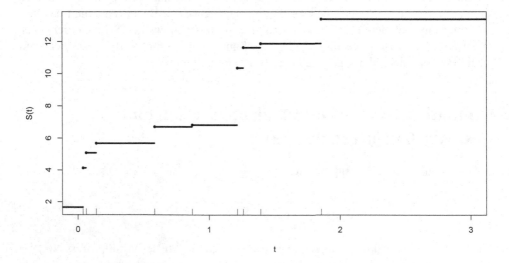

Abbildung 7.10: Simulation eines Gesamtschadenprozesses

Wenn nicht der zeitliche Verlauf, sondern nur der Gesamtschaden zu einem festen Zeitpunkt T simuliert werden soll, dann kann im dritten Schritt direkt $S = S(T) = X_1 + \ldots + X_N$ gesetzt werden. Alternativ kann bei zusammengesetzten Poisson-Prozessen die Tatsache ausgenutzt werden, dass $N = N([0;T])$ Poisson-verteilt ist, wobei die Intensität beim homogenen Poisson-Prozess gleich $\lambda \cdot T$ ist.

Beispiel (Fortsetzung des Beispiels 7.3.2.1)
Abschließend wird der Gesamtschadenprozess des Versicherungsunternehmens modelliert. In Abbildung 7.10 ist die Simulation eines solchen Prozesses auf $[0;3]$ dargestellt. Als Schadenanzahlprozess $N(t)$ wurde der Cox-Prozess aus dem vorangegangenem Beispiel gewählt, die Einzelschäden (in Mio. €) wurden durch eine **Exp**(1)-Verteilung modelliert. Als Pfad ergibt sich eine Treppenfunktion mit zufälligen Sprunghöhen $X_1, \ldots X_N$ zu den Zeitpunkten $T_1, \ldots, T_N$.

Aufgaben

Aufgabe 7.10 (Fortsetzung von Aufgabe 7.9)
Ein Versicherungsunternehmen modelliert den Schadenanzahlprozess für Großschäden in einem bestimmten Geschäftsbereich durch einen homogenen Poisson-Prozess der (jährlichen) Intensität $\lambda = 5$ und die Schadenhöhenverteilung durch $X \sim \mathbf{LN}(1;1)$.

(a) Simulieren Sie zehn Pfade des Gesamtschadenprozesses über den Zeithorizont $[0;10]$ und stellen Sie diese grafisch dar.

(b) Das Versicherungsunternehmen will sich ein Bild von der Gesamtschadenverteilung am Ende des 10-Jahres-Zeithorizonts machen. Simulieren Sie 100 Mal die Größe $S(10)$ und stellen Sie die resultierende Verteilung anhand von explorativen Grafiken (Histogramm, Box-Plot etc.) dar. Schätzen Sie den 95%-**VaR**.

(c) Als alternatives Schadenhöhenmodell wird die Nullpunkt-Pareto-Verteilung betrachtet, d. h. $Y \sim \mathbf{Null\text{-}Pareto}(2;x_0)$. Bestimmen Sie x_0 so, dass Y im Mittel Schäden der gleichen Höhe wie X produziert, also $\mathbf{E}(Y) = \mathbf{E}(X)$ gilt. Gehen Sie nun wie bei Teil (b) vor und vergleichen Sie die Ergebnisse. Erzeugen Sie einen Q-Q-Plot mit den simulierten Gesamtschäden aus (b) und (c).

Aufgabe 7.11
In [BHW04] wurden Katastrophenschäden der Jahre 1990 bis 1999 aus den USA statistisch ausgewertet. Die Analyse lieferte als plausible Schadenanzahlmodelle unter anderem:

(N1) Der Schadenenzahlprozess wird durch einen homogenen Poisson-Prozess der Intensität $\lambda = 30{,}97$ modelliert;

(N2) Der Schadenenzahlprozess wird durch einen inhomogenen Poisson-Prozess mit der Intensitätsfunktion $\lambda(t) = 35{,}32 + 2{,}32 \cdot 2\pi \cdot \sin[2\pi(t - 0{,}20)]$ modelliert.

Für die Schadenhöhen ergaben folgende Nullpunkt-Pareto- und Lognormalverteilungen eine gute Anpassung an die Schadendaten:

(X1) Die Schadenhöhen sind Nullpunkt-Pareto-verteilt mit $X_i \sim \mathbf{Null\text{-}Pareto}(2{,}39; 3{,}03 \cdot 10^8)$;

(X2) Die Schadenhöhen sind lognormalverteilt mit $X_i \sim \mathbf{LN}(18{,}44; 1{,}13)$.

Analysieren Sie den Risikoreserveprozess eines hypothetischen Versicherungsunternehmens unter den folgenden Annahmen (alle Angaben in USD):

- Das Startkapital des Unternehmens beträgt $u_0 = 100 \cdot 10^9$.

- Als Prämienberechnungsprinzip wird das Erwartungswertprinzip (s. Abschnitt 3.1.7) verwendet, d. h. es gilt
$$c = (1 + \theta) \cdot \mathbf{E}(S(1)).$$
  Dabei ist θ ein Sicherheitszuschlag, der hier zunächst $\theta = 0{,}5$ gesetzt wird. Da $\mathbf{E}(S(1)) = \mathbf{E}(N(1)) \cdot \mathbf{E}(X)$ ist, hängt c also davon ab, welche Modelle für den Schadenanzahlprozess $N(t)$ und die Schadenhöhen X verwendet werden.

- Der betrachtete Zeitraum beträgt 10 Jahre.

Simulieren Sie für die vier möglichen Kombinationen von N und X jeweils zehn Pfade des resultierenden Risikoreserveprozesses und stellen Sie diese grafisch dar. Experimentieren Sie außerdem mit verschiedenen Werten von u_0 und θ.

7.5 Simulation von Random Walks

Random Walks wurden in Kapitel 2.4 eingeführt, um Wertentwicklungsprozesse zu modellieren. In diesem Abschnitt werden Simulationsmethoden für diese Prozesse vorgestellt.

7.5.1 Allgemeiner Ansatz zur Simulation von Random Walks

Wir starten zunächst mit dem in Abschnitt 2.4.2 beschriebenen arithmetischen Random Walk. Ausgehend von unabhängigen, identisch verteilten Zufallsvariablen $\varepsilon_1, \varepsilon_2, \ldots \sim F$ mit $\mathbf{E}(\varepsilon_t) = 0$ ist

$$G_t = G_{t-1} + \varepsilon_t$$

ein Random Walk im Sinne von 2.4.2. Bei vorgegebenem Startwert G_0 und bekannter Verteilung F ergibt sich dann ein Simulationsalgorithmus für n Zeitpunkte direkt aus der obigen Beziehung:

Algorithmus zur Simulation eines Pfads eines Random Walk

1. Erzeuge $\varepsilon_1, \ldots, \varepsilon_n \sim F$ iid mit $\mathbf{E}(\varepsilon_t) = 0$.

2. Setze
$$G_1 = G_0 + \varepsilon_1,$$
$$G_2 = G_1 + \varepsilon_2,$$
$$\vdots$$
$$G_n = G_{n-1} + \varepsilon_n.$$

Um einen Random Walk mit Drift r zu simulieren, muss lediglich in Schritt 2 des obigen Algorithmus in jeder Zeile noch die Drift addiert werden. Man erhält folgenden Algorithmus:

Algorithmus zur Simulation eines Pfads eines Random Walk mit Drift r

1. Erzeuge $\varepsilon_1, \ldots, \varepsilon_n \sim F$ iid mit $\mathbf{E}(\varepsilon_t) = 0$.

2. Setze

$$
\begin{aligned}
G_1 &= G_0 + \varepsilon_1 + r, \\
G_2 &= G_1 + \varepsilon_2 + r, \\
&\vdots \\
G_n &= G_{n-1} + \varepsilon_n + r.
\end{aligned}
$$

Wie in Abschnitt 2.4.3 beschrieben, erhält man einen geometrischen Random Walk Q_t, indem die Exponentialfunktion auf die Werte eines arithmetischen Random Walk angewendet wird, d. h. zur Simulation wird zunächst ein arithmetischer Random Walk G_t erzeugt, und anschließend wird $Q_t = \exp(G_t)$ gesetzt.

7.5.2 Arithmetische und geometrische Brownsche Bewegung

Bei der auch als Wiener-Prozess bezeichneten Brownschen Bewegung (s. Abschnitt 2.4.5) handelt es sich um einen zeitstetigen Prozess. Für die Simulation wird dieser diskretisiert. Er lässt sich dann auch als normaler Random Walk, d. h. Random Walk mit normalverteiltem Zufallsschritt, interpretieren.

Um einen Pfad einer diskretisierten Standard-Brownschen Bewegung auf dem Intervall $[0;T]$ zu den Zeitpunkten $0 = t_0 < t_1 < \cdots < t_n = T$ zu simulieren, kann man direkt auf die Definition der Standard-Brownschen Bewegung zurückgreifen und und startet gemäß Punkt (BB1) der Definition in $t = 0$ mit $W(0) = 0$. Die weiteren Werte können dann erzeugt werden, indem die Zuwächse als unabhängige (s. Punkt (BB2) der Definition) und normalverteilte (s. Punkt (BB3) der Definition) Zufallszahlen simuliert werden, deren Varianzen den Abständen zwischen den Zeitpunkten entsprechen:

$$
W(t_{i+1}) = W(t_i) + \sqrt{t_{i+1} - t_i} \cdot \varepsilon_{i+1}
$$

mit $\varepsilon_1, \ldots, \varepsilon_n \sim \mathbf{N}(0;1)$ iid. Der Faktor $\sqrt{t_{i+1} - t_i}$ ergibt sich aus der Eigenschaft (BB3), denn es muss $W(t_{i+1}) - W(t_i) \sim N(0; t_{i+1} - t_i)$ gelten. Damit resultiert der folgende Algorithmus:

Algorithmus zur Simulation eines Pfads einer Standard-Brownschen Bewegung auf $[0;T]$

1. Erzeuge $\varepsilon_1, \ldots, \varepsilon_n \sim \mathbf{N}(0;1)$ iid.

2. Setze $W(0) = 0$.

3. Setze

$$W(t_1) = \sqrt{t_1} \cdot \varepsilon_1,$$
$$W(t_2) = W(t_1) + \sqrt{t_2 - t_1} \cdot \varepsilon_2,$$
$$\vdots$$
$$W(t_n) = W(t_{n-1}) + \sqrt{t_n - t_{n-1}} \cdot \varepsilon_n.$$

Alternativ könnten im ersten Schritt auch direkt die Zuwächse $\delta_1 = W(t_1) - W(t_0), \delta_2 = W(t_2) - W(t_1), \ldots, \delta_n = W(t_n) - W(t_{n-1})$ als normalverteilte Zufallszahlen mit den entsprechenden Varianzen simuliert werden. Im dritten Simulationsschritt wäre dann

$$W(t_1) = \delta_1,$$
$$W(t_2) = W(t_1) + \delta_2,$$
$$\vdots$$
$$W(t_n) = W(t_{n-1}) + \delta_n.$$

Wie in Abschnitt 2.4.5 beschrieben, erhält man durch die Transformation

$$X(t) = \mu \cdot t + \sigma \cdot W(t)$$

aus der Standard-Brownschen Bewegung $W(t)$ eine Brownsche Bewegung $X(t)$ mit Drift μ und Streuungsparameter σ^2. Entsprechend erhält man folgenden Simulationsalgorithmus für diesen Prozess:

Algorithmus zur Simulation eines Pfads einer Brownschen Bewegung auf $[0;T]$ mit Drift μ und Streuungsparameter σ^2

1. Erzeuge $\varepsilon_1, \ldots, \varepsilon_n \sim \mathbf{N}(0;\sigma^2)$ iid.

2. Setze $X(0) = 0$.

3. Setze

$$X(t_1) = t_1 \cdot \mu + \sqrt{t_1} \cdot \varepsilon_1,$$
$$X(t_2) = X(t_1) + (t_2 - t_1) \cdot \mu + \sqrt{t_2 - t_1} \cdot \varepsilon_2,$$
$$\vdots$$
$$X(t_n) = X(t_{n-1}) + (t_n - t_{n-1}) \cdot \mu + \sqrt{t_n - t_{n-1}} \cdot \varepsilon_n.$$

Weitere Methoden zur Simulation der Brownschen Bewegung sind in [Gla04] dargestellt. Dort finden sich auch Hinweise zur Simulation weiterer stochastischer Prozesse.

7.5.2.1 Beispiel zur Simulation der Brownschen Bewegung mit R

Im linken Teil der Abbildung 7.11 sind fünf Pfade einer Standard-Brownschen Bewegung dargestellt. Der R-Code zur Erzeugung eines solchen Pfads auf den äquidistanten Zeitpunkten $t_0 = 0$, $t_1 = 1/1.000$, $t_2 = 2/1.000, \ldots, t_{1.000} = 1$ ist im Folgenden gegeben.

```
> delta.t<-0.001
> t<-seq(0,1,delta.t)
> epsilon<-rnorm(length(t)-1)
> zuwachs<-sqrt(delta.t)*epsilon
> w<-c(0,cumsum(zuwachs))
> plot(t,w,type="l")
```

Die Schrittweite der Diskretisierung wird durch `delta.t` vorgegeben, der Befehl in der folgenden Zeile erzeugt den Vektor $t = (t_0, t_1, \ldots, t_{1.000})$. Der Vektor `epsilon` ist ein Vektor von 1000 standardnormalverteilten Zufallszahlen; da der Vektor `t` aus 1001 Elementen besteht, wird in dem `rnorm`-Befehl 1 von dessen Länge subtrahiert. Der Vektor `zuwachs` enthält die Zuwächse, der `cumsum`-Befehl bildet die kumulierte Summe der Zuwächse. Um im Zeitpunkt $t_0 = 0$ tatsächlich mit dem Wert `w=0` zu starten, wird den kumulierten Zuwächsen durch den `c`-Befehl noch der Wert 0 am Anfang hinzugefügt.

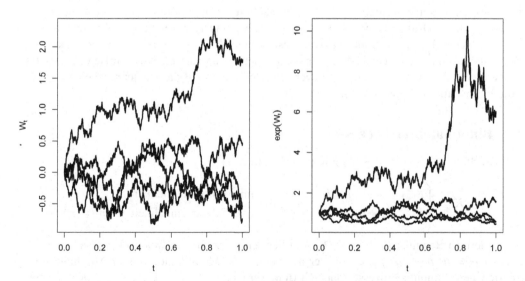

Abbildung 7.11: Fünf Pfade einer Standard-Brownschen Bewegung und geometrischen Brownschen Bewegung auf $[0; 1]$ (Simulation mit R)

Aus dieser simulierten Standard-Brownschen Bewegung w erhält man eine Brownsche Bewegung x mit Drift μ und Streuungsparameter σ^2, indem man die Transformation $X(t) = \mu \cdot t + \sigma \cdot W(t)$ direkt in R anwendet:

```
> mu<-0.04
> sigma<-0.2
> x<-mu*t+sigma*w
```

Die Pfade der entsprechenden geometrischen Brownschen Bewegung erhält man durch die Zuweisung g<-exp(w), s. rechter Teil der Abbildung 7.11.

7.5.2.2 Beispiel zur Simulation der Brownschen Bewegung mit Excel

In den Abbildungen 7.12 bzw. 7.13 ist die Simulation einer diskretisierten Brownschen Bewegung in ihrer arithmetischen bzw. geometrischen Variante mit Excel dargestellt. Bei der arithmetischen Variante kann man sich etwa die zeitliche Entwicklung der stetigen Rendite eines bestimmten risikobehafteten Investments vorstellen, bei der geometrischen Variante den zugehörigen Kursverlauf ausgehend vom Startwert 1 = 100 %.

In den Zellen Z3S5 und Z4S5 können jeweils Erwartungswert (Drift) r und Standardabweichung *sigma* der stetigen Rendite pro Einheitszeitperiode variiert werden. In der dargestellten Variante für 25 Zeitperioden, d. h. für die Zeitpunkte $t = 0, \ldots, 25$, werden stets Zeiträume der Länge 1 betrachtet. Mittels der Funktionstaste F9 auf der PC-Tastatur werden die Zufallszahlen aktualisiert und eine neue Simulation erzeugt. In Spalte 2 wird jeweils mittels der Excel-Funktion ZUFALLSZAHL() eine Zufallszahl im Intervall $[0; 1]$ erzeugt. In Spalte 3 wird daraus mittels der Inversionsmethode eine normalverteilte Zufallszahl erzeugt. In Spalte 4 wird zum Renditewert der Vorperiode die Drift und eine mit der vorgegebenen Standardabweichung multiplizierte standardnormalverteilte Zufallsvariable, also insgesamt eine Zufallsvariable mit Erwartungswert r und Standardabweichung *sigma*, addiert. In der geometrischen Variante wird zur Berechnung des Kurswerts zum Zeitpunkt k aus dem Kurswert zum Zeitpunkt $k - 1$ die Rechenregel $e^{x+y} = e^x \cdot e^y$ für die Exponentialfunktion benutzt.

7.5.3 Binomialgitter-Prozesse

Für einen Binomialgitter-Prozess K_t gilt (s. Abschnitt 2.4.4)

$$K_t = \begin{cases} K_{t-1} \cdot (1 + x^+) = K_{t-1} \cdot e^u & \text{mit Wahrscheinlichkeit } p, \\ K_{t-1} \cdot (1 + x^-) = K_{t-1} \cdot e^{-d} & \text{mit Wahrscheinlichkeit } 1 - p. \end{cases}$$

Für die stetigen Renditen $R_t = \ln(K_t/K_t - 1)$ liegt ein spezieller arithmetischer Random Walk mit Drift $r_0 = u \cdot p - (1 - p) \cdot d$ vor, der außerdem eine Modifikation des in Abschnitt 7.3.1 beschriebenen Bernoulli-Prozesses darstellt (mit Werten u und $-d$ statt 0 und 1). Dementsprechend ist der beim Startwert $K_0 = 1 = 100\%$ beginnende Binomialgitter-Prozess ein spezieller geometrischer Random Walk.

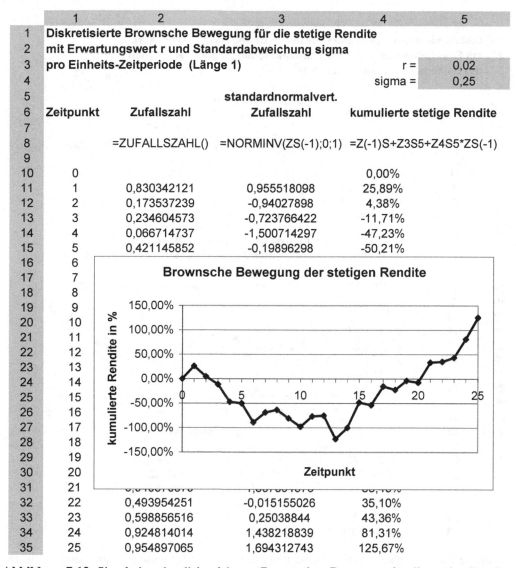

	1	2	3	4	5
1	Diskretisierte Brownsche Bewegung für die stetige Rendite				
2	mit Erwartungswert r und Standardabweichung sigma				
3	pro Einheits-Zeitperiode (Länge 1)			r =	0,02
4				sigma =	0,25
5			standardnormalvert.		
6	Zeitpunkt	Zufallszahl	Zufallszahl	kumulierte stetige Rendite	
7					
8		=ZUFALLSZAHL()	=NORMINV(ZS(-1);0;1)	=Z(-1)S+Z3S5+Z4S5*ZS(-1)	
9					
10	0			0,00%	
11	1	0,830342121	0,955518098	25,89%	
12	2	0,173537239	-0,94027898	4,38%	
13	3	0,234604573	-0,723766422	-11,71%	
14	4	0,066714737	-1,500714297	-47,23%	
15	5	0,421145852	-0,19896298	-50,21%	
16	6				
17	7				
18	8				
19	9				
20	10				
21	11				
22	12				
23	13				
24	14				
25	15				
26	16				
27	17				
28	18				
29	19				
30	20				
31	21				
32	22	0,493954251	-0,015155026	35,10%	
33	23	0,598856516	0,25038844	43,36%	
34	24	0,924814014	1,438218839	81,31%	
35	25	0,954897065	1,694312743	125,67%	

Abbildung 7.12: Simulation der diskretisierten Brownschen Bewegung für die stetige Rendite mit Excel

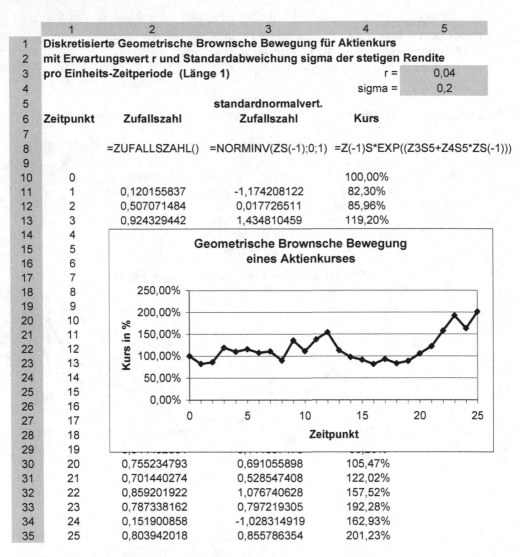

	1	2	3	4	5
1	Diskretisierte Geometrische Brownsche Bewegung für Aktienkurs				
2	mit Erwartungswert r und Standardabweichung sigma der stetigen Rendite				
3	pro Einheits-Zeitperiode (Länge 1)			r =	0,04
4				sigma =	0,2
5			standardnormalvert.		
6	Zeitpunkt	Zufallszahl	Zufallszahl	Kurs	
7					
8		=ZUFALLSZAHL()	=NORMINV(ZS(-1);0;1)	=Z(-1)S*EXP((Z3S5+Z4S5*ZS(-1)))	
9					
10	0			100,00%	
11	1	0,120155837	-1,174208122	82,30%	
12	2	0,507071484	0,017726511	85,96%	
13	3	0,924329442	1,434810459	119,20%	
14	4				
15	5				
16	6				
17	7				
18	8				
19	9				
20	10				
21	11				
22	12				
23	13				
24	14				
25	15				
26	16				
27	17				
28	18				
29	19				
30	20	0,755234793	0,691055898	105,47%	
31	21	0,701440274	0,528547408	122,02%	
32	22	0,859201922	1,076740628	157,52%	
33	23	0,787338162	0,797219305	192,28%	
34	24	0,151900858	-1,028314919	162,93%	
35	25	0,803942018	0,855786354	201,23%	

Abbildung 7.13: Simulation der diskretisierten geometrischen Brownschen Bewegung für einen Aktienkurs (Startwert 100 %) mit Excel

7.5.3.1 Beispiel zur Simulation eines Binomialgitter-Prozesses mit R

Der folgende Programmcode erzeugt einen Pfad eines Binomialgitter-Prozesses mit vorgegebenen Parameterwerten $u = 0{,}11797$, $d = 0{,}11297$ und $p = 0{,}5$.

```
> epsilon<-rbinom(100,1,0.5)
> updown<-function(x,u,d){(u+d)*x-d}
> R<-sapply(epsilon.1,FUN=updown,u=0.11797,d=0.11297)
> G<-c(0,cumsum(epsilon))
> K.0<-1
> K<-K.0*exp(G)
```

In den ersten vier Schritten wird der zugrunde liegende Random Walk simuliert. Zunächst wird ein Vektor `epsilon` mit 100 Null-Eins-Einträgen, d. h. 100 Bernoulli-verteilte Zufallszahlen, erzeugt, mit jeweiliger Erfolgswahrscheinlichkeit $p = 0{,}5$. Diese Werte sollen auf die Werte u und d transformiert werden, wozu die Funktion `updown` mit den Parametern u und d definiert wird (es gilt `updown(0)` $= -d$ und `updown(1)` $= u$). Diese Funktion wird im dritten Schritt durch den Befehl `sapply` elementweise auf alle Elemente des Vektors `epsilon` angewendet. Dabei werden die vorgegebenen Parameterwerte $u = 0{,}11797$ und $d = 0{,}11297$ mit übergeben. Das Ergebnis ist der Vektor `R` der stetigen Periodenrenditen. Der Befehl `cumsum` bildet schließlich die laufende Summe über die Elemente des Vektors `epsilon`, durch den c-Befehl wird der Startwert 0 vorgegeben, der Vektor `G` ist also eine Realisierung des zugrunde liegenden Random Walk. Durch die Transformation in den letzten drei Programmzeilen erhält man – wie in Abschnitt 2.4.4 beschrieben – aus R_t bzw. G_t den Prozess K_t.

7.5.3.2 Beispiel zur Simulation eines Binomialgitter-Prozesses mit Excel

In Abbildung 7.14 ist die Simulation eines Binomialgitter-Prozesses, etwa für einen Aktienkursverlauf, mit Excel dargestellt. In Zelle Z3S5 ist die Wahrscheinlichkeit p der Aufwärtsbewegung u zu wählen mit folglich $1 - p$ als Wahrscheinlichkeit der Abwärtsbewegung $-d$. Die konkreten Werte von u und d können in den Zeilen Z4S5 bzw. Z5S5 variiert werden. Die Simulation beginnt immer mit einem festen Kurswert von 100 %. Mittels der Funktionstaste F9 auf der PC-Tastatur werden die Zufallszahlen aktualisiert und eine neue Simulation erzeugt.

In Spalte 2 wird wie in den vorangegangenen Excel-Beispielen mittels der Funktion ZUFALLS-ZAHL() eine Zufallszahl im Intervall $[0;1]$ erzeugt. In Spalte 3 wird daraus ähnlich wie in Beispiel 7.3.1.1 die Bewegung der stetigen Rendite erzeugt. Schließlich wird in Spalte 4 ähnlich wie in Beispiel 7.5.2.2 der Kurs berechnet.

7.5.4 Aufgaben

Bearbeiten Sie die Aufgaben 2.17, 2.18 und 2.19, falls Sie dies noch nicht getan haben.

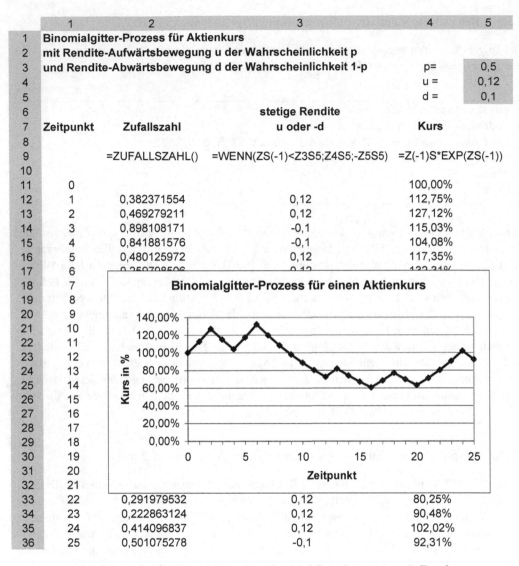

	1	2	3	4	5
1	**Binomialgitter-Prozess für Aktienkurs**				
2	**mit Rendite-Aufwärtsbewegung u der Wahrscheinlichkeit p**				
3	**und Rendite-Abwärtsbewegung d der Wahrscheinlichkeit 1-p**			p=	0,5
4				u =	0,12
5				d =	0,1
6			**stetige Rendite**		
7	**Zeitpunkt**	**Zufallszahl**	**u oder -d**	**Kurs**	
8					
9		=ZUFALLSZAHL()	=WENN(ZS(-1)<Z3S5;Z4S5;-Z5S5)	=Z(-1)S*EXP(ZS(-1))	
10					
11	0			100,00%	
12	1	0,382371554	0,12	112,75%	
13	2	0,469279211	0,12	127,12%	
14	3	0,898108171	-0,1	115,03%	
15	4	0,841881576	-0,1	104,08%	
16	5	0,480125972	0,12	117,35%	
17	6	0,250708506	0,12	132,31%	
18	7				
19	8				
20	9				
21	10				
22	11				
23	12				
24	13				
25	14				
26	15				
27	16				
28	17				
29	18				
30	19				
31	20				
32	21				
33	22	0,291979532	0,12	80,25%	
34	23	0,222863124	0,12	90,48%	
35	24	0,414096837	0,12	102,02%	
36	25	0,501075278	-0,1	92,31%	

Abbildung 7.14: Simulation eines Binomialgitter-Prozesses mit Excel

Aufgabe 7.12

Simulieren Sie 10 Schritte eines Bernoulli-Prozesses mit $p = 0,1$, $p = 0,5$ und $p = 0,7$ und stellen sie diese in einer gemeinsamen Grafik dar. Führen Sie dies auch für 100 bzw. 1000 Schritte durch und interpretieren Sie das Verhalten der Pfade.

Aufgabe 7.13

(a) Simulieren Sie 100 Schritte eines Binomialgitter-Prozesses K_t mit Parameterwerten $u = 0,11797$, $d = 0,11297$ und $p = 0,5$ und stellen Sie diese grafisch dar.

(b) Simulieren Sie 1000 Mal den Prozess aus Teil (a) und schätzen Sie damit $P(K_{100} > 6)$.

Aufgabe 7.14

Simulieren Sie fünf Pfade einer Brownschen Bewegung mit Drift $\mu = 0{,}5$ und Volatilität $\sigma = 0{,}1$ und stellen Sie diese in einer gemeinsamen Grafik dar. Erzeugen Sie auch die Pfade der zugehörigen geometrischen Brownschen Bewegung.

7.6 Monte-Carlo-Simulation

Unter dem Begriff *Monte-Carlo-Simulation* (MC-Simulation) fasst man i. Allg. eine Vielzahl verschiedener Simulationsmethoden zusammen, bei denen Zufallszahlen verwendet werden. Damit lassen sich viele Probleme behandeln, für die es keine oder nur sehr aufwendige Alternativlösungen gibt. Aus mathematischer Sicht besteht die Idee der MC-Simulation darin, ein Experiment sehr oft zu simulieren und dann das Gesetz großer Zahlen oder verwandte Ergebnisse aus der Stochastik anzuwenden. Die allgemeine Vorgehensweise kann folgendermaßen zusammengefasst werden.

Monte-Carlo-Simulation

1. Erzeuge n Simulationen $U_1, \ldots, U_n$ des zugrunde liegenden Zufallsexperiments.

2. Berechne daraus Simulationen der interessierenden Größe $X_1 = g(U_1), \ldots, X_n = g(U_n)$.

3. Werte die Simulationen $X_1, \ldots, X_n$ aus, z. B. durch Berechnung des Mittelwerts oder der Stichprobenquantile.

Bemerkungen

1. Der erste Schritt des obigen Algorithmus kann kompliziert sein und selbst aus mehreren Schritten bestehen (s. Abschnitt 7.6.4).
2. Statt Mittelwerten oder Quantilen können viele weitere statistische Kennzahlen oder Darstellungen wie Histogramme, Q-Q-Plots, Quantillinien etc. von Interesse sein.

Wir illustrieren die Vorgehensweise exemplarisch in den folgenden Abschnitten zunächst an einem einfachen mathematischen Beispiel (7.6.1) und dann an zwei Anwendungen aus dem Risikomanagement.

7.6.1 Monte-Carlo-Integration

Eine klassische Anwendung der Monte-Carlo-Technik ist die Berechnung von komplizierten mehrdimensionalen Integralen. Um die Idee zu illustrieren, wird hier jedoch ausgegangen von dem eindimensionalen Fall auf einem sehr einfachen Integrationsgebiet. Gesucht sei das Integral

$$I = \int_0^1 g(x)dx$$

einer Funktion $g : [0;1] \to \mathbb{R}$. Zum Beispiel könnte dies die Dichtefunktion φ der Standardnormalverteilung sein, deren Stammfunktion sich nicht durch elementare Funktionen wie Potenzfunktion, Exponentialfunktion, trigonometrische Funktionen etc. darstellen lässt. Der „Trick" besteht nun darin, I als den Erwartungswert einer Zufallsvariablen X darzustellen. Dazu sei $X \sim \mathbf{U}(0;1)$, dann besitzt die Verteilung von X die Dichtefunktion $1_{(0;1)}(x)$ und für den Erwartungswert der Zufallsvariablen $g(X)$ gilt (s. Folgerung B.19)

$$\mathbf{E}[g(X)] = \int_{\mathbb{R}} g(x) \cdot f(x)dx$$
$$= \int_{\mathbb{R}} g(x) \cdot 1_{(0;1)}(x)dx$$
$$= \int_0^1 g(x)dx.$$

Das heißt

$$I = \mathbf{E}[g(X)] \qquad \text{mit } X \sim \mathbf{U}(0;1).$$

Damit ist auch naheliegend, wie sich I mittels des Gesetzes großer Zahlen approximieren lässt: Simuliere zunächst $U_1, \ldots, U_n \sim \mathbf{U}(0;1)$. Dann besitzen $g(U_1), \ldots, g(U_n)$ die gleiche Verteilung wie $g(X)$. Als Näherung von I wird nun

$$\widehat{I}_n = \frac{1}{n} \sum_{i=1}^n g(U_i)$$

verwendet. Das ist eine sinnvolle Wahl, denn aus dem Gesetz großer Zahlen folgt

$$\frac{1}{n} \sum_{i=1}^n g(U_i) \to \mathbf{E}[g(X)] = I,$$

d. h. wenn n hinreichend groß wird, ist $\widehat{I}_n \approx I$. Die konkrete Form des oben angegebenen allgemeinen Algorithmus sieht also folgendermaßen aus:

Monte-Carlo-Integration von $\int_0^1 g(x)dx$

1. Erzeuge n Simulationen $U_1, \ldots, U_n \sim \mathbf{U}(0;1)$.

2. Berechne $g(U_1), \ldots, g(U_n)$.

3. Verwende $\widehat{I}_n = \frac{1}{n} \sum_{i=1}^n g(U_i)$ als Schätzer.

Dass $\widehat{I_n}$ ein Schätzer ist, bedeutet, dass der Wert eine zufällige Approximation ist, die vom konkreten Simulationslauf abhängt.

Beispiel (Monte-Carlo-Integration von $\int_0^1 \sin(\pi \cdot x)dx$)
Als konkretes Beispiel betrachten wir die Funktion $g(x) = sin(\pi \cdot x)$ auf dem Intervall $[0; 1]$. Eine Stammfunktion dieser Funktion ist $-\frac{1}{\pi}cos(\pi \cdot x)$, und somit ist $\int_0^1 g(x)dx = \frac{2}{\pi} \approx 0{,}6366198$. Für $n = 10$ ist die Vorgehensweise bei der Monte-Carlo-Integration in Abbildung 7.15 veranschaulicht: Im ersten Schritt werden $U_1, \dots, U_{10} \sim U(0; 1)$ simuliert. Diese sind auf der u-Achse durch

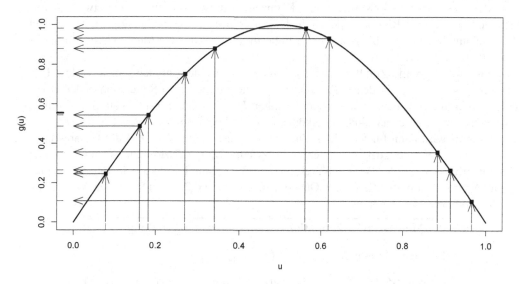

Abbildung 7.15: Zur Monte-Carlo-Integration von $\int_0^1 \sin(\pi \cdot x)dx$ mit $n = 10$

vertikale Striche gekennzeichnet. Anschließend werden die Funktionswerte $g(U_1), \dots, g(U_{10})$ an diesen Stellen berechnet (schwarze Quadrate auf dem Funktionsgraphen) und auf die y-Achse projiziert (horizontale Linien). Von diesen Werten wird der Mittelwert ($\widehat{I}_{10} = 0{,}55492$) gebildet (die etwas dickere Markierung auf der y-Achse).

In Tabelle 7.2 sind die Ergebnisse mehrerer Monte-Carlo-Simulationsläufe der Simulationsumfänge $n = 10, 100, 1.000, 10.000$ zusammengefasst. Zu erkennen ist die zunehmende Güte

n	10	100	1.000	10.000
$\widehat{I}_n$	0,55492	0,6000	0,65117	0,63662
$\widehat{I}_n - \frac{2}{\pi}$	$-8{,}1703 \cdot 10^{-2}$	$-3{,}6659 \cdot 10^{-2}$	$1{,}4552 \cdot 10^{-2}$	$1{,}7147 \cdot 10^{-6}$

Tabelle 7.2: Ergebnisse der Monte-Carlo-Integration

der Approximation bei zunehmendem Stichprobenumfang. Man kann zeigen, dass sich die Präzision des Schätzers wie $\sqrt{n}$ verhält, d. h. für die doppelte Präzision der Schätzung wird der vierfache Simulationsumfang benötigt.

7.6.2 Monte-Carlo-Simulation des Value-at-Risk eines Portfolios von abhängigen Risiken

In diesem Abschnitt soll die Monte-Carlo-Simulation des Gesamtrisikos eines Unternehmens beschrieben werden (vgl. 2.6.1), wobei davon ausgegangen wird, dass das Gesamtrisiko aus d Teilrisiken $X^1, \ldots, X^d$ besteht, die abhängig sein können und deren gemeinsame Verteilung F etwa mit dem Copula-Ansatz aus 7.2.5 simuliert werden kann. Das Gesamtrisiko ist dann gegeben durch die Summe der Einzelrisiken $S = X^1 + \ldots + X^d$ (s. 2.6.2). Gesucht ist die Verteilungsfunktion F_S des Gesamtrisikos bzw. bestimmter Kennzahlen dieser Verteilung, wie etwa Quantile, interpretiert als Value-at-Risk, s. Kapitel 3. In der Praxis ist es i. Allg. nicht möglich, die Gesamtrisikoverteilung in einer geschlossenen Form zu bestimmen, sodass die Monte-Carlo-Simulation hier ein wertvolles Werkzeug ist.

Das zugrunde liegende Zufallsexperiment führt also zu einem gemeinsamen Verlust $U = (X^1, \ldots, X^d) \sim F_{(X^1, \ldots, X^d)}$ in den d Teilrisiken. Für die Monte-Carlo-Simulation bedeutet das, dass im ersten Schritt n gemeinsame Realisierungen $U_1, \ldots, U_n$ der Teilrisiken, also d-dimensionale Vektoren, zu erzeugen sind. Dazu können die Methoden aus 7.2.5 verwendet werden. Im zweiten Schritt wird dann für jede der n Simulation von $U = (X^1, \ldots, X^d)$ der Gesamtverlust $S = X^1 + \ldots + X^d$ ermittelt, d. h. das Ergebnis des zweiten Monte-Carlo-Schritts sind n simulierte Gesamtverluste $S_1, \ldots, S_n$. Wenn n hinreichend groß ist, dann liefern die Stichprobenquantile eine gute Approximation für die wahren Quantile (s. Abschnitt 6.2.2). Im folgenden Algorithmus ist die Methode zusammengefasst:

Monte-Carlo-Simulation der Gesamtrisikoverteilung

1. Erzeuge n Simulationen $U_1, \ldots, U_n \sim F_{(X^1, \ldots, X^d)}$.

2. Berechne $S_1 = g(U_1), \ldots, S_n = g(U_n)$ mit $g(x_1, \ldots, x_d) = x_1 + \ldots + x_d$.

3. Ermittle aus $S_1, \ldots, S_n$ die empirische Verteilungsfunktion als Schätzer der Gesamtrisikoverteilung, bzw. verwende das Stichprobenquantil als Value-at-Risk-Schätzer.

Bemerkungen

1. Prinzipiell können durch diesen Simulationsansatz auch die stochastischen Risikomaße aus Kapitel 3 geschätzt werden, indem der dritte Schritt des obigen Algorithmus modifiziert wird. Für den Tail Value-at-Risk würde beispielsweise zunächst der Value-at-Risk ermittelt und anschließend der Mittelwert über alle Werte S_i berechnet werden, die oberhalb des Value-at-Risk liegen. Dies entspricht dem nichtparametrischen **ES**-Schätzer aus Abschnitt 6.2.4.

2. Wenn bei der Ermittlung der Gesamtrisikoverteilung keine echte stochastische Simulation durchgeführt wird, sondern für die Risikofaktoren aus Vergangenheitsdaten ermittelte empirische Verteilungsfunktionen zugrunde gelegt werden, wird auch von *historischer Simulation* gesprochen. Diesen Begriff verwendet man analog auch in anderen Zusammenhängen als der **VaR**-Schätzung.

Beispiel (Fortsetzung des Beispiels aus Abschnitt 7.2.5)

Betrachtet wird ein Portfolio, das aus zwei Risiken X_1 und X_2 mit standardnormalverteilten Renditen besteht. Zur Modellierung der Abhängigkeiten werden die vier Copulas verwendet, die sich bei der Schätzung der gemeinsamen BMW- und Siemens-Renditen mit der ML-Methode ergeben hatten: $C_{0,66}^{Ga}, C_{5,5;0,67}^{t}, C_{1,77}^{Gu}$ und $C_{1,27}^{Cl}$ (s. Tabelle 6.4). Der Gesamtgewinn des Portfolios ist dann gegeben durch $X_1 + X_2$ bzw. der Verlust durch $X = -(X_1 + X_2)$. Das Ziel ist die Schätzung des Value-at-Risk. Wenn das Risikomanagement davon ausgeht, dass alle vier der obigen Copulas plausible Modelle für die Abhängigkeiten zwischen den beiden Risiken sein können, dann stellt sich die Frage, welche Auswirkungen die unterschiedlichen Copulas auf den Value-at-Risk haben. Die Berechnung dieser **VaR**-Werte ist (insbesondere für eine größere Anzahl von Risiken) schwierig, sodass eine Monte-Carlo-Simulation weiterhelfen kann. Dazu kann man die Simulationsergebnisse aus 7.2 weiterverarbeiten: Für jede der vier Copulas wurden dort 5000 Simulationen aus der zugehörigen gemeinsamen Verteilung erzeugt: $(x_1^1, x_2^1), \ldots, (x_1^{5.000}, x_2^{5.000})$. Aus der Addition der beiden Verluste werden nun 5000 Realisierungen des Portfolioverlusts berechnet $x^1 = x_1^1 + x_2^1, \ldots, x^{5.000} = x_1^{5.000} + x_2^{5.000}$ und der Value-at-Risk durch das entsprechende Stichprobenquantil geschätzt (s. Tabelle 7.3). Auch für den Value-at-Risk bestätigt sich der Be-

Copula	$\text{VaR}_{0,95}$	$\text{VaR}_{0,99}$
Gauß	2,99	4,09
t	3,00	4,25
Gumbel	2,85	3,87
Clayton	3,15	4,46

Tabelle 7.3: Nichtparametrische Value-at-Risk-Schätzer von $X_1 + X_2$.

fund aus 7.2: Die Clayton- und t-Copula erzeugen die größten Value-at-Risk-Werte, während die Gumbel-Copula wiederum niedrigere Value-at-Risk-Werte als die Gauß-Copula produziert.

7.6.3 Monte-Carlo-Simulation der Risikokapitalallokation von abhängigen Risiken

Ausgangspunkt ist wieder ein Portfolio, bestehend aus zwei Risiken X_1 und X_2 mit stetigen Verteilungsfunktionen, wobei die Abhängigkeit zwischen den beiden Risiken durch eine Copula C modelliert werden kann. Anstelle eines Portfolios kann man sich auch ein Unternehmen, das aus zwei bzw. mehreren Geschäftsbereichen besteht, bzw. verschiedene Investitionsmöglichkeiten vorstellen. Wenn als Risikomaß der Tail Value-at-Risk bzw. die Tail Conditional Expectation verwendet wird, dann kann **TCE**$(X_1 + X_2)$ als ein Risikokapital interpretiert werden, das das Unternehmen vorhalten muss, um große Verluste ausgleichen zu können. Wie in Abschnitt 3.1.8.4 dargestellt wurde, ist dann

$$\mathbf{TCE} = \mathbf{AC}_1 + \mathbf{AC}_2,$$

mit

$$\mathbf{AC}_1 := \mathbf{E}(X_1 | X_1 + X_2 > \mathbf{VaR}_\alpha(X_1 + X_2)),$$
$$\mathbf{AC}_2 := \mathbf{E}(X_2 | X_1 + X_2 > \mathbf{VaR}_\alpha(X_1 + X_2)).$$

Da es für $\mathbf{AC}_1 = \mathbf{E}(X_1 | X_1 + X_2 > \mathbf{VaR}_\alpha(X_1 + X_2))$ in der Regel keine einfache Formel gibt, liegt es nahe, sich durch Monte-Carlo-Simulationen einen Schätzer für $\mathbf{AC}_1$ (und analog für $\mathbf{AC}_2$) zu beschaffen. Dazu werden zunächst n gemeinsame Verluste $(x_1^1, x_2^1), \ldots, (x_1^n, x_2^n)$ der beiden Risiken simuliert und die Gesamtverluste $x^1 = x_1^1 + x_2^1, \ldots, x^n = x_1^n + x_2^n$ berechnet. Damit erhält man wie im vorangegangenem Abschnitt den Schätzer $\widehat{\mathbf{VaR}}$ für $\mathbf{VaR}(X_1 + X_2)$. Um $\mathbf{AC}_1$ zu schätzen, müssen alle simulierten x_1-Werte ermittelt werden, die zusammen mit einem simulierten x_2-Wert einen Gesamtverlust produziert haben, der $\widehat{\mathbf{VaR}}$ übersteigt, d. h. für die $x_1^i + x_2^i > \widehat{\mathbf{VaR}}$ gilt. Von den x_1-Werten, die diese Bedingung erfüllen, wird dann der Mittelwert als Schätzer des (bedingten) Erwartungswerts gebildet.

Beispiel (Risikokapitalallokation in einem Versicherungsportfolio)

In einem Versicherungsportfolio werden Schäden (in Millionen €) X_1 aus Haftpflichtpolicen und Schäden X_2 aus Feuerpolicen durch zwei Lognormalverteilungen modelliert:

$$X_1 \sim \mathbf{LN}(-0{,}0277; 0{,}0149) \quad \text{und} \quad X_2 \sim \mathbf{LN}(-0{,}1099; 0{,}0089).$$

Die Abhängigkeit wird durch eine Gauss-Copula mit Korrelationskoeffizient $\rho = 0{,}2$ modelliert. Das Ziel besteht darin, die Beiträge der beiden Risiken zum Gesamtrisikokapitalbedarf, der hier durch die Tail Conditional Expectation zum Sicherheitsniveau von 95 % gegeben ist, zu quantifizieren. Dazu werden zunächst 5000 Simulationen $(x_1^1, x_2^1), \ldots, (x_1^{5.000}, x_2^{5.000})$ aus der gemeinsamen Verteilung von (X_1, X_2) erzeugt. Wie im vorangegangenen Beispiel werden daraus die simulierten Gesamtverluste $x^1 = x_1^1 + x_2^1, \ldots, x^{5.000} = x_1^n + x_2^{5.000}$ berechnet und der Value-at-Risk durch das entsprechende Stichprobenquantil geschätzt. Einen Schätzer für $\mathbf{AC}_1$ erhält man dann wie oben beschrieben. Als Resultate ergeben sich in diesem konkreten Beispiel $\widehat{\mathbf{TCE}} = 2{,}230$, $\widehat{\mathbf{AC}_1} = 1{,}210$ und $\widehat{\mathbf{AC}_1} = 1{,}020$. Das heißt, der durch die Haftpflichtpolicen verursachte Kapitalbedarf beträgt ca. 54 % des Gesamtrisikokapitals.

Implementierung in R   Der folgende R-Code implementiert das beschriebene Vorgehen.

```
> gauss.cop.bspl<- mvdc(normalCopula(0.2), c("lnorm", "lnorm"),
+ list(list(meanlog = -0.0277, sdlog =0.1221), list(meanlog = -0.1099,
+ sdlog =0.0942)))
> sim.pf<-rmvdc(gauss.cop.bspl,5000)
> gesamt.verluste<-sim.pf[,1]+sim.pf[,2]
> q<-quantile(gesamt.verluste,.95,type=1,names=FALSE)     # 95%-VaR
> tce<-mean(gesamt.verluste[gesamt.verluste>q])
> ac.1<-mean(sim.pf[sim.pf[,1]+sim.pf[,2]>q,1])
```

Zunächst wird die zu simulierende multivariate Verteilung als ein `mvdc`-Objekt definiert und anschließend das Portfolio simuliert. Der Vektor `sim.pf` enthält somit die 5000 Simulationen $(x_1^1, x_2^1), \ldots, (x_1^{5.000}, x_2^{5.000})$. Der 95%-**VaR** wird dann durch den `quantile`-Befehl ermittelt. Die Option `names =FALSE` bewirkt, dass nur der numerische Wert des Quantils ausgegeben wird. Die Tail Conditional Expectation wird schließlich durch den `mean`-Befehl als Mittelwert über alle Gesamtverluste geschätzt, die den 95%-**VaR** übersteigen. In der letzten Zeile wird der Mittelwert über alle x^1-Werte gebildet, die zusammen mit den x^2-Werten zu einem Verlust geführt haben, der den 95%-**VaR** übersteigt. Um die entsprechenden Elemente des `sim.pf`-Vektors zu selektieren, werden die eckigen Klammern verwendet – der Vektor `v[v>5]` enthält beispielsweise alle Elemente von `v`, die größer als fünf sind.

7.6.4 Monte-Carlo-Simulation der Ruinwahrscheinlichkeit bei Risikoreserveprozessen

In 3.1.6 wurde der Risikoreserveprozess eingeführt, bei dem die zeitliche Entwicklung des Sicherheitskapitals R_t eines Versicherungsunternehmens modelliert wird durch

$$R_t = u_0 + c \cdot t - S_t,$$

wobei

- $R_0 = u_0$ das Kapital zum Zeitpunkt $t = 0$,

- c die Prämieneinnahmen pro Zeiteinheit und

- S_t ein Gesamtschadenprozess

ist. Wie in 7.4 wird davon ausgegangen, dass S_t ein zusammengesetzter Poisson-Prozess ist. Dann können die Pfade des Risikoreserveprozesses simuliert werden, indem die Werte des Gesamtschadenprozesses vom deterministischen Teil $u_0 + c \cdot t$ des Prozesses abgezogen werden. Damit ist der Wert von R_t zur Zeit t gegeben, indem von eingenommenen Prämien plus Startkapital die Summe der bis dahin aufgetretenen Schäden abgezogen wird:

$$R_t = \begin{cases} u_0 + c \cdot t & \text{für } t \in [0; T_1), \\ u_0 + c \cdot t - X_1 & \text{für } t \in [T_1; T_2), \\ u_0 + c \cdot t - (X_1 + X_2) & \text{für } t \in [T_2; T_3), \\ \vdots & \vdots \\ u_0 + c \cdot t - (X_1 + \ldots + X_N) & \text{für } t \in [T_N; T]. \end{cases}$$

Die Pfade von R sind also abschnittsweise (zwischen zwei eingetretenen Schäden) Geradenstücke mit positiver Steigung c. Nimmt R einen negativen Wert an, so spricht man vom (technischen) Ruin des Unternehmens; vgl. auch Abschnitt 3.1.6. Die Wahrscheinlichkeit eines solchen Ereignisses innerhalb eines Intervalls $[0; T]$ kann folgendermaßen durch eine Monte-Carlo-Simulation geschätzt werden:

Monte-Carlo-Simulation der Ruinwahrscheinlichkeit

1. Simuliere n Realisierungen des Risikoreserveprozesses.

2. Setze

$$X_i = \begin{cases} 1, & \text{falls bei Realisierung } i \text{ Ruin im Intervall } [0; T] \text{ stattgefunden hat,} \\ 0, & \text{falls bei Realisierung } i \text{ kein Ruin im Intervall } [0; T] \text{ stattgefunden hat.} \end{cases}$$

3. Schätze die Ruinwahrscheinlichkeit durch $\widehat{p} = \frac{1}{n} \sum_{i=1}^{n} X_i$.

Da der Prozess abschnittsweise ansteigt, kann der Ruin nur zu den Schadeneintrittszeitpunkten eintreten. Daher reicht es, im zweiten Schritt des Algorithmus zu überprüfen, ob $R(t)$ an einem der Schadeneintrittszeitpunkte $T_1, \ldots, T_N$ negativ ist. Die Ruinwahrscheinlichkeit wird dann im dritten Schritt durch einfaches Auszählen geschätzt.

Beispiel (Fortsetzung von Aufgabe 2.34)
Wir betrachten die Risikoreserveprozesse R_1 und R_2 von zwei Versicherungsportfolios mit folgenden Eigenschaften:

- Bei beiden Portfolios ist der Schadenanzahlprozess ein homogener Poisson-Prozess mit Intensität $\lambda = 5$.
- Die Schäden von Portfolio 1 sind Nullpunkt-Pareto-verteilt: $X \sim$ **Null-Pareto**$(1/2; 3/2)$.
- Die Schäden von Portfolio 2 sind exponentialverteilt: $Y \sim$ **Exp**(1).
- In beiden Fällen ist $u_0 = 100$ und $c = 5$.

In Aufgabe 2.34 war zu zeigen, dass sich die beiden Gesamtschadenprozesse und damit auch die Risikoreserveprozesse bzgl. des Erwartungswerts nicht unterscheiden. Trotzdem handelt es sich um sehr verschieden riskante Portfolios. Denn die Exponentialverteilung produziert – wie in Abbildung 7.16 zu erkennen – viel weniger große Schäden als die Pareto-Verteilung. Für die Pfade der Risikoreserveprozesse bedeutet dies, dass die Pfade von R_1 eine wesentlich höhere Variabilität aufweisen: Von den zehn Realisierungen in Abbildung 7.17 produzieren zwei einen Ruin, während bei den exponentialverteilten Schäden kein einziges Mal Ruin auftritt. Dieses Bild bestätigt sich auch, wenn $N = 10.000$ Monte-Carlo-Simulationen durchgeführt werden. Für R_1 beträgt die Ruinwahrscheinlichkeit ca. 17,9 %, für R_2 ca. 0,2 %.
Neben der Ruinwahrscheinlichkeit kann auch die Verteilung des Ruinzeitpunkts (falls Ruin eingetreten ist) aus der MC-Simulation geschätzt werden. Für R_1 findet dies im Mittel nach ca. 46,3 Zeiteinheiten, für R_2 nach ca. 82,5 Zeiteinheiten statt.

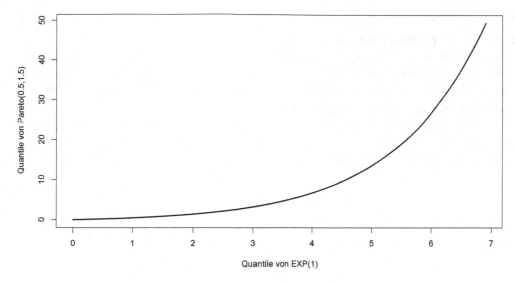

Abbildung 7.16: Q-Q-Plot von **Pareto**$(1/2; 3/2)$ gegen **Exp**(1)

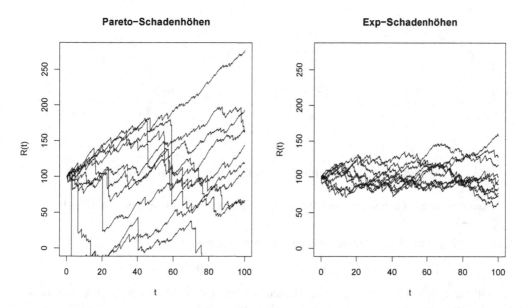

Abbildung 7.17: Jeweils zehn Realisierungen des Risikoreserveprozesses aus dem Beispiel in Abschnitt 7.6.4

7.6.5 Aufgaben

Aufgabe 7.15 (Fortsetzung von Aufgabe 7.11)
Simulieren Sie für $u_0 = 10 \cdot 10^9$ (Angaben in USD) und $\theta = 0{,}5$ die vier Risikoreserveprozesse aus Aufgabe 7.11 jeweils 2000 Mal. Wie groß sind die Ruinwahrscheinlichkeiten? Vergleichen Sie die verschiedenen Modelle und experimentieren Sie mit verschiedenen Werten von θ und u_0.

Aufgabe 7.16 (Fortsetzung von Aufgabe 7.11)
Simulieren Sie für $u_0 = 10 \cdot 10^9$ (Angaben in USD) und $\theta = 0{,}5$ die vier Risikoreserveprozesse aus Aufgabe 7.11 jeweils 2000 Mal. Stellen Sie die Quantillinien für die Quantile $1\%, 5\%, 10\%,$ $25\%, 50\%, 75\%, 90\%, 95\%, 99\%$ dar (s. Abbildung 7.18). Vergleichen Sie die verschiedenen

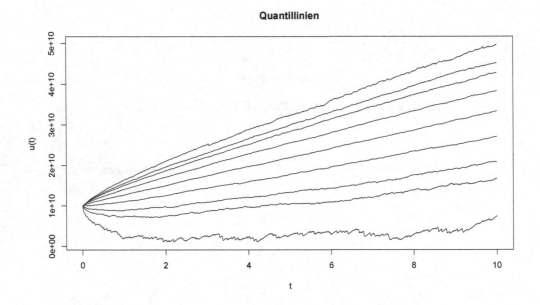

Abbildung 7.18: Quantillinien eines Risikoreserveprozesses

Modelle aus Aufgabe 7.11 und experimentieren Sie mit verschiedenen Werten von θ und u_0.

Aufgabe 7.17
Ein Risiko V hängt von einem anderen Risiko X folgendermaßen ab:

$$V = e^X + 2X^2 \qquad \text{mit} \qquad X \sim \mathbf{N}(0;1).$$

Entwickeln Sie ein Tool, das zu einem gegebenen Niveau $\alpha \in (0;1)$ und gegebener Anzahl N von Simulationen von V das α-Quantil der Verteilung von V schätzt.

Aufgabe 7.18 (Fortsetzung von Aufgabe 7.5)
Verarbeiten Sie die Simulationen des Versicherungsportfolios aus Aufgabe 7.5 weiter, um einen Überblick über den Gesamtverlust $L = X_1 + X_2$ bei den verschiedenen Abhängigkeitsmodellen zu erhalten.

(a) Erzeugen Sie die entsprechenden Histogramme, Box-Plots und Q-Q-Plots.

(b) Ermitteln Sie den Value-at-Risk zum 95%- und 99%-Niveau.

(c) Ermitteln Sie den Tail Value-at-Risk zum 95%- und 99%-Niveau.

(d) Ermitteln Sie die Wahrscheinlichkeit dafür, dass in beiden Risiken gleichzeitig Verluste auftreten, die 1,2 Millionen übersteigen.

(e) Ermitteln Sie die Prämie, die das Versicherungsunternehmen für das Portfolio einnehmen sollte, wenn als Prämienkalkulationsprinzip das Varianzprinzip (s. Abschnitt 3.1.7.2) mit $\Pi(L) = \mathbf{E}(L) + 0{,}1 \cdot \mathbf{Var}(L)$ verwendet wird.

Vergleichen Sie jeweils die Ergebnisse unter den verschiedenen Abhängigkeitsmodellen.

Aufgabe 7.19 (Fortsetzung von Aufgabe 7.18)
Bearbeiten Sie Aufgabe 7.18 aus der Sicht des Rückversicherungsunternehmens, wenn der Rückversicherungsvertrag aus Aufgabe 7.6 zugrunde gelegt wird.

Aufgabe 7.20
Vergleichen Sie den nichtparametrischen **VaR**-Schätzer $\widehat{\mathbf{VaR}}_n(95\%)$ mit dem wahren $\mathbf{VaR}_{95\%}$ für simulierte Vektoren $L \sim \mathbf{N}(0;1)$ der Länge $n = 10, 100, 1.000, 10.000$. Interpretieren Sie das Ergebnis.

Aufgabe 7.21
Sie sind Portfoliomanager eines Portfolios, das aus zwei Teilportfolios 1 und 2 besteht. Die Verluste L_1 und L_2 der beiden Teilportfolios seien jeweils normalverteilt mit

$$L_1 \sim \mathbf{N}(0;1), \qquad L_2 \sim \mathbf{N}(0;4),$$

der Gesamtverlust ist also

$$L = L_1 + L_2,$$

wobei die gemeinsame Verteilung von (L_1, L_2) jedoch unbekannt ist. Sie arbeiten mit $\mathbf{TVaR}_{95\%}$ als Risikomaß und müssen entsprechendes Risikokapital bereitstellen sowie auf die beiden Portfolios allozieren. Es sollen die Auswirkungen von verschiedenen Copula-Annahmen auf die Höhe des Risikokapitals und die Kapitalallokation untersucht werden.

(a) Simulieren Sie 1000 Realisierungen von (L_1, L_2) und damit L, indem Sie die Copula $C_{0{,}7}^{Ga}$ verwenden.

(b) Schätzen Sie aus den Simulationen

   (i) $\mathbf{TVaR}_{95\%}(L)$,

   (ii) $\mathbf{AC}_1, \mathbf{AC}_2$, sowie

   (iii) $\dfrac{\mathbf{AC}_1}{\mathbf{TVaR}_{95\%}(L)}, \dfrac{\mathbf{AC}_2}{\mathbf{TVaR}_{95\%}(L)}$.

Wie interpretieren Sie diese Größen?

Entwickeln Sie dazu ein Tool, das zu gegebenen Realisierungen von (L_1, L_2) diese Schätzer ausgibt.

Führen Sie (a) und (b) ebenfalls für die

- t-Copula mit $\rho = 0{,}71$ und $\nu = 4$,
- Gumbel-Copula mit $\theta = 2$ und
- Clayton-Copula mit $\theta = 2{,}2$

durch. Vergleichen Sie abschließend die Auswirkungen der verschiedenen Copulas.

Aufgabe 7.22 (Fortsetzung des Beispiels aus Abschnitt 2.6.2)
Ein Betrieb besitzt drei gleichartige Maschinen. Bei einem Stromausfall können bei jeder dieser Maschinen Bauteile A, B oder C beschädigt werden. Die entsprechenden Bauteilkosten (Angaben in €) und Ausfallwahrscheinlichkeiten sind gegeben durch die Tabelle 7.4; die Ausfälle

Bauteil	Kosten	Ausfallwahrscheinlichkeit
A	10.000	0,1
B	20.000	0,05
C	40.000	0,01

Tabelle 7.4: Zu Aufgabe 7.22

in den insgesamt neun Bauteilen werden als unabhängig angenommen. Der Gesamtschaden ist dann also durch

$$S = X_A + X_B + X_C$$

gegeben, wobei X_A, X_B und X_C die Gesamtkosten der Schäden von Bauteilen des Typs A, B bzw. C sind. Prinzipiell kann die Wahrscheinlichkeitsverteilung von S analog zum Beispiel aus Abschnitt 2.6.2 exakt ermittelt werden, was jedoch aufwendig ist. Einen einfacheren Zugang bietet die Monte-Carlo-Simulation von S.

(a) Entwickeln Sie ein Simulationstool, das eine vorgegebene Anzahl N von Realisierungen des Gesamtschadens S erzeugt.
(b) Führen Sie eine Simulation von S mit $N=1.000$ durch und schätzen Sie die Wahrscheinlichkeitsverteilung von S.
(c) Berechnen Sie (exakt) den Erwartungswert und die Varianz von S.
(d) Schätzen Sie den Erwartungswert und die Varianz von S durch Simulationen mit $N=100$, 1.000, 10.000, 100.000 und beurteilen Sie die Güte der Schätzer.
(e) Schätzen Sie $\mathbf{VaR}_{0,95}(S)$ und $\mathbf{VaR}_{0,99}(S)$ durch Simulationen mit $N=100$, 1.000, 10.000, 100.000 und beurteilen Sie die Güte der Schätzer.
(f) Führen Sie (a)-(e) auch für die Situation durch, dass acht Bauteile vom Typ A, vier Bauteile vom Typ B und zwei Bauteile vom Typ C verwendet werden.

Aufgabe 7.23 (Fortsetzung von Aufgabe 2.12 in Abschnitt 2.3)
Eine Bank hält ein Kreditportfolio von $n = 100$ Kreditnehmern. Diese werden gemäß Tabelle 7.5 in drei Rating-Klassen mit zugehörigen einjährigen Ausfallwahrscheinlichkeiten eingeteilt.

Es wird davon ausgegangen, dass pro Klasse die Anzahl der Ausfälle binomialverteilt ist gemäß $\mathbf{Bin}(n_i; p_i)$ und die Ausfälle unabhängig eintreten. Sei N die Gesamtzahl Kreditnehmer, die in einem Jahr ausfallen.

Rating-Klassen	n (Anzahl Kreditnehmer)	p (Ausfallwahrscheinlichkeit)
1	2	0,0005
2	8	0,005
3	90	0,05

Tabelle 7.5: Zu Aufgabe 7.23

(a) Berechnen Sie (exakt) die Wahrscheinlichkeit dafür, dass genau zwei Kreditnehmer ausfallen, d. h. $P(N = 2)$.

(b) Prinzipiell kann man $P(N = k)$ analog zu (a) für beliebige $k \in \mathbb{N}$ berechnen, was allerdings z. B. schon für $k = 7$ relativ kompliziert ist. Eine einfache Alternative bietet die Monte-Carlo-Simulation von N.

  (i) Schreiben Sie ein Simulationsprogramm, das für das gegebene Kreditportfolio eine vorgegebene Anzahl N_{Sim} von Simulationen des gegebenen Kreditportfolios erzeugt und schätzen Sie damit $P(N = 7)$.

  (ii) Schätzen Sie $P(N = 2)$ durch N_{Sim}=100, 1.000, 10.000, 100.000 Simulationen und vergleichen Sie die Schätzer mit dem exakten Wert aus (a).

7.7 Bootstrap-Konfidenzintervalle für Risikomaße

Unter der Bezeichnung *Bootstrap-Verfahren*[1] fasst man eine Vielzahl von Simulationsmethoden zusammen, mit denen die Güteeigenschaften von Schätzern untersucht werden können. Es ist damit aber auch möglich, aus einer Stichprobe $x = (x_1, \ldots, x_n)$ von beobachteten Renditen, Versicherungsschäden o. Ä. Konfidenzintervalle für einen Parameter θ der zugrunde liegenden Verteilung zu gewinnen. Im Folgenden ist bei θ an Risikomaße wie den (Tail) Value-at-Risk gedacht.

Die allgemeine Idee besteht dabei darin, „neue" Stichproben zu erzeugen (sog. *Resampling*). Je nachdem, ob diese Stichproben direkt aus der Originalstichprobe x simuliert oder gemäß einer aus der Stichprobe x geschätzten Verteilung, wird zwischen *nichtparametrischen* (s. 7.7.1) und *parametrischen* (s. 7.7.3) Bootstrap-Verfahren unterschieden. Zur Schätzung von Konfidenzintervallen gibt es verschiedene Bootstrap-Varianten, hier soll nur die einfachste vorgestellt werden – die sogenannte *Perzentilmethode*. Weitere Details zu Bootstrap-Verfahren finden sich in [ET93]. In den Beispielen wird die Methode anhand des Value-at-Risk (geschätzt durch den nichtparametrischen Schätzer, s. Abschnitt 6.2.2) illustriert.

---

[1]Der Begriff stammt von der englischen Redewendung *to pull oneself up by one's bootstrap*, die wiederum zurückgeht auf die Abenteuer des Baron Münchhausen. In einer dieser dieser Erzählungen zieht sich Münchhausen samt seinem Pferd am eigenen Schopf aus dem Sumpf. Aus dem Schopf wurden im Englischen die Reitstiefel.

7.7.1 Die nichtparametrische Bootstrap-Methode

Die Hauptidee des nichtparametrischen Bootstrap-Verfahrens besteht darin, „neue" Stichproben aus dem Originaldatensatz x zu erzeugen, indem aus diesem wiederholt n Daten „mit Zurücklegen" gezogen werden. Dies wird B Mal wiederholt, das Ergebnis sind dann B Datensätze der Länge n, die sogenannten *Bootstrap-Stichproben*, welche mit $x^{*1}, x^{*2}, \ldots, x^{*B}$ bezeichnet werden. Man spricht bei diesen neuen Stichproben auch von einem *Resampling*. Für jede Bootstrap-Stichprobe kann nun ein Schätzwert $\widehat{\theta}$ für den unbekannten Parameter θ (etwa den Value-at-Risk oder Tail Value-at-Risk) berechnet werden, indem die Schätzfunktion $\widehat{\theta}(x)$ ausgewertet wird. Man setzt $\widehat{\theta}_b^* := \widehat{\theta}(x^{*b})$ für $b = 1, \ldots, B$. Die so erzeugten Werte $\widehat{\theta}_1^*, \widehat{\theta}_2^*, \ldots, \widehat{\theta}_B^*$ heißen *Bootstrap-Schätzungen*. Auf der Basis dieser Bootstrap-Schätzungen kann nun ein $(1 - \alpha)$-Konfidenzintervall für den wahren, aber unbekannten Parameter θ auf folgende Weise geschätzt werden: Es sei u das $\alpha/2$-(Stichproben-)Quantil der Stichprobe $\widehat{\theta}_1^*, \widehat{\theta}_2^*, \ldots, \widehat{\theta}_B^*$ und o das entsprechende $1 - \alpha/2$ Quantil. Dann ist $[u; o]$ das $(1 - \alpha)$- *Bootstrap-Konfidenzintervall*. Wenn beispielsweise $B = 1.000$ und $\alpha = 0{,}05$ ist, dann ist u der 25. geordnete Wert und o der 975. geordnete Wert der Bootstrap-Schätzungen. Dieses als *Bootstrap-Perzentilmethode* bezeichnete Verfahren lässt sich algorithmisch folgendermaßen zusammenfassen:

Nichtparametrischer Bootstrap-Algorithmus zur Schätzung eines Konfidenzintervalls

1. Resampling: Ziehe B unabhängige Bootstrap-Stichproben $x^{*1}, x^{*2}, \ldots, x^{*B}$ aus der Originalstichprobe x (mit Zurücklegen).

2. Bootstrap-Schätzung: Werte den Schätzer für jede Bootstrap-Stichprobe aus:

$$\widehat{\theta}_b^* := \widehat{\theta}(x^{*b}), \qquad b = 1, \ldots, B.$$

3. Schätze das $(1 - \alpha)$-Konfidenzintervall $[u, o]$ durch die Wahl

$$u = \frac{\alpha}{2}\text{-Stichprobenquantil der Bootstrap-Schätzer,}$$

$$o = \left(1 - \frac{\alpha}{2}\right)\text{-Stichprobenquantil der Bootstrap-Schätzer.}$$

Die Bezeichnung „nichtparametrisch" stammt daher, dass das Verfahren lediglich die Originalstichprobe x benötigt – es werden keine weiteren Verteilungsannahmen an die Daten gefordert.

7.7.2 Beispiel zur Bestimmung eines nichtparametrischen Bootstrap-Konfidenzintervalls für den Value-at-Risk der NYSE-Composite-Daten

Zur Veranschaulichung wird das Beispiel mit den Tagesrenditen des NYSE-Composite aus Abschnitt 6.1.6.4 fortgeführt mit dem Ziel, ein Konfidenzintervall für den Value-at-Risk zu bestimmen. Die Analyse in Abschnitt 6.1.6.4 hatte nahegelegt, dass die Daten nicht normalverteilt sind und daher der nichtparametrische **VaR**-Schätzer geeigneter erscheint als der parametrische. Für diesen Schätzer wurde ein asymptotisches Konfidenzintervall hergeleitet (s. 6.2.2), das aber den Nachteil besitzt, dass der Wert der Dichtefunktion an der Stelle **VaR** bekannt sein muss. In dieser Situation kann nun die Bootstrap-Methode folgendermaßen weiterhelfen: Gemäß dem obigen Algorithmus werden aus den $n = 1.000$ Originalbeobachtungen $B = 10.000$ Bootstrap-Stichproben der Länge 1.000 gezogen. Auf jeder dieser 10.000 Stichproben wird der nichtparametrische 95%-**VaR**-Schätzer berechnet, was die Bootstrap-Schätzer $\widehat{\text{VaR}}_{0,95}(x^{*1}), \widehat{\text{VaR}}_{0,95}(x^{*2}), \dots,$ $\widehat{\text{VaR}}_{0,95}(x^{*10.000})$ liefert. Entsprechende Berechnungen werden auch für den 99%-**VaR** durchgeführt. Die Histogramme und Q-Q-Plots dieser Bootstrap-Schätzer sind in Abbildung 7.19 dargestellt. Die Grenzen der 95%-Bootstrap-Konfidenzintervalle sind in den Histogrammen durch

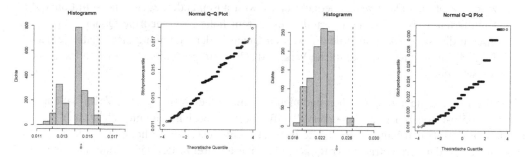

Abbildung 7.19: Histogramme und Q-Q-Plots der Bootstrap-Schätzer (B=10.000) zum **VaR**$_{0,95}$ (links) und **VaR**$_{0,99}$ (rechts) der NYSE-Composite-Daten

gestrichelte Linien dargestellt, das heißt, 95 % der **VaR**-Simulationen befinden sich innerhalb dieser Grenzen. Zwei Phänomene sind erkennbar:

1. Für große Stichproben ist aus der Theorie bekannt, dass der nichtparametrische **VaR**-Schätzer annähernd normalverteilt sein sollte, d. h. Histogramm und Q-Q-Plot sollten keine zu starken Abweichungen von der Normalverteilung erkennen lassen (vgl. (6.6)). Aus Abbildung 7.19 ist jedoch ersichtlich, dass für zu kleines n deutlich „unnormales" Verhalten auftritt, unter anderem sind die Verteilungen asymmetrisch und die Tail-Wahrscheinlichkeiten zu hoch für eine Normalverteilung. Offensichtlich zeigt sich dieser Effekt stärker beim 99%-**VaR** als beim 95%-**VaR** (zur Erklärung siehe 2.). Daher erscheint es auch in dieser Hinsicht sinnvoll, anstelle des auf der Normalverteilung des Schätzers basierenden Konfidenzintervalls aus Abschnitt 6.2.1 mit einem Bootstrap-Konfidenzintervall zu arbeiten. Die nichtparametrische Bootstrap-Methode berücksichtigt die Nichtnormalität der Schätzer sozusagen automatisch.

2. Zumindest wenn man von einer stetigen Verteilung des zugrunde liegenden Risikos ausgeht könnte man erwarten, dass der **VaR**-Schätzer eine stetige Verteilung besitzen sollte. In den Q-Q-Plots sollten also die Stichprobenwerte (eingetragen auf der y-Achse) den Wertebereich mehr oder weniger „ausfüllen". Stattdessen scheinen sich die Werte des

Bootstrap-Schätzers jedoch auf einige diskrete Punkte zu konzentrieren, wobei dieser Effekt wiederum stärker beim 99%-**VaR** als beim 95%-**VaR** auftritt.

Zur Erklärung betrachten wir den extremen Fall, dass der 99,99%-**VaR** zu schätzen ist. Jede Bootstrap-Stichprobe besteht aus 1.000 Werten, d. h. der 99,99%-**VaR**-Schätzer $\widehat{\theta}_b^*$ für eine solche Stichprobe ist der tausendste geordnete Wert, d. h. der größte Wert. Als mögliche Werte aus der Originalstichprobe kommen für $\widehat{\theta}_b^*$ realistischerweise höchstens einige der größten Werte, etwa die zehn größten, infrage. Dies kann man sich mithilfe der Binomialverteilung klarmachen: Wenn „Erfolg" definiert wird als das Ereignis, eine der zehn größten Zahlen zu ziehen, dann ist die Erfolgswahrscheinlichkeit pro Versuch $p = 10/1.000 = 1/100$ und die Anzahl der Erfolge bei 1000-facher unabhängiger Versuchswiederholung **Bin**$(1.000, 1/100)$-verteilt. Damit ist $P(\text{Keiner der zehn größten Werte wurde gezogen}) = P(0 \text{ Erfolge}) \approx 0{,}00004$. Da diese zehn größten Werte im Vergleich zu den zentralen Datenwerten jedoch relativ weit auseinanderliegen, sind somit auch die simulierten Werte $\widehat{\theta}_b^*$ diskret verteilt. Für extrem hohe bzw. niedrige Quantile approximieren die Stichprobenquantile die wahren Quantile der Verteilung also relativ schlecht, folglich funktioniert diese einfache Version der Bootstrap-Methode in solchen Extremfällen schlecht.[2]

In Tabelle 7.6 sind die parametrischen und nichtparametrischen **VaR**$_{0{,}95}$- und **VaR**$_{0{,}99}$-Schätzer sowie das 95%-Bootstrap-Konfidenzintervall aufgeführt. Offensichtlich unterschätzt hier der parametrische Ansatz den Value-at-Risk. Dieser Effekt scheint stärker für hohe Quantile zu sein – so befindet sich der parametrische **VaR**$_{0{,}99}$ an der unteren Grenze des 95%-Konfidenzintervalls für den nichtparametrischen Value-at-Risk.

| Parameter | Schätzer | | |
	Parametrischer VaR	Nichtparametrischer VaR	95%-Bootstrap Konfidenzintervall
VaR$_{0{,}95}$	0,0138	0,0142	[0,01226; 0,0159]
VaR$_{0{,}99}$	0,0196	0,0222	[0,0194; 0,0268]

Tabelle 7.6: Parametrische und nichtparametrische Value-at-Risk-Schätzer sowie nichtparametrische Bootstrap-Konfidenzintervalle ($B = 10.000$) für die NYSE-Composite-Daten

Implementierung in R In R sind Bootstrap-Verfahren im Paket `bootstrap` implementiert. Durch den Aufruf von `bootstrap(data,B,theta)` werden zunächst B Bootstrap-Stichproben aus der Originalstichprobe `data` erzeugt. Auf jeder dieser Stichproben wird die Funktion `theta` ausgewertet. Das Ergebnis ist u. a. ein Vektor $(\widehat{\theta}_1^*, \ldots, \widehat{\theta}_B^*)$ (in der Notation von Abschnitt 7.7.1). Der folgende Code wurde zur Berechnung des 95%-Konfidenzintervalls für den nichtparametrischen **VaR**$_{0{,}99}$ verwendet. Im ersten Schritt wird das Paket `bootstrap` geladen.

---

[2]Es gibt Bootstrap-Varianten, mit denen diese Problematik behandelt werden kann; deren Darstellung würde jedoch in diesem Rahmen zu weit führen.

```
> library(bootstrap)
> g<-bootstrap(data,10000,VaR.est.NP,0.99)
> q<-quantile(g$thetastar,probs=c(0.025,0.975)
```

Im zweiten Schritt wird die eigentliche Bootstrap-Simulation durchgeführt; dabei wird eine vorher definierte Funktion VaR.est.NP, die zu einem gegebenen Vektor den nichtparametrischen Value-at-Risk berechnet, als theta verwendet. Das von der Funktion als Parameter verwendete Sicherheitsniveau (hier: 0.99) kann in den bootstrap-Befehl eingearbeitet und damit an die Funktion übergeben werden. Das Ergebnis wird in das Objekt g geschrieben, das aus verschiedenen Komponenten besteht. Von der Komponente thetastar, die $(\widehat{\theta}_1^*, \ldots, \widehat{\theta}_B^*)$ enthält, werden schließlich das 2,5%- und 97,5%-Quantil als 95%-Bootstrap-Konfidenzintervall ausgegeben.

7.7.3 Die parametrische Bootstrap-Methode

Eine andere Variante der Bootstrap-Methode ist das *parametrische Bootstrap-Verfahren*. Dabei wird davon ausgegangen, dass die Daten einem bestimmten Verteilungstyp, z. B. einer Normalverteilung, unterliegen, die Parameter der Verteilung (hier also Erwartungswert und Varianz) jedoch unbekannt sind und geschätzt werden müssen. Diese Modellparameter werden mit der Originalstichprobe geschätzt, sodass man nun eine geschätzte Verteilung $\widetilde{F}$ erhält (z. B. $N(\widehat{\mu}, \widehat{\sigma^2})$). Die Bootstrap-Stichproben werden anschließend durch Simulation gemäß der geschätzten Verteilung erzeugt. Als Algorithmus zur Schätzung eines *parametrischen* $(1 - \alpha)$-*Bootstrap-Konfidenzintervalls* erhält man analog zum nichtparametrischen Fall:

Parametrischer Bootstrap-Algorithmus zur Schätzung eines Konfidenzintervalls

1. Resampling: Simuliere B unabhängige Bootstrap-Stichproben $x^{*1}, x^{*2}, \ldots, x^{*B} \sim \widetilde{F}$ gemäß aus Originalstichprobe x geschätzter Verteilung $\widetilde{F}$.

2. Bootstrap-Schätzung: Werte den Schätzer auf jeder Bootstrap-Stichprobe aus:

$$\widehat{\theta}_b^* := \widehat{\theta}(x^{*b}), \qquad b = 1, \ldots, B.$$

3. Schätze das $(1 - \alpha)$-Konfidenzintervall $[u; o]$ durch

$$u := \frac{\alpha}{2}\text{-Stichprobenquantil der Bootstrap-Schätzer,}$$

$$o := \left(1 - \frac{\alpha}{2}\right)\text{-Stichprobenquantil der Bootstrap-Schätzer.}$$

Der einzige Unterschied zur nichtparametrischen Variante besteht also im Resampling-Schritt.

Beispiel (Parametrisches Bootstrap-Konfidenzintervall für den Value-at-Risk einer zusammengesetzten Poisson-Verteilung)

In Anlehnung an [UDKS03] wird ein Versicherungsportfolio betrachtet, das aus verschiedenen Risiken besteht. Die darin enthaltenen Erdbebenschäden werden durch eine zusammengesetzte Poisson-Verteilung $S \sim \mathbf{CPois}(\lambda, \mathbf{Pareto}(x_0; \alpha))$ modelliert mit einer Poisson-verteilten Schadenanzahl $N \sim \mathbf{Pois}(\lambda)$ und einer Pareto-verteilten Schadenhöhe $X \sim \mathbf{Pareto}(x_0; \alpha)$ (vgl. 2.2.9). Erdbebenschäden haben die Eigenschaft, dass sie selten auftreten (d. h. λ ist klein), dann aber große Schäden produzieren können; dies legt also einen kleinen Wert von α als Parameter der Pareto-Verteilung nahe. Die Verteilung von N sowie von X wurde an historische Schadendaten angepasst mit resultierenden Parameterschätzwerten $\widehat{\lambda} = 0{,}15$ und $\widehat{\alpha} = 0{,}42$ (s. [UDKS03]). Der Parameter x_0 der Pareto-Verteilung wurde $x_0 = 2$ gesetzt, d. h. für den Gesamtschaden S ergibt sich das Modell

$$S = \sum_{i=1}^{N} X_i \quad \text{mit} \quad N \sim \mathbf{Pois}(0{,}15) \quad \text{und} \quad X_i \sim \mathbf{Pareto}(2; 0{,}42).$$

Eine Aufgabe des Risikomanagers könnte es sein, den 95%- bzw. 99%-**VaR** für das Erdbebenrisiko S des Portfolios zu berechnen. Dazu wird die Verteilung von S z. B. $N = 10.000$ Mal wie in Abschnitt 7.4 beschrieben simuliert und dann der 95%- bzw. 99%-**VaR** durch die entsprechenden Stichproben-Quantile geschätzt. Diese Vorgehensweise liefert zunächst einen einzelnen Schätzwert. Wenn der Risikomanager „Glück" hat, ist dieser Schätzwert nahe am wahren Value-at-Risk, wenn er „Pech" hat, nicht. Der Risikomanager sollte also bestrebt sein, dieses genannte Risiko, das durch die *Schätzung* des Value-at-Risk entsteht, unter Kontrolle zu bringen oder zumindest die Präzision der Schätzung zu quantifizieren. In diesem Sinne wird also ein solches Konfidenzintervall gesucht, dass z. B. mit einer Wahrscheinlichkeit von 95 % der wahre aber unbekannte 95%-**VaR** in diesem Intervall liegt.

Zur Ermittlung eines solchen Konfidenzintervalls wird gemäß dem oben geschilderten Bootstrap-Algorithmus vorgegangen. Im ersten Schritt werden $B = 1.000$ Bootstrap-Stichproben $\boldsymbol{x}^{*1}, \boldsymbol{x}^{*2}$, $\dots, \boldsymbol{x}^{*1.000}$ erzeugt. Jede dieser Stichproben besteht aus $N = 10.000$ simulierten Werten von

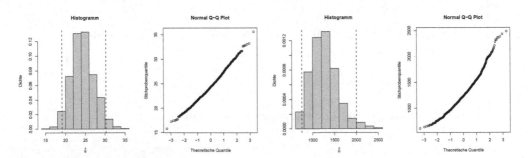

Abbildung 7.20: Histogramme (Bootstrap-Konfidenzintervalle sind durch gestrichelte Linien dargestellt) und Q-Q-Plot der Bootstrap-Schätzer (B=1.000) zum **VaR**$_{0,95}$ (links) und **VaR**$_{0,99}$ (rechts) der simulierten Erdbebenschäden

S (zur Simulation von Compound-Poisson-Verteilungen, s. 7.4). Danach verläuft die Simulation genauso wie das nichtparametrische Verfahren: Im zweiten Schritt wird für jede der 1.000 Bootstrap-Stichproben der **VaR**-Schätzer als Stichprobenquantil berechnet. Die Verteilung und die Q-Q-Plots der simulierten 95%- bzw. 99%-**VaR**-Schätzer sind in Abbildung 7.20 dargestellt. Für das gewählte N scheint der 95%-**VaR**-Schätzer bereits fast normalverteilt zu sein. In Tabelle 7.7 sind die parametrischen 95%-Bootstrap-Konfidenzintervalle für $\mathbf{VaR}_{0,95}$ und $\mathbf{VaR}_{0,99}$ aufgeführt ($N = 10.000, B = 1.000$).

Parameter	95%-Bootstrap-Konfidenzintervall
$\mathbf{VaR}_{0,95}$	[19,16; 30,27]
$\mathbf{VaR}_{0,99}$	[750,06; 2005,32]

Tabelle 7.7: Bootstrap-Konfidenzintervalle für simulierte Erdbebenschäden ($N = 10.000$, $B = 1.000$)

Bemerkungen

1. Je größer die Anzahl N simulierter Erdbebenschäden gewählt wird, umso besser wird das wahre Quantil der Verteilung von S durch das Stichprobenquantil geschätzt. Das heißt, N ist sozusagen die Stellschraube, mit der die Präzision des **VaR**-Schätzers gesteuert wird. Wenn vom Rechenaufwand, der durch die Simulation von S entsteht, abgesehen wird, kann der Schätzer also beliebig genau gemacht werden. Dies steht im Gegensatz zur nichtparametrischen Bootstrap-Methode, bei der man lediglich auf die in der Originalstichprobe enthaltenen Information zurückgreifen kann.

2. Im obigen Beispiel ergab sich für den $\mathbf{VaR}_{0,99}$ ein 95%-Konfidenzintervall von [750,06; 2005,32]. Dies wird dem Risikomanager vermutlich zu ungenau sein, denn der Unterschied zwischen einem Verlust von 750 Millionen und 2 Milliarden ist enorm! Um eine präzisere Schätzung – d. h. ein schmaleres Konfidenzintervall – zu erhalten, muss also die „Fallzahl" N, die Anzahl simulierter Erdbebenschäden, erhöht werden.

3. Je größer die Anzahl B der Bootstrap-Simulationen gewählt wird, umso genauer wird die „wahre" Verteilung der Bootstrap-Schätzer (die $B = \infty$ entspricht) durch die „geschätzte" Verteilung, die auf den B Wiederholungen basiert, geschätzt.

4. Die Quantile wurden hier stets „naiv" durch Stichprobenquantile geschätzt. Diese Methode ist relativ ineffizient – so werden für die Schätzung eines 99%-Value-at-Risk letzten Endes 99 % der Simulation nicht verwendet. Es gibt jedoch effizientere Methoden, eine Beschreibung findet sich in [Gla04].

5. In den Beispielen dieses Abschnitts wurde nur der nichtparametrische **VaR**-Schätzer betrachtet, der im Wesentlichen ein einfaches Stichprobenquantil ist. Die Vorgehensweise lässt sich jedoch völlig analog auf andere Schätzer von Risikomaßen wie den parametrischen Value-at-Risk oder den Tail Value-at-Risk übertragen (siehe Aufgaben 7.26 und

7.28), indem im zweiten Schritt des Bootstrap-Algorithmus der entsprechende Schätzer eingesetzt wird.

6. Die Stärke des nichtparametrischen Bootstrap-Ansatzes liegt darin, dass trotz geringer Information (es liegt nur eine Stichprobe vor, an die keine speziellen Verteilungsanforderungen gestellt werden) interessante Aussagen über Schätzer z. B. von Risikomaßen gemacht werden können. Allerdings stößt auch diese Methode an ihre Grenzen, wenn etwa zu extreme Quantile geschätzt werden müssen oder die Verteilung in einen Bereich extrapoliert werden müsste, in dem keine Stichprobenwerte liegen.

7.7.4 Aufgaben

Aufgabe 7.24 (Fortsetzung von Aufgabe 7.20)
Ermitteln Sie 95%-Bootstrap-Konfidenzintervalle mit $B = 10.000$ für die nichtparametrischen **VaR**-Schätzer aus Aufgabe 7.20.

Aufgabe 7.25 (Fortsetzung von Aufgabe 3.7)
In Aufgabe 3.7 wurden stetige Jahresrenditen durch $R \sim N(\mu; \sigma^2)$ mit $\mu = 7,64\%$ und $\sigma = 26,68\%$ über einen Zeitraum von $n = 20$ Jahren modelliert.

(a) Schreiben Sie Funktionen, die für $n = 20$ simulierte Werte von R die Schätzer des Erwartungswerts, des Medians und des Dichtemaximums für die zugehörige Intervall-Rendite I berechnen.

(b) Ermitteln Sie 95%-Bootstrap-Konfidenzintervalle für die Parameter aus (a). Interpretieren Sie das Ergebnis im Hinblick auf Beispiel 3.1.3.1 (Instabilität der Schätzergebnisse).

(c) Finden Sie durch Simulationen heraus, wie groß n ungefähr sein müsste, damit das 95%-Bootstrap-Konfidenzintervall für $E(I)$ eine Breite von weniger als 0,05 besitzt.

Aufgabe 7.26 (Fortsetzung von Aufgabe 7.18)
Ermitteln Sie 95%-Bootstrap-Konfidenzintervalle (mit B hinreichend groß) für die Risikomaße und Versicherungsprämie aus Aufgabe 7.18, Teile (b), (c) und (e). Stellen Sie die Verteilung der Boostrap-Schätzer durch Histogramme und Box-Plots analog zur Abbildung 7.20 dar.

Aufgabe 7.27 (Fortsetzung von Aufgabe 7.21)
Gehen Sie wieder vom Portfolio aus Aufgabe 7.21 und den Schätzern des Gesamtrisikokapitals sowie der Allokationskoeffizienten AC_1 und AC_2 aus.

(a) Simulieren Sie diese Schätzer hinreichend oft und stellen Sie die Ergebnisse durch Histogramme und Box-Plots analog zur Abbildung 7.20 dar.

(b) Ermitteln Sie 95%-Bootstrap-Konfidenzintervalle für das Gesamtrisikokapital und die Allokationskoeffizienten.

Aufgabe 7.28 (Fortsetzung von Beispiel 7.7.2)
Ermitteln Sie 95%-Bootstrap-Konfidenzintervalle für den nichtparametrischen **TVaR** der NYSE-Composite Daten (die Daten finden Sie im Datensatz nyse des R-Pakets fBasics bzw. als csv-Datei auf der Website des Buchs). Gehen Sie analog zum Beispiel 7.7.2 vor und diskutieren Sie die Ergebnisse.

Aufgabe 7.29 (Fortsetzung von Aufgabe 7.23)
Ermitteln Sie für das Kreditportfolio aus Aufgabe 7.23 ein 95%-Bootstrap-Konfidenzintervall für $P(N = 7)$.

Aufgabe 7.30
Auf der Website des Buchs finden Sie den Datensatz zur Aufgabe 6.6, der 100 (fiktive) Groß-schäden eines Versicherungsportfolios umfasst. Auf der Basis dieser Schäden wird eine Versi-cherungsprämie gemäß dem Varianzprinzip (s. Abschnitt 3.1.7.2) mit $\Pi(L) = \mathbf{E}(L) + 0{,}1 \cdot \mathbf{Var}(L)$ geschätzt. Wie präzise ist diese Schätzung? Ermitteln Sie ein 95%-Bootstrap-Konfidenzintervall und gehen Sie analog zum Beispiel 7.7.2 vor.

7.8 Zusammenfassung

- Simulationsmethoden spielen im Risikomanagement eine wichtige Rolle, da die in der Praxis verwendeten Modelle für Lösungen in geschlossener Form meist zu komplex sind.

- Simulationen werden auf Rechnern mit Pseudozufallszahlen durchgeführt, die die vom Modell vorgegebenen Verteilungen besitzen sollen. Damit dieser Ansatz valide Ergebnisse liefert, müssen geeignete Algorithmen verwendet und korrekt in der Software implemen-tiert sein.

- Durch geeignete Algorithmen lassen sich sowohl Einzelrisiken, gemeinsame Risiken als auch stochastische Prozesse simulieren.

- Bei der Monte-Carlo-Simulation wird ein bestimmtes Experiment, also eine bestimmte Risikosituation, sehr oft simuliert mit dem Ziel, einen Schätzer für den Value-at-Risk oder andere Kenngrößen eines Risikos zu erhalten.

- Die Kenntnis nur eines geschätzten Werts, z. B. eines Value-at-Risk-Schätzers, ist i. Allg. nicht befriedigend ohne die Präzision des Schätzers, etwa in Form eines Konfidenzinter-vals, zu kennen. Für solche Fragestellungen eignen sich u. a. Bootstrap-Methoden.

7.9 Selbsttest

1. Erläutern Sie die Inversionsmethode zur Simulation von Zufallszahlen anhand einer ver-anschaulichenden Skizze. Unterscheiden Sie dabei insbesondere die Simulation von ste-tigen und von diskreten Zufallsvariablen.

2. Erläutern Sie den Algorithmus zur Erzeugung von Zufallszahlen mittels der Verwerfungs-methode am Beispiel der Gamma-Verteilung.

3. Formulieren Sie den Algorithmus zur Erzeugung standardnormalverteilter Zufallszahlen mittels Box-Muller-Transformation.

4. Formulieren Sie den Algorithmus zur Simulation einer multivariaten Normalverteilung mittels Cholesky-Zerlegung.

5. Erläutern Sie den grundsätzlichen Ansatz zur Simulation von Gauß-Copulas und t-Copulas.

6. Erläutern Sie den grundsätzlichen Ansatz zur Simulation abhängiger Risiken bei gegebenen Randverteilungen und gemeinsamer Copula.

7. Erläutern Sie Ansätze zur Simulation verschiedener Typen von Poisson-Prozessen als Schadenanzahlprozessen.

8. Erläutern Sie den Algorithmus zur Erzeugung eines zusammengesetzten Poisson-Prozesses als typische Gesamtschadenverteilung.

9. Erläutern Sie die Vorgehensweise zur Simulation von arithmetischen und geometrischen Random Walks, insbesondere im Zusammenhang mit der Brownschen Bewegung und Binomialgitter-Prozessen.

10. Erläutern Sie den allgemeinen Ansatz der Monte-Carlo-Simulation zur Ermittlung einer Gesamtrisikoverteilung.

11. Erläutern Sie den Ansatz der Monte-Carlo-Simulation zur Risikokapitalallokation bei abhängigen Risiken.

12. Erläutern Sie den Ansatz der Monte-Carlo-Simulation zur Bestimmung der Ruinwahrscheinlichkeit bei Risikoreserveprozessen.

13. Erläutern Sie die Grundidee sogenannter Bootstrap-Methoden und beschreiben Sie den grundsätzlichen Ansatz der parametrischen und der nichtparamterischen Variante.

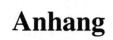

Anhang

A Symbolverzeichnis

A.1 Grundlagen

$\mathbb{N}$	Menge der natürlichen Zahlen $1, 2, \ldots$
$\mathbb{Z}$	Menge der ganzen Zahlen $\ldots, -2, -1, 0, 1, 2, \ldots$
$\mathbb{R}$	Menge der reellen Zahlen
$[a;b]$	abgeschlossenes Intervall von a bis b
$(a;b)$	offenes Intervall von a bis b
$x \in A$	x ist Element der Menge A
$a := b$	a wird durch b definiert
$a \approx b$	a ungefähr gleich b
$a \ll b$	a viel kleiner als b
$\boldsymbol{x}, (x_1, \ldots, x_n)$	n-dimensionaler Vektor
$\min(a,b), \max(a,b)$	Minimum / Maximum der Zahlen a und b
$\lvert x \rvert$	Absolutbetrag
$\lceil x \rceil$	kleinste natürliche Zahl n mit $n \geq x$
1_A	Indikatorfunktion zur Menge A
$\inf A$	Infimum einer Menge A
$\sup_{x \in A} f(x)$	Supremum der Funktion f auf der Menge A
$a_n \to a$	a_n konvergiert gegen a
$e^x, \exp(x)$	Exponentialfunktion
$\cos(x), \sin(x)$	Cosinus- und Sinusfunktion
$\ln(x)$	natürlicher Logarithmus
$n!$	Fakultät
$\binom{n}{k}$	Binomialkoeffizient
$\Gamma(x)$	Gamma-Funktion
$\sum_{i=1}^{n} a_i$	Summe
$\int_a^b f(x)dx, \int_{\mathbb{R}} f(x)dx$	Integral
$\boldsymbol{A}^T$	transponierte Matrix
$\boldsymbol{A}^{-1}$	inverse Matrix
$\det(\boldsymbol{A})$	Determinante der Matrix A

A.2 Stochastik

$P(A)$	Wahrscheinlichkeit von Ereignis A
$P(A|B)$	Bedingte Wahrscheinlichkeit von Ereignis A unter Ereignis B
$\widehat{F}_n$	empirische Verteilungsfunktion
F	(beliebige) Verteilungsfunktion
$\overline{F}$	Überschreitungswahrscheinlichkeit

F^{-1}	Quantilfunktion, inverse Verteilungsfunktion
F_u	Exzess-Verteilungsfunktion
x_p	(Stichproben-)Quantil
$f(x)$	(beliebige) Dichtefunktion
$p(x)$	Wahrscheinlichkeitsfunktion bzw. Zähldichte
Φ	Verteilungsfunktion von $\mathbf{N}(0;1)$
φ	Dichtefunktion von $\mathbf{N}(0;1)$
u_α	α-Quantil von $\mathbf{N}(0;1)$
$X,Y,Z,\ldots$	Zufallsvariablen
$x,y,z,\ldots$	mögliche Werte (Realisierungen) von Zufallsvariablen
$X \sim F$	Zufallsvariable X besitzt Verteilung F
$Y \sim X$	Zufallsvariable Y besitzt dieselbe Verteilung wie die Zufallsvariable X
$X_1,\ldots,X_n \sim F$ iid	die Zufallsvariablen $X_1,\ldots,X_n$ sind unabhängig und besitzen die identische Verteilung F
$F * G$	Faltung von Verteilungsfunktionen
$f * g$	Faltung von Dichtefunktionen
$\mathbf{E}(X)$	Erwartungswert der Zufallsvariablen X
$\overline{x}_n$	Stichprobenmittel
$\mathbf{M}(X)$	Median
$x_{0,5}$	(Stichproben-)Median
$\mathbf{E}(X^k)$	k-tes Moment
$\mathbf{Var}(X)$	Varianz
$s_n^2, \widehat{\sigma}^2$	Stichprobenvarianz
$\mathbf{SD}(X)$	Standardabweichung
$\mathbf{Cov}(X,Y)$	Kovarianz
s_{xy}	Stichprobenkovarianz
$\mathbf{Corr}(X,Y), \rho(X,Y)$	(Pearsonscher) Korrelationskoeffizient
r_{xy}	Stichprobenkorrelation
$\rho_S(X,Y)$	Spearmanscher Rangkorrelationskoeffizient
r_S	Spearmanscher Rangkorrelationskoeffizient (Stichprobenversion)
$\rho_\tau(X,Y)$	Kendallscher Rangkorrelationskoeffizient
r_τ	Kendallscher Rangkorrelationskoeffizient (Stichprobenversion)
$\gamma(X)$	Schiefe
$\mathbf{VaR}$	Value-at-Risk
$\mathbf{TVaR}$	Tail Value-at-Risk
$\widehat{\theta}$	Schätzer des (theoretischen) Parameters θ
$W(t), W_t$	Brownsche Bewegung
$X(t), X_t$	Stochastischer Prozess
$N(t), N_t$	Schadenanzahlprozess, Zählprozess
H_0, H_1	(Null-)Hypothese, Alternative

A.3 Stetige Verteilungen

$\mathbf{U}(a;b)$	Gleichverteilung
$\mathbf{Exp}(\lambda)$	Exponentialverteilung
$\Gamma(k;\lambda)$	Gamma-Verteilung
$\mathbf{W}(k;\lambda)$	Weibull-Verteilung

$\mathbf{N}(\mu;\sigma^2)$	Normalverteilung
$\mathbf{N}_d(\boldsymbol{\mu};\boldsymbol{\Sigma})$	multivariate Normalverteilung
t_ν	t-Verteilung
$t_{\rho,\nu}$	multivariate t-Verteilung
$\mathbf{LN}(\mu;\sigma^2)$	Lognormalverteilung
$\mathbf{Pareto}(x_0;a)$	Pareto-Verteilung
$\mathbf{Null\text{-}Pareto}(x_0;a)$	Nullpunkt-Pareto-Verteilung
$\mathbf{GPD}(\xi;\beta)$	verallgemeinerte Pareto-Verteilung
$\mathbf{GEV}(\xi;\mu;\sigma)$	verallgemeinerte Extremwertverteilung
$\mathbf{IG}(\lambda;\mu)$	inverse Gauß-Verteilung
$\mathbf{Beta}(p;q)$	Beta-Verteilung
$\Delta(a;b;c)$	Dreiecksverteilung

A.4 Diskrete Verteilungen

$\mathbf{Bin}(n;p)$	Binomialverteilung
$\mathbf{Bin}(1;p)$	Bernoulli-Verteilung
$\mathbf{NB}(r;p)$	negative Binomialverteilung
$L(p)$	logarithmische Verteilung
$\mathbf{Pois}(\lambda)$	Poisson-Verteilung
$\mathbf{Panjer}(a;b)$	Panjer-Verteilung

B Einige Grundlagen aus der Stochastik

In diesem Anhang werden einige Begriffe und Hilfsmittel aus der Stochastik bereitgestellt. Der Umfang entspricht im Wesentlichen dem Stoff einer einsemestrigen Einführung in die Stochastik bzw. Statistik (ohne eine entsprechende Lehrveranstaltung ersetzen zu können), ergänzt durch einen Abschnitt über Zufallsvektoren sowie den Satz von Glivenko-Cantelli. Wie auch im Hauptteil des Buchs sind die Definitionen und Aussagen nicht mathematisch streng formuliert, sondern sollen dem Leser möglichst unmittelbar als Werkzeug dienen.

B.1 Zufallsvariablen und Verteilungen

B.1.1 Elementare Begriffe und Eigenschaften

Mit Zufallsvariablen lässt sich der Ausgang von Zufallsexperimenten bzw. Zufallsvorgängen beschreiben.

Definition B.1 (Zufallsvariable)
Eine Variable X, deren Werte oder Ausprägungen die Ergebnisse eines Zufallsvorgangs sind, heißt *Zufallsvariable*. Die Zahl oder Ausprägung x, die X bei der Durchführung des Zufallsvorgangs annimmt, heißt *Realisierung* oder *Wert* von X.

In diesem Buch nehmen Zufallsvariablen ihre Werte typischerweise in $\mathbb{N}$, $\mathbb{R}$ oder auch im $\mathbb{R}^k$ an. Im letztgenannten Fall spricht man auch von *Zufallsvektoren*. In den nachfolgenden Aussagen werden zunächst nur eindimensionale Zufallsvariablen betrachtet.

Die *Wahrscheinlichkeitsverteilung* einer Zufallsvariablen X gibt an, mit welcher Wahrscheinlichkeit die Zufallsvariable bestimmte Werte annehmen kann. Eine Möglichkeit, diese vollständig zu beschreiben, liefert die Verteilungsfunktion.

Definition B.2 (Verteilungsfunktion)
Sei X eine Zufallsvariable. Die Funktion $F : \mathbb{R} \to [0;1]$ mit

$$F(x) := P(X \leq x)$$

heißt *Verteilungsfunktion* der Zufallsvariablen X. Andere Schreibweisen sind F_X, F^X, $X \sim F$.

Besonders wichtig sind die Klassen der diskreten sowie der stetigen Zufallsvariablen bzw. Verteilungen.

Definition B.3 (Wahrscheinlichkeits- und Dichtefunktion)
(a) Eine Zufallsvariable X heißt *diskret*, wenn sie nur endlich viele Werte $\{x_1, x_2, \ldots, x_n\}$ oder abzählbar unendlich viele Werte $\{x_1, x_2, \ldots\}$ annehmen kann. In diesem Fall ist die Wahrscheinlichkeitsverteilung vollständig durch die Wahrscheinlichkeiten

$$p_i = P(X = x_i)$$

festgelegt. Die Funktion $p(x) = P(X = x)$ nennt man die *Wahrscheinlichkeitsfunktion* bzw. *Zähldichte* von X.

(b) Eine Zufallsvariable X heißt *stetig*, wenn sie beliebige Werte in $\mathbb{R}$ oder in Intervallen von $\mathbb{R}$ annehmen kann und es eine Funktion $f : \mathbb{R} \to \mathbb{R}$ mit

$$f(x) \geq 0 \qquad \text{für alle } x \in \mathbb{R}$$

derart gibt, dass für die Verteilungsfunktion

$$F(x) = P(X \leq x) = \int_{-\infty}^{x} f(t)dt$$

gilt. Die Funktion f nennt man *Dichtefunktion* oder kurz *Dichte* von X.

Wenn X stetig mit differenzierbarer Verteilungsfunktion F ist und die Funktion f an der Stelle x stetig ist, dann gilt $f(x) = \dfrac{dF}{dx}(x)$.

B.1.2 Quantilfunktionen

Definition B.4 (Quantilfunktion, Quantil, Median)
Sei $F : \mathbb{R} \to [0;1]$ eine Verteilungsfunktion. Für $p \in (0;1)$ heißt

$$x_p := \min\{\, x \mid F(x) \geq p \,\}$$

das *p-Quantil* von F bzw. der Wahrscheinlichkeitsverteilung, die zur Verteilungsfunktion F gehört. Andere Bezeichnungen sind $\widetilde{x}_p$ oder q_p. Die Funktion $F^{-1} : (0;1) \to \mathbb{R}$ mit

$$F^{-1}(p) := \min\{\, x \mid F(x) \geq p \,\}$$

heißt *Quantilfunktion* oder *verallgemeinerte Inverse* von F. Das 50%-Quantil wird als *Median* bzw. $\mathbf{M}(X)$ bezeichnet, d. h. es ist $\mathbf{M}(X) = F_X^{-1}(0{,}5)$.

Die etwas kompliziert erscheinende Definition wird benötigt, um auch in denjenigen Situationen ein Quantil zu definieren, in denen die Gleichung $F(x_p) = p$ entweder keine oder mehrere Lösungen besitzt.

(i) Wenn die Verteilungsfunktion F stetig und streng monoton steigend ist, dann gibt es genau einen Wert x_p, für den $F(x_p) = p$ gilt; d. h. das p-Quantil ist eindeutig bestimmt und stimmt mit der (gewöhnlichen) Umkehrfunktion F^{-1} an der Stelle p überein.

(ii) Wenn die Verteilungsfunktion F an der Stelle x_0 von u auf v springt, dann ordnet die obige Definition allen Wahrscheinlichkeiten $p \in [u;v]$ als Quantil den Wert x_0 zu (s. Abbildung B.1, linke Grafik).

(iii) Wenn die Verteilungsfunktion F auf einem Intervall $[a;b]$ konstant den Wert p_0 annimmt, dann wird durch die obige Definition der untere Endpunkt des Intervalls als Quantil festgelegt (s. Abbildung B.1, rechte Grafik).

Speziell für das p-Quantil x_p von $\mathbf{N}(\mu;\sigma^2)$ gilt

$$x_p = \mu + \Phi^{-1}(p) \cdot \sigma. \tag{B.1}$$

Das folgende Lemma (s. [MFE05, Proposition 5.2]) ist die Grundlage der Inversionsmethode zur Simulation von Zufallszahlen.

Satz B.5 (Simulationslemma)
Sei $F : \mathbb{R} \to [0;1]$ eine Verteilungsfunktion mit Quantilfunktion F^{-1}.

(a) Sei $Y \sim \mathbf{U}(0;1)$, $Z := F^{-1}(Y)$. Dann ist $Z \sim F$, d. h. die Verteilungsfunktion von Z ist F.

(b) Sei $X \sim F$, $Z := F(X)$. Wenn F streng monoton steigend und stetig ist, dann ist $Z \sim \mathbf{U}(0;1)$.

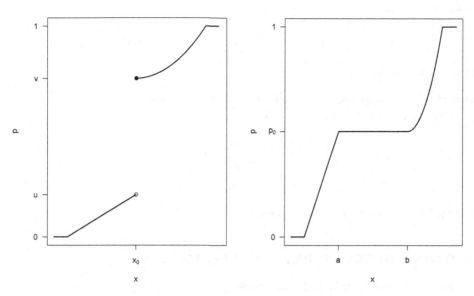

Abbildung B.1: Zur Definition der Quantilfunktion

B.2 Unabhängigkeit

Definition B.6 (Unabhängigkeit)

Die Zufallsvariablen X und Y heißen *(stochastisch) unabhängig*, wenn für alle $x, y \in \mathbb{R}$ gilt

$$P(X \le x,\ Y \le y) = P(X \le x) \cdot P(Y \le y).$$

Zufallsvariablen lassen sich komponentenweise zu Vektoren zusammenfassen. Diese Vektoren heißen *mehrdimensionale Zufallsvariablen* bzw. *Zufallsvektoren*. Verteilungs- und Dichtefunktion sind analog zum eindimensionalen Fall definiert.

Definition B.7 (Randverteilung, gemeinsame Verteilungsfunktion)

Seien X, Y Zufallsvariablen. Dann heißt die Funktion $F : \mathbb{R}^2 \to [0; 1]$ mit

$$F(x, y) := P(X \le x,\ Y \le y) \qquad \text{für alle } x, y \in \mathbb{R}$$

gemeinsame Verteilungsfunktion von X und Y. Andere Schreibweisen sind $F_{(X,Y)}$, $F^{(X,Y)}$. Die Verteilungen von X und Y heißen *Randverteilungen*, und die Verteilungsfunktionen $F_X(x) = P(X \le x)$ bzw. $F_Y(y) = P(Y \le y)$ heißen *Randverteilungsfunktionen* von X bzw. Y.

Definition B.8 (Randdichte, gemeinsame Dichtefunktion)

Seien X, Y Zufallsvariablen. Eine Funktion $f : \mathbb{R}^2 \to \mathbb{R}^+$ heißt *gemeinsame Dichte* von X und Y, wenn

$$F(x, y) = \int_{-\infty}^{x} \int_{-\infty}^{y} f(u, v)\, du\, dv \qquad \text{für alle } x, y \in \mathbb{R}.$$

Andere Schreibweisen sind $f_{(X,Y)}$, $f^{(X,Y)}$. In diesem Fall gilt analog zur Definition B.3

$$f(x, y) = \frac{\partial^2 F(x, y)}{\partial x \partial y}.$$

Die Funktionen

$$f_X(x) = \int_{-\infty}^{\infty} f(x,y)\,dy \qquad \text{bzw.} \qquad f_Y(y) = \int_{-\infty}^{\infty} f(x,y)\,dx$$

heißen *Randdichten* von X bzw. Y.

Bemerkung B.9 (Verteilungsfunktion und Dichte bei unabhängigen Zufallsvariablen)
Seien X, Y unabhängige Zufallsvariablen. Dann gilt

$$F_{(X,Y)}(x,y) = F_X(x) \cdot F_Y(y) \qquad \text{und}$$

$$f_{(X,Y)}(x,y) = f_X(x) \cdot f_Y(y) \qquad \text{bzw.}$$

$$p_{(X,Y)}(x,y) = p_X(x) \cdot p_Y(y),$$

falls die Dichtefunktionen bzw. Zähldichten existieren.

B.3 Summen unabhängiger Zufallsvariablen

Satz B.10 (Faltungsformel für diskrete Zufallsvariablen)
Seien X, Y unabhängige diskrete Zufallsvariablen mit Werten in $\mathbb{Z}$. Dann gilt für $k \in \mathbb{Z}$

$$P(X+Y = k) = \sum_{j \in \mathbb{Z}} P(X = k-j) \cdot P(Y = j) = \sum_{j \in \mathbb{Z}} P(X = j) \cdot P(Y = k-j).$$

Satz B.11 (Faltungsformel für stetige Zufallsvariablen)
Seien X, Y unabhängige stetige Zufallsvariablen mit Dichten f und g. Dann besitzt die Zufallsvariable $X+Y$ die Dichte $f * g$ mit

$$(f * g)(x) := \int_{-\infty}^{\infty} f(y) \cdot g(x-y)\,dy = \int_{-\infty}^{\infty} f(x-y) \cdot g(y)\,dy.$$

Die Funktion $(f * g)$ wird als *Faltung* von f und g bezeichnet. Die Faltung der entsprechenden Verteilungsfunktionen F und G wird analog definiert:

$$(F * G)(x) := \int_{-\infty}^{x} (f * g)(y)\,dy, \qquad \text{d.h.}$$

$$F * G = F_{X+Y}.$$

Definition B.12 (χ^2-Verteilung)
Die Dichtefunktion der χ^2-Verteilung mit $\nu > 0$ Freiheitsgraden ist gegeben durch

$$f(x) = \frac{1}{2^{\frac{\nu}{2}} \cdot \Gamma\left(\frac{\nu}{2}\right)} \cdot x^{\frac{\nu}{2}-1} \cdot e^{-\frac{x}{2}}$$

für $x \geq 0$. Dabei bezeichnet Γ die Gamma-Funktion (s. Abschnitt 2.2.2). Schreibweise: $X \sim \chi_\nu^2$.

Die χ^2-Verteilung spielt eine wichtige Rolle in der Statistik normalverteilter Zufallsvariablen. Wenn $X_1, \ldots, X_n \sim N(0;1)$ unabhängig sind, dann gilt $X_1^2 + \ldots + X_n^2 \sim \chi_n^2$.

B.4 Erwartungswert, Varianz und höhere Momente

Definition B.13 (Erwartungswert)

(a) Sei X eine diskrete Zufallsvariable, die Werte in $\{x_1, x_2, \ldots\}$ annimmt mit Wahrscheinlichkeitsfunktion (Zähldichte) p. Dann ist der *Erwartungswert* von X definiert durch

$$\mathbf{E}(X) := \sum_{i \in \mathbb{N}} x_i \cdot p(x_i) = \sum_{i \in \mathbb{N}} x_i \cdot P(X = x_i).$$

(b) Sei X eine stetige Zufallsvariable mit Wahrscheinlichkeitsdichte f. Dann ist der *Erwartungswert* von X definiert durch

$$\mathbf{E}(X) := \int_{-\infty}^{\infty} x \cdot f(x)\, dx.$$

Satz B.14 (Rechenregeln für Erwartungswerte)

Seien X, Y Zufallsvariablen und $a \in \mathbb{R}$. Dann gilt:

(a) $\mathbf{E}(a) = a$.

(b) $\mathbf{E}(aX) = a \cdot \mathbf{E}(X)$ (Homogenität).

(c) $\mathbf{E}(X + Y) = \mathbf{E}(X) + \mathbf{E}(Y)$ (Additivität).

(d) Falls $X \leq Y$ (s. Abschnitt 3.1.1), dann gilt $\mathbf{E}(X) \leq \mathbf{E}(Y)$ (Monotonie).

Satz B.15 (Multiplikationssatz)

Seien X, Y unabhängige Zufallsvariablen. Dann gilt:

$$\mathbf{E}(X \cdot Y) = \mathbf{E}(X) \cdot \mathbf{E}(Y).$$

Definition B.16 (Varianz, Standardabweichung, Variationskoeffizient, Kovarianz)

Seien X, Y Zufallsvariablen.

(a) $\mathbf{Var}(X) := \mathbf{E}(X - \mathbf{E}X)^2 = \mathbf{E}(X^2) - (\mathbf{E}X)^2$ heißt *Varianz* von X.

(b) $\mathbf{SD}(X) := \sqrt{\mathbf{Var}(X)}$ heißt *Standardabweichung* von X.

(c) $\mathbf{VK}(X) := \dfrac{\mathbf{SD}(X)}{\mathbf{E}(X)}$ heißt *Variationskoeffizient* von X.

(d) $\mathbf{Cov}(X, Y) := \mathbf{E}((X - \mathbf{E}X) \cdot (Y - \mathbf{E}Y)) = \mathbf{E}(XY) - \mathbf{E}(X) \cdot \mathbf{E}(Y)$ heißt *Kovarianz* von X und Y.

(e) $\mathbf{Corr}(X, Y) := \dfrac{\mathbf{Cov}(X, Y)}{\mathbf{SD}(X) \cdot \mathbf{SD}(Y)}$ heißt *Korrelationskoeffizient* von X und Y.

Lemma B.17 (Eigenschaften der Varianz)

Seien X, Y Zufallsvariablen, $a, b \in \mathbb{R}$. Dann gilt:

(a) $\mathbf{Var}(a) = 0$.

(b) $\mathbf{Var}(aX) = a^2 \cdot \mathbf{Var}(X)$.

(c) $\mathbf{Var}(X + b) = \mathbf{Var}(X)$ (Translationsinvarianz).

(d) $\mathbf{Var}(X + Y) = \mathbf{Var}(X) + \mathbf{Var}(Y) + 2\mathbf{Cov}(X, Y)$.

Lemma B.18 (Eigenschaften der Kovarianz)

Seien X, Y Zufallsvariablen und $a \in \mathbb{R}$. Dann gilt:

(a) $\mathbf{Cov}(X, X) = \mathbf{Var}(X)$.

(b) $\mathbf{Cov}(X,Y) = \mathbf{Cov}(Y,X)$ (Symmetrie).

(c) $\mathbf{Cov}(X+a,Y+b) = \mathbf{Cov}(X,Y)$ (Translationsinvarianz).

(d) $\mathbf{Cov}(aX,bY) = ab \cdot \mathbf{Cov}(X,Y)$.

(e) Wenn X, Y unabhängig sind, folgt $\mathbf{Cov}(X,Y) = 0$. Speziell gilt dann

$$\mathbf{Var}(X+Y) = \mathbf{Var}(X) + \mathbf{Var}(Y).$$

Folgerung B.19 (Erwartungswert der Funktion einer Zufallsvariablen)
Sei X eine Zufallsvariable, g eine Funktion und $Y := g(X)$.

(a) Falls X eine diskrete Zufallsvariable mit Wahrscheinlichkeitsfunktion (Zähldichte) p ist, dann gilt:

$$\mathbf{E}(Y) = \sum_{i \in \mathbb{N}} g(x_i) \cdot p(x_i) = \sum_{i \in \mathbb{N}} g(x_i) \cdot P(X = x_i).$$

(b) Falls X eine stetige Zufallsvariable mit Wahrscheinlichkeitsdichte f ist, dann gilt:

$$\mathbf{E}(Y) = \int_{-\infty}^{\infty} g(x) \cdot f(x) \, dx.$$

Definition B.20 (Schiefe und Exzess)
Sei X eine Zufallsvariable.

(a) $\gamma_1 = \dfrac{\mathbf{E}(X - \mathbf{E}(X))^3}{\mathbf{SD}(X)^3}$ heißt *Schiefe* von X.

(b) $\gamma_2 = \dfrac{\mathbf{E}(X - \mathbf{E}(X))^4}{\mathbf{SD}(X)^4}$ heißt *Wölbung* von X.

(c) $\gamma_3 = \gamma_2 - 3$ heißt *Exzess* von X.

In der Literatur findet man auch diverse andere Schiefe- und Wölbungsmaße.
    Speziell für $X \sim \mathbf{N}(\mu; \sigma^2)$ und $k \in \mathbb{N}$ gilt

$$\mathbf{E}(X - \mathbf{E}(X))^k = \begin{cases} 1 \cdot 3 \cdots (k-1) \cdot \sigma^k, & \text{falls } k \text{ gerade}, \\ 0, & \text{sonst}, \end{cases} \tag{B.2}$$

und damit ist $\gamma_1 = 0$, $\gamma_2 = 3$ und $\gamma_3 = 0$.

B.5 Bedingte Verteilungen und Erwartungswerte

Definition B.21 (Bedingte Wahrscheinlichkeit)
Seien A, B Ereignisse mit $P(B) > 0$. Dann ist die *bedingte Wahrscheinlichkeit* von Ereignis A unter Ereignis B definiert durch

$$P(A|B) := \frac{P(A \cap B)}{P(B)}.$$

Definition B.22 (Bedingte Verteilung)

(a) Wenn X und Y diskrete Zufallsvariablen sind, dann wird die *bedingte Wahrscheinlichkeitsfunktion* bzw. *Zähldichte* von Y unter X definiert durch

$$p_{Y|X=x}(y) := P(Y = y | X = x).$$

(b) Wenn X und Y stetige Zufallsvariablen mit gemeinsamer Dichte $f_{(X,Y)}$ und Randdichten f_X bzw. f_Y sind, dann ist die *bedingte Dichte* von Y unter X definiert durch

$$f_{Y|X=x}(y) := \frac{f_{(X,Y)}(x,y)}{f_X(x)}$$

für $f_X(x) > 0$.

Definition B.23 (Bedingter Erwartungswert)

Seien X und Y Zufallsvariablen. Der *bedingte Erwartungswert* von Y unter $X = x$ ist gegeben durch

$$\mathbf{E}(Y|X=x) := \begin{cases} \sum_{i \in \mathbb{N}} y_i \cdot p_{Y|X=x}(y_i) & \text{(im diskreten Fall)}, \\ \int_{\mathbb{R}} y \cdot f_{Y|X=x}(y)\, dy & \text{(im stetigen Fall)}. \end{cases}$$

B.6 Grenzwertsätze

Mit den folgenden Resultaten kann das (asymptotische) Verhalten von Summen von Zufallsvariablen beschrieben werden. Von den meisten dieser Ergebnisse gibt es verschiedene Versionen, abhängig von den genauen Formulierungen der Voraussetzungen.

Satz B.24 (Tschebyschow-Ungleichung)

Sei X eine Zufallsvariable mit Erwartungswert μ und Varianz σ^2. Dann gilt für alle $t > 0$

$$P(|X - \mu| \geq t) \leq \frac{\sigma^2}{t^2}.$$

Satz B.25 (Gesetz großer Zahlen)

Sei $X_1, X_2, \ldots$ eine Folge unabhängig identisch verteilter Zufallsvariablen mit $\mathbf{E}(X_i) = \mu$ und $\mathbf{Var}(X_i) = \sigma^2$. Sei

$$\overline{X}_n := \frac{1}{n} \sum_{i=1}^{n} X_i.$$

Dann gilt:

$$\overline{X}_n \to \mu \quad \text{für} \quad n \to \infty.$$

Genauer:

$$P\left(\lim_{n \to \infty} \overline{X}_n = \mu\right) = 1.$$

Satz B.26 (Glivenko-Cantelli)

Sei $X_1, X_2, \ldots \sim F$ eine Folge unabhängig identisch verteilter Zufallsvariablen, $\widehat{F}_n$ bezeichne die empirische Verteilungsfunktion (s. Abschnitt 6.1.4.1). Dann gilt:

$$\sup_{x \in \mathbb{R}} |\widehat{F}_n(x) - F(x)| \to 0,$$

genauer:

$$P\left(\lim_{n \to \infty} \sup_{x \in \mathbb{R}} |\widehat{F}_n(x) - F(x)| = 0\right) = 1.$$

Satz B.27 (Zentraler Grenzwertsatz)

Sei $X_1, X_2, \ldots$ eine Folge unabhängig identisch verteilter Zufallsvariablen mit $\mathbf{E}(X_i) = \mu$ und $\mathbf{Var}(X_i) = \sigma^2$. Sei

$$S_n^* := \frac{1}{\sqrt{n}} \sum_{i=1}^{n} \frac{X_i - \mu}{\sigma} = \frac{\sum_{i=1}^{n} X_i - n \cdot \mu}{\sqrt{n \cdot \sigma^2}}.$$

Dann gilt:

$$S_n^* \to Z \quad \text{für} \quad n \to \infty$$

mit $Z \sim \mathbf{N}(0;1)$. Genauer: Für jedes $x \in \mathbb{R}$ gilt

$$P(S_n^* \leq x) \to \Phi(x) \quad \text{für} \quad n \to \infty.$$

Dabei ist Φ die Verteilungsfunktion von $\mathbf{N}(0;1)$.

Satz B.28 (de Moivre und Laplace)

Sei $X \sim \mathbf{Bin}(n;p)$ mit $p \in (0;1)$. Dann gilt:

$$\frac{X - np}{\sqrt{np(1-p)}} \to Z \qquad (n \to \infty)$$

mit $Z \sim \mathbf{N}(0;1)$. Genauer: Für jedes $x \in \mathbb{R}$ gilt

$$P\left(\frac{X - np}{\sqrt{np(1-p)}} \leq x \right) \to \Phi(x) \quad \text{für} \quad n \to \infty.$$

Dabei ist Φ die Verteilungsfunktion von $\mathbf{N}(0;1)$.

Satz B.29 (Gesetz der kleinen Zahlen)

Sei $X_n \sim \mathbf{Bin}(n;p_n)$ und es gelte $n \cdot p_n \to \lambda$ mit $\lambda > 0$. Dann gilt

$$X_n \to Z$$

und $Z \sim \mathbf{Pois}(\lambda)$. Genauer: Für jedes $k \in \mathbb{N}$ gilt

$$P(X_n = k) \to e^{-\lambda} \cdot \frac{\lambda^k}{k!}.$$

B.7 Momente von Zufallsvektoren

Definition B.30 (Erwartungswertvektor, Kovarianz- und Korrelationsmatrix)

Sei $X = (X_1, \ldots, X_d)^T$ ein Zufallsvektor mit Komponenten $X_1, \ldots, X_d$, der Werte in $\mathbb{R}^d$ annimmt. Dann ist

(a) $\mathbf{E}(X) = (\mathbf{E}(X_1), \ldots, \mathbf{E}(X_d))^T$ der *Erwartungswertvektor* von X,

(b) $\mathbf{Cov}(X) = (\sigma_{ij})_{1 \leq i,j \leq d}$ die *Kovarianzmatrix* mit Einträgen $\sigma_{ij} = \mathbf{Cov}(X_i, X_j)$,

(c) $\mathbf{Corr}(X) = (\rho_{ij})_{1 \leq i,j \leq d}$ die *Korrelationsmatrix* mit Einträgen $\rho_{ij} = \mathbf{Corr}(X_i, X_j)$.

Lemma B.31

Sei X ein Zufallsvektor, der Werte in $\mathbb{R}^d$ annimmt, $B \in \mathbb{R}^{k \times d}$ eine Matrix und $a \in \mathbb{R}^d, b \in \mathbb{R}^k$ Vektoren. Sei $\Sigma \in \mathbb{R}^{d \times d}$ die Kovarianzmatrix von X. Dann gilt:

$$(a) \qquad \mathbf{E}(B \cdot X + b) = B \cdot \mathbf{E}(X) + b,$$

$$(b) \qquad \mathbf{Cov}(B \cdot X + b) = B \cdot \Sigma \cdot B^T,$$

$$(c) \qquad \mathbf{Var}(a^T \cdot X) = a^T \cdot \Sigma \cdot a.$$

Bei multivariaten Normalverteilungen (s. Abschnitt 2.2.5) lässt sich das Verhalten unter linearen Abbildungen besonders einfach beschreiben.

Lemma B.32 (Affine Abbildungen, Linearkombinationen bei multivariater Normalverteilung)

Sei $X \sim \mathbf{N}_d(\mu; \Sigma)$, $B \in \mathbb{R}^{k \times d}$ eine Matrix und $a \in \mathbb{R}^d, b \in \mathbb{R}^k$ Vektoren. Dann gilt:

$$(a) \qquad B \cdot X + b \sim \mathbf{N}_k(B \cdot \mu; B \cdot \Sigma \cdot B^T),$$

$$(b) \qquad a^T \cdot X \sim \mathbf{N}(a^T \cdot \mu; a^T \cdot \Sigma \cdot a).$$

C Wahrscheinlichkeitsverteilungen in Excel und R

Dieser Anhang enthält einige Hinweise zur Implementierung der in diesem Buch behandelten Wahrscheinlichkeitsverteilungen in Excel und R.

C.1 Wahrscheinlichkeitsverteilungen in Excel

Diverse mathematische Berechnungen lassen sich in Excel über vorgefertigte Formeln, sogenannte Funktionen, durchführen. Die im Kontext dieses Buchs wichtigsten Funktionen zu Wahrscheinlichkeitsverteilungen sind, sofern im Standardumfang von Excel enthalten, in Tabelle C.1 zusammengestellt. Darüber hinaus besteht für den etwas fortgeschritteneren Anwender die Möglichkeit, weitere Funktionen, z. B. selbst entwickelte, als Add-in in Excel zu implementieren.

Verteilung	Excel-Syntax
Gleichverteilung $\mathbf{U}(0;1)$	`ZUFALLSZAHL()` liefert eine zufällige Zahl $x \in [0;1]$
Exponentialverteilung $\mathbf{Exp}(\lambda)$	`EXPONVERT(`x`;`λ`;Kumuliert)`
Gamma-Verteilung $\Gamma(k;\lambda)$	`GAMMAVERT(`x`;k;`$1/\lambda$`;Kumuliert)`
	`GAMMAINV(`p`;k;`$1/\lambda$`)`
Weibull-Verteilung $\mathbf{W}(k;\lambda)$	`WEIBULL(`x`;k;`$1/\lambda$`;Kumuliert)`
Normalverteilung $\mathbf{N}(\mu;\sigma^2)$	`NORMVERT(`x`;`μ`;`σ`;Kumuliert)`
	`NORMINV(`p`;`μ`;`σ`)`
t-Verteilung t_ν	`TVERT(`x`;`ν`;Seiten)`
	`TINV(`q`;`ν`;Seiten)`
Lognormalverteilung $\mathbf{LN}(\mu;\sigma^2)$	`LOGNORMVERT(`x`;`μ`;`σ`)`
	`LOGINV(`p`;`μ`;`σ`)`
Beta-Verteilung $\mathbf{Beta}(a;b;\tilde{p};q)$	`BETAVERT(`x`;`p`;`q`;`a`;`b`)`
	`BETAINV(`p`;`$\tilde{p}$`;`q`;`a`;`b`)`
Binomialverteilung $\mathbf{Bin}(n;p)$	`BINOMVERT(`x`;`n`;`p`;Kumuliert)`
Negative Binomialverteilung $\mathbf{NB}(r;p)$	`NEGBINOMVERT(`x`;`r`;`p`)`
Poisson-Verteilung $\mathbf{Pois}(\alpha)$	`POISSON(`x`;`α`;Kumuliert)`

Tabelle C.1: Verteilungen und ihre Implementierung in Excel

Für Simulationen in Excel kann die Funktion `ZUFALLSZAHL()` genutzt werden, die eine zufällige Zahl $x \in [0;1]$ zurückgibt (unter Annahme einer Gleichverteilung). Für Simulationen zu anderen Verteilungsmodellen nutzt man die in Kapitel 7 beschriebenen Techniken.

Die Funktionsnamen von Wahrscheinlichkeitsverteilungen enden in Excel meist, aber nicht immer, auf `VERT` und erwarten ebenso meist, aber nicht immer, als letzten Eintrag einen Wahrheitswert `Kumuliert`. Für `Kumuliert = Wahr` wird der Wert der Verteilungsfunktion $F(x)$ herausgegeben, für `Kumuliert = Falsch` der Wert der Dichtefunktion $f(x)$ im Fall einer stetigen Verteilung bzw. der Zähldichte $p(x)$ im Fall einer diskreten Verteilung. Bei der Beta-Verteilung wird immer die Verteilungsfunktion $F(x)$ berechnet, bei der negativen Binomialverteilung die Zähldichte $p(x)$. Zu einer t-verteilten Zufallsvariablen X wird für die Eingabe Seiten = 1 der Wert $1 - F(x) = P(X > x)$ und für die Eingabe Seiten = 2 der Wert $P(|X| > x)$ berechnet; der Grund für diese abweichende Syntax ist die Bedeutung der t-Verteilung als Testverteilung in der Statistik. Mit den auf INV endenden Funktionen lassen sich Quantile berechnen. Meist sind es die p-Quantile bezogen auf den Parameter p in Tabelle C.1. Lediglich bei TINV wird der Wert t mit $P(|X| > t) = q$ zurückgegeben.

Die Bedeutung der weiteren Parameter in Tabelle C.1 ist ziemlich selbsterklärend. Man beachte, dass in Excel (wie auch in R) bei der Gamma- und Weibull-Verteilung als zweiter Parameter der Kehrwert $\beta = 1/\lambda$ eingegeben werden muss. Um weitere Erläuterungen zu erhalten, kann man die Funktionsparameter in Excel unter Verwendung der Option „Funktion einfügen" auch in eine spezielle Eingabemaske eingeben und dabei die Excel-Hilfe verwenden. Dies empfiehlt sich bei erstmaliger Verwendung derartiger Funktionen ohnehin, insbesondere wenn eine andere Version als Excel 2007 (auf der Tabelle C.1 basiert) verwendet wird.

C.2　Wahrscheinlichkeitsverteilungen in R

In der Basisversion und den Zusatzpaketen von R sind zahlreiche Wahrscheinlichkeitsverteilungen implementiert. Der erste Buchstaben steht dabei jeweils für eine der folgenden vier Verteilungsinformationen:

d (für density):	steht für die Dichtefunktion,
p (für probability):	steht für die Verteilungsfunktion,
q (für quantile):	steht für die Quantil- bzw. inverse Verteilungsfunktion,
r (für random):	steht für die Erzeugung von simulierten Werten.

Diesen Buchstaben folgen die Abkürzungen des Verteilungsnamens, also z. B. norm für die Normalverteilung. Das erste Argument der d- und p-Funktion ist dabei stets ein Quantil x, für die q-Variante ist es eine Wahrscheinlichkeit p$\in$ (0; 1). Für die Simulationsvariante r wird die gewünschte Anzahl von Simulationen n angegeben. In den weiteren Argumenten werden die Verteilungsparameter und eventuell weitere Optionen angegeben. Wenn diese Parameter nicht spezifiziert werden, werden Default-Werte verwendet (weitere Details finden sich in der R-Hilfe). In der Tabelle C.2 sind die in diesem Buch verwendeten Verteilung (ohne die Präfixe d, p, q und r) aufgeführt.

Verteilung	R-Name	Parametrisierung	R-Paket
Gleichverteilung $\mathbf{U}(a;b)$	unif	min $= a$, max $= b$	base
Exponentialverteilung $\mathbf{Exp}(\lambda)$	exp	rate $= \lambda$	base
Gamma-Verteilung $\Gamma(k;\lambda)$	gamma	shape $= k$, scale $= 1/\lambda$	base
Weibull-Verteilung $\mathbf{W}(k;\lambda)$	weibull	shape $= k$, scale $= 1/\lambda$	base
Normalverteilung $\mathbf{N}(\mu;\sigma^2)$	norm	mean $= \mu$, sd $= \sigma$	base
Multivariate Normalverteilung $\mathbf{N}(\mu;\Sigma)$	mvnorm	mean $= \mu$, sigma $= \Sigma$	mvtnorm
t-Verteilung t_ν	t	df $= \nu$, (mit default-Wert ncp $= 0$)	base
Lognormalverteilung $\mathbf{LN}(\mu;\sigma^2)$	lnorm	meanlog $= \mu$, sdlog $= \sigma$	base
Log-Gamma-Verteilung $\mathbf{L\Gamma}(k;\lambda)$	Loggamma	shapelog $= k$, ratelog $= \lambda$	actuar
Pareto-Verteilung $\mathbf{Pareto}(x_0;\alpha)$	SingleParameterPareto	shape $= \alpha$, min $= x_0$	actuar
Verallgemeinerte Paretoverteilung $\mathbf{GPD}(\xi,\beta)$	gpdv	xi $= \xi$, mu $= 0$, beta $= \beta$	evir
Verallgemeinerte Extremwertverteilung $\mathbf{GEV}(\xi,\mu,\sigma)$	gev	xi $= \xi$, mu $= \mu$, sigma $= \sigma$	evir
Inverse Gauß-Verteilung $\mathbf{IG}(\lambda;\mu)$	inv.gaussian	mu $= \mu$, lambda $= \lambda$	VGAM
Beta-Verteilung $\mathbf{Beta}(p,q)$	beta	shape1 $= p$, shape2 $= q$	base
Dreiecksverteilung $\Delta(a;b;c)$	triangle	lower $= a$, upper $= b$, theta $= c$	VGAM
Binomialverteilung $\mathbf{Bin}(n;p)$	binom	size $= n$, prob $= p$	base
Negative Binomialverteilung $\mathbf{NB}(r;p)$	nbinom	size $= r$, prob $= p$	base
Logarithmische Verteilung $L(p)$	Log	prob $= p$	VGAM
Poisson-Verteilung $\mathbf{Pois}(\alpha)$	pois	lambda $= \alpha$	base

Tabelle C.2: Verteilungen und ihre Implementierung in R

Literaturverzeichnis

[ADEH99] ARTZNER, P., DELBAEN, F., EBER, J. und HEATH, D.: *Coherent Measures of Risk*. Mathematical Finance, 9(3):203–228, 1999.

[Alb03] ALBRECHT, P.: *Zur Messung von Finanzrisiken*. Mannheimer Manuskripte zu Risikotheorie, Portfolio-Management und Versicherungswirtschaft Nr. 143, 2003.

[AM08] ALBRECHT, P. und MAURER, R.: *Investment- und Risikomanagement*. Schäffer-Poeschel, 3. Auflage, 2008.

[Ans73] ANSCOMBE, F. J.: *Graphs in statistical analysis*. American Statistician, 27:17–21, 1973.

[Bas96] BASEL COMMITTEE ON BANKING SUPERVISION: *Supervisory Framework for the Use of „Backtesting" in Conjunction with the Internal Models Approach to Market Risk Capital Requirements*, 1996.

[BB02] BURGER, A. und BUCHHART, A.: *Risiko-Controlling*. Oldenbourg, 2002.

[BCHH10] BRÜSKE, S., COTTIN, C., HIEBING, A. und HILLE, B.: *Die stochastische Modellierung von Großschäden für den Einsatz in internen Risikomodellen der Schadenversicherung*. Zeitschrift für die gesamte Versicherungswirtschaft, 99(2):133–154, 2010.

[BD02] BASU, S. und DASSIOS, A.: *A Cox process with log-normal intensity*. Insur. Math. Econ., 31(2):297–302, 2002.

[Ber96] BERNSTEIN, P. L.: *Against the Gods – The Remarkable Story of Risk*. Wiley, 1996.

[Büh98] BÜHLMANN, H.: *Mathematische Paradigmen in der Finanzwirtschaft*. Elem. Math., 53, 1998.

[BHN+97] BOWERS, N. L., HICKMAN, J. C., NESBITT, C. J., JONES, D. A. und GERBER, H.U.: *Actuarial Mathematics*. Society of Actuaries, 1997.

[BHW04] BURNECKI, K., HÄRDLE, W. und WERON, R.: *Simulation of Risk Processes*. In: *Encyclopedia of Actuarial Science (Hrsg.: J. Teugels und B. Sundt)*, Seiten 1564–1570. Wiley, 2004.

[BM05] BÄUERLE, N. und MUNDT, A.: *Einführung in die Theorie und Praxis statischer Risikomaße*. In: *Risikomanagement, Schriftenreihe des Kompetenzzentrums Versicherungswissenschaften GmbH (Hrsg.: N. Bäuerle und A. Mundt)*, Band 3. VVW Karlsruhe, 2005.

[Cam05] CAMPBELL, S. D.: *A review of backtesting and backtesting procedures*. Finance and Economics Discussion Series (FEDS), Federal Reserve Board, Washington, D. C., 21, 2005.

[Cot08] COTTIN, C.: *Risikoadäquate Renditeerwartungen und risikoneutrale Kapitalanlagenbewertung*. In: *Die Kunst des Modellierens. Mathematisch-Ökonomische Modelle (Hrsg.: B. Luderer)*. Vieweg + Teubner, 2008.

[DAV09] DEUTSCHE AKTUARVEREINIGUNG (HRSG.): *Risiken kalkulierbar machen – Der Berufsstand der Aktuare*, 2009.

[DDGK05] DENUIT, M., DHAENE, J., GOOVARTES, M. und KAAS, R.: *Actuarial Theory for Dependent Risks*. Wiley, 2005.

[Deu04]   DEUTSCH, H.-P.: *Derivate und Interne Modelle – Modernes Risikomanagement*. Schäffer-Poeschel, 3. Auflage, 2004.

[DGP08]   DUTANG, CHRISTOPHE, VINCENT GOULET und MATHIEU PIGEON: *actuar: An R Package for Actuarial Science*. Journal of Statistical Software, 25(7):38, 2008.

[dH90]   HAAN, L. DE: *Fighting the arch-enemy with mathematics*. Statistica Neerlandica, 44(2):45–68, 1990.

[Die07]   DIERS, D.: *Interne Unternehmensmodelle in der Schaden- und Unfallversicherung*. ifa-Schriftenreihe, 2007.

[DKS03]   DICHTL, H., KLEEBERG, J. und SCHLENGER, C.: *Modellgestützte Planung der Strategischen Asset Allokation: Von der Theorie zur Praxis*. In: *Handbuch Asset Allocation*. Uhlenbruch, 2003.

[EGBG07] ELTON, E. J., GRUBER, M. J., BROWN, S. J. und GOETZMANN, W. N.: *Modern Portfolio Theory and Investment Analysis*. Wiley, 7. Auflage, 2007.

[EKM97]   EMBRECHTS, P., KLÜPPELBERG, C. und MIKOSCH, T.: *Modelling Extremal Events for Insurance and Finance*. Springer, 1997.

[End04]   ENDERS, W.: *Applied Econometric Time Series*. Wiley, 2004.

[EO07]   ESCANCIANO, J. C. und OLMO, J.: *Estimation risk effects on backtesting for parametric value-at-risk models*. Discussion paper, City University London, 2007.

[EPR12]   EMBRECHTS, P., PUCCETTI, G. und RÜSCHENDORF, L.: *Model uncertainty and VaR aggregation*. Preprint, University of Freiburg, 2012.

[ET93]   EFRON, B. und TIBSHIRANI, R. J.: *An Introduction to the Bootstrap*. Chapman & Hall / CRC, 1993.

[EUR10]   EUROPEAN COMMISSION INTERNAL MARKET AND SERVICES DG: *QIS5 Technical Specifications, Annex to Call for Advice from CEIOPS on QIS5*, 2010. https://eiopa.europa.eu/consultations/qis/quantitative-impact-study-5/technical-specifications/index.html.

[FK11]   FASEN, V. und KLÜPPELBERG, C.: *Modellieren und Quantifizieren von extremen Risiken*. In: *Facettenreiche Mathematik (Hrsg.: K. Wendland und A. Werner)*. Vieweg + Teubner, 2011.

[FKL07]   FAHRMEIR, L., KNEIB, T. und LANG, S.: *Regression*. Springer, 2007.

[GH09]   GUEGAN, D. und HASSANI, B.: *A modified Panjer algorithm for operational risk capital calculations*. Transactions 27th International Congress of Actuaries, 4(4):53–72, 2009.

[GL06]   GOURIEROUX, C. und LIU, W.: *Sensitivity of distortion risk measures*. Working Paper, Universität Toronto, 2006.

[Gla04]   GLASSERMAN, P.: *Monte Carlo Methods in Financial Engineering*. Springer, 2004.

[Gle06]   GLEISSNER, W.: *Risk-Map und Risiko-Portfolio: Eine kritische Betrachtung*. Zeitschrift für Versicherungswesen, 05/2006.

[GSW10]   GERHOLD, STEFAN, UWE SCHMOCK und RICHARD WARNUNG: *A generalization of Panjer's recursion and numerically stable risk aggregation*. Finance and Stochastics, 14:81–128, 2010.

[Har05]   HARTUNG, J.: *Statistik*. Oldenbourg, 2005.

[HBF06]   HENKING, A., BLUM, C. und FAHRMEIR, L.: *Kreditrisikomessung*. Springer, 2006.

[Hel02]   HELBIG, M. (HRSG.): *Beiträge zum versicherungsmathematischen Grundwissen. Schriftenreihe Angewandte Versicherungsmathematik*, Band 12. Verlag Versicherungswirtschaft, 2. Auflage, 2002.

[Hip06a] HIPP, C.: *Risikotheorie 1. Skriptum*. TH Karlsruhe, 2006.

[Hip06b] HIPP, C: *Spezialwissen Schadenversicherungsmathematik. Skriptum zur Ausbildung zum Aktuar*. DAV, 2006.

[Hul12] HULL, J. C.: *Options, Futures and other Derivatives*. Pearson, 8. Auflage, 2012.

[Int10] INTERNATIONAL ACTUARIAL SOCIETY (HERAUSG.): *Stochastic Modeling – Theory and Reality from an Actuarial Perspective*, 2010.

[Jaq05] JAQUEMOD, R. ET AL.: *Stochastisches Unternehmensmodell für deutsche Lebensversicherungen. Schriftenreihe Angewandte Versicherungsmathematik*, Band 33. Verlag Versicherungswirtschaft, 2005.

[Joe97] JOE, H.: *Multivariate Models and Dependence Concepts*. Chapman & Hall / CRC, 1997.

[Jor07] JORION, P.: *Value at Risk: The New Benchmark for Managing Financial Risk*. McGraw-Hill, 2007.

[JSV01] JARVIS, S., SOUTHALL, F. und VARNELL, E.: *Modern valuation techniques*. Vortrag vor der Staple Inn Actuarial Society, http://www.sias.org.uk/data/papers/ModernValuations/DownloadPDF, Februar 2001.

[JW07] JOHNSON, R. A. und WICHERN, D. W.: *Applied Multivariate Statistical Analysis*. Pearson Prentice Hall, 2007.

[Kei04] KEITSCH, D.: *Risikomanagement*. Schäffer-Poeschel, 2. Auflage, 2004.

[KGDD08] KAAS, R., GOOVAERTS, M., DHAENE, J. und DENUIT, M.: *Modern Actuarial Risk Theory*. Kluwer, 2008.

[Kor08] KORTEBEIN, C. ET AL.: *Interne Modelle in der Schaden-/Unfallversicherung. Schriftenreihe Versicherungs- und Finanzmathematik*, Band 35. Verlag Versicherungswirtschaft, 2008.

[KPW08] KLUGMAN, S. A., PANJER, H. H. und WILLMOT, G. E.: *Loss Models: From Data to Decisions*. Wiley, 3. Auflage, 2008.

[KW12] KRIELE, M. und WOLF, J.: *Wertorientiertes Risikomanagement von Versicherungsunternehmen*. Springer, 2012.

[L'E02] L'ECUYER, P.: *Random Numbers*. In: *International Encyclopedia of the Social and Behavioral Sciences (Hrsg.: N. J. Smelser und P. B. Baltes)*, Seiten 12735–12738. Pergamon, 2002.

[Leh04] LEHMANN, E. L.: *Elements of Large-Sample Theory*. Springer, 2004.

[LK00] LAW, A. M. und KELTON, W. D.: *Simulation Modeling and Analysis*. McGraw-Hill, 2000.

[Mac02] MACK, T.: *Schadenversicherungsmathematik, Schriftenreihe Angewandte Versicherungsmathematik*, Band 28. Verlag Versicherungswirtschaft, 2. Auflage, 2002.

[MFE05] MCNEIL, A., FREY, R. und EMBRECHTS, P.: *Quantitative Risk Management*. Princeton University Press, 2005.

[Mik04] MIKOSCH, T.: *Non-Life Insurance Mathematics: An Introduction with Stochastic Processes*. Springer, 2004.

[MN99] MCCULLAGH, P. und NELDER, J. A.: *Generalized Linear Models*. Chapman & Hall / CRC, 1999.

[Nel06] NELSEN, R. B.: *An Introduction to Copulas*. Springer, 2. Auflage, 2006.

[Nor97] NORRIS, J. R.: *Markov Chains*. Cambridge University Press, 1997.

[OS00]   OVERBECK, L. und STAHL, G.: *Backtesting: Allgemeine Theorie, Praxis und Perspektiven.* In: *Handbuch Risikomanagement (Hrsg: L. Johanning und B. Rudolph),* Seiten 289–320. Uhlenbruch, 2000.

[Pan98]   PANJER, H. H. ET AL.: *Financial Economics: With Applications to Investments, Insurance and Pensions.* Society of Actuaries, 1998.

[PDP08]   PODDIG, T., DICHTL, H. und PETERSMEIER, K.: *Statistik, Ökonometrie, Optimierung - Methoden und ihre praktischen Anwendungen in Finanzanalyse und Portfoliomanagement.* Uhlenbruch, 4. Auflage, 2008.

[PS08]   PFEIFER, D. und STRASSBURGER, D.: *Stochastische Differentialgleichungen für Finanzmarktmodelle.* In: *Die Kunst des Modellierens. Mathematisch-Ökonomische Modelle (Hrsg.: B. Luderer).* Vieweg + Teubner, 2008.

[Res07]   RESNICK, S. I.: *Heavy-tail Phenomena. Probabilistic and Statistical Modeling.* Springer, 2007.

[RF03]   ROMEIKE, F. und FINKE, R. (HRSG.): *Erfolgsfaktor Risikomanagement.* Gabler, 2003.

[RH09]   ROMEIKE, F. und HAGER, P.: *Erfolgsfaktor Risikomanagement 2.0.* Gabler, 2009.

[Ros83]   ROSS, S. M.: *Stochastic Processes.* Wiley, 1983.

[Ros06]   ROSS, S. M.: *Simulation.* Elsevier Academic Press, 2006.

[RSST99] ROLSKI, T., SCHMIDLI, H., SCHMIDT, V. und TEUGELS, J.: *Stochastic Processes for Insurance and Finance.* Wiley, 1999.

[Sch04]   SCHLITTGEN, R.: *Statistische Auswertungen.* Oldenbourg, 2004.

[Sch09]   SCHMIDT, K. D.: *Versicherungsmathematik.* Springer Verlag, 3. Auflage, 2009.

[Ser80]   SERFLING, R. J.: *Approximation Theorems of Mathematical Statistics.* Wiley, 1980.

[SH06]   SACHS, L. und HEDDERICH, J.: *Angewandte Statistik,* Band 12. Springer, 2006.

[SS06]   SHUMWAY, R. H. und STOFFER, D. S.: *Time Series and Its Applications.* Springer, 2006.

[Sto89]   STOER, J.: *Numerische Mathematik 1.* Springer, 1989.

[SU01]   STEINER, P. und UHLIR, H.: *Wertpapieranalyse.* Physika, 4. Auflage, 2001.

[Tho02]   THODE, H. C.: *Testing for Normality.* Marcel Decker, 2002.

[UDKS03] URBAN, M., DITTRICH, J., KLÜPPELBERG, C. und STÖLTING, R.: *Allocation of risk capital to insurance portfolios.* Blätter der DGVFM, 26(3):389–407, 2003.

[WBF10]   WÜTHRICH, M. V., BÜHLMANN, H. und FURRER, H.: *Market-Consistent Actuarial Valuation.* Springer, 2010.

[Wol08]   WOLKE, T.: *Risikomanagement.* Oldenbourg, 2. Auflage, 2008.

[WS04]   WALDMANN, K.-H. und STOCKER, U.: *Stochastische Modelle.* Springer, 2004.

Sachverzeichnis

Printed in the United States
By Bookmasters